高等学校教材

混凝土结构设计基本原理

（第四版）

中南大学　　　袁锦根　余志武　阎奇武　主编

湖南大学　　　沈蒲生　主审

中国铁道出版社

2018年·北京

图书在版编目(CIP)数据

混凝土结构设计基本原理/袁锦根,余志武,阎奇武
主编. —4 版. —北京:中国铁道出版社,2018.8
高等学校教材
ISBN 978-7-113-24455-2

Ⅰ.①混… Ⅱ.①袁… ②余… ③阎… Ⅲ.①混凝土
结构-结构设计-高等学校-教材 Ⅳ.①TU370.4

中国版本图书馆 CIP 数据核字(2018)第 095856 号

书　　名:**混凝土结构设计基本原理(第四版)**
作　　者:中南大学　袁锦根　余志武　阎奇武

责任编辑:张卫晓　　　　　编辑部电话:010-51873193
封面设计:郑春鹏
责任校对:苗　丹
责任印制:高春晓

出版发行:中国铁道出版社(100054,北京市西城区右安门西街 8 号)
网　　址:http://www.tdpress.com
印　　刷:中国铁道出版社印刷厂
版　　次:1997 年 8 月第 1 版　2004 年 2 月第 2 版　2012 年 6 月第 3 版
　　　　　2018 年 8 月第 4 版　2018 年 8 月第 1 次印刷
开　　本:787 mm×1 092 mm　1/16　印张:25　字数:626 千
书　　号:ISBN 978-7-113-24455-2
定　　价:49.00 元

第四版前言

本书是在《混凝土结构设计基本原理》(第三版)的基础上,并根据我国颁布的《混凝土结构设计规范》(GB 50010—2010)(2015 年版)(简称《规范》)、《铁路桥涵混凝土结构设计规范(TB 10092—2017)(简称《铁规》)、《公路钢筋混凝土及预应力混凝土桥涵设计规范》(JTG D62—2012 征求意见稿)(简称《公规》)编写的。

本书编写过程中,力求做到少而精,理论联系实际,文字叙述清楚。为便于教学和读者自学,每章有小结、思考题和习题。

本书由中南大学、华东交通大学、同济大学共同编写。中南大学袁锦根、阎奇武编写绪论,袁锦根、阎奇武编写第一章,杨建军、刘澍编写第三章,袁锦根、贺学军编写第四章,周朝阳编写第八章,余志武、刘澍编写第十章,刘澍、杨孟刚编写第十一章,阎奇武编写第十二章、附录,华东交通大学陆龙文、中南大学刘小洁编写第二章,华东交通大学徐海燕、中南大学李常青编写第七章,华东交通大学徐海燕、中南大学刘晓春编写第九章,同济大学周建民、范沛棠、中南大学匡亚川编写第五章,同济大学周建民、范沛棠、中南大学刘晓春编写第六章。全书由袁锦根、余志武、阎奇武主编,湖南大学沈蒲生主审。

本书可与余志武主编的《建筑混凝土结构设计》配套使用。

中南大学土木工程学院十分重视《混凝土结构设计原理》课程建设及其教材编写工作,王卫东副院长亲自协调各院校编写工作,多次主持召开相关教师座谈会,给本书以很大的支持,在此表示谢意。

限于作者水平,书中有不妥甚至错误之处恳请读者批评指正。

编　者
2017 年 11 月

第三版前言

本书是在《混凝土结构设计基本原理》（第二版）的基础上，并根据我国颁布的《混凝土结构设计规范》(GB 50010—2010)(简称《规范》)、《铁路桥涵钢筋混凝土和预应力混凝土结构设计规范(TB 10002.3—2005)(简称《铁规》)、《公路钢筋混凝土及预应力混凝土桥涵设计规范》(JTG D62—2004)(简称《公规》)编写的。

本书编写过程中，力求做到少而精，理论联系实际，文字叙述清楚。为便于教学和读者自学，每章有小结、思考题和习题。

本书由中南大学、华东交通大学、同济大学共同编写。中南大学袁锦根编写绪论，袁锦根、阎奇武编写第一章，杨建军、刘澍编写第三章，袁锦根、贺学军编写第四章，周朝阳编写第八章，余志武、刘澍编写第十章，刘澍、阎奇武编写第十一章，阎奇武编写第十二章；华东交通大学陆龙文编写第二章，徐海燕编写第七章、第九章；同济大学周建民、范沛棠编写第五章、第六章。全书由袁锦根教授、余志武教授主编，湖南大学沈蒲生教授主审。

本书可与余志武、袁锦根主编的《混凝土结构与砌体结构设计》配套使用。

限于作者水平，书中有不妥甚至错误之处恳请读者批评指正。

编　者
2012 年 6 月

═══ 第二版前言 ═══

本书是在《混凝土结构设计基本原理》(第一版)的基础上,并根据我国颁布的《混凝土结构设计规范》(GB 50010—2002)(文中简称《规范》)、《铁路桥涵钢筋混凝土和预应力混凝土结构设计规范(TB 10002.3—99)(文中简称《铁规》)、《公路钢筋混凝土及预应力混凝土桥涵设计规范》(征求意见稿)(文中简称《公规》)编写的。

本书编写过程中,力求做到少而精,理论联系实际,文字叙述清楚。为便于教学和读者自学,每章有小结、思考题和习题。

本书由中南大学、华东交通大学、同济大学共同编写。中南大学袁锦根编写绪论,袁锦根、阎奇武编写第一章,杨建军、刘澍编写第三章,袁锦根、贺学军编写第四章,周朝阳编写第八章,余志武、刘澍编写第十章,刘澍、阎奇武编写第十一章,阎奇武编写第十二章;华东交通大学陆龙文编写第二章,徐海燕编写第七章、第九章;同济大学周建民、范沛棠编写第五章、第六章。全书由袁锦根教授、余志武教授主编,湖南大学成文山教授主审。

本书可与余志武、袁锦根主编的《混凝土结构与砌体结构设计》配套使用。

华东交通大学陆龙文教授,中南大学杨建军副院长除编写部分章节外,还对全书的编排、各章节内容协调提出很多宝贵意见,给本书以很大的支持,在此表示谢意。

限于作者水平,书中有不妥甚至错误之处恳请读者批评指正。

编　者

2002 年 12 月

第一版前言

本书是根据我国颁布的《混凝土结构设计规范》(GB J10—89)(以下简称《规范》)及 1996 年局部修订条文编写的。

本书编写过程中,力求做到少而精,理论联系实际,文字叙述清楚。为便于教学和读者自学,每章有小结、思考题和习题。

本书由长沙铁道学院、华东交通大学、上海铁道大学共同编写。长沙铁道学院袁锦根编写绪论、第一章、第四章,杨建军编写第三章,周朝阳编写第八章,余志武编写第十章;华东交通大学陆龙文编写第二章,徐海燕编写第七章、第九章;上海铁道大学范沛棠编写第五章、第六章。全书由袁锦根,余志武主编,湖南大学成文山教授主审。

本书可与余志武、袁锦根主编的《混凝土结构与砌体结构设计》配套使用。

华东交通大学陆龙文教授除编写部分章节外,还对全书的编排,各章节内容协调提出很多宝贵意见,长沙铁道学院欧阳炎教授审阅了全书,给本书以很大的支持,在此表示谢意。

限于作者水平,书中有不妥甚至错误之处恳请读者批评指正。

编 者
1997 年 2 月

目　　录

绪　　论 ………………………………………………………… 1

第一章　钢筋和混凝土的力学性能 …………………………… 5

　　第一节　钢　　筋 ……………………………………… 5
　　第二节　混　凝　土 ……………………………………… 8
　　第三节　钢筋和混凝土的共同工作 …………………… 21
　　小　　结 ………………………………………………… 27
　　思　考　题 ……………………………………………… 27

第二章　混凝土结构基本计算原则 …………………………… 29

　　第一节　结构的功能要求与极限状态概念 …………… 29
　　第二节　结构的作用、作用效应与结构抗力 ………… 30
　　第三节　结构按概率极限状态设计 …………………… 32
　　第四节　实用设计表达式 ……………………………… 36
　　第五节　数理统计特征值与正态分布概率密度曲线 … 38
　　小　　结 ………………………………………………… 41
　　思　考　题 ……………………………………………… 41

第三章　钢筋混凝土受弯构件正截面承载力计算 …………… 42

　　第一节　概　　述 ……………………………………… 42
　　第二节　试验研究 ……………………………………… 43
　　第三节　单筋矩形截面受弯构件承载力计算 ………… 46
　　第四节　双筋矩形截面受弯构件承载力计算 ………… 61
　　第五节　T 形截面受弯构件承载力计算 ……………… 69
　　第六节　受弯构件截面的延性 ………………………… 76
　　第七节　构造要求 ……………………………………… 78
　　小　　结 ………………………………………………… 80
　　思　考　题 ……………………………………………… 80
　　习　　题 ………………………………………………… 82

第四章　钢筋混凝土受弯构件斜截面承载力计算 …………… 84

　　第一节　概　　述 ……………………………………… 84
　　第二节　无腹筋简支梁斜裂缝的形成 ………………… 84
　　第三节　无腹筋梁的破坏形态 ………………………… 87

第四节　影响斜截面受剪承载力的主要因素 ·············· 89
第五节　斜截面受剪承载力计算 ························· 91
第六节　构造要求 ································· 104
小　　结 ···································· 107
思 考 题 ···································· 108
习　　题 ···································· 108

第五章　钢筋混凝土受压构件承载力计算 ··················· 110
第一节　概　　述 ································· 110
第二节　轴心受压构件 ······························ 111
第三节　偏心受压构件 ······························ 120
第四节　偏心受压构件斜截面受剪承载力计算 ··············· 149
小　　结 ···································· 150
思 考 题 ···································· 151
习　　题 ···································· 152

第六章　钢筋混凝土受拉构件承载力计算 ··················· 153
第一节　概　　述 ································· 153
第二节　轴心受拉构件承载力计算和构造要求 ··············· 153
第三节　偏心受拉构件承载力计算 ····················· 154
第四节　矩形截面偏心受拉构件斜截面承载力计算 ············· 158
小　　结 ···································· 159
思 考 题 ···································· 159
习　　题 ···································· 159

第七章　钢筋混凝土受扭构件承载力计算 ··················· 160
第一节　概　　述 ································· 160
第二节　试验研究 ································· 160
第三节　纯扭构件的承载力计算 ······················· 161
第四节　剪扭构件及弯扭构件的承载力计算 ················· 165
第五节　构造要求 ································· 169
小　　结 ···································· 173
思 考 题 ···································· 174
习　　题 ···································· 174

第八章　钢筋混凝土受冲切构件承载力计算 ·················· 175
第一节　概　　述 ································· 175
第二节　冲切破坏特征 ······························ 175
第三节　影响冲切承载力的因素 ······················· 176
第四节　受冲切承载力设计 ·························· 177

小　　结 187
思 考 题 187
习　　题 188

第九章　钢筋混凝土构件裂缝宽度和变形验算及混凝土结构的耐久性 189

第一节　概　　述 189
第二节　裂缝宽度验算 189
第三节　受弯构件挠度计算 197
第四节　耐久性规定 202
小　　结 203
思 考 题 203
习　　题 204

第十章　预应力混凝土结构 205

第一节　概　　述 205
第二节　预应力混凝土结构设计的基础知识 208
第三节　预应力混凝土轴心受拉构件计算 226
第四节　预应力混凝土受弯构件计算 241
第五节　无粘结预应力混凝土结构设计 268
小　　结 273
思 考 题 274
习　　题 274

第十一章　铁路桥涵混凝土结构设计基本原理 276

第一节　概　　述 276
第二节　受弯构件强度和变形计算 281
第三节　轴心受压构件的强度计算 306
第四节　偏心受压构件的强度计算 310
小　　结 329
思 考 题 331
习　　题 331

第十二章　公路桥涵混凝土结构设计基本原理 333

第一节　概　　述 333
第二节　钢筋混凝土受弯构件设计 337
第三节　钢筋混凝土受压构件设计 353
小　　结 364
思 考 题 365
习　　题 365

附录1 《混凝土结构设计规范》(GB 50010—2010)(2015 年版)的有关规定 ·············· 367

附表 1.1　混凝土强度标准值 ·· 367
附表 1.2　混凝土强度设计值 ·· 367
附表 1.3　混凝土弹性模量 ·· 367
附表 1.4　混凝土疲劳变形模量 ·· 367
附表 1.5　普通钢筋强度标准值 ·· 367
附表 1.6　预应力筋强度标准值 ·· 368
附表 1.7　普通钢筋强度设计值 ·· 368
附表 1.8　预应力筋强度设计值 ·· 368
附表 1.9　钢筋弹性模量 ·· 369
附表 1.10　受弯构件挠度限值 ·· 369
附表 1.11　结构构件裂缝控制等级及最大裂缝宽度限值 ···································· 369
附表 1.12　混凝土结构的环境类别 ··· 370
附表 1.13　混凝土结构材料的耐久性基本要求 ·· 370
附表 1.14　混凝土保护层的最小厚度 c ··· 371
附表 1.15　纵向受力钢筋的最小配筋百分率 ρ_{min} ·· 371
附表 1.16　钢筋混凝土矩形和 I 形截面受弯构件正截面抗弯承载力计算表 ················ 372
附表 1.17　钢筋的公称直径、公称截面面积及理论重量表 ·································· 372
附表 1.18　钢绞线的公称直径、公称截面面积及理论重量表 ································ 373
附表 1.19　钢丝的公称直径、公称截面面积及理论重量表 ·································· 373
附表 1.20　截面抵抗矩塑性影响系数基本值表 ·· 373
附表 1.21　每米板宽内的钢筋截面面积表 ·· 374
附表 1.22　民用建筑楼面均布活荷载标准值及其组合值、频遇值和准永久值系数 ·········· 374

附录2 《铁路桥涵混凝土结构设计规范》(TB 10092—2017)的有关规定 ·············· 376

附表 2.1　混凝土的极限强度 ·· 376
附表 2.2　混凝土弹性模量 ·· 376
附表 2.3　钢筋抗拉强度标准值 ·· 376
附表 2.4　预应力钢丝抗拉强度标准值 ··· 376
附表 2.5　预应力钢绞线抗拉强度标准值 ··· 376
附表 2.6　钢筋计算强度 ·· 376
附表 2.7　钢筋弹性模量 ·· 377
附表 2.8-1　受弯构件的截面最小配筋百分率 ·· 377
附表 2.8-2　受压构件的截面最小配筋百分率 ·· 377
附表 2.9　混凝土的容许应力 ·· 377
附表 2.10　钢筋的容许应力 ··· 378
附表 2.11　预应力钢筋容许疲劳应力幅 ·· 378
附表 2.12　HRB400、HRB500 钢筋母材及其连接接头的基本容许疲劳应力幅 ·········· 378
附表 2.13　m 值 ··· 378

附表 2.14 纵向弯曲系数 φ 值 ………………………………………………… 378

附表 2.15 裂缝宽度容许值 ………………………………………………………… 379

附表 2.16 钢筋最小锚固长度 ……………………………………………………… 379

附录3 《公路钢筋混凝土及预应力混凝土桥涵设计规范》(JTG D62—2012)征求意见稿
的有关规定 ……………………………………………………………………… 380

附表 3.1 最大裂缝宽度限值 ……………………………………………………… 380

附表 3.2-1 普通钢筋和预应力直线形钢筋最小混凝土保护层厚度 C_{min} ……… 380

附表 3.2-2 普通钢筋和预应力直线形钢筋最小混凝土保护层厚度 C_{min} ……… 381

附表 3.3 钢筋混凝土及预应力混凝土构件的最低混凝土强度等级要求 ……… 382

附表 3.4 混凝土强度标准值 ……………………………………………………… 382

附表 3.5 混凝土强度设计值 ……………………………………………………… 382

附表 3.6 混凝土弹性模量 ………………………………………………………… 383

附表 3.7 普通钢筋抗拉强度标准值 ……………………………………………… 383

附表 3.8 预应力钢筋抗拉强度标准值 …………………………………………… 383

附表 3.9 普通钢筋抗拉、抗压强度设计值 ……………………………………… 383

附表 3.10 预应力钢筋抗拉、抗压强度设计值 …………………………………… 384

附表 3.11 钢筋的弹性模量 ……………………………………………………… 384

附表 3.12 钢筋最小锚固长度 l_a ………………………………………………… 384

附表 3.13 受拉钢筋端部弯钩 …………………………………………………… 385

附表 3.14 钢筋混凝土轴心受压构件的稳定系数 φ ……………………………… 385

参考文献 ………………………………………………………………………… 387

绪　　论

一、混凝土结构的一般概念及特点

以混凝土为主制作的结构称为混凝土结构,它包括素混凝土结构、钢筋混凝土结构和预应力混凝土结构等。素混凝土结构是指无筋或不配置受力钢筋的混凝土结构;钢筋混凝土结构是指配置受力普通钢筋的混凝土结构;预应力混凝土结构是指配置受力的预应力钢筋,通过张拉或其他方法建立预加应力的混凝土结构。本书着重介绍钢筋混凝土和预应力混凝土构件的材料性能、设计原则、计算方法和构造措施等内容。

混凝土由石子、水泥和水拌和而成,混凝土硬化后具有和天然石料相同的特点,其抗压强度很高,而抗拉强度则很低(约为抗压强度的 $1/8 \sim 1/20$)。这样就使得没有配置钢筋的混凝土,在应用方面受到很大的限制。图 0-1(a)所示的素混凝土简支梁,在外荷载作用下,中和轴上部受压,下部受拉。当荷载增加,中和轴下部的拉应力达到混凝土的极限抗拉强度,即出现裂缝,简支梁随后破坏,这种破坏是很突然的,也就是说,当荷载达到梁的开裂荷载时,梁立即发生破坏,属于脆性破坏。此时,受压区混凝土的抗压强度还未被充分利用,显然,材料的利用很不经济,而且破坏发展得太快,也不安全。

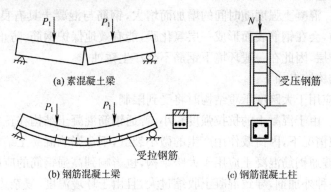

(a) 素混凝土梁

(b) 钢筋混凝土梁　　　(c) 钢筋混凝土柱

图 0-1　素混凝土梁及钢筋混凝土梁、柱

与混凝土材料相比,钢筋的抗拉强度很高,在混凝土梁的受拉区配置适当数量的纵向受拉钢筋,形成钢筋混凝土梁。钢筋混凝土梁的试验表明,在外荷载作用下,当截面受拉区混凝土开裂后,在裂缝处的截面上,受拉区混凝土的全部拉力由钢筋来承受。与素混凝土梁不同,钢筋混凝土梁开裂后梁上所作用的外荷载仍可继续增加,直至受拉钢筋应力达到屈服强度,随后截面受压区混凝土被压坏,此时,梁最终破坏。不难看出,配置在受拉区的钢筋显著地增强了受拉区的抗拉能力,并大大提高了梁的承载能力,梁中的钢筋和混凝土两种材料的材料强度都得到了较为充分的利用。另外,梁在破坏之前,裂缝显著开展,挠度明显增加,这样的钢筋混凝土梁在破坏之前有明显的预兆,属于塑性破坏,图 0-1(b)为钢筋混凝土梁及其破坏情况的示意图。

在受压的混凝土柱中配置纵向受压钢筋,可协助混凝土承受压力,从而可以减小柱截面尺寸,同时也可改善混凝土的变形性能,使其脆性有所降低,图 0-1(c)为配置纵向受压钢筋的轴心受压柱。

也可以在混凝土中配置其他善于抗拉的材料来承受拉力,如利用玻璃丝、竹材等,这样的结构称为玻璃丝混凝土、竹筋混凝土,或者通称为加筋混凝土。但所采用抗拉材料必须能够与混凝土很好地共同工作。

钢筋与混凝土两者能够很好地共同工作,其原因是:

(1)混凝土硬化后,钢筋与混凝土之间产生良好的粘结力,使两者结为整体,从而保证在外荷载作用下,钢筋与周围混凝土能协调变形,共同工作。

(2)钢筋与混凝土两者之间线膨胀系数几乎相同,钢筋为 1.2×10^{-5},混凝土为 $1.0 \times 10^{-5} \sim 1.5 \times 10^{-5}$。当温度变化时,两者之间不会发生相对的温度变形使粘结力遭到破坏。

(3)钢筋位于混凝土中,混凝土包围在钢筋外围可防止钢筋锈蚀,从而保证钢筋混凝土具有良好的耐久性能。

钢筋混凝土结构有如下优点:

(1)合理利用混凝土抗压强度和钢筋抗拉强度,共同受力,节约钢材。

(2)就地取材。除钢筋和水泥外,其他组成材料,如砂、石子等皆可就地取材,节省造价,降低成本。

(3)适用性强。构件既可整体式现场浇筑,亦可预制,然后进行装配。

(4)可模性。构件在造型艺术上容易处理,根据需要可浇制成各种形状和尺寸。

(5)耐火性好,整体性好,抗震性能亦较好。

(6)耐久性好。混凝土强度随时间的增加而增大,钢筋与混凝土具有良好的化学相容性,混凝土属碱性性质,会在钢筋表面形成一层氧化膜,能有效地保护钢筋,防止钢筋锈蚀,且钢筋还有混凝土的保护层,因此在一般环境下钢筋不会产生锈蚀。

钢筋混凝土结构缺点如下:

(1)自重大。应用于大跨度承重结构时将受到限制。

(2)抗裂性差。由于混凝土的抗拉强度较小,普通钢筋混凝土结构在正常使用阶段往往是带裂缝工作。一般情况下,因荷载作用产生的微小裂缝,不会影响混凝土结构的正常使用。但由于开裂,限制了普通钢筋混凝土应用于大跨结构,也影响到高强钢筋的应用。而且近年来混凝土过多地使用各种外加剂,导致混凝土收缩过大,且由于环境温度、复杂边界约束、过多配筋等的影响,也十分容易导致混凝土结构开裂,影响正常使用或引起用户不安。

(3)混凝土的生产会消耗大量的能源和资源。混凝土中水泥在生产中会消耗大量的能源,并产生大量的 CO_2,每吨水泥的碳排放量为 $0.30 \sim 0.45$ t,此外还会消耗石灰岩、粘土、河砂、石、水等自然资源,影响自然生态环境。

(4)施工复杂,工序多(支模、绑或焊钢筋、浇筑、养护、拆模),工期长,施工受季节和天气的影响大。在雨天或冬天进行混凝土施工,应对浇筑、振捣和养护等工艺采取相应措施,确保工程质量。

二、混凝土结构的应用与发展概况

钢筋混凝土是目前应用最广泛的建筑材料之一。1824 年正式制成了波特兰水泥,由于它可以塑造成任意形状,强度好,并能很快结硬,因此得到了很大的发展。但这种材料抗拉强度很低,为了弥补这种缺点,就促使人们考虑以抗拉性能较好的材料来加强它。1850 年在法国曾有人用铁丝网涂以水泥制造了小船，1861年法国花匠蒙尼（J. Monier）用铁丝加固砂浆制造了花盆，开创了钢筋混凝土发展的历史。后来，蒙尼又把这种新的材料正式推广到制造小型的梁、板及圆管等构件中去。当时因对这种材料结构的性能不十分了解，凭实践经验将钢筋置于板的中心，这显然是不合理的。

1886年，德国人Koenen和Wayss发表了钢筋混凝土计算理论和计算方法，1887年，Wayss和J. Bauschinger发表了钢筋混凝土试验结果。在Wayss等人提出了钢筋应配置在钢筋混凝土构件受拉区的概念后，钢筋混凝土的推广应用才有了较快的发展。1891～1894年，欧洲各国的研究者发表了一些有关钢筋混凝土的理论和试验研究结果。但是在1850～1900年的整整50年内，由于工程师们将钢筋混凝土的施工和设计方法视为商业机密，因此，公开发表的研究成果不多。

在美国，Thaddens Hyau于1850年进行了钢筋混凝土梁的试验，但他的研究成果直到1877年才发表。E. L. Ransome在19世纪70年代初使用过某些形式的钢筋混凝土，并且于1884年成为第一个使用（扭转）钢筋和获得专利的人。1890年，Ransome在旧金山建造了一幢两层95 m长的钢筋混凝土美术馆，从此，钢筋混凝土在美国获得了迅速的发展。

从1850年到20世纪20年代，可以算是钢筋混凝土结构发展的初期阶段，从20世纪30年代开始，从材料性能的改善，结构形式的多样化，施工方法的革新，计算理论和设计方法的完善等多方面开展了大量的研究工作，工程应用十分普遍，使钢筋混凝土进入现代化阶段。

下面就材料、结构和计算原理3个方面简要地叙述钢筋混凝土的发展现状。

（1）材料方面。混凝土强度随生产的发展而不断提高，目前，C50～C80级混凝土已经得到广泛应用，甚至更高强度混凝土的应用已不仅仅局限于个别工程。近年来，国内外采用加减水剂的方法已制成强度为200 N/mm²以上的混凝土，在特殊结构的应用中可配制出400 N/mm²的混凝土，各种特殊用途的混凝土不断研制成功，并获得应用。例如超耐久性混凝土可达500年，耐热混凝土可耐高温达1 800℃，我国已能生产密度等级600级以下或强度等级LC60级以上的超轻陶粒混凝土，其传热系数小，重量轻。钢纤维增强混凝土和聚合物混凝土等在国内外都获得一定的应用。在模板方面，除木模板外，国内外正大量推广使用钢模板、硬塑料模板、铝模板，现浇钢筋混凝土结构常采用大模板或泵送混凝土施工，以加快施工进程，泵送混凝土高度已达600 m。为了减轻结构自重，各国都在大力发展各种轻质混凝土，如加气混凝土、浮石混凝土等，轻质混凝土不仅可用作非承重构件，而且可用作承重结构。例如美国伊利诺大学122 m跨度的体育馆是用容重为1.7 kN/m³的轻质混凝土建成的圆拱结构；我国北京西便门建造的两栋20层高层住宅楼采用了容重为1.8 kN/m³的陶粒混凝土作为墙体材料。

1928年法国工程师E. Freyssinet成功地将高强钢丝用于预应力混凝土，使预应力混凝土的概念得以在工程实践中成为现实。预应力混凝土的概念在19世纪80年代即已提出。但是当时因钢筋强度偏低及对预应力损失缺乏深入研究，使预应力混凝土未能成功地实现。预应力混凝土的广泛应用是在1938年Freyssinet发明锥形楔式锚具（弗氏锚具）和1940年比利时的G. Magnel发明Magnel体系之后，预应力混凝土使混凝土结构的抗裂性得到根本的改善，使高强钢筋能够在混凝土结构中得到有效的利用，使混凝土结构能够用于大跨结构、压力储罐、核电站容器等领域。

（2）结构方面。由于材料强度的不断提高，钢筋混凝土和预应力混凝土的应用范围也不断扩大。近20年来，钢筋混凝土和预应力混凝土在大跨度结构和高层结构中的应用有了令人瞩目的发展。

　　世界上最高的混凝土建筑也是世界最高的建筑,阿联酋哈利法塔,160 层,高 828 m,为钢骨混凝土结构。我国目前最高的高层建筑是 120 层的上海中心,塔尖高度 636 m,结构高度 574.6 m,其塔楼结构由钢筋混凝土筒、钢骨混凝土巨型柱和钢结构伸臂桁架组成。

　　目前世界上最高的构筑物为广州电视塔,它由钢结构外框筒和钢筋混凝土核心筒组成,核心筒结构高度 450 m 外加无线电桅杆 150 m,总高度达 600 m。

　　目前世界上跨度最大的钢筋混凝土结构为法国巴黎国家工业与技术中心,它的平面为三角形,每边跨度为 218 m,采用厚度仅 120 mm 的双层双曲钢筋混凝土薄壳结构。

　　钢筋混凝土和预应力混凝土在水利工程、海洋工程、桥隧工程、地下结构工程中的应用也极为广泛。我国 1997 年建成的四川万州长江大桥,为上承式拱桥,采用钢管和型钢骨架混凝土建成三室箱形截面,跨长 420 m,全桥长 814 m,为世界上最大跨径混凝土拱桥。2012 年建成的俄罗斯岛大桥是目前世界最大跨径的斜拉桥,中心主孔跨径 1 104 m。

　　近年来,随着海洋石油的开发利用,各种钢筋混凝土和预应力混凝土海洋构筑物,如海上采油平台、码头沉箱、水下隧道、海上储油罐、海上机场等已经得到广泛的应用。

　　(3)理论研究方面。目前,在土木工程中大多数采用以概率理论为基础的,以可靠度指标度量构件可靠性的分析方法,使极限状态设计方法向着更完善、更科学的方向发展。随着对混凝土变形性能的深入研究,现代化测试技术的发展,有限元法和电子计算机的应用,钢筋混凝土构件的计算已开始走向采用将承载力、变形、延性贯串起来的全过程分析方法以及从个别构件的计算过渡到考虑整体结构的空间工作的分析方法。这样,就使得钢筋混凝土的计算理论和设计方法更加日趋完善,并向着更高的阶段发展。

第一章 钢筋和混凝土的力学性能

第一节 钢　　筋

一、钢筋的性能

(一)钢筋的作用

钢筋混凝土构件中的钢筋,按其作用性质,可分为下面3类。

1. 受力钢筋:钢筋主要配置在受弯、受拉、偏心拉压构件的受拉区以代替或帮助混凝土承担拉力。其次,钢筋也可用来加强混凝土的抗压能力。这类钢筋均称为受力钢筋。它的断面由计算决定。如图 1-1 所示梁板及柱中的钢筋 1 均属受力钢筋。

2. 架立钢筋:架立钢筋是用来保证受力钢筋的设计位置不因捣固混凝土而有所移动。图 1-1 所示的梁内钢筋 2 即为架立钢筋,它用来保证钢箍 4 的间距及保证整个受力钢筋骨架的稳定。

3. 分布钢筋:分布钢筋是用来将构件所受到的外力分布在较广的范围,以改善受力情况,这种钢筋多数在板中。如图 1-1 所示的板,除为抵抗弯矩而设置受力钢筋外,同时要使作用在板上的集中荷载分布在较大的宽度上,使钢筋受力较为平均,故须设置与受力钢筋相垂直的钢筋 3,该钢筋为分布钢筋。

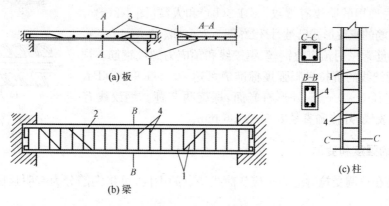

图 1-1　钢筋混凝土构件中的钢筋

1—受力钢筋;2—架立钢筋;3—分布钢筋;4—箍筋

受力、架立和分布钢筋并不一定能绝对区别开来,即同一钢筋往往可以同时起上述两种或两种以上的作用。图 1-1(a)中,板内分布钢筋,除了起分布作用外,还有固定受力钢筋位置的作用,梁中钢箍 4 同时起受力和架立的作用。

此外,钢筋往往还有其他的作用。例如,一般混凝土收缩及温度变化的应力通常利用受力钢筋与分布钢筋来承受,但有时也要专设温度钢筋。

(二)钢筋的质量要求

钢筋混凝土工程中所用钢筋应具备:①有适当的强度;②与混凝土粘结良好;③可焊性好;④有足够的塑性。一般地,强度高的钢筋塑性和可焊性就差些。

二、钢筋的品种

钢筋的力学性能主要取决于它的化学成分,其主要成分是铁元素,此外还含有少量的碳、锰、硅、硫、磷等元素。增加含碳量可提高钢材的强度,但塑性和可塑性降低。根据钢材中含碳量的多少,可分为低碳钢(含碳量≤0.25%)、中碳钢(含碳量 0.25%～0.6%)及高碳钢(含碳量 0.6%～1.4%)。锰、硅元素可提高钢材强度,并保持一定的塑性;磷、硫是有害元素,其含量超过一定限度时,钢材塑性明显降低。磷使钢材冷脆,硫使钢材热脆,且焊接质量也不易保证。在低碳钢中加入少量锰、硅、铌、钒、钛、铬等元素,便制成低合金钢。低合金钢元素能显著改善钢筋的综合性能,根据所加元素的不同,低合金钢分为锰系、硅钒系等多种。

目前,我国常用的钢筋品种有热轧钢筋、余热处理钢筋、预应力钢丝、钢绞线和预应力螺纹钢筋等种类,其中应用量最多的是热轧钢筋。

热轧钢筋按其强度由低到高分为 HPB300(Φ),HRB335(Φ),HRB400（Φ）、HRBF400（ΦF）、RRB400（ΦR）、HRB500（Φ）、HRBF500（ΦF）四个等级;屈服强度标准值分别为 300 MPa、335 MPa、400 MPa、500 MPa,屈服强度设计值分别为 270 MPa、300 MPa、360 MPa、435 MPa。HPB300、HRB335 钢筋直径为 6～14 mm,HRB400、HRBF400、RRB400、HRB500、HRBF500 钢筋直径为6～50 mm。我国常用钢筋直径及钢筋面积见附表 1.17。热轧钢筋中 HPB300 钢筋为低碳钢,其余各级钢筋均为低合金钢。HPB300 钢筋的外形为光圆钢筋,其余三级均在表面轧有肋纹,称为变形钢筋(图 1-2)。过去通用的肋纹有螺纹[图 1-2(b)]和人纹[图 1-2(c)]。近年来变形钢筋的螺纹形式已被月牙纹[图 1-2(d)]取代。

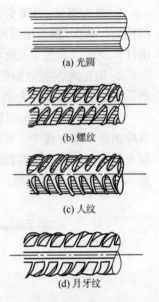

(a) 光圆

(b) 螺纹

(c) 人纹

(d) 月牙纹

图 1-2　钢筋的形式

预应力钢筋常采用预应力钢丝、钢绞线和预应力螺纹钢筋。预应力钢丝和钢绞线的抗拉极限强度标准值可达 800～1 960 MPa,预应力钢丝直径 5～9 mm,外形有光面、螺旋肋 2 种。钢绞线有 3 股和 7 股钢绞线,外接圆直径 8.6～21.6 mm。

三、钢筋的强度和变形

根据钢筋在单调受拉时应力—应变曲线特点的不同,可将钢筋分为有明显屈服点和无明显屈服点两类。

1. 有明显屈服点的钢筋

工程上这类钢筋习惯称为软钢,软钢从加载到拉断,有 4 个阶段。图 1-3(b)为软钢的应力—应变曲线,自开始加载至应力达到 a 点以前,应力应变呈线性关系,a 点称为比例极限,oa段属于线弹性工作阶段,应力达到 b 点后,钢筋进入屈服阶段,产生很大的塑性变形,b 点应力称为屈服强度或流限,在应力—应变曲线中呈现一水平段,称为流幅或屈服台阶,超过 c 点后,应力应变关系重新表现为上升的曲线,cd 称为强化段。曲线最高点的 d 应力称为极限强度,此后钢筋试件产生颈缩现象[图 1-3(c)],应力—应变关系成为下降曲线,应变继续增加,到 e点断裂,de 段为破坏阶段。

e 点所对应的横坐标称为伸长率,它标志钢筋的塑性,伸长率越大,塑性越好,钢筋的塑性除用伸长率标志外,还用冷弯试验来检验。冷弯就是把钢筋围绕直径为 D 的钢辊弯转 α 角而要求不发生裂纹[图 1-3(a)]。钢筋塑性越好,冷弯角 α 就越大。

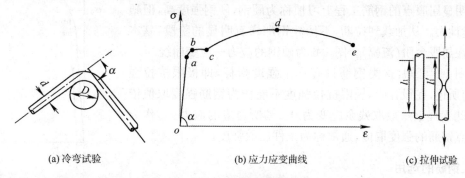

(a) 冷弯试验　　　　　(b) 应力应变曲线　　　　　(c) 拉伸试验

图 1-3　有明显屈服点钢筋

我国规定了钢筋混凝土用钢的伸长率为钢筋试件最大力下总伸长率,进行拉伸试验,直至试样断裂,试验前按图 1-4 要求标记测量区及测量标记间长度 L_0,钢筋断裂后再测量标记间长度 L,并在试验中实测钢筋抗拉强度和钢筋弹性模量,绘制应力—应变曲线,如图 1-5 所示,则钢筋断裂后标记间的残余应变:

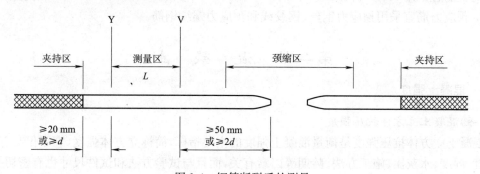

图 1-4　钢筋断裂后的测量

$$\delta_r = \frac{L - L_0}{L_0}$$

标记间的已恢复的弹性应变:

$$\delta_e = \frac{\sigma_b}{E}$$

标记间的钢筋试件最大力下总伸长率:

$$\delta_{gt} = \frac{L - L_0}{L_0} + \frac{\sigma_b}{E} \tag{1-1}$$

式中　L_0——试验前标记间长度>100 mm,一般取 200 mm;

　　　L——断裂后的距离;

　　　σ_b——抗拉极限强度(MPa);

　　　E——弹性模量,可取 2×10^5 MPa。

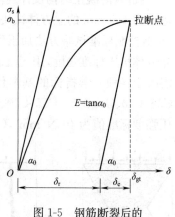

图 1-5　钢筋断裂后的
应力—应变曲线

钢筋屈服强度是钢筋混凝土构件设计时钢筋强度取值的依据。因为钢筋屈服后产生较大的塑性变形,这将使构件变形和裂缝宽度大大增加,以致无法使用。所以在计算中的应力—应变曲线采用屈服强度作为钢筋的强度取值,钢筋的强化段只作为一种安全储备考虑。但是在检验钢筋质量时仍然要求它的极限强度符合检验标准。

2. 无明显屈服点的钢筋

无明显屈服点的钢筋工程上习惯称为硬钢,硬钢强度高,但塑性差,脆性大。从加载到拉断,不像软钢那样有明显的阶段,基本上不存在屈服台阶(流幅)。图 1-6 为硬钢的应力—应变曲线。

由图 1-6 可知,这类钢筋只有一个强度指标,即极限抗拉强度,如前所述,在设计中,极限抗拉强度不能作为钢筋强度取值依据。因此工程上一般取残余应变为 0.2% 所对应的应力 $\sigma_{0.2}$ 作为无屈服点钢筋的强度取值,通常称为条件屈服强度。

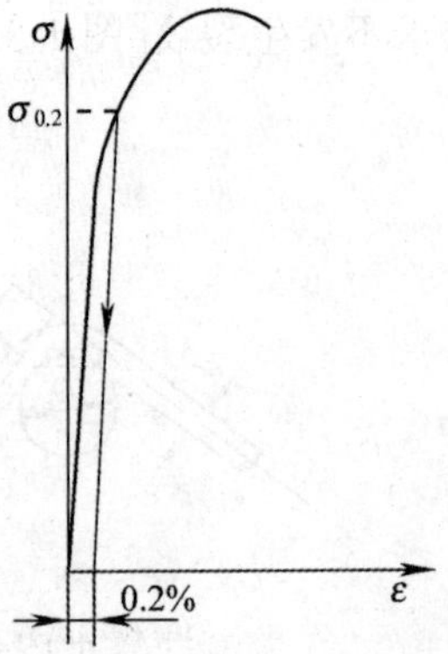

图 1-6　无明显屈服点钢筋

四、钢筋的选用

混凝土结构的钢筋应按下列规定选用:

1. 纵向受力普通钢筋可采用 HRB400、HRB500、HRBF400、HRBF500、HRB335、RRB400、HPB300 钢筋;梁、柱和斜撑构件的纵向受力普通钢筋宜采用 HRB400、HRBF400、HRB500、HRBF500 钢筋。

2. 箍筋宜采用 HRB400、HRBF400、HRB335、HPB300、HRB500、HRBF500 钢筋。

3. 预应力筋宜采用预应力钢丝、钢绞线和预应力螺纹钢筋。

第二节　混　凝　土

一、混凝土强度

(一)混凝土立方体抗压强度

混凝土立方体抗压强度是衡量混凝土强度的主要指标,简称立方体强度,它不仅与养护时的温度、湿度、水灰比、施工方法、龄期等因素有关,而且与试验方法和试件尺寸也有密切关系。因此在建立混凝土强度时,需要规定一个统一的标准作为依据。

我国《混凝土结构设计规范》(GB 50010—2010)(2015 年版)(以下简称《规范》)规定:采用边长为 150 mm 的立方体试块,在温度为 17～23℃,相对湿度在 90% 以上的潮湿空气中养护 28 d,按照标准试验方法加压到破坏,所测得的具有 95% 保证率的抗压强度值,作为混凝土的立方体抗压标准强度,用 $f_{cu,k}$ 表示,混凝土的强度等级即由立方体抗压标准强度来确定,它是混凝土各种力学指标的基本代表值,《规范》列出的混凝土强度等级有 C15、C20、C25、C30、C35、C40、C45、C50、C55、C60、C65、C70、C75 和 C80 共 14 个等级。例如,C40 表示立方体抗压强度标准值为 40 N/mm²,C50 及以上等级为高强度混凝土。

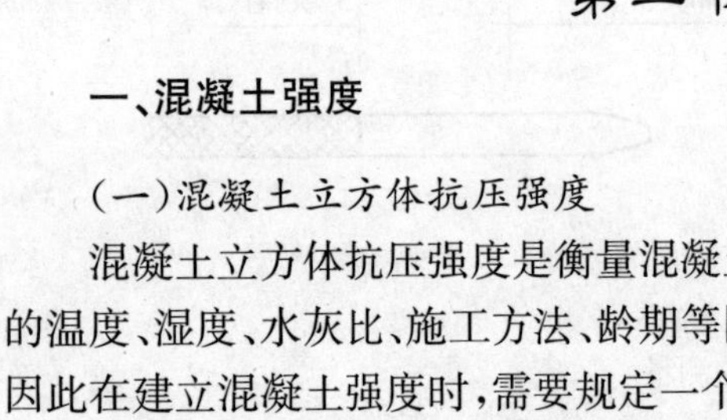

试验表明,混凝土在压力机上受压,试件纵向压缩,横向膨胀,由于压力机垫块与试件上下端表面间有摩擦力存在,试件两端表面将不能自由地横向扩张,实际上试件处在三向受力状态,从而提高了试件的抗压能力。若在试件表面涂以油脂,摩擦力将大为减少,所得混凝土抗压强度的数值,就比不涂油脂者小。

这两种试验方法所得出的立方体试件破坏特征,也不相同(图 1-7)。不涂油脂者[图 1-7(a)]在破

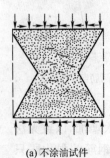

(a)不涂油试件　　(b)涂油试件

图 1-7　立方体试件破坏特征

坏时,块体四周剥落,呈两个锥形体;涂油脂者[图 1-7(b)],则出现垂直裂缝。为统一标准,在试验中均采用较为方便的不涂油脂的试件。

试件的形状与尺寸,也在很大程度上影响所测得抗压强度的数值。世界各国测定混凝土强度的标准试件形状有圆柱体试块和立方体试块。美国、日本和欧洲混凝土协会(CEB)采用直径 $d=150$ mm,高度 $h=300$ mm 的圆柱体试块的抗压强度作为混凝土强度指标,符号为 f_c'(美国)或 f_c(CEB)。f_c' 与我国边长为 150 mm 的立方体强度 $f_{cu,k}$ 的换算关系为 $f_c'=0.79 f_{cu,k}$。

试验表明,混凝土立方体试块尺寸愈大,实测破坏强度愈低,反之愈高,这种现象称为尺寸效应。这是由混凝土内部缺陷和试件承压面摩擦力影响等因素造成的,试件尺寸大,内部缺陷(微裂缝、气泡等)相对较多,端部摩擦力影响相对较小,故强度较低。根据我国的试验结果,当采用边长为 200 mm 和 100 mm 的立方体试块时,实测的立方体抗压强度应分别乘以 1.05 和 0.95 的换算系数,以便得到相当于边长 150 mm 的标准试块的立方体抗压强度。

在钢筋混凝土结构中,混凝土强度等级的选用除与结构受力状态和性质有关外,还应考虑与钢筋强度相匹配。根据工程经验和技术经济等方面的要求,《规范》规定:钢筋混凝土结构的混凝土强度等级不宜低于 C20,当采用强度等级 400 MPa 以上钢筋时,混凝土强度等级不应低于 C25,对于承受重复荷载作用的构件,混凝土强度等级不得低于 C30。预应力混凝土结构的混凝土强度等级不宜低于 C40,且不应低于 C30。

(二)棱柱体抗压强度(轴心抗压强度)

通常,钢筋混凝土受压构件的实际长度比它的截面尺寸大得多,因此棱柱体试件比立方体试块能更好地反映受压构件中混凝土的实际工作状态。

棱柱体试件所测得的抗压强度称为棱柱体抗压强度,又称轴心抗压强度,低于立方体强度,这是因为当试件高度增大后,两端接触面摩擦力对试件中部的影响逐渐减弱所致。图 1-8 中 f_c/f_{cu} 与 h/b 的关系说明随棱柱体高宽比 h/b 增加,棱柱体强度 f_c 逐渐降低,当 $h/b>3$ 时,f_c 趋于稳定,因此我国规范采用 150 mm×150 mm×300 mm 或 100 mm×100 mm×300 mm 的标准棱柱体试件来确定混凝土的轴心抗压强度。

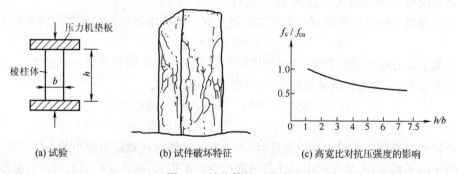

(a) 试验   (b) 试件破坏特征   (c) 高宽比对抗压强度的影响

图 1-8 棱柱体抗压强度

根据我国近年来的试验资料,对于同一混凝土,棱柱体抗压强度小于立方体抗压强度,其平均值之间的换算关系为:

$$f_{c,m}=\alpha_{c1} f_{cu,m}$$

随着混凝土强度的提高,换算系数 α_{c1} 值将增大。对不超过 C50 级的混凝土取 $\alpha_{c1}=0.76$,对 C80 取 $\alpha_{c1}=0.82$,中间按线性规律变化。

对 C40 以上混凝土还要考虑脆性折减系数 α_{c2},对 C40 取 $\alpha_{c2}=1.0$,对 C80 取 $\alpha_{c2}=0.87$,中间按线性规律变化。

考虑到结构中混凝土强度与试件制作及养护条件的差异,根据以往的经验,并结合试验数据分析,以及参考其他国家的有关规定,对试件混凝土强度修正系数取为 0.88。于是,混凝土的轴心抗压强度标准值与混凝土立方体强度标准值之间的关系为:

$$f_{ck}=0.88\alpha_{c1}\alpha_{c2}f_{cu,k} \tag{1-2}$$

(三)轴心抗拉强度

混凝土构件的开裂、裂缝、变形以及受剪、受扭、受冲切等承载力均与抗拉强度有关。因此,混凝土的抗拉强度也是其基本力学性能,用符号 f_t 表示。

由于影响因素较多,故混凝土抗拉强度的测定还没有统一标准试验方法。常用的试验方法有 3 种:轴心受拉试验、劈裂试验和弯折试验。

轴心受拉试验如图 1-9(a)所示,试件为 100 mm×100 mm×500 mm 的柱体,两端埋设埋长为 150 mm 的直径 16 mm 变形钢筋。试验机夹紧两端伸出的钢筋使试件受拉,破坏时试件中部产生横向裂缝,破坏截面上的平均拉应力即为一次拉伸试验的混凝土轴心抗拉强度值。因为混凝土的抗拉强度很低,影响因素也很多,要实现理想的均匀轴心受拉很困难,因此混凝土的轴心抗拉强度试验值往往很离散。混凝土的轴心抗拉强度比抗压强度小很多,一般只有抗压强度的 1/20~1/8,且与立方体强度不成线性关系,$f_{cu,k}$ 越大,$f_{tk}/f_{cu,k}$ 值越小,两者的关系如图 1-9(b)所示。根据以往规范确定抗拉强度的试验数据再加上我国近年来对高强混凝土研究的试验数据,统一进行

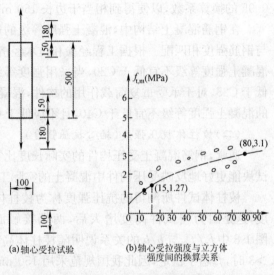

(a)轴心受拉试验

(b)轴心受拉强度与立方体强度间的换算关系

图 1-9 轴心受拉强度

分析后得出混凝土轴心抗拉强度平均值与混凝土立方体抗压强度平均值之间的换算关系为:

$$f_{t,m}=0.395f_{cu,m}^{0.55}$$

与混凝土轴心抗压强度类同,考虑到实际构件与试件的差别及混凝土的脆性,上式还需乘强度修正系数 0.88 及脆性折减系数 α_{c2},α_{c2} 同前。《规范》取:

$$f_{tk}=0.88\times0.395f_{cu,k}^{0.55}\times\alpha_{c2}(1-1.645\delta)^{0.45}$$

即

$$f_{tk}=0.347\alpha_{c2}f_{cu,k}^{0.55}(1-1.645\delta)^{0.45} \tag{1-3}$$

轴心拉伸试验测定混凝土抗拉强度时,由于安装试件时很难避免较小的歪斜和偏心,或者由于混凝土的不均匀性,其几何中心往往与物理中心不重合,所有这些因素都会对量测的混凝土轴心抗拉强度有较大的影响,试验结果的离散程度较大。此外,采用弯折试验不能测得混凝土的真实抗拉强度,由于混凝土的塑性性能,测得的强度实际上是混凝土弯曲抗拉强度。因此,目前国内外常采用立方体或圆柱体的劈裂试验来测定混凝土轴心抗拉强度。

如图 1-10 所示,在卧置的立方体(或圆柱体)与加载板之间放置一垫条,使上下形成对应条形加载。这样,在垂直面上就产生了拉应力,它的方向与加载方向垂直,并且基本上是均匀的[图 1-10(c)],从而形成劈裂破坏。根据弹性理论,劈裂强度 f_t 可按下式计算:

$$f_t = \frac{2F}{\pi dl} \qquad (1-4)$$

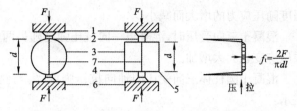

式中　F——破坏荷载；

　　　d——圆柱体直径或立方体边长；

　　　l——圆柱体长度或立方体边长。

通过试验说明，试件大小和垫条尺寸都对试验结果有一定影响，如果用劈裂方法来确定混凝土的轴心抗拉强度，应根据试件大小和垫条尺寸乘以不同的系数。

图1-10　用劈裂方法试验混凝土抗拉强度示意图

(a) 圆柱体劈裂试验　(b) 立方体劈裂试验　(c) 劈裂面中的水平应力分布

1—压力机上压板；2—弧形垫条及垫层各一条；3—试件；4—浇模顶面；5—浇模底面；6—压力机下压板；7—试件破裂线

对于同一混凝土，轴心拉伸试验和劈拉试验测得的抗拉强度并不相同。根据试验结果回归统计，劈拉强度与立方体强度平均值之间的关系为：

$$f_{sp,m} = 0.19 f_{cu,m}^{0.75}$$

国外得到劈拉强度与圆柱体强度的换算关系为：

$$f_{sp,m} = 0.291(f_{c,m}')^{0.637}$$

（四）复合应力状态下混凝土的强度

在钢筋混凝土结构中，混凝土一般都处于复合应力状态。由于混凝土材料的特点，对于复合应力状态下的强度，至今尚未建立起完善的强度理论。目前仍然只是借助有限的试验资料，推荐一些近似计算法。复合应力状态下混凝土强度问题是钢筋混凝土结构一个基本的理论问题，对于解决钢筋混凝土的很多承载力问题具有重要的意义。

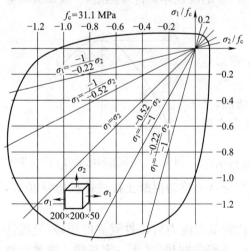

图1-11　混凝土双向受力强度

对于双向应力状态，如在两个互相垂直的平面上，作用着法向应力 σ_1 和 σ_2，第三平面上应力为零。这时双向应力状态下混凝土强度的变化曲线如图1-11所示。其强度变化的特点如下：

1. 当双向受压时（图1-11中第三象限），一向的强度随另一向压应力的增加而增加，当横向应力与轴向应力之比为0.5时，其强度比单向抗压强度增加达25%左右。而在两向压力相等的情况下，其强度增加仅为16%左右。

2. 当双向受拉时（图1-11中第一象限），一向抗拉强度基本上与另一向拉应力大小无关，即其抗拉强度几乎和单向抗拉强度一样。

3. 当一向受拉，一向受压时（图1-11中第二、四象限），混凝土的抗压强度几乎随另一向拉应力的增加而线性地降低。

如果在单元体上，除作用着剪应力 τ 外，并在一个面上同时作用着法向应力 σ，就形成压剪或拉剪复合应力状态，这时，其强度曲线如图1-12所示。图1-12中的曲线表明，混凝土的抗压强度由于剪应力的存在而降低，当 $\sigma/f_c < 0.5 \sim 0.7$ 时，抗剪强度随压应力的增大而增大，当 $\sigma/f_c > 0.5 \sim 0.7$ 时，抗剪

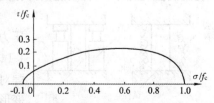

图1-12　混凝土在 σ 及 τ 作用下的复合强度曲线

强度随压应力的增大而减小。

混凝土三向受压时，混凝土一向抗压强度随另两向压应力的增加而增加，并且混凝土的极限压应变也大大增加。

混凝土圆柱体三向受压的轴向抗压强度 f_{cc} 与侧压力 σ_r 之间的关系，可用下列经验公式表示：

$$f_{cc}=f'_c+k\sigma_r \tag{1-5}$$

式中 k——侧向应力系数，侧向压力较低时，其值较大，为简化起见，可取为常数，较早的试验资料给出 $k=4.1$，后来的试验资料给出 $k=4.5\sim7.0$。

在工程实践中，为了进一步提高混凝土的抗压强度，常常用横向钢筋约束混凝土。例如，螺旋钢箍柱、钢管混凝土、钢筋混凝土铰和装配式柱的接头等。它们都是用螺旋形钢箍、钢管和矩形钢箍来约束混凝土以限制其横向变形，使混凝土处于三向受压的应力状态，从而使混凝土的强度有所提高，但更主要的是横向钢筋可以提高混凝土耐受变形的能力。这对提高钢筋混凝土结构抗震性能具有重要意义。

二、混凝土变形

混凝土的变形有两类：一类是由温度和干湿变化引起的体积变形；一类是由外荷载作用而产生的受力变形。由外荷载产生的变形与加载的方式及荷载作用持续时间有关，包括单调短期加载、多次重复加载以及荷载长期作用下的变形等。

（一）混凝土在一次短期加载时的应力—应变曲线

混凝土受压的应力—应变曲线，通常采用 $h/b=3\sim4$ 的棱柱体试件来测定，一次加载的应力—应变曲线如图 1-13 所示。

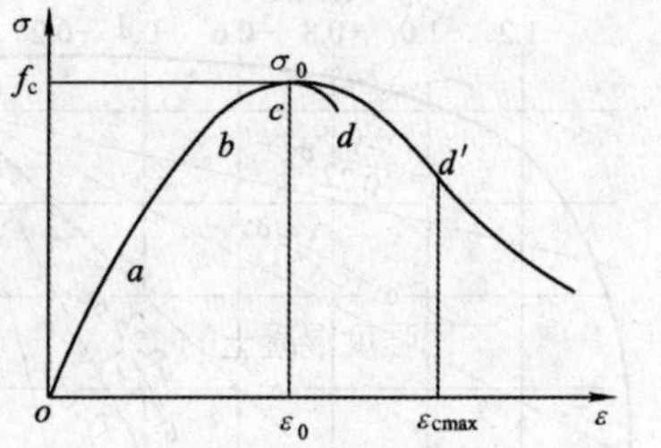

从试验可得出以下几点：

1. 当应力小于其极限强度的 $30\%\sim40\%$ 时（a 点），应力应变关系接近直线。

2. 当应力继续增大，应力应变曲线就逐渐向下弯曲，呈现出塑性性质。当应力增大到接近极限强度的 80% 左右时（b 点），应变就增长得更快。

图 1-13 一次加载的应力—应变曲线

3. 当应力达到极限强度（c 点）时，试件表面出现与加压方向平行的纵向裂缝，试件开始破坏，这时达到的最大应力 σ_0 称为混凝土棱柱体抗压强度 f_c，相应的应变为 ε_0，ε_0 一般为 0.002。

4. 试件在普通材料试验机上进行抗压试验时，达到最大应力后试件就立即崩碎，呈脆性破坏特征，所得应力—应变曲线如图 1-13 中的 $oabcd$，下降段曲线 cd 无一定规律。这种突然性破坏是由于试验机的刚度不足所造成的，因为试验机在加载过程中发生变形（积蓄能量），试件受到试验机的冲击（释放能量）而急速破坏。

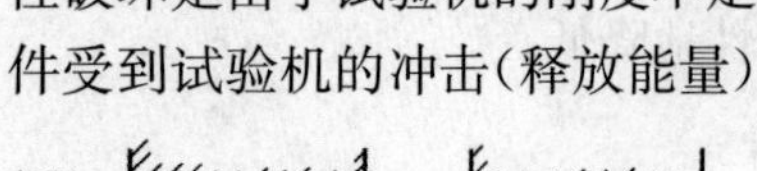

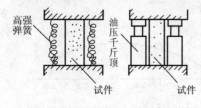
图 1-14 试件共同受压

5. 如果试验机的刚度极大，采用等应变加载或在普通压力机上用高强弹簧（或油压千斤顶）与试件共同受压（图1-14），用以吸收试验机内所积蓄的应变能，防止试验机的回弹对试件的冲击造成突然破坏。到达最大应力后，随试件变形的增大，高强弹簧承受的压力所占比例增大，对试件起到卸载作用，使试件承受的压力稳定下降，就可以测出混凝土的应力—应变全过程曲线,如图 1-13 中的 $oabcd'$。也就是随着缓慢的卸载,试件还能承受一定的荷载,应力逐渐减小而应变却持续增加。曲线中的 oc 段称为上升段,cd' 段称为下降段。相应于曲线末端的应变称为混凝土的极限压应变 ε_{cmax},ε_{cmax} 越大,表示塑性变形能力大,也就是延性(指构件最终破坏之前经受非弹性变形的能力)越好。

过去,人们习惯于从强度的观点来考虑问题,对混凝土力学性能的研究主要集中在混凝土的最大应力及弹性模量方面,也就是应力—应变曲线的上升段范围内。目前,随着抗震理论的发展,有必要深入了解材料达到极限强度后的变形性能,因此,研究的范围就扩展到应力—应变曲线的全过程。

图 1-15 为不同强度混凝土的应力—应变曲线,由图可见,随强度的提高,峰值应变 ε_0 变化不大,上升段曲线的形状是相似的,但下降段的曲线形状差别很大,高强度混凝土下降段的坡度较陡,低强度混凝土下降段的坡度较平缓,说明高强度混凝土下降相同的应力幅度时,变形越小,延性愈差。

混凝土受压应力—应变曲线的形状还与加载速度有着密切的关系,图 1-16 为同一强度混凝土试件在不同应变速度下的应力—应变曲线。可以看出,随着应变速度的降低,峰点应力逐渐减小,但是达到最大应力值时的应变却增加了,下降段也比较平缓。

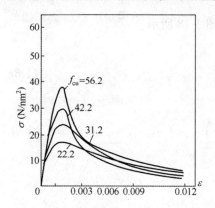

图 1-15　不同强度混凝土的应力—应变关系

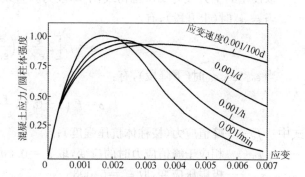

图 1-16　各种应变速度的混凝土受压应力—应变曲线
(混凝土圆柱体强度 $f_c'=21.2\ \mathrm{N/mm^2}$,龄期 56 d)

横向钢筋的约束作用对混凝土的应力—应变曲线的下降段有明显的影响,图 1-17 为一组配置矩形箍筋的约束混凝土试件的应力—应变全曲线。在应力到达无约束混凝土试件的临界应力以前,箍筋作用并不明显,应力应变曲线基本重合,当应力超过临界应力($\sigma=0.8f_c$)以后,随配箍量(体积配筋率 μ_t)的增加或箍筋间距的减小,约束混凝土应力—应变曲线的峰值应力有所提高,峰值应变的增长较为明显,而下降段的变化最为显著。这是因为箍筋的存在延缓了裂缝的扩展,箍筋的约束作用提高了裂缝面上的摩擦咬合力,使应力下降减缓,改善了混凝土的后期变形能力。因此,承受地震作用的构件如梁、柱和节点区,采用间距较密的箍筋约束混凝土可以有效地提高构件的延性。

混凝土受拉时的应力—应变关系与受压时类似,但它的极限拉应变比受压时的极限压应变小得多,同时应力—应变曲线的弯曲程度也比受压时小,在受拉极限强度的 50% 范围内,应力应变关系可认为是一直线。

(二)混凝土应力—应变曲线的数学模型

混凝土单轴受力时的应力—应变关系反映了混凝土受力全过程的重要力学特征,是混凝

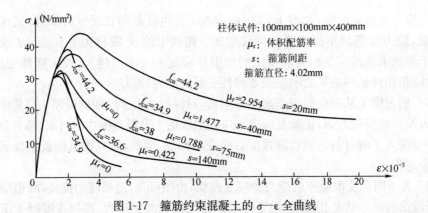

图 1-17 箍筋约束混凝土的 σ—ε 全曲线

土构件应力分析,建立承载力和变形计算理论的必要依据,也是利用计算机进行非线性分析的基础。描述混凝土单轴受力时的应力—应变曲线的数学模型很多,下面介绍几种国内外广泛采用的模式。

1. 混凝土受压应力—应变关系

(1)美国 E. Hognestad 建议的模型

该模型的上升段为二次抛物线,下降段为斜直线,如图 1-18 所示。

当 $\varepsilon \leqslant \varepsilon_0$ 时(上升段),有:

$$\sigma = f_c \left[2\frac{\varepsilon}{\varepsilon_0} - \left(\frac{\varepsilon}{\varepsilon_0}\right)^2 \right] \tag{1-6a}$$

当 $\varepsilon_0 < \varepsilon \leqslant \varepsilon_{cu}$ 时(下降段),有:

$$\sigma = f_c \left(1 - 0.15\frac{\varepsilon - \varepsilon_0}{\varepsilon_0 - \varepsilon_{cu}} \right) \tag{1-6b}$$

式中 f_c——峰值应力(棱柱体抗压强度);

ε_0——相应于峰值应力时的应变,取 $\varepsilon_0 = 0.002$;

ε_{cu}——极限压应变,取 $\varepsilon_{cu} = 0.0038$。

(2)西德 Rüsch 建议的模型

该模型的上升段与 Hognestad 建议的模型相同,下降段采用水平直线,形式更为简单,如图 1-19 所示。

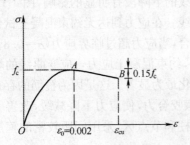

图 1-18 Hognestad 建议的应力—应变曲线

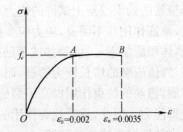

图 1-19 Rüsch 建议的应力—应变曲线

当 $\varepsilon \leqslant \varepsilon_0$ 时,有:

$$\sigma = f_c \left[2\frac{\varepsilon}{\varepsilon_0} - \left(\frac{\varepsilon}{\varepsilon_0}\right)^2 \right] \tag{1-7a}$$

当 $\varepsilon_0 < \varepsilon \leqslant \varepsilon_{cu}$ 时,有:

$$\sigma = f_c \tag{1-7b}$$

式中，$\varepsilon_0 = 0.002$，$\varepsilon_{cu} = 0.0035$。

（3）我国《规范》采用的模型

我国《规范》采用曲线上升段和直线水平段的应力—应变曲线形式（图 1-20）。

上升段：
$$\sigma = f_c\left[1 - \left(1 - \frac{\varepsilon_c}{\varepsilon_0}\right)^n\right] \qquad \varepsilon_c \leqslant \varepsilon_0 \tag{1-8a}$$

水平段：
$$\sigma = f_c \qquad \varepsilon_0 < \varepsilon_c \leqslant \varepsilon_{cu} \tag{1-8b}$$

式中，参数 n、ε_0、ε_{cu} 的取值如下：

$$n = 2 - \frac{1}{60}(f_{cu,k} - 50) \leqslant 2$$

$$\varepsilon_0 = 0.002 + 0.5 \times (f_{cu,k} - 50) \times 10^{-5} \geqslant 0.002$$

$$\varepsilon_{cu} = 0.0033 - (f_{cu,k} - 50) \times 10^{-5} \leqslant 0.0033$$

2. 混凝土受拉应力—应变关系

混凝土受拉应力—应变关系的上升段与受压情况相似，原点切线模量也与受压时基本一致。当应力达到混凝土的抗拉强度 f_t 时，弹性系数 $\nu \approx 0.5$，即峰值拉应变为：

$$\varepsilon_{t0} = \frac{f_t}{E_c'} = \frac{f_t}{0.5E_c} = \frac{2f_t}{E_c} \tag{1-9}$$

很长一段时间人们一直认为混凝土的受拉破坏是脆性的。但近年来，随着试验技术的发展，采用控制应变的加载方法，测得混凝土受拉应力—应变关系也有下降段，但下降段很陡（图 1-21）。混凝土的实际断裂不是发生在最大拉应力（抗拉强度 f_t），而是达到极限拉应变 ε_{tu} 时才开裂。混凝土极限拉应变 ε_{tu} 在 $(0.5 \sim 2.7) \times 10^{-4}$ 的范围波动，其值与混凝土的强度、配合比、养护条件有很大关系。

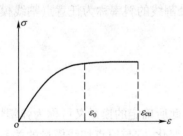

图 1-20 规范混凝土应力—应变曲线

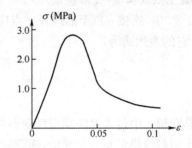

图 1-21 混凝土受拉 σ—ε 关系曲线

清华大学过镇海根据试验结果建议的混凝土受拉应力—应变关系为：

$$\begin{cases} y = \dfrac{\sigma}{f_t} = 1.2x - 0.2x^6 & \left(0 \leqslant x = \dfrac{\varepsilon}{\varepsilon_{t0}} \leqslant 1\right) \tag{1-10a} \\[2mm] y = \dfrac{\sigma}{f_t} = \dfrac{x}{\alpha(x-1)^{1.7} + x} & \left(x = \dfrac{\varepsilon}{\varepsilon_{t0}} \geqslant 1\right) \tag{1-10b} \end{cases}$$

式中，峰值拉应变 $\varepsilon_{t0} = 0.65 f_t^{0.54} \times 10^{-4}$，通常为 $(0.7 \sim 1.2) \times 10^{-4}$，下降段参数 $\alpha = 0.312 f_t^2$。

（三）混凝土的变形模量

计算超静定结构内力、温度变化和支座沉降产生的内力以及预应力混凝土构件的预压应力时，为方便起见，常近似把混凝土看作弹性材料进行分析，这时，就需要用到混凝土的弹性模量。对于弹性材料,应力—应变为线性关系,弹性模量为一常量。但对混凝土来说,应力应变关系实为一曲线,因此,就产生了怎样恰当地规定混凝土的这项"弹性"指标的问题。

前面已经提到,混凝土受压应力应变关系是一条曲线,只有在应力较小时(小于 $f_c/3$)才接近于直线。因此在不同应力阶段应力应变关系的材料模量是一个变数,称为变形模量。

从混凝土棱柱体受压资料,可以描绘出混凝土的应力应变典型曲线如图 1-22 所示。图中 ε_c 为当混凝土压应力为 σ_c 时的总应变,即:

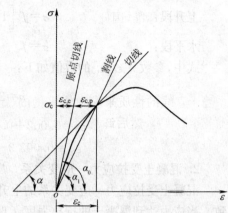

图 1-22 混凝土变形模量的表示方法

$$\varepsilon_c = \varepsilon_{c,e} + \varepsilon_{c,p} \tag{1-11}$$

式中 $\varepsilon_{c,e}$——混凝土弹性应变部分;

$\varepsilon_{c,p}$——混凝土塑性应变部分。

混凝土的受压变形模量有 3 种表示方法。

1. 混凝土弹性模量

混凝土的原点弹性模量,简称混凝土的弹性模量。混凝土棱柱体受压时,在应力—应变曲线的原点,即图中 o 点,并过 o 点作一切线,则其斜率称为混凝土的原点切线模量或简称弹性模量,以 E_c 表示。从图 1-22 中可以看出:

$$E_c = \tan \alpha_0 \tag{1-12a}$$

或

$$E_c = \frac{\sigma_c}{\varepsilon_{c,e}} \tag{1-12b}$$

式中 α_0——混凝土应力—应变曲线在原点处的切线与横坐标的夹角。

2. 混凝土割线模量(变形模量)

在图 1-22 中,连接 o 点至曲线任一点应力为 σ_c 处割线的斜率称为任意点割线模量或称为变形模量,它的表达式为:

$$E'_c = \tan \alpha_1 \tag{1-13a}$$

或

$$E'_c = \frac{\sigma_c}{\varepsilon_c} \tag{1-13b}$$

由于总变形 ε_c 中包含弹性和塑性变形两部分,由此所确定的模量又可称为弹塑性模量。

混凝土的割线模量是一个变值,随着应力大小而变化,它与原点切线模量的关系如下:

$$E_c \varepsilon_{c,e} = E'_c \varepsilon_c$$

$$E'_c = \frac{\varepsilon_{c,e}}{\varepsilon_c} E_c = \nu E_c \tag{1-14}$$

式中 ν——混凝土受压时的弹性系数,在应力较小时,处于弹性阶段,可以认为 $\nu=1$,应力增高,处于弹塑性阶段,ν 小于 1,随着应力的不断增加,ν 值逐渐减小。

拉应力较大时,混凝土的受拉变形模量也可以用类似的方法表示,即 $E'_{ct} = \nu_t E_c$。当混凝土受拉即将出现裂缝时,受拉弹性系数 ν_t 可取为 0.5。

3. 混凝土的切线模量

在混凝土应力—应变曲线上某一应力 σ_c 处作一切线,其应力增量与应变增量之比值称为相应于应力为 σ_c 时混凝土的切线模量 E''_c,即:

$$E''_c = \tan\alpha \tag{1-15a}$$

或 $$E_c'' = \frac{\mathrm{d}\sigma_c}{\mathrm{d}\varepsilon_c} \qquad (1\text{-}15\mathrm{b})$$

由于混凝土塑性变形的发展,混凝土的切线模量也是一个变值,它随着混凝土的应力增大而减小。

原点切线模量,即混凝土弹性模量一般不易从试验中测出,目前各国对弹性模量的试验方法没有统一标准,因此,有的部门采用割线模量,认为当应力不大时,应力应变关系接近于直线,弹性模量可以用应力 σ_c 除以其相应的应变 ε_c 来表示,即混凝土弹性模量 $E_c = \sigma_c/\varepsilon_c$(图 1-23)。在此,应力 σ_c 一般取为 $0.3f_c$。

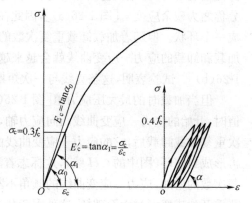

图 1-23　应力—应变关系趋于直线求弹性模量

也有利用多次重复加载卸载后应力—应变关系趋于直线的性质来求弹性模量的(图 1-23)。即加载至 $0.4f_c$,然后卸载至零,重复加载卸载 5 次,应力—应变曲线渐趋稳定并接近于一直线,该直线的正切 $\tan\alpha$ 即为混凝土的弹性模量。

中国建筑科学研究院曾进行了 387 个试件的弹性模量测定试验(图 1-24),经统计分析求得混凝土弹性模量与立方体抗压强度标准值 $f_{cu,k}$(即混凝土强度等级)之间的关系为:

$$E_c = \frac{10^5}{2.2 + \dfrac{34.7}{f_{cu,k}}} \qquad (1\text{-}16)$$

按式(1-16)求得的各种强度等级混凝土的弹性模量列于附表 1.3 中。

试验表明,混凝土的受拉弹性模量与受压弹性模量大体相等,其比值为 $0.82\sim1.12$,平均为 0.995。计算中,受拉和受压的弹性模量可取为同一值。

在钢筋混凝土板、壳结构计算时,常需用到混凝土的泊松比,即混凝土横向应变与纵向应变之比。混凝土单轴受压时纵向应变、横向应变及体积应变关系如图 1-25 所示。由图可知,混凝土的泊松比 ν_c 随应力大小而变化,并非一常值,但在应力不大于 $0.5f_c$ 时,可以认为 ν_c 为一定值,实用上可取 $\nu_c = 0.2$(也有取 0.15 或 $1/6$ 的)。当应力大于 $0.5f_c$ 时,则内部结合面裂缝剧增,ν_c 值就迅速增大。

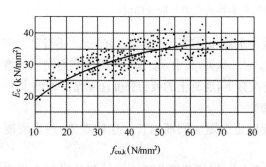

图 1-24　混凝土弹性模量与立方体强度
标准值的关系

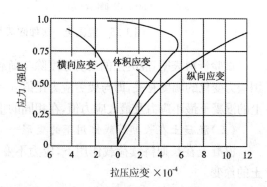

图 1-25　混凝土单轴受压时纵向应变、
横向应变及体积应变的曲线

混凝土的剪变模量 G_c 可根据弹性理论求得,剪变模量 G_c 与弹性模量 E_c 的关系为:

$$G_c = \frac{E_c}{2(1+\nu_c)} \tag{1-17}$$

当取泊松比 $\nu_c = 0.2$,由上式可得 $G_c = 0.417E_c$,所以我国《规范》规定混凝土的剪变模量为 $G_c = 0.4E_c$。

(四)混凝土在重复荷载下的应力—应变曲线

混凝土在多次重复荷载作用下,其应力—应变的性质和短期一次加载有显著不同。由于混凝土是弹塑性材料,初次卸载至应力为零时,应变不能全部恢复。可恢复的那一部分称之为弹性应变 ε_e,弹性应变包括卸荷时瞬时恢复应变和卸荷后弹性后效两部分,不可恢复的残余部分称之为残余应变 ε_p[图 1-26(a)],因此在一次加载卸载过程中,混凝土的应力—应变曲线形成一个环状。但随着加载卸载重复次数的增加,残余应变会逐渐减小,一般重复 5~10 次后,加载和卸载的应力—应变曲线就会越来越闭合并接近一直线,此时混凝土如同弹性体工作[图 1-26(b)]。试验表明,这条直线与一次短期加载时的曲线在 o 点的切线基本平行。

但当加载时的最大压应力值[图 1-26(b)中的 $\sigma_3 > f_c^f$,f_c^f 为混凝土疲劳强度]超过某一个限值时,开始的应力—应变曲线凸向应力轴,随着荷载重复次数的增加逐渐变成直线,再经过多次重复加载卸载后,它的应力—应变曲线由凸向应力轴而逐渐凸向应变轴,以致加载卸载不能再形成封闭环(图中的 GH 线),这标志着混凝土内部微裂缝发展加剧趋近破坏。随着重复荷载次数的增加,应力—应变曲线的倾角不断减小,至荷载重复到一定次数时,混凝土试件将因严重开裂或变形过大而破坏,这种因荷载多次重复作用而引起的破坏称为疲劳破坏,将混凝土试件承受 200 万次重复荷载时发生破坏的压应力值称为混凝土的疲劳抗压强度。

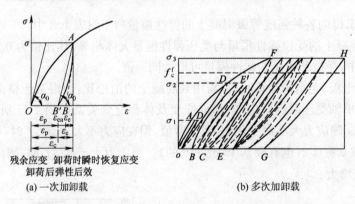

(a) 一次加卸载　　　　　　(b) 多次加卸载

图 1-26　混凝土一次加卸荷及多次加卸荷的应力—应变曲线

试验资料表明,混凝土的疲劳强度除与荷载重复次数和混凝土强度等级有关外,还与重复作用应力变化的幅度有关,即与疲劳应力比值 $\rho^f = \sigma_{min}^f / \sigma_{max}^f$ 有关,其中 σ_{min}^f、σ_{max}^f 为构件截面同一纤维上的混凝土最小应力及最大应力值,在相同的重复次数下,混凝土的疲劳强度随 ρ^f 增加而增大。

(五)混凝土在长期荷载作用下的变形——徐变

混凝土在长期持续荷载作用下,应力不变,变形也会随时间而增长。这种现象,称为混凝土的徐变。

图 1-27 是混凝土试件在持续荷载作用下,应变与时间的关系曲线。在加载的过程中完成的应变称为瞬时应变 ε_e,当荷载不变并持续作用时,应变随时间而增长。试验指出,徐变在早期发展较快,一般在最初 6 个月内可完成最终徐变的大部分(约 70%~80%),一年可完成约 90%,2~3 年后徐变基本停止,最终总徐变应变值 ε_{cr} 为瞬时应变的 2~4 倍,此外,图 1-27 中

还表示了两年后卸载时应变的恢复情况,其中 ε'_c 为卸载时瞬时恢复的应变,其值略小于加载时的瞬时应变。ε''_c 为卸载后的弹性后效,即卸载又经过 20d 左右又恢复的一部分徐变,其值约为总徐变变形的 1/12。在试件中还有绝大部分应变是不可恢复的,成为残余应变 ε'_{cr} 遗留在混凝土中。

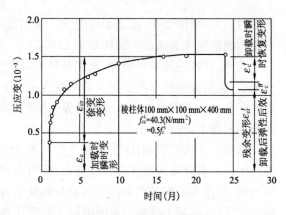

图 1-27　混凝土的徐变

关于徐变产生的原因,目前尚无统一的解释,通常可以这样理解:一是混凝土中的水泥凝胶体在荷载作用下产生粘性流动,并把它所承受的压力逐渐转给骨料颗粒,使骨料压应力增大,试件变形也随之增大;二是混凝土内部的微裂缝在荷载长期作用下不断发展和增加,也使徐变增大。当应力不大时,徐变的发展以第一种原因为主;当应力较大时,则以第二种原因为主。

影响徐变的主要因素有持续应力的大小、加载龄期、混凝土的配合比、振捣养护条件及结构所处的环境等。

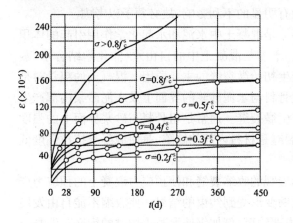

图 1-28　压应力与徐变的关系

持续应力的大小对徐变变形及徐变的发展规律都有重要影响。一般地,持续应力越大,徐变越大。当持续应力 $\sigma \leqslant 0.5f_c$ 时,徐变大小与持续应力大小呈线性关系,这种徐变称为线性徐变。$\sigma > 0.5f_c$ 时,徐变与持续应力不再呈线性关系,称为非线性徐变,徐变和应力的这种关系大体上可从图 1-28 中看出,线性徐变的发展特征是徐变随时间的增长具有收敛性,徐变曲线趋近于一水平渐近线。非线性徐变随时间的增长,可能随着应力的增大而转变成发散的,当荷载持续一定时间后,徐变的增长可能超过混凝土的变形能力而使混凝土突然破坏。我国铁道科学研究院曾作过 $\sigma \approx 0.8f_c$ 的持续受压试验,持荷 6 h 后,试件发生爆裂性突然破坏。由此可见,在正常使用阶段,构件混凝土经常处于不变的高压应力状态是很不安全的,在实际工程中,取 $\sigma = 0.8f_c$ 作为混凝土的长期抗压强度。

加载时,龄期越短,徐变越大(图 1-29)。因此,为了减少徐变,应避免过早地给结构施加长期荷载,例如在施工期内避免过早地撤除构件的模板支柱等,也可以采取加快混凝土硬结的措施来减小龄期对徐变的影响。

混凝土配比中,水灰比及水泥用量对徐变影响较大,水灰比越大,徐变越大,水泥用量越大,徐变也越大。

振捣、养护及环境湿度也会影响徐变的发展。振捣条件好,养护及工作环境湿度大,

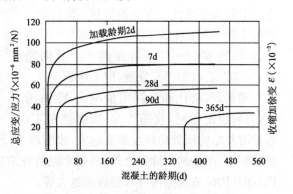

图 1-29　徐变与加载时混凝土龄期的关系

养护时间长,则徐变小,反之则徐变大。采用蒸汽养护可以减小徐变。采用蒸汽养护的混凝土一年后的徐变比普通养护的约减小 25%。

此外,骨料的品质及级配、水泥品种等对徐变也有影响。骨料的质地越坚硬,级配越好,徐变越小,普通硅酸盐水泥混凝土的徐变比火山灰质水泥、矿渣水泥或早强水泥制成的混凝土都要大一些。由于混凝土中水分的挥发与构件的体积与表面积之比有关,因而构件尺寸越大,表面积相对越小,徐变越小。

徐变对结构的影响,主要是使变形增大,使预应力混凝土的预应力产生损失,使结构或构件产生内力重分布或截面应力重分布,并引起应力松弛。徐变对结构的影响,在多数情况下是不利的,但徐变引起的内力或应力重分布及应力松弛有时候对结构有利。例如,对钢筋混凝土轴心受压柱,混凝土徐变引起的混凝土和受压钢筋之间的应力重分布,使钢筋和混凝土的应力有可能同时到达各自的强度,有利于材料强度的充分利用;对存在温度应力的结构,混凝土徐变可能使温度应力降低。

(六)混凝土收缩

混凝土的收缩是一种非受力变形。混凝土在空气中硬结时会产生体积缩小,称为收缩;混凝土在水中硬结时会产生体积膨胀。只是膨胀量很小,且发展缓慢,对结构产生的影响不大。收缩的量则比膨胀大得多,发展也较快,对结构有明显的不利影响,故必须予以考虑。

混凝土的收缩包括凝缩和干缩两部分。凝缩是混凝土中水泥和水起化学作用引起的体积变化,凝缩的大部分在混凝土硬化的早期产生。干缩是混凝土中的自由水(非化学结合水)蒸发所引起的体积变化。收缩是使混凝土内部产生初始微裂缝的主要原因。混凝土的粗骨料是不收缩的,水泥砂浆则是收缩的,这种状态使粗骨料与水泥砂浆的界面上及水泥砂浆内部产生拉应力,当这种拉应力超过强度极限时,就会产生微裂缝。通常是粗骨料与砂浆界面上的强度较低,故微裂缝大部分产生在界面上。这种微裂缝是材料内部的缺陷,是使混凝土抗拉强度低且离散性较大的主要原因。

收缩对结构或构件的主要不利影响是引起宏观的收缩裂缝和使预应力混凝土的预应力产生损失。结构或构件的收缩裂缝是混凝土的收缩变形受到约束的结果。使收缩不能自由发展的约束有两种类型,即内部约束与外部约束。内部约束,例如钢筋混凝土构件的钢筋对混凝土收缩的约束及非均匀收缩时收缩小的部分对收缩大的部分的约束;外部约束主要是超静定结构的赘余支承约束等。

混凝土收缩变形的发展规律与线性徐变类似,即早期较快,往后逐渐减慢,收缩应变—时间关系曲线呈水平渐近线(图 1-30),混凝土第一年的收缩应变约为$(0.2\sim0.4)\times10^{-3}$,其 80%~90% 可在前 6 个月内完成,一年以后收缩仍有发展,但不明显。

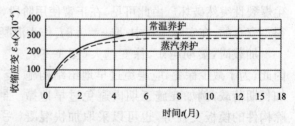

图 1-30　混凝土收缩应变与时间的关系

通常,水灰比和水泥用量越大,收缩越大,骨料级配差时,收缩较大;振捣越密实,养护时及结构所处的环境湿度越大,收缩越小;环境温度越高,收缩越大;蒸汽养护比常温养护的收缩小(图 1-30),除此之外,高强水泥的收缩较大;构件的体积与表面积的比值(V/S)越小(如细长构件或薄壁构件),则收缩越大等。

对收缩很难作准确的定量分析,目前虽有多种计算方法,但在实际设计计算时很少采用。

通常是在设计和施工中,针对收缩的影响因素采取必要的措施来减少收缩对结构的不利作用。通常限制水灰比和水泥用量,加强振捣、养护,配置适量的构造钢筋和设置变形缝等。对细长构件和薄壁构件,应特别注意。对这类构件如稍有疏忽,往往在拆模时即发现收缩裂缝。

第三节 钢筋和混凝土的共同工作

一、概　述

钢筋与混凝土能共同工作的基本前提是二者间具有足够的粘结强度,能够承受由于变形差(相对滑移)沿钢筋与混凝土接触面上产生的剪应力,通常把这种剪应力称为粘结应力,有时也简称粘结力,而粘结强度则指粘结失效(钢筋被拔出或混凝土被劈裂)时对应的极限粘结应力平均值。通过粘结应力来传递二者间的应力,使钢筋与混凝土共同受力。钢筋与混凝土之间的粘结强度如果遭到破坏,就会使构件变形增加、裂缝剧烈开展,甚至提前破坏。在重复荷载(特别是强烈地震)作用下,很多结构的毁坏都是粘结破坏及锚固失效引起的。

钢筋混凝土构件中的粘结应力,按其作用性质可分为两类:一是锚固粘结应力,如钢筋伸入支座[图 1-31(a)]或支座负弯矩钢筋在跨间截断时[图(1-31(b)],必须有足够的锚固长度或延伸长度,使通过这段长度上粘结应力的积累,将钢筋锚固在混凝土中,而不致使钢筋在未充分发挥作用前就拔出;二是裂缝附近的局部粘结应力,如受弯构件跨间某截面开裂后,开裂截面的钢筋应力通过裂缝两侧的粘结应力部分地向混凝土传递[图 1-31(c)],这类粘结应力的大小反映了混凝土参与受力的程度。

(a) 支座钢筋锚固　　　　　(b) 跨间钢筋截断锚固　　　　　(c) 裂缝两侧钢筋应力

图 1-31　锚固粘结应力和局部粘结应力

钢筋与混凝土间的粘结力,主要由以下 3 方面组成。

1. 化学胶着力:混凝土在硬结过程中,水泥胶体与钢筋间产生吸附胶着作用。混凝土强度等级越高,胶着力也越高。

2. 摩擦力:由于混凝土的收缩使钢筋周围的混凝土裹压在钢筋上,当钢筋和混凝土间出现相对滑动的趋势,则此接触面上将出现摩阻力。

3. 机械咬合力:由于钢筋表面粗糙不平所产生的机械咬合作用。

变形钢筋与混凝土的粘结力除了胶着力与摩擦力等以外,更主要的是钢筋表面凸出的横肋对混凝土的挤压力(图 1-32),斜向挤压力不仅产生沿钢筋表面的轴向分力,而且产生沿钢筋径向的径向分力使外围混凝土环向受拉。当荷载增加,因斜向挤压作用,在变形钢筋肋顶前方首先斜向开裂,形成内裂缝,在径向分力作用下的混凝土,好像一承受内压力的管壁,管壁的厚

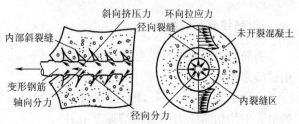

图 1-32　变形钢筋肋处的挤压力和内部裂缝

度就是混凝土保护层厚度,径向分力使混凝土产生纵向裂缝。若钢筋外围混凝土很薄且没有环向箍筋约束时,则表现为沿钢筋纵向的劈裂破坏。反之,钢筋肋纹间的混凝土被完全压碎或剪断,钢筋外围混凝土将发生沿钢筋肋外径的圆柱滑移面的剪切破坏(或称刮犁式破坏)。

二、影响粘结强度的因素

1. 混凝土强度等级

试验表明,粘结强度随混凝土强度等级提高而增大,但与混凝土的立方体抗压强度并不成正比,而是与混凝土抗拉强度成正比。

2. 钢筋的形式

变形钢筋的粘结强度比光圆钢筋高出 $1\sim2$ 倍,变形钢筋的肋纹形式不同,其粘结强度也略有差异,月牙纹钢筋的粘结强度比螺纹钢筋低 5%~15%。变形钢筋的肋高随钢筋直径的增大而相对变矮,所以粘结强度下降,轻度锈蚀钢筋的粘结强度要高于新轧制或经除锈处理的钢筋。

3. 混凝土保护层厚度和钢筋净间距

试验表明,混凝土保护层厚度对光圆钢筋的粘结强度没有明显影响,而对变形钢筋却十分明显,当相对保护层厚度 $c/d>5\sim6$(c 为混凝土净保护层厚度,d 为钢筋直径)时,变形钢筋的粘结破坏将不是劈裂破坏,而是肋间混凝土被刮出的剪切破坏,后者的粘结强度比前者大。同样,保持一定的钢筋净距,可以提高钢筋外围混凝土的抗劈裂能力,从而提高了粘结强度。

4. 横向配筋

配置螺旋筋或箍筋可以提高混凝土的侧向约束、延缓或阻止劈裂裂缝的发展,从而提高粘结强度,提高的幅度与所配置横向钢筋的数量有关。

5. 侧向压应力

在钢筋混凝土构件中,钢筋锚固区往往存在侧向压应力。因为侧向压应力将使摩擦力和咬合力增加,从而使粘结强度提高。试验表明,侧向压应力 $\sigma=0.35f'_c$(f'_c 为圆柱体抗压强度)时,粘结强度较 $\sigma=0$ 时提高一倍;但当 $\sigma>0.5f'_c$ 时,粘结强度将不再增长,甚至有所降低,因为此时与侧向压应力垂直方向的拉应变显著增长,减小了对混凝土横向变形约束。

6. 受力状态

试验表明,在重复荷载或反复荷载作用下,钢筋与混凝土之间的粘结强度将退化。一般来说,所施加的应力越大,重复或反复次数越多,粘结强度退化越快。

此外,在锚固范围内有剪力时,常由于存在斜裂缝和锚筋受到暗销作用而缩短了有效长度,增加了局部粘结破坏的区段,使平均粘结强度降低。

钢筋和混凝土之间粘结锚固能力的优劣,直接影响着结构构件的安全,在设计时必须予以足够重视。

三、粘结强度的测定

钢筋与混凝土的粘结强度常采用如图 1-33 所示的拔出试验来测定。

设拔出力为 $F=\sigma_s A_s$,则以粘结破坏时钢筋与混凝土的最大平均粘结应力作为粘结强度 τ_u,即:

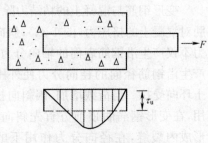

图 1-33 粘结强度测定

$$\tau_u = \frac{F}{\pi dl} = \frac{\sigma_s A_s}{\pi dl} = \frac{\sigma_s \frac{\pi}{4}d^2}{\pi dl} = \frac{d}{4l}\sigma_s \tag{1-18}$$

式中 d——钢筋直径;

l——钢筋埋长或钢筋锚固长度。

测量钢筋沿长度方向的各点应变,就可得到钢筋应力 σ_s 图及粘结应力 τ_u 图(图 1-34)。

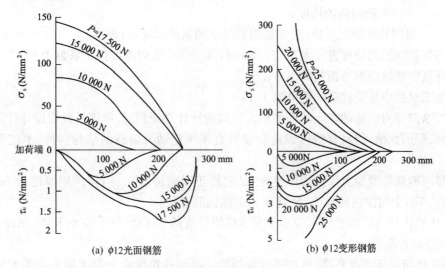

图 1-34 钢筋应力 σ_s 图及粘结应力 τ_u 图

从试验可以看出,对于光面钢筋,随着拉拔力的增加,τ_u 图形的峰值位置由加荷端向内移动,临近破坏时,移至自由端附近,同时 τ_u 图形的长度(有效埋长)也到达了自由端;对于变形钢筋,τ_u 图形的峰值位置始终在加荷端附近,有效埋长增加得也很缓慢。这说明变形钢筋的粘结强度大得多,钢筋中的应力能够很快向四周混凝土传递。

四、保证粘结力的措施

1. 钢筋的锚固

受拉钢筋必须在支座中具有足够的锚固长度,通过该长度上粘结应力的积累,使钢筋在靠近锚固区发挥作用。当计算中充分利用钢筋的强度时,其锚固长度按 $\tau_u = \frac{d}{4l}\sigma_s$ 中,$\sigma_s = f_y$,$l = l_{ab}$,有:

$$l_{ab} = \frac{f_y}{4\tau_u}d$$

而试验表明 τ_u 与 f_t 成正比,于是:

$$l_{ab} \geqslant \alpha \frac{f_y}{f_t}d \tag{1-19}$$

式中 l_{ab}——受拉钢筋的基本锚固长度;

f_y——锚固钢筋的抗拉强度设计值;

f_t——锚固区混凝土抗拉强度设计值,当混凝土强度等级高于 C60 时,按 C60 取值;

d——锚固钢筋的直径或锚固并筋的等效直径;

α——锚固钢筋的外形系数,见表 1-1。

表 1-1　钢筋的外形系数

钢筋类型	光圆钢筋	带肋钢筋	螺旋肋钢丝	3 股钢绞线	7 股钢绞线
α	0.16	0.14	0.13	0.16	0.17

受拉钢筋的锚固长度应根据锚固条件按下列公式计算:

$$l_a = \zeta_a l_{ab} \tag{1-20}$$

式中　l_a——受拉钢筋的锚固长度;

　　　ζ_a——锚固长度修正系数,对普通钢筋按下列条件修正(可连乘):

(1)当带肋钢筋的公称直径大于 25 mm 时,其锚固长度应乘以修正系数 1.1;

(2)环氧树脂涂层带肋钢筋取 1.25;

(3)施工过程中易受扰动的钢筋取 1.1;

(4)当纵向受力钢筋的实际配筋面积大于其设计计算面积时,修正系数取设计计算面积与实际配筋面积的比值,但对有抗震设防要求及直接承受动力荷载的结构构件,不应采用此项修正;

(5)锚固钢筋的混凝土保护层厚度为 $3d$ 时修正系数可取 0.80,保护层厚度为 $5d$ 时修正系数可取 0.70,中间按内插取值,此处 d 为锚固钢筋直径。

经上述修正后的锚固长度不应小于基本锚固长度的 0.6 倍,且不应小于 200 mm。

2. 钢筋的连接

钢筋连接可采用绑扎搭接、机械连接或焊接。机械连接接头及焊接接头的类型及质量应符合国家现行有关标准的规定。

受力钢筋的连接接头宜设置在受力较小处。在同一根钢筋上宜少设接头。在结构的重要构件和关键传力部位,纵向受力钢筋不宜设置连接接头。轴心受拉及小偏心受拉杆件的受力钢筋不得采用绑扎搭接接头;其他构件中的钢筋采用绑扎搭接时,受拉钢筋直径不宜大于 25 mm,受压钢筋直径不宜大于 28 mm。

同一构件中相邻纵向受力钢筋的绑扎搭接接头宜相互错开。钢筋绑扎搭接接头连接区段的长度为 1.3 倍搭接长度,凡搭接接头中点位于该连接区段长度内的搭接接头均属于同一连接区段。同一连接区段内纵向钢筋搭接接头面积百分率为该区段内有搭接接头的纵向受力钢筋与全部纵向受力钢筋截面面积的比值(图 1-35)。当直径不同的钢筋搭接时,按直径较小的钢筋计算。

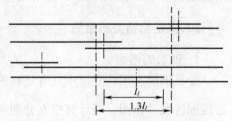

图 1-35　同一连接区段内的纵向受拉钢筋绑扎搭接接头

位于同一连接区段内的受拉钢筋搭接接头面积百分率:对梁类、板类及墙类构件,不宜大于 25%;对柱类构件,不宜大于 50%。当工程中确有必要增大受拉钢筋搭接接头面积百分率时,对梁类构件,不宜大于 50%;对板、墙、柱及预制构件,可根据实际情况放宽。

并筋采用绑扎搭接连接时,应按每根单筋错开搭接的方式连接。接头面积百分率应按同一连接区段内所有的单根钢筋计算。并筋中钢筋的搭接长度应按单筋分别计算。

纵向受拉钢筋绑扎搭接接头长度应根据位于同一连接区段内的钢筋搭接接头面积百分率按下列公式计算,且不应小于 300 mm。

$$l_l = \zeta_l l_a \tag{1-21}$$

式中　l_l——纵向受拉钢筋的搭接长度；

　　　l_a——纵向受拉钢筋的锚固长度；

　　　ζ_l——纵向受拉钢筋的搭接长度修正系数，按表 1-2 采用。

表 1-2　纵向受拉钢筋搭接长度修正系数

纵向钢筋搭接接头面积百分率（%）	≤25	50	100
ζ_l	1.2	1.4	1.6

构件中的纵向受压钢筋，当采用搭接连接时，其受压搭接长度不应小于上述纵向受拉钢筋搭接长度的 0.7 倍。

纵向受力钢筋机械连接接头宜相互错开。钢筋机械连接区段的长度为 35d，d 为连接钢筋的较小直径。凡接头中点位于该连接区段长度内的机械连接接头均属于同一连接区段。位于同一连接区段内的纵向受拉钢筋接头面积百分率不宜大于 50%；但对板、墙、柱及预制构件的拼接处，可根据实际情况放宽。纵向受压钢筋的接头百分率可不受限制。

机械连接套筒的保护层厚度宜满足有关钢筋最小保护层厚度的规定。机械连接套筒的横向净间距不宜小于 25 mm；套筒处箍筋的间距仍应满足构造要求。

直接承受动力荷载结构构件中的机械连接接头，除应满足设计要求的抗疲劳性能外，位于同一连接区段内的纵向受力钢筋接头面积百分率不应大于 50%。

细晶粒热轧带肋钢筋以及直径大于 28 mm 的带肋钢筋，其焊接应经试验确定；余热处理钢筋不宜焊接。

纵向受力钢筋的焊接接头应相互错开。钢筋焊接接头连接区段的长度为 35d 且不小于 500 mm，d 为连接钢筋的较小直径，凡接头中点位于该连接区段长度内的焊接接头均属于同一连接区段。

位于同一连接区段内纵向受力钢筋的焊接接头面积百分率，对纵向受拉钢筋接头，不宜大于 50%，但对预制构件的拼接处，可根据实际情况放宽。纵向受压钢筋的接头面积百分率可不受限制。

需进行疲劳验算的构件，其纵向受拉钢筋不得采用绑扎搭接接头，也不宜采用焊接接头，除端部锚固外不得在钢筋上焊有附件。

当直接承受吊车荷载的钢筋混凝土吊车梁、屋面梁及屋架下弦的纵向受拉钢筋必须采用焊接接头时，应符合下列规定：

(1)必须采用闪光接触对焊，并去掉接头的毛刺及卷边；

(2)同一连接区段内纵向受拉钢筋焊接接头面积百分率不应大于 25%，此时，焊接接头连接区段的长度应取为 45d，d 为纵向受力钢筋的较大直径；

(3)疲劳验算时，焊接接头应符合规范疲劳应力幅限值的规定。

3. 钢筋末端采用弯钩或机械锚固

在钢筋末端配置弯钩或机械锚固是减少锚固长度的有效方式。当纵向受拉普通钢筋末端采用钢筋弯钩或机械锚固措施时，包括弯钩或锚固端头在内的锚固长度（投影长度）可取为基本锚固长度 l_{ab} 的 0.6 倍。钢筋弯钩和机械锚固的形式和技术要求应符合表 1-3 及图 1-36 的规定。

表 1-3 钢筋弯钩和机械锚固的形式和技术要求

锚固形式	技 术 要 求
90°弯钩	末端90°弯钩,弯钩内径4d,弯后直段长度12d
135°弯钩	末端135°弯钩,弯钩内径4d,弯后直段长度5d
一侧贴焊锚筋	末端一侧贴焊长5d同直径钢筋
两侧贴焊锚筋	末端两侧贴焊长3d同直径钢筋
焊端锚板	末端与厚度d的锚板穿孔塞焊
螺栓锚头	末端旋入螺栓锚头

注:1. 焊缝和螺纹长度应满足承载力要求;
  2. 螺栓锚头和焊接锚板的承压净面积应不小于锚固钢筋截面积的4倍;
  3. 螺栓锚头的规格应符合相关标准的要求;
  4. 螺栓锚头和焊接锚板的净间距不宜小于4d,否则应考虑群锚效应的不利影响;
  5. 截面角部的弯钩和一侧贴焊锚筋的布筋方向宜向截面内侧偏置。

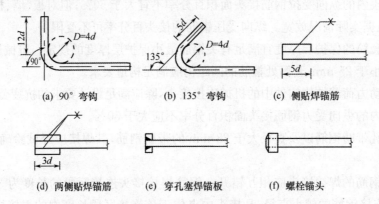

(a) 90° 弯钩   (b) 135° 弯钩   (c) 侧贴焊锚筋

(d) 两侧贴焊锚筋   (e) 穿孔塞焊锚板   (f) 螺栓锚头

图 1-36　钢筋弯钩和机械锚固的形式和技术要求

4. 混凝土保护层

构件中普通钢筋及预应力筋的混凝土保护层厚度应满足下列要求。

(1)构件中受力钢筋的保护层厚度不应小于钢筋的公称直径d。

(2)设计使用年限为50年的混凝土结构,最外层钢筋的保护层厚度应符合表1-4的规定;设计使用年限为100年的混凝土结构,最外层钢筋的保护层厚度不应小于表1-4中数值的1.4倍。

表 1-4　混凝土保护层的最小厚度 c(mm)

环境等级	板、墙、壳	梁、柱、杆
一	15	20
二 a	20	25
二 b	25	35
三 a	30	40
三 b	40	50

注:1. 混凝土强度等级不大于C25时,表中保护层厚度数值应增加5 mm;
  2. 钢筋混凝土基础宜设置混凝土垫层,其受力钢筋的混凝土保护层厚度应从垫层顶面算起,且不应小于40 mm。

五、混凝土对钢筋的保护作用

钢筋锈蚀是一种电化学过程。但钢材表面介质的酸碱度对腐蚀速度有明显影响。当 pH

值小于 5 时,钢材腐蚀极快;而当 pH 值接近 14 时,腐蚀将停止进行。混凝土对钢筋的保护作用,正是由于混凝土凝固后具有高碱度特性,混凝土中的孔隙水构成 pH 为 12.6 的氢氧化钙饱和液使混凝土中的钢筋表面形成连续完整的钝化层,而使锈蚀的电化学反应不可能发生。

但是,如果混凝土的碱度遭到破坏,则上述保护作用将消失。然而混凝土的碳化是一个由表及里、由浅入深的长期过程。有人对某海港大体积构筑物的混凝土进行观察,发现 12 年的碳化深度未超过 10 mm,国内外不同的试验也获得了类似的结果。这说明只要钢筋的混凝土保护层具有一定的厚度,以及构件裂缝不致过宽,就可使钢筋在结构的正常使用年限内免遭锈蚀。

必须注意的是混凝土的碳化速度随空气中 CO_2 浓度的增加及混凝土孔隙率的增大而加快,特别是孔隙率,它不但影响混凝土的碳化速度,过大的孔隙率还会使钢筋表面得不到碱性溶液的严密覆盖而降低其抗锈蚀能力。因此,在施工过程中注意保证混凝土的密实性,对于提高混凝土对钢筋的保护作用具有重大意义。

混凝土保护层对提高钢筋抗火能力也有显著作用,混凝土的导热性差,其传热速度约为钢的 1/50,经验证明,在 1 000~1 100℃的温度作用下,保护层为 25mm 厚时,钢筋经 1 h 才达到 550℃,与钢结构比较,这就显著提高了抗火能力。

小　结

1. 有明显屈服点的钢筋(软钢)和无明显屈服点的钢筋(硬钢)的应力—应变曲线不同,屈服强度是软钢强度设计值的依据,对于硬钢,则取条件屈服强度 $\sigma_{0.2}$ 作为强度设计值的依据。

2. 用于混凝土结构中的钢筋应满足强度、塑性、可焊性、与混凝土有可靠粘结等多方面要求。

3. 纵向受力普通钢筋可采用 HRB400、HRB500、HRBF400、HRBF500、HRB335、RRB400、HPB300 钢筋。

4. 梁、柱和斜撑构件的纵向受力普通钢筋宜采用 HRB400、HRB500、HRBF400、HRBF500 钢筋。

5. 箍筋宜采用 HRB400、HRBF400、HRB335、HPB300、HRB500、HRBF500 钢筋。

6. 预应力筋宜采用预应力钢丝、钢绞线和预应力螺纹钢筋。

7. 混凝土立方体抗压强度指标作为评定混凝土强度等级的依据,我国采用 150 mm 边长的立方体作为标准试块。混凝土轴心抗压强度是结构混凝土最基本强度指标,混凝土轴心抗拉强度及复合应力下混凝土强度都和轴心抗压强度有一定关系。对于不同的结构构件,应选择不同强度等级的混凝土。

8. 混凝土徐变和收缩对钢筋混凝土和预应力混凝土结构构件性能有重大影响,虽然影响徐变和收缩的因素基本相同,但它们之间具有本质的区别。混凝土在重复荷载作用下的变形性能与一次短期荷载作用下的变形不同。

9. 钢筋和混凝土之间粘结力是两者能共同工作的主要原因,应当采取各种必要的措施加以保证。

思　考　题

1. 软钢和硬钢的应力—应变曲线有什么不同,其抗拉强度设计值 f_y 各取曲线上何处的应力值作依据?

2. 在钢筋混凝土结构中,宜采用哪些钢筋? 为什么?

3. 试述钢筋混凝土结构对钢筋的性能有哪些要求?

4. 我国用于钢筋混凝土结构的钢筋有哪几种? 我国热轧钢筋的强度分为几个等级? 用什么符号表示?

5. 混凝土立方体抗压强度能不能代表实际构件中的混凝土强度? 除立方体强度外,为什么还有轴心抗压强度?

6. 混凝土抗拉强度是如何测试的?

7. 什么是混凝土的弹性模量、割线模量和切线模量? 弹性模量与割线模量有什么关系?

8. 什么叫混凝土徐变? 什么是线性徐变和非线性徐变? 混凝土的收缩和徐变有什么本质区别?

9. 如何避免混凝土构件产生收缩裂缝?

10. 钢筋与混凝土之间的粘结力是如何产生的?

第二章 混凝土结构基本计算原则

第一节 结构的功能要求与极限状态概念

一、结构的功能要求

结构设计的目的是在一定技术基础上,以最经济的手段设计足够可靠的结构,使结构在规定时间内和规定条件下,完成各项预定功能要求。

结构各项预定功能的具体要求如下:

1. 安全性:结构应能承受在正常施工与正常使用期间可能出现的各种荷载和变形。在偶然事件(强震、强风、爆炸等)发生时及发生后,结构仍能保持必须的整体稳定,不致发生倒塌。

2. 适用性:结构在正常使用期间,具有良好的工作性能,如不产生影响使用的过大的变形或振动,也不发生使用户不安的过宽的裂缝等。

3. 耐久性:结构在正常维护的条件下,具有足够的耐久性能,不致因材性变化(如混凝土严重风化、腐蚀、冻融而脱落,钢筋严重锈蚀等)影响结构的使用寿命。

结构在规定的设计基准使用期内和规定的条件下(正常设计、正常施工、正常使用和维修)完成预定功能的能力称为结构可靠性。而结构在规定时间内与规定条件下完成预定功能的概率,称为结构可靠度。结构可靠度是衡量结构可靠性的重要指标。

二、极限状态概念

结构能够满足功能要求且能良好地工作,称结构为"可靠"或"有效",反之则称结构为"不可靠"或"失效"。

整个结构或构件超过某一特定状态时(如达极限承载能力、失稳、变形过大、裂缝过宽等)就不能满足设计规定的某一功能要求,这种特定状态就称为该功能的极限状态。

按功能要求,结构极限状态可分为下面两类。

1. 承载能力极限状态

承载能力极限状态标志结构已达到最大承载能力、出现疲劳破坏、达到不能继续承载的变形或因结构局部破坏而引发的连续倒塌。若超过这一极限状态后,结构或构件就不能满足预定的安全性功能要求。如造成因材料强度不足而破坏,或因过度的塑性变形使之成为机动体系,或使结构丧失整体稳定或局部稳定。承载能力极限状态是每一个结构或构件必须进行设计和计算的,必要时还应作倾覆和滑移验算。在本课程中,主要阐述承载能力极限状态。

2. 正常使用极限状态

正常使用极限状态标志结构或构件已达到影响正常使用和耐久性的某项规定的限值,若超过这一限值,就认为不能满足适用性和耐久性的功能要求。如变形过大、裂缝过宽影响正常使用与外观,或局部产生损坏,影响耐久性,或超过正常使用的振动限值等。构件的正常使用极限状态是在构件按承载能力极限状态进行设计后,再来进行验算的,以使所设计的结构和构件满足所有预定功能的要求。

第二节　结构的作用、作用效应与结构抗力

一、结构的作用与作用效应

结构的作用是指结构在施工期间和使用期间要承受的各种作用(即使结构产生内力和变形的所有原因)。作用按其形式可分为下面两类:

1. 直接作用:以力的形式作用于结构上时称直接作用,一般又称为结构的荷载,包括各种可能施加在结构或构件上的集中荷载与分布荷载,如恒载、楼面活载、吊车荷载、机车车辆荷载及其他可移动荷载、风载、雪载等。

2. 间接作用:以变形形式作用于结构上时称间接作用,习惯上又称为结构的外加变形和约束变形,如地震、基础沉降、混凝土收缩、温度变形、焊接变形等。

作用效应就是指上述直接作用或间接作用对结构构件产生的效果(即产生内力和变形等),用符号"S"来表示。

当结构上的作用仅为荷载的直接作用时,其作用效应又可称为荷载效应(也用"S"表示)。荷载效应可理解为由荷载产生的内力和变形(如轴力、弯矩、剪力、扭矩、挠度、转角和裂缝等)。因荷载是随机事件,故荷载效应是随机变量。

结构的作用按其随时间的变异性和出现的可能性不同,可分为下面3类:

1. 永久作用:不随时间变化的作用,如结构自重、土重、预加应力、基础沉降、焊接变形等。对直接的永久作用,称永久荷载。

2. 可变作用:随时间变化的作用,如楼面活载、风载、雪载、吊车荷载、机车车辆荷载、安装荷载及其他可移动荷载等。对直接的可变作用,称可变荷载。

3. 偶然作用:在设计基准使用期内不一定出现,但一旦出现,其数值很大,且持续时间较短的作用,如地震、爆炸、撞击、机车车辆脱轨以及滑坡、泥石流等。

二、荷载标准值与荷载设计值

结构设计时,应根据各种极限状态设计要求取用不同的荷载值,可分为下面3种:

1. 荷载标准值:是指结构在其使用期间正常情况下可能出现的最大荷载。由于荷载大小是不确定的随机变量,对其取值应具有一定的保证率,即超过荷载标准值的概率要小于某容许值。按国际标准化组织(ISO)所建议的取荷载平均值加上 1.645 倍标准差(即具有 95% 保证率的上分位值)作为荷载标准值(图 2-1),应该说是比较合适的,即:

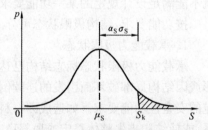

图 2-1　荷载标准值的取值

$$S_k = \mu_S + 1.645\sigma_S \qquad (2-1)$$

但这需要足够的荷载统计资料才行,我国目前只能采用半概率半经验的取值方式来确定荷载标准值,仅对少部分荷载是用概率分析的。如结构自重标准值与统计平均值相当,办公室楼面活荷载标准值相当于统计平均值加 1.5 倍标准差,住宅楼面活荷载标准值相当于统计平均值加 0.71 倍标准差,风载标准值的基本风压根据在空旷平坦地面上空10 m高度处测得的 30 年一遇的10 min平均最大风速求得,雪载标准值则是按空旷平坦地面上测得的 50 年一遇最大积

雪求得。其他荷载的标准值则参照不完整统计结果或历史的经验估算确定。各类荷载标准值及各种材料自重标准值详见《建筑结构荷载规范》(GB 50009—2012)。

2. 荷载频遇值：是指在设计基准期内，其超越总时间为规定的较小比率(不大于 0.1)或超越频率为规定频率的荷载值，用 $\psi_f Q_k$ 来表示，ψ_f 称为频遇值系数。

3. 荷载准永久值：是指可变荷载在结构设计基准使用期内经常遇到或超过的荷载值，类似于永久荷载的长期作用，但是这里是可变荷载。荷载的准永久值是考虑荷载的长期作用效应时，对荷载标准值 Q_k 的一种折减，用 $\psi_q Q_k$ 来表示，折减系数 ψ_q 就称为准永久值系数，$\psi_q \leqslant 1$。具体的可变荷载准永久值系数可查《建筑结构荷载规范》。

4. 荷载设计值：是指荷载标准值乘以荷载分项系数 γ_G(永久荷载)、γ_Q(可变荷载)以后的荷载值。在一般的承载能力极限状态设计中应采用荷载设计值。而在正常使用极限状态设计中则应采用荷载标准值或准永久值。

三、结构抗力

结构抗力是指整个结构或构件所能承受内力和变形的能力。在实际工程中，由于材料强度的离散性、构件几何特征的偏差和计算模式的不定性，从而由这些因素综合影响而成的结构抗力也是一个随机变量。结构抗力常用"R"来表示。

对于一个结构构件的工作状态，可以用作用效应 S 与结构抗力 R 来描述。若 $R>S$ 时，则结构为可靠状态；$R<S$ 时，则结构为失效状态。当 $R=S$ 时，称结构为极限状态，即：

$$R-S=0 \tag{2-2}$$

上式就是极限平衡方程式。

以最简单的轴心受压钢筋混凝土短柱的承载能力极限平衡方程式来看：荷载产生的轴向压力 N(相当于 S)应与轴心受压短柱的混凝土和钢筋抗压极限强度之和 N_u(相当于 R)平衡，即：

$$N=N_u \tag{2-3}$$

而
$$N_u=f_c A_c + f_y A_s \tag{2-4}$$

A_c、A_s 分别为混凝土与钢筋截面面积，f_c、f_y 分别为混凝土与钢筋抗压强度设计值。以后我们要阐述的各种作用的承载能力(或正常使用)极限状态平衡方程式，都类似于这样一种模式。

四、材料强度标准值与设计值

1. 材料强度标准值

材料强度标准值确定原则同荷载标准值一样，按不小于 95% 的保证率来确定其标准值(图 2-2)。对于钢筋抗拉强度标准值用 $f_{y,k}$ 来表示。因国家标准中已规定了每种钢的废品限值，按抽样检查所得统计资料表明，这个废品限值大致满足保证率为 97.73%，即平均值减去两倍标准差，故比《建筑结构设计统一标准》要求的平均值减去 1.645 倍标准差要高。故混凝土结构设计规范即取国家标准规定的废品值作为钢筋强度的标准值，不再另作规定。

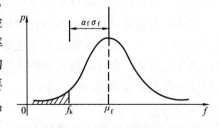

图 2-2　材料强度标准值取值

对于混凝土立方体抗压强度标准值用 $f_{cu,k}$ 表示，其确定方法是：按标准方法制作和养护的边长为150 mm立方体试块，在28 d龄期时用标准试

验方法测得的具有 95％保证率的抗压强度值,也就是平均强度减去 1.645 倍标准差的值为标准值,即:

$$f_{cu,k}=\mu_{f_{cu}}-1.645\sigma_{f_{cu}} \tag{2-5}$$

或

$$f_{cu,k}=\mu_{f_{cu}}(1-1.645\delta_{f_{cu}}) \tag{2-6}$$

式中,μ 为平均值,σ 为标准差,δ 为变异系数,脚标 f_{cu} 表示混凝土立方体强度,混凝土变异系数值见表 2-1。

表 2-1 混凝土的变异系数 δ

混凝土强度等级	C15	C20	C25	C30	C35	C40	C45	C50	C55	C60～C80
变异系数 δ	0.21	0.18	0.16	0.14	0.13	0.12	0.12	0.11	0.11	0.10

混凝土的轴心抗压强度标准值 $f_{c,k}$ 及抗拉强度标准值 $f_{t,k}$ 是假定与立方体强度具有相同变异系数按 $f_{cu,k}$ 推算得出。

混凝土和钢筋的各种强度标准值见附表 1.1、附表 1.5 和附表 1.6。

2. 材料强度设计值

材料强度标准值 f_k 除以材料分项系数 γ_m 即为材料强度设计值 f。

$$f=f_k/\gamma_m \tag{2-7}$$

材料的分项系数 γ_m 在《规范》中规定:对钢筋强度的分项系数 γ_s 取 1.1～1.2,对混凝土强度的分项系数 γ_c 取 1.4。这些分项系数中,钢筋是以轴心受拉构件,混凝土是以轴心受压构件按照目标可靠指标经可靠度分析确定的。如果某种材料缺乏统计资料,则按工程经验来定。

混凝土和钢筋的各种强度设计值见附表 1.2、附表 1.7 和附表 1.8。

第三节 结构按概率极限状态设计

一、结构设计方法概述

结构设计方法早期是建立在经验基础上,直到 19 世纪初,弹性体力学的发展推动了结构设计理论的形成,提出了容许应力设计方法,这个方法假定材料为弹性,以线弹性理论来分析,要求结构在使用期内任何一点的应力 σ 不超过某容许应力值 $[\sigma]$,而容许应力则是将材料强度 f 除以比 1 大得多的安全系数 K 得出的,即:

$$\sigma\leqslant[\sigma]=\frac{f}{K} \tag{2-8}$$

容许应力法特点就是以降低材料强度使用值方法来考虑构件安全性。

容许应力法将材料设定为弹性,材料的容许应力为简单定值,是与实际结构破坏情况不符的。破损阶段设计法考虑钢筋混凝土塑性性能,截面极限承载能力 R 值采用由实验得出的统计公式进行计算。要求由最大荷载产生的结构内力 S 不大于截面的极限承载能力 R,最大荷载用标准荷载乘以 K 来表示,即:

$$KS\leqslant R \tag{2-9}$$

破损阶段设计法特点是将所有影响结构安全不利的因素,用增大荷载安全系数来考虑构件安全性,虽比容许应力方法有一定改进,但这两种方法的安全系数 K 都是用一定值,由人们主观经验判断来定,没有明确的可靠度概念。

1955 年以后,提出了极限状态设计法,这种设计方法第一次明确提出了结构承载能力和正常使用两种不同的极限状态要求,采用 3 个系数(超载系数、匀质系数和工作条件系数)来考虑荷载、材料以及工作条件等方面不确定因素的影响。由于这 3 个系数是根据各自不同情况来考虑的,不是简单地由经验确定的单一的安全系数,并且在荷载标准值、超载系数、材料强度标准值和匀质系数中,开始引入了数理统计和概率取值的方法。虽然有些系数,因统计资料不足,仍是与经验相结合定出,是一种半概率半经验的设计方法,但是毕竟比容许应力设计法和破损阶段设计法前进了一大步。极限状态设计法是使可能最大的外荷载所引起的荷载效应 S_{max} 不大于构件截面可能承受的最小抗力 R_{min} 来表示的,即:

$$S_{max} \leqslant R_{min} \tag{2-10}$$

最大荷载是将荷载标准值乘以 K_1(荷载系数),最小抗力是将构件承载能力标准值除以 K_2(材料系数),加上考虑附加安全系数 K_3。这种采用多系数分析和单一安全系数 $K(K = K_1 \cdot K_2 \cdot K_3)$ 表达的半概率半经验的极限状态设计法,就是我国 TJ10—74 钢筋混凝土结构设计规范所采用的方法。

半概率半经验极限状态设计法计算简便,在荷载和材料取值中分别引进了数理统计和概率论,但仍然部分依靠经验来估计结构的安全性。

上述 3 种设计方法,都是定值安全系数法,所不同的只是确定安全系数的方法不同。在结构是否可靠的问题上都是采用某一定值的安全系数(K),似乎满足了这一安全系数,结构就绝对安全,不满足就不安全,这种绝对的概念是不科学的。因为这个安全系数是不能与结构可靠度等同的,实际上采用相同安全系数 K 设计出来的结构,它们的安全概率并不相同。也就是说,结构可靠度并不相同,而结构是否安全,需要以结构可靠度来衡量。

在 20 世纪后期,国际上对结构设计方法的总趋向是采用基于概率理论的极限状态设计法,或称"概率极限状态设计法"。这种方法的特点是运用概率论的方法对结构可靠性度量给出科学的回答,明确地提出了结构可靠度定义及计算式,它还将影响结构安全的各种因素,如荷载、材料、截面几何尺寸、施工误差、检验方法与计算方法的误差等均视作随机变量,应用数理统计和概率论方法加以分析。我国现行各种结构设计规范,如《混凝土结构设计规范》(GB 50010—2010)等都是采用概率极限状态设计法。这种设计方法已不再是定值法的范畴,而是非定值法(概率法)的范畴,这种设计方法使结构设计明显地向前发展了一大步。但是要指出的是:目前统计资料还不够完善,有些地方尚需结合经验来确定系数,加上设计人员的习惯,概率极限状态设计法的表达式仍是与以往半概率半经验设计法有些相似,但两者在结构可靠度计算上则是有着本质的区别。因为在运算过程中还是有一定程度的近似性,故只能作为一种近似概率极限状态设计方法。今后统计资料完善了,掌握了复合随机变量的实际概率分布,得到了真正的失效概率,使之满足人们可接受的容许失效概率值。也就是说,完全基于全概率的极限状态设计方法,即全概率法,那么这种结构设计方法就一定更科学、更合理。

近年来,我国建设、铁道、公路、水运和水利 5 个部门联合编制并发布了《工程结构可靠性设计统一标准》(GB 50153—2008),统一了各类结构设计的基本原则,明确了结构的可靠指标,使得各类结构的设计、施工、验收、规范修改有了共同遵守的准则。

目前,我国不同行业混凝土结构设计规范并不统一,设计原则也不完全一致,规范设计表达式与一些参数的取值不尽相同,本教材主要以《规范》为主。第十一章、第十二章分别介绍《铁路桥涵混凝土结构设计规范》(TB 10092—2017)(下面简称《铁规》)和《公路钢筋混凝土及预应力混凝土桥涵设计规范》(JTG D62—2012 征求意见稿)(下面简称《公规》)。

二、失效概率及可靠指标

1. 失效概率

本章第二节阐述了结构功能要求,即安全性、适用性、耐久性的要求,按照近似概率的极限状态设计方法,就是要从概率的观点来研究结构在规定设计基准使用期内、在规定条件下完成预定功能的能力,即结构可靠性的大小。这种用概率来度量结构的可靠性大小,称为结构可靠度。

结构能完成预定功能($R \geqslant S$)的概率称可靠概率 p_s,不能完成预定功能($R < S$)的概率称失效概率 p_f,显然:

$$p_s + p_f = 1 \tag{2-11}$$

这说明失效概率与可靠概率是互补的。在结构设计中,结构抗力 R 和作用效应 S 都是随机变量,它们的概率分布函数可以用不同曲线来反映。但一般来说,用正态分布较多,即使一些非正态分布的随机变量,也可通过变换转换成当量的正态分布。假设 R 与 S 均服从正态分布,其概率密度曲线如图 2-3 所示。

从图 2-3 中可看出,R 值在大多数情况下可能出现大于 S 值,但在两条分布曲线重叠面积内,仍有可能出现 R 小于 S 的情况。重叠面积的大小,反映了失效概率的高低。但不一定是成正比关系,因为 $\mu_R - \mu_S$ 越大,σ_R 和 σ_S 越小,重叠范围越小,因此失效概率的大小不仅与 $\mu_R - \mu_S$ 的大小有关,也与 σ_R 和 σ_S 的大小有关,加大 $\mu_R - \mu_S$ 或减小 σ_R 和 σ_S,均能使失效概率降低。

现设 $z = R - S$,因为 R,S 已设为正态分布的随机变量,那么 z 也是一个正态分布的随机变量。z 一般称为结构余力,它的随机变量函数称为结构功能函数。z 值的概率密度分布曲线如图 2-4 所示。

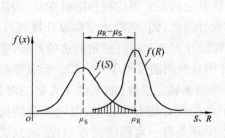

图 2-3 R、S 概率密度分布曲线

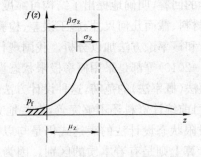

图 2-4 β 和 p_f 的关系

从图 2-4 中可知,$z < 0$ 的事件(失效事件)出现的概率(即图中阴影面积),其值为

$$p_f = p(z < 0) = \int_{-\infty}^{0} f(z) \mathrm{d}z \tag{2-12}$$

2. 可靠指标

由于 p_f 计算较麻烦,通常采用与 p_f 相对应的 β 值来计算失效概率的大小。β 与 p_f 的对应关系见表 2-2。两者的关系也可从图 2-4 看出,阴影部分面积与 μ_z 和 σ_z 大小有关,增大 μ_z,曲线就右移,阴影面积减少;减小 σ_z,曲线就高而窄,阴影面积也会减少。若将曲线对称轴至 $f(z)$ 轴的距离表示为 σ_z 的倍数,即:

表 2-2 β 与 p_f 的对应关系

β	p_f	β	p_f
1.0	1.59×10^{-1}	3.2	6.87×10^{-4}
1.5	6.68×10^{-2}	3.5	2.33×10^{-4}
2.0	2.28×10^{-2}	3.7	1.08×10^{-4}
2.5	6.21×10^{-3}	4.0	3.17×10^{-5}
2.7	3.47×10^{-3}	4.2	1.33×10^{-5}
3.0	1.35×10^{-3}	4.5	3.40×10^{-6}

$$\mu_z = \beta\sigma_z \tag{2-13}$$

则

$$\beta = \frac{\mu_z}{\sigma_z} \tag{2-14}$$

由概率论原理可知

$$\mu_z = \mu_R - \mu_S \tag{2-15}$$

$$\sigma_z = \sqrt{\sigma_R^2 + \sigma_S^2} \tag{2-16}$$

故

$$\beta = \frac{\mu_R - \mu_S}{\sqrt{\sigma_R^2 + \sigma_S^2}} \tag{2-17}$$

由于 β 大，p_f 就小，所以 β 和失效概率一样，可作为衡量结构可靠度的一个指标，称 β 为结构的可靠指标。

【例题 2-1】 某钢筋混凝土轴心受拉杆件，已知其荷载效应 S 和结构抗力 R 均服从正态分布，$\mu_S = 16\,000$ N，$\sigma_S = 3\,200$ N，$\mu_R = 34\,000$ N，$\sigma_R = 5\,000$ N。试求可靠指标 β 值与结构失效概率 p_f 值。

【解】 按公式(2-17)，有：

$$\beta = \frac{\mu_R - \mu_S}{\sqrt{\sigma_R^2 + \sigma_S^2}} = \frac{34\,000 - 16\,000}{\sqrt{5\,000^2 + 3\,200^2}} = \frac{18\,000}{5\,936} = 3.03$$

查表 2-2，这时相应的失效概率为：

$$p_f = 2.28\times10^{-3}$$

3. 目标可靠指标

在结构设计时，不能对所有构件的可靠指标都定得很高，这是不经济的。要使所设计的构件既安全、可靠又经济合理，应使结构构件可能发生的失效概率低于一个容许的水平，即要求其失效概率 p_f 为：

$$p_f \leqslant [p_f] \tag{2-18}$$

式中 $[p_f]$——容许失效概率。

同样当用可靠指标 β 表示时，即：

$$\beta \geqslant [\beta] \tag{2-19}$$

式中 $[\beta]$——容许可靠指标，也称为目标可靠指标。

由于不同结构构件的破坏状态不同，有延性破坏和脆性破坏之分。结构构件发生延性破坏前是有预兆的，可及时采取弥补措施，因而其目标可靠指标可定得低些。相反，若结构发生脆性破坏时，破坏突然发生，难以补救，故目标可靠指标应定得高些。根据《工程结构可靠性设计统一标准》，按结构的安全等级和破坏类型不同，规定了按承载能力极限状态设计时的目标可靠指标 $[\beta]$ 值见表 2-3。

表 2-3 中安全等级是根据《工程结构可靠性设计统一标准》将工程结构划分为三个等级；破坏后果很严重的重要结构为一级；破坏后果严重的一般结构为二级；破坏后果不严重的次要结构为三级。表 2-3 中数值是根据以往设计

表 2-3 目标可靠指标

破坏类型	安 全 等 级		
	一 级	二 级	三 级
延性破坏	3.7	3.2	2.7
脆性破坏	4.2	3.7	3.2

的、并付诸实践的某些较有代表性的构件在分析校核其可靠度基础上定出的。

应当指出，以可靠指标为基础的设计方法，虽是直接运用概率理论，但在确定可靠指标时，将作用效应 S 和抗力 R 作为两个独立的随机变量，只考虑其平均值 μ 和标准差 σ，而没有考虑两者联合分布的特点等因素，且在分项系数等计算中还作了一些简化，故其计算结果是近似的，是一种近似概率设计方法。

按可靠指标的设计方法在基本概念上是合理的，可以给出结构可靠度的定量概念，但计算过程复杂，且需要掌握足够的实测数据，如各种影响因素的统计特征值，由于相当多的影响因素的不定性，统计数据不齐全，无法统计，故直接采用可靠指标进行设计还不能普遍用于实际工程。此外，设计人员过去已习惯采用安全系数这种形式来进行计算，故《工程结构可靠性设计统一标准》提出了一种便于实际使用的设计表达式，即以荷载效应和结构抗力的标准值和相应的分项系数来表达的实用设计表达。分项系数是根据目标可靠指标 $[\beta]$，并考虑工程经验确定的，故计算结果能满足结构可靠度要求。由于采用了分项系数这种形式，使结构设计与过去传统计算方式相似，设计人员使用较方便。

第四节 实用设计表达式

前节所述的以各个基本变量标准值和分项系数来表达的实用计算表达式，可通过两种极限状态的计算来保证结构的可靠性。

一、承载能力极限状态实用设计表达式

在承载能力极限状态设计方法中，结构构件的计算，采用下列计算表达式：

$$\gamma_0 S_d \leqslant R_d \tag{2-20}$$

而

$$R_d = R_d(f_c, f_s, a_k, \cdots)/\gamma_{Rd}$$

式中 γ_0——重要性系数，按表 2-4 取用，对安全等级为一级或使用年限为 100 年及以上的结构构件，不应小于 1.1，对安全等级为二级或使用年限为 50 年的结构构件，不应小于 1.0，对安全等级为三级或使用年限为 5 年及以下的结构构件，不应小于 0.9，在抗震设计中，不考虑结构构件的重要性系数；

S_d——承载能力极限状态下作用组合的效应设计值，对持久设计状况和短暂设计状况应按作用的基本组合计算，对地震设计状况应按作用的地震组合计算；

R_d——结构构件的抗力设计值；

$R_d(f_c, f_s, a_k, \cdots)$——结构构件的抗力函数；

γ_{Rd}——结构构件的抗力模型不定性系数，静力设计取 1.0，对不确定性较大的结构构件根据具体情况取大于 1.0 的数值，抗震设计应采用承载力抗震调整系数 γ_{RE} 代替 γ_{Rd}；

f_c、f_s——混凝土、钢筋的强度设计值；

a_k——几何参数的标准值，当几何参数的变异性对结构性能有明显的不利影响时，应增减一个附加值。

表 2-4　结构构件重要性系数 γ_0

安全等级	破坏后果	γ_0
一级	很严重	1.1
二级	严重	1.0
三级	不严重	0.9

承载能力极限状态,应按荷载效应的基本组合或偶然组合进行荷载(效应)组合。

1. 荷载效应的基本组合

对于基本组合,荷载效应组合的设计值 S_d 应从下列组合值中取最不利值确定:

(1)由可变荷载效应控制的组合

$$S_d = \sum_{j=1}^{m} \gamma_{G_j} S_{G_j k} + \gamma_{Q_1} \gamma_{L_1} S_{Q_1 k} + \sum_{i=2}^{n} \gamma_{Q_i} \gamma_{L_i} \psi_{c_i} S_{Q_i k} \qquad (2\text{-}21)$$

(2)由永久荷载效应控制的组合

$$S_d = \sum_{j=1}^{m} \gamma_{G_j} S_{G_j k} + \sum_{i=1}^{n} \gamma_{Q_i} \gamma_{L_i} \psi_{c_i} S_{Q_i k} \qquad (2\text{-}22)$$

式中　$S_{G_j k}$——按第 j 个永久荷载标准值 G_{jk} 计算的荷载效应值;

　　　$S_{Q_i k}$——按第 i 个可变荷载标准值 Q_{ik} 计算的荷载效应值;

γ_{G_j}、γ_{Q_1}、γ_{Q_i}——分别为各种荷载的分项系数,γ_{G_j} 为永久荷载分项系数,由可变荷载效应控制的组合一般 γ_{G_j} 取 1.2,对由永久荷载效应控制的组合一般 γ_{G_j} 取 1.35,当永久荷载效应对承载力有利时取 1.0,γ_{Q_1} 和 γ_{Q_i} 是可变荷载分项系数,一般取 1.4;

　　　γ_{L_i}——第 i 个可变荷载考虑设计使用年限的调整系数,其中 γ_{L_1} 为主导可变荷载 Q_1 考虑设计使用年限的调整系数,对楼面和屋面活载,γ_{L_i} 对结构使用年限为 5 年、50 年、100 年分别取 0.9、1.0、1.1;

　　　ψ_{c_i}——可变荷载组合值系数,是考虑两种或两种以上可变荷载同时出现时,在设计计算中可能造成结构可靠度不一致性,而对可变荷载设计值调整的系数,其值不应大于 1.0;

　　　m——参与组合的永久荷载数;

　　　n——参与组合的可变荷载数。

在实际工程中,常用的排架和框架结构的设计也可采用简化公式,按下列组合值中取最不利值确定。

由可变荷载效应控制的组合:

$$S_d = \sum_{j=1}^{m} \gamma_{G_j} S_{G_j k} + \gamma_{Q_1} S_{Q_1 k} \qquad (2\text{-}23a)$$

$$S_d = \sum_{j=1}^{m} \gamma_{G_j} S_{G_j k} + 0.9 \sum_{i=1}^{n} \gamma_{Q_i} S_{Q_i k} \qquad (2\text{-}23b)$$

由永久荷载效应控制的组合仍按公式(2-22)采用。

其他符号意义见式(2-22)。

2. 偶然组合

对于偶然组合,荷载效应组合设计值宜按下列规定确定:偶然荷载代表值不乘分项系数,其他荷载可根据观察资料和工程经验采用适当的代表值,荷载效应表达式应符合专门规范的规定。

二、正常使用极限状态实用设计表达式

按正常使用极限状态设计时,变形过大或裂缝过宽等虽然会妨碍正常使用,但是危害程度显然要比承载能力不足而引起结构破坏所造成损失要小,因而对可靠度要求也可低些。《工程结构可靠性设计统一标准》规定,对正常使用极限状态计算时,可取荷载效应标准值 S_k 和结构抗力标准值 R_k,不需再乘分项系数,也不考虑结构重要性系数 γ_0。

对正常使用极限状态设计,主要是验算结构构件的变形和抗裂度或裂缝宽度。这时可变荷载作用时间的长短对变形和裂缝开展大小显然是有影响的。由于可变荷载的最大值不是长期作用于结构上,故应按作用时间的长短,对其标准值进行折减。《规范》中规定,应按不同设计目的,分别考虑标准组合和准永久组合。

对于正常使用极限状态,结构构件应分别按荷载效应标准组合,频遇组合或准永久组合并考虑长期作用影响,采用以下极限状态设计表达式:

$$S_d \leqslant C \tag{2-23c}$$

式中　S_d——正常使用极限状态的荷载效应组合设计值;

　　　C——结构构件达到正常使用要求所规定的变形、裂缝宽度、应力和自振频率等的限值。

1. 标准组合

在标准组合时,荷载效应的计算表达式为:

$$S_d = \sum_{j=1}^{m} S_{G_j k} + S_{Q_1 k} + \sum_{i=2}^{n} \psi_{c_i} S_{Q_i k} \tag{2-24}$$

式中,永久荷载和影响最大的一个可变荷载采用标准值,其他可变荷载均采用组合值。

2. 频遇组合

在频遇组合时,荷载效应的计算表达式为:

$$S_d = \sum_{j=1}^{m} S_{G_j k} + \psi_{f_1} S_{Q_1 k} + \sum_{i=2}^{n} \psi_{q_i} S_{Q_i k} \tag{2-25a}$$

式中,永久荷载取标准值,效应最大的主导可变荷载取频遇值,其他可变荷载均取准永久值。

3. 准永久组合

在准永久组合时,荷载效应表达式为:

$$S_d = \sum_{j=1}^{m} S_{G_j k} + \sum_{i=1}^{n} \psi_{q_i} S_{Q_i k} \tag{2-25b}$$

式中,永久荷载采用标准值,可变荷载均采用准永久值。

上述两式中,ψ_{c_i} 为第 i 个可变荷载组合值系数。ψ_{q_i} 为第 i 个可变荷载准永久值系数,ψ_{f_1} 为主导可变荷载 Q_1 频遇值系数。这些系数均可从《荷载规范》中查取。

第五节　数理统计特征值与正态分布概率密度曲线

前面所阐述的荷载和材料强度的确定以及结构可靠度的计算等都要用到随机变量和概率,要用到正态分布概率密度曲线和统计特征值,现将有关知识作简要回顾。

一、随机变量与概率

1. 随机事件和随机变量

在一定条件下,具有多种可能结果的事件称为随机事件。表示随机事件各种可能结果的变量称为随机变量。如在制作同一强度等级的 10 m³ 混凝土中,每拌制 1 m³ 混凝土抽制一个试块作试验,拌制的这 1 m³ 混凝土都有可能被抽制,故抽样是随机事件,而每个试块的强度试验值是不同的,其值就是随机变量。研究随机变量时必须拥有大量数据和资料,才能从中较准确找出随机变量的统计特征,了解随机变量特点。

2. 频率与概率

在一组不变条件下,重复作 N 次试验,其中事件 A 出现 M 次,这里 M 次就称为频数,相应 M/N 的值称为事件 A 出现的频率。如进行 100 个混凝土试块抗压强度试验,其中强度为 $20 \sim 25$ N/mm^2 的有 20 个,则其频率为 $20/100=0.2$。

对频率密度的积分称为概率,如正态分布概率密度函数为 $f(x)$,正态分布概率密度曲线与 x 轴坐标相交面积是从 $-\infty$ 至 $+\infty$,各频率之和就等于 1,即总概率:

$$p = \int_{-\infty}^{+\infty} f(x) \mathrm{d}x = 1 \tag{2-26}$$

二、随机变量的统计特征值

在数理统计中,随机变量数列的统计特征值中最常用的有:平均值 μ、标准差 σ 和变异系数 δ。

1. 平均值 μ:是随机变量数列 x_1、x_2、$\cdots$、x_n 的总和除以项数 n,即:

$$\mu = \frac{\sum\limits_{i=1}^{n} x_i}{n} \tag{2-27}$$

平均值 μ 表示一系列数列水平,但不能反映其离散程度和分布情况。因为平均值 μ 是算术平均值,它们的正负偏差相互抵消,有可能平均值一样,而离散程度相差很远。

2. 标准差 σ:等于平均值 μ 与随机变量值 x_i 偏差平方之和除以 $(n-1)$,再将其开方,即:

$$\sigma = \sqrt{\frac{\sum (\mu - x_i)^2}{n-1}} \tag{2-28}$$

式(2-28)避免了 μ 的计算中正负偏差相互抵消的影响,而其衡量的量纲是与随机变量及平均值相同的。由 σ 值大小可看出,σ 值越大则随机变量数列越离散,故标准差 σ 是用来衡量随机变量数列离散程度的特征值。但是要指出,标准差只是在平均值相同数列中,可以反映不同数列的离散程度。如果数列的平均值不相同,只用标准差就无法比较,因为 σ 是反映不出相对误差大小的。

3. 变异系数 δ:等于标准差 σ 除以平均值 μ,即:

$$\delta = \frac{\sigma}{\mu} \tag{2-29}$$

变异系数 δ 是用相对误差来判定其离散程度的,因此在平均值不相同数列中,用 δ 值就可以看出离散程度大小。同 σ 一样,δ 值越大,则数列越离散。

三、正态分布概率密度曲线

正态分布是研究随机变量分布规律时常遇到的一种分布。而且在结构设计中,对于那些非正态分布的随机变量也可通过当量正态化变换,使按正态分布的运算方法进行概率分析。故正态分布是使用最多的一种随机变量分布。

正态分布的概率密度曲线如图 2-5 所示。它是一条单峰曲线,有一个峰点,此点横坐标为平均值 μ,峰点两侧 $\mu \pm \sigma$ 处各有一个反弯点。曲线以横坐标为渐近线伸到正负无穷大。正态分布的概率密度函数为:

$$f(x) = \frac{1}{\sqrt{2\pi} \cdot \sigma} \exp \frac{-(x-\mu)^2}{2\sigma^2} \qquad (2\text{-}30)$$

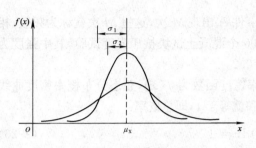

图 2-5　正态分布概率密度曲线　　　　　图 2-6　标准正态分布

从图 2-5 可见,正态分布概率密度曲线的特点是:μ 越大,曲线离纵轴越远;σ 越大,数据越分散,曲线扁而平;σ 越小,数据越集中,曲线高而窄。

为了计算方便,工程上将 x 轴坐标进行换算,取 $y = \frac{x-\mu}{\sigma}$ 代入正态分布概率密度函数表达式中,则:

$$f(y) = \frac{1}{\sqrt{2\pi}} \exp\left(-\frac{y^2}{2}\right) \qquad (2\text{-}31)$$

它相当于平均值 $\mu = 0$,标准差 $\sigma = 1$ 时正态分布概率密度函数,如图 2-6 所示。这种分布称为标准正态分布,它的曲线形状不受 μ 和 σ 的影响,已制成表格,可以直接查用。

对于正态分布随机变量,在平均值 μ 和标准差 σ 确定以后,其概率密度曲线即可确定,概率密度曲线与横坐标(x)之间所包围的面积为 1。图 2-7 中列出了正态分布曲线各段的概率分布,它是按标准差 σ 的倍数分段,标出各段所包围的面积。各段面积是按所求段横坐标上限值与下限值所作垂直线与概率密度曲线相交所包围的面积,可通过积分求得。这时($-\infty, \mu$)范围内概率为:

$$\int_{-\infty}^{\mu} f(x)\mathrm{d}x = 0.13\% + 2.15\% + 13.5\% + 34.13\% = 50\%$$

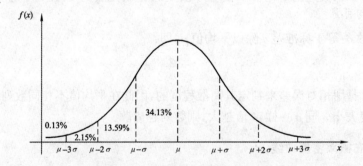

图 2-7　正态分布曲线各段概率分布

同样,发生在($-\infty, \mu-\sigma$)区间概率为 15.87%,发生在($-\infty, \mu-2\sigma$)区间概率为 2.28%。我们利用失效概率 p_f 与可靠概率 p_s 互补的关系,也可求出发生在($\mu-2\sigma, +\infty$)区间的概率为:

$$100\% - 2.28\% = 97.72\%$$

以此类推,可以求出图 2-7 中其他段的概率。

在本章第二节中,对荷载和材料强度常用到保证率不小于 95%,同样是由上述方法计算出来的。只是对荷载取为$(-\infty, \mu+1.645\sigma)$区间,对材料强度取为$(\mu-1.645\sigma, +\infty)$区间。也就是说,对荷载来说,可能发生的荷载小于荷载标准值的概率为95%;对材料来说,可能产生的材料强度大于材料强度标准值的概率为95%。

此外,按概率论,随机变量有这样的运算法则:若R、S均为正态分布随机变量,其平均值分别为μ_R、μ_S,标准差分别为σ_R、σ_S,则其结构余力$z=R-S$亦为正态分布随机变量,其平均值为:

$$\mu_z = \mu_R - \mu_S \tag{2-32}$$

其标准差为:

$$\sigma_z = \sqrt{\sigma_R^2 + \sigma_S^2} \tag{2-33}$$

小 结

1. 结构对安全性、适用性、耐久性的要求是结构设计所遵循的依据。结构在规定时间内与规定条件下完成这些预定功能的概率称为结构可靠度。

2. 整个结构或构件超过某特定状态而不能满足规定某功能要求时,称为该功能的极限状态。极限状态分承载能力极限状态和正常使用极限状态,而超过承载能力极限状态造成的后果要比正常使用状态更严重。因此,结构设计时,对承载力计算(包括压屈失稳计算)是首要的,有时还要进行结构倾覆和滑移验算。对正常使用的裂缝、变形计算则是在承载力计算基础上进行验算。

3. 无论是承载能力极限状态还是正常使用极限状态计算都是以概率理论为基础,按照《工程结构可靠性设计统一标准》采用各个基本变量标准值和分项系数来表达的实用计算表达式。对承载能力计算考虑了结构重要性系数,荷载与材料采用的是设计值,对正常使用计算考虑了标准组合、频遇组合和准永久组合,荷载与材料采用的是标准值或准永久值或频遇值。

思 考 题

1. 什么是结构可靠性?什么是结构可靠度?
2. 影响结构可靠度的因素主要有哪些?
3. 结构构件的极限状态是指什么?
4. 承载能力极限状态与正常使用极限状态要求有何不同?
5. 什么是结构上的作用?作用的分类有哪些?
6. 什么是荷载标准值、荷载准永久值、荷载频遇值、荷载设计值?是怎样确定的?
7. 结构抗力是指什么?包括哪些因素?
8. 什么是材料强度标准值、材料强度设计值?如何确定的?
9. 什么是失效概率?什么是可靠指标?它们之间的关系如何?
10. 什么是结构构件延性破坏?什么是脆性破坏?在可靠指标上是如何体现它们的不同?
11. 承载能力极限状态实用设计表达式的普遍形式如何?并解释之。
12. 什么是荷载效应的标准组合与荷载的准永久组合?各自表达式如何?
13. 最常用的随机变量统计特征值有哪些?在正态分布曲线中,各自如何计算?
14. 正态分布概率密度曲线的特点是什么?什么是标准正态分布?

第三章 钢筋混凝土受弯构件正截面承载力计算

第一节 概 述

受弯构件是钢筋混凝土结构中应用最广泛的一种构件。梁和板是典型的受弯构件。梁和板的区别在于:梁的截面高度一般大于其宽度,而板的截面高度则远小于其宽度。梁的截面形式一般有矩形、T形及I形;板的截面形式有矩形、多孔形和槽形等(图3-1)。仅在受弯构件受拉区配置纵向受力钢筋的构件称为单筋受弯构件,同时也在受压区配置纵向受力钢筋的构件称为双筋受弯构件。对于单筋梁,梁中通常配有纵向受力钢筋、架立筋和箍筋,有时还配有弯起钢筋(图3-2)。对于板,通常配有受力钢筋和分布钢筋。受力钢筋沿板的受力方向配置,分布钢筋则与受力钢筋相垂直,放置在受力钢筋的内侧(图3-3)。

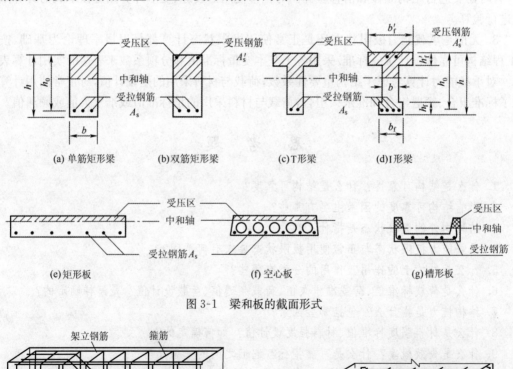

(a) 单筋矩形梁   (b)双筋矩形梁   (c)T形梁   (d)I形梁

(e)矩形板   (f) 空心板   (g)槽形板

图 3-1 梁和板的截面形式

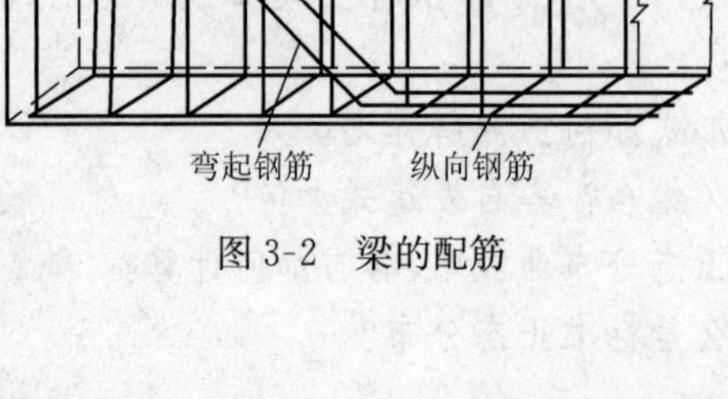

图 3-2 梁的配筋 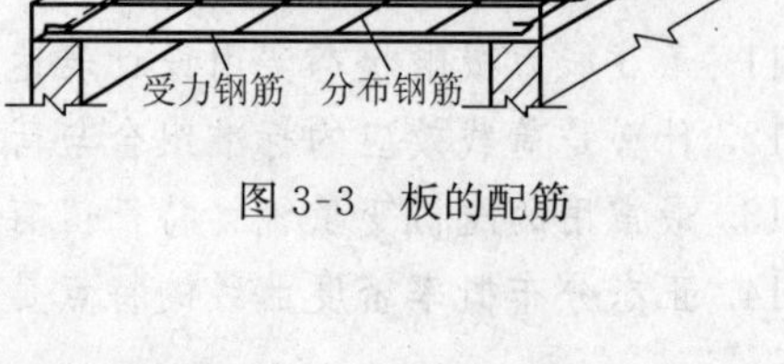   图 3-3 板的配筋

在外荷载作用下,受弯构件截面内产生弯矩和剪力。由于混凝土的抗拉强度很低,钢筋混凝土受弯构件可能沿弯矩最大截面的受拉区出现法向裂缝(或称正裂缝),并且随着荷载的增大可能沿正裂缝发生破坏,这种破坏称为沿正截面破坏[图 3-4(a)]。钢筋混凝土受弯构件也可能沿剪力最大或弯矩和剪力都比较大的截面出现裂缝,这种裂缝是由于主拉应力超过混凝土抗拉强度所引起的,因此裂缝的走向是倾斜的,这种裂缝称为斜裂缝。随着荷载的增大,受弯构件也可能沿斜裂缝发生破坏,这种破坏称为沿斜截面破坏[图 3-4(b)]。

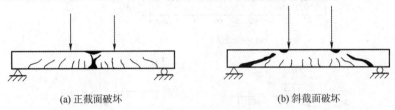

(a) 正截面破坏　　　　　　　　　(b) 斜截面破坏

图 3-4　受弯构件沿正截面和沿斜截面破坏的形式

因此,在计算受弯构件的承载力时,既要计算其正截面的承载力又要计算其斜截面的承载力。关于受弯构件斜截面的承载力计算将在第四章介绍。本章重点讨论受弯构件正截面的承载力计算问题。

第二节　试验研究

一、试验概况

为了重点研究受弯构件正截面的受弯性能,通常采用图 3-5 所示的试验方案。两个对称集中荷载间的区段为纯弯段。在忽略试验梁自重的情况下,这一区段内各截面承受的弯矩相等,剪力为零。这样,一方面可以排除剪力的影响,另一方面也便于在这一较长的区段上($L/3$ ~$L/2$)布置仪表,有利于观测梁的变形和裂缝情况。为了消除架立筋对截面受弯性能的影响,在纯弯段内不放架立筋,仅在截面下部配有纵向受拉钢筋。配筋量适中,属于适筋梁。纵向受拉钢筋采用有明显流幅的热轧钢筋以便观测钢筋的屈服。

在纯弯段内,沿梁高两侧布置测点,用仪表量测梁的纵向应变,以便得到正截面沿梁高的应变规律。在纯弯段内纵向受拉钢筋上贴电阻应变片以量测钢筋的应变,从而得到各级荷载下纵向受拉钢筋的应力变化情况。此外,在梁的跨度中央下面安装百(千)分表以量测梁跨中的挠度。为了扣除支座变形的影响,在梁的支座上也安装了百(千)分表。

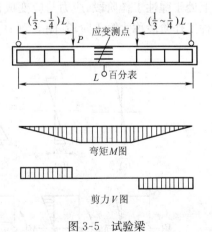

图 3-5　试验梁

试验时采用逐级加荷,荷载由小到大一直加到梁正截面受弯破坏。图 3-6(a)为根据实测结果绘制的试验梁的弯矩与挠度的关系曲线。图中横坐标为梁跨中挠度 f 的实测值(以 mm 计)。图中纵坐标为相对于梁破坏时极限弯矩 M_u 的弯矩的无量纲 M/M_u 值。图 3-6(b)为沿梁截面高度的纵向应变 ε 的分布图。图 3-6(c)为纵向钢筋拉应力 σ_s 与弯矩的关系曲线。

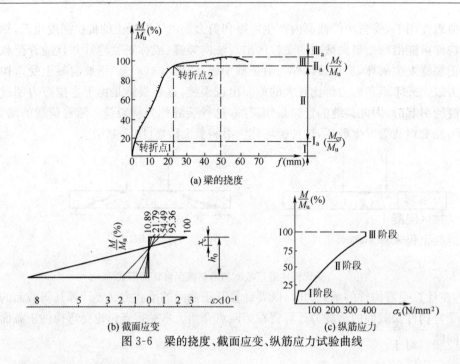

(a) 梁的挠度

(b) 截面应变

(c) 纵筋应力

图 3-6　梁的挠度、截面应变、纵筋应力试验曲线

二、适筋受弯构件正截面工作的三个阶段

对于配筋量适中的受弯构件,根据前述试验结果,从开始加载到完全破坏其正截面受力可以分为下面 3 个工作阶段。

(一)第 I 阶段——截面开裂前阶段

当开始加载不久,截面内产生的弯矩很小,这时梁的弯矩挠度关系、截面应变关系、弯矩钢筋应力关系均成直线变化(图 3-6)。截面应变符合平截面假定。由于应变很小,混凝土基本上处于弹性工作阶段,应力与应变成正比,受压区和受拉区混凝土应力分布图形为三角形。这种工作阶段称为第 I 阶段[图 3-7(a)]。

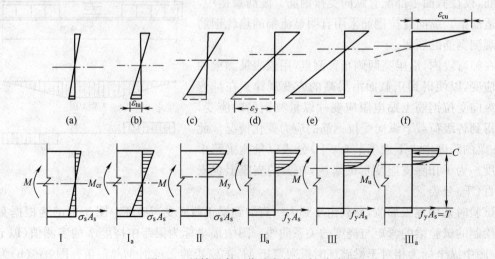

图 3-7　适筋梁各工作阶段的应力、应变图

由于混凝土应力应变曲线受拉时的弹性范围比受压时的小得多,因此随着荷载的增大,受

拉区混凝土首先出现塑性变形,受拉区应力图形呈曲线分布,而受压区应力图形仍为直线。当荷载增大到某一数值时,受拉边缘的混凝土达到其实际的抗拉强度 f_t 和抗拉极限应变 ε_{tu} 截面处于将裂未裂的临界状态[图 3-7(b)],这种工作阶段称为第 I_a 阶段,相应的截面弯矩称为抗裂弯矩 M_{cr}。此时,由于粘结力的存在,受拉钢筋的应变与其周围同一水平处混凝土的拉应变相等,即这时钢筋应变接近 ε_{tu},相应的应力较低($20\sim30$ N/mm²)。由于受拉区混凝土塑性的发展,I_a 阶段的中和轴位置较 I 阶段略有上升。I_a 阶段所表示的截面应力状态,可作为受弯构件抗裂验算的依据。

(二)第 II 阶段——从截面开裂到受拉区纵筋开始屈服的阶段

截面受力达到 I_a 阶段后,荷载只要增加少许,截面立即开裂,截面上应力发生重分布。

由于受拉区混凝土开裂而退出工作,拉力几乎全部由纵向受拉钢筋承担,仅中和轴下面很少一部分混凝土仍未开裂而承担很少一点拉力。所以裂缝出现后,钢筋的拉应力突然增大,表现在图 3-6(c)中的水平直线段。由于开裂后钢筋应力 σ_s 较开裂前增大许多,所以裂缝一旦出现即具有一定的开展宽度,并将沿梁高延伸到一定的高度,从而使中和轴的位置上移。此外,裂缝出现后,截面刚度明显降低,挠度明显增大,因此在弯矩挠度曲线上出现第一个明显的转折点[图 3-6(a)]。这时受压区混凝土压应变增大许多,受压区混凝土出现明显的塑性变形,应力图形呈曲线。对于已开裂的截面其应变并不符合平截面假定,但图 3-5 中纯弯段内梁两侧面所布置的应变仪表测得的标距范围内的平均应变仍然符合平截面假定。这种工作阶段称为第 II 阶段[图 3-7(c)]。

随着荷载继续增大,裂缝进一步开展,钢筋和混凝土的应力和应变不断增大,挠度增大逐渐加快。当荷载增大到某一数值时,受拉区纵向受力钢筋开始屈服,钢筋应力达到其屈服强度 f_y,这种特定的工作阶段称为 II_a 阶段[图 3-7(d)]。第 II 阶段为一般梁的正常使用工作阶段,其应力状态可作为使用阶段的变形和裂缝宽度验算时的依据。

(三)第 III 阶段——破坏阶段

裂缝截面中,纵向受拉钢筋屈服后,荷载尚可稍许增加,但挠度急剧增长,荷载挠度关系曲线上出现第二个明显转折点[图 3-6(a)]。钢筋应力保持不变[图 3-6(c)中的竖直直线段],而应变持续增长。裂缝迅速开展,并向受压区延伸,中和轴进一步上移,裂缝截面的受压区高度进一步减小。为了平衡纵向受拉钢筋的总拉力,受压区混凝土压应力迅速增大。受压区混凝土的塑性特征表现更为充分,压应力图形更趋丰满[图 3-7(e)]。这是梁的第 III 工作阶段。

当受压区边缘混凝土达到极限压应变 ε_{cu} 时,梁受压区两侧及顶面出现纵向裂缝,混凝土被完全压碎,截面发生破坏。这一特定工作阶段称为第 III_a 阶段[图 3-7(f)]。第 III_a 阶段为梁的承载能力极限状态,其应力状态可作为受弯承载力计算的依据。

总结上述试验梁从加载到破坏全过程,具有以下几个特点:

1. 平均应变符合平截面假定。
2. 挠度由增长缓慢——增长较快——急剧增长。
3. 钢筋应力由增长缓慢——发生突变——增长较快——不再增长。
4. 受压区混凝土压应力图形由三角形——微曲曲线形状——丰满曲线形状。

三、受弯构件正截面的破坏形式

前面所研究的是配筋量比较适中的梁的工作特点和破坏特征。试验研究表明,随着配筋量的不同,梁正截面的破坏形式也不同。梁正截面的破坏形式还与混凝土强度等级、钢筋级别、截面形式等许多因素有关。当材料品种及截面形式选定以后,梁正截面的破坏形式主要取决于配筋量的多少,配筋量的多少用配筋率 ρ 来衡量。配筋率是指纵向受力钢筋截面面积与规定的混凝土截面面积的比值,矩形截面配筋率为:

$$\rho = \frac{A_s}{bh} \tag{3-1}$$

式中　b——梁的截面宽度;

　　　h——梁的截面高度;

　　　A_s——纵向受力钢筋截面面积;

　　　ρ——梁的截面配筋率。

根据 ρ 的大小,梁正截面的破坏形式可以分为下面 3 种类型。

(一)适筋破坏

当梁的配筋率比较适中时发生适筋破坏。如前所述,这种破坏的特点是受拉区纵向受力钢筋首先屈服,然后受压区混凝土被压碎。梁完全破坏之前,受拉区纵向受力钢筋要经历较大的塑性变形,沿梁跨产生较多的垂直裂缝,裂缝不断开展和延伸,挠度也不断增大,所以能给人以明显的破坏预兆。破坏呈延性性质。破坏时钢筋和混凝土的强度都得到了充分利用。发生适筋破坏的梁称为适筋梁[图 3-8(a)]。

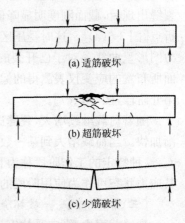

(二)超筋破坏

当梁的配筋率太大时发生超筋破坏。其特点是破坏时受压区混凝土被压碎而受拉区纵向受力钢筋没有达到屈服。梁破坏时由于纵向受拉钢筋尚处于弹性阶段,所以梁受拉区裂缝宽度小,形不成主裂缝,破坏没有明显预兆,呈脆性性质。破坏时混凝土的强度得到了充分利用而钢筋的强度没有得到充分利用。发生超筋破坏的梁称为超筋梁[图 3-8(b)]。

(a) 适筋破坏

(b) 超筋破坏

(c) 少筋破坏

图 3-8　梁的正截面破坏形式

(三)少筋破坏

当梁的配筋率太小时发生少筋破坏。其特点是一裂即坏。梁受拉区混凝土一开裂,裂缝截面原来由混凝土承担的拉力转由钢筋承担。因梁的配筋率太小,故钢筋应力立即达到屈服强度,有时可迅速经历整个流幅而进入强化阶段,有时钢筋甚至可能被拉断。裂缝往往只有一条,裂缝宽度很大且沿梁高延伸较高。破坏时钢筋和混凝土的强度虽然得到了充分利用,但破坏前无明显预兆,呈脆性性质。发生少筋破坏的梁称为少筋梁[图 3-8(c)]。

由于超筋受弯构件和少筋受弯构件的破坏均呈脆性性质,破坏前无明显预兆,一旦发生破坏将产生严重后果。因此,在实际工程中不允许设计成超筋构件和少筋构件,只允许设计成适筋构件。具体设计时是通过限制相对受压区高度和最小配筋率的措施来避免将受弯构件设计成超筋构件和少筋构件的。

第三节　单筋矩形截面受弯构件承载力计算

仅在受拉区配置纵向受力钢筋的矩形截面受弯构件称为单筋矩形截面受弯构件[图

3-9(a)]。同时在受拉区和受压区配置纵向受力钢筋的矩形截面受弯构件称为双筋矩形截面受弯构件[图 3-9(b)]。这里要注意受力钢筋与构造钢筋(如架立筋)的区别。受力钢筋是根据计算确定的,通常根数较多、直径较粗;构造钢筋是根据构造要求确定的,通常根数较少、直径较细。受压区仅配有构造钢筋的矩形截面受弯构件属于单筋矩形截面受弯构件,不属于双筋矩形截面受弯构件。

本节只讨论单筋矩形截面受弯构件的正截面承载力计算。双筋矩形截面受弯构件正截面承载力的计算将在下一节讨论。

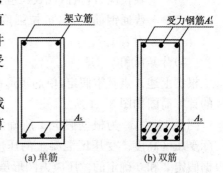

(a) 单筋　　　(b) 双筋

图 3-9　矩形截面受弯构件的配筋形式

一、受弯构件正截面承载力的计算简图

(一)基本假定

受弯构件正截面承载力的计算以第Ⅲ$_a$阶段的应力状态为依据。根据《规范》规定,采用下述 4 个基本假定:

1. 截面应变保持平面。

2. 不考虑混凝土的抗拉强度。

3. 混凝土受压的应力与应变关系曲线按下列规定取用:

当 $\varepsilon_c \leqslant \varepsilon_0$ 时,$\sigma_c = f_c \left[1 - \left(1 - \dfrac{\varepsilon_c}{\varepsilon_0} \right)^n \right]$

当 $\varepsilon_0 < \varepsilon_c \leqslant \varepsilon_{cu}$ 时,$\sigma_c = f_c$

式中　σ_c——混凝土压应变为 ε_c 时的混凝土压应力;

　　　f_c——混凝土轴心抗压强度设计值,见附录 1.2;

　　　ε_0——混凝土压应力达到 f_c 时的混凝土压应变,$\varepsilon_0 = 0.002 + 0.5(f_{cu,k} - 50) \times 10^{-5}$,当计算的 ε_0 值小于 0.002 时,取为 0.002;

　　　ε_{cu}——正截面的混凝土极限压应变,受弯构件中,$\varepsilon_{cu} = 0.003\,3 - (f_{cu,k} - 50) \times 10^{-5}$,如计算的 ε_{cu} 值大于 0.003 3 时取为 0.003 3。

　　　$f_{cu,k}$——混凝土立方体抗压强度标准值,见附表 1.1;

　　　n——系数,$n = 2 - \dfrac{1}{60}(f_{cu,k} - 50)$,当计算的 n 值大于 2.0 时,取为 2.0。

对应混凝土各强度等级的 n、ε_0、ε_{cu} 的计算结果见表 3-1。

当混凝土强度等级为 C50 及以下时,混凝土的应力应变关系曲线为一条抛物线加直线的曲线,当压应变 $\varepsilon_c \leqslant 0.002$ 时,混凝土应力与应变的关系曲线为抛物线;当压应变 $\varepsilon_c > 0.002$ 时,混凝土应力与应变关系曲线为水平线,其极限压应变 ε_{cu} 取 0.003 3,相应的最大压应力 σ_0 取混凝土轴心抗压强度设计值 f_c(图 3-10)。

表 3-1　混凝土应力—应变曲线参数

f_{cu}	≤C50	C60	C70	C80
n	2	1.83	1.67	1.50
ε_0	0.002	0.002 05	0.002 1	0.002 15
ε_{cu}	0.003 3	0.003 2	0.003 1	0.003 0

4. 纵向受拉钢筋的极限拉应变取为 0.01。纵向钢筋的应力取等于钢筋应变与其弹性模量的乘积,但其值应符合下列要求:

$$-f_y' \leqslant \sigma_{si} \leqslant f_y$$

式中　σ_{si}——第 i 层纵向普通钢筋的应力,正值代表拉应力,负值代表压应力;

f_y'、f_y——普通钢筋抗压、抗拉强度设计值,见附表1.7。

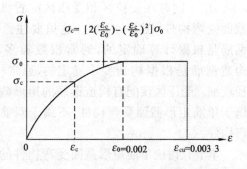

图 3-10　混凝土应力—应变曲线

(二)计算简图

根据上述 4 点基本假定,单筋矩形截面受弯构件的计算简图如图 3-11 所示。

图 3-11 中 x_c 为根据假定 1 所确定的混凝土实际受压区高度。受压区混凝土的压应力图形是根据假定 2 和 3 确定的。压应力图形虽然比较符合实际情况,但具体计算起来还是比较麻烦。计算中,只需要知道受压区混凝土的压应力合力大小及作用位置,不需要知道压应力实际分布图形。因此,为了进一步简化计算,采用等效矩形应力图形来代替理论应力图形。等效矩形应力图形的应力值取为 $\alpha_1 f_c$,应力图形受压高度取为 x,x 与按平截面假定确定的实际受压区高度 x_c 之间的关系为:

$$x = \beta_1 x_c$$

系数 α_1、β_1 根据混凝土受压区压应力合力等效和截面弯矩等效的原则,即等效后混凝土受压区合力的大小相等、合力作用点位置不变的等效原则确定。β_1 系数,当混凝土强度等级不超过 C50 时取为 0.8,当混凝土强度等级为 C80 时取为 0.74,其间按线性内插法确定;α_1 系数,当混凝土强度等级不超过 C50 时取为 1.0,当混凝土强度等级为 C80 时 α_1 取为 0.94,其间按线性内插法确定。α_1、β_1 的取值见表 3-2。

表 3-2　混凝土受压区等效矩形应力图系数

系数＼强度等数	≤C50	C55	C60	C65	C70	C75	C80
α_1	1.0	0.99	0.98	0.97	0.96	0.95	0.94
β_1	0.8	0.79	0.78	0.77	0.76	0.75	0.74

如图 3-11(d)所示,x 称为计算受压区高度。

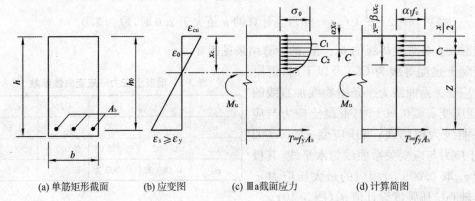

(a) 单筋矩形截面　　(b) 应变图　　(c) Ⅲa截面应力　　(d) 计算简图

图 3-11　单筋矩形截面受弯构件计算简图

二、基本计算公式

对于单筋矩形截面受弯承载力的计算,根据图 3-11(d)所示的计算图形可建立两个静力平衡方程,即:

$$\sum X = 0, \alpha_1 f_c bx = f_y A_s \tag{3-2}$$

$$\sum M = 0, M \leqslant M_u = \alpha_1 f_c bx \left(h_0 - \frac{x}{2} \right) \tag{3-3}$$

或

$$M \leqslant M_u = f_y A_s \left(h_0 - \frac{x}{2} \right) \tag{3-4}$$

式中　M——荷载在计算截面上产生的弯矩设计值;

f_c——混凝土轴心抗压强度设计值,见附表 1.2;

f_y——钢筋抗拉强度设计值,见附表 1.7;

A_s——受拉区纵向受力钢筋的截面面积;

b——截面宽度;

x——计算受压区高度,简称受压区高度;

h_0——截面有效高度,取受拉钢筋合力作用点至截面受压边缘之间的距离,其值为

$$h_0 = h - a_s$$

其中　h——截面高度;

a_s——受拉钢筋合力作用点至截面受拉边缘的距离。

根据构造要求,在一类环境条件下,混凝土强度等级≥C30 时,梁内最外层钢筋的混凝土保护层厚度不应小于 20 mm,板内最外层钢筋的混凝土保护层厚度不应小于 15 mm。混凝土强度等级小于 C30 时,混凝土保护层厚度要增加 5 mm。钢筋之间的净距不得小于 25 mm。再根据常用钢筋直径,在进行构件设计时,可按下述数值取用:当梁的受力钢筋为一排布置时,$a_s = 20 + 10 + 20/2 = 40$ mm(≥C30)或 $a_s = 45$ mm(<C30);当梁的受力钢筋为两排布置时,$a_s = 65$ mm(≥C30)或 70 mm(<C30);对于钢筋混凝土平板,$a_s = 20$ mm(≥C30)或 25 mm(<C30)(图 3-12)。

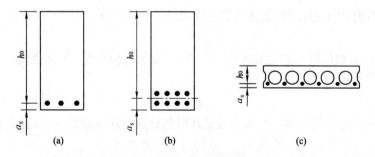

图 3-12　梁板有效高度的确定方法

如果令 $\xi = \dfrac{x}{h_0}$,则上述式(3-2)、式(3-3)和式(3-4)可以写成

$$\alpha_1 f_c b \xi h_0 = f_y A_s \tag{3-2a}$$

$$M \leqslant M_u = \alpha_1 f_c b h_0^2 \xi (1 - 0.5\xi) \tag{3-3a}$$

$$\text{或} \quad M \leqslant M_u = f_y A_s h_0 (1 - 0.5\xi) \tag{3-4a}$$

式中　ξ——相对受压区高度。

三、基本公式的适用条件

上述基本公式是根据适筋构件的破坏特征建立起来的,只适用于适筋受弯构件,不适用于超筋受弯构件和少筋受弯构件。因此《规范》规定,任何受弯构件必须同时满足下列两个适用条件:

1. 为了防止将构件设计成少筋构件,要求构件的配筋面积 A_s 不得小于按最小配筋率所确定的钢筋面积 $A_{s,min}$,即:

$$A_s \geqslant A_{s,min} \tag{3-5}$$

《规范》规定,受弯构件受拉钢筋的最小配筋率 ρ_{min} 按构件全截面面积扣除位于受压边的翼缘面积 $(b_f'-b)h_f'$ 后的截面面积计算。对于常用的矩形截面、T 形截面和 I 形截面,其最小配筋率 ρ_{min} 的计算如图 3-13 所示。

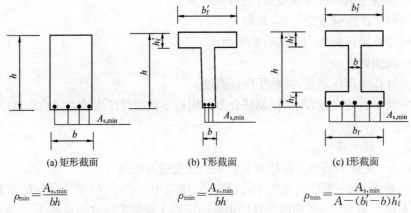

$$\rho_{min}=\frac{A_{s,min}}{bh} \qquad \rho_{min}=\frac{A_{s,min}}{bh} \qquad \rho_{min}=\frac{A_{s,min}}{A-(b_f'-b)h_f'}$$

(a) 矩形截面　　　　(b) T形截面　　　　(c) I形截面

图 3-13　最小配筋率 ρ_{min}

《规范》规定:对受弯构件,ρ_{min} 取 0.2% 和 $0.45f_t/f_y$ 中的较大值,即:

$$\rho_{min}=\max\left(0.2\%,\ 0.45\frac{f_t}{f_y}\right) \tag{3-6}$$

最小配筋率 ρ_{min} 的数值是根据钢筋混凝土受弯构件的破坏弯矩等于同样截面的素混凝土受弯构件的破坏弯矩确定的。

对于矩形截面和 T 形截面,上述适用条件式(3-5)可以写成:

$$\rho \geqslant \rho_{min} \tag{3-7}$$

2. 为了防止将构件设计成超筋构件,要求构件截面的相对受压区高度 ξ 不得超过其相对界限受压区高度 ξ_b,即:

$$\xi \leqslant \xi_b \tag{3-8}$$

相对界限受压区高度是构件发生界限破坏时的计算受压区高度 x_b 与截面有效高度 h_0 的比值,即:

$$\xi_b=\frac{x_b}{h_0} \tag{3-9}$$

所谓界限破坏是指受拉钢筋屈服($\varepsilon_s=\varepsilon_y$)的同时受压区混凝土达到极限压应变($\varepsilon_c=\varepsilon_{cu}$)而被压碎的一种特定的破坏形式。

相对界限受压区高度 ξ_b 是适筋构件和超筋构件相对受压区高度的界限值,它可以根据平截面应变假定求出。下面分别讨论有明显屈服点钢筋和无明显屈服点钢筋配筋的受弯构件相对界限受压区高度 ξ_b 的计算公式。

（1）有明显屈服点钢筋配筋的受弯构件相对界限受压区高度 ξ_b 的计算公式

如图 3-14 所示，对于有明显屈服点钢筋，发生界限破坏时受拉钢筋的应变 $\varepsilon_s = \varepsilon_y = f_y/E_s$，即：

$$\xi_b = \frac{x_b}{h_0} = \frac{\beta_1 x_b'}{h_0} = \frac{\beta_1 \varepsilon_{cu}}{\varepsilon_{cu} + f_y/E_s} = \frac{\beta_1}{1 + \dfrac{f_y}{\varepsilon_{cu} E_s}} \quad (3\text{-}10)$$

式中　x_b'——界限破坏时的实际受压区高度。

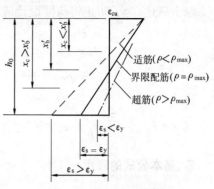

图 3-14　平截面应变假定

从图 3-14 可以看出，当 $\xi \leqslant \xi_b$ 时，受拉钢筋必定屈服，为适筋构件。当 $\xi > \xi_b$ 时，受拉钢筋不屈服，为超筋构件。对于常用的有明显屈服点的热轧钢筋，将其抗拉强度设计值 f_y 和弹性模量 E_s 代入式（3-10）中，即可得到它们相对界限受压区高度 ξ_b 见表 3-3。

表 3-3　相对界限受压区高度 ξ_b 取值

混凝土强度等级	≤C50				C60				C70				C80			
钢筋牌号	HPB 300	HRB 335	HRB 400	HRB 500	HPB 300	HRB 335	HRB 400	HRB 500	HPB 300	HRB 335	HRB 400	HRB 500	HPB 300	HRB 335	HRB 400	HRB 500
ξ_b	0.576	0.550	0.518	0.482	0.556	0.531	0.499	0.464	0.537	0.512	0.481	0.447	0.518	0.493	0.463	0.429

（2）无明显屈服点钢筋的相对界限受压区高度 ξ_b

对于预应力钢丝、钢绞线等无明显屈服点的钢筋，取对应于残余应变为 0.2% 的应力 $\sigma_{0.2}$ 作为条件屈服点。达到条件屈服点时的钢筋应变为（图 3-15）

$$\varepsilon_s = \varepsilon_y = 0.002 + f_y/E_s$$

$$\xi_b = \frac{x_b}{h_0} = \frac{\beta_1 x_b'}{h_0} = \frac{\beta_1 \varepsilon_{cu}}{\varepsilon_{cu} + 0.002 + f_y/E_s} = \frac{\beta_1}{1 + \dfrac{0.002}{\varepsilon_{cu}} + \dfrac{f_y}{E_s \varepsilon_{cu}}}$$

$$(3\text{-}11)$$

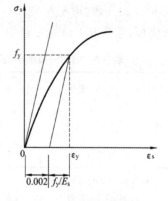

图 3-15　无明显屈服点钢筋的应力—应变关系

与 x_b 或 ξ_b 相对应的配筋率即为适筋受弯构件的最大配筋率 ρ_{max}（或称 ρ_b）。由式（3-2a）可得：

$$\alpha_1 f_c b \xi_b h_0 = f_y A_{s,max}$$

因此

$$\rho_{max} = \frac{A_{s,max}}{bh} = \xi_b \frac{\alpha_1 f_c}{f_y} \cdot \frac{h_0}{h} \quad (3\text{-}12)$$

将常用的混凝土强度等级的 f_c 和常用热轧钢筋的 f_y 代入式（3-12）即可得到普通钢筋混凝土受弯构件的最大配筋率 ρ_{max}。

当构件按最大配筋率 ρ_{max} 配筋时，由式（3-3a）可以求出适筋受弯构件所能承受的最大弯矩为：

$$M_{max} = \alpha_1 f_c b h_0^2 \xi_b (1 - 0.5\xi_b) \quad (3\text{-}13)$$

令 $\alpha_{sb} = \xi_b(1 - 0.5\xi_b)$，则

$$M_{max} = \alpha_{sb} \alpha_1 f_c b h_0^2 \quad (3\text{-}14)$$

式中　α_{sb}——截面最大抵抗矩系数。

将 ξ_b 代入 α_{sb} 的表达式中即可以得到有明显屈服点钢筋配筋的受弯构件的截面最大抵抗

矩系数 α_{sb},见表 3-4。

综上所述,为了防止将构件设计成超筋构件应满足:

$$\xi \leqslant \xi_b$$

或 $$x \leqslant \xi_b h_0 \qquad (3-15)$$

或 $$\rho \leqslant \rho_{max} \qquad (3-16)$$

或 $$\alpha_s \leqslant \alpha_{sb} \qquad (3-17)$$

式中,$\xi = x/h_0$,$\rho = \dfrac{\xi \alpha_1 f_c h_0}{f_y h}$,$\alpha_s = \xi(1-0.5\xi)$。

表 3-4 受弯构件截面最大抵抗矩系数 $\boldsymbol{\alpha_{sb}}$($f_{cu,k} \leqslant 50$)

钢筋等级	HPB300	HRB335	HRB400	HRB500
α_{sb}	0.410	0.399	0.384	0.366

四、基本公式的应用

在受弯构件正截面承载力计算中,上述基本公式通常有两种应用情况:截面设计和承载力校核。对于梁或板并不需要对其每个截面都进行计算,通常只需对其控制截面进行计算。对于受弯构件正截面承载力计算,控制截面是指等截面梁或板中同号弯矩区段内弯矩设计值最大的截面。因此,在受弯构件正截面承载力计算之前,首先要运用结构力学的知识找出其控制截面。

(一)截面设计

截面设计是钢筋混凝土结构设计中最常遇到的一种情况,此时仅知道作用在构件截面中的弯矩设计值 M,要求确定构件的截面尺寸、混凝土强度等级、钢筋级别以及钢筋面积。由基本公式(3-2)及式(3-3)可知,未知数有 f_c、f_y、b、h_0、A_s 和 x。而基本公式只有两个,只能由计算确定其中的两个未知数。通常的做法是先根据经验,选取钢筋级别和混凝土强度等级,这样 f_y 和 f_c 就确定了。此外,对于梁,可根据其高跨比 h/l_0,按表 3-5 确定其截面高度 h,再根据高宽比 h/b 确定截面宽度 b。对于矩形截面梁 $h/b \leqslant 3.5$,常用 $h/b = 2.0 \sim 3.5$;对于 T 形截面梁 $h/b \leqslant 4.0$,常用 $h/b = 2.5 \sim 4.0$。对于板可根据其高跨比 h/l 按表 3-6 确定其厚度 h,对于现浇板,通常取 1 m 宽度板带计算,即 $b = 1\ 000$ mm。同时要求梁板尺寸符合模数要求。

表 3-5 梁的一般最小截面高度

序号	构件种类		简支	两端连续	悬臂
1	整体肋形梁	次梁	$l_0/20$	$l_0/25$	$l_0/8$
		主梁	$l_0/12$	$l_0/15$	$l_0/6$
2	独立梁		$l_0/12$	$l_0/15$	$l_0/6$

注:1. l_0 为梁的计算跨度;
2. 梁的计算跨度 $l_0 \geqslant 9$ m 时,表中数值应乘以 1.2。

表 3-6 现浇板的最小高跨比(h/l)

板 的 种 类				
单向板	双向板	悬臂板	无梁楼板	
			有柱帽	无柱帽
$\dfrac{1}{30}$	$\dfrac{1}{40}$	$\dfrac{1}{12}$	$\dfrac{1}{35}$	$\dfrac{1}{30}$

注:l 为板的(短边)计算跨度。

这样未知数就只剩下 A_s 和 x 了,可以通过基本公式(3-2)和式(3-3)直接求解。计算过程中要随时注意检验公式的适用性。如果按公式计算的 $x > \xi_b h_0$ 或 $\xi > \xi_b$,则说明原来选择的构件截面尺寸过小,必须加大截面尺寸(特别是高度 h)重新计算。当确因其他原因不可能加大截面时,则可提高混凝土强度等级或采用双筋矩形截面梁。如果按公式计算的 $A_s < A_{s,min}$,则说明原来所选构件的截面尺寸过大,宜予以减小后重新计算。当确因其他原因不能减小截面尺寸时,则应按最小配筋面积 $A_{s,min}$ 配筋。上述计算过程可用图 3-16 和图 3-17 表示。

【例题 3-1】 如图 3-18(a)所示,某办公大楼的内廊为现浇简支在砖墙上的钢筋混凝土平板,板上作用的均布活荷载标准值为 $q_k = 2.0$ kN/m^2。水磨石地面及细石混凝土垫层共 30 mm 厚(平均容重为 22 kN/m^3),板底粉刷白灰砂浆 12 mm 厚(容重为 17 kN/m^3)。混凝土强

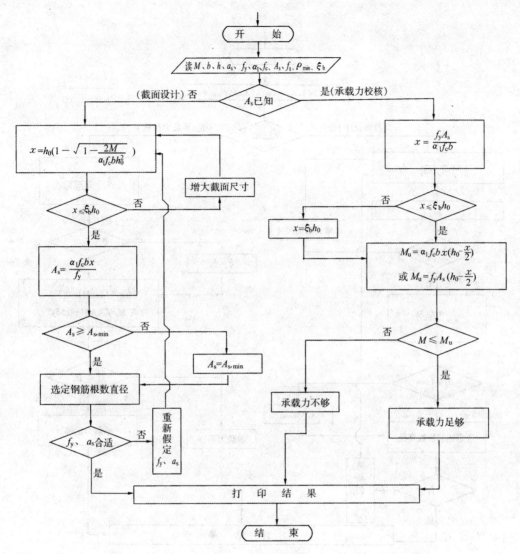

图 3-16　单筋矩形截面受弯构件计算框图 1

度等级选用 C25,纵向受拉钢筋采用 HPB300,环境类别为一类,试确定板厚度和受拉钢筋截面面积。

【解】　1. 确定板的截面尺寸

由于板的计算跨度尚未确定,不能根据计算跨度 l_0 来确定板厚。先近似按板的几何跨度来确定板厚。

$$h = \frac{l}{30} = \frac{2\,500}{30} = 83.3 \text{ mm, 取 } h = 80 \text{ mm, 取 1 m 宽板带计算。截面尺寸如图 3-18(b)所}$$

示,由附表 1.14 知,环境类别为一类,C25 时板的混凝土保护层最小厚度为 20 mm,故取 $a_s = 25$ mm,则板的有效高度 $h_0 = h - a_s = 80 - 25 = 55$ mm。

2. 内力计算

要计算最大弯矩必须先确定计算跨度和荷载设计值。

(1)计算跨度

单跨梁、板的计算跨度可按有关的规定计算。对于走道板,计算跨度等于板的净跨加板的

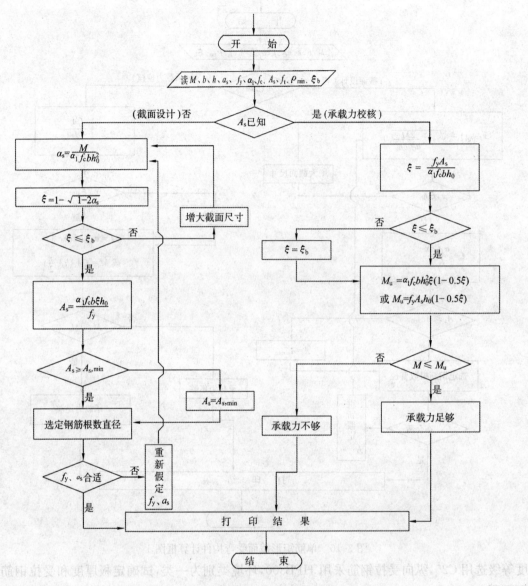

图 3-17　单筋矩形截面受弯构件计算框图 2

厚度。因此有：

$$l_0 = l_n + h = 2\,260 + 80 = 2\,340 \text{ mm}$$

(2)荷载设计值

恒载标准值:水磨石地面　　　　　　　$0.03 \times 22 \times 1 = 0.66 \text{ kN/m}$

　　　　　　板自重(容重为25 kN/m³)　$0.08 \times 25 \times 1 = 2.0 \text{ kN/m}$

　　　　　　白灰砂浆粉刷　　　　　　$0.012 \times 17 \times 1 = 0.204 \text{ kN/m}$

　　　　　　　　　　　　　$g_k = 0.66 + 2.0 + 0.204 = 2.864 \text{ kN/m}$

活载标准值:　　　　　$q_k = 2.0 \times 1 = 2.0 \text{ kN/m}$

　　显然,由可变荷载控制的组合为最不利组合。

恒载设计值:　　　　　$g = 1.2 \times 2.864 = 3.436\,8 \text{ kN/m}$

活载设计值:　　　　　$q = 1.4 \times 2.0 = 2.8 \text{ kN/m}$

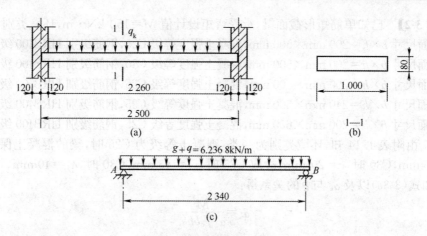

图 3-18　钢筋混凝土平板

（3）跨中最大弯矩[计算简图如图 3-18（c）所示]

$$M=\frac{1}{8}(g+q)l_0^2=\frac{1}{8}\times(3.436\ 8+2.8)\times2.34^2=4.27\ \text{kN}\cdot\text{m}$$

3. 材料强度设计值（查附表 1.2 和附表 1.7）

混凝土 C25：$f_c=11.9\ \text{N/mm}^2$，$f_t=1.27\ \text{N/mm}^2$，$\alpha_1=1.0$，$\beta_1=0.8$，由表 3-3 知，$\xi_b=0.576$。

钢筋 HPB300：$f_y=270\ \text{N/mm}^2$。

4. 求 x 及 A_s 的值

由式（3-3）和式（3-2）得：

$$x=h_0\left(1-\sqrt{1-\frac{2M}{\alpha_1f_cbh_0^2}}\right)=55\times\left(1-\sqrt{1-\frac{2\times4.27\times10^6}{11.9\times1\ 000\times55^2}}\right)$$

$$=6.97\ \text{mm}<\xi_bh_0=0.576\times55=31.68\ \text{mm}$$

$$A_s=\frac{\alpha_1f_1bx}{f_y}=\frac{1.0\times11.9\times1\ 000\times6.97}{270}=307.2\ \text{mm}^2$$

5. 选用钢筋及绘配筋图

查附表 1.21 选用 Φ8 @160，每米板宽实配钢筋面积 $A_s=314\ \text{mm}^2$，分布钢筋按构造要求配 Φ6@250 配筋如图 3-19 所示。

6. 验算最小配筋率

$$0.45\frac{f_t}{f_y}=0.45\times\frac{1.27}{270}=0.002\ 12>0.002$$

取 $\rho_{\min}=0.002\ 12$

$$A_{s\ \min}=\rho_{\min}bh=0.002\ 12\times80\times1\ 000=169.6\ \text{mm}^2<A_s=314\ \text{mm}^2$$

满足最小配筋率要求。

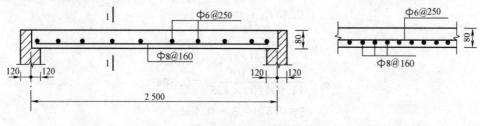

图 3-19　板的配筋图

【例题 3-2】 已知单筋矩形截面梁,承受弯矩设计值 $M=150$ kN·m,环境类别为一类。

1. 截面尺寸 $b \times h=200$ mm×500 mm,混凝土强度等级 C25,钢筋级别 HRB400 级,求 A_s。
2. 截面尺寸 $b \times h=200$ mm×500 mm,混凝土强度等级 C30,钢筋级别 HRB400 级,求 A_s。
3. 截面尺寸 $b \times h=200$ mm×500 mm,混凝土强度等级 C25,钢筋级别 HRB500 级,求 A_s。
4. 截面尺寸 $b \times h=240$ mm×500 mm,混凝土强度等级 C25,钢筋级别 HRB400 级,求 A_s。
5. 截面尺寸 $b \times h=200$ mm×600 mm,混凝土强度等级 C25,钢筋级别 HRB400 级,求 A_s。

【解】 由附表 1.14 知,环境类别为一类,混凝土等级为 C25 时,梁的混凝土保护层最小厚度 $c=25$ mm,C30 时,$c=20$ mm,故取 C25 时,$a_s=45$ mm,C30 时,$a_s=40$ mm。由基本公式(3-2a)和式(3-3a)以及 α_s 与 ξ 的关系得:

$$\alpha_s = \frac{M}{\alpha_1 f_c b h_0^2}$$

$$\xi = 1 - \sqrt{1 - 2\alpha_s}$$

$$A_s = \frac{\alpha_1 f_c b \xi h_0}{f_y}$$

1. $f_c=11.9$ N/mm^2,$f_y=360$ N/mm^2,$b=200$ mm,$h_0=h-a_s=500-45=455$ mm

$$\alpha_1=1.0, f_t=1.27 \text{ N/mm}^2$$

$$\rho_{min}=\left\{\begin{matrix}0.002 \\ 0.45f_t/f_y=0.001\ 59\end{matrix}\right\}_{max}=0.002$$

$$\alpha_s=\frac{150\times10^6}{11.9\times200\times455^2}=0.304$$

$$\xi=1-\sqrt{1-2\times0.304}=0.374<\xi_b=0.518$$

$$A_s=\frac{11.9\times200\times0.374\times455}{360}=1\ 125\text{ mm}^2>A_{s,min}=\rho_{min}bh=0.002\times200\times500=200\text{ mm}^2$$

2. $f_c=14.3$ N/mm^2,$f_y=360$ N/mm^2,$b=200$ mm,$h_0=460$ mm

$$f_t=1.43 \text{ N/mm}^2, \alpha_1=1.0$$

$$\rho_{min}=\left\{\begin{matrix}0.002 \\ 0.45\times\frac{1.43}{360}\end{matrix}\right\}_{max}=\left\{\begin{matrix}0.002 \\ 0.001\ 79\end{matrix}\right\}_{max}=0.002$$

$$\alpha_s=\frac{150\times10^6}{14.3\times200\times460^2}=0.248$$

$$\xi=1-\sqrt{1-2\times0.248}=0.290<\xi_b=0.518$$

$$A_s=\frac{14.3\times200\times0.290\times460}{360}=1\ 060\text{ mm}^2>A_{s,min}=0.002\times200\times500=200\text{ mm}^2$$

3. $f_c=11.9$ N/mm^2,$f_y=435$ N/mm^2,$b=200$ mm,$h_0=455$ mm

$$\alpha_1=1.0, f_t=1.27 \text{ N/mm}^2$$

$$0.45f_t/f_y=0.131\%$$

$$\rho_{min}=\left\{\begin{matrix}0.2\% \\ 0.131\%\end{matrix}\right\}_{max}=0.2\%$$

$$\alpha_s=\frac{150\times10^6}{11.9\times200\times455^2}=0.304$$

$$\xi=0.374<\xi_b=0.482$$

$$A_s=\frac{11.9\times200\times0.374\times460}{435}=941\text{ mm}^2>A_{s,min}=200\text{ mm}^2$$

4. $f_c=11.9 \text{ N/mm}^2$，$f_y=360 \text{ N/mm}^2$，$b=240 \text{ mm}$，$h_0=455 \text{ mm}$

$$\alpha_1=1.0, f_t=1.27 \text{ N/mm}^2, \rho_{min}=0.002$$

$$\alpha_s=\frac{150\times10^6}{11.9\times240\times455^2}=0.254$$

$$\xi=1-\sqrt{1-2\times0.254}=0.299<\xi_b=0.518$$

$$A_s=\frac{11.9\times240\times0.298\times455}{360}=1\,076 \text{ mm}^2>A_{s,min}=0.002\times240\times500=240 \text{ mm}^2$$

5. $f_c=11.9 \text{ N/mm}^2$，$f_y=360 \text{ N/mm}^2$，$b=200 \text{ mm}$，$h_0=600-45=555 \text{ mm}$，$\alpha_1=1.0$

$$\alpha_s=\frac{150\times10^6}{11.9\times200\times555^2}=0.205$$

$$\xi=1-\sqrt{1-2\times0.205}=0.232<\xi_b=0.518$$

$$A_s=\frac{11.9\times200\times0.232\times555}{360}=851 \text{ mm}^2>A_{s,min}=0.002\times200\times600=240 \text{ mm}^2$$

由上述计算可以看到，混凝土强度等级由 C25 提高到 C30，A_s 由 1 125 mm² 降低到 1 060 mm²，只降低 5.8%，这说明提高混凝土强度等级对提高受弯构件正截面承载力效果并不显著；当钢筋级别由 HRB400 提高到 HRB500，A_s 由 1 125 mm² 降低到 941 mm²，降低了 16.4%，可见提高钢筋的级别对提高受弯构件正截面承载力效果是明显的；加大梁的截面宽度使梁的截面积增加 20%，A_s 由 1 125 mm² 降低为 1 076 mm²，仅降低 4.4%，说明加大梁的截面宽度对提高受弯构件正截面承载力效果也不显著；将梁的截面加高使梁的截面积也增加 20%，A_s 由 1 125 mm² 降低为 851 mm²，降低了 24.4%，可见在截面面积相同的前提下，加大梁高其正截面受弯承载力将明显提高。

【例题 3-3】 如图 3-20 所示一钢筋混凝土简支梁。已知计算跨度 $l_0=6.9$ m。梁上作用均布恒载设计值 $g=30$ kN/m，均布活载设计值 $q=18$ kN/m。环境类别为一类。试按正截面抗弯承载力确定梁的截面及配筋（梁自重已计入恒载设计值中）。

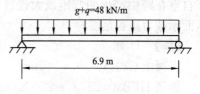

图 3-20　例题 3-3 图

【解】 1. 确定梁的截面尺寸

$$h=\frac{l_0}{12}=\frac{6\,900}{12}=575 \text{ mm}$$

取 $h=600$ mm。先假定按一排配筋。

$$h_0=h-a_s=600-40=560 \text{ mm}$$

$$b=\frac{h}{2}=300 \text{ mm}$$

2. 内力计算

跨中最大弯矩设计值　$M=\frac{1}{8}(g+q)l_0^2=\frac{1}{8}\times48\times6.9^2=285.66 \text{ kN·m}$

3. 选用材料

混凝土强度等级 C30，$f_c=14.3 \text{ N/mm}^2$；钢筋 HRB400 级，$f_y=360 \text{ N/mm}^2$，$f_t=1.43 \text{ N/mm}^2$，$\alpha_1=1.0$。

4. 求 x 及 A_s 的值

$$x=h_0\left(1-\sqrt{1-\frac{2M}{\alpha_1 f_c b h_0^2}}\right)=560\times\left(1-\sqrt{1-\frac{2\times285.66\times10^6}{1.0\times14.3\times300\times560^2}}\right)$$

$$=135.2 \text{ mm}<\xi_b h_0=0.518\times560=290.1 \text{ mm}$$

$$0.45f_t/f_y = 0.45 \times \frac{1.43}{360} = 0.179\% < 0.2\%$$

取 $\rho_{\min} = 0.002$

$$A_s = \frac{\alpha_1 f_c bx}{f_y} = \frac{1.0 \times 14.3 \times 300 \times 135.2}{360} = 1\ 611\ \text{mm}^2 > A_{s,\min}$$

$$= \rho_{\min} bh = 0.002 \times 300 \times 600 = 360\ \text{mm}^2$$

5. 选用钢筋及绘配筋图

查附表 1.17,选用 2Φ25+2Φ20。

实配钢筋面积 $A_s = 982 + 628 = 1\ 610\ \text{mm}^2$,配筋如图 3-21

所示。

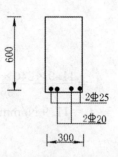

图 3-21 例题 3-3 配筋图

(二)承载力校核

在实际工程中,有时需要对已建成的梁或板的正截面承载力进行验算。例如某已建的梁或板由于结构用途改变导致梁或板上作用的荷载改变,要求检验其能否承受新的使用荷载所产生的弯矩设计值,从而决定是否需要对原有梁或板进行加固处理。

承载力校核往往是已知构件的截面尺寸、混凝土强度等级、钢筋级别、钢筋直径和根数。要求确定构件的极限承载力 M_u;或者还已知使用荷载将会产生的弯矩设计值 M,要求对构件的安全性作出评价。也就是说已知了 α_1、f_c、f_y、b、h、A_s,要求 M_u 或者判断 M 是否小于等于 M_u。由于基本计算公式中只有两个未知数 x 和 M_u,因此可以用公式直接求解。在计算的过程中同样要检验计算公式的适用性,其计算流程如图 3-16 和图 3-17 所示。

【例题 3-4】 某预制钢筋混凝土简支平板,计算跨度 $l_0 = 1\ 820\ \text{mm}$,板宽 600 mm,板厚 60 mm。混凝土强度等级 C20,受拉区配有 4 根直径为 6 mm 的 HPB300 钢筋。当使用荷载及板自重在跨中产生的弯矩最大设计值为 $M = 820\ 000\ \text{N} \cdot \text{mm}$ 时,环境类别为一类,试验算正截面承载力是否足够?

【解】 1. 求 x

混凝土 C20,$f_c = 9.6\ \text{N/mm}^2$,$\alpha_1 = 1.0$。

钢筋 HPB300 级,$f_y = 270\ \text{N/mm}^2$,$\xi_b = 0.576$。

由附表 1.15 知,板的混凝土保护层厚度取为 20 mm,则 $a_s = 20 + \frac{6}{2} = 23\ \text{mm}$,截面有效高度 $h_0 = h - a_s = 60 - 23 = 37\ \text{mm}$,钢筋面积 $A_s = 113\ \text{mm}^2$,有:

$$x = \frac{f_y A_s}{\alpha_1 f_c b} = \frac{270 \times 113}{1.0 \times 9.6 \times 600} = 5.1\ \text{mm} < \xi_b h_0 = 0.576 \times 37 = 21.3\ \text{mm}$$

2. 求 M_u

$$M_u = \alpha_1 f_c bx \left(h_0 - \frac{x}{2}\right) = 1.0 \times 9.6 \times 600 \times 5.3 \times \left(37 - \frac{5.3}{2}\right) = 1\ 048\ 637\ \text{N} \cdot \text{mm}$$

3. 判别正截面承载力是否足够?

$M = 820\ 000\ \text{N} \cdot \text{mm} < M_u = 1\ 048\ 637\ \text{N} \cdot \text{mm}$,正截面承载力足够。

【例题 3-5】 已知某钢筋混凝土单筋矩形截面简支梁,计算跨度 $l_0 = 6\ 000\ \text{mm}$,截面尺寸 $b \times h = 250\ \text{mm} \times 600\ \text{mm}$,C70 混凝土,配有 HRB400 级纵向受力钢筋 4Φ22。环境类别为二(a) 级。根据梁的正截面受弯承载力确定该梁所能承受的最大均布荷载设计值(包括自重)$g + q$。

【解】 1. 求 ξ

混凝土 C70,$f_c = 31.8\ \text{N/mm}^2$,$\alpha_1 = 0.96$。

钢筋 HRB400 级,$f_y = 360\ \text{N/mm}^2$,$\xi_b = 0.481$。

由附表 1.14 知，梁的混凝土保护层厚度为 25 mm，则 $a_s=25+10+\dfrac{22}{2}=46$ mm，截面有效高度 $h_0=h-a_s=600-46=554$ mm。钢筋面积 $A_s=1\,520$ mm^2。

$$\xi=\frac{f_y A_s}{\alpha_1 f_c b h_0}=\frac{360\times1\,520}{0.96\times31.8\times250\times554}=0.1294<\xi_b=0.481$$

2. 求 M_u

$$M_u=\alpha_1 f_c b h_0^2 \xi(1-0.5\xi)=0.96\times31.8\times250\times554^2\times0.129\,4\times(1-0.5\times0.129\,4)$$
$$=283.5\times10^6 \text{ N}\cdot\text{mm}$$

3. 求 $g+q$

简支梁在均布荷载作用下的跨中最大弯矩 $M_{max}=\dfrac{1}{8}(g+q)l_0^2$。

令 $M_{max}\leqslant M_u$，则：

$$\frac{1}{8}(g+q)l_0^2\leqslant M_u$$

$$\frac{1}{8}(g+q)\times6\,000^2\leqslant283.5\times10^6$$

$$g+q\leqslant63.0 \text{ N/mm}=63.0 \text{ kN/m}$$

即该梁所能承受的最大均布荷载设计值 $g+q=63.0$ kN/m。

五、计算表格的制作及使用

(一)计算表格的制作

由上面的例题可见，利用基本公式进行截面设计时，需要求解二次方程式，还要验算适用条件，计算比较麻烦。如果将计算公式制成表格，计算时便可直接查用从而使计算工作得到简化。

式(3-3a)可以写成：

$$M=\alpha_1 f_c b h_0^2 \xi(1-0.5\xi)=\alpha_s b h_0^2 \alpha_1 f_c$$

式中，$\alpha_s=\xi(1-0.5\xi)$。

由于 $\alpha_s b h_0^2$ 可以看成是受弯承载力极限状态时的截面抵抗矩，因此将 α_s 称为截面抵抗矩系数。

式(3-4a)可以写成：

$$M=f_y A_s h_0(1-0.5\xi)=f_y A_s \gamma_s h_0$$

式中，$\gamma_s=1-0.5\xi$。

由于 $\gamma_s h_0$ 是截面受弯承载力极限状态时拉力合力与压力合力之间的力臂，因此将 γ_s 称为截面内力臂系数。

根据 α_s 与 ξ 及 γ_s 与 ξ 的关系还可得：

$$\xi=1-\sqrt{1-2\alpha_s}$$

$$\gamma_s=\frac{1+\sqrt{1-2\alpha_s}}{2}$$

以上分析表明，ξ、α_s、γ_s 三者之间存在一一对应的关系，给定一个 ξ 值，便有一个 α_s 和一个 γ_s 值与之对应；给定一个 α_s 值，便有一个 ξ 和一个 γ_s 值与之对应。因此，可以将 ξ、α_s、γ_s 之间的关系事先制成表格，见附表 1.16，实际计算时便可直接查用，从而避免解算二次方程式而使计算工作得到简化。

(二)计算表格的使用

1. 截面设计

用查表法进行截面设计时按如下步骤进行：

(1)按下式计算所需截面抵抗矩系数 α_s：

$$\alpha_s = \frac{M}{\alpha_1 f_c b h_0^2}$$

(2)根据 α_s 查表得相应的 γ_s 值和 ξ 值。如果 $\xi > \xi_b$，则须加大截面尺寸或提高混凝土强度等级或采用双筋截面。

(3)按下式计算受拉钢筋面积：

$$A_s = \frac{M}{f_y \gamma_s h_0}$$

或

$$A_s = \frac{\alpha_1 f_c b \xi h_0}{f_y}$$

(4)验算 A_s 是否大于或等于 $A_{s,min}$。

【例题 3-6】 条件同例题 3-3，用查表法求 A_s。

【解】 (1)计算 α_s

$$\alpha_s = \frac{M}{\alpha_1 f_c b h_0^2} = \frac{285.66 \times 10^6}{1.0 \times 14.3 \times 300 \times 560^2} = 0.212$$

(2)查表求 ξ、γ_s

根据 α_s 查附表 1.16 得

$$\xi = 0.241 < \xi_b = 0.518, \gamma_s = 0.880$$

(3)求 A_s

$$A_s = \frac{M}{f_y \gamma_s h_0} = \frac{285.66 \times 10^6}{360 \times 0.880 \times 560} = 1\,610\ \text{mm}^2$$

(4)验算 A_s 是否大于或等于 $A_{s,min}$

由例题 3-3 知 $\rho_{min} = 0.002$

$$A_{s,min} = \rho_{min} bh = 0.002 \times 300 \times 600 = 360\ \text{mm}^2$$
$$A_s = 1\,610\ \text{mm}^2 > A_{s,min}$$

2. 承载力校核

用查表法进行承载力校核时按如下步骤进行：

(1)验算最小配筋率

$$\rho_{min} = \max\left(0.2\%, 0.45\frac{f_t}{f_y}\right)$$
$$A_{s,min} = \rho_{min} bh$$
$$A_s > A_{s,min}$$

(2)按下式计算 ξ

$$\xi = \frac{f_y A_s}{f_c b h_0}$$

(3)根据 ξ 查表得相应的 α_s 和 γ_s 的值。如果 $\xi > \xi_b$，取 $\xi = \xi_b$。

(4)按下式计算截面的极限受弯承载力 M_u

$$M_u = f_y A_s \gamma_s h_0$$

或

$$M_u = \alpha_s bh_0^2 \alpha_1 f_c$$

(5)判别 M 是否小于等于 M_u。

【例题 3-7】 条件同例题 3-4，用查表法验算正截面承载力是否足够。

【解】 (1)验算最小配筋率

$$0.45\frac{f_t}{f_y} = 0.45 \times \frac{1.1}{270} = 0.1833 < 0.2\%$$

$\rho_{min}=0.2\%$

$A_{s,min}=\rho_{min}bh=0.2\%\times600\times60=72\ mm^2<113\ mm^2=A_s$ 满足要求。

（2）计算 ξ

$$\xi=\frac{f_yA_s}{\alpha_1f_cbh_0}=\frac{270\times113}{9.6\times600\times37}=0.143<\xi_b=0.576$$

（3）查表求 α_s 和 γ_s

根据 ξ 查附表 1.16 得：

$$\gamma_s=0.926$$
$$\alpha_s=0.121$$

（4）计算 M_u

$$M_u=f_yA_s\gamma_sh_0=270\times113\times0.926\times37=1\ 047\ 591\ N\cdot mm$$

（5）判别 M 是否小于等于 M_u

$$M=820\ 000\ N\cdot mm<M_u=1\ 047\ 591\ N\cdot mm$$

由上面的计算可知，正截面承载力足够。

第四节　双筋矩形截面受弯构件承载力计算

如前所述，同时在受拉区和受压区配置纵向受力钢筋的矩形截面受弯构件称为双筋矩形截面受弯构件。双筋截面的用钢量比单筋截面的多，为节约钢材，应尽可能采用单筋截面。只在下面几种情况下采用双筋截面受弯构件：

1. 截面承受的弯矩设计值很大，超过了单筋矩形截面适筋梁所能承担的最大弯矩，而构件的截面尺寸及混凝土强度等级又都受到限制而不能增大和提高。

2. 结构或构件承受某种交变的作用（如地震作用和风荷载），使构件同一截面上的弯矩可能发生变号。

3. 因某种原因在构件截面的受压区已经布置了一定数量的受力钢筋（如框架梁和连续梁的支座截面）。

一、计算公式及适用条件

双筋矩形截面受弯构件的受力情况和破坏形态基本上和单筋矩形截面受弯构件相似。当 $\xi\leqslant\xi_b$ 时，仍然是受拉钢筋首先达到屈服，然后受压区混凝土压碎，属适筋构件。当 $\xi>\xi_b$ 时，受拉钢筋未屈服，而受压区混凝土先压碎，属超筋构件。双筋矩形截面梁受压区的受压钢筋的应力当构件处于承载能力极限状态时可能达到其抗压强度设计值 f'_y，也可能达不到 f'_y。受压钢筋的应力与截面受压区高度有关。根据平截面应变假定可以推导出要使受压钢筋达到其抗压强度设计值 f'_y 所需要的受压区最小高度见表 3-7。

表 3-7　受压钢筋达强度设计值时的受压区最小高度

钢　种	$f'_y(N/mm^2)$	$E_s(N/mm^2)$	ε'_y	x
HPB300	270	2.1×10^5	0.001 3	$1.48a'_s$
HRB335	300	2.0×10^5	0.001 5	$1.51a'_s$
HRB400	360	2.0×10^5	0.001 8	$1.76a'_s$
其他	400	2.0×10^5	0.002	$2.03a'_s$

表 3-7 中 a_s' 为受压区纵向受力钢筋合力作用点到受压边缘的距离。当混凝土等级不小于 C30 时,对于梁,受压钢筋按一排布置,取 $a_s'=40$ mm;当受压钢筋按两排布置时,取 $a_s'=65$ mm。对于板,取 $a_s'=20$ mm。

由表 3-7 可见,对于双筋矩形截面受弯构件正截面承载力计算,只要能满足 $x \geqslant 2a_s'$ 的条件,构件破坏时受压钢筋一般均能达到其抗压强度设计值 f_y'。因此在建立双筋矩形截面受弯构件承载力计算公式时,除了引入单筋矩形截面受弯构件承载力计算中的四项假定外,还补充一个假定。当 $x \geqslant 2a_s'$ 时,受压钢筋应力等于其抗压强度设计值 f_y'。

根据以上分析,双筋矩形截面受弯构件处于承载能力极限状态时的计算简图如图 3-22 所示。由平衡条件可得基本计算公式如下:

$$\sum X=0, \quad f_y A_s = \alpha_1 f_c bx + f_y' A_s' \tag{3-18}$$

$$\sum M=0, \quad M \leqslant M_u$$

$$= \alpha_1 f_c bx \left(h_0 - \frac{x}{2} \right) + f_y' A_s' (h_0 - a_s') \tag{3-19}$$

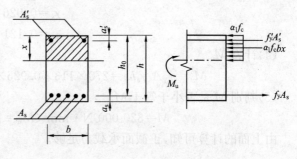

图 3-22 双筋矩形截面计算简图

式中 A_s'——受压区纵向受力钢筋的截面积。其他符号同前。

上述计算公式的适用条件如下:

$$x \leqslant \xi_b h_0$$

$$x \geqslant 2a_s' \tag{3-20}$$

对于双筋截面,纵向受拉钢筋面积 A_s 一般比较大,可不验算 $A_s \geqslant A_{s,min}$。

上述计算公式也可以写成:

$$f_y A_s = \alpha_1 f_c b \xi h_0 + f_y' A_s' \tag{3-18a}$$

$$M \leqslant M_u = \alpha_1 f_c b h_0^2 \xi (1 - 0.5\xi) + f_y' A_s' (h_0 - a_s')$$

$$= \alpha_s b h_0^2 \alpha_1 f_c + f_y' A_s' (h_0 - a_s') \tag{3-19a}$$

当不满足式(3-20)的条件时,受压钢筋的应力达不到 f_y',这时可近似地取 $x=2a_s'$,对受压钢筋合力作用点取矩,得:

$$M \leqslant M_u = f_y A_s (h_0 - a_s') \tag{3-21}$$

如果按式(3-21)计算的受拉钢筋面积 A_s 比不考虑受压钢筋的存在而按单筋矩形截面计算的 A_s 还大时,应按单筋矩形截面计算结果配筋。

二、计算公式的应用

双筋矩形截面的计算公式同样有两种应用情况,即截面设计和承载力校核。

(一)截面设计

双筋矩形截面受弯构件进行截面设计时,可能会遇到下列两种情况:

1. 已知截面的弯矩设计值 M、截面尺寸 $b \times h$、材料强度 f_y、f_y' 和 α_1、f_c,要求确定受拉钢筋面积 A_s 和受压钢筋面积 A_s'。

双筋矩形截面的计算公式只有两个,现在有 3 个未知数 A_s、A_s' 和 x,因此必须补充一个方程式才能求解。为了节约钢材,充分发挥混凝土的抗压强度,可以假定受压区高度等于界限受

压区高度,即:

$$x=\xi_b h_0 \tag{3-22}$$

补充这个方程式后,问题就可以求解。

由式(3-19a)可得:

$$A'_s=\frac{M-\alpha_1 f_c b h_0^2 \xi_b(1-0.5\xi_b)}{f'_y(h_0-a'_s)}=\frac{M-\alpha_{sb}bh_0^2\alpha_1 f_c}{f'_y(h_0-a'_s)} \tag{3-23}$$

由式(3-18a),有:

$$A_s=\frac{f'_y A'_s+\alpha_1 f_c b\xi_b h_0}{f_y} \tag{3-24}$$

2. 已知截面的弯矩设计值 M、截面尺寸 $b\times h$、材料强度 f_y、f'_y 和 α_1、f_c 以及受压钢筋面积 A'_s,要求确定受拉钢筋面积 A_s。

由于是两个方程两个未知数,可以直接求解。由式(3-19)可得:

$$x=h_0\left\{1-\sqrt{1-\frac{2[M-f'_y A'_s(h_0-a'_s)]}{\alpha_1 f_c b h_0^2}}\right\} \tag{3-25}$$

由式(3-18),有:

$$A_s=\frac{f'_y A'_s+\alpha_1 f_c bx}{f_y} \tag{3-26}$$

在计算过程中要注意检验公式的适用条件,当按式(3-25)计算得到的 x 不满足式(3-15)的条件时,说明给定的 A'_s 太小,应该按 A'_s 未知的情况即按式(3-23)和式(3-24)分别求解 A'_s 和 A_s。如果计算得到的 x 不满足式(3-20)的条件,应按式(3-21)计算受拉钢筋面积 A_s。

上述计算流程如图 3-23(a)所示。

【例题 3-8】 已知某楼面大梁截面尺寸 $b\times h=250\ mm\times 600\ mm$,选用 C25 混凝土及 HRB400 钢筋,截面承受弯矩设计值 $M=380\ kN\cdot m$,环境类别为一类。当上述基本条件不能改变时,求截面所需受力钢筋截面面积。

【解】 1. 判别是否需采用双筋截面

C25 混凝土,$f_c=11.9\ N/mm^2$,$\alpha_1=1.0$。

HRB400 级钢筋,$f_y=f'_y=360\ N/mm^2$,$\xi_b=0.518$。

因弯矩设计值较大,预计受拉钢筋需排成两排,故取 $h_0=600-70=530\ mm$。

单筋矩形截面能够承受的最大弯矩为:

$$M_{max}=\alpha_1 f_c b h_0^2 \xi_b(1-0.5\xi_b)=1.0\times 11.9\times 250\times 530^2\times 0.518\times(1-0.5\times 0.518)$$
$$=320.8\times 10^6\ N\cdot mm=320.8\ kN\cdot m<M=380\ kN\cdot m$$

计算结果说明需采用双筋截面。

2. 求 A_s 和 A'_s

设受压钢筋按一排布置,则 $a'_s=45\ mm$。由式(3-23)得:

$$A'_s=\frac{M-\alpha_1 f_c b h_0^2 \xi_b(1-0.5\xi_b)}{f'_y(h_0-a'_s)}=\frac{380\times 10^6-320.8\times 10^6}{360\times(535-45)}$$
$$=335.6\ mm^2$$

由式(3-24)得:

$$A_s=\frac{f'_y A'_s+\alpha_1 f_c b\xi_b h_0}{f_y}=\frac{360\times 335.6+1.0\times 11.9\times 250\times 0.518\times 530}{360}$$
$$=2\ 604.8\ mm^2$$

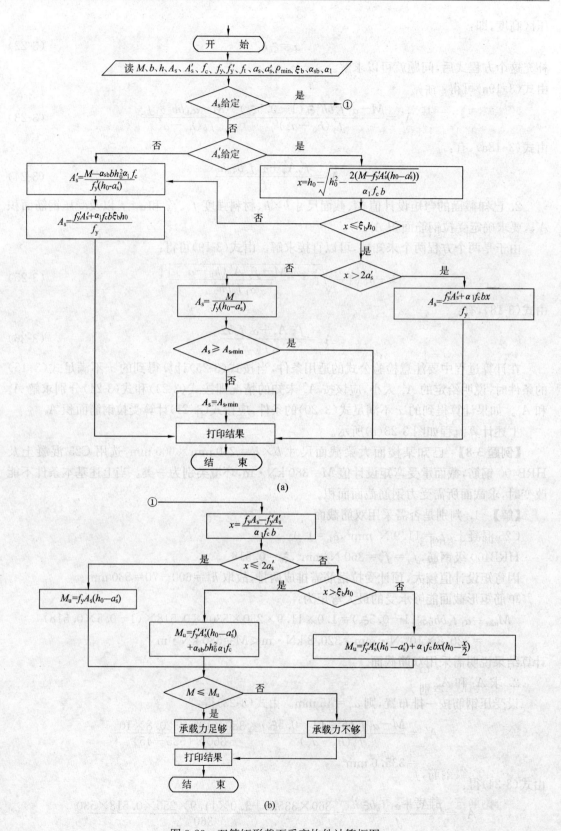

图 3-23　双筋矩形截面受弯构件计算框图

3. 选用钢筋及绘配筋图

受拉钢筋选用 $3 \oplus 25 + 3 \oplus 22$，$A_s = 2\,613\ mm^2$

受压钢筋选用 $2 \oplus 16$，$A_s' = 402\ mm^2$

配筋如图 3-24 所示。

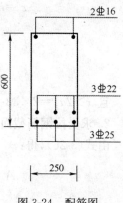

图 3-24 配筋图

【例题 3-9】 一基本条件与例 3-8 相同的梁，但受压区预先已经配好 $3 \oplus 22$（$A_s' = 1\,140\ mm^2$）的受压钢筋，求截面所需配置的受拉钢筋截面面积 A_s。

【解】 1. 求受压区高度 x

由于受压区已配有 $3 \oplus 22$，因此 $a_s' = 25 + 10 + \dfrac{22}{2} = 46\ mm$，受拉钢筋仍按两排考虑，$a_s = 70\ mm$，$h_0 = 600 - 70 = 530\ mm$，由式 (3-25) 得：

$$
\begin{aligned}
x &= h_0\left\{1 - \sqrt{1 - \dfrac{2\left[M - f_y' A_s'(h_0 - a_s')\right]}{\alpha_1 f_c b h_0^2}}\right\} \\
&= 530 \times \left\{1 - \sqrt{1 - \dfrac{2 \times \left[380 \times 10^6 - 360 \times 1\,140 \times (530 - 46)\right]}{1.0 \times 11.9 \times 250 \times 530^2}}\right\} \\
&= 131.3\ mm < \xi_b h_0 = 0.518 \times 530 = 274.5\ mm
\end{aligned}
$$

且 $x > 2a_s' = 2 \times 46 = 92\ mm$

2. 求受拉钢筋截面面积 A_s

由式 (3-26)，得：

$$
\begin{aligned}
A_s &= \dfrac{f_y' A_s' + \alpha_1 f_c b x}{f_y} = \dfrac{360 \times 1\,140 + 1.0 \times 11.9 \times 250 \times 131.3}{360} \\
&= 2\,224.9\ mm^2
\end{aligned}
$$

3. 选用钢筋及绘配筋图

受拉钢筋选用 $6 \oplus 22$，$A_s = 2\,281\ mm^2$，配筋如图 3-25 所示。

比较例 3-8 和例 3-9 可以看出，例 3-8 充分利用了混凝土的抗压能力，其计算的钢筋总用量（$A_s' + A_s = 335.0 + 2604.8 = 2\,940.4\ mm^2$）小于例题 3-9 的计算钢筋总用量（$A_s' + A_s = 1\,140 + 2\,224.9 = 3\,364.9\ mm^2$）。

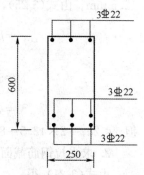

图 3-25 配筋图

【例题 3-10】 已知某矩形截面简支梁，截面尺寸 $b \times h = 300\ mm \times 600\ mm$，选用 C30 混凝土及 HRB400 钢筋，跨中截面承受弯矩设计值 $M = 285.66\ kN \cdot m$，受压区预先已经配好 $2 \oplus 16$（$A_s' = 402\ mm^2$）的受压钢筋，环境类别为一类。求截面所需配置的受拉钢筋截面面积 A_s。

【解】 1. 求受压区高度 x

C30 混凝土，$f_c = 14.3\ N/mm^2$，$\alpha_1 = 1.0$。

HRB400 级钢筋，$f_y = f_y' = 360\ N/mm^2$，$\xi_b = 0.518$。

受拉钢筋按一排考虑，$a_s = 40\ mm$，$h_0 = 600 - 40 = 560\ mm$，$a_s' = 20 + 10 + \dfrac{16}{2} = 38\ mm$。由式 (3-25)，得：

$$x = h_0 \left\{ 1 - \sqrt{1 - \frac{2\left[M - f'_y A'_s (h_0 - a'_s)\right]}{\alpha_1 f_c b h_0^2}} \right\}$$

$$= 560 \times \left\{ 1 - \sqrt{1 - \frac{2 \times \left[285.66 \times 10^6 - 360 \times 402 \times (560 - 38)\right]}{1.0 \times 14.3 \times 300 \times 560^2}} \right\}$$

$$= 95.6 \text{ mm} < \xi_b h_0 = 0.518 \times 560 = 290.1 \text{ mm}$$

且 $x > 2a'_s = 2 \times 38 = 76 \text{ mm}$。

2. 求受拉钢筋截面面积 A_s

由式(3-26),得:

$$A_s = \frac{f'_y A'_s + \alpha_1 f_c b x}{f_y} = \frac{360 \times 402 + 14.3 \times 300 \times 95.6}{360}$$

$$= 1\ 541.2 \text{ mm}^2$$

3. 选用钢筋及绘配筋图

受拉钢筋选用 4⚌22,$A_s = 1\ 520 \text{ mm}^2$,配筋如图3-26 所示。

将例 3-3 与例 3-10 比较,两者截面尺寸、材料强度等级以及承受的弯矩设计值完全相同,但前者为单筋截面,计算受力钢筋面积只需要1 611 mm²,后者为双筋截面,总的受力钢筋面积需要 402＋1 520＝1 922 mm²,比单筋截面所需配置的受力钢筋面积增加 19.3%。

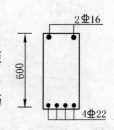

图 3-26 配筋图

【例题 3-11】 一基本条件与例题 3-10 相同的梁,但受压区预先已经配好 2⚌25($A'_s = 982 \text{ mm}^2$)的受压钢筋,求截面所需配置的受拉钢筋截面面积 A_s。

【解】 1. 求受压区高度 x

其他条件与例题 3-10 相同,但 $A'_s = 982 \text{ mm}^2, a'_s = 20 + 10 + \dfrac{25}{2} = 42.5 \text{ mm}$。由式(3-25),得:

$$x = h_0 \left\{ 1 - \sqrt{1 - \frac{2\left[M - f'_y A'_s (h_0 - a'_s)\right]}{\alpha_1 f_c b h_0^2}} \right\}$$

$$= 560 \left\{ 1 - \sqrt{1 - \frac{2 \times \left[285.66 \times 10^6 - 360 \times 982 \times (560 - 42.5)\right]}{1.0 \times 14.3 \times 300 \times 560^2}} \right\}$$

$$= 44.5 \text{ mm} < \xi_b h_0 = 0.518 \times 560 = 290.1 \text{ mm}$$

但 $x < 2a'_s = 2 \times 42.5 = 85 \text{ mm}$。

2. 求受拉钢筋截面面积 A_s

由式(3-21),得:

$$A_s = \frac{M}{f_y (h_0 - a'_s)} = \frac{285.66 \times 10^6}{360 \times (560 - 42.5)} = 1\ 533.3 \text{ mm}^2$$

从例题 3-3 可知,不考虑受压钢筋(即令 $A'_s = 0$),按单筋矩形截面计算的受拉钢筋面积为 $A_s = 1\ 611 \text{ mm}^2$。二者之中选小者,即 $A_s = 1\ 533.3 \text{ mm}^2$。

3. 选用钢筋及绘配筋图

受拉钢筋选用 4⚌22,$A_s = 1\ 520 \text{ mm}^2$,配筋如图 3-27 所示。

(二)承载力校核

已知截面的弯矩设计值 M、截面尺寸 $b \times h$、材料强度 f_y、f'_y 和 f_c 以及受拉钢筋面积 A_s、受压钢筋面积 A'_s。验算 M_u 是否大于等于 M。

由式(3-18),得：

$$x = \frac{f_y A_s - f_y' A_s'}{\alpha_1 f_c b} \qquad (3-27)$$

或由式(3-18a),得：

$$\xi = \frac{f_y A_s - f_y' A_s'}{\alpha_1 f_c b h_0} \qquad (3-28)$$

若 $2a_s' \leqslant x \leqslant \xi_b h_0$,则：

$$M_u = f_y' A_s'(h_0 - a_s') + \alpha_1 f_c b x\left(h_0 - \frac{x}{2}\right)$$

或若 $\dfrac{2a_s'}{h_0} \leqslant \xi \leqslant \xi_b$,则：

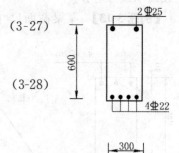

$$M_u = f_y' A_s'(h_0 - a_s') + \alpha_1 f_c b h_0^2 \xi(1 - 0.5\xi)$$

若 $x \leqslant 2a_s'$,或 $\xi \leqslant \dfrac{2a_s'}{h_0}$,则：

$$M_u = f_y A_s(h_0 - a_s')$$

图 3-27 配筋图

若 $x \geqslant \xi_b h_0$ 或 $\xi \geqslant \xi_b$,则取 $x = \xi_b h_0$ 或 $\xi = \xi_b$

$$M_u = f_y' A_s'(h_0 - a_s') + \alpha_{sb} b h_0^2 \alpha_1 f_c \qquad (3-29)$$

当 $M \leqslant M_u$ 则正截面承载力足够,当 $M > M_u$ 则正截面承载力不够。

上述计算的流程图如图 3-23(b)所示。

【例题 3-12】 某楼面梁截面尺寸及配筋如图 3-28 所示,混凝土强度等级 C30,钢筋级别 HRB400,承受弯矩设计值 $M = 180$ kN·m,环境类别为一类。试验算该梁的正截面承载力是否足够。

【解】 1. 计算 x

$a_s = 20 + 10 + \dfrac{25}{2} = 42.5$ mm, $a_s' = 20 + 10 + \dfrac{16}{2} = 38$ mm, $h_0 = h - a_s = 500 - 42.5 = 457.5$ mm, $A_s = 1\,473$ mm², $A_s' = 402$ mm², $f_y = f_y' = 360$ N/mm², $f_c = 14.3$ N/mm², $\alpha_1 = 1.0$, $\xi_b = 0.518$。

由式(3-27),得：

$$\begin{aligned}
x &= \frac{f_y A_s - f_y' A_s'}{\alpha_1 f_c b} = \frac{360 \times 1\,473 - 360 \times 402}{1.0 \times 14.3 \times 250} \\
&= 107.9 \text{ mm} > 2a_s' = 2 \times 38 = 76 \text{ mm}
\end{aligned}$$

且 $x < \xi_b h_0 = 0.518 \times 457.5 = 237.1$ mm。

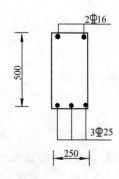

2. 计算 M_u

由式(3-19),可得：

$$\begin{aligned}
M_u &= f_y' A_s'(h_0 - a_s') + \alpha_1 f_c b x\left(h_0 - \frac{x}{2}\right) \\
&= 360 \times 402 \times (457.5 - 38) + 14.3 \times 250 \\
&\quad \times 107.9 \times \left(457.5 - \frac{107.9}{2}\right) \\
&= 216.4 \times 10^6 \text{ N·mm} = 216.4 \text{ kN·m}
\end{aligned}$$

图 3-28 配筋图

3. 验算 M 是否小于等于 M_u

$$M = 180 \text{ kN·m} < M_u = 216.4 \text{ kN·m}$$

正载面承载力足够。

【例题 3-13】 某梁截面尺寸及配筋如图 3-29(a)所示,混凝土强度等级 C30,钢筋级别 HRB400,环境类别为一类。试计算此截面所能承担的极限弯矩 M_u。

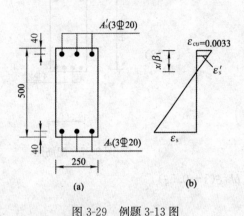

图 3-29 例题 3-13 图

【解】 1. 计算 x

$a_s = 20 + 10 + \dfrac{20}{2} = 40 \text{ mm}, a_s' = 40 \text{ mm}, h_0 = h - a_s = 500 - 40 = 460 \text{ mm}, A_s = A_s' = 941 \text{ mm}^2, f_y = f_y' = 360 \text{ N/mm}^2, E_s = 2 \times 10^5 \text{ N/mm}^2, f_c = 14.3 \text{ N/mm}^2, \alpha_1 = 1.0$。

由式(3-27),得:

$$x = \frac{f_y A_s - f_y' A_s'}{\alpha_1 f_c b} = \frac{360 \times 941 - 360 \times 941}{14.3 \times 250}$$

$$= 0 < 2a_s' = 2 \times 40 = 80 \text{ mm}$$

2. 计算 M_u

由于 $x < 2a_s'$,由近似公式(3-21)可得:

$$M_u = f_y A_s (h_0 - a_s') = 360 \times 941 \times (460 - 40) = 142.3 \times 10^6 \text{ N} \cdot \text{mm}$$

上述计算在理论上是不严密的,因既然 $x = 0$ 就说明没有受压区,这对于受弯构件就不能保持截面平衡。实际上当 $x < 2a_s'$ 时,受压钢筋 A_s' 的应力 σ_s' 达不到其强度 f_y',即 $\sigma_s' < f_y'$,将 σ_s' 取代 f_y' 代入式(3-27),则得到的 x 并不等于零,也就是说截面中仍然有受压区。公式(3-21)实际上是假定此时的受压区高度 $x = 2a_s'$ 的基础上建立起来的,因此是一个近似公式。为了检验近似公式(3-21)的可靠程度,再将本例按精确法进行计算。采用平截面应变假定[图 3-29(b)],得 C30 混凝土的指标为:

$$\varepsilon_s' = \left(1 - \frac{\beta_1 a_s'}{x}\right) \varepsilon_{cu} = \left(1 - \frac{0.8 a_s'}{x}\right) \times 0.003\,3$$

而

$$\sigma_s' = E_s \varepsilon_s' = E_s \left(1 - \frac{0.8 a_s'}{x}\right) \times 0.003\,3$$

$$= 2 \times 10^5 \times \left(1 - \frac{0.8 \times 40}{x}\right) \times 0.003\,3$$

$$= 660 \times \left(1 - \frac{32}{x}\right)$$

因为

$$\alpha_1 f_c b x + \sigma_s' A_s' = f_y A_s$$

故

$$1.0 \times 14.3 \times 250 x + 660 \times \left(1 - \frac{32}{x}\right) \times 941 = 360 \times 941$$

$$x^2 + 78.97 x - 5\,559.14 = 0$$

解得 $x = 44.89 \text{ mm}$。将 x 代入 σ_s' 的表达式得:

$$\sigma_s' = 660 \times \left(1 - \frac{32}{44.89}\right) = 189.5 \text{ N/mm}^2$$

对 A_s 中心取矩,可以得到截面所能承担的极限弯矩 M_u 为:

$$M_u = \alpha_1 f_c b x \left(h_0 - \frac{x}{2}\right) + \sigma_s' A_s' (h_0 - a_s')$$

$$= 1.0 \times 14.3 \times 250 \times 44.89 \times \left(460 - \frac{44.89}{2}\right) + 189.5 \times 941 \times (460 - 40)$$

$$=145.1 \times 10^6 \ \mathrm{N} \cdot \mathrm{mm}$$

对上述两种计算结果进行比较,可以看出,按近似公式(3-21)计算具有相当的精度,能满足工程设计计算的精度要求,且形式简单,使用方便。计算表明,如果不像本例采用对称配筋,则近似解与精确解将会更接近。

第五节 T 形截面受弯构件承载力计算

一、概 述

在矩形截面受弯构件的承载力计算中,没有考虑混凝土的抗拉强度。如将受拉区的一部分混凝土去掉,将受拉钢筋较为集中地布置,就形成了 T 形截面(图 3-30),这样可以减轻结构自重,节约混凝土,取得较好的经济效果。T 形截面的伸出部分称为翼缘,中间部分称为腹板(或称为梁肋)。它主要依靠翼缘受压,利用梁肋联系受压区混凝土和受拉钢筋并承受剪力。工形截面梁由于不考虑受拉翼缘混凝土受力,在受弯承载力计算中也按 T 形截面考虑。

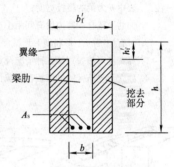

图 3-30 T 形截面的形成

T 形截面受弯构件在实际工程中的应用大致可以分为 3 类:独立的梁(如吊车梁和屋面薄腹梁)、整体肋形楼盖中的梁、预制的空心板和槽形板等(图 3-31)。

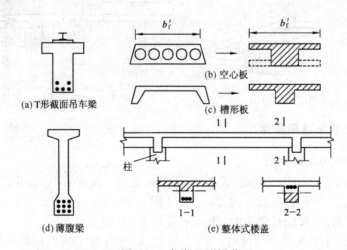

图 3-31 各类 T 形梁截面

对于整体肋形楼盖中的连续梁,由于支座处承受负弯矩,梁截面上部受拉下部受压(图 3-31(e)中 2-2 截面),因此应按矩形截面计算,而跨中截面承受正弯矩,梁截面上部受压下部受拉(图 3-31(e)中1-1 截面),应按 T 形截面计算。

理论上,T 形截面的受压翼缘宽度 b'_f 越大,截面的受弯性能越好。因为在相同的弯矩 M 作用下,b'_f 越大则受压区高度 x 越小,内力臂越大,所需要的受拉钢筋面积 A_s 就越小。但试验研究表明,翼缘内压应力的分布是不均匀的(图 3-32),其分布宽度与翼缘厚度 h'_f、梁跨度 l_0、梁肋净距 s_n 等许多因素有关。因此《规范》对受压翼缘的计算宽度 b'_f 作出了规定(表 3-8 和图 3-33)。b'_f 按表 3-8 中有关规定的最小值取用。并且假定在规定的 b'_f 范围内,压应力是均匀分布的。

表 3-8 T 形及倒 L 形截面受弯构件翼缘计算宽度 b_f'

项次	考虑情况		T 形 截 面		倒 L 形 截 面
			肋形梁(板)	独立梁	肋形梁(板)
1	按计算跨度 l_0 考虑		$l_0/3$	$l_0/3$	$l_0/6$
2	按梁(肋)净距 s_n 考虑		$b+s_n$	—	$b+s_n/2$
3	按翼缘高度 h_f' 考虑	当 $h_f'/h_0 \geqslant 0.1$	—	$b+12h_f'$	—
		当 $0.1 > h_f'/h_0 \geqslant 0.05$	$b+12h_f'$	$b+6h_f'$	$b+5h_f'$
		当 $h_f'/h_0 < 0.05$	$b+12h_f'$	b	$b+5h_f'$

注:1. 表中 b 为梁的腹板宽度;

2. 如肋形梁在梁跨内设有间距小于纵肋间距的横肋时,则可不遵守表列第三种情况的规定;

3. 对有加腋的 T 形和倒 L 形截面[图 3-33(c)],当受压区加腋的高度 $h_h \geqslant h_f'$ 且加腋的宽度 $b_h \leqslant 3h_h$ 时,则其翼缘计算宽度可按表列第三种情况规定分别增加 $2b_h$(T 形截面)和 b_h(倒 L 形截面);

4. 独立梁受压区的翼缘板在荷载作用下经验算沿纵肋方向可能产生裂缝时,其计算宽度应取用腹板宽度 b。

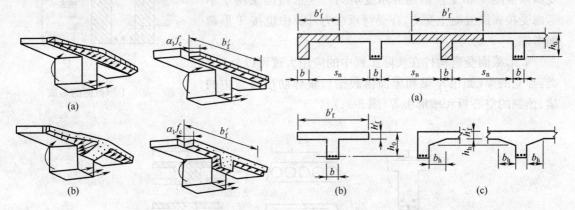

图 3-32 T 形截面的应力分布图　　图 3-33 现浇整体肋形楼盖剖面

二、基本计算公式及适用条件

(一)两类 T 形截面及其判别

T 形截面受弯构件,根据中和轴位置不同,即根据受压区高度的不同,可分为两类:

第一类 T 形截面:中和轴在翼缘内,即 $x \leqslant h_f'$[图 3-34(a)]。

第二类 T 形截面:中和轴在梁肋内,即 $x > h_f'$[图 3-34(b)]。

当中和轴刚好位于翼缘的下边缘时,即 $x = h_f'$ 时,则为两类 T 形截面的分界情况[图 3-34 (c)]。此时根据平衡条件,可得:

$$\sum X = 0, \alpha_1 f_c b_f' h_f' = f_y A_s \tag{3-30}$$

$$\sum M = 0, M_u = \alpha_1 f_c b_f' h_f' \left(h_0 - \frac{h_f'}{2} \right) \tag{3-31}$$

上述两式可以作为判别 T 形截面类别的依据。

在进行截面设计时:

当 $M \leqslant \alpha_1 f_c b_f' h_f' \left(h_0 - \dfrac{h_f'}{2} \right)$ 为第一类 T 形截面;

当 $M > \alpha_1 f_c b_f' h_f' \left(h_0 - \dfrac{h_f'}{2} \right)$ 为第二类 T 形截面。

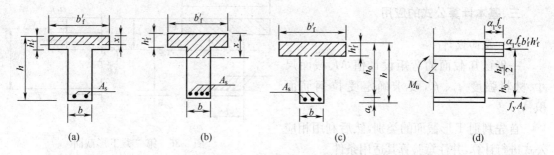

图 3-34 各类 T 形截面中和轴的位置

在进行承载力校核时：

当 $f_y A_s \leqslant \alpha_1 f_c b'_f h'_f$ 为第一类 T 形截面；

当 $f_y A_s > \alpha_1 f_c b'_f h'_f$ 为第二类 T 形截面。

(二)第一类 T 形截面的计算公式及适用条件

第一类 T 形截面的计算简图如图 3-35 所示。在计算正截面承载力时，由于不考虑受拉区混凝土参加受力，因此实质上相当于 $b=b'_f$ 的矩形截面，可用 b'_f 代替 b 按矩形截面的公式计算。

$$\alpha_1 f_c b'_f x = f_y A_s \tag{3-32}$$

$$M \leqslant M_u = \alpha_1 f_c b'_f x \left(h_0 - \frac{x}{2}\right) \tag{3-33}$$

适用条件：

1. $A_s \geqslant A_{s,min} = \rho_{min} b h$，其中 b 为 T 形截面梁肋宽度。

2. $x \leqslant \xi_b h_0$，因为第一类 T 形截面的 $x \leqslant h'_f$，而 T 形截面的 h'_f/h_0 一般又较小，因此这个适用条件通常能满足，实用上可不必进行验算。

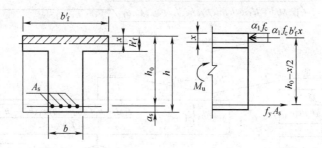

图 3-35 第一类 T 形截面

(三)第二类 T 形截面的计算公式及适用条件

第二类 T 形截面的计算简图如图 3-36 所示。利用平衡条件可得计算公式如下：

$$\alpha_1 f_c b x + \alpha_1 f_c (b'_f - b) h'_f = f_y A_s \tag{3-34}$$

$$M \leqslant M_u = \alpha_1 f_c b x \left(h_0 - \frac{x}{2}\right) + \alpha_1 f_c (b'_f - b) h'_f \left(h_0 - \frac{h'_f}{2}\right) \tag{3-35}$$

适用条件：

1. $A_s \geqslant A_{s,min} = \rho_{min} b h$，式中 b 为 T 形截面梁肋宽度。因为第二类 T 形截面中，因受压区面积大，故所需的受拉钢筋 A_s 亦较大，此适用条件一般能满足，可不验算。

2. $x \leqslant \xi_b h_0$。

三、基本计算公式的应用

(一)截面设计

一般已知截面的弯矩设计值 M、截面尺寸、材料强度 f_y、f_c，要求确定受拉钢筋面积 A_s。

首先判别 T 形截面的类别，然后利用相应公式进行计算，并注意验算其适用条件。

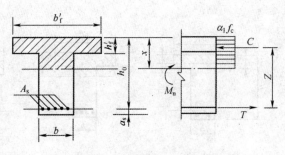

图 3-36　第二类 T 形截面

当 $M \leqslant \alpha_1 f_c b'_f h'_f \left(h_0 - \dfrac{h'_f}{2}\right)$ 时，为第一类 T 形截面，按宽度为 b'_f 的矩形截面计算。

当 $M > \alpha_1 f_c b'_f h'_f \left(h_0 - \dfrac{h'_f}{2}\right)$ 时，为第二类 T 形截面，此时可先按式(3-35)求出 x，得：

$$x = h_0 \left\{ 1 - \sqrt{ 1 - \dfrac{2\left[M - \alpha_1 f_c (b'_f - b) h'_f \left(h_0 - \dfrac{h'_f}{2}\right) \right]}{\alpha_1 f_c b h_0^2} } \right\} \tag{3-36}$$

若 $x \leqslant \xi_b h_0$，则将 x 代入式(3-34)求 A_s 得：

$$A_s = \dfrac{\alpha_1 f_c b x + \alpha_1 f_c (b'_f - b) h'_f}{f_y} \tag{3-37}$$

若 $x > \xi_b h_0$，则应增加梁高或提高混凝土强度等级。如果这些措施受到限制不能采用时，可考虑设计成双筋 T 形截面。此时可参照双筋矩形截面计算公式进行计算。

上述计算过程如图 3-37(a)所示。

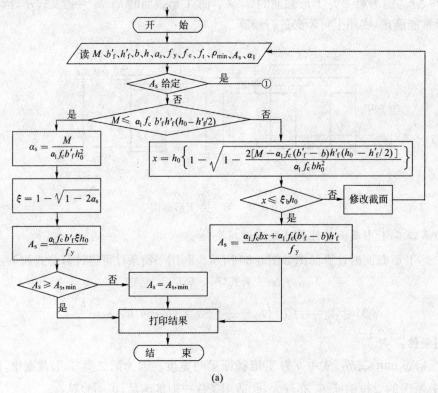

(a)

图　3-37

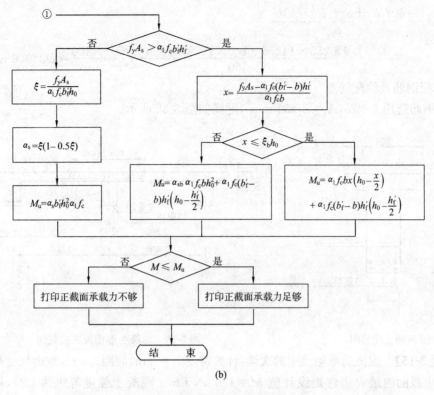

(b)

图 3-37 T 形截面受弯构件计算框图

【例题 3-14】 已知一 T 形截面梁截面尺寸 $b'_f = 600 \text{ mm}$，$h'_f = 100 \text{ mm}$，$b = 250 \text{ mm}$，$h = 700 \text{ mm}$，混凝土强度等级 C25，采用 HRB400 级钢筋，梁所承受的弯矩设计值 $M = 480 \text{ kN} \cdot \text{m}$。环境类别为一类。试求所需受拉钢筋截面面积 A_s。

【解】 1. 判别截面类型

混凝土强度等级 C25，$f_c = 11.9 \text{ N/mm}^2$，$\alpha_1 = 1.0$；钢筋 HRB400，$f_y = 360 \text{ N/mm}^2$；考虑布置两排，$a_s = 70 \text{ mm}$，$h_0 = h - a_s = 700 - 70 = 630 \text{ mm}$。

$$\alpha_1 f_c b'_f h'_f \left(h_0 - \frac{h'_f}{2}\right) = 1.0 \times 11.9 \times 600 \times 100 \times \left(630 - \frac{100}{2}\right) = 414.1 \times 10^6 \text{ N} \cdot \text{mm}$$

$$= 414.1 \text{ kN} \cdot \text{m} < M = 480 \text{ kN} \cdot \text{m}$$

属第二类 T 形截面。

2. 计算 x

由式(3-36)，得：

$$x = h_0 \left\{ 1 - \sqrt{1 - \frac{2\left[M - \alpha_1 f_c (b'_f - b) h'_f \left(h_0 - \frac{h'_f}{2}\right)\right]}{\alpha_1 f_c b h_0^2}} \right\}$$

$$= 630 \left\{ 1 - \sqrt{1 - \frac{2\left[480 \times 10^6 - 1.0 \times 11.9 \times (600 - 250) \times 100 \times \left(630 - \frac{100}{2}\right)\right]}{1.0 \times 11.9 \times 250 \times 630^2}} \right\}$$

$$= 143.6 \text{ mm} < \xi_b h_0 = 0.518 \times 630 = 326.3 \text{ mm}$$

3. 计算 A_s

由式(3-37)，得：

$$A_s = \frac{\alpha_1 f_c bx + \alpha_1 f_c (b_f' - b) h_f'}{f_y}$$

$$= \frac{1.0 \times 11.9 \times 250 \times 143.6 + 1.0 \times 11.9 \times (600-250) \times 100}{360} = 2\,343.6 \text{ mm}^2$$

4. 选配钢筋及绘配筋图

受拉钢筋选用 5⊕25，$A_s = 2\,454$ mm²，配筋如图 3-38 所示。

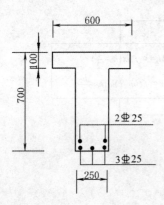
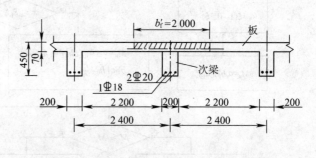

图 3-38　配筋图　　　　　　　图 3-39　现浇肋形楼盖次梁截面

【例题 3-15】　现浇肋形楼盖中的次梁，计算跨度 $l_0 = 6$ m，间距 2.4 m，截面尺寸如图 3-39 所示。跨中截面的最大正弯矩设计值 $M = 120$ kN·m。混凝土强度等级为 C25，钢筋采用 HRB400。环境类别为一类。试计算次梁所需受拉钢筋面积 A_s。

【解】　1. 确定翼缘计算宽度 b_f'

翼缘计算宽度 b_f' 根据表 3-8 确定。

按梁的计算跨度 l_0 考虑，$b_f' = l_0/3 = 6\,000/3 = 2\,000$ mm

按梁净距 s_n 考虑，$b_f' = b + s_n = 200 + 2\,200 = 2\,400$ mm

按翼缘高度 h_f' 考虑，$h_0 = h - a_s = 450 - 45 = 405$ mm，$h_f'/h_0 = 70/405 = 0.173 > 0.1$，$b_f'$ 不受 h_f' 的限制。

翼缘的计算宽度取上述两项结果中的较小值，即：

$$b_f' = 2\,000 \text{ mm}$$

2. 判别截面类型

混凝土强度等级 C25，$f_c = 11.9$ N/mm²，$\alpha_1 = 1.0$；钢筋 HRB400，$f_y = 360$ N/mm²。

$$\alpha_1 f_c b_f' h_f' \left(h_0 - \frac{h_f'}{2}\right) = 1.0 \times 11.9 \times 2\,000 \times 70 \times \left(405 - \frac{70}{2}\right) = 616.4 \times 10^6 \text{ N·mm}$$

$$= 616.4 \text{ kN·m} > M = 120 \text{ kN·m}$$

属于第一类 T 形截面。

3. 计算 A_s

$$\alpha_s = \frac{M}{\alpha_1 f_c b_f' h_0^2} = \frac{120 \times 10^6}{1.0 \times 11.9 \times 2\,000 \times 405^2} = 0.030\,7$$

$$\rho_{min} = \begin{cases} 0.002 \\ 0.45 f_t/f_y \end{cases}_{max} = \begin{cases} 0.002 \\ 0.159\% \end{cases}_{max} = 0.002$$

$$\xi = 1 - \sqrt{1 - 2\alpha_s} = 0.031\,2$$

$$A_s=\frac{\alpha_1 f_c b'_f \xi h_0}{f_y}=\frac{1.0\times11.9\times2\ 000\times0.031\ 2\times405}{360}=835.4\ \text{mm}^2>A_{s,\min}$$

$$=\rho_{\min}bh=0.002\times200\times450=180\ \text{mm}^2$$

4. 选配钢筋及绘配筋图

受拉钢筋选用 2Φ20+1Φ18，$A_s=882.5\ \text{mm}^2$，配筋如图 3-39 所示。

（二）承载力校核

一般已知截面尺寸，受拉钢筋面积 A_s，材料强度 f_y、f_c，截面的弯矩设计值 M。验算 M_u 是否大于等于 M。

首先判别 T 形截面的类别，然后利用相应的公式进行计算，并注意验算其适用条件。

当 $f_y A_s\leqslant\alpha_1 f_c b'_f h'_f$ 时，为第一类 T 形截面，按宽度为 b'_f 的矩形截面的承载力校核方法进行计算。

当 $f_y A_s>\alpha_1 f_c b'_f h'_f$ 时，为第二类 T 形截面，此时可先按式(3-34)求出 x，得：

$$x=\frac{f_y A_s-\alpha_1 f_c(b'_f-b)h'_f}{\alpha_1 f_c b} \tag{3-38}$$

若 $x\leqslant\xi_b h_0$，则将 x 代入式(3-35)求得：

$$M_u=\alpha_1 f_c b x\left(h_0-\frac{x}{2}\right)+\alpha_1 f_c(b'_f-b)h'_f\left(h_0-\frac{h'_f}{2}\right) \tag{3-35a}$$

若 $x>\xi_b h_0$，则令 $x=\xi_b h_0$ 并代入式(3-35)得：

$$M_u=\alpha_1 f_c b h_0^2 \xi_b(1-0.5\xi_b)+\alpha_1 f_c(b'_f-b)h'_f\left(h_0-\frac{h'_f}{2}\right)$$

$$=\alpha_{sb}\alpha_1 f_c b h_0^2+\alpha_1 f_c(b'_f-b)h'_f\left(h_0-\frac{h'_f}{2}\right) \tag{3-39}$$

当 $M\leqslant M_u$ 则正截面承载力足够，当 $M>M_u$ 则正截面承载力不够。

上述计算过程如图 3-37(b)所示。

【例题 3-16】 已知一 T 形截面梁(图 3-40)的截面尺寸，$b'_f=600\ \text{mm}$，$h'_f=100\ \text{mm}$，$b=250\ \text{mm}$，$h=700\ \text{mm}$，混凝土强度等级 C30，截面配有 HRB400 受拉钢筋 8Φ22。环境类别为一类。梁截面承受的最大弯矩设计值 $M=600\ \text{kN·m}$。试验正截面承载力是否足够。

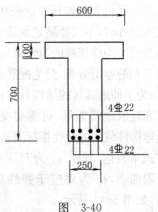

图 3-40

【解】 1. 判别截面类型

混凝土强度等级 C30，$f_c=14.3\ \text{N/mm}^2$，$\alpha_1=1.0$；钢筋 HRB400，$f_y=360\ \text{N/mm}^2$，$A_s=3\ 041\ \text{mm}^2$，$a_s=20+10+22+\dfrac{25}{2}=64.5\ \text{mm}$，$h_0=h-a_s=700-64.5=635.5\ \text{mm}$。

$f_y A_s=360\times3\ 041=1\ 094\ 760\ \text{N}>\alpha_1 f_c b'_f h'_f=1.0\times14.3\times600\times100=858\ 000\ \text{N}$，属第二类 T 形截面。

2. 计算 x

由式(3-38)，得：

$$x=\frac{f_y A_s-\alpha_1 f_c(b'_f-b)h'_f}{\alpha_1 f_c b}=\frac{360\times3\ 041-14.3\times(600-250)\times100}{1.0\times14.3\times250}$$

$$=166.2\ \text{mm}<\xi_b h_0=0.518\times635.5=329.2\ \text{mm}$$

3. 计算 M_u

由式(3-35),得:

$$M_u = \alpha_1 f_c bx\left(h_0 - \frac{x}{2}\right) + \alpha_1 f_c (b_f' - b)h_f'\left(h_0 - \frac{h_f'}{2}\right)$$

$$= 1.0 \times 14.3 \times 250 \times 166.2 \times \left(635.5 - \frac{166.2}{2}\right)$$

$$+ 1.0 \times 14.3 \times (600 - 250) \times 100 \times \left(635.5 - \frac{100}{2}\right)$$

$$= 621.3 \times 10^6 \text{ N} \cdot \text{mm} = 621.3 \text{ kN} \cdot \text{m}$$

4. 判别正截面承载力是否足够

$M = 600 \text{ kN} \cdot \text{m} < M_u = 621.3 \text{ kN} \cdot \text{m}$,正截面承载力足够。

第六节 受弯构件截面的延性

一、延性的基本概念

所谓延性是指组成结构的材料、组成结构的构件以及结构本身能维持承载能力而又具有较大塑性变形的能力。因此延性又包括材料的延性、构件的延性以及结构的延性。三者之间是相互联系的,要使构件具有较好的延性就必须使组成构件的材料具有较好的延性;要使结构具有较好的延性就必须使组成结构的构件具有较好的延性。组成钢筋混凝土结构的材料主要是钢筋和混凝土,钢筋和混凝土的延性已在第一章讨论过。结构的延性将在混凝土结构设计部分中叙述。本节主要讨论钢筋混凝土受弯构件截面的延性。

二、受弯构件的破坏形式与延性

受弯构件发生弯曲破坏时,由于纵向受力钢筋配筋率的影响,可能出现 3 种破坏形式:少筋受弯构件在钢筋屈服后立即被拉断而发生断裂破坏,这是一种脆性破坏;超筋受弯构件则由于受拉钢筋配置过多,在钢筋未屈服前混凝土就被压碎而丧失承载能力,这种破坏无明显预兆,也是一种脆性破坏;适筋受弯构件在钢筋屈服后,产生明显的塑性变形,裂缝不断开展,最后受压区混凝土被压碎而破坏,属于延性破坏。为了确保人民生命财产的安全,在进行受弯构件截面设计时,不仅要满足承载力的要求,而且要满足一定的延性要求,要防止像少筋受弯构件和超筋受弯构件那样的脆性破坏。此外,为了使超静定结构能够充分地进行塑性内力重分布,得到更有利的弯矩分布,避免配筋疏密过分悬殊,方便施工,节约钢材,受弯构件也需要具有一定的延性;为了使地震区的结构具有良好的抗震性能,有利于吸收和耗散地震能量,更需要受弯构件具有较好的延性。受弯构件截面的延性指标通常用($\phi_u - \phi_y$)或 ϕ_u/ϕ_y 两种方式来表达,其中 ϕ_u 为对应于极限承载力 M_u 的截面极限曲率,ϕ_y 为对应于弹性极限承载力 M_y 的截面曲率,如图 3-41 所示。

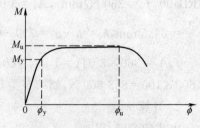

图 3-41 弯矩—曲率关系图

三、影响受弯构件截面延性的因素

影响受弯构件截面延性的因素很多,如混凝土强度等级和钢筋级别、受拉钢筋配筋率、受压钢筋配筋率、箍筋直径和间距、截面形式等。

混凝土强度等级和钢筋级别越低其材料的延性较好,对应的受弯构件的截面延性越好,反之则越差。因此从延性角度讲,不宜采用过高的混凝土强度等级和高强钢筋。

图 3-42 为一组钢筋混凝土梁的试验结果。

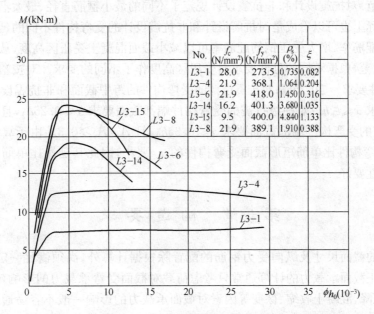

No.	f_c (N/mm²)	f_y (N/mm²)	ρ_s (%)	ξ
L3-1	28.0	273.5	0.735	0.082
L3-4	21.9	368.1	1.064	0.204
L3-6	21.9	418.0	1.450	0.316
L3-14	16.2	401.3	3.680	1.035
L3-15	9.5	400.0	4.840	1.133
L3-8	21.9	389.1	1.910	0.388

图 3-42 配筋率对 M—ϕ 曲线的影响

由图 3-42 可见,配筋率较低的梁($L3$—1,$L3$—4),塑性变形阶段长,延性好;配筋率增大($L3$—6,$L3$—8)时延性降低;超筋梁($L3$—14,$L3$—15)延性很小。

图 3-43 为一组采用两点加载的试验梁所得的弯矩——曲率(M—ϕ)的试验结果。

图中试件 A 和试件 B 均为单筋矩形截面梁,但 A 试件没有配箍筋,B 试件配有直径4.8 mm间距38 mm的箍筋,由于箍筋可以约束混凝土的变形提高其极限压应变。比较曲线 A、B 可知,B 试件的延性有明显改善。

试件 C、D 均为双筋矩形截面梁。受拉钢筋与试件 A、B 相同。受压钢筋试件 C、D 一样。其中试件 D 的箍筋同试件 B,试件 C 的箍筋直径4.8 mm,间距64 mm。比较曲线 B、D 可知,配置受压钢筋可以改善截面延性;比较曲线 C、D 可知,箍筋越密截面延性越好。

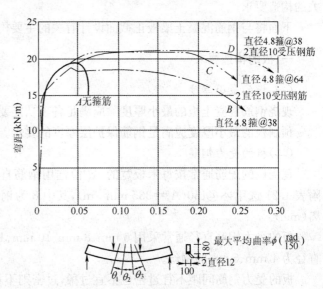

图 3-43 试验梁 M—ϕ 关系曲线

试验还证明:翼缘位于受压区的 T 形截面梁比矩形截面梁的延性要好。

根据平截面应变假定,受弯构件达到承载能力极限状态时其截面曲率 ϕ_u 主要取决于混凝

土极限压应变 ε_{cu} 和混凝土受压区高度 x_c 的大小。ε_{cu} 越大，x_c 越小则截面极限曲率 ϕ_u 越大，截面延性越好。因此要提高截面延性就要采取措施提高混凝土的极限压应变 ε_{cu} 和减小混凝土受压区高度 x_c。由于加大箍筋直径减小箍筋间距可以有效约束混凝土从而提高其极限压应变，因此《规范》对抗震设计和非抗震设计规定了不同的最小箍筋直径、最大箍筋间距和最小配箍率。这实际上也可以看成是对抗震设计和非抗震设计的受弯构件不同的延性要求。由于减小受拉钢筋配筋率、增大受压钢筋配筋率可以减小截面混凝土受压区高度，从而提高截面的延性。因此《规范》根据不同的延性要求对受压区高度作了不同的要求。对按塑性内力重分布计算的受弯构件要求 $x \leqslant 0.35h_0$；对抗震设计的受弯构件的跨中截面和非抗震设计的受弯构件的任何截面要求 $x \leqslant \xi_b h_0$；对一级抗震的受弯构件端部截面要求 $x \leqslant 0.25h_0$，且 $A_s'/A_s \geqslant 0.5$；对二、三级抗震的受弯构件端部截面要求 $x \leqslant 0.35h_0$，且 $A_s'/A_s \geqslant 0.3$。由于翼缘位于受压区的 T 形截面受弯构件比单筋矩形截面受弯构件的 x_c 要小，因此其延性比单筋矩形截面受弯构件的截面延性要好。

第七节 构 造 要 求

受弯构件的截面尺寸及纵向受力钢筋的配置除根据计算外，尚须满足一定的构造要求。因为受弯构件正截面承载力的计算通常只考虑荷载对截面受弯承载力的影响，而对于诸如温度变化、支座沉降、混凝土收缩、徐变等因素对截面承载力的影响一般不容易通过详细计算来考虑。《规范》根据长期的工程实践经验，总结出了一些行之有效的构造措施来考虑这些因素的影响。此外，某些构造措施也是为了施工和使用上的可能和需要而采用的。因此，计算和构造是同样重要的，在进行钢筋混凝土结构和构件设计时，除了要符合计算结果外还必须满足有关的构造要求。

下面将与钢筋混凝土梁板正截面设计有关的主要构造要求分别加以说明。

一、板的构造要求

(一)板的最小厚度

现浇钢筋混凝土板的最小厚度除应满足各项功能要求外，尚应满足表 3-9 的要求。

预制板的最小厚度应满足钢筋保护层厚度的要求。

(二)板的受力钢筋

现浇板的配筋通常按每米板宽的 A_s 值选用钢筋直径及间距。例如 $A_s = 330 \ \mathrm{mm^2/m}$，由附表 1.21 选用 $\Phi 8@150(A_s = 335 \ \mathrm{mm^2/m})$，其中 8 为钢筋直径(mm)，150 为钢筋中到中的距离(mm)。

板的受力钢筋直径通常采用 6 mm、8 mm、10 mm、12 mm，板厚度 $h \leqslant 40 \ \mathrm{mm}$ 时，也可选用直径为 4 mm、5 mm 的钢丝。

板的受力钢筋间距不宜过密也不宜过稀，过密则不易浇筑混凝土且钢筋与混凝土之间的可靠粘结难以保证，过稀则钢筋与钢筋之间的混凝土可能会引起局部破坏。板内受力钢筋间距一般不小于 70 mm；当板厚 $h \leqslant 150 \ \mathrm{mm}$ 时，不宜大于 200 mm；当板厚 $h > 150 \ \mathrm{mm}$ 时，不应大于 $1.5 h$，且不宜大于 250 mm。

板内受力钢筋的保护层厚度取决于环境类别和混凝土的强度等级，见附表 1.14，由该表知，当环境类别为一类时，即在室内环境下，板的最小混凝土保护层厚度是 15 mm，也不应小于

受力钢筋直径 d。

（三）板的分布钢筋

板的分布钢筋是指垂直于受力钢筋方向布置的构造钢筋。其作用是将板面的荷载更均匀地传递给受力钢筋；与受力钢筋绑扎或焊接在一起形成钢筋网片，保证施工时受力钢筋的正确位置；承受由于温度变化、混凝土收缩在板内所引起的拉应力。

分布钢筋的直径不宜小于6 mm。单位长度内分布钢筋的截面面积不宜小于另一方向单位长度内受力钢筋截面面积的 15%，且配筋率不宜小于 0.15%；分布钢筋的间距不应大于 250 mm。对预制板，当有实践经验或可靠措施时，其分布钢筋可不受此限制，对处于经常温度变化较大处的板，其分布钢筋应适当增加。分布钢筋放置在受力钢筋的内侧。

二、梁的构造要求

（一）截面尺寸

梁的截面高度 h 一般可按表 3-5 选用。矩形截面梁的高宽比 h/b 一般取 2.0～3.5；T 形截面梁的高宽比 h/b 一般取 2.5～4.0（此处 b 为梁肋宽）。为了统一模板尺寸便于施工，梁的截面宽度通常取为 $b=120$ mm、150 mm、180 mm、200 mm、220 mm、250 mm、300 mm、350 mm 等尺寸；梁的截面高度通常取为 $h=250$ mm、300 mm、350 mm、…、750 mm、800 mm、900 mm、1 000 mm等尺寸。

（二）纵向受力钢筋

梁中常用的纵向受力钢筋直径为10～28 mm。当梁高 $h \geqslant 300$ mm，不应小于 10 mm。根数不少于两根，分别布置在截面上、下侧的角部以便与箍筋绑扎形成骨架。梁内受力钢筋的直径宜尽可能相同。当采用两种不同直径的钢筋时，则钢筋直径至少宜相差2 mm，以便在施工中能用肉眼识别，但相差也不宜超过 6 mm。

为了便于浇筑混凝土，保证钢筋在混凝土中的可靠锚固，以及保证钢筋周围混凝土的密实性，纵向受力钢筋的净距以及钢筋的最小保护层厚度应满足图 3-44 的要求。若钢筋是两排布置时，则上、下钢筋应当对齐。

表 3-9　现浇钢筋混凝土板的最小厚度（mm）

板 的 类 别		厚度
单向板	屋面板	60
	民用建筑楼板	60
	工业建筑楼板	70
	行车道下的楼板	80
双向板		80
密肋板	面板	50
	肋高	250
悬臂板	板的悬臂长度小于或等于500	60
	板的悬臂长度1 200	100
无梁楼板		150

注：悬臂板的厚度指悬臂根部的厚度。

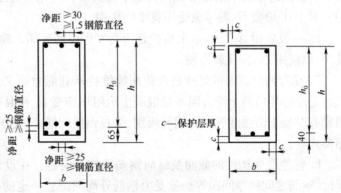

图 3-44　混凝土保护层和钢筋净距

（三）纵向构造钢筋

对于单筋截面梁，在梁的受压区还要布置架立筋，架立筋一般为两根，分别放在截面受压区的角部。架立筋的作用主要是固定箍筋并与截面受拉区的受力纵筋组成钢筋骨架。

架立筋的直径与梁的跨度 l 有关。当梁的跨度 $l<4$ m 时，架立钢筋直径不宜小于8 mm；当梁的跨度 $l=4～6$ m 时，不宜小于10 mm；当梁的跨度 $l>6$ m 时，不宜小于12 mm。如果在截面受压区也配置了受力钢筋则没有必要单独再设置架立筋。

当梁的腹板高度 $h_w > 450$ mm时,在梁的两侧面沿高度方向应设置纵向构造钢筋,每侧纵向构造钢筋(不包括梁上、下部受力钢筋及架立钢筋)的截面面积不应小于腹板截面面积 bh_w 的 0.1%,且其间距不宜大于200 mm。

小 结

1. 受弯构件的破坏有两种可能,一是沿正截面破坏,二是沿斜截面破坏。因此在计算受弯构件的承载力时,既要计算其正截面的承载力,又要计算其斜截面的承载力。本章主要对受弯构件正截面承载力进行了分析和计算。并叙述了有关的主要构造要求。

2. 钢筋混凝土梁由于纵向钢筋的配筋率不同,可能有适筋、超筋和少筋破坏 3 种形式。由于超筋破坏和少筋破坏都呈脆性性质,在实际工程中不允许采用。具体设计时是通过限制相对受压区高度和最小配筋率的措施来避免将受弯构件设计成超筋构件和少筋构件。

3. 适筋梁的破坏经历 3 个阶段。第Ⅰ阶段为截面开裂前阶段,这一阶段末(Ⅰₐ阶段)对应的截面应力状态作为抗裂验算的依据。第Ⅱ阶段为从截面开裂到受拉区纵筋开始屈服的阶段,也就是梁的正常使用阶段,其对应的应力状态作为变形和裂缝宽度验算的依据。第Ⅲ阶段为破坏阶段,这一阶段末(Ⅲₐ阶段)作为受弯构件正截面承载力计算的依据。

4. 受弯构件正截面承载力的计算公式是以适筋梁的第Ⅲₐ阶段的应力状态为依据,采用了 4 个基本假定,根据静力平衡条件建立的。其基本计算公式有两个,一个是截面的内力中拉力和压力保持平衡,另一个是截面的弯矩平衡条件。在建立基本公式之前,对受压区混凝土压应力的曲线图形进行了等效矩形处理。其等效原则是:保持等效前后压应力的合力大小不变;保持等效前后压应力的合力作用点位置不变。

5. 基本公式的应用有两种情况:截面设计和承载力校核。截面设计时先求出 x 而后计算钢筋面积,承载力校核时先求出 x 而后计算 M_u。在应用基本公式时要随时注意检验其适用条件。要熟练掌握单筋矩形截面的基本公式及其应用。对于双筋截面,需考虑受压钢筋的作用。对于 T 形截面,需考虑受压翼缘的作用。

6. 一般应用 $A_s \geq A_{s,min}$ 来检验是否会发生少筋破坏。检验是否会发生超筋破坏的公式有几个,以应用 $\xi \leq \xi_b$ 比较方便。

7. 受弯构件截面的延性是指截面能维持承载能力而又具有较大塑性变形的能力。影响截面延性好坏的两个综合因素是混凝土极限压应变 ε_{cu} 和混凝土受压区高度 x_c。具体的影响因素有混凝土的强度等级和钢筋级别、受拉钢筋配筋率、受压钢筋配筋率、箍筋直径和间距、截面形式等。

8. 注意受弯构件的截面及纵向钢筋的构造问题。在设计中应保证钢筋的混凝土保护层厚度、钢筋之间的净间距等。除受力钢筋外尚须配置一定的构造钢筋如分布筋、架立筋、纵向构造钢筋等。

思 考 题

1. 在外荷载作用下,受弯构件任一截面上存在哪些内力?受弯构件有哪两种可能的破坏?破坏时主裂缝的方向如何?

2. 适筋梁从加载到破坏经历哪几个阶段？各阶段正截面上应力—应变分布、中和轴位置、梁的跨中最大挠度、纵向受拉钢筋应力的变化规律是怎样的？各阶段的主要特征是什么？每个阶段是哪个极限状态的计算依据？

3. 什么是配筋率？配筋量对梁的正截面承载力有何影响？

4. 适筋梁、超筋梁和少筋梁的破坏特征有何区别？

5. 什么是最小配筋率，最小配筋率是根据什么原则确定的？

6. 受弯构件正截面承载力计算采用哪些基本假定？

7. 单筋矩形截面梁正截面承载力的计算应力图形如何确定？受压区混凝土等效应力图形的等效原则是什么？

8. 试就图 3-45 所示截面尺寸相同，配筋量不同的 4 种受弯截面情况回答下列问题：

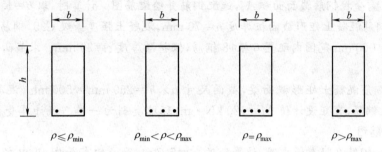

图 3-45　思考题 8 附图

(1) 各截面的破坏原因和破坏性质有何不同？

(2) 破坏时的钢筋应力情况如何？

(3) 破坏时钢筋和混凝土的强度是否得到了充分利用？

(4) 受压区高度大小如何？

(5) 开裂弯矩大致相同吗？为什么？

(6) 若混凝土强度等级 C30，HRB400 钢筋，各截面的极限弯矩 M_u 多大？

9. 什么是截面相对界限受压区高度 ξ_b？ξ_b 的表达式如何得来？ξ_b 有何实用意义？

10. 在什么情况下可采用双筋截面？其计算应力图形如何确定？其基本计算公式与单筋截面有何区别？在双筋截面中受压钢筋起什么作用？其适应条件除了必须满足 $\xi \leqslant \xi_b$ 之外为什么还要满足 $x \geqslant 2a_s'$？

11. 在双筋截面正截面承载力计算中，当 A_s' 已知时，应如何计算 A_s？在计算 A_s 时如发现 $x > \xi_b h_0$，说明什么问题？应如何处置？如果 $x < 2a_s'$，应如何处置？为什么？

12. T 形截面受压翼缘计算宽度 b_f' 是如何确定的？

13. 在进行 T 形截面的截面设计和承载力校核时，如何分别判别 T 形截面的类型？其判别式是根据什么原理确定的？

14. 现浇整体肋形楼盖中的连续梁，其跨中截面和支座截面应按哪种截面梁计算？

15. 如图 3-46 所示 4 种截面，当材料强度、截面宽度 b 和高度 h、承受的弯矩（忽略自重影响）均相同时，其正截面受弯承载力所需的钢筋面积 A_s 是否相同？为什么？

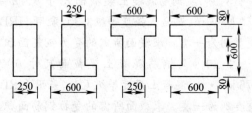

图 3-46　思考题 15 附图

16. 什么是受弯构件截面的延性? 影响受弯构件截面延性的主要因素是什么?

17. 单向受弯的钢筋混凝土平板中,除了受力钢筋外尚需配置分布钢筋,这两种钢筋作用如何? 如何配置?

18. 矩形截面悬臂梁,承担负弯矩的纵向受拉钢筋为 4⌀25,如果排成一排,则梁的宽度 b 至少应为多少?

习 题

3-1 某大楼中间走廊单跨简支板,计算跨度 $l_0=2.18\ m$,承受均布荷载设计值 $g+q=6.5\ kN/m^2$(包括自重),混凝土强度等级 C25,HPB300 钢筋,环境类别为一类。试确定现浇板的厚度 h 及所需受拉钢筋截面面积 A_s,选配钢筋并绘配筋图。计算时,取 $b=1.0\ m$。

3-2 一钢筋混凝土矩形截面板厚度 $h=70\ mm$,混凝土强度等级 C25,钢筋采用 HPB300 钢筋,在宽度 1 000 mm 范围内配置 6 根⌀8 钢筋,保护层厚度 $c=20\ mm$。求截面所能承受的极限弯矩 M_u。

3-3 一钢筋混凝土矩形截面梁,截面尺寸 $b\times h=250\ mm\times500\ mm$,混凝土强度等级 C30,HRB400 钢筋,弯矩设计值 $M=120\ kN\cdot m$,环境类别为一类。试计算受拉钢筋截面面积 A_s,并绘配筋图。

3-4 有一钢筋混凝土简支梁,计算跨度 $l_0=5.7\ m$,承受均布荷载,其中永久荷载标准值为 10 kN/m(不包括梁自重),可变荷载标准值为 9.5 kN/m,采用 C30 混凝土,HRB400 钢筋,环境类别为二(a)类。试确定梁的截面尺寸和纵向受拉钢筋面积并绘配筋图(钢筋混凝土容重为 25 kN/m³,结构重要性系数取 1.0)。

3-5 已知矩形梁的截面尺寸 $b\times h=200\ mm\times450\ mm$,受拉钢筋为 3⌀20,混凝土强度等级为 C30,承受的弯矩设计值 $M=70\ kN\cdot m$,环境类别为一类。试验算此截面的正截面承载力是否足够。

3-6 已知某钢筋混凝土单筋矩形截面简支梁,计算跨度 $l_0=7\ 200\ mm$,截面尺寸 $b\times h=300\ mm\times650\ mm$,C30 混凝土,配有 HRB400 纵向受力钢筋 4⌀25。环境类别二(b)类。试根据梁的正截面受弯承载力确定该梁所能承受的最大均布荷载设计值(包括自重)$g+q$。

3-7 某楼面梁截面尺寸限定为 $b\times h=250\ mm\times600\ mm$,混凝土强度等级为 C30,用 HRB400 钢筋配筋,当截面承受的弯矩 $M=380\ kN\cdot m$ 时,环境类别为一类,求截面所需受拉钢筋面积。

3-8 某钢筋混凝土简支梁截面尺寸 $b\times h=250\ mm\times500\ mm$,跨中最大弯矩设计值 $M=210\ kN\cdot m$,混凝土强度等级 C30,采用 HRB400 钢筋配筋,受压区已配好 2⌀18 的受压钢筋。环境类别为一类。求截面所需配置的受拉钢筋面积 A_s。

3-9 某钢筋混凝土梁截面尺寸 $b\times h=250\ mm\times600\ mm$,跨中最大弯矩设计值 $M=550\ kN\cdot m$,混凝土强度等级 C30,采用 HRB400 钢筋,受压区已配好 2⌀22 的受压钢筋。环境类别为一类。求截面所需的受力钢筋面积。

3-10 某钢筋混凝土梁截面尺寸 $b\times h=250\ mm\times500\ mm$,承受弯矩设计值 $M=175\ kN\cdot m$,混凝土强度等级 C30,采用 HRB400 钢筋,受压区已配好 2⌀25 的受压钢筋。环境类别为一类。求截面所需的受拉钢筋面积。

3-11 某钢筋混凝土双筋矩形截面梁,截面尺寸 $b\times h=250\ mm\times500\ mm$,混凝土强度等级 C30，采用 HRB400 钢筋，受拉钢筋为 4 Φ 20，受压钢筋为 2 Φ 18，承受弯矩设计值 $M=$ 200 kN·m。环境类别为一类。试验算该梁的正截面承载力是否足够。

3-12　某钢筋混凝土双筋矩形截面梁，截面尺寸 $b \times h = 250$ mm $\times 500$ mm，混凝土强度等级 C30，采用 HRB400 钢筋，受拉钢筋为 4 Φ 25，受压钢筋为 2 Φ 16，环境类别为二(a)类。试计算该梁所能承担的极限弯矩 M_u。

3-13　某钢筋混凝土 T 形截面梁，$b'_f = 500$ mm，$b = 200$ mm，$h'_f = 100$ mm，$h = 500$ mm，混凝土强度等级为 C25，采用 HRB400 钢筋配筋，承受弯矩设计值 $M = 190$ kN·m。环境类别一类。求受拉钢筋所需截面面积。

3-14　某 T 形截面梁，$b'_f = 650$ mm，$b = 250$ mm，$h'_f = 100$ mm，$h = 700$ mm，混凝土强度等级 C25，采用 HRB400 钢筋配筋，承受弯矩设计值 $M = 500$ kN·m。环境类别一类。求受拉钢筋所需截面面积。

3-15　某 T 形截面梁，$b'_f = 1\,200$ mm，$b = 200$ mm，$h'_f = 80$ mm，$h = 600$ mm，混凝土强度等级 C25，配有 4 Φ 20 HRB400 纵向受拉钢筋，承受弯矩设计值 $M = 150$ kN·m。环境类别为一类。试校核该梁正截面承载力是否足够。

3-16　某 T 形截面梁，$b'_f = 600$ mm，$b = 300$ mm，$h'_f = 120$ mm，$h = 700$ mm，混凝土强度等级 C60，配有 6 Φ 25 HRB400 纵向受拉钢筋，环境类别为二(a)类。试计算该梁所能承受的极限弯矩 M_u。

第四章 钢筋混凝土受弯构件斜截面承载力计算

第一节 概 述

钢筋混凝土受弯构件受力后,在主要承受弯矩的区段内将产生垂直裂缝,如果它的抗弯能力不足,将沿正截面(垂直裂缝)发生破坏。所以,设计钢筋混凝土梁时,必须进行正截面的承载力计算。但是,受弯构件除承受弯矩外,往往还同时承受剪力。试验研究和工程实践都证明,在钢筋混凝土受弯构件中剪力和弯矩同时作用的区段内,常产生斜裂缝,并可能沿斜截面(斜裂缝)发生破坏。这种破坏往往带有脆性性质,即破坏来得突然,缺乏明显的预告。因此,在实际工程中应当避免。在设计时,必须进行斜截面的承载力计算。

为了防止钢筋混凝土梁沿斜裂缝破坏,应使梁具有一个合理的截面尺寸,并配置必要的箍筋(图 4-1),箍筋同纵筋和架立钢筋绑扎(或焊接)在一起,形成刚劲的钢筋骨架,使各种钢筋得以在施工时维持在正确的位置。当梁承受的剪力较大时,可再补充设置斜向钢筋。斜钢筋一般由梁内的纵筋弯起而形成,称为弯起钢筋,如图 4-1 所示,箍筋和弯起钢筋(或斜筋)又统称为腹筋。

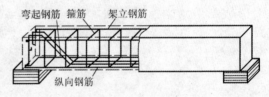

图 4-1 有腹筋梁

第二节 无腹筋简支梁斜裂缝的形成

在实际工程中,钢筋混凝土梁内一般均需配置腹筋,但为了了解梁内斜裂缝的形成,需先分析无腹筋梁在斜裂缝出现前后的应力状态。

一、斜裂缝形成前的应力状态

图 4-2(a)所示为一根无腹筋钢筋混凝土简支梁,作用有对称的集中荷载,集中荷载之间的 BC 段只有弯矩作用,称为纯弯段。AB 和 CD 段有弯矩和剪力共同作用,称为弯剪段。

当梁上荷载较小时,裂缝尚未出现,可以将梁视为匀质弹性体,按材料力学公式分析它的应力。但钢筋混凝土梁是由钢筋和混凝土两种弹性模量不同的材料组成,所以应用材料力学公式时,应把两者所组成的截面换算为单一材料(混凝土)所组成的截面,这种截面称为换算截面[图 4-2(c)]。截面上任一点的正应力和剪应力分别按下式计算:

正应力
$$\sigma = \frac{M y_0}{J_0} \tag{4-1}$$

剪应力
$$\tau = \frac{V S_0}{b J_0} \tag{4-2}$$

式中　J_0——换算截面惯性矩；

　　　y_0——求算正应力的纤维到换算截面形心的距离；

　　　S_0——求算剪应力的纤维以外的换算截面面积对换算截面形心的面积矩。

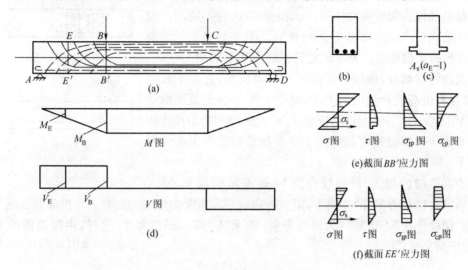

图 4-2　梁在开裂前的应力状态

由于正应力和剪应力的共同作用,梁截面产生的主拉应力和主压应力分别为:

主拉应力
$$\sigma_{lp} = \frac{\sigma}{2} + \sqrt{\frac{\sigma^2}{4} + \tau^2} \qquad (4-3)$$

主压应力
$$\sigma_{cp} = \frac{\sigma}{2} - \sqrt{\frac{\sigma^2}{4} + \tau^2} \qquad (4-4)$$

主应力的作用方向与梁纵轴的夹角按下式确定:

$$\alpha = \frac{1}{2} \arctan\left(-\frac{2\tau}{\sigma}\right) \qquad (4-5)$$

图 4-2(a)、(e)、(f)分别表示按上述公式计算所得到的该梁主应力迹线(实线为主拉应力迹线,虚线为主压应力迹线)及截面 BB' 和 EE' 的应力图,其中主应力迹线的分布规律与单一匀质体梁相同。由主应力迹线可见,在纯弯段(BC 段),剪力和剪应力为零,主拉应力 σ_{lp} 的作用方向与梁纵轴的夹角 α 为零,即作用方向是水平的,最大主拉应力发生在梁截面的下边缘,当其超过混凝土的抗拉强度时,将出现垂直裂缝。在弯剪段(AB 和 CD 段),主拉应力的方向是倾斜的,在截面中和轴以上的受压区内,主拉应力 σ_{lp} 因压应力 σ_c 的存在而减小,作用方向与梁纵轴的夹角 α 大于 $45°$;中和轴处,$\sigma_0 = 0$,τ 最大,σ_{lp} 和 σ_{cp} 的作用方向与梁纵轴的夹角等于 $45°$;在中和轴以下的受拉区内,由于拉应力 σ_t 的存在,使 σ_{lp} 增大,σ_{cp} 减小,σ_{lp} 的作用方向与梁纵轴的夹角 α 小于 $45°$,在受拉边缘,$\alpha = 0$,其作用方向仍是水平的。

由于中和轴附近的主拉应力是倾斜的,所以,当主拉应力 σ_{lp} 和主压应力 σ_{cp} 的组合作用效应超过混凝土的抗拉强度时,在弯剪段将出现裂缝。但在截面的下边缘,由于主拉应力的方向是水平的,故一般先出现较小的垂直裂缝。但是,随着荷载的增大,这些垂直裂缝将斜向发展,形成弯剪斜裂缝[图 4-3(a)],在腹部相当薄的梁或预应力混凝土梁中,斜裂缝会首先从梁腹部中和轴附近出现,随后向梁底和梁顶斜向延展,这类斜裂缝通常叫作腹剪斜裂缝[图 4-3(b)]。

二、斜裂缝形成后的应力状态

梁上出现裂缝后,梁的应力状态发生了很大变化,这时已不可再将其视作为匀质弹性体梁,截面上的应力也不能用一般材料力学公式(4-1)、公式(4-2)进行计算。图 4-4(a)为一出现斜裂缝 EF 的无腹筋梁。为了研究斜裂缝出现后的应力状态,可沿斜裂缝将梁切开,取脱离体如图 4-4(c)所示,在这个脱离体上,作用有由荷载产生的剪力 V、裂缝上端混凝土截面承受的剪力 V_c 及压力 C_c,纵向钢筋拉力 T_s 以及纵向钢筋销栓作用传递的剪力 V_s,斜裂缝两侧混凝土发生相对错动产生的骨料咬合力 V_i。

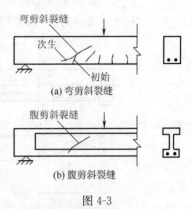

(a) 弯剪斜裂缝

(b) 腹剪斜裂缝

图 4-3

随着斜裂缝的加大,骨料咬合力 V_i 逐渐减弱以至消失。而无腹筋梁在销栓力 V_s 的作用下,阻止纵向钢筋发生竖向位移的只有下面很薄的混凝土保护层,所以"销栓作用"不可靠。为简化分析,V_s 和 V_i 都不予以考虑,这样,由脱离体的平衡条件,可得下列公式:

$$\sum X = 0, C_c = T_s \tag{4-6}$$
$$\sum Y = 0, V_c = V \tag{4-7}$$
$$\sum M = 0, T_s r_0 h_0 = V \cdot a \tag{4-8}$$

式中 r_0——内力臂系数。

公式(4-6)~式(4-8)表明,在斜裂缝出现后梁内受力状态发生了以下变化:

1. 在斜裂缝出现前,荷载引起的剪力 V 由全截面承受。而在斜裂缝出现后,剪力 V 全部由斜裂缝上端混凝土截面上的 V_c 来平衡,同时,V 和 V_c 所组成的力偶由纵筋的拉力 T_s 和混凝土的压力 C_c 所组成的力偶来平衡。换句话说,剪力 V 不仅引起 V_c,还引起 T_s 和 C_c,所以,斜裂缝上端混凝土 CF 截面既受剪、又受压,称为剪压区。由于剪压区的截面面积远小于梁的全截面面积,故其剪应力 τ_c 将显著增大,同时,剪压区混凝土压应力 σ_c 亦将显著增大。τ_c 和 σ_c 的分布大体如图 4-4(c)所示。

2. 在斜裂缝出现前,在弯剪段的某截面处[如图 4-4(a)的 E 处]纵向钢筋的拉应力 σ_s 系由该处正截面的弯矩(M_E)所决定。在斜裂缝出现后,由 $T_s r_0 h_0 = V \cdot a$ 得 $\sigma_s A_s r_0 h_0 = V \cdot a$,即 $\sigma_s = V \cdot a / (A_s r_0 h_0) = M_C / (A_s r_0 h_0)$,这说明 σ_s 将由该处斜截面的弯矩(M_C)所决定。由于 M_C 远大于 M_E,故斜裂缝出现后,纵向钢筋的拉应力 σ_s 将突然增大。

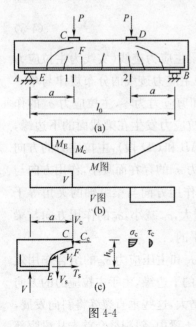

(a)

M图

(b)

V图

(c)

图 4-4

斜裂缝形成后,随着荷载的继续增加,剪压区混凝土承受的剪应力和压应力亦继续增加,混凝土处于剪压复合受力状态,当其应力达到混凝土在此种受力状态下的极限强度时,剪压区即发生破坏。

第三节 无腹筋梁的破坏形态

一、剪跨比 λ 的概念

试验研究结果表明,梁的斜截面剪切破坏形态及抗剪承载力都与剪跨比 λ 有很大关系。

根据受力分析,M 和 V 分别使梁截面上产生弯曲正应力 σ 和剪应力 τ,对于矩形截面梁,有

$$\sigma = \alpha_1 \frac{M}{bh_0^2} \tag{4-9}$$

$$\tau = \alpha_2 \frac{V}{bh_0} \tag{4-10}$$

式中,α_1 和 α_2 为计算系数;b、h_0 为梁截面宽度和截面有效高度。σ 与 τ 的比值为:

$$\frac{\sigma}{\tau} = \frac{\alpha_1}{\alpha_2} \frac{M}{Vh_0} \tag{4-11}$$

由于 α_1/α_2 为一常数,所以实际上 σ/τ 仅与 M/Vh_0 有关,定义:

$$\lambda = \frac{M}{Vh_0} \tag{4-12}$$

为广义剪跨比,简称剪跨比。

可见,剪跨比 λ 就是截面所承受的弯矩与剪力两者的相对比值,是一个无量纲参数,它反映了截面上弯曲正应力 σ 与剪应力 τ 的相对比值。

对于两个对称集中荷载作用下的简支梁[图 4-4(a)],式(4-12)可以进一步简化,如集中荷载 P 所在截面的剪跨比可表示为:

$$\lambda = \frac{M}{Vh_0} = \frac{Va}{Vh_0} = \frac{a}{h_0}$$

式中 a——集中荷载 P 作用点至相邻支座的距离,称为剪跨。

剪跨 a 与截面有效高度 h_0 的比值,称为计算剪跨比,剪跨比的名称就是这样得来的。但是必须注意,对多个集中荷载作用下的简支梁(图 4-5),第一个荷载作用点的计算截面剪跨比 λ 即等于剪跨 a 与有效高度 h_0 的比值,即 $\lambda = a/h_0$,但对第二个或第三个集中荷载作用点的计算截面,不能用该截面至支座的距离与截面的有效高度之比去计算其剪跨比,而应用式(4-12)来确定。

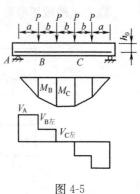

图 4-5

二、沿斜截面破坏的主要形态

(一)无腹筋梁斜截面破坏的主要形态

试验表明,无腹筋混凝土梁斜截面的破坏形态主要取决于剪跨比 λ 的大小,大致有斜拉破坏、剪压破坏和斜压破坏等 3 种破坏形态。图 4-6 为两个对称集中荷载下,$\lambda = 2$、1、$1/2$ 时的主拉应力迹线(虚线)和主压应力迹线(实线)。由图可见,当 $\lambda = 1/2$ 时,在集中荷载与支座反力间形成比较陡的主压应力迹线,又由这时主压应力值较大,所以破坏主要是由主压应力引起的,称为斜压破坏。当 $\lambda = 1 \sim 2$ 时,主压应力迹线与梁纵轴线的夹角接近或小于 45°,并且主压应力值与主拉应力值相差不大,因此,其破坏形态也就不同。试验研究表明,无腹筋混凝土梁的斜截面破坏形态大致有如下 3 种:

1. 斜拉破坏[图 4-7(a)]：主要发生在剪跨比较大($\lambda>3$)的梁中。斜裂缝一旦出现，就迅速延伸到集中荷载作用点处，使梁沿斜向拉裂成两部分而突然破坏。斜拉破坏主要是由于主拉应力产生的拉应变超过混凝土的极限拉应变而发生的，破坏面整齐无压碎痕迹。这时斜截面的受剪承载力主要取决于混凝土的抗拉强度，故其受剪承载力较低。斜拉破坏时的破坏荷载一般只稍高于斜裂缝出现时的荷载。

2. 剪压破坏[图 4-7(b)]：多发生在剪跨比适中($1.5\leqslant\lambda\leqslant3$)的梁中，此时弯剪斜裂缝可能不止一条。当荷载增大到某一值时，在几条弯剪裂缝中将形成一条主要的斜裂缝，称为临界斜裂缝。临界斜裂缝出现后，梁还能继续承担荷载，但斜截面上混凝土受压区高度不断减小。最后，上端混凝土被压酥而造成破坏，破坏处可看到很多平行的短裂缝和混凝土碎渣。剪压破坏主要是由于剩余截面上的混凝土在剪应力、水平方向的压应力以及由集中荷载在加载点处产生的竖向局部压应力等共同作用下而破坏的。与斜拉破坏相比，剪压破坏时梁的承载力较高。

3. 斜压破坏[图 4-7(c)]：一般发生在剪跨比较小($\lambda<1.5$)的梁中。由于受到支座反力和荷载引起的单向直接压力的影响，在梁腹部出现若干条大体相平行的斜裂缝，随着荷载的增加，梁腹部被这些斜裂缝分割成几个倾斜的受压柱体，最后它们沿斜向受压破坏。破坏时，斜裂缝多而密，在梁腹部发生类似于斜向短柱压坏的现象，故称为斜压破坏。

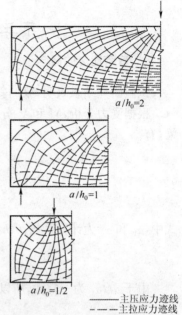

——— 主压应力迹线
----- 主拉应力迹线

图 4-6　剪跨比大小对主压应力的影响

以上 3 种破坏形态都属于脆性破坏类型，而其中斜拉破坏更突然一些。

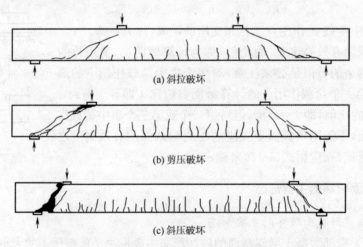

(a)斜拉破坏

(b)剪压破坏

(c)斜压破坏

图 4-7　梁斜截面破坏的主要形态

(二)有腹筋梁斜截面破坏的主要形态

大致也有斜拉破坏、剪压破坏和斜压破坏 3 种，但箍筋的配置数量对其破坏形态有很大的影响。

当 $\lambda>3$ 且箍筋配置数量又过少时，因为斜裂缝一旦出现，箍筋承受不了原来由混凝土所承担的拉力，故箍筋立即屈服，不能限制斜裂缝的开展，因此与无腹筋梁相似，仍将发生斜拉破坏。如果 $\lambda>3$，但箍筋配置数量适当的话，则可避免斜拉破坏，而转为剪压破坏。这是因为斜裂缝产生后，箍筋的受力限制了斜裂缝的开展，使荷载仍能有较大的增长。当箍筋屈服后，则不能再限制斜裂缝的开展，从而导致剩余截面减小，剪压区的混凝土在剪压作用下达到极限强度，发生剪压破坏。

如果箍筋配置过多，箍筋将不会屈服，如同第三章中的超筋梁那样，梁将产生斜压破坏。当梁腹过薄时，即使剪跨比较大，也会发生斜压破坏现象，所以对有腹筋梁，只要截面尺寸合适，箍筋数量配置适当，则剪压破坏是斜截面破坏中最常见的一种破坏形态。

表 4-1 列出了钢筋混凝土梁沿斜截面破坏的 3 种主要破坏形态及特点。

由表可看出，为了保证有腹筋梁的斜截面受剪承载力，防止发生斜拉、斜压和剪压破坏，通常在设计中，分别采取以下措施：

1. 箍筋配置不能过少，应使配箍率不小于最小配箍率以防止斜拉破坏，这与正截面设计时应使 $\rho \geqslant \rho_{min}$ 是相似的。

2. 截面尺寸不能过小，应满足截面限制条件的要求，以防止斜压破坏，否则即使腹筋配置很多也不能发挥其强度，这与正截面设计时应使 $\rho \leqslant \rho_{max}$ 也是相似的。

3. 对于常遇的剪压破坏，则应通过计算，确定其腹筋的配置。

表 4-1　钢筋混凝土梁沿斜截面剪切破坏的主要形态及其特点

主要破坏形态		斜拉破坏	剪压破坏	斜压破坏
产生条件	无腹筋梁	$\lambda>3$	$1.5 \leqslant \lambda \leqslant 3$	$\lambda<1.5$
	有腹筋梁	箍筋过少，$\lambda>3$	箍筋适量	箍筋过多或梁腹过薄
破坏特点		沿斜裂缝上、下突然拉裂	剪压区压碎	支座处形成斜向短柱压坏
破坏类型		脆性破坏	脆性破坏	脆性破坏
截面抗剪能力		破坏荷载只稍高于斜裂缝出现时的荷载，故抗剪能力最低	破坏荷载比斜裂缝出现时的大，抗剪能力比斜拉破坏的高	抗剪能力比剪压破坏的高

第四节　影响斜截面受剪承载力的主要因素

理论和试验研究表明，影响斜截面受剪承载力的因素很多，主要有剪跨比、混凝土强度、配箍率和纵筋配筋率等。

1. 剪跨比 λ

剪跨比 λ 反映了截面上正应力 σ 和剪应力 τ 的相对关系。此外，λ 还间接地反映了荷载垫板下垂直压应力 σ_y 的影响。剪跨比大时，发生斜拉破坏，斜裂缝一出现就直通梁顶，σ_y 的影响很小；剪跨比减小后，荷载垫板下的 σ_y 阻止斜裂缝的发展，发生剪压破坏，受剪承载力提高；剪跨比很小时，发生斜压破坏，荷载与支座间的混凝土像一根短柱在 σ_y 的作用下被压坏，受剪承载力很高。

由于剪压区混凝土截面上的正应力大致与弯矩 M 成正比，剪应力大致与剪力 V 成正比，因此，计算剪跨比 λ 或广义剪跨比 λ 反映了截面上正应力和剪应力的相对关系。由于正应力和剪应力决定了主应力的大小和方向，同时，也影响剪跨区混凝土的抗剪强度，所以，也就影响着梁的受剪能力和斜截面的破坏形态。

试验研究表明，剪跨比愈大，梁的受剪承载力愈低。图 4-8 为我国有关单位的几组实测数

据,可以看出,这一特点是明显的。其他试验结果还表明,当
箍筋配置较多时,剪跨比对受剪承载力的影响有所减弱。

此外,进一步的试验研究还表明,当剪跨比 $\lambda > 3$ 后,梁
的受剪承载力趋于稳定,剪跨比的影响就不明显了,受剪承
载力 V 与剪跨比 λ 的关系曲线基本上为一根水平线。

2. 混凝土强度

梁的斜截面剪切破坏是由于混凝土达到相应受力状态
下的极限强度而发生的,故混凝土强度等级对斜截面受剪承
载力影响很大,图4-9为根据试验结果得出的受剪承载力与
混凝土强度之间的关系,二者大致为线性关系。

3. 配箍率 ρ_{sv} 和箍筋强度 f_{yv}

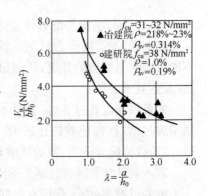

图 4-8　剪跨比对有腹筋梁
受剪承载力的影响

如前所述,有腹筋梁出现斜裂缝之后,箍筋不仅直接承
担部分剪力,而且还能有效地抑制斜裂缝的开展和延伸,对提高剪压区混凝土的抗剪能力和纵
筋的销栓作用都有一定影响。试验表明,在配箍量适当的范围内,梁的箍筋配得愈多,箍筋强
度愈高,梁的受剪承载力也就愈大。图4-10表示配箍率 ρ_{sv} 与箍筋强度 f_{yv} 的乘积对梁受剪承
载力的影响,可见当其他条件相同时,二者大致呈线性关系。其中,配箍率 ρ_{sv} 按下式计算:

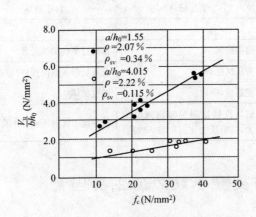

图 4-9　混凝土强度对有腹筋梁受剪承载力的影响

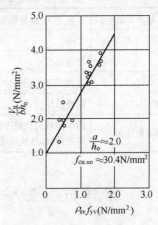

图 4-10　配箍率及箍筋强度对
梁受剪承载力的影响

$$\rho_{sv} = \frac{A_{sv}}{bs} \qquad (4-13)$$

式中　A_{sv}——配置在同一截面内箍筋各肢的全截面面积, $A_{sv} = nA_{sv1}$, n 为在同一截面内箍筋
　　　　的肢数, A_{sv1} 为单肢箍筋的截面面积,如图4-11所示;

　　　s——沿构件长度方向的箍筋间距;

　　　b——构件截面的肋宽,即矩形截面的宽度、T形截面和I形截面的腹板宽度。

4. 纵向钢筋配筋率 ρ

图4-12为纵筋配筋率与梁的受剪承载力的关系。由图4-12可见,在其他条件相同的情
况下,增加纵筋配筋率将提高梁的受剪承载力,二者大致呈线性关系,这是因为纵向钢筋能抑
制斜裂缝的开展和延伸,使剪压区混凝土的面积增大,从而提高剪压区混凝土承受剪力的能
力,同时,纵筋数量增加,其销栓作用也随之增大。

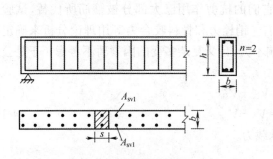
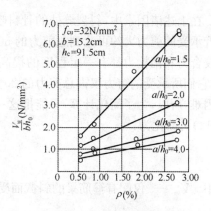

图 4-11　配箍率计算示意

s—沿构件长度方向的箍筋间距；b—构件截面的肋宽

图 4-12　纵向钢筋配筋率对梁
受剪承载力的影响

第五节　斜截面受剪承载力计算

国内外许多学者曾先后在各种破坏机理分析的基础上，用混凝土的强度理论，对钢筋混凝土梁的斜截面受剪承载力建立过各种计算公式，但终因钢筋混凝土在复合受力状态下所涉及的因素过多，用混凝土强度理论还较难反映梁的弯、剪性能。我国与世界上多数国家目前所采用的方法还是依靠试验研究，分析梁受剪的一些主要影响因素，从中建立起半理论半经验的斜截面受剪承载力实用计算公式。

如前所述，有腹筋梁沿斜截面受剪破坏的 3 种破坏形态，在工程设计时都应设法避免，其中，斜压破坏是因梁截面尺寸过小而发生的，故可以用控制截面尺寸不致过小加以防止；斜拉破坏是因梁内配置的腹筋数量过少而引起的，因此用配置一定数量的箍筋和保证必要的箍筋间距来防止这种破坏形态的发生；对于常见的剪压破坏，因为它的承载力变化幅度较大，所以必须通过受剪承载力计算给予保证。我国现行《规范》的受剪承载力计算公式就是根据剪压破坏特征而建立的。

对于配有箍筋和弯起钢筋的简支梁，梁达到受剪承载力极限状态而发生剪压破坏时，取出被破坏斜截面所分割的一段梁作为脱离体，如图 4-13 所示。该脱离体上作用的外剪力为 V，斜截面上的抗力有混凝土剪压区的剪力 V_c 和压力 C_c、箍筋和弯起钢筋的抗力、纵筋的销栓力、骨料咬合力等。

由脱离体的平衡条件 $\sum Y=0$，可得：

$$V_u = V_c + V_{sv} + V_{sb} + V_s + V_{ay} \qquad (4\text{-}14)$$

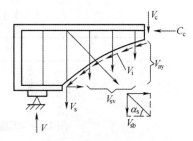

图 4-13　斜截面受剪承载力
计算简图

式中　V_u——斜截面的受剪承载力；

V_c——剪压区混凝土所承担剪力；

V_{sv}——与斜截面相交的箍筋所承担的剪力总和；

V_{sb}——与斜截面相交的弯起钢筋所承担拉力的竖向分力总和；

V_s——纵筋的销栓力总和；

V_{ay}——斜截面上混凝土骨斜咬合力的竖向分力。

在上述诸因素中,斜裂缝处的骨料咬合力和纵筋销栓力,在无腹筋梁中的作用还较显著,两者承受的剪力大约可达到总剪力的 $50\% \sim 90\%$;但在有腹筋梁中,由于箍筋存在,虽然使骨料咬合力和销栓力都有一定程度的提高,但它们的抗剪作用已大部分被箍筋所代替,试验表明,它们所承受的剪力仅占总剪力的 20% 左右。销栓力和骨料咬合力等用理论分析来确定都很困难,所以,为了简化计算,只能把这一影响不大、且又复杂多变的因素暂不考虑。于是公式(4-14)可简化为:

$$V_u = V_{cs} + V_{sb} \tag{4-15}$$
$$V_{cs} = V_c + V_{sv} \tag{4-16}$$

式中 V_{cs}——仅配有箍筋梁的斜截面受剪承载力。

一、无腹筋梁的斜截面受剪承载力

根据对 100 多根均布荷载和 400 多根集中荷载作用下的无腹筋简支梁(其中,除了浅梁外,还有短梁和深梁)试验资料的分析,对承受均布荷载为主的无腹筋梁,其受剪承载力设计值可按公式(4-17)进行计算[图 4-14(a)]:

$$V_u = 0.7 f_t b h_0 \tag{4-17}$$

式中 V_u——无腹筋梁受剪承载力设计值;

f_t——混凝土轴心抗拉强度设计值;

b——矩形截面的宽度,T 形截面或 I 形截面的腹板宽度;

h_0——梁截面的有效高度。

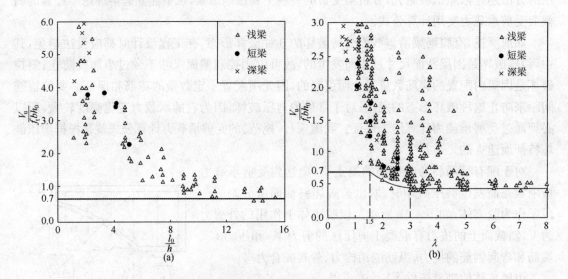

图 4-14 无腹筋梁的受剪承载力计算公式与试验结果的比较

试验结果同时表明,对于集中荷载作用下的无腹筋梁,剪跨比对受剪承载力的影响很大,尤其对剪跨比较大的梁,若仍按公式(4-17)计算时,其值偏高。因此,对集中荷载作用下的独立梁(包括作用有多种荷载,且其中集中荷载在支座截面所产生的剪力值占总剪力值的 75% 以上的情况),应改按如下公式计算[图 4-14(b)]:

$$V_u = \frac{1.75}{\lambda + 1.0} f_t b h_0 \tag{4-18}$$

式中 λ——计算截面的剪跨比,可取 λ 等于 a/h_0(a 为集中荷载作用点至支座截面或节点边缘的距离),当 $\lambda<1.5$ 时,取 $\lambda=1.5$;当 $\lambda>3$ 时,取 $\lambda=3$。

此外,试验结果还表明,截面高度对不配箍筋的钢筋混凝土板斜截面受剪承载力的影响较为显著。因此,对于不配置箍筋和弯起钢筋的一般板类受弯构件,其斜截面受剪承载力设计值应按下列公式计算:

$$V_u=0.7\beta_h f_t bh_0 \tag{4-19}$$

$$\beta_h=\left(\frac{800}{h_0}\right)^{1/4}$$

式中 β_h——截面高度影响系数,当 $h_0<800$ mm 时,取 $h_0=800$ mm;当 $h_0>2\,000$ mm 时,取 $h_0=2\,000$ mm。

根据上述试验结果,《规范》规定,无腹筋受弯构件斜截面的受剪承载力应按下列公式计算。

对于不配置箍筋和弯起钢筋的一般板类(单向板)受弯构件,按公式(4-19)计算,即:

$$V\leqslant V_u=0.7\beta_h f_t bh_0 \tag{4-19a}$$

在这里,"一般板类受弯构件"主要是指均布荷载作用下的单向板和需按单向板计算的双向板。

对于集中荷载作用下(包括作用有多种荷载,且其中集中荷载对支座截面或节点边缘所产生的剪力值占总剪力值的 75% 以上的情况)的矩形、T 形和 I 形截面无腹筋独立梁(不与楼板整体浇筑的梁),按公式(4-18)计算,即:

$$V\leqslant V_u=\frac{1.75}{\lambda+1.0}f_t bh_0 \tag{4-18a}$$

对于一般情况下的矩形、T 形和 I 形截面无腹筋梁,则按公式(4-17)计算,即:

$$V\leqslant V_u=0.7f_t bh_0 \tag{4-17a}$$

这里所谓"一般情况"是指除承受上述集中荷载以外的其他荷载情况。

必须指出,《规范》虽然列出了无腹筋梁的受剪承载力计算公式,但是由于剪切破坏具有明显的脆性,特别是斜拉破坏,斜裂缝一出现梁即剪坏,所以不能认为当梁承受的剪力设计值 V 不大于无腹筋梁受剪承载力设计值时都可以不配置箍筋。因此,《规范》规定,除了截面高度 $h\leqslant150$ mm 的小梁外,其他梁即使满足 $V\leqslant V_u=0.7f_t bh_0$ 的要求,也要按构造要求配置箍筋。

二、仅配有箍筋的梁斜截面受剪承载力

对于配有箍筋的梁,由式(4-16)可见,其受剪承载力 V_{cs} 由剪压区混凝土的受剪承载力 V_c 和斜裂缝相交箍筋的受剪承载力 V_{sv} 组成。由图 4-9 和图 4-10 可知,$V_{sv}/(bh_0)$[图中用 $V_u/(bh_0)$ 表示]与 f_t(图中用 f_c 表示)和 $\rho_{sv}f_{yv}$ 之间存在着线性关系,所以可以简单地用:

$$\frac{V_{cs}}{bh_0}=\alpha_{cv}f_t+\alpha_{sv}\rho_{sv}f_{yv} \tag{4-20}$$

来反映 V_{sv}/bh_0 随 f_t 和 $\rho_{sv}f_{yv}$ 变化的规律。上式也可以写成:

$$\frac{V_{cs}}{f_t bh_0}=\alpha_{cv}+\alpha_{sv}\frac{\rho_{sv}f_{yv}}{f_t} \tag{4-21}$$

式中,$V_{cs}/(f_t bh_0)$ 称为相对名义剪应力;$\rho_{sv}f_{yv}/f_t$ 称为配箍系数,它反映了箍筋数量、箍筋强度和混凝土强度的大小;α_{cv} 和 α_{sv} 为待定系数,对于不同荷载形式和截面形状,梁的斜截面受剪承载力会有所不同,因而反映出 α_{cv} 和 α_{sv} 的取值不同,可由试验确定。《规范》分下列两种

情况分别予以考虑。

1. 受集中荷载作用为主的矩形、T形和I形截面简支梁

这里所谓"受集中荷载作用为主"是指受不同形式荷载作用,且其中集中荷载对支座截面或节点边缘所产生的剪力值占总剪力值75%以上的情况。

试验结果表明,在剪跨比较大的情况下,矩形、T形和I形截面独立简支梁承受集中荷载作用时的受剪承载力低于承受均布荷载作用时的受剪承载力,因此,应适当考虑剪跨比λ的影响。根据对图4-15中166根集中荷载作用下的配箍筋简支梁受剪承载力的试验结果统计分析,这种情况下的待定系数为:

$$\alpha_{cv} = \frac{1.75}{\lambda + 1.0}, \ \alpha_{sv} = 1.0$$

此时,式(4-21)可写成:

$$\frac{V_{cs}}{f_t bh_0} = \frac{1.75}{\lambda + 1.0} + \rho_{sv}\frac{f_{yv}}{f_t} \tag{4-22}$$

将式(4-13)代入上式,并写成极限状态设计表达式,则:

$$V \leqslant V_{cs} = \frac{1.75}{\lambda + 1.0}f_t bh_0 + f_{yv}\frac{A_{sv}}{s}h_0 \tag{4-23}$$

式中　V——构件斜截面上的最大剪力设计值;

V_{cs}——构件斜截面上混凝土和箍筋的受剪承载力设计值;

λ——计算截面的剪跨比,可取$\lambda = a/h_0$,a 为集中荷载作用点至支座截面或节点边缘的距离;当$\lambda < 1.5$时,取$\lambda = 1.5$,当$\lambda > 3$时,取$\lambda = 3$,此时,在集中荷载作用点与支座之间的箍筋应均匀配置;

f_{yv}——箍筋抗拉强度设计值;

A_{sv}——配置在同一截面内箍筋各肢的全截面面积,即nA_{sv1},此处,n 为在同一个截面内箍筋的肢数,A_{sv1}为单肢箍筋的截面面积;

s——沿构件长度方向的箍筋间距。

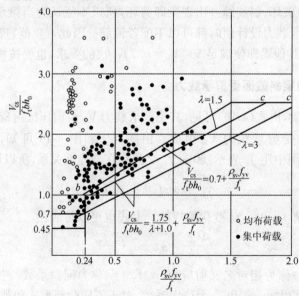

图 4-15　配置箍筋的梁受剪承载力计算公式与试验结果的比较

2. 一般情况下的矩形、T形和I形截面简支梁

这里所谓的"一般情况"是指除承受上述集中荷载以外的其他荷载作用情况。在这种情况下,根据图4-15所示的55根均布荷载作用下的有腹筋简支梁受剪承载力的试验结果,可以得到待定系数α_{cv}和α_{sv}的值分别为:

$$\alpha_{cv}=0.7, \alpha_{sv}=1.0$$

于是,式(4-21)可写成:

$$\frac{V_{cs}}{f_t bh_0}=0.7+\rho_{sv}\frac{f_{yv}}{f_t} \tag{4-24}$$

写成极限状态设计表达式,则为:

$$V\leqslant V_{cs}=0.7f_t bh_0+f_{yv}\frac{A_{sv}}{s}h_0 \tag{4-25}$$

必须指出,由于配置箍筋后混凝所能承受的剪力与无箍筋时所能承受的剪力是不同的,因此,在式(4-23)和式(4-25)中,虽然第一项在数值上等于无腹筋梁的受剪承载力,但不应简单地理解为配置箍筋后梁截面混凝土所能承受的剪力。换句话说,对于上述两项表达式应理解为两项之和才代表有箍筋梁的受剪承载力。

三、配有箍筋和弯起钢筋的梁斜截面受剪承载力

为了承受更大的设计剪力,梁中除配置一定数量箍筋外,有时还需设置弯起钢筋。试验结果表明,弯起钢筋仅在穿越斜裂缝时才可能屈服,当弯起钢筋在斜裂缝顶端越过时,因接近受压区,弯起钢筋有可能达不到屈服,计算时要考虑这个不利因素。所以,弯起钢筋所承受的剪力等于它的拉力在垂直于梁纵轴方向的分力乘上应力不均匀系数0.8,即:

$$V_{sb}=0.8f_y A_{sb}\sin\alpha \tag{4-26}$$

式中　A_{sb}——配置在同一弯起平面内的弯起钢筋的截面面积;

α——弯起钢筋与梁纵轴的夹角,一般取$\alpha=45°$,当梁截面较高时,可取$\alpha=60°$;

f_y——弯起钢筋的抗拉强度设计值;

0.8——应力分布不均匀系数。

对于同时配置箍筋和弯起钢筋的梁,由式(4-15)可知,其斜截面受剪承载力等于配箍筋的梁受剪承载力与弯起钢筋的受剪承载力之和,对于前述两种情况,即式(4-22)和式(4-24)可分别改写成:

$$\frac{V_u}{f_t bh_0}=\frac{1.75}{\lambda+1.0}+\rho_{sv}\frac{f_{yv}}{f_t}+\frac{0.8f_y A_{sb}\sin\alpha}{f_t bh_0} \tag{4-27a}$$

和

$$\frac{V_u}{f_t bh_0}=0.7+\rho_{sv}\frac{f_{yv}}{f_t}+\frac{0.8f_y A_{sb}\sin\alpha}{f_t bh_0} \tag{4-27b}$$

写成极限状态设计表达式时,则分别为:

$$V\leqslant V_u=\frac{1.75}{\lambda+1.0}f_t bh_0+f_{yv}\frac{A_{sv}}{s}h_0+0.8f_y A_{sb}\sin\alpha \tag{4-28a}$$

$$V\leqslant V_u=0.7f_t bh_0+f_{yv}\frac{A_{sv}}{s}h_0+0.8f_y A_{sb}\sin\alpha \tag{4-28b}$$

四、计算公式的适用条件

式(4-23)、式(4-25)、式(4-28a)和式(4-28b)是根据剪压破坏的受力特征和试验结果得到

的,因此,这些公式的适用条件也就是剪压破坏时所应具备的条件。由图 4-15 可知,计算公式适用于图中的斜线部分(即图中 bc 段)。也就是说,当配箍系数 $\rho_{sv} f_{yv}/f_t$ 大于或小于某一数值时,计算公式不再适用。所以,该公式有其适用条件,即公式的上、下限。

1. 上限值——最小截面尺寸及最大配箍率

由公式(4-23)和式(4-25)可知,对于仅配箍筋的梁,其抗剪能力由斜截面上剪压区混凝土的抗剪能力和箍筋抗剪能力所组成。试验表明,当梁的截面尺寸确定后,斜截面受剪承载力并不能随配箍量的增大而无限提高,这是因为当梁的截面尺寸过小而配置的腹筋过多或剪跨比过小时,在腹筋尚未达到屈服强度以前,梁腹部混凝土已发生斜压破坏。试验还表明,斜压破坏受腹筋影响很小,主要取决于梁的截面尺寸和混凝土轴心抗压强度。

根据我国工程实践经验及试验结果分析,为防止斜压破坏和限制在使用荷载作用下的斜裂缝宽度,对矩形、T 形和 I 形截面受弯构件,设计时必须满足下列截面尺寸限制条件:

当 $\frac{h_w}{b} \leqslant 4.0$ 时,属于一般梁,应满足:

$$V \leqslant 0.25\beta_c f_c b h_0 \tag{4-29a}$$

当 $\frac{h_w}{b} \geqslant 6.0$ 时,属于薄腹梁,应满足:

$$V \leqslant 0.2\beta_c f_c b h_0 \tag{4-29b}$$

当 $4.0 < \frac{h_w}{b} < 6.0$ 时,按直线内插法取值,即:

$$V \leqslant 0.025\left(14 - \frac{h_w}{b}\right)\beta_c f_c b h_0 \tag{4-29c}$$

式中 V——构件斜截面上的最大剪力设计值;

β_c——混凝土强度影响系数,当混凝土强度等级不超过 C50 时,取 $\beta_c = 1.0$;当混凝土强度为 C80 时,取 $\beta_c = 0.8$,其间按线性内插法取用;

f_c——混凝土轴心抗压强度设计值;

h_w——截面的腹板高度,对矩形截面取有效高度 h_0,对 T 形截面取有效高度减去上翼缘高度,对 I 形截面取腹板净高。

此外,《规范》还规定,对 T 形或 I 形截面的简支受弯构件,当有实践经验时,公式(4-29a)可改为:

$$V \leqslant 0.3\beta_c f_c b h_0 \tag{4-30}$$

对受拉边倾斜的构件,当有实践经验时,上述受剪截面尺寸限制条件可适当放宽。

以上各式表示梁在相应情况下斜截面受剪承载力的上限值,相当于限制了梁所必须具有的最小截面尺寸和不可超过的最大配箍率。如果上述条件不能满足,则必须加大截面尺寸或提高混凝土的强度等级。

2. 下限值——最小配箍率($\rho_{sv,min}$)

只有箍筋的数量达到一定值时,式(4-23)和式(4-25)才是正确的,这是因为,钢筋混凝土梁出现斜裂缝后,斜裂缝处原来由混凝土承受的拉力全部转给箍筋承担,使箍筋的拉应力突然增大。如果配置的箍筋过少,则斜裂缝一出现,箍筋的应力很快达到其屈服强度,不能有效地抑制斜裂缝的发展,甚至箍筋被拉断而导致梁发生斜拉破坏。因此,为了防止发生斜拉破坏,梁内应配置一定数量的箍筋,且箍筋的间距又不能过大,保证可能出现的斜裂缝能与之相交。根据试验结果和设计经验,《规范》规定:

（1）当梁的受剪承载力满足下列要求时：

对受集中荷载作用为主的矩形、T形和I形截面梁：

$$V \leqslant \frac{1.75}{\lambda + 1.0} f_t b h_0 \tag{4-31a}$$

对一般情况下的矩形、T形和I形截面梁：

$$V \leqslant 0.7 f_t b h_0 \tag{4-31b}$$

虽按计算不配置箍筋，但应按构造配置箍筋，即箍筋的最小直径应满足表 4-2 的构造要求，箍筋的最大间距应满足表 4-3 的构造要求（表 4-2 和表 4-3 详见本章第六节相关论述）。

（2）当梁的受剪承载力不满足式（4-31a）或式（4-31b）时，应按式（4-23）或式（4-25）计算箍筋数量，由此计算所选用的箍筋直径和间距除应满足表 4-2 和表 4-3 的构造要求外，其配箍率还应满足最小配箍率的要求，即：

$$\rho_{sv} \geqslant \rho_{sv,\min} = \left(\frac{A_{sv}}{bs} \right)_{\min} = 0.24 \frac{f_t}{f_{yv}} \tag{4-32}$$

五、连续梁、框架梁和外伸梁的斜截面受剪承载力计算

这类梁的特点是在剪跨段内作用有正负两个方向的弯矩，并存在一个反弯点[图 4-16(b)]，最大负弯矩 M^- 与最大正弯矩 M^+ 之比的绝对值称为弯矩比 $\xi = |M^-/M^+|$，ξ 对梁的破坏形态和受剪承载力有重要影响。当 $\xi < 1$，即梁跨间正弯矩大于支座负弯矩时，剪切破坏发生在正弯矩区；当 $\xi > 1$，即支座负弯矩超过跨间正弯矩时，剪切破坏发生在负弯矩区；当 $\xi = 1$ 时，正负弯矩区均可能发生剪切破坏，梁受剪承载力最低。现以 $\xi = 1$ 的梁为例，说明这类梁受剪承载力降低的原因。

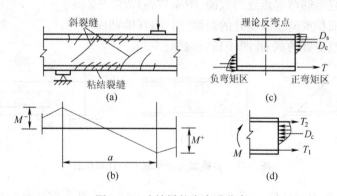

图 4-16 连续梁的应力重分布

梁在正负两向的弯矩以及剪力作用下，在正负弯矩区可能出现两条临界斜裂缝，分别指向中间支座和加载点[图 4-16(a)]，由于反弯点两侧一段距离内的截面承受相同方向的弯矩[图 4-16(c)]，致使钢筋两端受同一方向的力，因而钢筋与混凝土间的粘结作用易遭破坏而产生相对滑移，引起纵筋应力重分布，一部分原来受压的钢筋变为受拉，实际的应力零点向受压区移动。在粘结裂缝出现前，受压区混凝土和钢筋所受的压力为 D_c 和 D_s，它们与下部钢筋所受的拉力 T 相平衡，如图 4-16(c)所示。在粘结裂缝充分开展以后，由于纵筋的应力重分布，原先受压的钢筋变成了受拉钢筋，这样混凝土所受的压力 D_c 必须和上、下纵筋所受的拉力 T_1、T_2 相平衡，如图 4-16(d)所示。此外，粘结裂缝和纵筋应力重分布的充分发展，将形成沿纵筋的撕裂裂缝，如图 4-16(a)所示，使纵筋外侧原来受压的混凝土基本上不起作用。由此可见，与具

有相同条件的简支梁相比,连续梁的混凝土受压区高度减小,压应力和剪应力均相应增大,故其受剪承载力降低。如果仍用简支梁的计算公式(4-23)或公式(4-25)计算,其计算结果与试验结果的对比分析结果表明,连续梁的实际受剪承载力仅在集中荷载时略低于式(4-23)的计算值,而在均布荷载时与式(4-25)的计算值大致相当。这是因为梁顶的均布荷载对混凝土保护层起着侧向约束作用,提高了钢筋和混凝土之间的粘结强度。

对简支梁而言,在集中荷载作用下,剪跨比 λ 既可表示为 $M/(Vh_0)$,又能表示为 a/h_0;但对连续梁来说,$M/Vh_0=(a/h_0)\cdot 1/(1+\xi)$,所以 $M/(Vh_0)$ 和 a/h_0 两者的值是不同的,前者为广义剪跨比,后者为计算剪跨比,其值大于前者的广义剪跨比。如果用计算剪跨比 $\lambda=a/h_0$ 代入式(4-23),则连续梁的受剪承载力将反而略高于相同条件下简支梁的承载力。

据此,为了简化计算,设计规范采用了与简支梁相同的受剪承载力计算公式,即前述的式(4-23)或式(4-25)来计算连续梁、框架梁和外伸梁的受剪承载力。当然式(4-23)中的 λ 应为计算剪跨比,使用条件同前。

配有弯起钢筋的连续梁、框架梁和外伸梁受剪承载力计算亦与简支梁相同,即用公式(4-28)来计算。此外,连续梁、框架梁和外伸梁的截面尺寸限制条件、箍筋的构造配筋条件也均与简支梁相同。

六、斜截面受剪承载力的计算位置

控制梁斜截面受剪承载力的应该是那些剪力设计值较大而受剪承载力又较小或截面抗力改变处的斜截面。设计中一般取下列斜截面作为梁受剪承载力的计算截面。

(1)支座边缘处的截面[图 4-17(a)截面 1-1];

(2)受拉区弯起钢筋弯起点处的截面[图 4-17(a)截面 2-2、3-3];

(3)箍筋截面面积或间距改变处的截面[图 4-17(b)截面 4-4];

(4)截面尺寸改变处的截面[图 4-17(c)截面 5-5]。

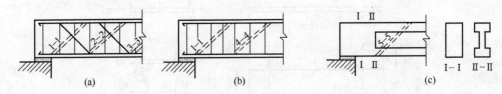

图 4-17 斜截面受剪承载力的计算位置

计算截面处的剪力设计值按下述方法采用(图 4-17):计算支座边缘处的截面时,取该处的剪力值;计算箍筋数量改变处的截面时,取箍筋数量开始改变处的剪力值;计算第一排(从支座算起)弯起钢筋时,取支座边缘处的剪力值,计算以后每一排弯起钢筋时,取前一排弯起钢筋弯起点处的剪力值。

此外,对受拉边倾斜的梁,尚应对梁的高度改变处、梁上集中荷载作用处和其他不利的截面进行验算。

七、斜截面受剪承载力的计算步骤

与正截面受弯承载力一样,斜截面受剪承载力计算也有截面设计和承载力校核两类问题。

(一)截面设计

已知:截面剪力设计值 V,材料强度设计值 f_c、f_t、f_{yv}、f_y,截面尺寸 b、h_0 等,要求确定箍筋和弯起钢筋的数量。

对于截面设计,应根据式(4-15),令 $V \leqslant V_u = V_{cs}$ 或 $V_{cs} + V_{sb}$ 求解,可按以下 3 个步骤进行:

1. 验算截面尺寸

梁的截面尺寸一般先由正截面承载力和刚度条件确定,然后进行斜截面受剪承载力的计算,按式(4-29a)或式(4-29b)、式(4-29c)或式(4-30)进行截面尺寸复核。如不满足要求时,则应加大截面尺寸或提高混凝土强度等级。

2. 验算是否按计算配置腹筋

若梁所承受的剪力设计值较小、截面尺寸较大或混凝土强度等级较高,而满足下列条件时:

对受集中荷载作用为主的矩形、T 形和 I 形截面梁:

$$V \leqslant \frac{1.75}{\lambda + 1.0} f_t b h_0 \qquad (4\text{-}31a)$$

对一般情况下的矩形、T 形和 I 形截面梁:

$$V \leqslant 0.7 f_t b h_0 \qquad (4\text{-}31b)$$

则不需进行斜截面受剪承载力计算,仅按构造要求配置腹筋,反之,则需按计算配置腹筋。式(4-31a)和式(4-31b)中符号意义及 λ 的取值方法,与前述公式相同。

3. 计算腹筋数量

可采用如下两种方案:

(1)只配箍筋不配弯起钢筋

可由式(4-23)或式(4-25)来确定箍筋的截面面积、箍筋肢数和间距,具体来说如下:

对于受集中荷载作用为主的矩形、T 形和 I 形截面梁,由式(4-23)得:

$$\frac{A_{sv}}{s} \geqslant \frac{V - \dfrac{1.75}{\lambda + 1.0} f_t b h_0}{f_{yv} h_0} \qquad (4\text{-}33)$$

对于一般情况下的矩形、T 形及 I 字形截面梁,由式(4-25)得:

$$\frac{A_{sv}}{s} \geqslant \frac{V - 0.7 f_t b h_0}{f_{yv} h_0} \qquad (4\text{-}34)$$

求出 $\dfrac{A_{sv}}{s}$ 后,再选定箍筋的肢数 n 和单肢箍筋的截面面积 A_{sv1},并算出 $A_{sv} = n A_{sv1}$,最后确定箍筋的间距 s。注意选用的箍筋直径和间距应满足表 4-2 和表 4-3 的构造要求,同时配箍率应满足式(4-32)。

(2)既配置箍筋又配置弯起钢筋

当箍筋配置数量较多,但仍不满足截面抗剪要求时,可配置弯起钢筋与箍筋一起抗剪。通常是先假定箍筋,按式(4-23)或式(4-25)算出 V_{cs},然后按下式确定弯起钢筋的面积 A_{sb}:

$$A_{sb} = \frac{V - V_{cs}}{0.8 f_y \sin\alpha} \qquad (4\text{-}35)$$

有时也可能先知道弯起钢筋,可算出 V_{sb},然后再计算 $V_{cs} = V - V_{sb}$,最后由 V_{cs} 来确定箍筋直径和间距。

(二)承载力校核

已知:截面剪力设计值 V,材料强度设计值 f_c、f_t、f_{yv}、f_y,截面尺寸 b、h_0,配箍量 A_{sv1}、n、s,弯起钢筋截面面积 A_{sb} 等,要求复核斜截面的受剪承载力是否满足受力要求。

这类问题的实质是求斜截面受剪承载力 V_u,当 $V \leqslant V_u$ 时为满足,否则为不满足。

第一步:检查截面限制条件,如不满足,应修改原始条件。

第二步:当 $V > 0.7f_t bh_0$ 或 $\dfrac{1.75}{\lambda+1.0}f_t bh_0$ 时,检查是否满足条件 $\rho_{sv} \geqslant \rho_{sv,min}$,如不满足,说明不符合规范要求,应考虑修改原始条件。

第三步:以上检查都通过后,把各有关数据直接代入式(4-23)或式(4-25)式(4-27a)或式(4-27b),求出 V_u,当 $V \leqslant V_u$ 时,受剪承载力满足;当 $V > V_u$ 时,则受剪承载力不满足。

梁的斜截面受剪承载力计算过程如图 4-18 所示。

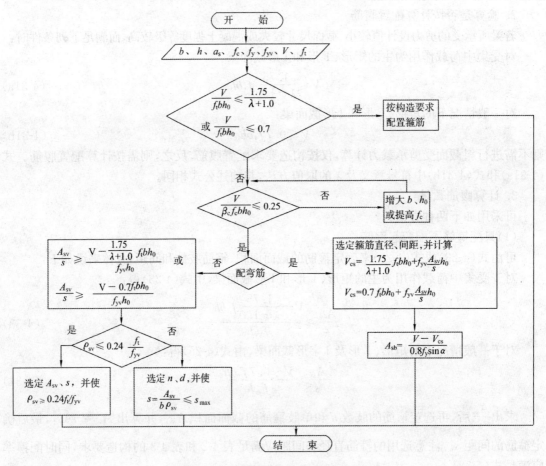

图 4-18 斜截面受剪承载力计算框图

【例题 4-1】 图 4-19 所示的矩形截面简支梁,截面尺寸 $b = 250$ mm,$h = 550$ mm,混凝土强度等级为 C25($f_t = 1.27$ N/mm², $f_c = 11.9$ N/mm²),纵筋用 HRB400 级钢筋($f_y = 360$ N/mm²),箍筋用 HPB300 级钢筋($f_{yv} = 270$ N/mm²)。梁承受均布荷载设计值 $q = 60$ kN/m (包括梁自重),截面有效高度 $h_0 = 505$ mm。环境类别为一类。根据正截面承载力计算已配置了 2Φ25+2Φ22 的纵筋,试确定腹筋的数量。

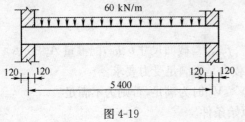

图 4-19

【解】 1. 计算剪力设计值

支座边缘截面的剪力设计值为:

$$V = \frac{1}{2} \times 60 \times (5.4 - 0.24) = 154.8 \text{ kN}$$

2. 验算截面尺寸

$$h_w = h_0 = 505 \text{ mm}, h_0/b = 505/250 = 2.02 < 4$$

应按式(4-29a)进行验算

$$0.25\beta_c f_c bh_0 = 0.25 \times 1.0 \times 11.9 \times 250 \times 505 = 375\ 593.75\ \text{N} > 154\ 800\ \text{N}$$

所以截面尺寸满足要求。

3. 验算是否按计算配置腹筋

由式(4-31b),得:

$$0.7 f_t bh_0 = 0.7 \times 1.27 \times 250 \times 505 = 112\ 236.25\ \text{N} < 154\ 800\ \text{N}$$

故需按计算配置腹筋。

4. 计算腹筋数量

(1)若只配箍筋

由式(4-34)得:

$$\frac{A_{sv}}{s} \geqslant \frac{154\ 800 - 112\ 236.25}{270 \times 505} = 0.312\ 2$$

选用双肢Φ6 箍筋,则:

$$s \leqslant \frac{A_{sv}}{0.312\ 2} = \frac{57}{0.312\ 2} = 182.6\ \text{mm}$$

取 $s = 180$ mm,相应的配筋率为:

$$\rho_{sv} = \frac{A_{sv}}{bs} = \frac{57}{250 \times 180} = 0.127\% > \rho_{sv,min} = 0.24 \times \frac{1.27}{270} = 0.113\%$$

故所配箍筋满足要求。

(2)若既配箍筋又配弯起钢筋

选用双肢Φ6 @200 箍筋,由式(4-35)得:

$$A_{sb} \geqslant \frac{154\ 800 - (112\ 236.25 + 270 \times \frac{57}{200} \times 505)}{0.8 \times 360 \times \sin 45°} = 18.2\ \text{mm}^2$$

将跨中正弯矩钢筋弯起 1Φ22($A_{sb} = 380$ mm^2),钢筋弯起点至支座边缘的距离为 $200 + 500 = 700$ mm,如图 4-20 所示,弯起点处对应的剪力设计值为 $V_1 = 112.8$ kN,该截面的受剪承载力为

$$V_{cs} = 112\ 236.25 + 270 \times \frac{57}{200} \times 505$$

$$= 151\ 096\ \text{N} > 112\ 800\ \text{N}$$

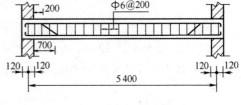

图 4-20 例题 4-1 配筋图

因此,该梁只需配置一排弯起钢筋,即可满足斜截面受剪承载力。

【例题 4-2】 一钢筋混凝土矩形截面外伸梁支承于砖墙上,其跨度、截面尺寸及荷载设计值(均布荷载中已包括梁的自重)如图 4-21 所示。梁截面有效高度 $h_0 = 630$ mm,混凝土采用 C25($f_t = 1.27$ N/mm^2, $f_c = 11.9$ N/mm^2),纵筋 HRB400 级($f_y = 360$ N/mm^2),箍筋 HPB300 级($f_{yv} = 270$ N/mm^2)。根据正截面承载力计算跨中已配置 2Φ25 + 3Φ22 的纵筋,环境类别为一类。试确定腹筋的数量。

【解】1. 计算剪力设计值

剪力设计值如图 4-21 所示。

2. 验算截面尺寸

$$h_w = h_0 = 630\ \text{mm}, h_0/b = 630/250 = 2.52 < 4$$

应按式(4-29a)进行验算。

$$0.25\beta_c f_c bh_0 = 0.25 \times 1.0 \times 11.9 \times 250 \times 630$$
$$= 468\ 562.5\ \text{N}$$

该值大于各截面的剪力设计值,故截面尺寸满足要求。

3. 验算是否按计算配置腹筋

由图 4-21 可知,集中荷载对各支座截面所产生的剪力设计值均占支座截面总剪力值的 75% 以上,故各截面均应考虑剪跨比,对支座 A,支座 E 左和 E 右截面来说,剪跨比均为:

$$\lambda = \frac{2\ 000 - \dfrac{370}{2}}{630} = 2.88$$

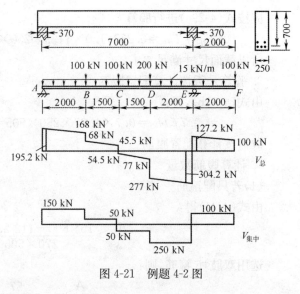

图 4-21 例题 4-2 图

由式(4-31a)得:

$$\frac{1.75}{\lambda + 1.0} f_t bh_0 = \frac{1.75}{2.88 + 1.0} \times 1.27 \times 250 \times 630 = 90\ 217.5\ \text{N} < 304\ 200\ \text{N}$$

$$195\ 200\ \text{N}$$
$$127\ 200\ \text{N}$$

所以应按计算配置腹筋。

4. 计算腹筋数量

(1)AB 段:该截面剪力设计值较大,故采用既配箍筋又配弯起钢筋的方案,选用双肢Φ6@150 箍筋,则由式(4-35)得:

$$A_{sb} \geqslant \frac{195\ 200 - \left(90\ 217.5 + 270 \times \dfrac{57}{150} \times 630\right)}{0.8 \times 360 \times \sin 45°} = 198.2\ \text{mm}^2$$

选用 1Φ22($A_{sb} = 380\ \text{mm}^2$)钢筋弯起,在 AB 段内弯起三排钢筋。

(2)BC 段和 CD 段:该区段最大剪力设计值为 77kN,而混凝土的受剪承载力已有 90.217kN,大于 77kN,故按构造要求配置双肢箍筋Φ6@200,相应的配箍率为:

$$\rho_{sv} = \frac{A_{sv}}{bs} = \frac{57}{250 \times 200} = 0.114\% > \rho_{sv,min} = 0.24 \times \frac{1.27}{270} = 0.113\%$$

所以配箍率满足要求。

(3)DE 段:采用既配箍筋又配弯起钢筋的方案,选用双肢箍筋Φ8@125,由式(4-35)得:

$$A_{sb} \geqslant \frac{304\ 200 - \left(90\ 217.5 + 270 \times \dfrac{101}{125} \times 630\right)}{0.8 \times 360 \times \sin 45°} = 375.9\ \text{mm}^2$$

选用 1Φ22($A_{sb} = 380\ \text{mm}^2$)钢筋弯起,在 DE 段内弯起三排钢筋。

(4)EF 段:采用只配箍筋的方案,由式(4-33)得:

$$\frac{A_{sv}}{s} = \frac{127\ 200 - 90\ 217.5}{270 \times 630} = 0.217\ 4$$

选用双肢箍筋Φ6,则:

$$s \leqslant \frac{A_{sv}}{0.217\ 4} = \frac{57}{0.217\ 4} = 262.2\ \text{mm}$$

取 $s=250$ mm,相应的配箍率为：

$$\rho_{sv}=\frac{A_{sv}}{bs}=\frac{57}{250\times250}=0.091\%<\rho_{sv,min}=0.24\times\frac{1.27}{270}=0.113\%$$

配箍率不满足要求,取 $s=200$ mm,相应的配箍率为：

$$\rho_{sv}=\frac{57}{250\times200}=0.114\%>\rho_{sv,min}=0.24\times\frac{1.27}{270}=0.113\%$$

所以配箍率满足要求,最后选用双肢箍筋 Φ6@200。

【例题 4-3】 一钢筋混凝土 T 形截面简支梁,跨度 4 m,截面尺寸如图 4-22 所示,梁截面有效高度 $h_0=630$ mm。承受一设计值为 500 kN(包括梁自重)的集中荷载。混凝土强度等级为 C30($f_t=1.43$ N/mm²,$f_c=14.3$ N/mm²),纵向钢筋为 HRB400 级钢筋($f_y=360$ N/mm²),箍筋为 HPB300 级钢筋($f_{yv}=270$ N/mm²)。根据正截面承载力计算跨中已配置 3⊈20+3⊈25 的纵筋。试确定箍筋和弯起钢筋的数量。

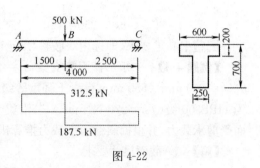

图 4-22

【解】 1. 计算剪力设计值

剪力图如图 4-22 所示。

2. 验算截面尺寸

$$h_w=h_0-h'_f=630-200=430 \text{ mm}$$
$$h_w/b=430/250=1.72<4$$

由式(4-29a)得：

$$0.25\beta_c f_c bh_0=0.25\times1.0\times14.3\times250\times630=563\ 062.5 \text{ N}>312\ 500 \text{ N}$$

所以截面尺寸满足要求。

3. 验算是否按计算配置腹筋

由图 4-22 所知,支座截面的剪力值全部由集中荷载产生,故各支座截面均应考虑剪跨比的影响。

对支座 A:$\lambda_A=1\ 500/630=2.38<3$,取 $\lambda_A=2.38$。

对支座 C:$\lambda_C=2\ 500/630=3.97>3$,取 $\lambda_C=3.0$。

由式(4-31a)得：

$$\frac{1.75}{\lambda_A+1.0}f_t bh_0=\frac{1.75}{2.38+1.0}\times1.43\times250\times630=116\ 610.6 \text{ N}<312\ 500 \text{ N}$$

$$\frac{1.75}{\lambda_C+1.0}f_t bh_0=\frac{1.75}{3.0+1.0}\times1.43\times250\times630=98\ 536.0 \text{ N}<187\ 500 \text{ N}$$

所以应按计算配置腹筋。

4. 确定腹筋数量

(1)AB 段:采用既配箍筋又配弯起钢筋的方案。选用双肢箍筋 Φ8@125,由式(4-35)得：

$$A_{sb}\geqslant\frac{312\ 500-\left(116\ 610.6+270\times\frac{101}{125}\times630\right)}{0.8\times360\times\sin45°}=287.0 \text{ mm}^2$$

选用 1⊈20($A_{sb}=314$ mm²)钢筋弯起,在 AB 段内弯起两排钢筋。

(2)BC 段：采用只配箍筋的方案。由式(4-33)得：

$$\frac{A_{sv}}{s}=\frac{187\ 500-98\ 536.0}{270\times630}=0.523\ 0$$

选用双肢箍筋Φ8，则：

$$s\leqslant\frac{A_{sv}}{0.523\ 0}=\frac{101}{0.523\ 0}=193.1\ \text{mm}$$

取 $s=190$ mm，相应的配箍率为：

$$\rho_{sv}=\frac{A_{sv}}{bs}=\frac{101}{250\times190}=0.213\%>\rho_{sv,min}=0.24\times\frac{1.43}{270}=0.127\%$$

配箍率满足要求，即选用双肢箍Φ8@190。

【例题 4-4】 一矩形截面简支梁，$a_s=45$ mm，净跨 $l_n=5.3$ m，承受均布荷载，梁截面尺寸 $b\times h=200$ mm$\times550$ mm，混凝土强度等级为 C25($f_t=1.27$ N/mm^2，$f_c=11.9$ N/mm^2)，箍筋为 HPB300 级($f_{yv}=270$ N/mm^2)，若沿梁全长配置双肢Φ8@120 的箍筋，试计算该梁的斜截面受剪承载力，并根据斜截面承载力推算出该梁所能承担的均布荷载设计值。

【解】 1. 截面尺寸要求

$$h_0=550-45=505\ \text{mm}$$
$$h_w/b=505/200=2.525<4$$

由式(4-29a)得：

$$V\leqslant0.25\beta_c f_c bh_0=0.25\times1.0\times11.9\times200\times505=300\ 475\ \text{N}$$

2. 最小配筋率要求

$$\rho_{sv}=\frac{A_{sv}}{bs}=\frac{101}{200\times120}=0.421\%>\rho_{sv,min}=0.24\times\frac{1.27}{270}=0.113\%$$

$$0.7f_t bh_0=0.7\times1.27\times200\times505=89\ 789\ \text{N}$$

3. 求 V_{cs}

由式(4-25)，得：

$$V\leqslant V_{cs}=0.7f_t bh_0+f_{yv}\frac{A_{sv}}{s}h_0$$

$$=0.7\times1.27\times200\times505+270\times\frac{101}{120}\times505=204\ 550.3\ \text{N}$$

4. 求梁所能承受的均布荷载设计值

$$89\ 789\text{N}<V=\min(300\ 475,204\ 550.3)=\frac{1}{2}(g+q)l_n$$

$$q=\frac{2V}{l_n}-g=\frac{2\times204\ 550.3}{5.3\times1\ 000}-1.2\times0.2\times0.55\times25=73.88\ \text{kN/m}$$

第六节　构　造　要　求

一、纵向受力钢筋在支座处的锚固

(一)简支梁、板支座处纵筋的锚固

在简支梁、板支座附近，弯矩 M 接近于零。但当支座边缘出现斜裂缝时，该处纵筋的拉力会突然增大，如无足够的锚固长度，纵筋会因锚固不足而发生滑移，造成锚固破坏、降低梁的承载力。为防止这种破坏，简支梁、板下部纵向受力钢筋伸入支座的锚固长度 l_{as} 应满足下列要求：

1. 对简支板，$l_{as}\geqslant 5d$（d 为纵向受力钢筋直径），且宜伸过支座中心线。当采用焊接钢筋网配筋时，其末端至少应有 1 根横向钢筋配置在支座边缘内[图 4-23(a)]；如不符合图 4-23(a)的要求时，应在受力钢筋末端制成180°弯钩[图 4-23(b)]或加焊附加的横向锚固钢筋[图 4-23(c)]。此外，当板中的剪力 $V>0.7f_tbh_0$ 时，配置在支座边缘内的横向钢筋不应少于 2 根，其直径不应少于纵向受力钢筋直径的一半。

2. 对简支梁，下部纵向受力钢筋伸入梁支座范围内的钢筋不应少于 2 根，其锚固长度 l_{as}（图 4-24）应符合下列条件（d 为纵向受力钢筋的最大直径）：

当 $V\leqslant 0.7f_tbh_0$ 时，$l_{as}\geqslant 5d$；

当 $V>0.7f_tbh_0$ 时，带肋钢筋　$l_{as}\geqslant 12d$；

光面钢筋　$l_{as}\geqslant 15d$。

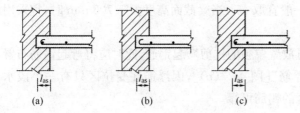

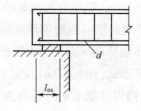

图 4-23　焊接网在板的简支支座上的锚固　　　　图 4-24　纵筋伸入梁支座范围内的锚固

如纵向受力钢筋伸入支座的锚固长度不符合上述规定，可将钢筋末端制成90°或135°弯钩来进行有效锚固，其中弯钩的内径为 $4d$，90°弯钩弯后的直段长度不小于 $12d$，135°弯钩弯后的直段长度不小于 $5d$（d 为锚固钢筋的直径）。也可以采取在钢筋末端加焊附加锚筋、锚板，或将钢筋端部焊接在预埋件上等附加锚固措施。

此外，当混凝土强度等级小于或等于C25，在距支座边 $1.5h$（h 为梁截面高度）范围内作用有集中荷载（包括作用有多种荷载，其中集中荷载对支座截面所产生的剪力占总剪力值的 75% 以上的情况），且 $V>0.7f_tbh_0$ 时，对带肋钢筋宜采取附加锚固措施，或取锚固长度 $l_{as}\geqslant 15d$（d 为锚固钢筋的直径）。

支承在砌体结构上的钢筋混凝土独立梁，在纵向受力钢筋的锚固长度范围内应配置 2 个或 2 个以上的箍筋，其箍筋的直径不宜小于纵向受力钢筋最大直径的 1/4，间距不宜大于纵向受力钢筋最大直径的 10 倍。当采用附加锚固措施时，箍筋间距尚不宜大于纵向受力钢筋最小直径的 5 倍。

(二)连续梁和框架梁中间支座处纵筋的锚固

在连续梁或框架梁的中间支座处，上部纵筋受拉而下部纵筋受压，因而连续梁或框架梁的上部纵向钢筋应贯穿其中间支座（图 4-25）。梁下部纵向钢筋宜贯穿中间支座，当必须锚固时，则纵向钢筋伸入中间支座的锚固长度 l_{as} 应按下列规定采用：

(1)当计算中不利用支座边缘处下部纵向钢筋的强度时，无论剪力设计值的大小，其伸入支座的锚固长度均应符合简支梁支座 $V>0.7f_tbh_0$ 时对锚固长度 l_{as} 的规定。

(2)当计算中充分利用支座边缘处下部纵筋的抗拉强度时，

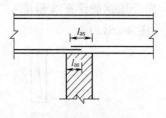

图 4-25　梁中间支座处纵筋的锚固

其伸入支座的锚固长度不应小于受拉钢筋的最小锚固长度 l_a，l_a 值见第一章第三节。

(3)当计算中充分利用支座边缘处下部纵筋的抗压强度时，考虑到结构中的压力主要通过混凝土传递，钢筋受力较小，且钢筋端头的支承作用也大大改善了受压钢筋的受力状态，所以这时的锚固长度可适当减小，取 $l_{as} \geqslant 0.7l_a$。

(三)纵筋末端弯钩

受力的光面钢筋骨架应在钢筋末端(包括弯起钢筋末端)做180° 弯钩，弯后平直段长度不应小于 3 倍钢筋直径。但在焊接骨架，焊接网以及轴心受压构件中可不做弯钩。

二、弯起钢筋的锚固

弯起钢筋的终弯点外应留有锚固长度，其长度在受拉区不应小于 $20d$，在受压区不应小于 $10d$(图 4-26)。梁中弯起钢筋的弯起角度一般宜取 45°，当梁截面高度大于 700 mm 时，宜采用 60°，位于梁底层两侧的角部钢筋不应弯起。

当不能弯起纵向受力钢筋抗剪时，亦可放置单独的抗剪弯起钢筋，此时应将弯起钢筋布置成"鸭筋"形式[图 4-27(a)]，而不能采用"浮筋"[图 4-27(b)]，因浮筋在受拉区只有一小段水平长度，锚固性能不如两端均锚固在受压区的鸭筋可靠。

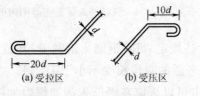

图 4-26　弯起钢筋端部构造

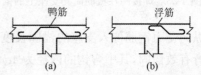

图 4-27　中间支座设置单独抗剪钢筋的构造

三、箍筋的构造要求

1. 箍筋的形式和肢数

箍筋在梁内除承受剪力以外，还起固定纵筋位置，使梁内钢筋形成钢筋骨架，以及连接梁的受拉区和受压区，增加受压区混凝土的延性等作用。箍筋的形式有封闭式和开口式两种[图 4-28(d)、(e)]。除小过梁以外，一般采用封闭式，既利于纵向钢筋的定位又对梁的抗扭有利，还能有效约束芯部混凝土。当梁中配有计算需要的纵向受压钢筋时，箍筋均应做成封闭式，且弯钩的直线段长度不应小于 5 倍箍筋直径。

箍筋肢数有单肢、双肢和四肢等[图 4-28(a)、(b)、(c)]，一般按以下情况选用：当梁宽 $b \leqslant$ 350 mm 时，常采用双肢箍筋；当 $b \geqslant$ 350 mm，或纵向受拉钢筋在一层中多于 5 根时，应采用四肢箍筋；当 $b <$ 150 mm 时，可采用单肢箍筋。当梁的宽度 $b >$ 400 mm 且梁中一层内的纵向受压钢筋多于 3 根或 $b \leqslant$ 400 mm 且一层内的纵向受压钢筋多于 4 根时，应设置复合箍筋[图 4-28(c)]。

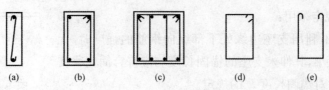

图 4-28　箍筋的形式和肢数

2. 箍筋的直径

为了使钢筋骨架具有一定的刚度,便于制作安装,箍筋直径不应太小,《规范》规定的箍筋最小直径见表 4-2。当梁中配有纵向受压钢筋时,箍筋直径尚不应小于受压钢筋最大直径的 1/4。表 4-2 中,h 为梁截面高度,d 为纵向受压钢筋最大直径。

表 4-2　梁内箍筋的最小直径

梁　高	箍筋最小直径	梁　高	箍筋最小直径
$h \leqslant 800$ mm	6 mm	$h > 800$ mm	8 mm
		有计算的纵向受压钢筋时	$d/4$

3. 箍筋的间距

箍筋间距除应满足计算要求外,其最大间距应符合表 4-3 的规定。

表 4-3　梁中箍筋最大间距 s_{max}(mm)

项次	梁高 h(mm)	$V > 0.7 f_t bh_0$	$V \leqslant 0.7 f_t bh_0$
1	$150 < h \leqslant 300$	150	200
2	$300 < h \leqslant 500$	200	300
3	$500 < h \leqslant 800$	250	350
4	$h > 800$	300	400

当梁中配有按计算需要的受压钢筋时,为防止受压纵筋压屈,箍筋应做成封闭式,箍筋的间距不应大于 15d,同时在任何情况下不应大于 400 mm。当梁中一层内的纵向受压钢筋多于 5 根且直径大于 18 mm 时,箍筋间距不应大于 10d,d 为纵向受压钢筋的最小直径。

4. 箍筋布置

如按计算不需要箍筋抗剪的梁,当截面高度大于 300 mm 时,应沿梁全长设置构造箍筋;当截面高度为 150~300 mm 时,可仅在构件端部各 1/4 跨度范围内设置箍筋。但当在构件中部 1/2 跨度范围内有集中荷载作用时,则应沿梁全长设置箍筋;对截面高度为 150 mm 以下的梁,可不设置箍筋。

小　　结

1. 斜裂缝出现前,混凝土梁可视为匀质弹性材料梁,弯剪段的应力可用材料力学方法分析,斜裂缝的出现将引起截面应力重新分布,材料力学方法将不再适用。

2. 随着梁的剪跨比和配箍率的变化,梁沿斜截面可发生斜拉破坏、剪压破坏和斜压破坏等主要破坏形态,这几种破坏都是脆性破坏。

3. 影响斜截面承载力的主要因素有剪跨比、混凝土强度等级、配箍率及箍筋强度、纵筋配筋率等,计算公式是以主要影响参数为变量,以试验统计为基础,以满足目标可靠指标的试验偏下限值为根据建立起来的。

4. 斜截面受剪承载力的计算公式是以斜截面剪压破坏的受力特征为依据建立的,因此应采取相应的构造措施防止斜压破坏和斜拉破坏的发生,即截面尺寸应有保证,箍筋最大间距、最小直径及配箍率应满足构造要求。

思 考 题

1. 无腹筋简支梁出现斜裂缝后,为什么说梁的受力状态发生了质变?

2. 无腹筋和有腹筋简支梁沿斜截面破坏的主要形态有哪几种? 它们的破坏特征是怎样的? 满足什么条件才能避免这些破坏发生?

3. 影响有腹筋梁斜截面受剪承载力的主要因素有哪些? 剪跨比的定义是什么? 何谓广义剪跨比和计算剪跨比?

4. 配箍率 ρ_{sv} 的表达式是怎样的? 它与斜截面受剪承载力之间关系怎样?

5. 有腹筋梁斜截面受剪承载力计算公式 $V_{cs}=\alpha_{cv}f_tbh_0+f_{yv}\dfrac{A_{sv}}{s}h_0$ 中,系数 α_{cv} 如何取值?

6. 在进行斜截面受剪承载力计算时,梁上哪些位置应分别进行计算?

7. 梁的截面尺寸为什么用公式 $V\leqslant0.25\beta_cf_cbh_0$ 及 $V\leqslant0.20\beta_cf_cbh_0$ 加以限制? 这两个公式各适用于何种情况? 为什么要有所不同?

8. 在一般情况下,限制箍筋和弯起钢筋的最大间距的目的是什么? 满足最大间距时,是不是必然会满足最小配箍率的规定? 如果有矛盾? 你认为该怎样处理?

9. 设计板时为何一般不进行斜截面承载力计算? 不配置箍筋?

10. 何谓"鸭筋"及"浮筋"? 浮筋为什么不能作为受剪钢筋?

习 题

4-1 已知某承受均布荷载的矩形截面梁截面尺寸 $b\times h=250\text{ mm}\times600\text{ mm}(a_s=45\text{ mm})$,采用 C25 混凝土,箍筋为 HPB300 钢筋。若已知剪力设计值 $V=150\text{ kN}$,环境类别为一类。试求:采用ф6双肢箍的箍筋间距 s?

4-2 图 4-29 所示钢筋混凝土简支梁,集中荷载设计值 $F=120\text{ kN}$,均布荷载设计值(包括梁自重)$q=10\text{ kN/m}$。选用 C25 混凝土,箍筋为 HPB300 钢筋。环境类别为一类。试选择该梁的箍筋(注:图中跨度为净跨度,$l_n=4\,000\text{ mm}$)?

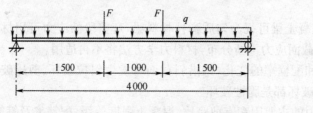

图 4-29 习题 4-2 附图

4-3 某 T 形截面简支梁尺寸如下:$b\times h=200\text{ mm}\times500\text{ mm}$(取 $a_s=45\text{ mm}$),$b'_f=400\text{ mm}$,$h'_f=100\text{ mm}$;采用 C25 混凝土,箍筋为 HPB300 钢筋;由集中荷载产生的支座边剪力设计值 $V=120\text{ kN}$(包括自重),剪跨比 $\lambda=3$。环境类别为一类。试选择该梁箍筋?

4-4 图 4-30 所示的钢筋混凝土矩形截面简支梁,截面尺寸 $b\times h=250\text{ mm}\times600\text{ mm}$,荷载设计值 $F=170\text{ kN}$(未包括梁自重),采用 C25 混凝土,纵向受力筋为 HRB400,箍筋为 HPB300 钢筋,环境类别为二(a)类。试设计该梁。要求:①确定纵向受力钢筋根数和直径;

②配置腹筋(要求选择箍筋和弯起钢筋,假定弯起钢筋弯终点距支座截面边缘为 50 mm)。

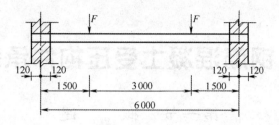

图 4-30　习题 4-4 附图

4-5　梁的荷载设计值及梁跨度同习题 4-2,但截面尺寸、混凝土强度等级修改如下表,并采用Φ6 双肢箍,试按序号计算箍筋间距填入表内,并比较截面尺寸、混凝土强度等级对梁斜截面承载力的影响?

序号	$b \times h$(mm)	混凝土强度等级	Φ6(计算 s)	Φ6(实配 s)
1	250×500	C25		
2	250×500	C30		
3	300×500	C25		
4	250×600	C25		

4-6　已知某钢筋混凝土矩形截面简支梁,计算跨度 $l_0 = 6\ 000$ mm,净跨 $l_n = 5\ 740$ mm,截面尺寸 $b \times h = 250$ mm×550 mm,采用 C30 混凝土,HRB400 纵向钢筋和 HPB300 箍筋。若已知梁的纵向受力钢筋为 4Φ22,环境类别为一类。试求:当采用Φ6@150 双肢箍和Φ8@150 双肢箍时,梁所能承受的均布荷载设计值 $g+q$ 分别为多少?

第五章　钢筋混凝土受压构件承载力计算

第一节　概　　述

钢筋混凝土受压构件按纵向压力作用位置的不同,可分为轴心受压和偏心受压两种类型。

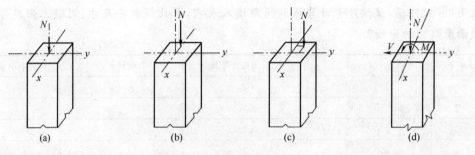

图 5-1　受压构件的类型

当纵向力 N 的作用线与构件轴线重合时,称为轴心受压[图 5-1(a)];不重合时,称为偏心受压。当 N 的作用线与构件轴线在一个主轴方向不重合时,称为单向偏心受压[图 5-1(b)];若两个主轴方向都不重合,称为双向偏心受压[图 5-1(c)]。构件截面上同时作用轴向压力 N 和弯矩 M、剪力 V,这类构件也称偏心受压(或压弯)构件[图 5-1(d)]。

在实际结构中,由于混凝土质量不均匀,配筋的不对称,施工和安装时误差等原因,均存在着或多或少的初始偏心,故真正的理想轴心受压构件是不存在的。有些构件如恒载较大的多跨多层房屋中间柱 CD[图 5-2(b)]、屋架的受压腹杆 AB[图 5-2(a)],由于实际存在的弯矩很小,可忽略不计,工程上可近似按轴心受压构件计算。工程结构中偏心受压例子

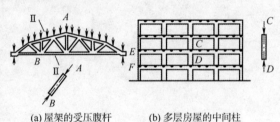

(a)屋架的受压腹杆　(b)多层房屋的中间柱

图 5-2　轴心受压构件

有单层厂房的柱、多层框架的边柱[图 5-2(b)中的 EF 杆]及屋架上弦、地下室外墙等(图 5-3)。

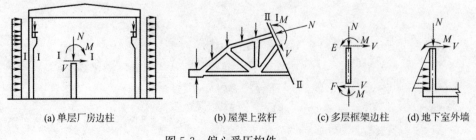

(a)单层厂房边柱　　　　(b)屋架上弦杆　　　(c)多层框架边柱　　(d)地下室外墙

图 5-3　偏心受压构件

第二节　轴心受压构件

钢筋混凝土轴心受压构件按箍筋型式的不同可分两种类型，一是配有纵筋和普通箍筋［图5-4(a)］的构件，二是配有纵筋和螺旋式［图5-4(b)］或焊接环式［图5-4(c)］的构件。

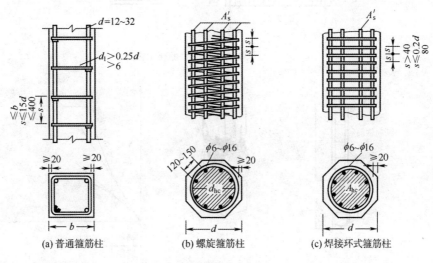

(a) 普通箍筋柱　　(b) 螺旋箍筋柱　　(c) 焊接环式箍筋柱

图 5-4　轴心受压柱

一、配有纵筋和箍筋的轴心受压构件的承载力计算

轴心受压构件的截面常做成方形、矩形、多边形、圆形和环形等形式（图5-5）。选择何种形式，应根据结构的用途、荷载的大小及功能要求而定。

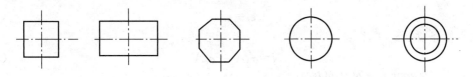

图 5-5　轴心受压柱常用截面

轴心受压构件，纵筋沿截面四周对称布置。纵筋的作用是：与混凝土一起共同参与承担外部压力，以减少构件的截面尺寸；承受可能产生的较小弯矩；防止构件突然脆性破坏，以增强构件的延性；以及减少混凝土的徐变变形。箍筋的作用是：与纵筋组成骨架，防止纵筋受力后屈曲，向外凸出。当采用螺旋箍筋时（或焊接环式）还能有效约束核心内的混凝土横向变形，明显提高构件的承载力和延性。

（一）试验研究

钢筋混凝土受压构件的计算理论也是建立在试验研究基础上的。

1. 短柱在轴心受压荷载下的破坏特征

根据构件的长细比（计算长度 l_0 与截面回转半径 i 之比）的不同，轴心受压构件可分为短柱（对一般截面，$l_0/i \leqslant 28$；矩形截面 $l_0/b \leqslant 8$，b 为截面宽度）和长柱两种。

图 5-6(a)、(b)所示分别为钢筋混凝土轴心受压短柱的脱离体图和试件。

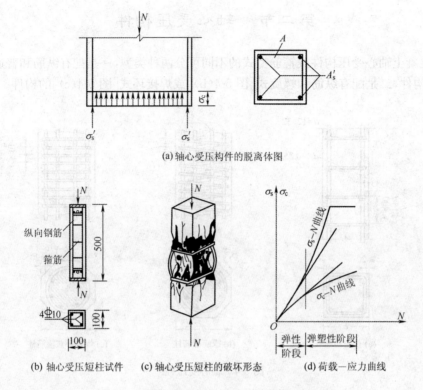

(a)轴心受压构件的脱离体图

(b) 轴心受压短柱试件　　(c) 轴心受压短柱的破坏形态　　(d) 荷载-应力曲线

图 5-6　钢筋混凝土轴心短柱的脱离体图和试件

试验表明:在轴向压力 N 作用下,可能的初始偏心对构件承载力影响很小。由于钢筋和混凝土之间存在着粘结力,纵筋和混凝土共同受压,又因为满足平截面假设,故二者压应变相等,即:

$$\varepsilon_s = \varepsilon_c \tag{5-1a}$$

按静力平衡条件 $\sum z=0$,得:

$$N = \sigma'_s A'_s + \sigma_c A \tag{5-1b}$$

式中　N——外荷载产生的构件轴力;

　　　A'_s、A——纵向钢筋和混凝土截面面积;

　　　σ'_s——纵向钢筋压应力,钢筋屈服前 $\sigma'_s = E_s \varepsilon'_s$($E_s$ 为钢筋弹性模量);

　　　σ_c——混凝土压应力,$\sigma_c = E'_c \varepsilon_c$($E'_c$ 为混凝土割线模量),$E'_c = \nu E_c$(ν 为混凝土受压弹性系数,E_c 为混凝土弹性模量)。

由图 5-6(d)可知:当外荷载 N 很小时,混凝土和纵筋都处于弹性阶段,混凝土基本上没有塑性变形(即 $\nu=1$),由式(5-1a),可得:

$$\frac{\sigma'_s}{E_s} = \frac{\sigma_c}{E_c}, \; \sigma'_s = \frac{E_s}{E_c}\sigma_c \tag{5-2}$$

当外荷载 N 逐渐增加时,混凝土塑性变形也随之增加,ν 值逐渐变小(即 $\nu<1$),此时,有:

$$\sigma'_s = \frac{E_s}{\nu E_c}\sigma_c \tag{5-3}$$

比较式(5-2)和式(5-3),可以看出:当混凝土进入弹塑性阶段后,在同样荷载增量下,钢筋的压应力 σ'_s 将比混凝土压应力 σ_c 增长得快一些,产生了应力重分布。当到达构件极限荷载时,钢筋混凝土短柱的极限压应变大致与混凝土棱柱体受压破坏时的极限压应变相同,即 $\varepsilon_{cmax} = \varepsilon_0 = 0.002$;混凝土应力达到棱柱体抗压强度 f'_c,因钢筋屈服时的压应变($\varepsilon_y \approx 0.001\ 2 \sim 0.001\ 7$)小于混凝土破坏时的压应变($\varepsilon_{cmax} = 0.002$),则钢筋将首先达到抗压屈服强度 f'_y。随后钢筋承担的压力 $f'_y A'_s$ 维持不变,而继续增加的荷载将全部由混凝土承担。直至混凝土被压碎。此类构件,钢筋和混凝土的抗压强度都得到了充分利用,其承载力公式为:

$$N \leqslant N_u = f'_y A'_s + f_c A \tag{5-4}$$

若采用高强度钢筋,在混凝土达到最大应力时,钢筋没有达到屈服强度,继续变形一段时间后,构件破坏。由于构件的压应变控制在 0.002 以内,破坏时钢筋的最大应力为 $\sigma_s = \varepsilon_{cmax} E_s = 0.002 \times 2 \times 10^5 = 400\ \text{N/mm}^2$,对于 HPB300、HRB335、HRB400 级钢筋已经能达到屈服强度,但对 HRB500、HRBF500 高强钢筋在计算时 f'_y 值只能取 $f'_y = 400\ \text{N/mm}^2$,因此在柱内采用高强度钢筋作受压筋时,不能充分发挥其高强作用,这是不经济的。所以,在轴心受压短柱中,不论受压钢筋在构件破坏时是否屈服,构件最终承载力都是由混凝土被压碎来控制的。临近破坏时,短柱四周出现明显的纵向裂缝。箍筋间的纵向钢筋发生压曲外鼓,呈灯笼状[图 5-6(c)],以混凝土压碎而告破坏。

2. 长柱在轴心受压荷载下的破坏特征

对于钢筋混凝土轴心受压长柱[图 5-7(a)],由于各种因素造成的初始偏心的影响,使构件产生侧向挠度,因而在构件的各个截面上将产生附加弯矩 $M = Ny$,此弯矩对短柱影响不大,而对中长柱,附加弯矩产生的侧向挠度,将加大原来的初始偏心距,随着荷载的增加,侧向挠度和附加弯矩将不断增大,这样相互影响的结果,使长柱在轴力和弯矩共同作用下发生破坏。

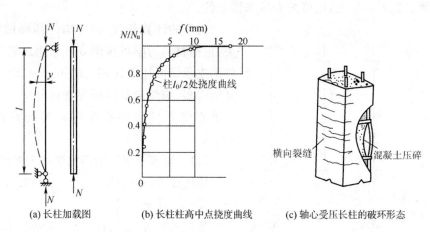

(a) 长柱加载图　　(b) 长柱柱高中点挠度曲线　　(c) 轴心受压长柱的破坏形态

图 5-7　钢筋混凝土受压长柱受力特征

图 5-7(b)所示为长柱受压后的挠度图。试验表明:侧向挠度开始时与荷载成正比,当压力达到极限荷载的 60% ~ 70% 时,侧向挠度急剧增长而破坏。破坏时受压一侧产生纵向裂缝,箍筋之间的纵向钢筋向外凸出,构件高度中部混凝土被压碎。另一侧混凝土则被拉裂,在构件高度中部产生横向裂缝[图 5-7(c)]。

试验表明:长柱承载力 N_{ul} 低于相同条件下短柱的承载力 N_{us},《规范》采用下式表示承载力随长细比 λ 增大而降低的程度,即:

$$\varphi = \frac{N_{ul}}{N_{us}} < 1$$

φ 称之为稳定系数,该系数主要和构件的长细比 l_0/i 有关(l_0 为柱的计算长度,i 为截面最小回转半径),见表 5-1。

表 5-1 钢筋混凝土轴心受压构件的稳定系数 φ

l_0/b	l_0/d	l_0/i	φ	l_0/b	l_0/d	l_0/i	φ
≤8	≤7	≤28	1.0	30	26	104	0.52
10	8.5	35	0.98	32	28	111	0.48
12	10.5	42	0.95	34	29.5	118	0.44
14	12	48	0.92	36	31	125	0.40
16	14	55	0.87	38	33	132	0.36
18	15.5	62	0.81	40	34.5	139	0.32
20	17	69	0.75	42	36.5	146	0.29
22	19	76	0.70	44	38	153	0.26
24	21	83	0.65	46	40	160	0.23
26	22.5	90	0.60	48	41.5	167	0.21
28	24	97	0.56	50	43	174	0.19

注:表中 l_0——构件计算长度;b——矩形截面的短边尺寸;d——圆形截面的直径;i——截面的最小回转半径,$i=\sqrt{\dfrac{I}{A}}$。

应该指出:查表 5-1 时,如果在柱的纵向(平面外)有其他构件存在,而该构件能对柱起到纵向支承作用,防止柱沿纵向屈曲,则柱的长细比应分别按 $\lambda_1=l_0/h$(平面内)、$\lambda_2=l_0'/b$(平面外)计算,并取 $\lambda=(\lambda_1,\lambda_2)_{max}$ 作为设计计算的长细比。对于任意截面,也应按此原则进行长细比的计算。如 $l_0'=l_0$ 时,则可按 l_0/b 来取 φ 值。

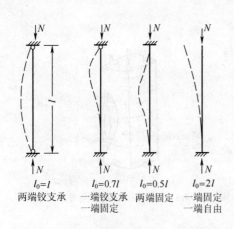

图 5-8 柱的计算长度

构件的计算长度 l_0 与构件两端的支承情况有关,根据材料力学可按图 5-8 采用。实际结构中,构件的支承情况比上述理想的不动铰支承或固定端要复杂得多,应结合具体情况进行分析。《规范》规定,对轴心受压柱和偏心受压柱的计算长度 l_0 规定如下:

(1)一般多层房屋的钢筋混凝土框架柱

现浇楼盖:底层柱 $l_0=1.0H$

其余各层柱 $l_0=1.25H$

装配式楼盖:底层柱 $l_0=1.25H$

其余各层柱 $l_0=1.5H$

对底层柱,H 为基础顶面到一层楼盖顶面之间的距离;对其余各层 H 为相邻上、下两层楼盖顶面之间的距离。

(2)对单层厂房排架柱,多层房屋框架柱计算长度取值见《建筑混凝土结构设计》中有关章节。

注意,当轴心受压构件长细比超过一定数值后(如矩形截面 $l_0/b>35$ 时),构件可能发生失稳破坏,即轴力增大到一定程度后,构件尚未发生材料破坏之前,构件已不能保持稳定平衡而破坏。设计时应避免这种情况。

（二）截面承载力计算

按上述分析，并考虑初始偏心的影响，以及在长期荷载作用下柱子的可靠度降低等因素，由图 5-9 得轴心受压构件截面承载力计算公式为：

$$N \leqslant 0.9\varphi(f_c A + f'_y A'_s) \tag{5-5}$$

式中　N——轴向压力设计值；

φ——钢筋混凝土构件的稳定系数，按表 5-1 采用；

　0.9——考虑可靠性降低的折减系数；

f_c——混凝土轴心抗压强度设计值，按附表 1.2 采用；

A——构件截面面积；

f'_y——纵向钢筋的抗压强度设计值，按附表 1.7 采用；

A'_s——全部纵向钢筋的截面面积。

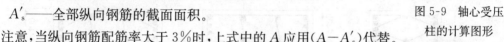

图 5-9　轴心受压柱的计算图形

注意，当纵向钢筋配筋率大于 3% 时，上式中的 A 应用 $(A - A'_s)$ 代替。

（三）构造要求

1. 混凝土强度等级

轴心受压构件强度主要取决于混凝土强度，一般均用较高等级混凝土，常用为 C25 或更高等级的混凝土。

2. 截面形式及尺寸

柱截面一般多采用方形或矩形截面，因其构造简单，施工方便。特殊情况下，可采用圆形或多边形。

柱截面尺寸主要根据内力大小，构件长度及构造等条件来确定。为避免构件由于长细比过大，承载力降低过多，柱的截面尺寸不宜过小。对于多层厂房，宜取 $h \geqslant l_0/25$ 和 $b \geqslant l_0/30$（b 为矩形截面短边，h 为长边）。对现浇钢筋混凝土柱的截面尺寸不宜小于 300 mm × 300 mm。此外，为施工支模方便，柱截面尺寸宜采用整数。在 800 mm 以下者宜取 50 mm 的倍数，在 800 mm 以上者，可取 100 mm 的倍数。

3. 纵向钢筋

柱中纵向钢筋，除了增加柱的承载力外，还可减少混凝土破坏的脆性性质，并可抵抗因混凝土收缩变形、构件的温度变形及偶然偏心力产生的拉应力。

纵向钢筋一般采用 HRB335、HRB400 及 HRBF400 级钢筋，不宜采用高强度钢筋，因为构件破坏时钢筋应力最多只能达到 400 N/mm²。纵向钢筋直径 d 不宜小于 12 mm，通常在 12~32 mm 范围内选用。柱中全部纵筋的配筋率 $\rho' = \dfrac{A'_s}{A}$ 不得超过 5%，根据钢筋强度级别的不同，最小配筋率见附表 1.15，对 HRB335 等钢筋不得小于 0.6%，一侧纵向钢筋的配筋率不得小于 0.2%，常用配筋率在 0.5%~2% 范围内。为了减少钢筋纵向弯曲，柱中宜选用根数较少且直径较粗的钢筋，根数不得少于 4 根，并且应为双数，沿截面四周均匀对称配置，以形成刚度较好的骨架。当构件直立浇筑时，为了保证混凝土浇筑方便和振捣密实，柱内纵筋的净间距不应小于 50 mm；中距不应大于 300 mm。对水平浇筑的预制柱，其纵向钢筋的最小净距可参照梁的规定采用。

4. 箍筋

箍筋一方面可防止纵向钢筋发生压屈,增加柱的抗剪强度,另一方面在施工时能起固定纵向钢筋的作用,还对混凝土受压后的侧向膨胀起约束作用。因此箍筋要做封闭式。如图 5-10 所示,箍筋间距 s 不应大于横截面短边尺寸 b,且不大于400 mm;同时在绑扎骨架中不应大于 $15d$,在焊接骨架中不应大于 $20d$(d 为纵向钢筋最小直径)。

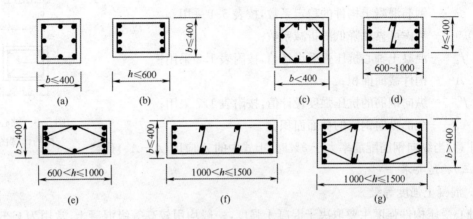

图 5-10 矩形柱的箍筋和附加箍筋

箍筋直径:采用热轧钢筋时,其直径不应小于 $d/4$,且不小于6 mm。

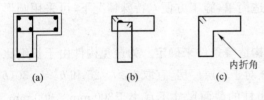

图 5-11 有缺口的柱截面箍筋

当柱中全部纵向受力钢筋配筋率超过 3% 时,则箍筋直径不宜小于8 mm,且应焊成封闭环式,其间距不应大于 $10d$(d 为纵向钢筋的最小直径),且不应大于 200 mm,以充分保证发挥高配筋率柱纵筋的抗压强度。当柱子各边纵向钢筋多于 3 根时,应设置复合箍筋,其布置要求是使纵向钢筋至少每隔一根位于箍筋转角处[图 5-10(c)、(e)、(g)]。不允许采用内折角箍筋[图 5-11(c)],因内折角箍筋受力后有拉直趋势,其合力将使内折角处混凝土崩裂,应采用图 5-11(b)所示的双套箍型式。当柱子短边 $b \leqslant 400$ mm时,而纵筋不多于 4 根时,可采用单个箍筋,不设附加箍筋[图 5-10(a)]。

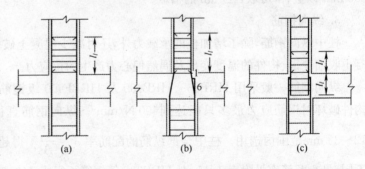

图 5-12 上下层柱的搭接

5. 上下层柱的接头

多层房屋一般在楼面处设置施工缝,上下柱需做接头(图 5-12),一般将下层柱的纵向钢筋伸出楼面与上层柱纵向钢筋搭接,其长度称为钢筋的搭接长度 l_t,l_t 的取值见第一章第三节。

当上下层柱截面不等时,在梁高范围内将下层柱纵筋弯折,伸入上层柱,其斜度不应大于

1/6[图 5-12(b)]。也可采用附加短筋与上下柱纵筋搭接的方法[图 5-12(c)]。附加短筋的根数及直径均同上层柱内的纵筋。

柱内纵筋搭接长度范围内箍筋间距应加密,当搭接钢筋为受拉时,其箍筋间距不应大于 $5d$;当搭接钢筋为受压时,其箍筋间距不应大于 $10d$(d 为受力钢筋的最小直径)。

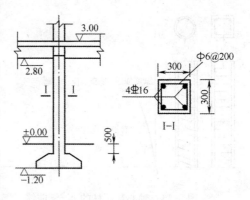

图 5-13　例题 5-1 图

【例题 5-1】　某多层现浇框架结构的底层中柱承受轴向压力设计值 $N=1\,500$ kN,从基础顶面到二层楼面的高度为 3.5 m。混凝土强度等级 C35,纵筋为 HRB400,箍筋为 HPB300。设计柱截面钢筋截面面积。

【解】　1. 估算截面尺寸

假设 $\rho' \approx 0.01$(常用配筋率在 $0.5\% \sim 2\%$),$\varphi=1$,由式(5-5),得:

$$A=\frac{N}{0.9\varphi(f_c+\rho' f_y')}=\frac{1\,500\,000}{0.9\times 1\times(16.7+0.01\times 360)}=82\,102 \text{ mm}^2$$

正方形边长　$b=\sqrt{82\,102}=287$ mm

取柱截面尺寸为 300 mm×300 mm。

2. 求 A_s'

取 $l_0=1.0H=1.0\times 3\,500=3\,500$ mm。

$$l_0/b=3\,500/300=11.7$$

查表 5-1,得 $\varphi=0.98$(与原设计 $\varphi=1$ 相近,若相差较大,用逐次渐近法求)。代入式(5-5),得:

$$A_s'=\frac{\dfrac{N}{\varphi}-f_c A}{f_y'}=\frac{\dfrac{1\,500\,000}{0.9\times 0.95}-16.7\times 300\times 300}{360}=698.3 \text{ mm}^2$$

$$\rho_{\min}'=0.55\% A_{s,\min}'=0.55\%\times 300\times 300=495 \text{ mm}^2<698.3 \text{ mm}^2$$

故应选用 4 Φ 16($A_s'=804$ mm^2)

$$\rho'=\frac{A_s'}{A}=\frac{804}{300\times 300}=0.89\%<5\%$$

箍筋采用 Φ6 @200。

二、配有纵筋和螺旋式(或焊接环式)间接钢筋轴心受压柱的承载力计算

图 5-4(b)、(c)为配有纵筋和螺旋式(或焊接环式)间接钢筋的轴心受压柱。这种柱的承载力要比其他条件均相同的配以普通箍筋的柱有所提高。当柱承受的轴向荷载较大时,采用一般箍筋柱难以满足要求,而截面尺寸又受到限制,即使提高混凝土强度和增加纵筋的数量,也难以满足要求,这时可采用螺旋筋柱或焊接环筋柱以提高柱的承力。由于这种柱施工复杂,用钢量多,造价高,一般很少采用。

(一)试验研究

图 5-14 为配有普通箍筋和螺旋式箍筋轴心受压短柱的荷载 N 和压应变 ε 的试验曲线。由图可知,当荷载到达受压极限荷载 N_u 后,两者受力和变形有明显不同。普通箍筋柱由于箍

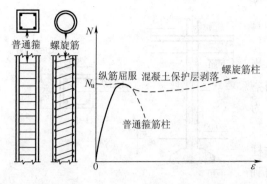

图 5-14 轴心受压柱的 $N-\varepsilon$ 曲线

筋间距较大,不能有效约束混凝土受压时的横向变形,从而对提高柱的受压承载力作用不大。对于沿柱高连续缠绕间距较密的螺旋箍筋柱,当纵筋屈服以后,螺旋箍筋外面的混凝土保护层开始剥落,从而混凝土受压面积减小,承载力略有下降。但由于螺旋箍筋箍住了核心混凝土,相当于套箍作用,阻止了核心混凝土的横向变形,使核心混凝土处于三向受压状态,从材料力学强度理论可知,因而提高了柱的受压承载力,曲线逐渐回升。随着荷载增大,螺旋箍筋的拉力增大,直到螺旋箍筋达到屈服,不能再约束核心混凝土的横向变形时,混凝土被压碎,构件破坏。破坏时承受轴向压力的混凝土截面面积只能计核心部分的面积,不计螺旋筋外围混凝土的面积。由于提高柱承载力是靠间接通过螺旋筋或焊接环筋的受拉破坏而达到的,所以通常将这类钢筋称为间接钢筋。

(二)截面承载力计算

螺旋筋使其包围的核心混凝土造成环向受压,形成套箍作用。混凝土圆柱体在侧向均匀压应力 σ_r 作用下的抗压强度 f 为:

$$f = f_c + \beta\sigma_r$$

式中 f_c——混凝土单轴抗压强度。

       σ_r——柱的核心混凝土受到的径向压应力值。

如图 5-15 所示,根据二分之一圆周的螺旋筋隔离体在 y 方向上合力为零的条件,可得

$$\int_0^\pi s\sigma_r\sin\theta\frac{d_{cor}}{2}d\theta = 2f_{yv}A_{ss1}$$

所以 $\sigma_r = \dfrac{2f_{yv}A_{ss1}}{sd_{cor}} = \dfrac{f_{yv}A_{ss1}\pi d_{cor}}{2\cdot\frac{\pi}{4}d_{cor}^2 s} = \dfrac{f_{yv}A_{ss0}}{2A_{cor}}$ (5-6)

$$A_{ss0} = \frac{\pi d_{cor}A_{ss1}}{s} \qquad (5-7)$$

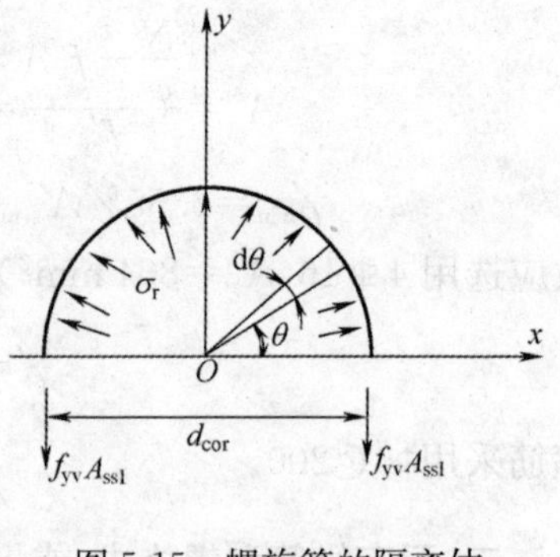

图 5-15 螺旋筋的隔离体

式中 A_{ss1}——螺旋式或焊接环式单根间接筋的截面面积;

       f_{yv}——间接钢筋的抗拉强度设计值;

       s——沿构件轴线方向间接钢筋的间距;

       A_{ss0}——间接钢筋的换算截面面积;

       A_{cor}——构件的核心截面面积,即间接钢筋内表面范围内的混凝土面积,$A_{cor} = \frac{1}{4}\pi d_{cor}^2$;

       d_{cor}——构件的核心截面直径,即间接钢筋内表面之间的距离。

类似于前面箍筋柱的推导,由静力平衡条件得

$$N_u = fA_{cor} + f'_yA'_s = (f_c + \beta\sigma_r)A_{cor} + f'_yA'_s$$
$$= \left(f_c + \beta\frac{f_{yv}A_{ss0}}{2A_{cor}}\right)A_{cor} + f'_yA'_s = f_cA_{cor} + \frac{\beta}{2}f_{yv}A_{ss0} + f'_yA'_s$$

令 $2\alpha = \dfrac{\beta}{2}$,且同箍筋柱一样取可靠度降低系数 0.9,则得到螺旋筋轴向受压构件截面承载力计

算公式为

$$N \leqslant 0.9(f_c A_{\text{cor}} + 2\alpha f_{yv} A_{ss0} + f'_y A'_s) \tag{5-8}$$

式中　α——间接钢筋对混凝土约束的折减系数,当混凝土强度等级不超过 C50 时,取 1.0,当混凝土强度等级为 C80 时,取 0.85,中间按线性内插法确定。

利用公式(5-8)计算间接筋时,《规范》指出必须注意如下两点:

1. 为了保证在使用荷载作用下,间接筋外层混凝土不致过早剥落,规定螺旋箍柱的受压承载力设计值不应比普通箍筋柱算得的承载力大 50%。

2. 凡属下列情况之一者,不计间接筋的影响,则按公式(5-5)计算构件的承载力。

(1)对 $l_0/d > 12$ 的柱,因柱长细比较大,有可能由初偏心引起侧向弯曲,使柱承载力降低,螺旋筋不能发挥作用。

(2)当按公式(5-8)计算的承载力小于按公式(5-5)计算的承载力时,因式(5-8)只考虑混凝土的核心截面面积 A_{ss0},当外围混凝土较厚时,核心面积相对较小,就会出现上述情况,这时就应按公式(5-5)计算柱的承载力。

(3)当间接筋的换算面积 A_{ss0} 小于纵筋全部截面面积的 25% 时,可以认为间接筋配置过少,不起套箍作用。

(三)构造要求

配螺旋间接筋的柱常做成正多边形(六角或八角)或圆形。

纵筋的配筋率 ρ'(按核心截面面积计算)常采用 0.8%~2.0%,纵筋根数一般用 6~8 根,沿圆周边放置,其间距取 120~150 mm(图 5-4),直径常采用 6~16 mm。

如计算中考虑间接筋的作用,则间接筋的间距 s(螺距)不应大于 80 mm 及 $d_{\text{cor}}/5$,且不应小于 40 mm。

其他构造要求与普通箍筋柱相同。

【例题 5-2】　某展览馆大厅内现浇圆形螺旋箍筋柱,承受轴向压力设计值 $N = 1\,400$ kN,柱子计算长度 $l_0 = 3.5$ m。混凝土强度等级为 C35。柱中纵筋及螺旋筋分别采用 HRB400 级,求柱中配筋。

【解】　　　　　$f_c = 16.7$ N/mm^2 $,\alpha = 1, f_y = f'_y = 360$ N/mm^2

(1)求柱截面面积

先假定 $\rho' = \dfrac{A_s}{A_{\text{cor}}} = 1.5\%$ $,\rho'_{ss0} = \dfrac{A_{ss0}}{A_{\text{cor}}} = 1.5\%$,代入式(5-8),得:

$$1\,400\,000 = 0.9 \times (16.7 A_{\text{cor}} + 2 \times 1 \times 360 \times 0.015 A_{\text{cor}} + 360 \times 0.015 A_{\text{cor}})$$

解得　　　　　　　　　　　$A_{\text{cor}} = 47\,281.32$ mm^2

$$d_{\text{cor}} = \sqrt{\frac{4A_{\text{cor}}}{\pi}} = 245.42 \text{ mm}$$

设保护层厚度为 20 mm,则 $d = 245.42 + 2 \times (20 + 10) = 305.42$ mm,取整数 $d = 300$ mm,则 $d_{\text{cor}} = 300 - 60 = 240$ mm,实际 $A_{\text{cor}} = \dfrac{\pi}{4} d_{\text{cor}}^2 = \dfrac{3.14 \times 240^2}{4} = 45\,216$ mm^2。

(2)求纵筋截面面积 A'_s 和螺旋筋面积 A_{ss0}

$\dfrac{l_0}{d} = \dfrac{3\,500}{300} = 11.67 < 12$,可考虑螺旋筋的作用,先假定螺旋筋直径为 8 mm,间距为 45 mm (不大于 80 mm 和 $\dfrac{d_{\text{cor}}}{5} = \dfrac{240}{5} = 48$ mm,且大于 40 mm)。

$$A_{ss0} = \frac{\pi d_{cor} A_{ss1}}{s} = \frac{3.14 \times 240 \times \frac{1}{4}\pi \times 8^2}{45} = 842.2 \text{ mm}^2$$

上式代入式(5-8)得

$$A'_s = \frac{\frac{N}{0.9} - f_c A_{cor} - 2\alpha f_{yv} A_{ss0}}{f'_y} = \frac{\frac{1\,400\,000}{0.9} - 16.7 \times 45\,216 - 2 \times 1 \times 360 \times 842.2}{360}$$

$$A'_s = 539.1 \text{ mm}^2$$

选用 $6 \oplus 12 (A'_s = 678 \text{ mm}^2)$,配筋率 $\rho' = \dfrac{A'_s}{\frac{1}{4}\pi d^2} = \dfrac{678}{\frac{1}{4} \times 3.14 \times 300^2} = 0.96\% > 0.55\%$。

(3)验算是否满足适用条件

① $\dfrac{A_{ss0}}{A'_s} = \dfrac{842.2}{678} = 1.24 > 25\%$

② $1.5 \times 0.9\varphi(f_c A + f'_y A'_s) = 1.5 \times 0.9 \times 0.965 \times (16.7 \times \frac{1}{4}$

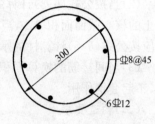

$$\times 3.14 \times 300^2 + 360 \times 678)$$

$$= 1\,855\,031 = 1\,855 \text{ kN}$$

$$> 1\,400 \text{ kN}$$

图 5-16 圆柱配筋图

③ $0.9\varphi(f_c A + f'_y A'_s) = 1\,237 \text{ kN} < 1\,400 \text{ kN}$

故满足要求。

第三节　偏心受压构件

一、试验研究

偏心受压构件的破坏过程和破坏特征,主要与荷载的相对偏心距(e_0/h)及配筋率 ρ 有关,偏心受压构件的破坏分为大偏心受压和小偏心受压破坏两种类型。

(一)大偏心受压破坏(受拉破坏)

当相对偏心距较大,且受拉钢筋配置不太多时,会发生大偏心受拉破坏[图 5-17(a)]。这类构件破坏状态与适筋双筋受弯构件类似。在偏心压力作用下,构件截面部分受拉,部分受压。当压力 N 增加到一定值以后,首先在受拉区出现短的横向裂缝,随着荷载的继续增加,裂缝不断发展和加宽,裂缝截面处的拉力完全由钢筋承担;在更大压力 N 作用下,形成一条明显的主裂缝,受拉钢筋首先达到屈服,主裂缝明显加宽并向受压一侧延伸,受压区高度不断缩小。最后,受压边缘混凝土达到极限压应变 ε_{cu},出现纵向裂缝,受压区混凝土被压碎而导致破坏[图 5-17(a)、(b)]。此种破坏,在破坏前由于钢筋屈服后,构件的变形急剧增大,裂缝显著开展,有明显的破坏预兆,具有塑性破坏特性。

可以看到,大偏心受压破坏的特征与适筋双筋受弯构件的破坏特征完全相同。首先是受拉钢筋达到屈服(f_y),然后是受压钢筋屈服(f'_y),最后是受压区混凝土压碎而导致构件破坏。这种破坏称为受拉破坏。

(二)小偏心受压破坏(受压破坏)

当荷载相对偏心距(e_0/h)较小,或虽相对偏心距较大但受拉钢筋配置过多时,构件将发生小偏心受压破坏[图 5-18(a)]。

发生小偏心受压破坏,截面应力状态有两种类型。

第一种情况:当偏心距很小时,构件全截面受压[图 5-18(c)]。破坏时,靠近轴向压力一侧的钢筋达到屈服(f'_y),边缘混凝土的压应变达到其极限压应变,混凝土被压碎。而远离轴向压力一侧的混凝土和受压钢筋均未达到其抗压强度。

第二种情况:当偏心距较小或偏心距虽较大,而受拉钢筋配置过多时,构件截面大部分受压而小部分受拉[图 5-18(b)]。中和轴距受拉钢筋很近,钢筋拉应力很小,达不到屈服,只能达到 σ_s。受拉区横向裂缝发展不显著,无明显主裂缝。构件的破坏也是由受压区混凝土被压碎而引起的,而且压碎区域较大。上述两种破坏,其共同特征是受压区混凝土首先被压碎,靠近轴向

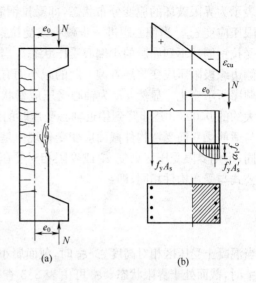

图 5-17　大偏心受压破坏形态

压力一侧的受压钢筋达到屈服(f'_y),而另一侧钢筋,不论受拉还是受压,均达不到屈服,破坏无明显预兆,具有脆性破坏性质。混凝土强度越高,破坏越突然。

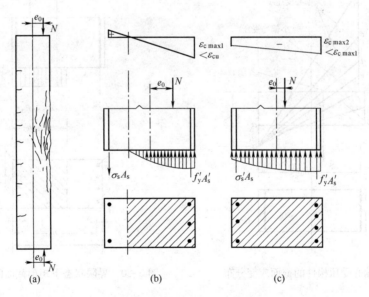

图 5-18　小偏心受压破坏形态

(三)大小偏心受压破坏的界限

对于大偏心受压破坏和小偏心受压破坏,理论上必然存在一种界限破坏状态;当受拉钢筋达到屈服应变 ε_y 时,受压区边缘混凝土达到极限压应变 ε_{cu},这种特殊状态称为区分大小偏心受压的界限。

大小偏心受压之间的根本区别是,截面破坏时远侧钢筋是否屈服,即远侧钢筋的应变是否超过 ε_y。图 5-19 表示偏心受压构件的截面各种应变分布图。图中 ab、ac 表示大偏心受压截面应变状态,随着偏心距减小或受拉钢筋的增加,构件破坏时钢筋最大拉应变逐步减小。ad

表示为界限破坏的应变分布状态,即受拉钢筋达到屈服应变 ε_y,受压边缘混凝土也刚好达到极限压应变 ε_{cu}。当偏心距进一步减小或受拉钢筋进一步增多时,则截面破坏将转入 ae 所示的受拉钢筋达不到屈服的小偏心受压状态。当进入全截面受压状态后,混凝土受压区较大的一侧边缘极限压应变将随着偏心距的减小而有所下降,其截面应变分布如 af、$a'g$ 和水平线 $a''h$ 顺序所示变化。显然 $a''h$ 为轴心受压应变状态。在变化过程中,受压边缘的极限压应变将由大约的 0.003 3 逐步降到接近轴心受压时的约 0.002。上述偏心受压构件截面应变变化规律与适筋梁双筋受弯构件截面应变变化规律是相似的。因此,与受弯构件正截面承载力计算相同,可用界限受压区高度 x_b 或界限相对受压区高度 ξ_b 来判别两种不同的破坏形态。其计算公式与受弯构件相同,即:

$$\xi_b = \frac{\beta_1}{1 + \dfrac{f_y}{\varepsilon_{cu} E_s}} \tag{5-9}$$

当混凝土受压区相对高度 $\xi > \xi_b$ 时,截面属小偏心受压;当 $\xi < \xi_b$ 时,截面属大偏心受压;当 $\xi = \xi_b$ 时,截面处于界限状态。ξ_b 可由表 3-3 查得。在界限状态下,截面的应力、应变都为已知,故可很方便地计算出界限的破坏荷载 N_b。以矩形截面为例,如图 5-20 所示,由 $\sum x = 0$,得:

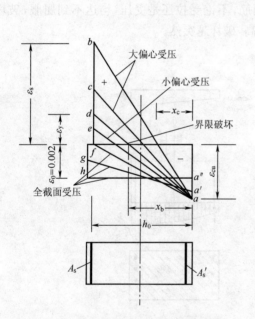

图 5-19　偏心受压构件的截面应变分布

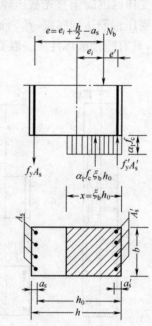

图 5-20　界限状态下矩形截面的应力分布

$$N_b = \alpha_1 f_c b h_0 \xi_b + f'_y A'_s - f_y A_s \tag{5-10}$$

对于混凝土强度等级小于等于 C50 时,对 HPB300 级钢筋 $\xi_b = 0.614$,对于 HRB335 级钢筋 $\xi_b = 0.550$,对 HRB400 级钢筋 $\xi_b = 0.518$。

二、偏心受压构件的 M-N 相关曲线

由图 5-21 所示可知:偏心受压构件实际上是弯矩 M 和轴力 N 共同作用的构件,其偏心距 $e_0 = M/N$。因此,不同的弯矩 M 和轴力 N 的组合,使偏心距 e_0 也不同。对相同截面、配筋和材料的偏心受压构件由于 e_0 的不同,承载力也不同,即到达构件极限承载力时,截面承受的

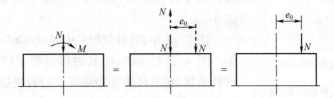

图 5-21　轴心压力和弯矩的共同作用

轴力 N 和弯矩 M 是有关系的,构件可以在不同的 N 和 M 组合下达到极限承载力。

图 5-22 为偏心距 $e_0 = M/N$ 变化时的 N-M 极限承载力的相关试验曲线。随着偏心距 $e_0 = M/N$ 的增加,即小偏心向大偏心转化,截面也由受压破坏转化为受拉破坏。在受压破坏时,随着偏心距的增加,构件的极限压力 N_u 减小,而极限弯矩 M_u 增加;在受拉破坏时,随着偏心距的增加,构件承受的极限压力 N_u 和极限弯矩 M_u 都减小。N-M 相关曲线表明:当 M、N 的

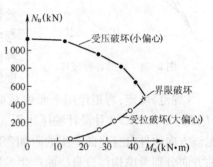

图 5-22　N-M 相关曲线

实际组合曲线落在试验曲线与坐标轴所围的范围时,表明构件尚未达到极限状态,承载力足够;反之,则表明构件的承载力不足。

三、偏心受压构件考虑纵向弯曲影响

偏心受压构件将产生纵向弯曲(亦即产生侧向挠度),偏心距由 e_0 增加到 $e_0 + f$(图 5—23)。当柱的长细比不同时,偏心距的增加对构件的承载力将造成不同的影响。钢筋混凝土柱按长细比,可分为短柱、中长柱、细长柱。

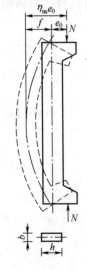

图 5-23　构件的纵向变曲

1. 短柱

当长细比很小(如矩形截面 $l_0/h \leqslant 5$ 时),称短柱,短柱纵向弯曲很小,偏心距增大的影响可忽略不计,各个截面的弯矩均可认为等于 Ne_0,即弯矩与轴力呈线性关系。如图 5-24 所示,当达到极限承载力时,柱的截面由于材料达到其极限强度而破坏。在 N-M 相关曲线中,从加载到破坏的受力路线为直线 OB,当直线与截面承载力(N-M 曲线)相交于 B 点而发生材料破坏。

2. 中长柱

当长细比在一定范围时(如矩形截面 $5 < l_0/h \leqslant 30$),即为中长柱,中长柱受偏心荷载作用,侧向挠度 f 大,附加弯矩 $M = Nf$ 不可忽略,由于 f 是随荷载的增加而不断增大,因此实际荷载的偏心距是随荷载增大而非线性增加,构件的控制截面最终仍然是由于材料达到其强度极限而破坏,仍属材料破坏,在 N-M 相关曲线上,从加载到破坏的受力路线为曲线 OC(图 5-24),与截面承载力线(N-M 线)相交于 C 点,从而发生材料破坏。

3. 细长柱

当长细比很大时(如矩形截面 $l_0/h > 30$),偏心力达到最大值(即图 5-24 中 E 点),侧向挠度 f 突然剧增,此时钢筋和混凝土的应变均未达到破坏时的极限值,即构件达到最大承载力是在其控制截面材料强度均未达到其破坏强度时而发生的。

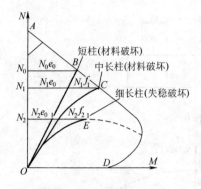

图 5-24 柱的各种破坏

这种由于构件纵向弯曲失去平衡而引起的破坏称为失稳破坏。

图 5-24 中,短柱(OB)、中长柱(OC)、细长柱(OE)初始偏心距 e_0 是相同的,但其破坏类型不同。短柱、中长柱为材料破坏,细长柱为失稳破坏。随着长细比的增大,其承载力 N 值也不同,即 $N_0 > N_1 > N_2$。

实际工程中,必须避免失稳破坏。因为其破坏具有突然性,且材料强度尚未充分发挥。对于短柱,则可忽略纵向弯曲的影响。因此,需考虑纵向弯曲影响的是中长柱。这种构件的破坏虽仍属于材料破坏,但其承载力却有不同程度的降低。

《规范》规定:弯矩作用平面内截面对称的偏心受压构件,当同一主轴方向的杆端弯矩比 M_1/M_2 不大于 0.9 且设计轴压比不大于 0.9 时,若构件长细比满足式(5-11)的要求,可不考虑该方向构件自身挠曲产生的附加弯矩影响;否则附加弯矩影响不可忽略,需按截面的两个主轴方向分别考虑构件自身挠曲产生的附加弯矩影响。

$$\frac{l_0}{i} \leqslant 34 - 12\frac{M_1}{M_2} \tag{5-11}$$

式中 M_1、M_2 ——偏心受压构件两端截面按结构分析确定的对同一主轴的组合弯矩设计值,绝对值较大端为 M_2,绝对值较小端为 M_1,当构件按单曲率弯曲时,M_1/M_2 取正值,否则取负值;

l_0 ——构件的计算长度,可近似取偏心受压构件相应主轴方向上下支撑点之间的距离;

i ——偏心方向的截面回转半径。

《规范》规定,除排架结构柱以外的偏心受压构件,在其偏心方向上考虑杆件自身挠曲影响的控制截面弯矩设计值可按如下公式计算:

$$M = C_m \eta_{ns} M_2 \tag{5-12}$$

$$C_m = 0.7 + 0.3\frac{M_1}{M_2} \tag{5-13}$$

$$\eta_{ns} = 1 + \frac{1}{1\,300\left(\dfrac{M_2}{N} + e_a\right)/h_0}\left(\frac{l_0}{h}\right)^2 \zeta_c \tag{5-14}$$

$$\zeta_c = \frac{0.5 f_c A}{N} \tag{5-15}$$

当 $C_m \eta_{ns}$ 小于 1.0 时取 1.0;对剪力墙肢类及核心筒墙肢类构件,可取 $C_m \eta_{ns}$ 等于 1.0。

式中 C_m ——构件端截面偏心距调节系数,当小于 0.7 时取 0.7;

η_{ns} ——弯矩增大系数;

N ——与弯矩设计值 M_2 相应的轴向压力设计值;

e_a ——附加偏心距,《规范》规定,其值应取 20 mm 和偏心方向截面最大尺寸的 1/30 两者中的较大值;

ζ_c ——截面曲率修正系数,当计算值大于 1.0 时取 1.0;

h ——截面高度;对环形截面,取外直径;对圆形截面,取直径;

h_0——截面有效高度,对环形截面,取 $h_0 = r_2 + r_s$,对圆形截面,取 $h_0 = r + r_s$,此处 r、r_2 和 r_s 按《规范》相关规定进行计算;

A——构件截面面积。

四、偏心受压构件正截面承载力计算的基本原则

（一）基本假设

与双筋受弯构件相似,偏心受压构件承载力计算采用下列基本假设:

(1) 截面应变分布满足平截面假设;

(2) 不计混凝土的抗拉强度;

(3) 受压区混凝土的极限压应变 ε_{cu} 见表 3-1;

(4) 混凝土压应力分布图为矩形,强度为 $\alpha_1 f_c$,矩形应力图的高度 x 取等于按平截面确定的中性轴高度 x_c 乘以系数 β_1,即 $x = \beta_1 x_c$。

（二）基本计算公式

1. 大偏心受压（$\xi \leqslant \xi_b$）

大偏心受压构件通常发生受拉破坏,其截面处于承载力极限状态的应力分布图和计算图式,如图 5-25 所示。由力和力矩平衡条件,分别可得矩形截面的计算公式如下:

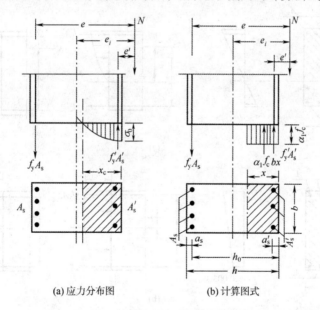

(a) 应力分布图　　　　(b) 计算图式

图 5-25　大偏心受压构件的截面计算

$$N \leqslant \alpha_1 f_c bx + f'_y A'_s - f_y A_s \tag{5-16}$$

或

$$N \leqslant \alpha_1 f_c b\xi h_0 + f'_y A'_s - f_y A_s$$

对受拉钢筋合力点取矩,得:

$$Ne \leqslant \alpha_1 f_c bx \left(h_0 - \frac{x}{2} \right) + f'_y A'_s (h_0 - a'_s) \tag{5-17}$$

或

$$Ne \leqslant \alpha_1 f_c bh_0^2 \xi (1 - 0.5\xi) + f'_y A'_s (h_0 - a'_s)$$

式中　N——轴向压力设计值;

α_1——系数,当混凝土强度等级不超过 C50 时 α_1 取为 1.0,为 C80 时 α_1 取为 0.94,其间按线性内插法确定;

e——轴向压力作用点至受拉钢筋 A_s 合力点之间的距离,即:

$$e = e_i + \frac{h}{2} - a_s \tag{5-18a}$$

$$e_i = e_0 + e_a \tag{5-18b}$$

e_i——初始偏心距;

e_0——轴向压力对截面重心的偏心距,$e_0 = \dfrac{M}{N}$;

e_a——附加偏心距,其值取偏心方向截面尺寸的 1/30 和 20 mm 中的较大值;

x、ξ——分别为计算受压区高度和相对受压区计算高度。

2. 小偏心受压($\xi > \xi_b$)

在小偏心受压破坏时,靠近纵向压力作用一侧的混凝土先被压碎,受压钢筋 A'_s 一般均能达到屈服强度,而远侧钢筋 A_s 可能受拉,也可能受压,但都不会达到屈服。当实际形心与几何中心偏差较大时,A_s 侧将受到较大压应力,此时会产生 A_s 侧混凝土压碎,A_s 先受压屈服,而 A'_s 的压应力未达到屈服,即所谓反向破坏的情况。图 5-26 分别表示小偏心受压构件 3 种不同的受力情况。

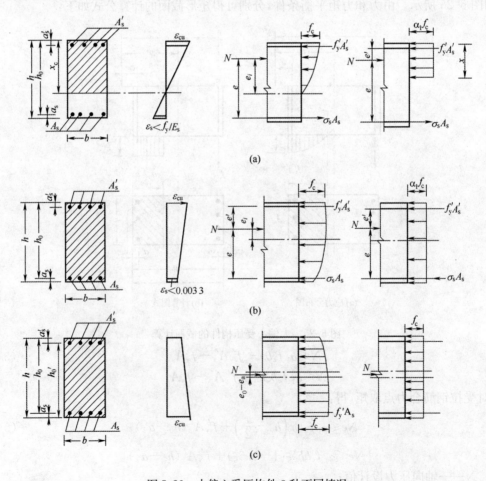

图 5-26 小偏心受压构件 3 种不同情况

（1）基本计算公式

由图 5-26（a）、（b），力和力矩平衡条件得：

$$N \leqslant \alpha_1 f_c bx + f'_y A'_s - \sigma_s A_s \qquad (5-19)$$

$$Ne \leqslant \alpha_1 f_c bx \left(h_0 - \frac{x}{2} \right) + f'_y A'_s (h_0 - a'_s) \qquad (5-20)$$

式中　x——受压区计算高度，当 $x > h$，取 $x = h$；

e、e'——分别为轴向力作用点至受拉钢筋 A_s 合力点和受压钢筋 A'_s 合力点之间的距离，即

$$e = e_i + \frac{h}{2} - a_s \qquad (5-21)$$

$$e' = \frac{h}{2} - e_i - a'_s \qquad (5-22)$$

σ_s——远离偏心力一侧纵向钢筋的应力，当为压应力时，σ_s 为负，当为拉应力时，σ_s 为正。

（2）σ_s 的计算

由实测资料可假定钢筋应变 ε_s 与 ξ 之间关系为：

$$\varepsilon_s = a(b - \xi) \qquad (5-23)$$

注意到有以下两个条件成立：

$$当 \xi = \xi_b 时，\qquad \varepsilon_s = \frac{f_y}{E_s} \qquad (5-24)$$

$$当 \xi = \beta_1 时，\qquad \varepsilon_s = 0 \qquad (5-25)$$

故由上述条件求得待定系数：

$$a = \frac{f_y}{E_s(\beta_1 - \xi_b)}, \qquad b = \beta_1$$

所以

$$\sigma_s = E_s \varepsilon_s = \frac{\beta_1 - \xi}{\beta_1 - \xi_b} f_y \qquad (5-26)$$

式中　ξ_b——界限相对受压区高度，按表 3-3 采用；

β_1——系数，当混凝土强度等级不超过 C50 时，β_1 取 0.8，当混凝土强度等级为 C80 时，β_1 取 0.74，其间按线性内插法确定。

式（5-26）的适用条件为：$-f'_y \leqslant \sigma_s \leqslant f_y$。 $\qquad (5-27)$

（3）反向破坏的防止

为了避免因 A_s 过少导致 A_s 首先受压屈服，即所谓"反向破坏"，由图 5-26（c），对 A'_s 取矩得：

$$N \left[\frac{h}{2} - a'_s - (e_0 - e_a) \right] \leqslant \alpha_1 f_c bh \left(h'_0 - \frac{h}{2} \right) + f'_y A_s (h'_0 - a_s) \qquad (5-28)$$

式中　h'_0——A'_s 合力点至离纵向力较远一侧边缘的距离，即 $h'_0 = h - a'_s$。

五、矩形截面不对称配筋的计算方法

同受弯构件计算一样，偏心受压构件正截面受压承载能力计算也分为截面设计和承载能力校核两类。

（一）截面设计

1. 计算步骤

由于在截面设计时，A_s 和 A_s' 都未知，ξ 也无法计算，故一开始不能按 $x \leqslant x_b$ 或 $\xi \leqslant \xi_b$ 式判断截面是大偏心受压还是小偏心受压，需用其他近似方法予以初步判断。根据研究，当 $e_i > 0.3 h_0$ 时，可先按大偏心受压情况计算；当 $e_i \leqslant 0.3 h_0$ 时，可先按小偏心受压情况计算，然后计算 A_s、A_s'。由求出的 A_s、A_s' 再计算 x 或 ξ，若由 x 或 ξ 判别大小偏心结果同前述假定不符，则需重新计算。截面设计的计算步骤框图如图 5-27 所示。

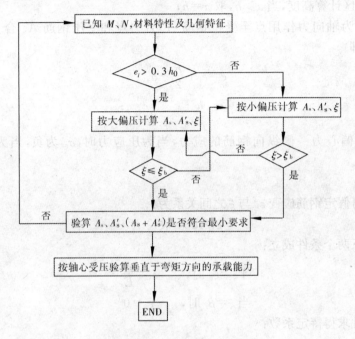

图 5-27　截面设计计算框图

2. 大偏心受压构件的截面设计($\xi \leqslant \xi_b$)

(1)第一种情况：A_s 和 A_s' 均未知。

此时基本计算式(5-16)和式(5-17)组成的方程组中有 3 个未知量 A_s、A_s' 和 x 或 ξ，而方程只有两个，为了求解必须再补充一个附加方程。与双筋梁类似，可令 $x = \xi_b h_0$，以充分发挥混凝土的抗压作用，使总用钢量 $A_s + A_s'$ 最小。由式(5-17)得：

$$A_s' = \frac{Ne - \alpha_1 f_c b h_0^2 \xi_b (1 - 0.5 \xi_b)}{f_y'(h_0 - a_s')} \tag{5-29}$$

若 $A_s' < \rho_{min}' bh$，则令 $A_s' = \rho_{min}' bh$，然后按 A_s' 已知的情况计算 A_s。

若 $A_s' \geqslant \rho_{min}' bh$，由式(5-16)得：

$$A_s = \frac{\alpha_1 f_c b h_0 \xi_b + f_y' A_s' - N}{f_y} \tag{5-30}$$

若 $A_s < \rho_{min} bh$，则令 $A_s = \rho_{min} bh$。

(2)第二种情况：A_s' 已知，A_s 未知。

由式(5-17)解一元二次方程可得到 x。

若 $2a_s' \leqslant x \leqslant \xi_b h_0$，式(5-16)可求得 A_s。

若 $x > \xi_b h_0$，应加大柱子截面尺寸，或按 A_s' 未知的情况重新计算 A_s'，其目的使要保证为大偏心受压破坏，即满足 $x \leqslant \xi_b h_0$ 条件。

若 $x < 2a_s'$，表明已知的 A_s' 较大，此时同双筋梁一样，应取 $x = 2a_s'$，并假定受压区混凝土

所承担的压力作用线与受压钢筋所承担的压力线重合，并对受压钢筋压力作用线取矩，则有：

$$Ne' = f_y A_s (h_0 - a'_s)$$

得

$$A_s = \frac{Ne'}{f_y (h_0 - a'_s)} \tag{5-31}$$

$$e' = e_i - \frac{h}{2} + a'_s$$

按上述求得的 A_s 应不小于受拉钢筋的最小配筋率。如 $A_s < \rho_{min} bh$ 时，则应按构造取 $A_s = \rho_{min} bh$。

已知 A'_s，求 A_s，也可仿照第三章双筋受弯截面的设计步骤，利用查表法进行计算，如图 5-28 所示，力矩 Ne 可由两部分抵抗弯矩 M_1 和 M_2 来承担。

由平衡条件，得：

$$M_1 = f'_y A'_s (h_0 - a'_s) \tag{5-32}$$

$$f_y A_{s1} = f'_y A'_s \tag{5-33}$$

$$M_2 = Ne - M_1 = \alpha_1 f_c bx \left(h_0 - \frac{x}{2} \right) \tag{5-34}$$

$$f_y A_{s2} = \alpha_1 f_c bx \tag{5-35}$$

$$N = f_y A_{s3} \tag{5-36}$$

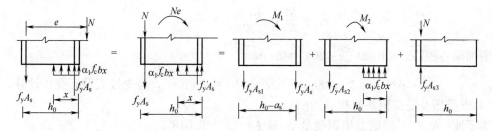

图 5-28　查表法的计算图形

式(5-34)和式(5-35)可查表计算：先求出 $\alpha_s = M_2 / (\alpha_1 f_c b h_0^2)$，再由 α_s 查表得出 ξ 和 γ_s，则有

$$A_{s2} = M_2 / (f_y \gamma_s h_0)$$

由式(5-33)和式(5-36)，得：

$$A_{s1} = f'_y A'_s / f_y \tag{5-37}$$

$$A_{s3} = N / f_y \tag{5-38}$$

故

$$A_s = A_{s1} + A_{s2} - A_{s3} \tag{5-39}$$

其中 α_s、γ_s 的物理意义和数值均与受弯构件相同，故可利用同一表格。在计算 A_{s2} 时，若查得 $\xi > \xi_b$，说明 A'_s 过小，应调整后重新计算，使其满足 $\xi \leqslant \xi_b$。

【例题 5-3】 已知：轴向压力设计值 $N = 230$ kN，柱端较大弯矩设计值 $M_2 = 132$ kN·m（按两端弯矩相等 $M_1 / M_2 = 1$ 的框架柱考虑），柱截面尺寸 $b \times h = 250$ mm $\times$ 350 mm，$a_s = a'_s = 40$ mm，柱计算高度 $l_0 = 4$ m，混凝土强度等级为 C35，钢筋用 HRB400 级。求钢筋截面积 A_s 和 A'_s。

【解】（1）确定钢筋混凝土的材料强度及几何参数：

$f_c = 16.7$ N/mm^2，$f_y = f'_y = 360$ N/mm^2，$b \times h = 250$ mm $\times$ 350 mm

$a_s = a'_s = 40$ mm

$h_0 = 350 - 40 = 310$ mm，$\beta_1 = 0.8$，$\xi_b = 0.518$

(2)求框架柱的设计弯矩 M

由于 $M_1/M_2 = 1$，$i = \sqrt{\dfrac{I}{A}} = 101.04$ mm，则 $l_0/i = 39.59 > 34 - 12(M_1/M_2) = 22$，因此，需要考虑附加弯矩影响。根据式(5-12)～式(5-15)有：

$$\zeta_c = \frac{0.5 f_c A}{N} = \frac{0.5 \times 16.7 \times 250 \times 350}{230\ 000} = 3.18 > 1，取 1$$

$$C_m = 0.7 + 0.3 \frac{M_1}{M_2} = 1$$

$$e_a = \max(\frac{350}{30}, 20) = 20 \text{ mm}$$

$$\eta_{ns} = 1 + \frac{1}{1\ 300(M_2/N + e_a)/h_0}(\frac{l_0}{h})^2 \zeta_c$$

$$= 1 + \frac{1}{1\ 300 \times (132 \times 1\ 000/230 + 20)/310} \times (\frac{4\ 000}{350})^2 \times 1$$

$$= 1.053$$

可得框架柱的设计弯矩为

$M = C_m \eta_{ns} M_2 = 1 \times 1.053 \times 132 = 139$ kN

(3)求计算偏心距 e_i，判别大小偏心

$$e_0 = \frac{M}{N} = \frac{139}{230} = 0.604 \text{ m}$$

附加偏心距：$e_a = \max(\frac{350}{30}, 20) = 20$ mm

$e_i = e_0 + e_a = 624$ mm $> 0.3 h_0 = 0.3 \times 310 = 93$ mm。可先按大偏心受压计算。

(4)求受压及受拉钢筋面积 A_s 和 A'_s

为了使 $(A_s + A'_s)$ 的总用钢量最小，取 $\xi = \xi_b = 0.518$。

$$e = e_i + \frac{h}{2} - a_s = 624 + 175 - 40 = 759 \text{ mm}$$

由式(5-29)得：

$$A'_s = \frac{Ne - \alpha_1 f_c b h_0^2 \xi_b (1 - 0.5 \xi_b)}{f'_y (h_0 - a'_s)}$$

$$= \frac{230 \times 10^3 \times 759 - 1 \times 16.7 \times 250 \times 310^2 \times 0.518 \times (1 - 0.5 \times 0.518)}{360 \times (310 - 40)}$$

$$= 211.6 \text{ mm}^2 > 0.002 bh = 175 \text{ mm}^2，取 A'_s = 211.6 \text{ mm}^2$$

受压钢筋选用 2Φ12，$A'_s = 226$ mm²。

再由式(5-30)得：

$$A_s = \frac{\alpha_1 f_c b h_0 \xi_b + f'_y A'_s - N}{f_y}$$

$$= \frac{1 \times 16.7 \times 250 \times 310 \times 0.518 + 360 \times 226 - 230 \times 10^3}{360}$$

$$= 1\ 449.4 \text{ mm}^2$$

受拉钢筋选用 3Φ25，$A_s = 1\ 473$ mm²，配筋图如图 5-29 所示。

钢筋总用量 $A'_s + A_s = 226 + 1\ 473 = 1\ 696$ mm²。

全部纵向钢筋的配筋率 $\rho = \dfrac{1\ 696}{250 \times 350} = 1.94\% > 0.55\%$

满足要求。

【例题 5-4】 已知：柱子截面尺寸 $b \times h = 300 \text{ mm} \times 500 \text{ mm}$，$a_s = a'_s = 40 \text{ mm}$，承受轴向压力设计值 $N = 100 \text{ kN}$，柱端较大弯矩设计值 $M_2 = 160 \text{ kN} \cdot \text{m}$（按两端弯矩相等 $M_1/M_2 = 1$ 的框架柱考虑），混凝土强度等级为 C35，钢筋用 HRB400 级钢，$l_0 = 5 \text{ m}$，受压钢筋选用 4Φ25（$A'_s = 1\,964 \text{ mm}^2$），求受拉钢筋截面面积 A_s。

【解】　（1）确定钢筋混凝土的材料强度及几何参数

$f_c = 16.7 \text{ N/mm}^2$，$f_y = f'_y = 360 \text{ N/mm}^2$，$b \times h = 300 \text{ mm} \times 500 \text{ mm}$，$a_s = a'_s = 40 \text{ mm}$

$h_0 = 500 - 40 = 460 \text{ mm}$，$\beta_1 = 0.8$，$\xi_b = 0.518$

（2）求框架柱的设计弯矩 M

由于 $M_1/M_2 = 1$，$i = \sqrt{\dfrac{I}{A}} = 144.34 \text{ mm}$，则 $l_0/i = 34.64 > 34 - 12(M_1/M_2) = 22$，因此，需要考虑附加弯矩影响。根据式（5-12）～式（5-15）有

$$\zeta_c = \frac{0.5 f_c A}{N} = \frac{0.5 \times 16.7 \times 300 \times 500}{100\,000} = 12.525 > 1 \text{，取 } 1$$

$$C_m = 0.7 + 0.3 \frac{M_1}{M_2} = 1$$

$$e_a = \max\left(\frac{500}{30}, 20\right) = 20 \text{ mm}$$

$$\begin{aligned}
\eta_{ns} &= 1 + \frac{1}{1\,300(M_2/N + e_a)/h_0}\left(\frac{l_0}{h}\right)^2 \zeta_c \\
&= 1 + \frac{1}{1\,300 \times (160 \times 1\,000/100 + 20)/460} \times \left(\frac{5\,000}{500}\right)^2 \times 1 \\
&= 1.022
\end{aligned}$$

可得框架柱的设计弯矩为：

$$M = C_m \eta_{ns} M_2 = 1 \times 1.022 \times 160 = 164 \text{ kN} \cdot \text{m}$$

（3）求计算偏心距 e_i，判别大小偏心

$$e_0 = \frac{M}{N} = \frac{164}{100} = 1.64 \text{ m}$$

附加偏心距　　$e_a = \max\left(\dfrac{500}{30}, 20\right) = 20 \text{ mm}$

$e_i = e_0 + e_a = 1\,660 \text{ mm} > 0.3 h_0 = 0.3 \times 460 = 138 \text{ mm}$。可先按大偏心受压计算。

（4）求受拉钢筋面积 A_s

$$f'_y A'_s (h_0 - a'_s) = 360 \times 1\,964 \times (460 - 40) = 297 \text{ kN} \cdot \text{m}$$

$$e = e_i + \frac{h}{2} - a_s = 1\,660 + 250 - 40 = 1\,870 \text{ mm}$$

$$Ne = 100 \times 1.87 = 187 \text{ kN} \cdot \text{m}$$

$$Ne - f'_y A'_s (h_0 - a'_s) = 187 - 297 = -110 \text{ kN} \cdot \text{m}$$

由式（5-17）得 $x < 0$，即属于 $x < 2a'_s$ 的情况，此时令 $x = 2a'_s$，按式（5-31）计算 A_s，即：

$$e' = e_i - \frac{h}{2} + a_s = 1\,660 - 250 + 40 = 1\,450 \text{ mm}$$

$$A_s = \frac{Ne'}{f_y(h_0 - a'_s)} = \frac{100\,000 \times 1\,450}{360 \times (460 - 40)} = 959 \text{ mm}^2$$

受拉钢筋选用 $2\,\underline{\Phi}\,22+1\,\underline{\Phi}\,20$，$A_s=1\,074\ \text{mm}^2$，配筋图如图 5-30 所示。

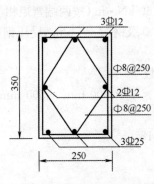

图 5-29　矩形柱配筋图

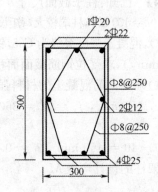

图 5-30　柱截面配筋图

3. 小偏心受压构件截面设计($\xi>\xi_b$)

(1)第一种情况：A_s 和 A'_s 均未知。

由前述小偏心受压构件计算简图为图 5-26，基本计算公式为

$$N=\alpha_1 f_c bx+f'_y A'_s-\sigma_s A_s=\alpha_1 f_c bh_0\xi+f'_y A'_s-\sigma_s A_s \tag{5-40}$$

$$\begin{cases} Ne=\alpha_1 f_c bx\left(h_0-\dfrac{x}{2}\right)+f'_y A'_s(h_0-a'_s)=\alpha_1 f_c bh_0^2\xi(1-0.5\xi)+f'_y A'_s(h_0-a'_s) & \tag{5-41} \\[2mm] \sigma_s=\dfrac{\xi-\beta_1}{\xi_b-\beta_1}f_y & \tag{5-42} \end{cases}$$

上述方程组有 3 个独立的方程，但未知量共有 4 个：A'_s、A'_s、ξ、σ_s，故为了求解必须再补充一个附加方程。注意到小偏压构件的判别条件为 $\xi>\xi_b$，由钢筋应力计算公式(5-42)知，该条件下的钢筋应力 $\sigma_s<f_y$。另外，若 $\sigma_s>-f'_y$，则必然要求 $\xi<2\beta_1-\xi_b$，若令 $\xi_{cy}=2\beta_1-\xi_b$，则 $\xi_b<\xi<\xi_{cy}$ 时，不论 A_s 配置多少，其应力 σ_s 均达不到屈服，即 $-f'_y<\sigma<f_y$，故为了节省钢筋，可按最小配筋率配置 A_s，但为了防止反向破坏，当 $N>f_c bh$ 时，还要按图 5-26(c)，对 A'_s 取矩计算 A_s，即 A_s 应按下述两个值中的较大值作为 A_s 计算值。

$$A_s=A_s^*=\max\left\{\rho'_{\min}bh,\ \frac{Ne'-\alpha_1 f_c bh(h'_0-0.5h)}{f'_y(h'_0-a_s)}\right\} \tag{5-43}$$

式中，$e'=0.5h-a'_s-(e_0-e_a)$，$h'_0=h-a'_s$。

由式(5-40)～式(5-43)可求得 A'_s、A_s、ξ、σ_s，具体计算公式为：

$$\xi=\left(\frac{a'_s}{h_0}-\frac{A}{B}\right)+\sqrt{\left(\frac{a'_s}{h_0}-\frac{A}{B}\right)^2+\frac{2(\beta_1-\xi_b)Ne'}{B}+1.6\frac{A}{B}} \tag{5-44}$$

式中，$A=f_y A_s^*(h_0-a'_s)$，$B=(\beta_1-\xi_b)\alpha_1 f_c bh_0^2$

①若 $\xi_b<\xi<\xi_{cy}$，将 ξ 代入式(5-41)得：

$$A'_s=\frac{Ne-\alpha_1 f_c bh_0^2\xi(1-0.5\xi)}{f'_y(h_0-a'_s)} \tag{5-45}$$

②若 $\xi_{cy}\leqslant\xi\leqslant\dfrac{h}{h_0}$，此时令 $\sigma=-f'_y$，由式(5-40)、式(5-41)和式(5-42)组成下列方程组重新求 ξ 和 A'_s。

$$\begin{cases} N = \alpha_1 f_c b h_0 \xi + f'_y A'_s + f'_y A_s \\ Ne = \alpha_1 f_c b h_0^2 \xi (1 - 0.5\xi) + f'_y A'_s (h_0 - a'_s) \\ A_s = A_s^* = \max \begin{cases} \rho'_{\min} bh \\ \dfrac{Ne' - \alpha_1 f_c bh (h'_0 - 0.5h)}{f'_y (h'_0 - a_s)} \end{cases} (\text{若 } N \leqslant \alpha_1 f_c bh \text{ 可不考虑}) \end{cases}$$

③ $\xi > \dfrac{h}{h_0}$，此时令 $x = h$，代入式(5-41)得：

$$A'_s = \frac{Ne - \alpha_1 f_c bh \left(h_0 - \dfrac{h}{2}\right)}{f'_y (h_0 - a'_s)}$$

(2)第二种情况：已知 A_s（或 A'_s），求 A'_s（或 A_s）。

此时由式(5-42)和式(5-43)组成的方程组进行求解。求得的 A_s（或 A'_s）均应满足最小配筋率要求。

【例题 5-5】 已知：钢筋混凝土柱截面尺寸 $b \times h = 400 \text{ mm} \times 500 \text{ mm}$，承受轴向压力设计值 $N = 2\,500 \text{ kN}$，柱端较大弯矩设计值 $M_2 = 167.5 \text{ kN} \cdot \text{m}$（按两端弯矩相等 $M_1/M_2 = 1$ 的框架柱考虑），柱计算长度 $l_0 = 7.5 \text{ m}$，混凝土强度等级 C35，纵向钢筋为 HRB400 级钢，取 $a_s = a'_s = 40 \text{ mm}$。试求 A_s 和 A'_s。

【解】 (1)确定钢筋混凝土的材料强度及几何参数

$f_c = 16.7 \text{ N/mm}^2$，$f_y = f'_y = 360 \text{ N/mm}^2$，$b \times h = 400 \text{ mm} \times 500 \text{ mm}$

$a_s = a'_s = 40 \text{ mm}$，$h_0 = 500 - 40 = 460 \text{ mm}$，$\beta_1 = 0.8$，$\xi_b = 0.518$

(2)求框架柱的设计弯矩 M

由于 $M_1/M_2 = 1$，$i = \sqrt{\dfrac{I}{A}} = 144.34 \text{ mm}$，则 $l_0/i = 51.96 > 34 - 12(M_1/M_2) = 22$，因此，需要考虑附加弯矩影响。根据式(5-12)～式(5-15)，有：

$$\zeta_c = \frac{0.5 f_c A}{N} = \frac{0.5 \times 16.7 \times 400 \times 500}{2\,500\,000} = 0.668$$

$$C_m = 0.7 + 0.3 \frac{M_1}{M_2} = 1$$

$$e_a = \max\left(\frac{500}{30}, 20\right) = 20 \text{mm}$$

$$\eta_{ns} = 1 + \frac{1}{1\,300(M_2/N + e_a)/h_0}\left(\frac{l_0}{h}\right)^2 \zeta_c$$

$$= 1 + \frac{1}{1\,300 \times (167.5 \times 1\,000/2\,500 + 20)/460} \times \left(\frac{7\,500}{500}\right)^2 \times 0.668$$

$$= 1.611$$

可得框架柱的设计弯矩为：

$$M = C_m \eta_{ns} M_2 = 1 \times 1.611 \times 167.5 = 270 \text{ kN} \cdot \text{m}$$

(3)求计算偏心距 e_i，判别大小偏心

$$e_0 = \frac{M}{N} = \frac{270 \times 1\,000}{2\,500} = 108 \text{ mm}$$

附加偏心距 $\quad e_a = \max\left(\frac{500}{30}, 20\right) = 20 \text{ mm}$

$e_i = e_0 + e_a = 128 \text{ mm} < 0.3h_0 = 0.3 \times 460 = 138 \text{ mm}$。故为小偏心受压。

(4)计算 A_s^*

$e' = 0.5h - a_s' - (e_0 - e_a) = 0.5 \times 500 - 40 - (108 - 20) = 122 \text{ mm}$

$$A_s^* = \max \begin{cases} 0.2\%bh \\ \dfrac{Ne' - \alpha_1 f_c bh(h_0' - 0.5h)}{f_y'(h_0' - a_s)}(若 N \leqslant f_c bh \text{ 可不考虑}) \end{cases}$$

$$= \max \begin{cases} 0.2\% \times 400 \times 500 \\ 不考虑(2\,500 \times 10^3 \leqslant 16.7 \times 400 \times 500 = 3\,340 \times 10^3) \end{cases}$$

$$= 400 \text{ mm}^2$$

选用 2⏀16($A_s = 402 \text{ mm}^2$)。

(5)求 ξ

$\beta_1 = 0.8$, $\xi_b = 0.518$, $\alpha_1 = 1$, $e' = \dfrac{h}{2} - e_i - a_s' = \dfrac{500}{2} - 128 - 40 = 82 \text{ mm}$

$A = f_y A_s(h_0 - a_s') = 360 \times 402 \times (460 - 40) = 60\,782\,400 \text{ mm}^2$

$B = (\beta_1 - \xi_b)\alpha_1 f_c bh_0^2 = (0.8 - 0.518) \times 1 \times 16.7 \times 400 \times 460^2 = 398\,603\,616$

$A/B = 0.152$, $\dfrac{a_s'}{h_0} - \dfrac{A}{B} = \dfrac{40}{460} - 0.152 = -0.065$, $\xi_{cy} = 2 \times 0.8 - 0.518 = 1.082$

由式(5-44)得:

$$\xi = \left(\frac{a_s'}{h_0} - \frac{A}{B}\right) + \sqrt{\left(\frac{a_s'}{h_0} - \frac{A}{B}\right)^2 + \frac{2(\beta_1 - \xi_b)Ne'}{B} + 1.6\frac{A}{B}}$$

$$= -0.065 + \sqrt{(-0.065)^2 + \frac{2 \times (0.8 - 0.518) \times 2\,500\,000 \times 82}{398\,603\,616} + 1.6 \times 0.152}$$

$$= 0.668(0.518 < 0.668 < 1.082)$$

(6)计算 A_s'

$e = e_i + \dfrac{h}{2} - a_s' = 128 + \dfrac{500}{2} - 40 = 338 \text{ mm}$

由式(5-45)得

$$A_s' = \frac{Ne - \alpha_1 f_c bh_0^2 \xi(1 - 0.5\xi)}{f_y'(h_0 - a_s')}$$

$$= \frac{2\,500\,000 \times 338 - 16.7 \times 400 \times 460^2 \times 0.668 \times (1 - 0.5 \times 0.668)}{360 \times (460 - 40)}$$

$$= 1\,429.6 \text{ mm}^2 > 0.002bh = 400 \text{ mm}^2$$

选用 4⏀22($A_s' = 1\,520 \text{ mm}^2$),截面配筋如图 5-31 所示。

(7)平面外轴压验算

$\dfrac{l_0}{b} = \dfrac{7\,500}{400} = 18.75$,查表 5-1,得 $\varphi = 0.79$ 。

$N = 0.9\varphi(f_c A + f_y' A_s')$

$$= 0.9 \times 0.79 \times [16.7 \times 400 \times 500 + 360 \times (1\,520 + 402)]$$

$$= 2\,866.7 \text{ kN} > 2\,500 \text{ kN}$$

满足要求。

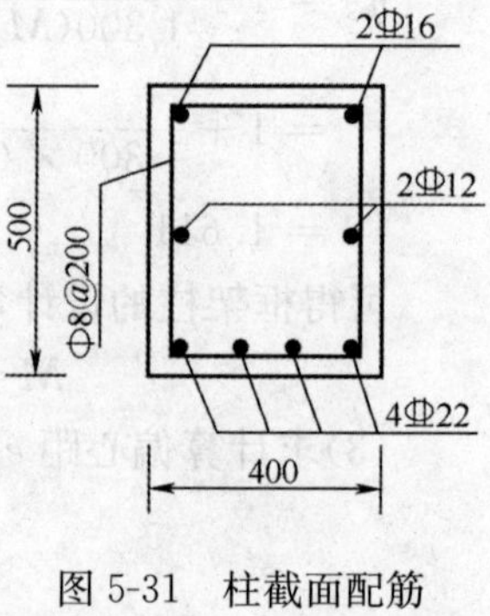

图 5-31 柱截面配筋

【例题 5-6】 已知:偏心受压柱截面尺寸 $b \times h = 400 \text{ mm} \times 500 \text{ mm}$,承受轴向力设计值

$N = 2\,400$ kN，柱端较大弯矩设计值 $M_2 = 65$ kN·m（按两端弯矩相等 $M_1/M_2 = 1$ 的框架柱考虑），采用 HRB400 级钢筋，凝土强度等级为 C30，柱计算长度 $l_0 = 6.0$ m，$a_s = a'_s = 40$ mm。试求纵向钢筋 A_s 和 A'_s。

【解】（1）确定钢筋混凝土的材料强度及几何参数

$f_c = 14.3$ N/mm^2，$f_y = f'_y = 360$ N/mm^2，$b \times h = 400$ mm $\times$ 500 mm

$a_s = a'_s = 40$ mm，$h_0 = 500 - 40 = 460$ mm，$\beta_1 = 0.8$，$\xi_b = 0.518$

（2）求框架柱的设计弯矩 M

由于 $M_1/M_2 = 1$，$i = \sqrt{\dfrac{I}{A}} = 144.34$ mm，则 $l_0/i = 41.57 > 34 - 12(M_1/M_2) = 22$，因此，需要考虑附加弯矩影响。根据式（5-12）~ 式（5-15），有：

$$\zeta_c = \frac{0.5 f_c A}{N} = \frac{0.5 \times 14.3 \times 400 \times 500}{2\,400\,000} = 0.596$$

$$C_m = 0.7 + 0.3\frac{M_1}{M_2} = 1$$

$$e_a = \max\left(\frac{500}{30}, 20\right) = 20 \text{ mm}$$

$$\eta_{ns} = 1 + \frac{1}{1\,300(M_2/N + e_a)/h_0}\left(\frac{l_0}{h}\right)^2 \zeta_c$$

$$= 1 + \frac{1}{1\,300 \times (65 \times 1\,000/2\,400 + 20)/460} \times \left(\frac{6\,000}{500}\right)^2 \times 0.596$$

$$= 1.645$$

可得框架柱的设计弯矩为：

$$M = C_m \eta_{ns} M_2 = 1 \times 1.645 \times 65 = 107 \text{ kN·m}$$

（3）求计算偏心距 e_i，判别大小偏心

$$e_0 = \frac{M}{N} = \frac{107 \times 1\,000}{2\,400} = 44.58 \text{ mm}$$

附加偏心距　$e_a = \max\left(\dfrac{500}{30}, 20\right) = 20$ mm

$e_i = e_0 + e_a = 64.6$ mm $< 0.3 h_0 = 0.3 \times 460 = 138$ mm。故截面属小偏心受压。

（4）求 A_s

$$A_s^* = \max\begin{cases} 0.2\%bh \\ \dfrac{Ne' - \alpha_1 f_c bh(h'_0 - 0.5h)}{f'_y(h'_0 - a_s)} （若 N \leqslant f_c bh \text{ 可不考虑}） \end{cases}$$

$$= \max\begin{cases} 0.2\% \times 400 \times 500 \\ \text{不考虑}(2\,400 \times 10^3 \leqslant 14.3 \times 400 \times 500 = 2\,860 \times 10^3) \end{cases}$$

$$= 400 \text{ mm}^2$$

选用 2⌀16（$A_s = 402$ mm^2）。

（5）求 ξ

$\beta_1 = 0.8$，$\xi_b = 0.518$，$\alpha_1 = 1$，$e' = \dfrac{h}{2} - e_i - a'_s = \dfrac{500}{2} - 64.6 - 40 = 145.4$ mm

$A = f_y A_s(h_0 - a'_s) = 360 \times 402 \times (460 - 40) = 60\,782\,400$ mm^2

$B = (\beta_1 - \xi_b)\alpha_1 f_c bh_0^2 = (0.8 - 0.518) \times 1 \times 14.3 \times 400 \times 460^2 = 341\,319\,264$

$A/B = 0.178$，$\dfrac{a'_s}{h_0} - \dfrac{A}{B} = \dfrac{40}{460} - 0.178 = -0.091$，$\xi_{cy} = 2 \times 0.8 - 0.518 = 1.082$

由式(5-44)，得：

$$\xi = \left(\frac{a'_s}{h_0} - \frac{A}{B}\right) + \sqrt{\left(\frac{a'_s}{h_0} - \frac{A}{B}\right)^2 + \frac{2(\beta_1 - \xi_b)Ne'}{B} + 1.6\frac{A}{B}}$$

$$= -0.091 + \sqrt{(-0.091)^2 + \frac{2 \times (0.8 - 0.518) \times 2\,400\,000 \times 145.4}{341\,319\,264} + 1.6 \times 0.178}$$

$$= 0.842(0.518 < 0.842 < 1.082)$$

(6)计算 A'_s

$$e = e_i + \frac{h}{2} - a_s = 64.6 + \frac{500}{2} - 40 = 274.6 \text{ mm}$$

由式(5-45)得

$$A'_s = \frac{Ne - \alpha_1 f_c b h_0^2 \xi(1 - 0.5\xi)}{f'_y(h_0 - a'_s)}$$

$$= \frac{2\,400\,000 \times 274.6 - 14.3 \times 400 \times 460^2 \times 0.842 \times (1 - 0.5 \times 0.842)}{360 \times (460 - 40)}$$

$$= 456 \text{ mm}^2 > 0.002bh = 400 \text{ mm}^2$$

选用 3Φ14（$A'_s = 461 \text{ mm}^2$），截面配筋如图 5-32 所示。

(7)平面外轴压验算

$$\frac{l_0}{b} = \frac{6\,000}{400} = 15$$，查表 5-1，得：

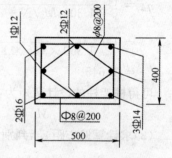

图 5-32 柱截面配筋

$$\varphi = 0.92 - \frac{0.05}{2} \times 1 = 0.895$$

$$N = 0.9\varphi(f_c A + f'_y A'_s)$$

$$= 0.9 \times 0.895 \times [14.3 \times 400 \times 500 + 360 \times (461 + 402)]$$

$$= 2\,554 \text{ kN} > 2\,400 \text{ kN}$$

满足要求。

(二)承载能力复核

在承载能力复核时，一般已知 b、h、A_s、A'_s 及材料强度等级（f_y、f_c、f'_y），轴向压力 N 及弯矩 M 验算截面是否能承受该 N 值，另外在已知 N 时，也可求相应能承受的 M 值。

1. 弯矩作用平面内的承载力复核

(1)已知轴向力设计值 N，求 M。

将 $\xi = \xi_b$ 代入式(5-16)得：

$$N_{ub} = \alpha_1 f_c b h_0 \xi_b + f'_y A'_s - f_y A_s \qquad (5-46)$$

故 $\xi \leqslant \xi_b$ 大偏压截面判别条件等价为 $N \leqslant N_{ub}$，$\xi > \xi_b$ 小偏压截面的判别条件等价为 $N > N_{ub}$。

①若 $N \leqslant N_{ub}$，由式(5-16)求 x，即：

$$x = \frac{N - f'_y A'_s + f_y A_s}{\alpha_1 f_c b}$$

由式(5-17)得：

$$e=\frac{\alpha_1 f_c bx\left(h_0-\frac{x}{2}\right)+f'_y A'_s(h_0-a'_s)}{N} \tag{5-47}$$

$$e_i=e-\frac{h}{2}+a_s$$

$$e_0=e_i-e_a$$

$$M=Ne_0$$

②若 $N>N_{ub}$，由式(5-19)和式(5-26)联合求 ξ，即：

$$\xi=\frac{N-f'_y A'_s-\dfrac{\beta_1}{\xi_b-\beta_1}f_y A_s}{\alpha_1 f_c bh_0-\dfrac{f_y A_s}{\xi_b-\beta_1}} \tag{5-48}$$

由式(5-20)得

$$e=\frac{\alpha_1 f_c bh_0^2\xi(1-0.5\xi)+f'_y A'_s(h_0-a'_s)}{N} \tag{5-49}$$

$$e_0=e-\frac{h}{2}+a_s-e_a$$

$$M=Ne_0$$

(2)已知偏心距 e_0，求 N。

由大偏压截面计算图 5-33，对 N 取矩得：

$$f_y A_s e=\alpha_1 f_c bx\left(e_i-\frac{h}{2}+\frac{x}{2}\right)+f'_y A'_s e'$$

$$0.5\alpha_1 f_c bx^2+\left(e_i-\frac{h}{2}\right)\alpha_1 f_c bx+(f'_y A'_s e'-f_y A_s e)=0$$

$$x=\frac{-\left(e_i-\frac{h}{2}\right)\alpha_1 f_c b+\sqrt{\left[\left(e_i-\frac{h}{2}\right)\alpha_1 f_c b\right]^2-2\alpha_1 f_c b(f'_y A'_s e'-f_y A_s e)}}{\alpha_1 f_c b}$$

$$x=-\left(e_i-\frac{h}{2}\right)+\sqrt{\left(e_i-\frac{h}{2}\right)^2-\frac{2(f'_y A'_s e'-f_y A_s e)}{\alpha_1 f_c b}} \tag{5-50}$$

①若 $x\leqslant\xi_b h_0$，则由式(5-16)得：

$$N=\alpha_1 f_c bx+f'_y A'_s-f_y A_s$$

②若 $x>\xi_b h_0$，则由式(5-19)、式(5-20)和式(5-26)组成下列方程组求 N。

$$\begin{cases}N=\alpha_1 f_c bx+f'_y A'_s-\sigma_s A_s\\ Ne=\alpha_1 f_c bx\left(h_0-\frac{x}{2}\right)+f'_y A'_s(h_0-a'_s)\\ \sigma_s=\frac{x-\beta_1 h_0}{\xi_b h_0-\beta_1 h_0}f_y\end{cases}$$

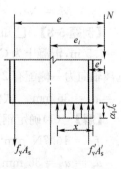

图 5-33 矩形截面
大偏心受压计算简图

2. 垂直于弯矩作用平面的承载力复核

无论是截面设计还是截面复核，对于偏心受压构件还要保证垂直于弯矩作用平面的轴心抗压承载能力,此时可按轴心受压构件计算,考虑 φ 值,并取 b 为截面高度。

【例题 5-7】 已知:钢筋混凝土柱截面尺寸 $b \times h = 400 \text{ mm} \times 600 \text{ mm}$,已知受拉钢筋为 $4 \oplus 22$($A_s = 1\,520 \text{ mm}^2$),受压钢筋为 $2 \oplus 20$($A_s' = 628 \text{ mm}^2$),凝土强度等级为 C35,钢筋为 HRB400 级。计算长度 $l_0 = 5\,100 \text{ mm}$,$a_s = 39 \text{ mm}$,$a_s' = 38 \text{ mm}$,$e_0 = 350 \text{ mm}$。求该柱能承担的轴向压力设计值 N 和弯矩设计值 M。

【解】(1)确定钢筋混凝土的材料强度及几何参数

$f_c = 16.7 \text{ N/mm}^2$,$f_y = f_y' = 360 \text{ N/mm}^2$,$b \times h = 400 \text{ mm} \times 600 \text{ mm}$

$a_s = 39 \text{ mm}$,$a_s' = 38 \text{ mm}$,$h_0 = 600 - 39 = 561 \text{ mm}$,$\beta_1 = 0.8$,$\xi_b = 0.518$

(2)求计算偏心距 e_i,判别大小偏心

$e_0 = 350 \text{ mm}$

附加偏心距 $e_a = \max\left(\dfrac{600}{30}, 20\right) = 20 \text{ mm}$

$e_i = e_0 + e_a = 370 \text{ mm} > 0.3h_0 = 0.3 \times 561 = 168 \text{ mm}$。按大偏心受压计算。

(3)求 x

$$e = e_i + \frac{h}{2} - a_s = 370 + \frac{600}{2} - 39 = 631 \text{ mm}$$

$$e' = e_i - \frac{h}{2} + a_s' = 370 - \frac{600}{2} + 38 = 108 \text{ mm}$$

由式(5-50),得:

$$x = -\left(370 - \frac{600}{2}\right) + \sqrt{\left(370 - \frac{600}{2}\right)^2 + \frac{2 \times 360 \times (1\,520 \times 631 - 628 \times 108)}{1 \times 16.7 \times 400}}$$

$$= -70 + \sqrt{70^2 + 96\,067.8} = -70 + 317.8 = 247.8 \text{ mm}$$

$$\xi = \frac{x}{h_0} = \frac{247.8}{561} = 0.442 < \xi_b(= 0.518),属于大偏压截面。$$

(4)求 N 和 M

由式(5-16)得:

$$N = \alpha_1 f_c b h_0 \xi + f_y' A_s' - f_y A_s$$
$$= 1 \times 16.7 \times 400 \times 561 \times 0.442 + 360 \times (628 - 1\,520)$$
$$= 1\,333.9 \text{ kN}$$
$$M = N e_0 = 1\,333.9 \times 0.35 = 465.9 \text{ kN} \cdot \text{m}$$

【例题 5-8】 已知:钢筋混凝土预制柱截面尺寸 $b \times h = 400 \text{ mm} \times 500 \text{ mm}$,计算长度 $l_0 = 7.5 \text{ m}$,混凝土为 C35,纵筋为 HRB400 级。偏心压力设计值 1\,300 kN,偏心距 $e_0 = 160 \text{ mm}$,远离轴向力一侧配有 $2 \oplus 16$,$A_s = 402 \text{ mm}^2$,距离轴向力较近一侧有 $3 \oplus 16$($A_s' = 603 \text{ mm}^2$),$a_s = a_s' = 36 \text{ mm}$。试校核该截面能否承担该偏心压力。

【解】(1)确定钢筋混凝土的材料强度及几何参数

$f_c = 16.7 \text{N/mm}^2$,$f_y = f_y' = 360 \text{N/mm}^2$,$b \times h = 400 \text{ mm} \times 500 \text{ mm}$

$a_s = a_s' = 36 \text{ mm}$,$h_0 = 500 - 36 = 464 \text{ mm}$,$\beta_1 = 0.8$,$\xi_b = 0.518$

(2)求计算偏心距 e_i,判别大小偏心

$$e_0 = 160 \text{ mm}$$

附加偏心距　$e_a = \max(\frac{500}{30}, 20) = 20$ mm

$e_i = e_0 + e_a = 180$ mm $> 0.3h_0 = 0.3 \times 464 = 139$ mm。按大偏心受压计算。

（3）求 x

$$e = e_i + \frac{h}{2} - a_s = 180 + \frac{500}{2} - 36 = 394 \text{ mm}$$

$$e' = e_i - \frac{h}{2} + a_s = 180 - \frac{500}{2} + 36 = -34 \text{ mm}$$

e' 为负值说明 N 作用在 A_s' 和 A_s 之间，由式（5-50）得：

$$x = -\left(e_i - \frac{h}{2}\right) + \sqrt{\left(e_i - \frac{h}{2}\right)^2 - \frac{2(f_y'A_s'e' - f_yA_se)}{\alpha_1 f_c b}}$$

$$= -(180 - 250) + \sqrt{(180 - 250)^2 - \frac{2 \times 360 \times \left[603 \times (-34) - 402 \times 394\right]}{1 \times 16.7 \times 400}}$$

$$= 70 + 155.5 = 225.5 \text{ mm} < \xi_b h_0 = 0.518 \times 464 = 240.4 \text{ mm}$$

说明截面实际为大偏心受压。

（4）求 N_u

$x = 225.5$ mm $< \xi_b h_0$，$x > 2a_s' = 72$ mm

$N_u = \alpha_1 f_c bx + f_y'A_s' - f_yA_s$

$N_u = 1 \times 16.7 \times 400 \times 225.5 + 360 \times 603 - 360 \times 402 = 1\,578.7$ kN $> 1\,300$ kN

故满足要求。

（5）平面外轴压验算

$\frac{l_0}{b} = \frac{7\,500}{400} = 18.75$，查表 5-1，得 $\varphi = 0.76$。

由计算公式得：

$N = 0.9\varphi(f_c A + f_y'A_s')$

$= 0.9 \times 0.76 \times [16.7 \times 400 \times 500 + 360 \times (402 + 603)]$

$= 2\,532$ kN $> 1\,300$ kN（满足要求）

六、矩形截面对称配筋的计算方法

在实际工程中，常见的单层厂房排架柱和多层房屋框架柱等偏心受压构件，在不同荷载组合下，柱子可能承受变号弯矩，在变号弯矩作用下，截面的纵向钢筋也将变号，受拉变成受压，受压变成受拉。因此，当按对称配筋设计，求出的纵筋总量比按不对称设计求出的纵筋总量增加不多时，为便于设计和施工，截面常采用对称配筋。此外，为了保证吊装不出差错，装配式柱一般也宜采用对称配筋。对称配筋的计算也包括截面选择和承载力校核两部分内容。

在对称配筋时，只要在非对称配筋计算公式中令 $f_y = f_y'$，$A_s = A_s'$，$a_s = a_s'$ 即可，对称配筋时钢筋截面面积 A_s（或 A_s'）计算步骤可归纳为：

（1）由式（5-16）得：
$$x = \frac{N}{\alpha_1 f_c b} \tag{5-51}$$

（2）若 $2a_s' \leqslant x \leqslant \xi_b h_0$，由式（5-17）得：　$A_s = A_s' = \dfrac{Ne - \alpha_1 f_c bx\left(h_0 - \dfrac{x}{2}\right)}{f_y(h_0 - a_s')}$ $\tag{5-52}$

(3)若 $x < 2a_s'$，由式(5-31)得： $A_s = A_s' = \dfrac{N\left(e_i - \dfrac{h}{2} + a_s'\right)}{f_y(h_0 - a_s')}$ (5-53)

(4)若 $x > \xi_b h_0$，表明截面为小偏心受压，需要重新计算 x 或 ξ，由式(5-19)得：

$$N = \alpha_1 f_c bx + f_y' A_s' - \sigma_s A_s = \alpha_1 f_c bx + (f_y' - \sigma_s)A_s' \quad (5\text{-}54)$$

将式(5-26)代入上式得：

$$N = \alpha_1 f_c bh_0 \xi + \frac{\xi_b - \xi}{\xi_b - \beta_1} f_y' A_s'$$

$$f_y' A_s' = \frac{N - \alpha_1 f_c bh_0 \xi}{\dfrac{\xi_b - \xi}{\xi_b - \beta_1}}$$

将上式代入式(5-20)，并整理后得：

$$Ne\left(\frac{\xi_b - \xi}{\xi_b - \beta_1}\right) = \alpha_1 f_c bh_0^2 \xi(1 - 0.5\xi)\left(\frac{\xi_b - \xi}{\xi_b - \beta_1}\right) + (N - \alpha_1 f_c bh_0 \xi)(h_0 - a_s') \quad (5\text{-}55)$$

上式中 ξ 的三次方程，求精确解比较复杂，一般采用下述近似方法求解。

①迭代法

先设初始值 x_0，$x_0 = \dfrac{N}{\alpha_1 f_c b}$。令 $x(1) = \dfrac{x_0 + \xi_b h_0}{2}$，代入式(5-20)得：

$$A_s'(1) = \frac{Ne - \alpha_1 f_c bx(1)\left(h_0 - \dfrac{x(1)}{2}\right)}{f_y'(h_0 - a_s')}$$

再将 $x(1)$ 代入式(5-20)得：

$$\sigma_s(1) = \frac{x(1)/h_0 - \beta_1}{\xi_b - \beta_1} f_y'$$

将 $\sigma_s(1)$ 代入式(5-19)得：

$$N = \alpha_1 f_c bx(2) + f_y' A_s'(1) - \sigma_s(1)A_s'(1)$$

$$x(2) = \frac{N - (f_y' - \sigma_s)A_s'(1)}{\alpha_1 f_c b}$$

再将 $x(2)$ 代入式(5-20)得：

$$A_s'(2) = \frac{Ne - \alpha_1 f_c bx(2)\left(h_0 - \dfrac{x(2)}{2}\right)}{f_y'(h_0 - a_s')}$$

若 $|A_s'(2) - A_s'(1)| < \varepsilon$，则停止计算，即取 $A_s' = A_s'(2)$，否则按上述程序继续迭代，直至 $|A_s'(n) - A_s'(n-1)| < \varepsilon$ 满足，此时 $A_s' = A_s'(n)$。

②简化法(规范推荐)

若令式(5-55)中，$\xi(1 - 0.5\xi)\left(\dfrac{\xi_b - \xi}{\xi_b - \beta_1}\right) = \bar{y}$，则式(5-55)可表达为：

$$Ne\left(\frac{\xi_b - \xi}{\xi_b - \beta_1}\right) = \bar{y}\alpha_1 f_c bh_0^2 + (N - \alpha_1 f_c bh_0 \xi)(h_0 - a_s')$$

$$\frac{Ne}{\alpha_1 f_c bh_0^2}\left(\frac{\xi_b - \xi}{\xi_b - \beta_1}\right) - \left(\frac{N}{\alpha_1 f_c bh_0^2} - \frac{\xi}{h_0}\right)(h_0 - a_s') = \bar{y}$$

将 $\bar{y}$ 线性化得：

$$\bar{y} = 0.43 \times \frac{\xi - \xi_b}{\beta_1 - \xi_b}$$

则可求得 ξ 的计算公式为：

$$\xi = \frac{N - \xi_b \alpha_1 f_c b h_0}{\dfrac{Ne - 0.43\alpha_1 f_c b h_0^2}{(\beta_1 - \xi_b)(h_0 - a_s')} + \alpha_1 f_c b h_0} + \xi_b \tag{5-56}$$

由式(5-20)得：

$$A_s = A_s' = \frac{Ne - \xi(1 - 0.5\xi)\alpha_1 f_c b h_0^2}{f_y'(h_0 - a_s')} \tag{5-57}$$

图 5-34 绘出了矩形表面对称配筋截面设计的计算框图。

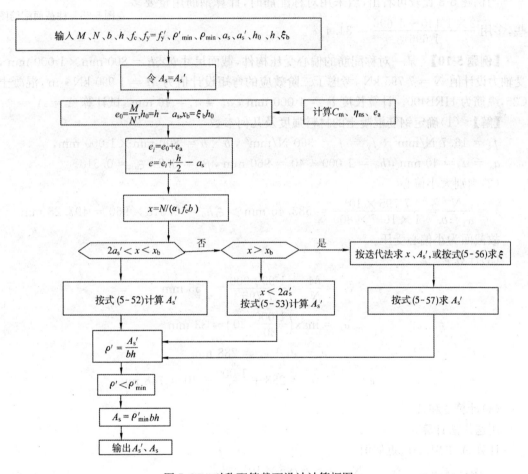

图 5-34　对称配筋截面设计计算框图

【例题 5-9】 已知条件同例题 5-3,设计成对称配筋。

【解】 判别大小偏心。

由式(5-51)得：

$$x = \frac{N}{\alpha_1 f_c b} = \frac{230\,000}{1 \times 16.7 \times 250}$$

$$= 55.09 \text{ mm} < \xi_b h_0 = 0.518 \times 310 = 160.58 \text{ mm}$$

属大偏心受压,但 $x < 2a_s' = 80$ mm。

由式(5-53)得：

$$A'_s = A_s = \frac{N\left(e_i - \frac{h}{2} + a'_s\right)}{f'_y(h_0 - a'_s)}$$

$$= \frac{230 \times 10^3 \times \left(624 - \frac{350}{2} + 40\right)}{360 \times (310 - 40)}$$

$$= 1\ 157.1\ \text{mm}^2$$

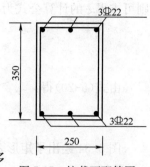

图 5-35　柱截面配筋图

每侧用 3 ⊈ 22(1 140 mm²),截面配筋图如图 5-35 所示。

与例题 5-3 比较可看出,当采用对称配筋时,计算钢筋用量要多些,多用 $\frac{2 \times 1\ 140 - 1\ 696}{1\ 696} = 34.4\%$。

【例题 5-10】　某一对称配筋的偏心受压构件,截面尺寸 $b \times h = 800\ \text{mm} \times 1\ 000\ \text{mm}$,承受轴力设计值 $N = 7\ 795\ \text{kN}$,考虑了二阶效应的弯矩设计值为 $M = 1\ 990\ \text{kN} \cdot \text{m}$,混凝土为 C35,纵筋为 HRB400。计算长度 $l_0 = 4\ 000\ \text{mm}$,$a_s = a'_s = 40\ \text{mm}$,试计算 $A = A'_s = ?$

【解】　(1)确定钢筋混凝土的材料强度及几何参数

$f_c = 16.7\ \text{N/mm}^2$,$f_y = f'_y = 360\ \text{N/mm}^2$,$b \times h = 800\ \text{mm} \times 1\ 000\ \text{mm}$,$a_s = a'_s = 40\ \text{mm}$,$h_0 = 1\ 000 - 40 = 960\ \text{mm}$,$\beta_1 = 0.8$,$\xi_b = 0.518$。

(2)判别大小偏心

$$x = \frac{N}{\alpha_1 f_c b} = \frac{7\ 795 \times 10^3}{1 \times 16.7 \times 800} = 583.46\ \text{mm} > \xi_b h_0 = 0.518 \times 960 = 497.28\ \text{mm}$$

故截面为小偏心受压。

(3)计算 e_i、e

$$e_0 = \frac{M}{N} = \frac{1\ 990\ 000}{7\ 795} = 255\ \text{mm}$$

$$e_a = \max\left(\frac{1\ 000}{30}, 20\right) = 33\ \text{mm}$$

$$e_i = e_0 + e_a = 288\ \text{mm}$$

$$e = e_i + \frac{h}{2} - a_s = 288 + \frac{1\ 000}{2} - 40 = 748\ \text{mm}$$

(4)计算 ξ 和 A_s

用迭代法计算。

计算 A_s 的第一次近似值

x_0 的初始值为:$x_0 = \dfrac{N}{\alpha_1 f_c b} = \dfrac{7\ 795 \times 10^3}{1 \times 16.7 \times 800} = 583.46\ \text{mm}$

x 的第一次近似值可取 $x_1 = \dfrac{x_0 + \xi_b h_0}{2} = \dfrac{583.46 + 0.518 \times 960}{2} = 540.37\ \text{mm}$

$$A_s = A'_s = \frac{Ne - \alpha_1 f_c b x \left(h_0 - \dfrac{x}{2}\right)}{f'_y(h_0 - a'_s)}$$

$$= \frac{7\ 795 \times 10^3 \times 748 - 1.0 \times 16.7 \times 800 \times 540.37 \times \left(960 - \dfrac{540.37}{2}\right)}{360 \times (960 - 40)}$$

$$= 2\ 568.38\ \text{mm}^2$$

计算 A_s 的第二次近似值：

$$\xi_1 = \frac{x_1}{h_0} = \frac{540.37}{960} = 0.563$$

$$\sigma_{s1} = \frac{\xi_1 - 0.8}{\xi_b - 0.8} f_y = \frac{0.563 - 0.8}{0.518 - 0.8} \times 360 = 303 \text{ N/mm}^2$$

x 的第二次近似值为：

$$x_2 = \frac{N - f_y' A_s' + \sigma_{s1} A_s}{\alpha_1 f_c b} = \frac{7795 \times 10^3 - (360 - 303) \times 2568.38}{1.0 \times 16.7 \times 800} = 572.5 \text{ mm}$$

$$A_s = A_s' = \frac{7795 \times 10^3 \times 748 - 1.0 \times 16.7 \times 800 \times 572.5 \times \left(960 - \dfrac{572.5}{2}\right)}{360 \times (960 - 40)}$$

$$= 2045.33 \text{ mm}^2$$

计算 A_s 的第三次近似值：

$$\xi_2 = \frac{x_2}{h_0} = \frac{572.5}{960} = 0.596$$

$$\sigma_{s2} = \frac{\xi_2 - 0.8}{\xi_b - 0.8} f_y = \frac{0.596 - 0.8}{0.518 - 0.8} \times 360 = 260.4 \text{ N/mm}^2$$

x 的第三次近似值为：

$$x_3 = \frac{N - f_y' A_s' + \sigma_{s1} A_s}{\alpha_1 f_c b} = \frac{7795 \times 10^3 - (360 - 260.4) \times 2045.33}{1.0 \times 16.7 \times 800} = 568.2 \text{ mm}$$

$$A_s = A_s' = \frac{7795 \times 10^3 \times 748 - 1.0 \times 16.7 \times 800 \times 568.2 \times \left(960 - \dfrac{568.2}{2}\right)}{360 \times (960 - 40)}$$

$$= 2112.92 \text{ mm}^2$$

按同样的步骤进行多次迭代运算，可求得精确值为 $A_s = A_s' = 2108.18 \text{ mm}^2$。可见第三次近似值与准确值相差仅 0.225% 左右。

用简化法计算

$$\xi = \frac{N - \xi_b \alpha_1 f_c b h_0}{\dfrac{Ne - 0.43 \alpha_1 f_c b h_0^2}{(\beta_1 - \xi_b)(h_0 - a_s')} + \alpha_1 f_c b h_0} + \xi_b$$

$$= \frac{7795 \times 10^3 - 0.518 \times 1.0 \times 16.7 \times 800 \times 960}{\dfrac{7795 \times 10^3 \times 748 - 0.43 \times 1.0 \times 16.7 \times 800 \times 960^2}{(0.8 - 0.518) \times (960 - 40)} + 1.0 \times 16.7 \times 800 \times 960} + 0.518$$

$$= \frac{1151339.2}{14892560.84} + 0.518 = 0.595$$

将 ξ 代入式(5-57)得：

$$A_s = A_s' = \frac{Ne - \alpha_1 f_c b h_0^2 \xi (1 - 0.5\xi)}{f_y'(h_0 - a_s')}$$

$$= \frac{7795 \times 10^3 \times 748 - 1.0 \times 16.7 \times 800 \times 960^2 \times 0.595 \times (1 - 0.5 \times 0.595)}{360 \times (960 - 40)}$$

$$= 2066 \text{ mm}^2$$

计算结果与精确值相差 2%。

选用 7Φ20（$A_s = A_s' = 2199 \text{ mm}^2$），配筋图如图 5-36 所示。

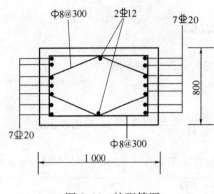

图 5-36 柱配筋图

七、工字形截面对称配筋的计算方法

在单层工业厂房中,为节省混凝土和减轻自重,对截面较大的柱子可采用工字形截面。工字形截面偏心受压构件的破坏特征、计算原则和计算方法与矩形截面是相同的,仅需考虑截面形状的影响。

工字形截面柱一般都采用对称配筋($f_y A_s = f'_y A'_s$,且通常 $f_y = f'_y$),在这里只讲述对称配筋的计算方法。

(一)大偏心受压($\xi \leqslant \xi_b$)

1. 计算公式

与前述 T 形截面受弯构件一样,工字形截面大偏心受压构件的中性轴也可以分为在翼缘内($x \leqslant h'_f$)和腹板内($\xi_b h_0 \geqslant x > h'_f$)两种情况,相应地计算公式也分为两种情况。

(1)中性轴在翼缘内($x \leqslant h'_f$)

如图 5-37(a)所示,这种受力状态相当于对称配筋宽度为 b'_f,高度为 h 的矩形截面,其计算公式为

$$N = \alpha_1 f_c b'_f x = \alpha_1 f_c b'_f h_0 \xi \tag{5-58}$$

$$Ne = \alpha_1 f_c b'_f x \left(h_0 - \frac{x}{2}\right) + f'_y A'_s (h_0 - a'_s)$$

$$= \alpha_1 f_c b'_f \xi (1 - 0.5\xi) + f'_y A'_s (h_0 - a'_s) \tag{5-59}$$

式中 $b_f{}'$、$h_f{}'$——工字形截面受压翼缘的宽度和高度。

(2)中性轴在腹板内($x > h'_f$)

混凝土受压区包括全部受压翼缘及部分腹板,由图 5-37(b)知:

$$N = \alpha_1 f_c [bx + (b'_f - b)h'_f] \tag{5-60}$$

$$Ne = \alpha_1 f_c \left[bx\left(h_0 - \frac{x}{2}\right) + (b'_f - b)h'_f\left(h_0 - \frac{h'_f}{2}\right)\right] + f'_y A'_s(h_0 - a'_s) \tag{5-61}$$

2. 适用条件

为了保证发生大偏压破坏以及受压钢筋 A'_s 能达到屈服强度 f'_y,其受压区高度应满足以下条件:

$$2a'_s \leqslant x \leqslant x_b \tag{5-62}$$

式中 x_b——界限破坏时的计算受压区高度。

3. 计算方法

由式(5-58)得:

$$x = \frac{N}{\alpha_1 f_c b'_f}$$

按 x 值的不同,分为以下 3 种情况计算钢筋截面面积 A'_s(或 A_s)。

(1)$x > h'_f$,由式(5-60)重新计算 x,即:

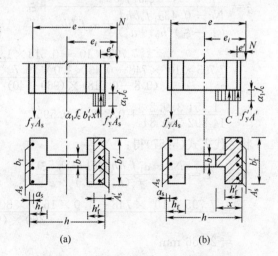

图 5-37 工字形截面大偏心受压计算简图

$$x = \frac{N - \alpha_1 f_c (b'_f - b) h'_f}{\alpha_1 f_c b}$$

由式(5-61)得:

$$A_s = A'_s = \frac{Ne - \alpha_1 f_c \left[bx\left(h_0 - \dfrac{x}{2}\right) + (b'_f - b)h'_f\left(h_0 - \dfrac{h'_f}{2}\right) \right]}{f'_y(h_0 - a'_s)}$$

注意,此时 $x \leqslant x_b$。若 $x > x_b$,按小偏压构件计算。

(2) $2a'_s \leqslant x \leqslant h'_f$,由式(5-59)得:

$$A_s = A'_s = \frac{Ne - \alpha_1 f_c b'_f x\left(h_0 - \dfrac{x}{2}\right)}{f'_y(h_0 - a'_s)}$$

(3) $x < 2a'_s$,此时与双筋梁类似,可令 $x = 2a'_s$,按下式计算钢筋截面面积 A_s、A'_s。

$$A_s = A'_s = \frac{N\left(e_i - \dfrac{h}{2} + a'_s\right)}{f'_y(h_0 - a'_s)}$$

同时,还需按 $A'_s = 0$ 情况计算 A_s^*。若 A_s^* 比上式计算得到的 A_s 小,则计算值取 A_s^*,即 $A_s = A'_s = A_s^*$。

(二)小偏心受压($\xi > \xi_b$)

当式(5-60)求得的 $\xi > \xi_b$ 时,截面进入小偏心受压状态。由于偏心距大小的不同以及配筋情况的不同,按混凝土受压区高度 x 的不同,可分两种:中性轴在腹板内;中性轴进入远离偏心压力一侧的翼缘内。

1. 计算公式

(1)中性轴在腹板内($\xi_b h_0 < x \leqslant h - h_f$)

由图 5-38(a)得:

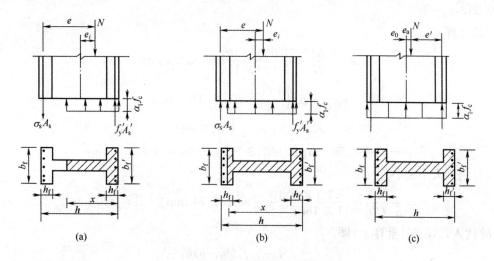

图 5-38 工字型截面小偏压计算简图

$$N = \alpha_1 f_c [bx + (b'_f - b)h'_f] + (f'_y - \sigma_s)A'_s \tag{5-63}$$

$$Ne = \alpha_1 f_c \left[bx\left(h_0 - \frac{x}{2}\right) + (b'_f - b)h'_f\left(h_0 - \frac{h'_f}{2}\right) \right] + f'_y A'_s(h_0 - a'_s) \tag{5-64}$$

(2)中性轴在翼缘内($h - h_f < x \leqslant h$)

此时由图 5-38(b)得：

$$N = \alpha_1 f_c [bx + (b'_f - b)h'_f + (b_f - b)(h_f + x - h)] + (f'_y - \sigma_s)A'_s \tag{5-65}$$

$$Ne = \alpha_1 f_c \left[bx\left(h_0 - \frac{x}{2}\right) + (b'_f - b)h'_f\left(h_0 - \frac{h'_f}{2}\right) + (b_f - b)(h_f + x - h)\left(h_f - \frac{h_f + x - h}{2} - a'_s\right) \right]$$
$$+ f'_y A'_s (h_0 - a'_s) \tag{5-66}$$

(3)为了防止所谓的"反向破坏"，由图 5-38(c)得

$$N\left[\frac{h}{2} - a'_s - (e_0 - e_a)\right] = \alpha_1 f_c \left[bh\left(h'_0 - \frac{h}{2}\right) + (b_f - b)h_f\left(h'_0 - \frac{h_f}{2}\right) + (b'_f - b)h'_f\left(\frac{h'_f}{2} - a'_s\right) \right]$$
$$+ f'_y A_s (h'_0 - a_s) \tag{5-67}$$

式中　h'_0——钢筋 A'_s 合力点至离纵向力 N 较远一侧边缘的距离，即 $h'_0 = h - a'_s$。

2. 适用条件

$$x > x_b \text{ 或 } \xi > \xi_b \tag{5-68}$$

3. 计算方法

工字形截面小偏心受压构件在对称配筋时的计算方法同前述矩形截面小偏心受压构件对称配筋时计算相似，即为了避免求解 3 次方程，也可采用迭代法或《规范》建议的简化计算方法。

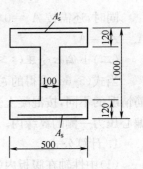

图 5-39　截面形式

【例题 5-11】　某工字形截面柱，其截面如图 5-39 所示，柱子的计算长度 $l_0 = 12$ m，承受轴向压力设计值 $N = 1\ 100$ kN，考虑了二阶效应的弯矩设计值为 $M = 1\ 050$ kN·m，混凝土为 C35，纵向受力钢筋为 HRB400。求截面的配筋 $A_s = A'_s = ?$

【解】　(1)确定钢筋混凝土的材料强度及几何参数

$f_c = 16.7$ N/mm² ，$f_y = f'_y = 360$ N/mm² ，

$a_s = a'_s = 40$ mm，$h_0 = 1\ 000 - 40 = 960$ mm，$\beta_1 = 0.8$，

$\xi_b = 0.518$，$\alpha_1 = 1$

(2)计算 e_i 、e

$$e_0 = \frac{M}{N} = \frac{1\ 050 \times 10^6}{1\ 100 \times 10^3} = 954.5 \text{ mm}$$

$$e_a = \max\left(\frac{1\ 000}{30}, 20\right) = 33.3 \text{ mm}$$

$$e_i = e_0 + e_a = 987.8 \text{ mm}$$

$$e = e_i + 0.5h - a_s = 987.8 + 500 - 40 = 1\ 447.8 \text{ mm}$$

(3)判别大小偏心

$$x = \frac{N}{\alpha_1 f_c b'_f} = \frac{1\ 100 \times 10^3}{1 \times 16.7 \times 500} = 131.74 \text{ mm} > h'_f = 120 \text{ mm}$$

故代入式(5-60)重算 x，即：

$$x = \frac{N - \alpha_1 f_c (b'_f - b)h'_f}{\alpha_1 f_c b}$$

$$x = \frac{1\ 100 \times 10^3 - 16.7 \times 400 \times 120}{16.7 \times 100} = 178.7 \text{ mm} < \xi_b h_0 = 0.518 \times 960 \text{ mm} = 497.3 \text{ mm}$$

(4)计算 A_s (或 A'_s)

代入式(5-61)得：

$$A_s = A'_s = \frac{Ne - \alpha_1 f_c \left[bx\left(h_0 - \frac{x}{2}\right) + (b'_f - b)h'_f\left(h_0 - \frac{h'_f}{2}\right)\right]}{f'_y(h_0 - a'_s)}$$

$$= \frac{1\,100 \times 10^3 \times 1\,447.8 - 16.7 \times [100 \times 178.7 \times (960 - 178.7/2) + 400 \times 120 \times (960 - 60)]}{360 \times 920}$$

$$= 1\,846 \text{ mm}^2$$

选配 6 ⌀ 20(= 1 884 mm²)。

【例题 5-12】 某工字形截面柱尺寸如图 5-40 所示,柱子的计算长度 $l_0 = 6.7$ m,承受轴向压力设计值 $N = 1\,510$ kN,考虑了二阶效应的弯矩设计值为 $M = 345$ kN·m,混凝土强度等级 C35,$a_s = a'_s = 45$ mm 纵向受力钢筋为 HRB400。求 A_s ($= A'_s$)?

【解】 (1)确定钢筋混凝土的材料强度及几何参数

$f_c = 16.7$ N/mm² ,$f_y = f'_y = 360$ N/mm² ,$a_s = a'_s = 45$ mm ,$x_b = \xi_b h_0 = 339.3$ mm $h_0 = 700 - 45 = 655$ mm ,$\beta_1 = 0.8$,$\xi_b = 0.518$,$\alpha_1 = 1$。

(2)计算 e_i 、e

$$e_0 = \frac{M}{N} = \frac{345 \times 10^6}{1\,510 \times 10^3} = 228.5 \text{ mm}$$

$$e_a = \max\left(\frac{700}{30}, 20\right) = 23 \text{ mm}$$

$$e_i = e_0 + e_a = 251.5 \text{ mm}$$

$$e = e_i + \frac{h}{2} - a_s = 251.5 + \frac{700}{2} - 45 = 556.5 \text{ mm}$$

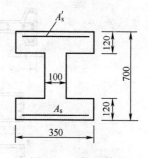

图 5-40　截面形式

(3)判别大小偏心

$$x = \frac{N}{\alpha_1 f_c b'_f} = \frac{1\,510 \times 10^3}{1 \times 16.7 \times 350} = 258 \text{ mm} > h'_f = 120 \text{ mm}$$

故代入式(5-60)重算 x ,即:

$$x = \frac{N - \alpha_1 f_c(b'_f - b)h'_f}{\alpha_1 f_c b} = \frac{1\,510 \times 10^3 - 16.7 \times (350 - 100) \times 120}{16.7 \times 100} = 604.2 \text{ mm} > x_b$$

故属于小偏心受压。

(4)计算 A_s (或 A'_s)

采用《规范》简化计算方法,此时,工字形截面求 ξ 的公式可由矩形截面改写得到,即:

$$\xi = \frac{N - \alpha_1 f_c(b'_f - b)h'_f - \xi_b \alpha_1 f_c b h_0}{\dfrac{Ne - \alpha_1 f_c(b'_f - b)h'_f(h_0 - h'_f/2) - 0.43\alpha_1 f_c b h_0^2}{(0.8 - \xi_b)(h_0 - a'_s)} + \alpha_1 f_c b h_0} + \xi_b$$

将各数据代入上式得:

$\xi = 0.699 > \xi_b = 0.518$,$x = \xi h_0 = 457.9 < h - h_f = 580 \text{ mm} > \xi_b h_0 = 339.3$ mm 将 ξ 代入式(5-64)得:

$$A_s = A'_s = \frac{Ne - \alpha_1 f_c\left[bx\left(h_0 - \frac{x}{2}\right) + (b'_f - b)h'_f\left(h_0 - \frac{h'_f}{2}\right)\right]}{f'_y(h_0 - a'_s)}$$

$$= \frac{1\,510\,000 \times 556.5 - 16.7 \times \left[100 \times 457.9 \times \left(655 - \dfrac{457.9}{2}\right) + 250 \times 120 \times (655 - 60)\right]}{360 \times 610}$$

$$= 985.6 \text{ mm}^2$$

采用 4 Φ 18(1 017 mm^2)。

八、偏心受压构件的构造要求

偏心受压构件构造要求的基本原则与轴心受压构件相仿,所以配置普通箍筋的轴心受压构件的纵筋,箍筋等构造要求同样适用于偏心受压构件。

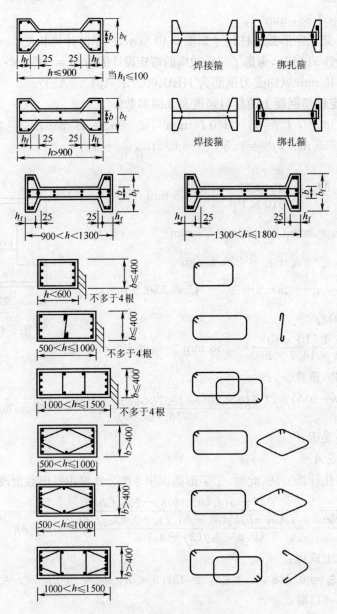

图 5-41 柱的箍筋形式

（一）截面形式和尺寸

偏心受压构件通常采用矩形截面,其长短边的比值 $\frac{h}{b}=1.5\sim3$,长边 h 应设置在弯矩作用平面,当截面长边 $h>600\sim800$ mm时,为节约材料及减轻自重,尽量采用工字形截面。工字

形柱的翼缘厚度 $h_f \geqslant 120$ mm，腹板厚度 $b \geqslant 100$ mm。为施工支模方便，柱截面尺寸宜采用整数，当工字形截面高 $h \leqslant 800$ mm 时，以 50 mm 为倍数；$h > 800$ mm 时，以 100 mm 为倍数，腹板宽 b 以 50 mm 为倍数。

(二)纵向钢筋

纵向受力钢筋沿柱截面短边配置，直径与总配筋率均同轴心受压柱，纵向受力钢筋总配筋率对大偏心受压构件宜取 $\rho = 1.0\% \sim 2.0\%$；对小偏心受压构件宜取 $\rho = 0.5\% \sim 1.0\%$。全部纵筋配筋率 $\rho_{max} \leqslant 5\%$，ρ_{min} 见附表 1.15。与弯曲作用平面垂直的纵向受力钢筋的中距不应大于 300 mm。当截面高度 $h \geqslant 600$ mm 时，在侧面应设置直径为 10～16 mm 的纵向构造钢筋，并相应地设置附加箍筋或拉筋。

(三)箍　　筋

箍筋的直径和间距与轴心受压柱相同。图 5-41 列出了几种常用箍筋的形式。

第四节　偏心受压构件斜截面受剪承载力计算

框架在垂直和水平荷载共同作用下，框架柱除受到弯矩 M、轴向压力 N 以外，还承受剪力 V 作用。当横向剪力 V 较大，对这类偏心受压构件除应进行偏心受压构件正截面承载力计算外，还需进行斜截面抗剪承载计算。

试验表明：影响框架柱抗剪承载力的因素除与剪跨比(λ)、混凝土的强度(f_c)、纵筋的配筋率(ρ)、配箍率及箍筋强度(ρ_{sv}、f_{yv})有关外，还有一个重要因素，那就是轴向压力(N)的大小有关。理论分析和试验表明：在剪、压、弯组合应力状态下，根据应力分析可知，轴向压力 N 对构件的抗剪强度是有利的，轴力 N 不仅能阻止和滞后斜裂缝的出现和开展，而且还能使构件各点的主拉应力方向与构件轴线的夹角 α 比没轴力($N = 0$)存在时的夹角大。试验表明，当轴压比 $N/f_c bh$ 在 0.3～0.5 范围时，轴力 N 对混凝土抗剪强度的有利影响达到峰值；当轴力 N 更大时，混凝土的抗剪强度反而随轴力 N 的增加而降低。《规范》仅对框架柱的受剪承载力作了规定。其中矩形截面柱的计算公式为：

$$V \leqslant \frac{1.75}{\lambda + 1.0} f_t b h_0 + f_{yv} \frac{A_{sv}}{s} h_0 + 0.07N \tag{5-69}$$

式中　λ——偏心受压构件计算截面的剪跨比，取为 $M/(Vh_0)$；

　　　　N——与剪力设计值 V 相应的轴向压力设计值，当大于 $0.3f_c A$ 时，取 $0.3f_c A$，此处 A 为构件的截面面积。

计算截面的剪跨比 λ 应按下列规定取用：

1. 对框架结构中的框架柱，当其反弯点在层高范围内时，可取为 $H_n/(2h_0)$。当 λ 小于 1 时，取 1；当 λ 大于 3 时，取 3。此处 M 为计算截面上与剪力设计值 V 相应的弯矩设计值，H_n 为柱净高。

2. 其他偏心受压构件，当承受均布荷载时，取 1.5；当承受符合规范规定的集中荷载时，取为 a/h_0，且当 λ 小于 1.5 时取 1.5，当 λ 大于 3 时，取 3。

式(5-69)实际上是利用了连续梁的抗剪承载力计算公式，同时考虑了由于轴力提高抗剪承载力 0.07N。《规范》规定框架柱矩形截面必须满足下列条件：

当 $h_w/b \leqslant 4$ 时，$V \leqslant 0.25\beta_c f_c b h_0$。 $\tag{5-70a}$

当 $h_w/b \geqslant 6$ 时，$V \leqslant 0.20\beta_c f_c b h_0$。 $\tag{5-70b}$

当 $4 \leqslant h_w/b \leqslant 6$,按直线内插法取用。如不满足,应提高混凝土强度等级或加大截面尺寸。

当 $V \leqslant \dfrac{1.75}{\lambda+1.0} f_t b h_0 + 0.07N$ 时,框架柱可不进行斜截面抗剪承载力计算而按构造要求配置箍筋。柱中全部纵向受力钢筋的配筋率大于 3% 时,箍筋直径不应小于 8 mm,间距不应大于 10d,且不应大于 200 mm,d 为纵向受力钢筋最小直径。箍筋的配箍率应满足最小配箍率要求,箍筋末端应做成 135°弯钩,且弯钩末端平直段不应小于箍筋直径的 10 倍。

【例题 5-13】 某钢筋混凝土柱,截面尺寸及高度如图 5-42 所示,混凝土为 C35, $a_s = a_s' = 40$ mm,箍筋为 HPB300 级,纵筋为 HRB400 级,柱端作用的弯矩设计值 $M = 116$ kN·m,轴力设计值 $N = 712$ kN,剪力设计值 $V = 170$ kN。求箍筋数量。

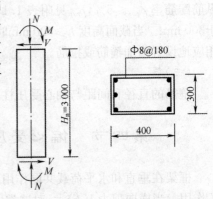

图 5-42 柱子尺寸及配筋图

【解】 (1)验算截面尺寸

由式(5-70)得

$$0.25 f_c b h_0 = 0.25 \times 16.7 \times 300 \times 360$$
$$= 450\,900 \text{ N} = 450.9 \text{ kN} > V = 170 \text{ kN}$$

截面满足要求。

(2)是否需计算箍筋

$$\lambda = \frac{H_n}{2h_0} = \frac{3\,000}{2 \times 360} = 4.17 > 3 , 取 \lambda = 3$$

$$\frac{N}{f_c A} = \frac{712\,000}{16.7 \times 300 \times 400} = 0.36 > 0.3$$

取

$$N = 0.3 f_c A = 0.3 \times 16.7 \times 300 \times 400 = 601\,200 \text{ N}$$

$$\frac{1.75}{\lambda+1.0} f_t b h_0 + 0.07N = \frac{1.75}{3+1} \times 1.57 \times 300 \times 360 + 0.07 \times 601\,200 = 116.3 \text{ kN} < 170 \text{ kN}$$

需按计算配置箍筋。

(3)计算箍筋数量

按式(5-69),得:

$$\frac{A_{sv}}{s} = \frac{V - \left(\dfrac{1.75}{\lambda+1.0} f_t b h_0 + 0.07N\right)}{1.0 f_{yv} h_0} = \frac{170\,000 - 116\,300}{270 \times 360} = 0.553 \text{ mm}^2/\text{mm}$$

选双肢箍Φ8@180 mm $\left(\dfrac{A_{sv}}{s} = \dfrac{2 \times 50.3}{180} = 0.559 \text{mm}^2/\text{mm}\right)$。

$$\rho_{sv} = \frac{A_{sv}}{bs} = \frac{0.559}{300} = 0.186\,3 > 0.24 \frac{f_t}{f_{yv}} = 0.24 \times \frac{1.57}{270} = 0.139\,6$$

满足要求。

<h1 style="text-align:center">小　结</h1>

1. 配普通箍筋的轴心受压构件,破坏时混凝土达到极限应变 $\varepsilon_0 = 0.002$,应力达到轴心抗压强度 f_c,纵向钢筋达到抗压强度设计值 f_y(但 $f_y' \leqslant 400$ N/mm²)。配螺旋箍筋或焊接环式箍筋的轴心受压构件对轴心受压构件的核心混凝土有约束作用,从而可提高轴心受压构件的承载力。

2. 纵向弯曲将降低中长柱的承载力,所以在轴心受压构件承载力计算中引进小于1的稳定系数 φ,在偏心受压构件承载力计算中引进弯矩增大系数 η_{ns}。

3. 按平截面假设,偏心受压构件界限破坏时混凝土受压区相对受压区高度 ξ_b 与适筋受弯构件的界限破坏完全相同。当 $\xi \leqslant \xi_b$ 时,构件为大偏心受压;当 $\xi > \xi_b$ 时,构件为小偏心受压。

4. 大偏心受压破坏的特征是:截面受拉钢筋和受压钢筋应力 σ_s、σ_s' 都达到其屈服强度 f_y、f_y',随后受压区混凝土被压碎,混凝土应力图形与适筋梁相同,即受压区混凝土应力图形简化为矩形,等效应力值为 $\alpha_1 f_c$,按 $\sum N=0$,$\sum M=0$ 两个静力平衡方程来解决截面选择和承载力计算问题。当 A_s 和 A_s' 均未知时,由于 ξ 也不能确定,不能直接利用 $\xi \leqslant \xi_b$,还是 $\xi > \xi_b$ 来判别大小偏心。分析表明:当 $e_i < 0.3h_0$ 时,对不对称配筋矩形截面为小偏心。当 $e_i > 0.3h_0$ 时,可能为大偏心,也可能为小偏心。

小偏心受压破坏特征是:远离纵向力一侧的钢筋无论受压和受拉,一般都不会达到屈服,其应力为 σ_s;受压区混凝土应力图形简化为矩形,等效应力值为 $\alpha_1 f_c$。在计算中引进附加偏心距 e_a 来考虑荷载作用点的位置不确定,材质不均匀,施工偏差等因素的影响;为计算简便,根据平截面假设,建立了 σ_s 和 ξ 的线性关系式,使小偏心受压构件计算得到简化。

5. 截面选择时,若 A_s 和 A_s' 均未知,则应以充分发挥混凝土受压性能为条件,建立补充方程;若已知 A_s' 或 A_s,则根据 $\sum N=0$,$\sum M=0$ 基本方程即可求解。当为对称配筋时,小偏心受压可用迭代法求解,以免解 ξ 的三次方程。

6. 偏心受压构件的承载力不仅决定于截面本身,还取决于 N 和 M 的组合。所以,截面承载力是在已知的 e_0 下进行的。

7. 偏心受压构件往往还同时承受剪力作用,对承受剪力较大的偏心受压构件,除进行正截面计算外,还应进行斜截面的承载力计算。轴向压力对斜截面抗剪起着有利的作用。对偏心受压构件斜截面抗剪能力,可采用受弯构件斜截面受剪承载力计算公式,再叠加一项轴向力 N 的影响进行计算。

思 考 题

1. 混凝土的抗压性能好,为什么在轴心受压柱中,还要配置一定数量的钢筋?轴心受压构件中的钢筋,对轴心受压构件起什么作用?

2. 轴心受压短柱的破坏与长柱有何区别?其原因是什么?影响 φ 的主要因素有哪些?

3. 配置螺旋箍筋的柱承载力提高的原因是什么?

4. 什么是偏心受压构件?试举例说明。偏心受压短柱和长柱有何本质区别?弯矩增大系数 η_{ns} 的物理意义是什么?

5. 如何判别大小偏心受压构件?试列出大小偏心受压构件承载力的计算公式。

6. 附加偏心距 e_a 的物理意义是什么?其值为多少?

7. 已知截面尺寸,混凝土强度,N、M、η_{ns},试问在非对称配筋时,大小偏心的判别式是什么?

8. 如何计算非对称配筋大偏心受压构件的纵向钢筋 A_s 和 A_s'?如果已知 A_s' 是否可令 $x=\xi_b h_0$,为什么?这时怎样求 A_s。

9. 在小偏心受压截面选择时,若 A_s' 和 A_s 均为未知,为什么可以取 A_s 等于最小配筋率?

10. 在工字形截面对称配筋的截面选择中,如何判别中性轴的位置?

习　题

5-1　已知正方形截面轴心受压柱计算长度 $l_0=10.5$ m,承受轴向力设计值 $N=1$ 450 kN,采用混凝土强度等级为 C35,钢筋为 HRB400 级,试确定截面尺寸和纵向钢筋截面面积。

5-2　某现浇轴心受压圆柱,$d=350$ mm,上端铰接,下端固定,柱高 $l_0=4.6$ m,采用螺旋筋 HPB300,$\Phi6@50$,混凝土等级为 C35,纵向受压钢筋采用 HRB400 级钢,该柱承受设计轴向压力(包括自重在内),$N=1$ 060 kN,求纵向受压钢筋 A'_s。

5-3　某柱计算高度 $l_0=4$ m,柱网为 6 m×6 m,承受设计荷载有:楼面自重设计值 3 kN/m²,活荷载设计值 6 kN/m²,上层楼面传来及柱子自重设计值共 800 kN,混凝土强度等级为 C35,采用 HRB400 级钢筋,试设计柱截面尺寸、纵向钢筋及箍筋数量(按轴压柱设计)。

5-4　某偏心受压框架柱,计算高度 $l_0=6$ m,$b×h=400$ mm×600 mm,$a_s=a'_s=40$ mm,承受设计轴向压力 $N=800$ kN,设计弯矩 $M_2=600$ kN·m(取 $M_1/M_1=1$),已知 $A'_s=1$ 650 mm²,混凝土强度等级为 C35,钢筋为 HRB400 级钢。求 A_s。

5-5　某不对称配筋偏心受压框架柱,$b×h=400$ mm×600 mm,$a_s=a'_s=40$ mm,计算高度 $l_0=6$ m,混凝土采用 C35,纵向钢筋采用 HRB400 级钢,该柱承受设计轴向压力 $N=2$ 550 kN(包括柱自重),设计弯矩 $M_2=300$ kN·m(取 $M_1/M_2=1$),求该柱的配筋。

5-6　某矩形截面偏心受压框架柱,$b×h=300$ mm×500 mm,$l_0=5.5$ mm,混凝土强度等级为 C35,钢筋为 HRB400 级钢,$A'_s=1$ 256 mm²,$A_s=380$ mm²,$a_s=a'_s=40$ mm,$e_0=80$ mm,求该柱的承载力 N。

5-7　某对称配筋偏心受压框架柱,$b×h=300$ mm×400 mm,$l_0=3$ m,$a_s=a'_s=40$ mm,承受设计轴向压力 $N=250$ kN,设计弯矩 $M_2=130$ kN·m(取 $M_1/M_2=1$),混凝土强度等级为 C35,钢筋用 HRB400 级钢,求 $A_s(=A'_s)$。

5-8　某厂房框架柱采用对称工字形截面,尺寸如图 5-43 所示,计算长度 $l_0=9.3$ m,混凝土强度等级为 C35,受力钢筋为 HRB400 级,箍筋采用 HPB300 级钢,根据内力分析结果,该柱控制截面中作用有以下三组,在不同荷载情况下求得的不利内力设计值:

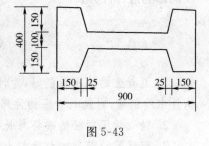

图 5-43

第一组:$N=501.6$ kN,$M_2=349$ kN·m(取 $M_1/M_2=1$);

第二组:$N=740$ kN,$M_2=249$ kN·m(取 $M_1/M_2=1$);

第三组:$N=1$ 039 kN,$M_2=311$ kN·m(取 $M_1/M_2=1$);

试根据这三组内力确定当采用对称配筋时,截面每侧所需的纵向受力钢筋截面面积 A_s。

第六章 钢筋混凝土受拉构件承载力计算

第一节 概　述

钢筋混凝土受拉构件分轴心受拉和偏心受拉两种。当轴向拉力 N 作用线通过构件截面形心线时,称轴心受拉构件。由于构件制作的不均匀性及不可避免的荷载偏心,实际工程中理想的轴心受拉构件是不存在的。但对于屋架或托架的受拉弦杆和腹杆以及拱的拉杆[图 6-1(a)]中屋架下弦及 ab、bc 腹杆,当自重及节点位移引起的弯矩很小时,这些构件可近似地按轴心受拉构件计算。如图 6-1(b)所示的圆形水池池壁,在静水压力作用下,同一水平面内池壁处于环向受拉状态,也可近似按轴心受拉构件计算。当轴向力 N 作用线偏离截面形心线时,或截面上既作用有轴向拉力 N,又作用弯矩 M 时,则称为偏心受拉构件。如图 6-1(c)所示承受节间荷载的悬臂桁架上弦,如图 6-1(d)所示的矩形水池的池壁,垂直池壁的截面同时受到轴心拉力 N 和平面外 M 的作用,以及图 6-1(e)所示的工业厂房双肢柱的受拉肢杆,这些构件都属于偏心受拉构件。

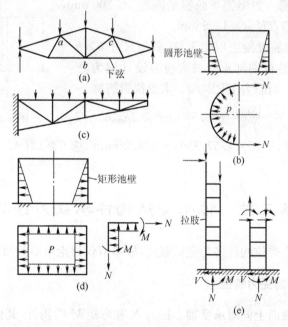

图 6-1　受拉构件工程示例

第二节　轴心受拉构件承载力计算和构造要求

一、承载力计算

对于钢筋混凝土轴心受拉构件,混凝土开裂前,混凝土与钢筋共同承受拉力。混凝土开裂后,开裂截面的混凝土逐步退出工作,裂缝贯通后拉力全部由钢筋承担,当钢筋达到屈服时,就认为轴心受拉构件达到极限承载力,如图 6-2 所示。

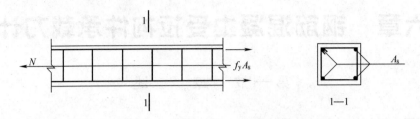

$$图 6-2\quad 轴心受拉构件的承载力$$

轴心受拉构件的承载力计算公式为:

$$N \leqslant N_u = f_y A_s \tag{6-1}$$

式中　N——轴向拉力设计值;

　f_y、A_s——纵向受拉钢筋的强度设计值及截面面积。

二、构造要求

为避免轴心受拉构件脆性破坏,其截面一侧配筋率应满足轴心受拉构件 ρ_{min} 的要求,$\rho_{min} = \max\{0.2\%, 0.45 f_t/f_y\}$。箍筋从受力的角度来看,并无要求,但为了保证纵向受拉钢筋在截面上位置正确形成钢筋骨架,仍需配置一定量的箍筋。如屋架下弦箍筋间距 $s \leqslant 200$ mm,腹杆 $s \leqslant 150$ mm。箍筋直径 $d = 4 \sim 6$ mm。

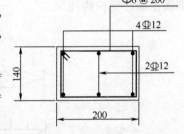

【例题 6-1】　某钢筋混凝土屋架下弦,截面尺寸 $b \times h = 200$ mm $\times 140$ mm,下弦杆端部承受最大拉力设计值为 $N = 245$ kN,混凝土为 C35,钢筋为 HRB400。求受拉钢筋 A_s。

【解】　$A_s = \dfrac{N}{f_y} = \dfrac{245\,000}{360} = 680.56$ mm$^2 \geqslant 2\rho_{min}bh = 2 \times$

图 6-3　下弦截面配筋图

$200 \times 140 \times \max\{0.2\%, 0.45 \times 1.57/360\} = 244.2$ mm^2,选 $6 \Phi 12 (A_s = 678$ mm$^2)$,配筋图如图 6-3 所示。

第三节　偏心受拉构件承载力计算

工程上遇到的偏心受拉构件多为矩形截面,故本节仅讨论矩形截面偏心受拉构件。

一、偏心受拉构件的受力特征

偏心受拉构件是截面上同时承受轴心拉力 N 和弯矩 M 的构件,其偏心距 $e_0 = M/N$ 介于轴心受拉($e_0 = 0$)和受弯($e_0 = \dfrac{M}{N} = \infty$)之间。偏心受拉构件的受力特性与偏心距 e_0 有关。当偏心距 $e_0 < h/6$(矩形截面截面核心距)时,构件全截面受拉,应力如图 6-4(a)所示。随 N 值的增大,受拉较大一侧混凝土先开裂,并迅速向对边裂通。此时,混凝土退出工作,纵向拉力 N 全部由 A_s 和 A_s' 承担,只是 A_s 承担拉力大于 A_s' 承担的拉力;当偏心距 e_0 稍大($h/6 < e_0 < h/2 - a_s$)时,截面一侧受拉一侧受压,应力如图 6-4(b)所示。随 N 值的增大,靠近偏心拉力 N 一

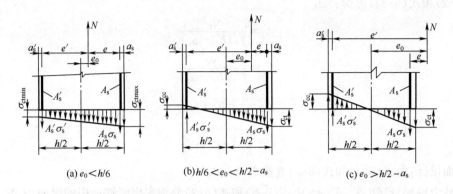

图 6-4　偏心受拉构件的受力特点

侧的混凝土先开裂。由于 N 位于 A_s 和 A_s' 之间，A_s 一侧的混凝土开裂后，为保持力的平衡，随着 N 值的增大，A_s' 一侧的混凝土从受压变成受拉，A_s' 也变成受拉钢筋，全截面混凝土都将裂通，偏心拉力 N 由左、右两侧纵向受拉钢筋 A_s、A_s' 来承担，当两侧钢筋（A_s 和 A_s'）都达到屈服时［图 6-5(a)］，截面进入破坏阶段。当偏心距 $e_0 > \dfrac{h}{2}$ $-a_s$ 时，应力如图 6-4(c)所示，受压区高度明显增大。随着 N 值的增加，靠近偏心拉力 N 一侧的混凝土先裂，但不会裂通，直到破坏，仍保持一定的受压区。其最终破坏取决于靠近偏心拉力一侧的 A_s 钢筋数量。当 A_s 适量时，A_s 先达到受拉屈服，随着 N 的增大，裂缝开展，混凝土受压区逐渐缩小，最后以受压区边缘混凝土达到抗压强度 $\alpha_1 f_c$ 进入承载力极限状态［图

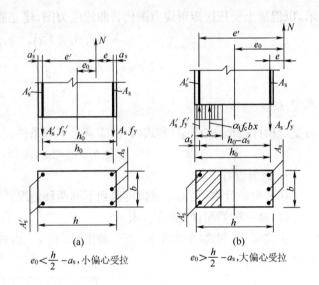

$e_0 < \dfrac{h}{2} - a_s$，小偏心受拉　　$e_0 > \dfrac{h}{2} - a_s$，大偏心受拉

图 6-5　偏心受拉构件计算简图

6-5(b)］。当 A_s 过量时，受压区边缘混凝土先被压坏，A_s 达不到屈服，此种构件类似超筋受弯构件。由上述可知：当 $e_0 < \dfrac{h}{2} - a_s$ 时，为小偏心受拉，破坏类似于轴心受拉构件；当 $e_0 > \dfrac{h}{2} - a_s$ 时，为大偏心受拉，破坏类似于大偏心受压构件。

二、矩形截面偏心受拉构件正截面承载力计算

（一）小偏心受拉构件

当偏心拉力 N 作用在 A_s 和截面形心轴之间时（即 $\dfrac{h}{2} - a_s > e_0 > 0$），属小偏心受拉。按图 6-5(a)可建立正截面承载力公式：

$$Ne' \leqslant f_y A_s(h_0' - a_s) \tag{6-2}$$

$$Ne \leqslant f_y' A_s'(h_0 - a_s') \tag{6-3}$$

由式(6-2)和式(6-3),可得:

$$A_s = \frac{Ne'}{f_y(h'_0 - a_s)} \tag{6-4}$$

$$A'_s = \frac{Ne}{f'_y(h_0 - a'_s)} \tag{6-5}$$

式中

$$\left. \begin{array}{l} e' = \dfrac{h}{2} - a'_s + e_0 \\[2mm] e = \dfrac{h}{2} - a_s - e_0 \end{array} \right\} \tag{6-6}$$

截面设计:由式(6-4)和式(6-5)直接求 A_s 和 A'_s。

承载力校核:已知 A_s、A'_s、e_0,由式(6-2)和式(6-3)分别求出能够承担的纵向力 N,选其中较小者即为偏心拉力的极限值。

（二）大偏心受拉构件

当偏心拉力 N 作用在 A_s 和 A'_s 之外(即 $e_0 > \dfrac{h}{2} - a_s$ 时),构件属大偏心受拉。如图 6-5(b)所示,以混凝土受压区矩形应力图代替曲线应力图,建立静力平衡方程:

$$N \leqslant f_y A_s - f'_y A'_s - \alpha_1 f_c bx \tag{6-7}$$

$$Ne \leqslant \alpha_1 f_c bx\left(h_0 - \frac{x}{2}\right) + f'_y A'_s(h_0 - a'_s) \tag{6-8}$$

式中,$e = e_0 - \dfrac{h}{2} + a_s$。

与受弯构件类似,式(6-7)和式(6-8)需满足下列条件:

$$x \leqslant \xi_b h_0, \ x \geqslant 2a'_s, \ A_s \geqslant \rho_{\min} bh 。$$

1. 截面设计

在截面设计中,大偏心受拉可遇到下列两种情况。

(1)第一种情况:已知 A'_s,求 A_s。

从式(6-7)和式(6-8)平衡方程,解出 A_s 和 x。由式(6-8)解出 x,或直接求得相对受压区高度 ξ,即:

$$\xi = 1 - \sqrt{1 - 2\frac{Ne - f'_y A'_s(h_0 - a'_s)}{\alpha_1 f_c b h_0^2}} \tag{6-9}$$

①若 $2a'_s \leqslant x \leqslant \xi_b h_0$,则可将 $x = \xi h_0$ 代入式(6-7)求得近偏心拉力 N 一侧的受拉钢筋 A_s 为:

$$A_s = \frac{N + \alpha_1 f_c \xi bh_0 + f'_y A'_s}{f_y} \tag{6-10}$$

②若 $x < 2a'_s$ 或为负值,表明 A'_s 处于混凝土受压区合力点的内侧,A'_s 达不到屈服。此时,与受弯构件类似,一种方法是假定 $x = 2a'_s$(即受压区混凝土合力与 A'_s 合力点重合)进行计算;另一种方法是设 $A'_s = 0$ 进行计算。按上述两种方法计算结果均偏于安全,上述两种计算结果选小者配筋。

③若 $x > \xi_b h_0$,表明 A'_s 过少,不满足适用条件,必须按第二种情况重新求 A'_s。

(2)第二种情况:A_s 和 A'_s 均未知。

因为平衡方程只有式(6-7)和式(6-8)两个,而未知数有 A_s、A'_s 和 x,需补充一个条件:$A_s + A'_s$ 钢筋总量最小,即令 $x = \xi_b h_0$(充分利用混凝土的抗压强度),将 x 代入式(6-7)和式(6-8)可求得 A'_s 为:

$$A_s' = \frac{Ne - \xi_b(1 - 0.5\xi_b)\alpha_1 f_c b h_0^2}{f_y'(h_0 - a_s')} \tag{6-11}$$

$$A_s = \frac{\alpha_1 f_c b h_0 \xi_b + N + A_s' f_y'}{f_y} \tag{6-12}$$

若求出的 A_s' 为负值或小于 $\rho_{min} bh$,则应按 ρ_{min} 构造要求配置 A_s'。然后按第一种情况(已知 A_s'),求 A_s。

2. 承载力校核

与大偏心受压类似,由基本公式(6-7)和式(6-8)消去 N,解得 x,如 $2a_s' \leqslant x \leqslant \xi_b h_0$ 满足适用条件,则可按式(6-7)求得 N。

(1)如 $x > \xi_b h_0$,表明 A_s 配置过多,A_s 达不到屈服,按公式 $\sigma_s = \frac{\xi - \beta_1}{\xi_b - \beta_1} f_y$ 计算受拉钢筋的应力 σ_s,再对 N 的作用点取矩,重新求得 x,然后把 x 代入式(6-7),即可求得 N。

(2)如 $x < 2a_s'$ 表明 A_s' 配置过多,计算上已不需要受压混凝土参与平衡偏心拉力。可近似假定受压区混凝土的合力作用点与受压钢筋 A_s' 合力作用点重合。对 A_s' 合力作用点取矩,得

$$Ne' = f_y A_s(h_0 - a_s') \tag{6-13}$$

$$N = \frac{f_y A_s(h_0 - a_s')}{e'}$$

(三)对称配筋的偏心受拉构件

当采用矩形截面对称配筋的偏心受拉构件时,对小偏心受拉情况可由公式(6-4)求 A_s,对大偏心受拉情况由公式(6-13)求 A_s。显然,其计算公式相同,均可表示为:

$$A_s = A_s' = \frac{Ne'}{f_y(h_0' - a_s)} \tag{6-14}$$

【例题 6-2】 已知一偏心受拉混凝土板,环境类别为一类,截面 $b \times h = 1\ 000\ \text{mm} \times 250\ \text{mm}$,$a_s = a_s' = 25\ \text{mm}$,承受轴向拉力设计值 $N = 300\ \text{kN}$,弯矩设计值 $M = 84\ \text{kN} \cdot \text{m}$,混凝土为 C35,HRB400 钢筋。求 A_s 及 A_s'。

【解】 (1)材料性能参数及几何特征

$f_t = 1.57\ \text{N/mm}^2$,$f_c = 16.7\ \text{N/mm}^2$,$f_y = f_y' = 360\ \text{N/mm}^2$,$\alpha_1 = 1$,$\xi_b = 0.518$,$h = 250\ \text{mm}$,$b = 1\ 000\ \text{mm}$,$h_0 = 250 - 25 = 225\ \text{mm}$。

(2)判别大小偏心

$$e_0 = \frac{M}{N} = \frac{84 \times 10^3 \times 10^3}{300 \times 10^3} = 280\ \text{mm} > \frac{h}{2} - a_s = \frac{250}{2} - 25 = 100\ \text{mm}$$

属大偏心受拉。

$$e = e_0 - \frac{h}{2} + a_s = 280 - \frac{250}{2} + 25 = 180\ \text{mm}$$

(3)求 A_s' 和 A_s

由式(6-11),得:

$$A_s' = \frac{Ne - \xi_b(1 - 0.5\xi_b)\alpha_1 f_c b h_0^2}{f_y'(h_0 - a_s')}$$

$$= \frac{300 \times 10^3 \times 180 - 0.518 \times (1 - 0.5 \times 0.518) \times 1 \times 16.7 \times 1\ 000 \times 225^2}{360 \times (225 - 25)} < 0$$

则应按 $\rho_{min} = 0.2\%$,配置 A_s'。

$$A_s' = 0.002bh = 0.002 \times 1\ 000 \times 250 = 500\ \text{mm}^2$$

按构造要求,选Φ12@200($A'_s=565\text{ mm}^2$)

(4)已知 A'_s,求 A_s

由式(6-9),求 ξ 得:

$$\xi=1-\sqrt{1-2\frac{Ne-f'_yA'_s(h_0-a'_s)}{\alpha_1f_cbh_0^2}}$$

$$=1-\sqrt{1-2\frac{300\times10^3\times180-360\times565\times(225-25)}{1\times16.7\times1\,000\times225^2}}=0.016$$

$$x=\xi h_0=0.016\times225=3.6\text{ mm}<2a'_s=2\times25=50\text{ mm}$$

第一种方法取 $x=2a'_s$,并对 A'_s 合力点取矩,得

$$A_s=\frac{Ne'}{f_y(h_0-a'_s)}=\frac{300\times10^3\times(280+\frac{250}{2}-25)}{360\times(225-25)}=1\,583\text{ mm}^2$$

第二种方法考虑 $A'_s=0$,即 $M_1=f'_yA'_s(h_0-a'_s)=0$,$M_2=Ne-M_1=Ne$

$$\alpha_s=\frac{Ne}{\alpha_1f_cbh_0^2}=\frac{300\times10^3\times180}{1\times16.7\times1\,000\times225^2}=0.064$$

查附表1.17,得 $\xi=0.068$

$$A_s=\xi\frac{\alpha_1f_c}{f_y}bh_0+\frac{N}{f_y}=0.068\times\frac{1\times16.7}{360}\times1\,000\times225+\frac{300\times10^3}{360}$$

$$=1\,543\text{ mm}^2$$

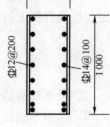

图 6-6

A_s 取其中较小者配筋,即 $A_s=1\,543\text{ mm}^2$,选Φ14@100($A_s=1\,539\text{ mm}^2$),截面配筋如图6-6所示。

第四节 矩形截面偏心受拉构件斜截面承载力计算

偏心受拉构件,截面上除作用有 M、N 外,一般同时还作用有剪力 V,故偏心受拉构件除作正截面承载力计算外,尚需进行斜截面承载力计算。

试验表明:轴向拉力 N 使构件出现若干条贯穿整个截面而且与纵轴垂直的裂缝。若再作用横向荷载后,则在弯矩 M 作用下,受压区的垂直裂缝将重新闭合,而受拉区垂直裂缝将进一步开展。在横向荷载作用下,在剪弯区段内出现斜裂缝,此斜裂缝将与原有垂直裂缝交叉,或沿垂直裂缝延伸一小段后再斜向发展。拉、弯组合作用产生的斜裂缝的坡度将比受弯构件要陡一些,而且剪压区的高度明显比受弯构件小,有时甚至无剪压区。因此轴向拉力 N 的存在将使构件的受剪承载力明显降低,降低的幅度随轴向拉力 N 的增大而增大。但不论剪压区高度的大小或甚至无剪压区,与斜裂缝相交的箍筋抗剪能力并不受轴心拉力的影响,保持与受弯构件相近的水平。

《规范》考虑偏心受拉构件上述特点,其斜截面受剪承载力公式如下:

$$V\leqslant\frac{1.75}{\lambda+1}f_tbh_0+f_{yv}\frac{A_{sv}}{s}h_0-0.2N \tag{6-15}$$

式中 N——与剪力设计值 V 相应的轴向拉力设计值;

λ——计算截面剪跨比,取值同偏心受压构件。

公式(6-15)右边一、二两项与受集中力作用的受弯构件形式相同,第三项则考虑了轴向拉力 N 对受剪承载力的降低作用。《规范》规定,式(6-15)右边的计算值小于 $f_{yv}\frac{A_{sv}}{s}h_0$ 时,取

$f_{yv}\dfrac{A_{sv}}{s}h_0$，且 $f_{yv}\dfrac{A_{sv}}{s}h_0$ 值不得小于 $0.36f_tbh_0$。

式中　A_{sv}——配置在同一截面内箍筋各肢的全部截面面积；

　　　n——构件同一平面箍筋的肢数；

　　　s——箍筋间距；

　　　f_{yv}——箍筋抗拉强度设计值。

偏心受拉构件的箍筋，应满足受弯构件箍筋类似的构造要求。

小　结

1. 钢筋混凝土轴心受拉构件的破坏特征是：裂缝贯穿整个横截面，混凝土退出工作，拉力全部由钢筋承担，破坏时受拉钢筋应力均能达到 f_y。

2. 钢筋混凝土偏心受拉构件，根据偏心拉力作用位置的不同，可分为两种：一种是偏心拉力作用在 A_s 和 A_s' 之间，即 $e_0<\dfrac{h}{2}-a_s$，称为小偏心受拉；另一种是偏心拉力作用在 A_s 和 A_s' 之外，即 $e_0>\dfrac{h}{2}-a_s$，称为大偏心受拉。

3. 小偏心受拉构件的破坏特征与轴心受拉构件相似，破坏时拉力也全部由钢筋承担。

4. 大偏心受拉构件的破坏特征与受弯构件相似。按受拉钢筋配筋的多少，也将出现少筋、适筋、超筋 3 种破坏状态。

5. 偏心受拉构件加大截面尺寸对抗弯、抗剪有利。由于轴力 N 的存在削弱了偏心受拉构件斜截面受剪承载力，《规范》中考虑为 $0.2N$。

思　考　题

1. 工程中有哪些构件属于轴心受拉构件？哪些构件属于偏心受拉构件？

2. 如何判别钢筋混凝土受拉构件的大、小偏心？它们的破坏特征各有什么不同？

3. 小偏心受拉构件达到承载能力极限状态时，混凝土是否参与承担拉力？其公式可由哪两个力矩平衡条件得出？

4. 大偏心受拉构件正截面承载力公式与大偏心受压构件正截面承载力公式有何异同？

5. 轴心拉力 N 对有横向集中力作用的偏拉（或拉弯）构件斜截面受剪承载力有何影响？主要体现在何处？

习　题

6-1　某悬臂桁架上弦杆截面为矩形 $b\times h=200\text{ mm}\times300\text{ mm}$，轴向拉力设计值 $N=225\text{ kN}$，弯矩设计值 $M=22.5\text{ kN}\cdot\text{m}$，混凝土为 C35，钢筋为 HRB400 级，$a_s=a_s'=40\text{ mm}$，试计算截面纵向受力钢筋 A_s 和 A_s'。

6-2　已知某一矩形截面偏心受拉构件，截面尺寸 $b\times h=1\,000\text{ mm}\times300\text{ mm}$，$a_s=a_s'=40\text{ mm}$，承受轴向拉力设计值 $N=180\text{ kN}$，弯矩设计值 $M=102\text{ kN}\cdot\text{m}$，混凝土为 C35，钢筋为 HRB400 级。求 A_s 和 A_s'。

（注：配筋沿 $b=1\,000\text{ mm}$ 长度上均匀布置。）

第七章　钢筋混凝土受扭构件承载力计算

第一节　概　　述

扭转是结构构件基本的受力形态之一。在钢筋混凝土结构中,吊车梁、雨棚梁、平面曲梁或折梁、整浇框架梁、螺旋楼梯等结构构件在荷载作用下,截面上除弯矩和剪力作用外还有扭矩作用。图 7-1 给出了几种常遇的钢筋混凝土受弯剪扭作用构件。

根据构件截面上的内力情况,构件可分为纯扭、剪扭、弯扭或弯剪扭等不同形式。工程结构中受纯扭作用的构件较少,一般构件都处于扭矩、弯矩和剪力共同作用。

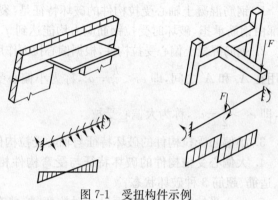

图 7-1　受扭构件示例

第二节　试　验　研　究

纯扭作用下的矩形截面构件,由材料力学分析可知,构件截面上只有剪应力,其应力分布如图 7-2 所示。在构件长边中点有最大剪应力 τ_{max},与该点对应有主拉应力和主压应力,其值为 $\sigma_{tp} = \sigma_{cp} = \tau_{max}$,方向与纵轴成 45°。由于混凝土的抗拉强度低于其抗剪强度和抗压强度,试验表明,无筋矩形截面混凝土构件在扭矩作用下,当主拉应力 σ_{tp} 达到混凝土的抗拉强度后,构件就会在长边侧面中点薄弱处产生与主拉应力方向垂直的斜裂缝。随后斜裂缝沿 45°线向两边迅速扩展,构件形成三面开裂一面受压的受力状况,最后构件断裂破坏。这表明素混凝土纯扭构件的破坏为脆性破坏。

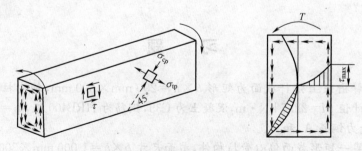

图 7-2　纯扭构件的弹性应力分布

配有纵筋和箍筋的钢筋混凝土构件,试验表明,构件受扭开裂前钢筋应变很小,扭矩作用主要由混凝土承担。当裂缝出现后,由于截面有钢筋的连系,主拉应力转为主要由钢筋承受。

随构件内配筋量的不同,构件表现出不同的破坏特征。

1. 配筋较少时(少筋构件),在荷载作用下,裂缝一旦出现,由于钢筋过少,不能承受因混凝土开裂后卸载传来的主拉应力,很快达到屈服,使构件立即破坏。这种破坏形式与无筋构件相同。

2. 若构件箍筋和纵筋配置适当(适筋构件),试件在扭矩作用下出现初始斜裂缝后,由于内部钢筋的作用构件不会立即破坏。随扭矩的增大,构件上不断出现多条 $45°$ 的螺旋斜裂缝,箍筋和纵筋上的应力也不断增加,最终在某一薄弱部位相继达到屈服。钢筋屈服处,裂缝迅速开展,最后构件三面开裂,一面因混凝土被压碎而破坏。适筋受扭构件的破坏呈现塑性破坏特征。

3. 如果箍筋和纵筋都配置过多(超筋构件),在扭矩作用下,破坏前螺旋斜裂缝更多更密,箍筋和纵筋尚未达到屈服就可能因斜裂缝间的混凝土被压碎而破坏。这种破坏具有脆性破坏特征。

4. 当两种钢筋中仅其中的某一种配置过多(部分超筋),在扭矩作用下,配置适量的该种钢筋首先达到屈服,进而受压边混凝土被压碎,而配置过多的另一种钢筋未达到屈服。这种破坏也具有塑性破坏特征。

试验表明,配置钢筋对提高受扭构件的抗裂性能作用不大,即认为钢筋混凝土构件的开裂扭矩与素混凝土构件的基本相同。但开裂后由于钢筋承受扭矩,在正常配筋条件下能大大提高构件的抗扭承载能力。

开裂处,原来由混凝土承担的主拉应力主要转由钢筋承受,由于裂缝出现前后构件受力性能的根本变化,其抗扭刚度有较大的降低。图 7-3 给出了不同配筋状况下的扭矩—扭转角实验曲线。从图中可以看到,适筋构件塑性变形比较充分。

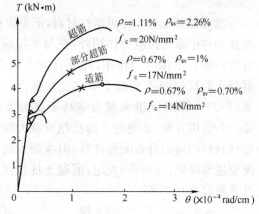

图 7-3　纯扭构件的扭矩—扭转角实验曲线

第三节　纯扭构件的承载力计算

一、素混凝土纯扭构件的受力分析

由上节讨论可知:钢筋混凝土构件受扭开裂前,扭矩主要由混凝土承担,其受力特性与素混凝土构件相近,因而先对素混凝土承载力进行分析。估算素混凝土纯扭构件的抗扭承载力,一般有弹性分析方法和塑性分析方法。

(一)弹性分析方法

图 7-2 为均质弹性矩形截面构件在纯扭作用下,最大剪应力发生在截面长边中点,相应的最大主拉应力亦在该点。按弹性分析方法,当截面上的最大主拉应力超过混凝土在这种受力状态下的抗拉强度时,构件就发生破坏。

由于混凝土并非弹性材料,试验表明,按弹性分析方法估算的构件极限抗拉能力比实测值低。这说明采用弹性分析方法低估了素混凝土构件的抗扭承载力。

(二)塑性分析方法

假设混凝土在受扭开裂前具有理想的塑性性质,即在构件破坏前截面达到完全塑性。其应力分布如图 7-4(a)所示。将截面上的剪应力划分为如图 7-4(b)所示的 8 个部分。图中 F_i 为各部分剪应力的合力。由此可计算出截面上塑性抗扭承载力为:

$$T_{cr} = F_1\left(h - \frac{b}{3}\right) + F_2\left(\frac{b}{2}\right) + F_3\left(\frac{b}{2}\right)$$

$$= \tau_{max}\left[\frac{1}{2}b\frac{b}{2}\left(h - \frac{b}{3}\right) + \frac{b}{2}(h-b)\left(\frac{b}{2}\right) + 2 \times \frac{1}{2}\frac{b}{2}\frac{b}{2}\left(\frac{2b}{3}\right)\right]$$

$$= \tau_{max}\left[\frac{b^2}{6}(3h - b)\right] \tag{7-1}$$

构件开裂时,主拉应力达到混凝土开裂强度,即:

$$\sigma_{tp} = \tau_{max} = f_t$$

则开裂扭矩为:

$$T_{cr} = f_t W_t \tag{7-2}$$

式中,W_t 为矩形截面抗扭塑性抵抗矩,其值为:

$$W_t = \frac{b^2}{6}(3h - b) \tag{7-3}$$

然而混凝土又非理想塑性材料,不可能在整个截面上完全实现塑性应力分布。另一方面,纯扭构件中除主拉应力作用外,在与主拉应力垂直方向还有主压应力作用,在复合应力状态下,混凝土的抗拉强度要低于单向受拉强度。故按式(7-2)计算的抗扭承载力略高于试验实测结果。为实用方便,素混凝土的抗扭承载力按理想塑性材料的应力分布图形计算,但混凝土抗拉强度要适当降低。《规范》规定,混凝土抗拉强度降低系数取为 0.7,即:

$$T_{cr} = 0.7 f_t W_t \tag{7-4}$$

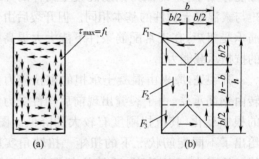

图 7-4 纯扭构件理想塑性分布图

二、钢筋混凝土纯扭构件的受力分析

钢筋混凝土纯扭构件开裂后,为便于计算,假定混凝土只承受压力,且不考虑核心混凝土的作用,构件的破坏图形比拟为如图 7-5(a)所示的空间桁架。在模型中纵筋视为桁架受拉弦杆,箍筋视为受拉腹杆,斜裂缝间的混凝土为斜压腹杆。

由材料力学可知,图 7-5(a)所示的薄壁管状构件在扭矩作用下其管壁将产生不变的剪力流,如图 7-5(b)所示,其抵抗扭矩为:

$$T_u = 2 A_{cor} q \tag{7-5}$$

式中　　T_u ——纯扭构件能承担的扭矩;

　　　　q ——横截面管壁上单位长度的剪力值,称为剪力流,$q = \tau t_d$(其中,τ 为抗扭引起的剪应力,t_d 为箱形截面侧壁厚);

　　　　A_{cor} ——剪力流中心线包围的面积,即核心面积,其值为 $A_{cor} = b_{cor} \times h_{cor}$[其中,$h_{cor}$ 为侧壁的有效高度(上下壁板箍筋内表面到内表面的距离),b_{cor} 为侧壁的有效宽度(左右壁板箍筋内表面到内表面的距离)]。

现取出箱形截面左侧竖向侧壁进行分析,如图 7-5(c)所示,侧壁有剪力流 q、上下纵筋的拉力 F、混凝土斜压力 D。由平衡条件得到混凝土斜压力:

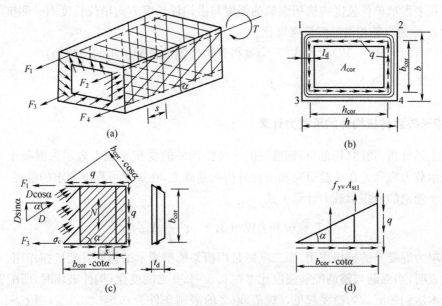

图 7-5　空间桁架计算模型

$$D=\frac{qb_{cor}}{\sin\alpha} \tag{7-6}$$

每个侧壁上的纵筋拉力 $F_1=F_3=F$

$$F=0.5D\cos\alpha=0.5qb_{cor}\cot\alpha \tag{7-7}$$

若构件属于适筋形式,即混凝土压坏前纵筋和箍筋均已达到屈服强度,则整个箱形截面的纵筋总拉力为:

$$A_{stl}f_y=qu_{cor}\cot\alpha \tag{7-8}$$

式中　α——混凝土斜压力与构件纵轴的夹角;

A_{stl}——抗扭纵筋面积;

f_y——抗扭纵筋强度;

u_{cor}——核心截面周长,$u_{cor}=2(b_{cor}+h_{cor})$。

由图 7-5(d)可得箍筋拉力为:

$$\frac{A_{st1}f_{yv}b_{cor}\cot\alpha}{s}=qb_{cor} \tag{7-9}$$

即

$$sq=A_{st1}f_{yv}\cot\alpha \tag{7-10}$$

式中　A_{st1}——抗扭单肢箍筋的截面积;

f_{yv}——抗扭箍筋强度;

s——箍筋间距。

从式(7-8)和式(7-10)得:

$$(\cot\alpha)^2=\frac{A_{stl}f_ys}{A_{st1}f_{yv}u_{cor}} \tag{7-11}$$

引入符号 $\zeta=\cot^2\alpha$,则有:

$$\zeta=\frac{A_{stl}f_ys}{A_{st1}f_{yv}u_{cor}} \tag{7-12}$$

从式中可见 ζ 表示单位长度内抗扭纵筋的强度与沿构件长度方向单位长度内一侧抗扭箍筋的强度之比,ζ 称为纵筋与箍筋配筋强度比。

将式(7-10)和式(7-12)代入式(7-5)就得到构件钢筋骨架承担的扭矩为:

$$T = 2\sqrt{\zeta} A_{cor} \frac{A_{st1}}{s} f_{yv} \qquad (7\text{-}13)$$

三、矩形截面纯扭构件的承载力计算

根据上述分析,我国《规范》将钢筋混凝土纯扭构件的受扭承载力表示为混凝土与钢筋两部分抗扭承载力之和。在试验研究和统计分析的基础上,在满足可靠度要求的前提下,提出如下半经验半理论的纯扭承载力计算公式

$$T_u \leqslant 0.35 f_t W_t + 1.2 \sqrt{\zeta} \frac{A_{st1}}{s} A_{cor} f_{yv} \qquad (7\text{-}14)$$

式中第一项为混凝土的抗扭作用,第二项则是用桁架模型表示的钢筋骨架抗扭作用。

试验表明,当纵筋与箍筋配筋强度比 ζ 在 $0.5 \sim 2.0$ 之间变化,构件破坏时,所配置的纵筋和箍筋基本达到屈服。为稳妥起见,《规范》取 ζ 的限制条件为 $0.6 \leqslant \zeta \leqslant 1.7$,当 $\zeta > 1.7$ 时,取 1.7。由式(7-12)可见,当纵筋用量越多,ζ 值越大。为便利施工,设计时一般 ζ 可在 $0.6 \sim 1.7$ 之间略取大些的值,以减少抗扭箍筋用量。

若构件上的设计扭矩不大于截面开裂扭矩,即 $T \leqslant 0.7 f_t W_t$。表明构件由混凝土即可承担全部外扭矩作用。为避免少筋破坏,保证构件具有一定的延性,《规范》规定构件可不必进行抗扭计算,但需按构造要求配置最小用量的抗扭钢筋。最小配筋率见第五节构造要求。

【例题 7-1】 一矩形截面构件受纯扭作用,已知截面尺寸 $b \times h = 250 \, \text{mm} \times 500 \, \text{mm}$,混凝土强度等级 C25,纵筋为 HRB400 级,箍筋为 HPB300 级,梁上扭矩设计值为 20 kN·m,试计算该梁配筋。

【解】 1. 材料强度设计值

C25 混凝土,$f_t = 1.27 \, \text{N/mm}^2$,HPB300 级钢筋 $f_y = 270 \, \text{N/mm}^2$,HRB400 级钢筋 $f_y = 360 \, \text{N/mm}^2$。

2. 构件几何量计算

$$W_t = \frac{b^2}{6}(3h - b) = \frac{250^2}{6} \times (3 \times 500 - 250) \approx 1.3 \times 10^7 \, \text{mm}^3$$

$$h_{cor} = 500 - 2 \times (25 + 8) = 434 \, \text{mm}$$

$$b_{cor} = 250 - 2 \times (25 + 8) = 184 \, \text{mm}$$

$$u_{cor} = 2 \times (h_{cor} + b_{cor}) = 2 \times (434 + 184) = 1\,236 \, \text{mm}$$

$$A_{cor} = h_{cor} b_{cor} = 434 \times 184 = 79\,856 \, \text{mm}^2$$

3. 箍筋计算

取 $\zeta = 1.2$,由式(7-14),有:

$$T_u \leqslant 0.35 f_t W_t + 1.2 \sqrt{\zeta} \frac{A_{st1}}{s} A_{cor} f_{yv}$$

得

$$\frac{A_{st1}}{s} = \frac{T - 0.35 f_t W_t}{1.2 \sqrt{\zeta} f_{yv} A_{cor}}$$

$$=\frac{20\times10^6-0.35\times1.27\times1.3\times10^7}{1.2\times\sqrt{1.2}\times270\times79\,856}=0.502$$

采用直径为 $\phi8$ 的钢筋为箍筋，则 $A_{st1}=50.3\ \text{mm}^2$，由此得箍筋间距为：

$$s=A_{st1}/0.502=50.3/0.502=100.3\ \text{mm}$$

取 $s=100\ \text{mm}$

4. 纵筋计算

由式(7-12)得：

$$\zeta=\frac{A_{stl}f_y s}{A_{st1}f_{yv}u_{cor}}$$

$$A_{stl}=1.2\times0.502\times270\times1\,236/360=558.4\ \text{mm}^2$$

选用 $4\,\Phi\,14(A_{stl}=615\ \text{mm}^2)$。

第四节　剪扭构件及弯扭构件的承载力计算

一、剪扭构件的承载力计算

（一）剪扭相关性

实际工程中受纯扭作用的构件一般较少，构件往往处于弯矩、剪力和扭矩共同作用。试验表明，当构件同时还受到剪力作用时，混凝土抗扭承载力将有所下降。同样，由于扭矩的作用，构件的抗剪承载力亦有所降低。

图 7-6(a)给出无腹筋构件受剪扭作用时，在不同扭矩与剪力比值作用下的承载力试验曲线。

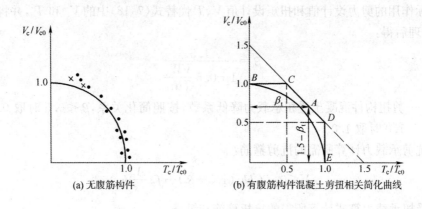

(a) 无腹筋构件　　　(b) 有腹筋构件混凝土剪扭相关简化曲线

图 7-6　混凝土剪扭承载力相关关系

图 7-6 中无量纲坐标系的纵坐标为 V_c/V_{c0}，横坐标为 T_c/T_{c0}。这里 V_{c0} 为受弯构件混凝土的抗剪承载力，为 $0.7f_tbh_0$ 或 $\dfrac{1.75}{1+\lambda}f_tbh_0$；$T_{c0}$ 为纯扭构件混凝土的抗扭承载力，为 $0.35f_tW_t$。V_c 和 T_c 分别为无腹筋构件在剪扭组合作用下的抗剪承载力和受扭承载力。从图中可见，无腹筋构件的受剪和受扭承载力相关关系大至服从于 1/4 圆弧曲线规律，即随着扭矩的增大，抗剪承载力下降；反之，随着同时作用的剪力增加，构件抗扭承载力下降。

（二）简化计算

对于有腹筋构件计算中认为，在剪扭组合作用下混凝土的剪扭承载力与无腹筋构件基本相同,即满足图 7-6(a)的相关曲线,但钢筋骨架的剪扭承载不相关。为简化计算,将图 7-6(a)的相关圆弧曲线近似以图 7-6(b)的三折线 BC、CD、DE 表示,而抗剪箍筋承载力与抗扭纵筋和抗扭箍筋承载力分别不受扭矩和剪力存在的影响。

当 $T_c/T_{c0} \leqslant 0.5$,取 $V_c/V_{c0} = 1.0$,即当 $T_c \leqslant 0.5T_{c0} = 0.175 f_t W_t$,忽略扭矩对混凝土抗剪强度的影响,仅考虑受弯构件的斜截面受剪承载力计算。

当 $V_c/V_{c0} \leqslant 0.5$,取 $T_c/T_{c0} = 1.0$,即当 $V_c \leqslant 0.5V_{c0} = 0.35 f_t bh_0$ 或 $\dfrac{0.85}{1+\lambda} f_t bh_0$,则忽略剪力对混凝土抗扭强度的影响,按纯扭构件的受扭承载力公式计算。

当 V_c/V_{c0}(或 T_c/T_{c0})在 $0.5 \sim 1.0$ 之间时,以 CD 斜直线表示剪扭相关关系。CD 延长线纵横坐标上的截距均为 1.5。如从 $V_c/V_{c0} = 1.5$ 处横线到相关线 CD 上任意点的距离用 β_t 表示,则从图 7-5 几何关系不难得知剪扭共同作用下混凝土所承担的剪力为:

$$V_c/V_{c0} = 1.5 - \beta_t \tag{7-15}$$

混凝土所承担的扭矩为:

$$T_c/T_{c0} = \beta_t \tag{7-16}$$

对图中任意点 A,有:

$$\frac{1.5 - \beta_t}{\beta_t} = \frac{V_c/V_{c0}}{T_c/T_{c0}} \tag{7-17}$$

从而得:

$$\beta_t = \frac{1.5}{1 + \dfrac{V_c/V_{c0}}{T_c/T_{c0}}} \tag{7-18}$$

1. 一般剪扭构件

以实际作用的剪力设计值和扭矩设计值 V、T 代替式(7-18)中的 V_c 和 T_c,并将 V_{c0} 和 T_{c0} 代入,经整理后得:

$$\beta_t = \frac{1.5}{1 + 0.5 \dfrac{V W_t}{T bh_0}} \tag{7-19}$$

式中 β_t——剪扭构件混凝土受扭承载力降低系数,按照简化关系,$\beta_t < 0.5$ 时取 0.5,当 $\beta_t > 1.0$ 时取 1.0。

构件抗剪承载力计算所需的抗剪箍筋:

$$V \leqslant 0.7 f_t bh_0 (1.5 - \beta_t) + f_{yv} \frac{A_{sv}}{s} h_0 \tag{7-20}$$

构件受扭承载力算式计算所需的抗扭箍筋和纵筋:

$$T \leqslant 0.35 \beta_t f_t W_t + 1.2 \sqrt{\zeta} f_{yv} \frac{A_{stl} A_{cor}}{s} \tag{7-21}$$

2. 集中荷载作用下的剪扭构件

当构件受集中荷载作用(包括作用有多种荷载,其中集中荷载对支座截面或节点边缘所产生的剪力值占总剪力值的 75% 以上的情况),以 $V_{c0} = \dfrac{1.75}{\lambda + 1} f_t bh_0$ 代入式(7-17)得:

$$\beta_t = \frac{1.5}{1 + 0.2(\lambda + 1) \dfrac{V W_t}{T bh_0}} \tag{7-22}$$

构件受剪承载力算式计算所需的抗剪箍筋:

$$V \leqslant (1.5 - \beta_t) \frac{1.75}{\lambda + 1} f_t b h_0 + f_{yv} \frac{A_{sv}}{s} h_0 \tag{7-23}$$

构件受扭承载力算式计算所需的抗扭箍筋和纵筋：

$$T \leqslant 0.35 \beta_t f_t W_t + 1.2 \sqrt{\zeta} f_{yv} \frac{A_{st1} A_{cor}}{s} \tag{7-24}$$

式中　λ——计算截面的剪跨比，$\lambda = a/h_0$，且 $1.5 \leqslant \lambda \leqslant 3.0$。

3. 按照叠加原则计算构件抗剪扭总的箍筋用量

由上述抗剪和抗扭分别计算了所需箍筋用量后，按照叠加原则计算构件总的箍筋用量。叠加原则是指单肢箍筋相加，即：

$$\frac{A_{svt1}}{s} = \frac{A_{sv1}}{s} + \frac{A_{st1}}{s} \tag{7-25}$$

式中　$\dfrac{A_{svt1}}{s}$——总的单肢箍筋用量。

4. 适用条件

（1）为避免截面过小而箍筋配置过多，出现钢筋未屈服而混凝土被压碎破坏，《规范》要求构件截面应满足：

当 $\dfrac{h_w}{b} \left(或 \dfrac{h_w}{t_w} \right) \leqslant 4$ 时

$$\frac{V}{bh_0} + \frac{T}{0.8W_t} \leqslant 0.25 \beta_c f_c \tag{7-26}$$

当 $\dfrac{h_w}{b} \left(或 \dfrac{h_w}{t_w} \right) = 6$ 时

$$\frac{V}{bh_0} + \frac{T}{0.8W_t} \leqslant 0.2 \beta_c f_c \tag{7-27}$$

当 $4 < \dfrac{h_w}{b} \left(或 \dfrac{h_w}{t_w} \right) < 6$ 时，按线性内插法确定。

若上述条件不满足，则应增大构件截面或提高混凝土强度等级。

（2）当截面中的剪力和扭矩满足下式，可不进行抗剪和抗扭承载力计算，仅需按构造配置箍筋和纵筋。

$$\frac{V}{bh_0} + \frac{T}{W_t} \leqslant 0.7 f_t \tag{7-28}$$

二、矩形截面弯扭和弯剪扭构件的承载力计算

（一）弯扭构件的承载力计算

构件在弯扭组合作用下相关关系比较复杂，随着作用在构件上弯矩和扭矩比值的改变，构件截面上下部纵筋数量的变化，构件截面高宽比的变化等均会对构件承载产生影响。随着上述因素的改变，弯扭构件可能出现不同的破坏形式。

1. 弯型破坏：当构件截面中作用的弯矩较大而扭矩相对较小时，构件一般是因下部钢筋屈服，上部混凝土被压碎而破坏。这种构件因下部纵筋即抗弯又抗扭，显然随弯矩增加，抗扭承载能力下降。

2. 扭型破坏：当构件截面中作用的弯矩较小而扭矩相对较大时，构件一般是从截面上部

纵筋受扭屈服开始,至下部混凝土被压碎而破坏。这种破坏形式与受弯构件破坏正好相反,故当弯矩适当增加,有利于提高构件的抗扭承载能力。

3. 弯扭型破坏:若截面的高宽比较大,而侧边的抗扭纵筋配置较弱或箍筋数量相对较小,则可能由于截面一个侧边的纵筋或箍筋在扭矩作用下屈服,然后另一侧混凝土被压碎而破坏。这种破坏形式一般是由上、下纵筋以外的因素决定,其抗扭承载力与作用弯矩大小关系不大。

由于构件弯扭承载力的相关因素较多,为便于计算,《规范》采用简便实用的"叠加"法进行设计,即先按抗弯构件正截面和纯扭构件分别计算纵筋,然后按相应位置的纵筋面积进行叠加。

(二)弯剪扭构件的承载力计算

同时承受弯矩、剪力和扭矩的矩形截面钢筋混凝土构件,三者互相影响,受力复杂。为简便计算,《规范》允许不考虑弯矩与剪力、扭矩的相关性,只考虑扭矩和剪力的相关性,其计算步骤如下:

1. 按式(7-26)或式(7-27)验算构件截面尺寸,若不满足,则应增大构件截面,或提高混凝土强度等级。

2. 若 $V \leqslant 0.35 f_t b h_0$[或 $V \leqslant 0.875 f_t b h_0 / (\lambda + 1)$]时,可仅按受弯构件的正截面受弯承载力和纯扭构件的受扭承载力分别进行计算,剪力很小可不进行抗剪计算。

3. 若 $T \leqslant 0.175 f_t W_t$ 或 $T \leqslant 0.175 \alpha_h f_t W_t$ 时,可仅按受弯构件的正截面受弯承载力和斜截面受剪承载力分别进行计算,扭矩很小可不进行抗扭计算。

4. 按式(7-28)验算构件是否需按计算配置抗扭钢筋,若满足式(7-28)要求则按构造配筋。

5. 若不满足式(7-28)要求,先判定是否考虑剪扭相关,并根据荷载作用分别按式(7-19)或式(7-22)计算 β_t,再按式(7-20)或式(7-23)计算抗剪箍筋。

6. 在 $0.6 \leqslant \zeta \leqslant 1.7$ 范围选定 ζ,再按式(7-24)计算抗扭箍筋以及按式(7-12)计算抗扭纵筋。将抗剪和抗扭箍筋按单肢箍筋进行叠加,然后选配箍筋。

7. 按受弯构件正截面承载力计算抗弯纵筋。

8. 将所计算的抗扭纵筋沿截面对称分配,再将相应位置处抗弯纵筋和抗扭纵筋面积叠加,然后选配纵筋。

三、T形、I形和箱形截面弯剪扭构件承载力计算

在工程结构中,不仅有上述讨论的矩形截面受扭构件,还有 T 形、I 形和箱形等截面形式的受扭构件。如吊车梁、框架边梁等。

《规范》规定在弯剪扭共同作用下,对 $h_w/b \leqslant 6$ 的 T 形、I 形截面和 $h_w/t_w \leqslant 6$ 箱形截面构件其截面应满足式(7-26)或式(7-27)的条件。这些形式截面构件的配筋仍按上述方法进行。但承载力计算应满足有关要求:

1. T 形和 I 形截面

(1)不考虑弯矩与剪力、扭矩的相关性,弯矩按正截面设计计算;

(2)剪力全部由腹板承担;

(3)扭矩由腹板、上下翼缘共同承担。

具体做法是将截面划分为若干个矩形截面,然后按矩形截面进行配筋计算。矩形截面划分的原则是首先满足腹板截面的完整性,然后再划分受压翼缘和受拉翼缘的面积,如图 7-7 所示。划分的各矩形截面所承担的扭矩值,按各矩形截面的受扭塑性抵抗矩与截面总的受扭塑

性抵抗矩之比进行分配,即:

腹板
$$T_{\mathrm{w}}=\frac{W_{\mathrm{tw}}}{W_{\mathrm{t}}}T$$

受压翼缘
$$T_{\mathrm{f}}'=\frac{W_{\mathrm{tf}}'}{W_{\mathrm{t}}}T$$

受拉翼缘
$$T_{\mathrm{f}}=\frac{W_{\mathrm{tf}}}{W_{\mathrm{t}}}T$$

式中　T_{w}、T_{f}'、T_{f}——腹板、受压翼缘及受拉翼缘的扭矩设计值;

$\qquad W_{\mathrm{tw}}$——腹板的截面抗扭塑性抵抗矩,$W_{\mathrm{tw}}=\dfrac{b^2}{6}(3h-b)$;

$\qquad W_{\mathrm{tf}}'$——受压翼缘的截面抗扭塑性抵抗矩,$W_{\mathrm{tf}}'=\dfrac{h_{\mathrm{f}}'^2}{2}(b_{\mathrm{f}}'-b)$;

$\qquad W_{\mathrm{tf}}$——受拉翼缘的截面抗扭塑性抵抗矩,$W_{\mathrm{tf}}=\dfrac{h_{\mathrm{f}}^2}{2}(b_{\mathrm{f}}-b)$;

$\qquad T$——整个截面的扭矩设计值;

$\qquad W_{\mathrm{t}}$——整个截面的抗扭塑性抵抗矩,$W_{\mathrm{t}}=W_{\mathrm{tw}}+W_{\mathrm{tf}}'+W_{\mathrm{tf}}$。

其中,b、h 为腹板宽度、截面高度,b_{f}'、b_{f} 截面受压区、受拉区的翼缘宽度,h_{f}'、h_{f} 为截面受压区、受拉区的翼缘高度,如图 7-7 所示。

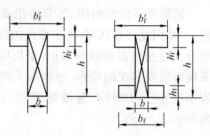

图 7-7　T 形和 I 型截面的矩形划分方法

通过上述处理可以看到,腹板应按弯扭剪组合应力状态计算,拉压翼缘则应按弯扭受力状态计算。最后将所计算的钢筋叠加即为整个截面的所需钢筋。

2. 箱形截面

箱形截面的塑性抗扭抵抗矩为

$$W_{\mathrm{t}}=\frac{b_{\mathrm{h}}^2}{6}(3h_{\mathrm{h}}-b_{\mathrm{h}})-\frac{(b_{\mathrm{h}}-2t_{\mathrm{w}})^2}{6}\big[3h_{\mathrm{w}}-(b_{\mathrm{h}}-2t_{\mathrm{w}})\big] \qquad (7\text{-}29)$$

式中　b_{h}、h_{h}——箱形截面的短边尺寸、长边尺寸;

$\qquad t_{\mathrm{w}}$——箱形截面壁厚。

箱形截面剪扭构件的剪扭承载力按下式计算:

受剪承载力:

$$V\leqslant(1.5-\beta_{\mathrm{t}})0.7f_{\mathrm{t}}bh_0+f_{\mathrm{yv}}\frac{A_{\mathrm{sv}}}{s}h_0 \qquad (7\text{-}30)$$

受扭承载力:实验与理论研究表明,一定壁厚箱形截面受扭承载力与实心截面是相同的。仅将实心截面计算公式中的混凝土项乘以与截面相对壁厚有关的折减系数,得出下列计算公式。

$$T\leqslant0.35\alpha_{\mathrm{h}}\beta_{\mathrm{t}}f_{\mathrm{t}}W_{\mathrm{t}}+1.2\sqrt{\zeta}f_{\mathrm{yv}}\frac{A_{\mathrm{st1}}A_{\mathrm{cor}}}{s} \qquad (7\text{-}31)$$

式中　α_{h}——箱形截面壁厚影响系数,$\alpha_{\mathrm{h}}=2.5\,t_{\mathrm{w}}/b_{\mathrm{h}}$,当 $\alpha_{\mathrm{h}}>1.0$ 时,取 $\alpha_{\mathrm{h}}=1.0$。

第五节　构 造 要 求

受扭构件在按上述各节计算的基础上,还必须满足下述各项构造要求。

一、截面尺寸限制条件

为避免受扭构件配筋过多,发生完全超筋性质破坏,《规范》规定需按式(7-26)或式(7-27)进行最小截面尺寸验算。若不满足,则需加大构件截面或提高混凝土强度等级。

二、构造配筋条件

若纯扭构件满足式(7-4)、剪扭构件满足式(7-28),表明仅靠混凝土就可承受截面上的主拉应力。可不进行抗扭计算,仅需按构造配置抗扭箍筋和纵筋。

三、箍筋构造要求

(一)最小配筋率

为防止发生"少筋"性质的脆性破坏,《规范》对受弯剪扭作用构件的箍筋和纵筋最小配筋率作了下列规定:箍筋配筋率应满定:$\rho_{sv}[\rho_{sv}=A_{sv}/(bs)]$ 不应小于 $0.28f_t/f_{yv}$,间距不得大于受弯构件中的最大箍筋间距。

(二)箍筋形式与布置

箍筋必须做成封闭式,且应沿截面周边布置;当采用复合箍筋时,位于截面内部的箍筋不应计入受扭所需的箍筋面积;受扭所需箍筋的末端应做成135°的弯钩,弯钩端头的平直段长度不应小于 $10d$(d 为箍筋直径),如图 7-8 所示。

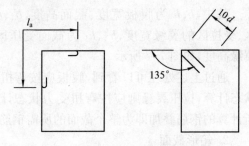

图 7-8 构造形式

四、纵筋构造形式要求

1. 梁内受扭纵向钢筋的配筋率 ρ_{tl} 应符合下列规定:

$$\rho_{tl} \geqslant 0.6\sqrt{\frac{T}{Vb}}\frac{f_t}{f_y} \qquad (7-32)$$

当 $T/(Vb) > 2.0$ 时,取 $T/(Vb)=2.0$。

式中 ρ_{tl} ——受扭纵向钢筋的配筋率,$\rho_{tl}=A_{stl}/(bh)$;

   b ——受剪的截面宽度;

  A_{stl} ——沿截面周边布置的受扭纵向钢筋总截面面积。

在弯剪扭构件中,配置在截面弯曲受拉边的纵向受力钢筋,其截面面积不应小于受弯构件受拉钢筋最小配筋率计算出的钢筋截面面积与按受扭纵向钢筋配筋率计算并分配到弯曲受拉边的钢筋截面面积之和。

2. 沿截面周边布置的受扭纵向钢筋的间距不应大于200 mm和梁截面短边长度。

3. 在梁截面四角必须设置受扭纵向钢筋,其余受扭纵向钢筋宜沿截面周边均匀对称布置。

4. 受扭纵向钢筋应按受拉钢筋锚固在支座内。

【**例题 7-2**】 钢筋混凝土矩形截面梁,截面尺寸 $b \times h = 250 \text{ mm} \times 500 \text{ mm}$。承受设计弯矩 $M=100 \text{ kN} \cdot \text{m}$,由均布荷载产生的剪力设计值 $V=100 \text{ kN}$,扭矩设计值 $T=15 \text{ kN} \cdot \text{m}$。混凝土强度等级为 C25,纵向钢筋采用 HRB400 级,箍筋 HPB300 级。试进行该梁设计。

【解】 1. 材料强度设计值

C25 混凝土：$f_c = 11.9\ \text{N/mm}^2$，$f_t = 1.27\ \text{N/mm}^2$。HPB300 级钢筋 $f_{yv} = 270\ \text{N/mm}^2$，HRB400 级钢筋 $f_y = 360\ \text{N/mm}^2$。

2. 验算截面限制条件

设纵筋为一排钢筋，箍筋直径为 8 mm，按《规范》规定钢筋保护层厚度25 mm，则

$$h_0 = 500 - 45 = 455\ \text{mm}$$

$$W_t = b^2(3h-b)/6 = 250^2 \times (3 \times 500 - 250)/6 = 1.3 \times 10^7\ \text{mm}^3$$

$$b_{cor} = 250 - (25+8) \times 2 = 184\ \text{mm}$$

$$h_{cor} = 500 - (25+8) \times 2 = 434\ \text{mm}$$

$$A_{cor} = b_{cor}h_{cor} = 184 \times 434 = 79\,856\ \text{mm}^2$$

$$u_{cor} = 2(b_{cor}+h_{cor}) = 2 \times (184+434) = 1\,236\ \text{mm}$$

由式(7-26)，有：

$$h_w/b = 455/250 = 1.82 < 4$$

$$\frac{V}{bh_0} + \frac{T}{0.8W_t} = \frac{100 \times 10^3}{250 \times 455} + \frac{15 \times 10^6}{0.8 \times 1.3 \times 10^7}$$

$$= 0.88 + 1.44 = 2.32\ \text{N/mm}^2 < 0.25\beta_c f_c$$

$$= 0.25 \times 1.0 \times 11.9 = 2.98\ \text{N/mm}^2$$

截面尺寸满足要求。

3. 验算是否考虑剪力和扭矩对承载力的影响

$$T = 15\ \text{kN} \cdot \text{m} > 0.175 f_t W_t$$

$$= 0.175 \times 1.27 \times 1.3 \times 10^7 = 2.89\ \text{kN} \cdot \text{m}$$

$$V = 100\ \text{kN} > 0.35 f_t bh_0$$

$$= 0.35 \times 1.27 \times 250 \times 455 = 50.56\ \text{kN}$$

剪力和扭矩对构件承载力的影响均要考虑，构件应按弯、剪、扭共同作用计算。

4. 验算是否可按构造配置剪扭箍筋

由式(7-28)，有：

$$0.7 f_t = 0.7 \times 1.27 = 0.89\ \text{N/mm}^2 < \frac{V}{bh_0} + \frac{T}{W_t} = \frac{100 \times 10^3}{250 \times 455} + \frac{15 \times 10^6}{1.3 \times 10^7} = 2.03\ \text{N/mm}^2$$

应按计算配置抗剪及抗扭钢筋。

5. 按受弯构件正截面承载力计算抗弯纵筋（单筋截面）

$$\sum M = 0, \qquad M = \alpha_1 f_c bx \left(h_0 - \frac{x}{2}\right)$$

$$\sum Y = 0, \qquad \alpha_1 f_c bx = f_y A_s$$

求解得：

$$x = h_0 \left(1 - \sqrt{1 - \frac{2M}{\alpha_1 f_c bh_0^2}}\right) = 455 \times \left(1 - \sqrt{1 - \frac{2 \times 100 \times 10^6}{11.9 \times 250 \times 455^2}}\right)$$

$$= 81.1\ \text{mm} < \xi_b h_0 = 0.518 \times 455 = 236\ \text{mm}$$

$$A_s = \alpha_1 \frac{f_c bx}{f_y} = 1 \times \frac{11.9 \times 250 \times 81.1}{360}$$

$$= 670.2\ \text{mm}^2 > A_{s,min} = 0.002 \times 250 \times 500 = 250\ \text{mm}^2$$

6. 计算抗扭箍筋和抗扭纵筋

剪扭构件混凝土受扭承载力降低系数:

$$\beta_t = \frac{1.5}{1+0.5\dfrac{VW_t}{Tbh_0}}$$

$$= \frac{1.5}{1+0.5\times\dfrac{100\times10^3\times1.3\times10^7}{15\times10^6\times250\times455}}$$

$$= 1.086 > 1.0$$

按《规范》规定,取 $\beta_t = 1.0$,设配筋强度比 $\zeta = 1.2$。

由式(7-21)计算抗扭箍筋:

$$T \leqslant 0.35\beta_t f_t W_t + 1.2\sqrt{\zeta}f_{yv}\frac{A_{st1}A_{cor}}{s}$$

故得:

$$\frac{A_{st1}}{s} = \frac{T-0.35\beta_t f_t W_t}{1.2\sqrt{\zeta}f_{yv}A_{cor}}$$

$$= \frac{15\times10^6 - 0.35\times1.0\times1.27\times1.3\times10^7}{1.2\times\sqrt{1.2}\times270\times79\,856} = 0.325\,4\ \text{mm}^2/\text{mm}$$

由式(7-12),有:

$$\zeta = \frac{A_{stl}f_y s}{A_{st1}f_{yv}u_{cor}}$$

计算抗扭纵筋:

$$A_{stl} = \zeta u_{cor}\frac{A_{st1}}{s}\frac{f_{yv}}{f_y} = 1.2\times1\,236\times0.325\,4\times\frac{270}{360} = 361.9\ \text{mm}^2$$

抗扭纵筋最小配筋率由式(7-32),有:

$$\rho_{tl,\min} = 0.6\sqrt{\frac{T}{Vb}}\frac{f_t}{f_y} = 0.6\times\sqrt{\frac{15\times10^6}{100\times10^3\times250}}\frac{1.27}{360} = 0.001\,6$$

$$\rho_{tl} = \frac{A_{stl}}{bh} = \frac{361.9}{250\times500} = 0.003 > \rho_{tl,\min} = 0.001\,6$$

按计算配置受扭纵筋。根据构造要求,梁中部应设置抗扭纵筋,故抗扭纵筋按上中下分别为

$$\frac{1}{3}A_{stl} = \frac{361.9}{3} = 120.6\ \text{mm}^2$$

上中部选用 $2\oplus12(A_s = 226\ \text{mm}^2)$。

下部纵筋面积为:$670.2 + 120.6 = 790.8\ \text{mm}^2$,选用 $4\oplus16(A_s = 804\ \text{mm}^2)$。

7. 计算抗剪箍筋

按式(7-20)计算单侧抗剪箍筋用量(采用双肢箍 $n=2$)

$$V \leqslant (1.5-\beta_t)0.7f_t bh_0 + f_{yv}\frac{A_{sv}}{s}h_0$$

$$\frac{A_{sv1}}{s} = \frac{V-0.7(1.5-\beta_t)f_t bh_0}{nf_{yv}h_0}$$

$$= \frac{100\times10^3 - 0.7\times(1.5-1)\times1.27\times250\times455}{2\times270\times455}$$

$$= 0.201\,2\ \text{mm}^2/\text{mm}$$

8. 配置箍筋

按式(7-25)计算单肢箍筋总用量：

$$\frac{A_{stl}}{s}+\frac{A_{sv1}}{s}=0.325\ 4+0.201\ 2=0.526\ 6\ \text{mm}^2/\text{mm}$$

选用箍筋直径Φ8，$A_{sv}=50.3\ \text{mm}^2$，则：

$$s=50.3/0.526\ 6=95.5\ \text{mm}$$

选用箍筋间距 $s=95$ mm，满足箍筋最大间距要求。

按《规范》规定验算最小配箍率：

$$\rho_{sv}=A_{sv}/(bs)=0.526\ 6/250=0.002\ 11>0.28f_t/f_{yv}$$
$$=0.28\times1.27/270=0.001\ 32$$

箍筋配置满足要求。

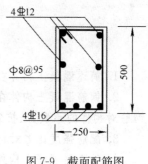

图 7-9　截面配筋图

小　结

本章主要讨论了以下内容：

1. 根据试验结果，分析了纯扭构件在不同的配筋状况下的破坏形式。归纳为以下 4 种：少筋破坏、适筋破坏、超筋破坏和部分超筋破坏。少筋破坏和超筋破坏为脆性破坏。

2. 钢筋混凝土纯扭构件的开裂扭矩与素混凝土构件的基本相同，这表明开裂前的扭矩主要由混凝土承担。开裂前扭矩与扭转角成线性关系，而开裂后构件抗扭刚度明显下降。

3. 矩形截面素混凝土构件在纯扭作用下的承载力按理想塑性材料的应力图计算，但需乘一个材料强度折减系数。钢筋混凝土构件在纯扭作用下其承载力分别由混凝土与钢筋两部分组成。混凝土部分承载力为素混凝土构件承载力的一半，钢筋的承载力是按变角空间架模型推得。为使抗扭纵筋和箍筋相匹配，有效的发挥抗扭作用，应使两者的强度比 $\zeta=0.6\sim1.7$，一般 ζ 取 1.2 左右。

4. 在剪扭组合作用下，混凝土项的抗剪和抗扭承载力基本符合 1/4 圆弧的变化规律。《规范》采用部分相关的计算方案，即计算中只考虑混凝土这部分剪扭相关。在纯扭计算式的混凝土承载力项中乘以相关系数 β_t，在受弯构件斜截面计算式的混凝土承载力项中乘以 1.5 $-\beta_t$，是以三折线代替 1/4 圆弧相关曲线得到。

5. 弯剪扭组合作用下，构件的相关关系比较复杂，它与作用在构件上弯矩和扭矩比值的改变，构件截面上下部纵筋数量的变化，构件截面高宽比的变化等因素有关。随着上述比值的变化，构件可能出现"弯型破坏"、"扭型破坏"和"弯扭型破坏"。

6. 在弯剪扭组合作用下，构件的受力复杂。计算时《规范》建议采用简便实用的叠加法，即箍筋数量由剪扭相关性的抗扭和抗剪计算结果进行叠加，纵筋的数量则由抗弯和抗扭计算的结果进行叠加。

7. T 形和 I 形截面在弯剪扭组合作用下，计算时《规范》建议剪力由腹板承担，弯矩由整个截面承担，扭矩按截面腹板、受压翼缘和受拉翼缘的相对抗扭塑性抵抗矩分配。然后按矩形截面弯剪扭构件计算原则进行。

8. 《规范》指出受扭构件还须满足截面限制条件和最小配筋率条件，以防止"超筋"或"少筋"破坏。此外，受扭构件还须满足有关构造要求。

思 考 题

1. 简述混凝土构件在纯扭作用下的受力特性及计算方法。
2. 钢筋混凝土构件在纯扭作用下可能出现哪些形式的破坏? 它们分别有什么样的特征? 钢筋对构件的承载力、抗裂及刚度各有什么影响?
3. 配筋强度比 ζ 对构件的配筋和破坏形式有什么影响?
4. 无腹筋混凝土构件剪扭承载力有什么形式的相关规律? 在钢筋混凝土构件中是如何考虑这种相关性的?
5. 钢筋混凝土弯扭构件的破坏与哪些因素有关? 承载力计算时是如何考虑弯扭配筋的?
6. 钢筋混凝土弯剪扭构件的配筋是如何确定的?
7. 钢筋混凝土 T 形和 I 形截面构件在受扭承载力计算时,做了哪些简化?
8. 钢筋混凝土受扭构件有哪些构造要求?

习 题

7-1 受均布荷载作用的矩形截面悬臂梁,$b=200\ \text{mm}$,$h=500\ \text{mm}$,混凝土强度等级为 C30,纵筋为 HRB400 级,箍筋为 HPB300 级。该梁承受剪力设计值为 $V=150\ \text{kN}$,扭矩设计值为 $12\ \text{kN·m}$。试计算该梁配筋,并绘截面配筋图。

7-2 受均布荷载作用的钢筋混凝土矩形截面梁,$b=250\ \text{mm}$,$h=550\ \text{mm}$,梁上承受的弯矩设计值为 $M=120\ \text{kN·m}$,剪力设计值为 $V=150\ \text{kN}$,扭矩设计值为 $T=20.4\ \text{kN·m}$。混凝土强度等级为 C25,纵筋为 HRB400 级,箍筋为 HPB300 级。试设计该梁,并画出配筋图。

7-3 某钢筋混凝土 T 形截面构件,其截面尺寸 $b'_f=400\ \text{mm}$,$h'_f=100\ \text{mm}$,$b=250\ \text{mm}$,$h=600\ \text{mm}$。梁上承受的弯矩设计值为 $M=120\ \text{kN·m}$,剪力设计值为 $V=180\ \text{kN}$,扭矩设计值为 $T=15\ \text{kN·m}$。混凝土强度等级为 C25,纵筋为 HRB400 级,箍筋为 HPB300 级。试设计该梁,并画出配筋图。

第八章 钢筋混凝土受冲切构件承载力计算

第一节 概 述

前面的第四章讨论了单向受弯钢筋混凝土构件的抗剪承载力设计问题。它不仅适用于普通梁（截面宽高比较小），也适用于单向板。所谓单向板，是指只在一个方向的截面上受到弯矩作用，且该截面宽高比较大的情形（图 8-1）。两相互正交方向截面均受弯的板则称为双向板（图 8-2）。普通梁和单向板剪切破坏的共同特点是：破坏面贯穿构件的整个宽度，几何上呈柱面（柱纵轴沿构件宽度方向）。双向板的剪切，破坏面一般不再呈柱面形式。例如，图 8-2 所示方板，当沿四边支承，并在中部一方形区域受到集中荷载作用时，其斜裂破坏面将围绕集中荷载区域形成，大致呈空间回转锥面或喇叭状。为了有所区别，这种不沿柱面发生的剪切破坏通常统称为冲切破坏。冲切破坏是钢筋混凝土板在集中力作用下特有的一种剪切破坏形式。在工程实践中，最常遇到的冲切问题是板柱结构，包括柱支承无梁楼板、无梁屋盖和水池顶盖，柱下独立基础及无梁平板式片筏基础。此外，桩基承台、受到轮压作用的桥面板和码头面板等也需考虑抗冲切问题。

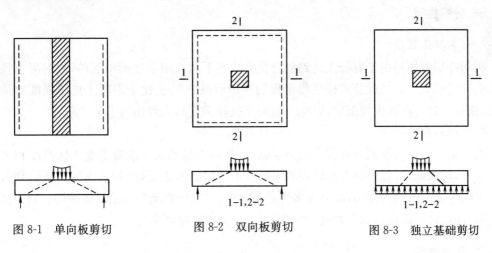

图 8-1 单向板剪切   图 8-2 双向板剪切   图 8-3 独立基础剪切

第二节 冲切破坏特征

鉴于冲切问题的复杂性，抗冲切设计方法的制定在很大程度上依赖于试验研究。冲切试验大体上可分为两大类（图 8-2 和图 8-3）：①集中力的反力只沿板周边作用；②集中力的反力布满板面。

弯曲破坏和冲切破坏是钢筋混凝土双向板，在中部受集中力作用时可能出现的两种典型破坏形态。当发生弯曲破坏时，其抗力行为可用混凝土受弯初裂、钢筋初始屈服和钢筋普遍屈服 3 个特定状态划分成 4 个阶段：①弹性工作阶段；②裂缝形成阶段；③屈服发展阶段；④塑性变形阶段。通过柱头施加集中力并沿周边支承的等厚板柱连接试验属于第一类试验，主要目的是了解无梁楼盖中柱周板域的受力行为,其弯曲破坏试验表明,正截面开裂先在弯矩最大的柱边出现,再向板边发展。之后的钢筋屈服也是如此。主裂缝上钢筋普遍屈服标志着屈服线形成,此后挠度显著增长,主裂缝迅速加宽,由它分割而成的板块绕屈服线发生相对转动,这说明试件已处于塑性变形状态。发生冲切破坏的板则不能完成上述 4 个阶段。与弯曲破坏板相比,特别是当冲切出现较早时,其所有正截面裂缝均较细,径向裂缝多而密,宽度也相差不大,故无明显主裂缝,破坏时挠度也较小。破坏表现为柱头连同截锥体突然从余部错动般冲脱,并在板的受拉面形成一圈撕开状裂痕,在挠度陡增的同时荷载骤降,并伴随大而短促声响,在宏观上表现出毫无预兆的脆性破坏。

第二类试验旨在研究基础的破坏特性。试验表明,不论发生弯曲破坏还是冲切破坏,两类试件的破坏特征是相似的,不同之处在于它们的弯曲破坏屈服线形式和冲切破坏斜锥面倾角,就后一点而言,基础类试件的破坏面倾角大致呈 45°或 1∶1 的坡度,平板式试件的破坏面倾角则在 27°左右,约 1∶2 的倾斜坡度。

第三节 影响冲切承载力的因素

影响板抗冲切承载力的因素很多,大致可归纳为材料性能、几何特征和作用条件三大类,每一类中又包含多个方面。由于冲切破坏机理十分复杂,建立板的抗冲切承载力与这些因素的数学关系目前尚无成熟的理论,因而只能依赖于对大量试验数据的经验分析。

一、材料性能

(一)混凝土强度

板的冲切破坏是由于混凝土达到复合受力状态下的极限强度而引起的,故混凝土强度等级影响冲切承载力。经验公式往往假定板的冲切承载力 V 正比于混凝土抗压强度的某指数函数(指数<1)。在我国规范中,$V \propto f_t$(混凝土抗拉强度),大致相当于 $V \propto f_{cu}^{2/3}$。

(二)纵向配筋

无论梁、板,加强纵筋均可提高抗剪承载力,其原因是增大了混凝土受压区高度和销栓作用。此外,对板而言,位于斜锥面以外的纵筋虽不与斜截面相交,但对其内部板域的侧向变形可产生板平面内的约束作用,配筋越多则约束越强,这也使得增加纵筋对抗冲切有利。试验结果表明,冲切破坏荷载与 $\rho_s^{1/3}$ 大致呈线性关系(ρ_s 为纵向配筋率)。

二、几何特征

(一)板柱尺寸

板厚和柱截面尺寸直接关系到传递柱周剪力的面积大小,故对冲切承载力影响显著。试验结果指出,冲切破坏荷载与柱的截面尺寸约成正比,与有效板厚呈指数大于 1 的幂函数关系。

(二)板柱形状

柱截面形状对周边支承板柱连接的冲切承载力也有一定影响。其他参数相同时,圆柱情形较矩形柱情形承载力为高。其原因在于,板的挠曲变形在矩形柱角部受到较强抵抗,使得该处剪应力较大,这种沿柱周不均匀的受剪状态对沿柱周同步抗剪不利。

三、作用条件

(一)边界约束

不妨将与板的变形无关的边界约束称为无关约束或主动约束(如人为施加可控的边界负弯矩),与板的变形有关的边界约束称为相关约束或被动约束(如与板整浇的边梁产生的作用)。抗冲切承载力随主动约束的加强而提高。被动约束的影响效果不仅取决于外部约束体的刚度,也与板自身的面内约束能力有关,当自身约束较弱时施加较强的外部约束,则承载力提高较多。

(二)冲跨比

这里将类似于梁中剪跨比的因素称为冲跨比,并表示为 $\lambda=(l-c)/(2h_0)$,其中 l 为板跨,c 为柱截面尺寸,h_0 为有效板厚。从试验结果可以发现,当 $\lambda<2.5$ 时,λ 越小,则破坏锥越陡,承载力提高越快;当 $\lambda>2.5$ 时,λ 的影响可忽略,故可取 $\lambda=2.5$ 作为大小冲跨比的界限。

(三)荷载或反力分布

与集中力相对的荷载或反力的分布影响板内应力分布,因而也影响板的极限性能。如图8-2和图8-3所示,两类板试验结果的差异说明了这一点。对同一试件,若按图8-3进行试验,则冲切承载力较高,破坏面较陡。

第四节　受冲切承载力设计

世界各国标准所采用的抗冲切设计方法差异较大。在我国混凝土结构设计规范中,有关公式长期沿用前苏联规范的形式,虽计算简便,但略显保守,且对主要影响因素的反映还不够全面、不够合理,最近的修订主要参考美国规范进行了调整和补充。

一、板的抗冲切设计

(一)无腹筋板的抗冲切验算

为了防止沿某一空间锥面发生冲切破坏,就必须保证该面底部处的总剪力不大于该面的抗冲切承载力。对在局部荷载或集中反力作用下,不配置箍筋、弯起钢筋或任何其他形式抗冲切钢筋(也称为腹筋)的钢筋混凝土板(图8-4),规范作了如下规定:

$$F_l \leqslant (0.7\beta_h f_t + 0.25\sigma_{pc,m})\eta u_m h_0$$

$$(8-1)$$

式(8-1)中的系数 η,应按下列两个公式计算,并取其中较小值:

$$\eta_1 = 0.4 + \frac{1.2}{\beta_s}$$

$$\eta_2 = 0.5 + \frac{\alpha_s h_0}{4u_m}$$

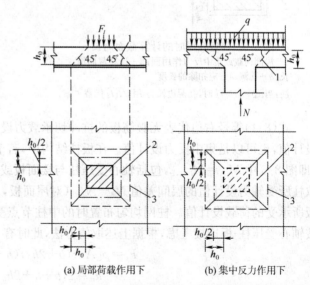

(a) 局部荷载作用下　(b) 集中反力作用下

图 8-4　板受冲切承载力计算

1—冲切破坏锥体的斜截面;2—计算截面的周长;
3—冲切破坏锥体的底面线

式中　F_l——冲切剪力设计值;

　　　β_h——截面高度影响系数:当 $h \leqslant 800$ mm 时取 $\beta_h = 1.0$,当 $h \geqslant 2\,000$ mm时取 $\beta_h = 0.9$,其间按线性内插法取用;

　　　f_t——混凝土轴心抗拉强度设计值;

　　　$\sigma_{pc,m}$——计算截面周长上两个方向混凝土有效预压应力按长度的加权平均值,其值宜控制在 $1.0 \sim 3.5$ N/mm² 范围内,未配预应力筋的,$\sigma_{pc,m} = 0$。

　　　u_m——计算截面的周长:距离局部荷载或集中反力作用面积周边 $h_0/2$ 处板垂直截面的最不利周长,当板开有孔洞且孔洞至局部荷载或集中反力作用面积边缘的距离不大于 $6h_0$ 时,受冲切承载力计算中取用的计算截面周长 u_m 中应扣除局部荷载或集中反力作用面积中心至开孔外边画出两条切线之间所包含的长度(图 8-5);

　　　h_0——截面有效高度,取两个配筋方向的截面有效高度的平均值;

　　　η_1——局部荷载或集中反力作用面积形状的影响系数;

　　　η_2——计算截面周长与板截面有效高度之比的影响系数;

　　　β_s——局部荷载或集中反力作用面积为矩形时的长边与短边尺寸的比值,β_s 不宜大于 4,当 $\beta_s < 2$ 时取 $\beta_s = 2$,当面积为圆形时取 $\beta_s = 2$;

　　　α_s——板柱结构中柱类型的影响系数,对中柱取 $\alpha_s = 40$,对边柱取 $\alpha_s = 30$,对角柱取 $\alpha_s = 20$。

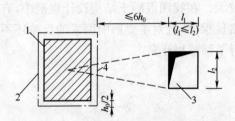

图 8-5　邻近孔洞时的计算截面周长
1—局部荷载或集中反力作用面;2—计算截面周
长;3—孔洞;4—应扣除的长度
注:当图中 $l_1 > l_2$ 时,孔洞边长 l_2 用 $\sqrt{l_1 l_2}$ 代替

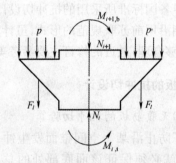

图 8-6　板柱节点抗冲切计算中
集中反力的取值

　　式(8-1)等号右边代表无腹筋板的抗冲切承载力设计值,等号左边的 F_l,可以是局部荷载设计值,也可以是集中反力设计值。在板柱结构中,若节点上下柱端弯矩大小相等、方向相反(即图 8-6 中 $M_{i,t} = M_{i+1,b}$,包括轴心受压柱与楼面板或屋面板的连接处),集中反力设计值 F_l 取柱所受轴力设计值的层间差值 $N_i - N_{i+1}$(对屋面板,$N_{i+1} = 0$)减去 $45°$ 冲切破坏锥体范围内板所承受的荷载设计值。柱网均匀布置时的中柱节点受均布竖向荷载作用的情形,通常近似按轴心受压柱-板连接考虑,根据上述取值方法,此时有

$$F_l = p[A - (b + 2h_0)(h + 2h_0)]$$

$$u_m = 2(b + h + 2h_0)$$

式中　p——均布荷载设计值,包括板自重;

　　　A——由节点周围的四根区格跨中线围成的板面积,相当于一个板格的面积(图 8-8);

　　　b、h——柱截面的宽度和高度。

　　若板柱节点上下柱端弯矩不能相互抵消(如内柱同方向两侧跨度不等、边柱、角柱、以及有水平荷载作用的情形),则节点不仅传递剪力,还要传递不平衡弯矩,因而承载能力下降。对此,规范所采取的设计处理措施是,不变承载能力,增大冲切剪力,即式(8-1)中集中反力设计值 F_l 以等效值 $F_{l,\mathrm{eq}}$ 代替,规范推荐的 $F_{l,\mathrm{eq}}$ 取值办法如下。

　　1. 传递单向不平衡弯矩的板柱节点

　　当不平衡弯矩作用平面与柱矩形截面两个轴线之一相重合时,可按下列两种情况进行计算:

　　(1)由节点受剪传递的单向不平衡弯矩 $\alpha_0 M_{\mathrm{unb}}$,当其作用的方向指向图 8-7 的 AB 边时,等效集中反力设计值可按下列公式计算:

$$F_{l,\mathrm{eq}}=F_l+\frac{\alpha_0 M_{\mathrm{unb}} a_{\mathrm{AB}}}{I_{\mathrm{c}}}u_{\mathrm{m}}h_0 \qquad (8\text{-}2)$$

$$M_{\mathrm{unb}}=M_{\mathrm{unb,c}}-F_l e_{\mathrm{g}} \qquad (8\text{-}3)$$

　　(2)由节点受剪传递的单向不平衡弯矩 $\alpha_0 M_{\mathrm{unb}}$,当其作用的方向指向图 8-7 的 CD 边时,等效集中反力设计值可按下列公式计算:

$$F_{l,\mathrm{eq}}=F_l+\frac{\alpha_0 M_{\mathrm{unb}} a_{\mathrm{CD}}}{I_{\mathrm{c}}}u_{\mathrm{m}}h_0 \qquad (8\text{-}4)$$

$$M_{\mathrm{unb}}=M_{\mathrm{unb,c}}+F_l e_{\mathrm{g}} \qquad (8\text{-}5)$$

式中　F_l——在竖向荷载、水平荷载作用下,柱所承受的轴向压力设计值的层间差值减去冲切破坏锥体范围内板所承受的荷载设计值;

　　　α_0——计算系数,计算方法后述;

　　M_{unb}——竖向荷载、水平荷载对轴线2(图 8-7)产生的不平衡弯矩设计值;

　$M_{\mathrm{unb,c}}$——竖向荷载、水平荷载对轴线1(图 8-7)产生的不平衡弯矩设计值;

a_{AB}、a_{CD}——轴线2至 AB、CD 边缘的距离;

　　　I_{c}——按计算截面计算的类似极惯性矩,计算方法后述;

　　　e_{g}——在弯矩作用平面内轴线1至轴线2的距离,计算方法后述,对中柱截面和弯矩作用平面平行于自由边的边柱截面,$e_{\mathrm{g}}=0$。

　　2. 传递双向不平衡弯矩的板柱节点

　　当节点受剪传递的两个方向不平衡弯矩为 $\alpha_{0\mathrm{x}}M_{\mathrm{unb,x}}$、$\alpha_{0\mathrm{y}}M_{\mathrm{unb,y}}$ 时,等效集中反力设计值可按下列公式计算:

$$F_{l,\mathrm{eq}}=F_l+\tau_{\mathrm{unb,max}}u_{\mathrm{m}}h_0 \qquad (8\text{-}6)$$

$$\tau_{\mathrm{unb,max}}=\frac{\alpha_{0\mathrm{x}}M_{\mathrm{unb,x}}a_{\mathrm{x}}}{I_{\mathrm{cx}}}+\frac{\alpha_{0\mathrm{y}}M_{\mathrm{unb,y}}a_{\mathrm{y}}}{I_{\mathrm{cy}}} \qquad (8\text{-}7)$$

式中　$\tau_{\mathrm{unb,max}}$——双向不平衡弯矩在计算截面上产生的最大剪应力设计值;

$M_{\mathrm{unb,x}}$、$M_{\mathrm{unb,y}}$——竖向荷载、水平荷载引起对计算截面周长重心处 x 轴、y 轴方向的不平衡弯矩设计值,可按公式(8-3)或公式(8-5)同样的方法确定;

　$\alpha_{0\mathrm{x}}$、$\alpha_{0\mathrm{y}}$——x 轴、y 轴的计算系数,确定方法后述;

　I_{cx}、I_{cy}——对 x 轴、y 轴按计算截面计算的类似极惯性矩,确定方法后述;

　a_{x}、a_{y}——最大剪应力 τ_{max} 作用点至 x 轴、y 轴的距离。

　　3. 当考虑不同的荷载组合时,应取其中的较大值作为板柱节点受冲切承载力计算用的等效集中反力设计值。

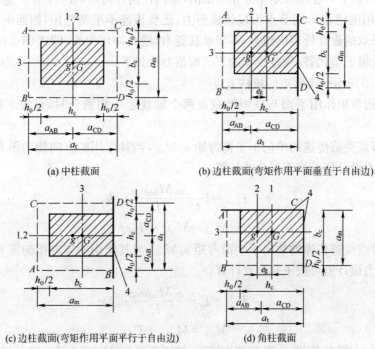

(a) 中柱截面　　　　　　　　　(b) 边柱截面(弯矩作用平面垂直于自由边)

(c) 边柱截面(弯矩作用平面平行于自由边)　　　　　　(d) 角柱截面

图 8-7　矩形柱及受冲切承载力计算的几何参数

1—柱截面重心 G 的轴线;2—通过计算截面周长重心 g 的轴线;

3—不平衡弯矩作用平面;4—自由边

上述计算中,与等效集中反力设计值 $F_{l,eq}$ 有关的参数和图 8-7 中所示的几何尺寸,可按下列公式计算:

(1)中柱处计算截面的类似极惯性矩、几何尺寸及计算系数可按下列公式计算[图 8-7(a)]:

$$I_c = \frac{h_0 a_t^3}{6} + 2h_0 a_m \left(\frac{a_t}{2}\right)^2 \tag{8-8}$$

$$a_{AB} = a_{CD} = \frac{a_t}{2} \tag{8-9}$$

$$e_g = 0 \tag{8-10}$$

$$\alpha_0 = 1 - \frac{1}{1 + \frac{2}{3}\sqrt{\frac{h_c + h_0}{b_c + h_0}}} \tag{8-11}$$

(2)边柱处计算截面的类似极惯性矩、几何尺寸及计算系数可按下列公式计算:

①弯矩作用平面垂直于自由边[图 8-7(b)]:

$$I_c = \frac{h_0 a_t^3}{6} + h_0 a_m a_{AB}^2 + 2h_0 a_t \left(\frac{a_t}{2} - a_{AB}\right)^2 \tag{8-12}$$

$$a_{AB} = \frac{a_t^2}{a_m + 2a_t} \tag{8-13}$$

$$a_{CD} = a_t - a_{AB} \tag{8-14}$$

$$e_g = a_{CD} - \frac{h_c}{2} \tag{8-15}$$

$$\alpha_0 = 1 - \frac{1}{1 + \frac{2}{3}\sqrt{\frac{h_c + h_0/2}{b_c + h_0}}} \tag{8-16}$$

②弯矩作用平面平行于自由边[图 8-7(c)]:

$$I_c = \frac{h_0 a_t^3}{12} + 2h_0 a_m \left(\frac{a_t}{2}\right)^2 \tag{8-17}$$

$$a_{AB} = a_{CD} = \frac{a_t}{2} \tag{8-18}$$

$$e_g = 0 \tag{8-19}$$

$$\alpha_0 = 1 - \frac{1}{1 + \frac{2}{3}\sqrt{\frac{h_c + h_0}{b_c + h_0/2}}} \tag{8-20}$$

(3)角柱处计算截面的类似极惯性矩、几何尺寸及计算系数可按下列公式计算[图 8-7(d)]:

$$I_c = \frac{h_0 a_t^3}{12} + h_0 a_m a_{AB}^2 + h_0 a_t \left(\frac{a_t}{2} - a_{AB}\right)^2 \tag{8-21}$$

$$a_{AB} = \frac{a_t^2}{2(a_m + a_t)} \tag{8-22}$$

$$a_{CD} = a_t - a_{AB} \tag{8-23}$$

$$e_g = a_{CD} - \frac{h_c}{2} \tag{8-24}$$

$$\alpha_0 = 1 - \frac{1}{1 + \frac{2}{3}\sqrt{\frac{h_c + h_0/2}{b_c + h_0/2}}} \tag{8-25}$$

在按式(8-6)和式(8-7)进行板柱节点考虑传递双向不平衡弯矩的受冲切承载力计算中,如将上述规定视作 x 轴(或 y 轴)的类似极惯性矩、几何尺寸及计算系数,则与其相应的 y 轴(或 x 轴)的类似极惯性矩、几何尺寸及计算系数,可将前述的 x 轴(或 y 轴)的相应参数进行置换确定。

应该指出,当边柱、角柱部位有悬臂板时,计算截面周长可计算至垂直于自由边的板端处,按此计算的计算截面周长应与按中柱计算的计算截面周长相比较,并取两者中的较小值。在此基础上,按上述原则,确定板柱节点考虑受剪传递不平衡弯矩的受冲切承载力计算所用等效集中反力设计值 $F_{l,eq}$ 的有关参数。

【例题 8-1】 图 8-8 表示一有柱帽无梁楼盖,柱距 5 m,板厚 160 mm,混凝土为 C20 级,楼面承受竖向均布活载标准值 7.8 kN/m²,试验算中柱柱帽上缘处楼板的抗冲切承载力。

【解】 荷载:楼板自重 0.16 m×25 kN/m²=4.0 kN/m²

20 mm 厚水泥砂浆抹面　　　0.4 kN/m²

20 mm 厚混合砂浆粉底　　　0.34 kN/m²

结构自重 4.74 kN/m²×1.2=5.69 kN/m²

楼面活载 7.8 kN/m²×1.3=10.14 kN/m²

荷载设计值总计　　　$p=15.83$ kN/m²

板中纵筋保护层厚 15 mm,按两个方向平均,取有效板厚 $h_0=160-25=135$ mm

计算截面周长 $u_m = 4 \times (1\ 000 + 135) = 4\ 540$ mm

因 $h_0 < 800$ mm,取 $\beta_h = 1.0$

因 $\beta_s = 1 < 2$,取 $\beta_s = 2$,故 $\eta_1 = 0.4 + 1.2/\beta_s = 1.0$

作为中柱,$\alpha_s = 40$,$\eta_2 = 0.5 + \alpha_s h_0/4u_m = 0.8$

$\eta = \min(\eta_1, \eta_2) = 0.8$

抗冲切能力为 $0.7\beta_h f_t \eta u_m h_0 = 0.7 \times 1.0 \times 1.1 \times 0.8 \times 4\ 540 \times 135/1\ 000 = 376.30$ kN

冲切剪力 $F_l = p[A - (b + 2h' + 2h_0)^2] = 15.83 \times [5 \times 5 - (1 + 2 \times 0.135)^2] = 370.22$ kN

因为 $370.22 < 376.30$,故中柱柱帽上缘处楼板满足抗冲切要求。

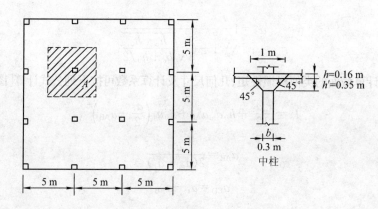

图 8-8   例题 8-1 图

(二)抗冲切配筋设计

当按式(8-1)验算不满足时,可在柱周板内配置抗冲切钢筋(箍筋或/和弯起钢筋),以提高其抗冲切能力。但从控制使用阶段剪切变形及裂缝考虑,其提高程度应予限制,因此,我国规范要求满足下列截面尺寸限制条件:

$$F_l \leqslant 1.2 f_t \eta u_m h_0 \tag{8-26}$$

所需配筋面积可根据下列公式确定:

$$F_l \leqslant (0.5 f_t + 0.25 \sigma_{pc,m}) \eta u_m h_0 + 0.8 f_{yv} A_{svu} + 0.8 f_{yv} A_{sbu} \sin\alpha \tag{8-27}$$

式中 A_{svu}——与45°倾斜的冲切破坏锥面相交的全部箍筋截面面积(不配箍筋则此项为0);

A_{sbu}——与45°倾斜的冲切破坏锥面相交的全部弯起钢筋截面面积(不配弯起筋则此项为0);

α——弯起钢筋与板底面的倾角。

为保证抗冲切钢筋有效地发挥作用,规范规定板的厚度不应小于150 mm,同时提出应符合下列配筋构造要求(图8-9):

按计算所需箍筋应配置在冲切破坏锥体范围内,此外,尚应按相同的箍筋直径和间距向外延伸配置在不小于 $0.5h_0$ 的范围内;箍筋应做成封闭式,并应箍住架立钢筋,箍筋直径不应小于6 mm,其间距不应大于 $h_0/3$,也不应大于 100 mm。

弯起钢筋可由一排或两排组成,其弯起角可根据板的厚度在30°~45°之间选取;弯起钢筋的倾斜段应与冲切破坏锥面相交,其交点应在离局部荷载或集中反力作用面积周边以外 $(1/2 \sim 2/3)h$ 的范围内;弯起钢筋直径不宜小于12 mm,且每一方向不宜少于3根。

配置箍筋或弯起钢筋后,尚应对原冲切破坏锥体以外的截面进行冲切承载力验算,验算方法同前,但需取冲切破坏锥体以外 $0.5h_0$ 处的最不利周长。若验算不满足要求,需对相应斜截面进行配筋计算和排布,直到各处抗冲切能力均满足要求为止。

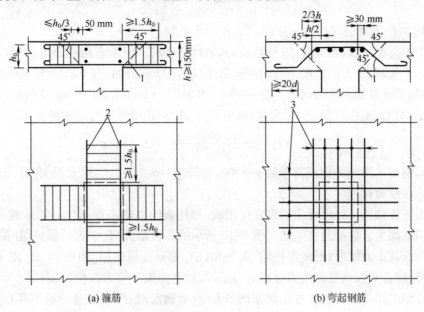

(a) 箍筋　　　　　　　　　　　　　　　(b) 弯起钢筋

图 8-9　板中抗冲切钢筋布置

1—冲切破坏锥体斜截面;2—架立钢筋;3—弯起钢筋不少于 3 根

应当指出,箍筋和弯起钢筋这两种传统的抗冲切配筋形式用于筏板及较厚的楼板是合适的,但用于较厚的楼板时功效偏低,此时可采用扁钢 U 形箍或钢梳。钢梳由若干栓钉垂直立焊于扁钢而成型。钢梳和扁钢箍由于更容易在薄板中获得可靠的锚固,用于无梁楼盖非常合适,其设计方法可参照箍筋进行。此外,型钢抗剪架也是一种有效的抗冲切措施,其设计方法有所不同,可参阅有关资料。型钢抗剪架与弯起钢筋会加剧板柱相交部位钢材的拥挤,设计选择时应予注意。

【例题 8-2】　将图 8-8 所示无梁楼盖取消柱帽可作为屋盖,板厚、混凝土强度不变,屋面承受均布活载标准值 $1.5\ \mathrm{kN/m^2}$,试作板的抗冲切设计。

【解】　荷载:　　　　屋面板自重　　　　　$4.0\ \mathrm{kN/m^2}$

　　　　　　　　　　刚性防水层　　　　　$0.96\ \mathrm{kN/m^2}$

　　　　　　　　　　顶棚抹灰　　　　　　$0.25\ \mathrm{kN/m^2}$

　　　　结构自重 $5.21\ \mathrm{kN/m^2} \times 1.2 = 6.25\ \mathrm{kN/m^2}$

　　　　屋面活载　$1.5\ \mathrm{kN/m^2} \times 1.4 = 2.1\ \mathrm{kN/m^2}$

　　　　荷载总计　　　　　　　　　　　$8.35\ \mathrm{kN/m^2}$

同例题 8-1,$h_0 = 135\ \mathrm{mm}$,$\beta_h = 1.0$,$\eta_1 = 1.0$

计算截面周长 $u_m = 4 \times (300 + 135) = 1\ 740\ \mathrm{mm}$

$\alpha_s = 40$,$\eta_2 = 0.5 + \alpha_s h_0 / 4u_m = 1.28 > 1.0$,故 $\eta = \min(\eta_1, \eta_2) = 1.0$

冲切剪力　　　$F_l = 8.35 \times [5 \times 5 - (0.3 + 2 \times 0.135)^2] = 206.04\ \mathrm{kN}$

抗冲切能力　　$0.7\beta_h f_t \eta u_m h_0 = 0.7 \times 1 \times 1.1 \times 1 \times 1\ 740 \times 135 / 1\ 000 = 180.87\ \mathrm{kN}$

因为 $180.87 < 206.04$,屋面板不满足抗冲切要求。由于 $1.2 f_t \eta u_m h_0 = 310.07\ \mathrm{kN} > 206.04\ \mathrm{kN}$,故可配置抗冲切钢筋来提高板的抗冲切能力。

若用 HPB300 级圆钢箍筋,则由式(8-27)可求得所需箍筋面积为

$$A_{svu}=\frac{F_l-0.5f_t\eta u_m h_0}{0.8f_{yv}}=\frac{76\ 845}{216}=355\ mm^2$$

用φ6 时所需箍筋肢数为 $n=355/28.3=12.6$ 肢

每个方向配 4 肢,则共有 16 肢箍筋,满足计算要求。但考虑构造要求,每个方向需再加 6 肢箍筋。于是,每个方向共配 10 肢箍筋,从距柱边50 mm开始,按 $h_0/3=45$ mm 的间距分 5 排布置,其第 5 排箍筋至柱边的距离为 $50+4×45=230$ mm $>1.5h_0=202.5$ mm。

若用 HPB300 级钢筋呈 45°弯起,则由式(8-28)可求得所需弯起钢筋面积为:

$$A_{sbu}=\frac{76\ 845}{216×0.707\ 1}=503.2\ mm^2$$

弯起钢筋选用φ10,则所需根数 $n=503.2/78.5=6.4$ 根。实际采用 12 根,每方向 3 根。

(三)柱帽的设计

混凝土板柱连接处也可采用设置柱帽或/和托板的办法来提高抗冲切承载力。托板使板厚得以局部加大。柱帽通常做成如图 8-10 所示的 3 种形式,其中无托板柱帽[图 8-10(a)]用于板面荷载较小的情形;折线形柱帽[图 8-10(b)]和有托板柱帽[图 8-10(c)]用于板面荷载较大的情形,前者从板到柱的传力过程更为平缓,后者则施工较为方便。

当柱帽的倾斜坡度及尺寸比例按图 8-10 所示确定时,柱帽本身一般不存在冲切问题,但柱帽上边缘处楼板仍需进行抗冲切验算。验算方法同前述无腹筋板,只需将其中柱尺寸改为柱帽上缘处尺寸即可。托板也需对柱边截面及变厚度处进行类似验算。

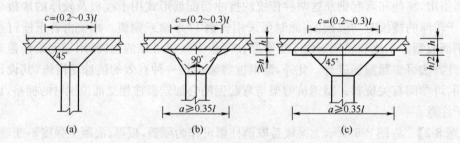

图 8-10 柱帽形式

设置柱帽,除可加大板柱连接面减小剪应力外,还能减小板的计算跨度因而减小其纵筋用量和跨中挠度。至于柱帽自身的抗弯承载力,按如图 8-11 所示的构造要求配筋,可不另行验算。

设柱帽或/和托板以提高抗冲切承载力虽不受提高倍数的限制,但毕竟会给施工带来许多不便,且有可能影响观瞻效果及开洞敷管。因此,无梁楼盖应尽可能采用在柱周板域配置腹筋的办法来提高抗冲切能力以取消柱帽或托板。最好是当抗冲切承载力需要提高 1.5 倍以上,且设柱帽或托板对使用及美观影响较小时才考虑设置。

二、基础的抗冲切设计

柱下平板式基础按立面形式可分为阶形基础和锥形基础,其可能发生冲切破坏的位置有柱与基础交接处、阶形基础变阶处和锥形基础倾斜段,这是因为在柱与基础交接处,冲切剪力最大而抵抗冲剪的截面周长最小;在基础的变阶处或倾斜段,虽然冲切剪力减小,截面周长增大,但抵抗冲剪的截面高度也减小了。

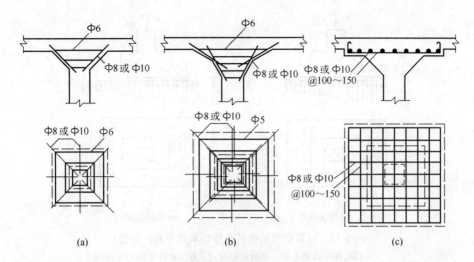

图 8-11　柱帽构造配筋

基础的冲切破坏一般沿柱边约呈 45°倾斜的角锥面出现(图 8-12)。为了防止这种破坏的发生,必须使角锥体冲切界面外的地基净反力所产生的冲切剪力不大于冲切界面上混凝土的抗冲切能力。考虑到传至锥底每一侧的冲切剪力可能存在较大差异,为安全计,设计时可沿基础长边方向地基反力较大的一侧取出一个冲切界面进行抗冲切验算。对矩形截面柱的矩形基础,在柱与基础交接处,其验算表达式为:

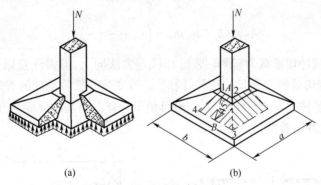

图 8-12　基础的冲切破坏

$$F_l \leqslant 0.7\beta_h f_t A_2 \tag{8-28}$$

最不利一侧冲切剪力设计值为:

$$F_l = p_s A_1 \tag{8-29}$$

式中　p_s——在荷载设计值作用下基础底面单位面积上的土反力(可扣除基础自重及其上面的土重),当土反力分布不均匀时可取用其最大值;

　　　A_1——冲切界面外的基底反力作用面积[图 8-13(a)和图 8-14 中带网格线的面积];

　　　A_2——冲切界面的水平投影面积[图 8-13(a)、图 8-14 中带斜线的面积]。

设 a、a_c、b、b_c 分别为基础和柱的长短边尺寸,当 $b \geqslant b_c + 2h_0$ 时,据图 8-14(a),有:

$$A_1 = \left(\frac{a}{2} - \frac{a_c}{2} - h_0\right)b - \left(\frac{b}{2} - \frac{b_c}{2} - h_0\right)^2$$

$$A_2 = (b_c + h_0)h_0$$

特别地,对方形柱下的方形基础[图 8-14(c)],在上式中取 $b = a$,$b_c = a_c$,得:

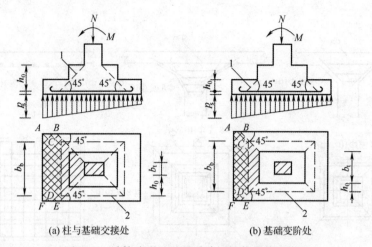

图 8-13　计算阶形基础的受冲切承载力截面位置

(a) 柱与基础交接处　　(b) 基础变阶处

1—冲切破坏锥体最不利一侧的斜截面；2—冲切破坏锥体的底面线

$$A_1 = \frac{a^2}{4} - \left(\frac{a_c}{2} + h_0\right)^2$$

$$A_2 = (a_c + h_0)h_0$$

当 $b < b_c + 2h_0$ 时，45°角的冲切破坏锥体底面有一小部分落在基础底面范围之外[图 8-14(b)]，此时

$$A_1 = \left(\frac{a}{2} - \frac{a_c}{2} - h_0\right)b$$

$$A_2 = (b_c + h_0)h_0 - \left(h_0 + \frac{b_c}{2} - \frac{b}{2}\right)^2$$

基础变阶处的抗冲切承载力验算[图 8-13(b)]方法同上，但需注意以上各式中柱截面尺寸 a_c、b_c 需用基础变阶处的平面尺寸代替，同时 h_0 取变阶处低阶截面的有效高度。

基础倾斜段只要坡度不大（$\beta \leqslant 25°$），一般可免予验算。当基础底面落在45°冲切角锥体以内时，也不必进行抗冲切验算。

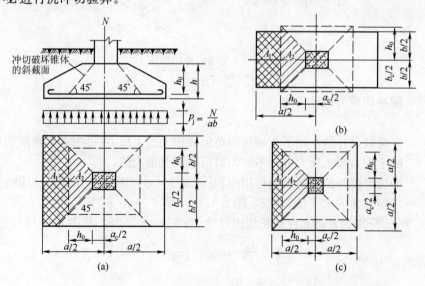

图 8-14　冲切界面的水平投影面积与冲切界面外的基底反力作用面积

按构造确定的基础高度若经验算发现不满足抗冲切要求时,应增加其高度再行验算,直至满足为止。

通过比较不难看出,基础与板的抗冲切计算方法原则上是一致的,但在处理方式上有所不同:基础冲切破坏面仅考虑最不利一侧的冲切斜截面,板则考虑整个空间冲切锥面。对基础来说,这是一种偏于保守的做法。

【例题 8-3】 已知一柱下基础形如图 8-13 所示,用 C20 混凝土浇制,柱截面尺寸为 600 mm×400 mm,基础平面尺寸为3 000 mm×2 500 mm,柱边基础高度为850 mm,柱边第一阶宽400 mm,高350 mm,经计算,其线性分布的基底反力最大值 $p_s=210$ kN/m²,试验算其抗冲切承载力是否足够。

【解】 已知 $a=3\,000$ mm,$b=2\,500$ mm,$f_t=1.10$ N/mm²

(1)因柱边第一阶宽高比=400/350>1,故需验算柱与基础交接处的抗冲切承载力,此时 $a_c=600$ mm,$b_c=400$ mm,$h_0=850-40=810$ mm,$\beta_h=1.0-0.1\times(850-800)/(2\,000-800)=0.995\,8$

因为 $b>b_c+2h_0$

所以 $A_1=\left(\dfrac{3\,000}{2}-\dfrac{600}{2}-810\right)\times 2\,500-\left(\dfrac{2\,500}{2}-\dfrac{400}{2}-810\right)^2=917\,400$ mm²

$A_2=(400+810)\times 810=980\,100$ mm²

$F_l=p_s A_1=192\,654$ N,$0.7\beta_h f_t A_2=743\,273$ N

$F_l<0.7\beta_h f_t A_2$(满足要求)

(2)基础变阶处的抗冲切验算

此时应取 $a_c=600+2\times 400=1\,400$ mm,$b_c=400+2\times 400=1\,200$ mm,$h_0=810-350=460$ mm,$\beta_h=1.0$,同理可得

$A_1=\left(\dfrac{3\,000}{2}-\dfrac{1\,400}{2}-460\right)\times 2\,500-\left(\dfrac{2\,500}{2}-\dfrac{1\,200}{2}-460\right)^2=813\,900$ mm²

$A_2=(1\,200+460)\times 460=763\,600$ mm²

$F_l=p_s A_1=170\,919$ N$<0.7\beta_h f_t A_2=581\,510$ N

比较可知变阶处亦满足抗冲切要求。

小　结

1. 冲切问题非常复杂,现行设计方法是在试验研究的基础上形成的。冲切试验分为两大类:(1)集中力的反力只沿板周边作用;(2)集中力的反力布满板面。

2. 影响板的冲切承载力的因素有:(1)材料性能,主要包括混凝土强度、纵向配筋等;(2)几何特征,主要包括板柱尺寸、板柱形状等;(3)作用条件,主要包括边界约束、冲跨比、荷载或反力分布等。

3. 抗冲切承载力设计按设计对象主要有:(1)板的抗冲切设计,包括无腹筋板的抗冲切验算、抗冲切配筋设计、柱帽的设计等;(2)基础的抗冲切设计。

思　考　题

1. 试述冲切破坏特征?

2. 影响冲切承载力的因素有哪些？

3. 对板和基础进行冲切承载力验算的截面在什么位置？

习 题

已知一钢筋混凝土无梁楼盖的板柱连接如图 8-15 所示,柱网尺寸为 6 000 mm×6 000 mm,柱截面尺寸为400 mm×400 mm,楼板承受标准恒载为4 500 N/m²,标准活荷载为10 500 N/m²,板厚及柱帽尺寸如图 8-15 所示,采用 C25 级混凝土,试验算该中柱节点的抗冲切能力。

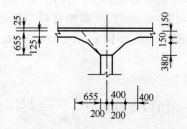

图 8-15 无梁楼盖的板柱连接

第九章　钢筋混凝土构件裂缝宽度和变形验算及混凝土结构的耐久性

第一节　概　　述

钢筋混凝土构件不仅应满足承载力的要求,还应满足正常使用的要求,这种要求主要反映在构件的裂缝控制、变形控制和耐久性要求上。

1. 混凝土结构构件根据使用功能,《规范》将裂缝控制划分为3个等级。

(1)一级——严格要求不出现裂缝。其具体规定是:在荷载标准组合作用下,构件上不允许出现拉应力。

(2)二级——一般要求不出现裂缝。其具体规定是:在荷载标准组合作用下,构件受拉边缘混凝土拉应力不应大于混凝土抗拉强度标准值。

(3)三级——允许出现裂缝。构件在使用阶段允许出现裂缝,但对其裂缝宽度需加以限制。

一级、二级裂缝控制等级的构件一般属于预应力混凝土构件。对于某些不允许开裂的普通钢筋混凝土结构(如水池),其抗裂计算可参见水工结构规范。房屋建筑中的普通钢筋混凝土构件在使用中,其受拉区出现裂缝是难于避免的。然而,过大的裂缝宽度不仅影响结构外观,同时还会使钢筋锈蚀加快,甚至影响结构的正常使用。

混凝土结构产生裂缝的原因较多,大致可分为两类:一是由荷载引起的裂缝;二是由非荷载因素引起的裂缝,如施工养护不善、温度变化、基础不均匀沉降以及钢筋的锈蚀等。对于非荷载原因的裂缝,一般通过加强施工养护、设置伸缩缝以及避免不均匀沉降等措施来控制这类裂缝的出现和裂缝宽度。非荷载因素引起的裂缝影响因素较多,机理十分复杂,主要通过构造措施控制。本章仅就荷载产生的裂缝问题加以讨论,分析在荷载作用下构件产生裂缝的机理及计算最大裂缝宽度,并根据《规范》给出裂缝宽度控制要求。

2. 由于钢筋混凝土是非匀质、非弹性材料,受弯构件变形计算不能完全按材料力学中弹性材料所推出的公式计算。应根据钢筋混凝土的特性,考虑构件刚度随荷载增大的降低(包括混凝土弹性模量的下降和由于混凝土开裂使截面惯性矩的减小),以及在持续荷载作用下混凝土徐变对构件变形的影响。在理论分析和试验研究的基础上,本章给出了钢筋混凝土受弯构件变形计算的有关公式,并根据《规范》给出变形控制要求。

3. 耐久性是工程结构功能要求的一个重要方面,在 GB/T 50478 及《规范》中根据结构的使用年限、结构的使用环境提出了为满足耐久性要求的相应规定。

最后应指出,裂缝宽度及受弯构件变形计算均为正常使用极限状态验算问题,在验算中材料强度取用标准值。对应的荷载效应组合应根据不同的要求,按照标准组合或准永久组合进行验算。

第二节　裂缝宽度验算

钢筋混凝土构件在使用阶段一般是带裂缝工作的。由于混凝土是一种非匀质材料,其抗拉强度离散性很大。因而,构件上的裂缝出现和开展具有很大的随机性。在对裂缝宽度计算进行试验研究的基础上,提出了许多不同的计算方法。这些方法大致可归为两类:一类是半理论半经验方法,即分析裂缝开展的机理,从某一力学模型出发推导出理论计算公式,再依据试验资料确定公式中的某些系数。另一类是数理统计的方法,即通过对大量试验资料的统计分析,得到各种对裂缝宽度影响的因素,考虑其中的主要因素,再由回归分析得到相应的计算公式。我国《规范》采用了前一种方法。分析中认为在裂缝区段钢筋及其周围混凝土之间产生粘结滑移,滑移量越大裂缝越宽。按此模型推导计算公式,再考虑保护层厚度等因素的影响得到理论计算公式,在引入某些系数后得到最大裂缝宽度计算公式。

一、裂缝的出现、分布和开展

裂缝出现之前,轴心受拉构件及受弯构件纯弯段各截面上受拉混凝土的拉应力和拉应变大致相同。由于钢筋与混凝土之间的粘结作用,钢筋的拉应力和拉应变也大致相同。当受拉混凝土的拉应力达到其抗拉强度时,由于混凝土的塑性变形,因此还不会马上开裂;当其拉应变接近混凝土的极限拉应变时,构件即将开裂。一旦超过极限拉应变,构件将在最薄弱截面处产生第一批裂缝。

裂缝出现瞬时,裂缝截面处受拉混凝土退出工作(应力为零),原来由混凝土承担的拉应力转由钢筋承受。钢筋应力由 σ_{s1} 增至 σ_s。裂缝处原来受拉张紧的混凝土向两侧回缩,钢筋与其周围混凝土之间产生相对滑移,使裂缝一出现就有一定的宽度。

然而,这种混凝土回缩是不自由的,它受到钢筋的约束,因而在界面处产生粘结应力。粘结应力将钢筋中的部分应力向混凝土传递。随着到裂缝截面距离的增加,混凝土承担的拉应力由裂缝处的零逐渐增大,钢筋的拉应力则逐渐减小。当传递长度达到 l 后,钢筋与周围混凝土具有相同应变,界面处粘结应力消失。

图 9-1 给出了开裂后轴心受拉构件和受弯构件受拉区钢筋和混凝土应力分布图以及两者之间界面的粘结应力分布图。

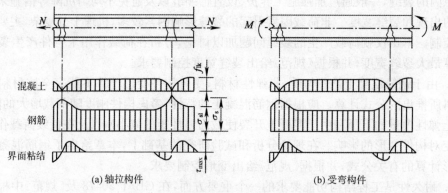

(a)轴拉构件　　　　　　　　　(b)受弯构件

图 9-1 裂缝出现和的应力分布图

第一批裂缝出现后,超过粘结应力作用长度 l 的混凝土仍处于张紧状态,当荷载继续增加,在离裂缝截面 l 之后的某些薄弱截面就可能产生新的一批裂缝。如前所述,此时构件各截面应力又发生新的变化。随着新裂缝的不断出现,裂缝间的间距不断缩小,当裂缝间距小到一定程度之后,裂缝间各截面混凝土的拉应力已不能通过粘结力传递到混凝土的抗拉强度,即使荷载增加,其间也不会出现新的裂缝。因此,从理论上讲,裂缝间距在 $l_{cr}=2l$ 范围内,裂缝间距趋于稳定,故平均裂缝间距为 $1.5l$。l 与粘结强度有关,粘结强度越高,则 l 越短;同时,也与配筋率有关,配筋率越低,l 就越长。上述过程可视为裂缝的出现过程。

此后,随着荷载继续增加,裂缝截面的钢筋应力与裂缝间截面钢筋应力差减小,裂缝间混凝土与钢筋的粘结力降低,混凝土回缩增加,钢筋与混凝土之间产生较大滑移,裂缝继续扩展。此外,在荷载的长期作用下,由于混凝土的徐变收缩和应力松弛,使裂缝间受拉混凝土不断退出工作,裂缝宽度逐渐增大。这一过程可视为裂缝扩展的过程。

二、平均裂缝间距计算

从上述分析可知,构件上混凝土裂缝分布规律与钢筋和混凝土的粘结应力有着密切的关系。如图 9-2 所示,两条初始裂缝位于截面 A 及 C 处,其间任一截面 B 距 A 为 $l_{cr,min}$,由图 9-1 可见,从钢筋传到混凝土上的粘结力为:

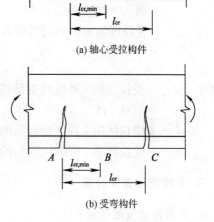

(a) 轴心受拉构件

(b) 受弯构件

图 9-2　平均裂缝间距

$$f_t A_{te} = l_{cr,min} \omega \tau_{max} u \qquad (9\text{-}1)$$

式中　f_t——混凝土开裂强度实测值;

τ_{max}——钢筋与混凝土界面的最大粘结应力;

$l_{cr,min}$——可能出现裂缝的最小间距;

u——受拉钢筋横截面总周长;

ω——粘结应力丰满系数;

A_{te}——有效受拉混凝土截面面积,对轴心受拉构件 A_{te} 为构件截面面积 $A_{te}=bh$,对工字形截面受弯构件为:

$$A_{te} = 0.5bh + (b_f - b)h_f \qquad (9\text{-}2)$$

对矩形截面受弯构件,$A_{te}=0.5bh$。

由前面分析可知,当 l_{cr} 大于 $1.5\,l$ 时,B 处将出现新裂缝。若以平均裂缝间距 l_{cr} 代替 $l_{cr,min}$,受拉钢筋直径设为 d,则由式(9-1),得:

$$l_{cr} = \frac{f_t d}{4\rho_{te}\omega\tau_{max}} \qquad (9\text{-}3)$$

式中,ρ_{te} 为按有效受拉混凝土截面面积计算的纵向钢筋配筋率,$\rho_{te}=A_s/A_{te}$。《规范》规定当计算的 $\rho_{te}<0.01$ 时,取 $\rho_{te}=0.01$。

试验表明,混凝土和钢筋的粘结强度大致与混凝土抗拉强度成正比,当钢筋表面特性不同时,还应考虑钢筋表面粗糙度对粘结力的影响。因此,可近似将 $\omega\tau/f_t$ 取为常数,于是可得:

$$l_{cr} = \frac{d}{\nu\rho_{te}} k_1 \qquad (9\text{-}4)$$

式中,k_1 为经验系数,ν 为受拉纵向钢筋的相对粘结特性系数。

式(9-4)表明 l_{cr} 与 d/ρ_{te} 成正比,当 ρ_{te} 很大时,裂缝间距将很小,这与试验结果不符。另外,由于界面粘结力的存在,钢筋对受拉混凝土回缩起着约束作用,离钢筋越远,约束越小,这表明混凝土保护层厚度对裂缝间距也有一定的影响。试验表明,当保护层厚度从 30 mm 降至 15 mm 时,平均裂缝间距约减小 30%,故在平均裂缝间距计算式中,还应考虑混凝土保护层厚度的影响,即:

$$l_{cr} = k_2 c_s + k_1 \frac{d}{\nu\rho_{te}} \qquad (9\text{-}5)$$

根据试验资料分析,并考虑到不同表面形式钢筋对粘结力的影响,将 d/ν 值用 d_{eq} 代替,平均裂缝间距计算式为:

$$l_{cr}=\beta\left(1.9c_s+0.08\frac{d_{eq}}{\rho_{te}}\right) \tag{9-6}$$

式中 β——与构件受力特征有关的系数,对轴心受拉构件 $\beta=1.1$,对受弯、偏心受压和偏心受拉构件 $\beta=1.0$;

c_s——最外层纵向受拉钢筋外边缘至受拉区底边的距离(mm),当 $c_s<20$ 时取 $c_s=20$,当 $c_s>65$ 时取 $c_s=65$;

d_{eq}——受拉区纵向钢筋的等效直径(mm),其计算值为:

$$d_{eq}=\frac{\sum n_i d_i^2}{\sum n_i \nu_i d_i}$$

其中 ν_i——受拉区第 i 种纵向钢筋的相对粘结特性系数,对带肋钢筋取 1.0,对光面钢筋取 0.7;

d_i——受拉区第 i 种纵向钢筋的公称直径(mm);

n_i——受拉区第 i 种纵向钢筋的根数。

三、平均裂缝宽度计算

1. 平均裂缝宽度计算式

裂缝出现后,粘结滑移理论认为,裂缝宽度是由于钢筋与混凝土之间的粘结破坏,出现相对滑移,引起裂缝处混凝土回缩而产生的。因此,在纵向受拉钢筋重心处的平均裂缝宽度 w_m 可由相邻两条裂缝之间受拉钢筋与相同位置处受拉混凝土伸长值之差求得(图 9-3),即:

$$w_m=\varepsilon_{sm}l_{cr}-\varepsilon_{cm}l_{cr}=\varepsilon_{sm}\left(1-\frac{\varepsilon_{cm}}{\varepsilon_{sm}}\right)l_{cr} \tag{9-7}$$

式中 ε_{sm}——纵向受拉钢筋平均拉应变;

ε_{cm}——与纵向受拉钢筋相同位置处混凝土的平均拉应变。

令 $\alpha_c=1-\varepsilon_{cm}/\varepsilon_{sm}$,$\alpha_c$ 为考虑裂缝间混凝土自身伸长对裂缝宽度的影响系数。

试验表明,在裂缝截面钢筋应力较大,应变也较大。而裂缝之间由于混凝土仍然参加工作,承担了一定的拉力,故钢筋应力较相邻裂缝处应力为小,应变也较小。图 9-4 给出了梁内裂缝截面处及裂缝间钢筋的应力—应变关系曲线。由图可见:ε_{sm} 小于 ε_s,但随着应力 σ_{sq} 的增加,ε_{sm} 与 ε_s 的差值逐渐缩小。引入裂缝间纵向钢筋应变不均匀系数 ψ,并将其与 α_c 一并代入式(9-7),得:

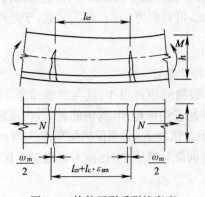

图 9-3 构件开裂后裂缝宽度

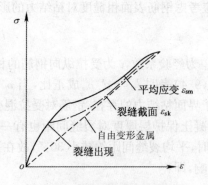

图 9-4 受弯构件开裂后钢筋的应力—应变图

$$w_{\mathrm{m}} = \psi \alpha_{\mathrm{c}} l_{\mathrm{cr}} \frac{\sigma_{\mathrm{sq}}}{E_{\mathrm{s}}} \tag{9-8}$$

试验研究表明，系数 α_{c} 虽然与配筋率、截面形式和混凝土保护层厚度等因素有关，但在一般情况下变化不大。为简化计算，对钢筋混凝土轴心受拉、偏心受拉等构件均近似取 $\alpha_{\mathrm{c}} = 0.85$，对钢筋混凝土受弯、偏心受压构件统一取 $\alpha_{\mathrm{c}} = 0.77$，对钢筋混凝土轴心受拉等构件，则式 (9-8) 为：

$$w_{\mathrm{m}} = 0.85 \psi l_{\mathrm{cr}} \frac{\sigma_{\mathrm{sq}}}{E_{\mathrm{s}}} \tag{9-9}$$

2. 纵向钢筋应变不均匀系数 ψ

钢筋混凝土构件的试验及研究表明，混凝土强度、配筋率、钢筋与混凝土的粘结强度及裂缝截面钢筋应力诸因素均有影响，可近似表达为：

$$\psi = \omega_1 \left(1 - \frac{M_{\mathrm{cr}}}{M_{\mathrm{q}}}\right) \tag{9-10}$$

式中　M_{q}——按荷载准永久组合计算的钢筋混凝土构件弯矩值；

　　　M_{cr}——开裂弯矩。

　　　ω_1——与钢筋混凝土粘结力有关的系数，对光圆钢筋取为 1.1。

图 9-5 为不同钢筋混凝土受力构件开裂时的截面应力分布图。

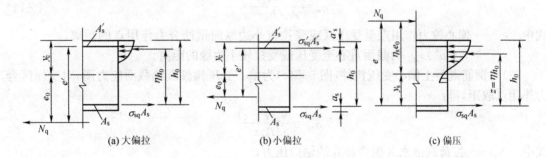

(a) 大偏拉　　　　　　　(b) 小偏拉　　　　　　　(c) 偏压

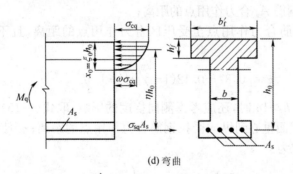

(d) 弯曲

图 9-5　开裂时不同受力钢筋混凝土构件的截面应力图

对钢筋混凝土受弯构件，由图 9-5(d)，得：

$$M_{\mathrm{q}} = A_{\mathrm{s}} \sigma_{\mathrm{sq}} \eta h_0 \tag{9-11}$$

$$M_{\mathrm{cr}} = 0.8 \left(\frac{1}{2} b h f_{\mathrm{tk}}\right) \eta_2 h \tag{9-11a}$$

式中　　η——截面的内力臂系数；

　　　　η_2——相应于开裂弯矩的内力臂系数。

考虑到混凝土收缩影响,乘以 0.8 的降低系数,并取 $\eta=0.87$,$\eta_2=0.58$,$h_0=0.9h$,将式(9-11)和式(9-11a)代入式(9-10),经整理后得:

$$\psi=1.1-\frac{0.65f_{tk}}{\rho_{te}\sigma_{sq}} \tag{9-12}$$

《规范》规定,当 $\psi<0.2$ 时,取 $\psi=0.2$;当 $\psi>1.0$ 时,取 $\psi=1.0$。对直接承受重复荷载的构件取 $\psi=1.0$。

3. 裂缝截面处钢筋应力 σ_{sq}

σ_{sq} 是指按荷载准永久组合计算的钢筋混凝土构件裂缝截面处纵向受拉钢筋的应力。根据图 9-5 钢筋混凝土构件裂缝截面处力的平衡条件计算。

(1)对钢筋混凝土轴心受拉构件,有:

$$\sigma_{sq}=\frac{N_q}{A_s} \tag{9-13}$$

式中　N_q——按荷载准永久组合计算的轴向拉力;
　　　　A_s——受拉钢筋总截面面积。

(2)对钢筋混凝土偏心受拉构件,由图 9-5(a)、(b)的大小偏心受拉构件裂缝截面应力图,近似取大偏心受拉构件截面内力臂长 $\eta h_0=h_0-a_s$,则大小偏心受拉构件 σ_{sq} 的计算式可统一表达为:

$$\sigma_{sq}=\frac{N_qe'}{A_s(h_0-a'_s)} \tag{9-14}$$

式中　e'——偏心拉力作用点至受压区或受拉较小边纵向钢筋合力作用点的距离,$e'=(e_0+y_c-a'_s)$,y_c 为截面重心至受压或受拉较小边缘的距离。

(3)对钢筋混凝土偏心受压构件,图 9-5(c)为偏心受压构件裂缝截面应力图,对受压区合力作用点取矩,得:

$$\sigma_{sq}=\frac{N_q(e-z)}{A_sz} \tag{9-15}$$

式中　N_q——按荷载准永久组合计算的轴向压力;
　　　　e——N_q 至受拉钢筋 A_s 合力作用点的距离;
　　　　z——纵向受拉钢筋合力作用点至受压区合力作用点的距离,且不大于 $0.87h_0$,近似取

$$z=\left[0.87-0.12(1-\gamma'_f)\left(\frac{h_0}{e}\right)^2\right]h_0 \tag{9-16}$$

当偏心受压构件的 $l_0/h>14$ 时,还应考虑侧向挠度的影响,取式(9-15)式(9-16)中的 $e=\eta_se_0+y_s$。此处,y_s 为截面重心到纵向受拉钢筋合力作用点的距离;η_s 使用阶段的轴向压力偏心距增大系数,近似取为:

$$\eta_s=1+\frac{1}{4\,000e_0/h_0}\left(\frac{l_0}{h}\right)^2 \tag{9-17}$$

当 $l_0/h\leqslant14$ 时,取 $\eta_s=1.0$。

(4)对钢筋混凝土受弯构件,σ_{sq} 由式(9-11)计算得:

$$\sigma_{sq}=\frac{M_q}{0.87A_sh_0} \tag{9-18}$$

四、最大裂缝宽度计算

由于混凝土材料的随机性和不均匀性,裂缝间距和裂缝宽度的离散性较大,在计算中需要

考虑裂缝不均匀性的扩大系数 τ_s。另一方面，在长期荷载作用下，受拉区混凝土的应力松弛及其和钢筋的滑移徐变，裂缝间受拉混凝土将不断退出工作，使裂缝宽度加大。其次，由于混凝土收缩，也将使裂缝宽度随时间的增长而增长。因而，最大裂缝宽度计算时还需考虑长期作用影响系数 τ_l。所以最大裂缝宽度为

$$w_{\max}=\tau_s\tau_l w_m \tag{9-19}$$

根据试验观测，τ_l 的平均值可取为 1.66，考虑到一般情况下，仅有部分荷载为长期作用，取荷载组合系数为 0.9，则 $\tau_l=0.9\times1.66=1.49$，取 $\tau_l=1.5$。

在试验的基础上，根据统计分析得出，裂缝间距和裂缝宽度等随机变量基本符合正态分布。按 95% 的保证率考虑取用裂缝宽度不均匀性的扩大系数 τ_s，根据不同的构件受力情况得：轴心受拉和偏心受拉构件 $\tau_s=1.9$；受弯和大偏压构件 $\tau_s=1.66$。将 τ_s、τ_l 及 w_m 代入式(9-19)得最大裂缝宽度计算公式为：

$$w_{\max}=\alpha_{cr}\psi\frac{\sigma_{sq}}{E_s}\left(1.9c_s+0.08\frac{d_{eq}}{\rho_{te}}\right) \tag{9-20}$$

式中　α_{cr}——构件受力特征系数，$\alpha_{cr}=\beta\tau_s\tau_l\alpha_c$，对轴心受拉构件，$\beta=1.1$，$\alpha_{cr}=1.1\tau_s\tau_l\alpha_c=1.1\times1.9\times1.5\times0.85=2.665$，取 $\alpha_{cr}=2.7$；对偏心受拉构件，$\beta=1.0$，取 $\alpha_{cr}=\tau_s\tau_l\alpha_c=1.9\times1.5\times0.85=2.422$，取 $\alpha_{cr}=2.4$；对受弯构件和偏心受压构件，$\beta=1.0$，取 $\alpha_{cr}=\tau_s\tau_l\alpha_c=1.66\times1.5\times0.77=1.917$，取 $\alpha_{cr}=1.9$。

需要指出，式(9-20)计算出纵向受拉钢筋位置的最大裂缝宽度，通常小于结构试验或检测时观察到构件外表面的裂缝宽度，后者约为前者的 τ_b 倍，$\tau_b=1+1.5a_s/h_0$。

五、影响裂缝宽度的主要因素及减小裂缝宽度的措施

从上述计算公式可见，影响裂缝宽度的因素主要有：①钢筋应力；②钢筋直径；③钢筋表面特征；④混凝土抗拉强度及其与钢筋的粘结强度；⑤混凝土保护层厚度；⑥有效受拉混凝土面积；⑦构件的受力形式等。

裂缝宽度与钢筋应力成正比，为了控制裂缝宽度，在普通钢筋混凝土构件中，不宜采用高强钢筋。

带肋钢筋与混凝土的粘结强度比光面钢筋大得多，为减小裂缝宽度应尽可能采用带肋钢筋。

在相同截面面积时，直径细的钢筋有更大的外表面面积，这有利于提高其与混凝土的粘结力，减小裂缝宽度。因此，在施工允许的条件下，可采用直径较细的钢筋作为受拉钢筋。

混凝土保护层越厚，钢筋对外边缘混凝土收缩变形的约束越小，裂缝宽度就越大，故不宜采用过厚的保护层。一般按《规范》规定取用。

六、裂缝宽度验算

《规范》对钢筋混凝土构件最大裂缝宽度的控制要求为：

$$w_{\max}\leqslant w_{\lim} \tag{9-21}$$

式中，$w_{\lim}$ 为最大裂缝宽度允许值，按附表 1.11 取用。

【例题 9-1】　一轴心受拉构件，截面尺寸 $b\times h=200\,mm\times200\,mm$，最不利荷载效应组合设计值 $N=250\,kN$，荷载准永久组合值 $N_q=170\,kN$，混凝土强度等级为 C30，HRB400 级钢筋，最大裂缝宽度限值 $w_{\lim}=0.2\,mm$，$c_s=25\,mm$，试确定该构件的纵向受力钢筋。

【解】　查附表 $f_y=360\,N/mm^2$，$f_{tk}=2.01\,N/mm^2$，$f_t=1.43\,N/mm^2$，$E_s=2\times10^5\,N/mm^2$，$\nu=0.7$

(1)满足承载力要求的配筋计算

$$A_s = \frac{N}{f_y} = \frac{250 \times 10^3}{360} = 694 \text{ mm}^2$$

$$\rho_{min} bh = 2\max\{0.2\%, 0.45 f_t/f_y\} bh = 2 \times 0.002 \times 200 \times 200 = 160 \text{ mm}^2 < A_s$$

选配 4 Φ 16($A_s = 804 \text{ mm}^2$)

(2)裂缝宽度验算

$$\sigma_{sq} = \frac{N_q}{A_s} = \frac{170 \times 10^3}{804} = 211.4 \text{ N/mm}^2$$

$$\rho_{te} = \frac{A_s}{A_{te}} = \frac{804}{200 \times 200} = 0.020\ 1 > 0.01$$

由式(9-12)

$$\psi = 1.1 - 0.65 \frac{f_{tk}}{\rho_{te}\sigma_{sq}} = 1.1 - \frac{0.65 \times 2.01}{0.020\ 1 \times 211.4} = 0.793$$

$$d_{eq} = \frac{\sum n_i d_i^2}{\sum n_i \nu_i d_i} = \frac{4 \times 16^2}{4 \times 1.0 \times 16} = 16 \text{ mm}$$

由式(9-20),有:

$$\begin{aligned} w_{max} &= \alpha_{cr}\psi \frac{\sigma_{sq}}{E_s}\left(1.9c_s + 0.08\frac{d_{eq}}{\rho_{te}}\right) \\ &= 2.7 \times 0.793 \times \frac{211.4}{2 \times 10^5} \times \left(1.9 \times 25 + 0.08 \times \frac{16}{0.02}\right) \\ &= 0.252 \text{ mm} > w_{lim} = 0.2 \text{ mm} \end{aligned}$$

(3)增加配筋重新计算

改配 4 Φ 18($A_s = 1\ 017 \text{ mm}^2$),则:

$$\sigma_{sq} = \frac{N_q}{A_s} = \frac{170 \times 10^3}{1\ 017} = 167 \text{ N/mm}^2$$

$$\rho_{te} = \frac{A_s}{A_{te}} = \frac{1\ 017}{200 \times 200} = 0.025\ 4 > 0.01$$

$$\psi = 1.1 - 0.65 \frac{f_{tk}}{\rho_{te}\sigma_{sq}} = 1.1 - \frac{0.65 \times 2.01}{0.025\ 4 \times 167} = 0.792$$

$$\begin{aligned} w_{max} &= \alpha_{cr}\psi \frac{\sigma_{sq}}{E_s}\left(1.9c_s + 0.08\frac{d_{eq}}{\rho_{te}}\right) \\ &= 2.7 \times 0.792 \times \frac{167}{2 \times 10^5} \times \left(1.9 \times 25 + 0.08 \times \frac{18}{0.025\ 4}\right) \\ &= 0.186 \text{ mm} < w_{lim} = 0.2 \text{ mm} \end{aligned}$$

满足要求。

【例题 9-2】 一矩形截面简支梁,截面尺寸 $b \times h = 200 \text{ mm} \times 500 \text{ mm}$,作用于截面上按荷载准永久组合计算的弯矩值 $M_q = 110 \text{ kN} \cdot \text{m}$,混凝土强度等级 C30,配置 HRB400 级钢筋 2 Φ 18+2 Φ 20($A_s = 1\ 137 \text{ mm}^2$),$c_s = 30 \text{ mm}$。裂缝宽度限值 $w_{lim} = 0.3 \text{ mm}$。试验算最大裂缝宽度。

【解】 查附表得 $f_{tk} = 2.01 \text{ N/mm}^2$,$f_y = 360 \text{ N/mm}^2$,$E_s = 200\ 000 \text{ N/mm}^2$,取 $a_s = 40 \text{ mm}$,$h_0 = 500 - 40 = 460 \text{ mm}$,由式(9-18)钢筋应力为:

$$\sigma_{sq} = \frac{M_q}{0.87 h_0 A_s} = \frac{110 \times 10^6}{0.87 \times 460 \times 1\ 137} = 242 \text{ N/mm}^2$$

矩形截面受弯构件下半截面受拉:

$$\rho_{te} = \frac{A_s}{A_{te}} = \frac{A_s}{0.5bh} = \frac{1\ 137}{0.5 \times 200 \times 500} = 0.022\ 7 > 0.01$$

由式(9-12)，有：

$$\psi = 1.1 - 0.65\frac{f_{tk}}{\rho_{te}\sigma_{sq}} = 1.1 - \frac{0.65 \times 2.01}{0.0227 \times 242} = 0.863$$

换算钢筋直径

$$d_{eq} = \frac{\sum n_i d_i^2}{\sum n_i \nu_i d_i} = \frac{2 \times 18^2 + 2 \times 20^2}{(2 \times 18 + 2 \times 20) \times 1.0} = 19 \text{ mm}$$

由式(9-20)，有：

$$\begin{aligned} w_{max} &= \alpha_{cr}\psi\frac{\sigma_{sq}}{E_s}\left(1.9c_s + 0.08\frac{d_{eq}}{\rho_{te}}\right) \\ &= 1.9 \times 0.863 \times \frac{242}{2 \times 10^5} \times \left(1.9 \times 30 + 0.08 \times \frac{19}{0.0227}\right) \\ &= 0.246 \text{ mm} < w_{lim} = 0.3 \text{ mm} \end{aligned}$$

满足抗裂要求。

第三节　受弯构件挠度计算

材料力学在推导均质弹性梁的计算公式时，应用了以下 3 个基本关系：①静力平衡关系——平衡方程；②几何关系——平截面假定；③物理关系——虎克定律。在上述基础上建立了梁的挠度计算公式：

$$f = \alpha\frac{Ml^2}{B} \tag{9-22}$$

式中　f——梁跨中最大挠度；

　　　α——与荷载形式、支承条件有关的系数，如计算承受均布荷载简支梁的跨中挠度时，$\alpha = 5/48$；

　　　M——梁跨中最大弯矩；

　　　l——梁的计算跨度；

　　　B——截面刚度。

然而，钢筋混凝土梁却是由钢筋和混凝土两种不同材料构成的非均质梁。在构件即将出现裂缝时，受拉区混凝土已进入塑性状态，并且在长期荷载作用下，由于构件上裂缝的开展以及混凝土徐变等原因，构件刚度不仅随荷载增加而下降，亦随作用时间的延长而下降。图 9-6 给出了钢筋混凝土梁的刚度随荷载变化以及变形与荷载的关系曲线。

根据试验分析，对于钢筋混凝土受弯构件平截面假定依然适用。因而，在混凝土受弯构件挠度计算中仍可利用材料力学所得到的计算公式，但在计算中构件刚度不再是常量，需要考虑刚度随荷载的变化，即短期刚度的计算；考虑刚度随时间的变化，即长期刚度的计算。在此基础上讨论钢筋混凝土受弯构件的挠度计算。

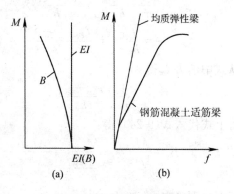

图 9-6　荷载与构件刚度和变形的关系曲线

一、短期刚度 B_s 的计算

短期刚度 B_s 表示在荷载效应准永久组合作用下钢筋混凝土受弯构件截面的抗弯刚度。

图 9-6(b)反映了钢筋混凝土梁从加载到破坏几个不同阶段中,挠度 f 随弯矩 M 变化的特征。当荷载较小(第Ⅰ阶段),M 与 f 呈线性关系。而到第Ⅰ阶段末,尽管构件还未开裂,但因受拉区混凝土已经表现出一定的塑性,抗弯刚度较 $E_c I_0$ 为低。在混凝土开裂前,通常可偏安全的取钢筋混凝土构件的短期刚度为:

$$B_s = 0.85 E_c I_0 \tag{9-23}$$

出现裂缝后,变形曲线发生转折(第Ⅱ阶段),随着 M 的增加,刚度不断降低,变形曲线越

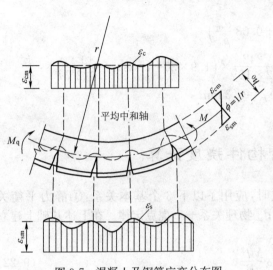

图 9-7 混凝土及钢筋应变分布图

来越偏离直线。这一方面是由于混凝土中塑性的发展,变形模量降低较大($E=\nu E_c$);另一方面是由于受拉区混凝土开裂,截面削弱而导致构件的平均截面惯性矩降低。当钢筋屈服,变形曲线急剧增大(第Ⅲ阶段),构件破坏。钢筋混凝土受弯构件的变形验算是以第Ⅱ阶段的应力—应变状态为根据,推导有关计算公式。裂缝出现后,受压区混凝土和受拉钢筋的应力沿构件长度方向是不均匀的(图 9-7)。中和轴沿构件纵轴呈波浪形状变化,曲率分布也是不均匀的,即裂缝截面曲率最大,而裂缝中间处曲率最小。尽管钢筋和混凝土的应变以及中和轴位置均沿纵轴变化,但在钢筋屈服前,对于平均中和轴而言,沿截面高度量测的平均应变仍

符合平截面假定。因此,可采用均质弹性梁变形曲线的曲率公式,即:

$$\frac{1}{r_c}=\frac{M_q}{B_s}$$

$$B_s=\frac{M_q}{1/r_c} \tag{9-24}$$

取裂缝平均间距 l_{cr} 为计算单元,根据平截面假定,由图 9-8 可得:

$$\frac{\varepsilon_{cm}}{x}=\frac{\varepsilon_{sm}}{h_0-x}=\frac{\varepsilon_{cm}+\varepsilon_{sm}}{h_0} \tag{9-25}$$

$$\frac{l_{cr}}{r_c}=\frac{l_{cr}\varepsilon_{sm}}{h_0-x}=\frac{(\varepsilon_{cm}+\varepsilon_{sm})l_{cr}}{h_0} \tag{9-26a}$$

从式中消去 l_{cr} 得:

$$\frac{1}{r_c}=\frac{\varepsilon_{cm}+\varepsilon_{sm}}{h_0} \tag{9-26b}$$

将上式代入式(9-24),得:

$$B_s=\frac{M_q}{1/r_c}=\frac{M_q}{\frac{\varepsilon_{cm}+\varepsilon_{sm}}{h_0}}=\frac{M_q h_0}{\varepsilon_{cm}+\varepsilon_{sm}} \tag{9-27}$$

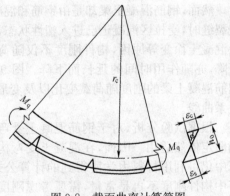

图 9-8 截面曲率计算简图

下面分别确定 ε_{cm} 和 ε_{sm}。

(一)受拉区钢筋的平均应变 ε_{sm}

裂缝截面应力如图 9-9 所示。由平衡方程得钢筋应力为:

$$\sigma_s=\frac{M_q}{A_s \eta h_0} \tag{9-28}$$

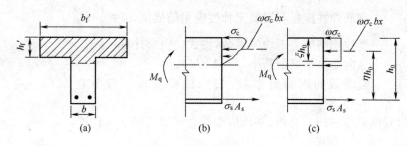

图 9-9　裂缝截面应力图

则钢筋应变为：

$$\varepsilon_s = \frac{\sigma_s}{E_s} = \frac{M_q}{A_s \eta h_0 E_s} \tag{9-29}$$

在裂缝与裂缝之间，由于混凝土的作用，钢筋平均应力和应变均小于裂缝截面处的值。引入受拉钢筋应力不均匀系数 ψ，则钢筋平均应变为：

$$\varepsilon_{sm} = \psi \varepsilon_s = \psi \frac{M_q}{A_s \eta h_0 E_s} \tag{9-30}$$

式中 ψ 按式（9-12）计算。

（二）受压区边缘混凝土的平均应变 ε_{cm}

在裂缝截面，受压区混凝土的应力为曲线形（边缘应力为 σ_c）。为简化计算将其按等效关系简化为矩形[图 9-9（c）]，矩形应力图高为 ξh_0，应力值为 $\omega \sigma_c$。对纵向受拉钢筋合力作用点取矩，得：

$$M_q = [(b_f' - b)h_f' + b\xi h_0]\omega\sigma_c \eta h_0$$

则

$$\sigma_c = \frac{M_q}{[(b_f' - b)h_f' + b\xi h_0]\omega \eta h_0} = \frac{M_q}{\omega(\gamma_f' + \xi)b h_0 \eta h_0} \tag{9-31}$$

式中　ω——受压区混凝土应力丰满系数；

γ_f'——受压翼缘加强系数，$\gamma_f' = \dfrac{(b_f' - b)h_f'}{b h_0}$；

ξ——相对受压区高度；

η——内力臂系数。

故在 l_{cr} 段内混凝土受压区边缘平均应变为：

$$\varepsilon_{cm} = \psi_c \varepsilon_c$$

$$\varepsilon_c = \frac{M_q}{\omega(\gamma_f' + \zeta)\eta b h_0^2 \nu E_c}$$

令

$$\zeta = \frac{\omega \nu(\gamma_f' + \zeta)\eta}{\psi_c}$$

则

$$\varepsilon_{cm} = \frac{M_q}{\zeta b h_0^2 E_c} \tag{9-32}$$

式中　ψ_c——受压边缘混凝土应变不均匀系数；

ν——混凝土弹性特征系数；

ζ——受压区边缘混凝土平均应变综合系数，或称截面的弹塑性抵抗矩系数。

将式（9-30）和式（9-32）代入式（9-27）可得：

$$B_s = \frac{E_s A_s h_0^2}{\dfrac{\psi}{\eta} + \dfrac{\alpha_E \rho}{\zeta}} \tag{9-33}$$

式中 α_E——钢筋弹性模量与混凝土弹性模量的比值,$\alpha_E=\dfrac{E_s}{E_c}$;

ψ——受拉钢筋应力不均匀系数,按式(9-12)计算;

ρ——纵向受拉钢筋配筋率,$\rho=A_s/bh_0$;

η——裂缝截面内力臂系数,根据试验资料一般 η 在 $0.83\sim0.93$ 之间,近似取 $\eta=0.87$。

通过对试验资料回归分析,平均应变综合系数可按下式计算:

$$\frac{\alpha_E\rho}{\zeta}=0.2+\frac{6\alpha_E\rho}{1+3.5\gamma'_f} \tag{9-34}$$

从而得到了在荷载准永久组合下钢筋混凝土受弯构件短期刚度计算式为:

$$B_s=\frac{E_sA_sh_0^2}{1.15\psi+0.2+\dfrac{6\alpha_E\rho}{1+3.5\gamma'_f}} \tag{9-35}$$

二、受弯构件的刚度 B 的计算

钢筋混凝土构件在长期荷载作用下,挠度随时间增长。这虽然由多种因素引起,但主要是混凝土的徐变收缩。因此,凡是影响混凝土徐变和收缩的因素,如受压钢筋配筋率、温度、湿度、养护条件、加载龄期等都对长期挠度有影响。对于上述影响因素,《规范》根据试验结果,引入一个综合系数——考虑荷载长期作用对挠度增大的影响系数 θ,在此基础上计算受弯构件的刚度。采用荷载准永久组合时长期刚度算式为:

$$B=\frac{B_s}{\theta} \tag{9-36}$$

采用荷载标准组合时长期刚度为:

$$B=\frac{M_k}{M_q(\theta-1)+M_K}B_s \tag{9-37}$$

式中,当 $\rho'=0$ 时,取 $\theta=2.0$;当 $\rho'=\rho$ 时,取 $\theta=1.6$;当 ρ 为中间数值时,θ 按线性内插法取用。此处 $\rho'=A'_s/(bh_0)$,$\rho=A_s/(bh_0)$。

三、受弯构件挠度计算及验算

由前面的分析中已知钢筋混凝土受弯构件的截面抗弯刚度随弯矩增大而减小,一般受弯构件各截面弯矩都不一样,弯矩大处截面抗弯刚度小,弯矩小的截面抗弯刚度则较大。然而,弯矩大的部分对构件的挠度影响也大,而弯矩小的部分对构件挠度的影响也较小。为简化计算,对等截面受弯构件,取同号弯矩区段内弯矩最大截面的抗弯刚度作为该区段的抗弯刚度。这就是挠度计算中的最小刚度原则。

当构件的抗弯刚度分布确定后,便可按式(9-22)计算钢筋混凝土受弯构件的挠度,即

$$f=\alpha\frac{M_ql^2}{B} \tag{9-38}$$

上述分析计算中,仅考虑弯曲变形而未考虑剪切变形的影响。一般情况下,剪切变形的影响很小,可以忽略。但对于受荷较大的 I 形、T 形截面薄腹构件,则应适当予以考虑。

《规范》对受弯构件在荷载作用下的最大挠度通过与允许挠度比较加以控制,即构件的计算最大挠度不应超过附表 1.10 中的允许值。

【例题 9-3】 钢筋混凝土简支梁,计算跨度 6 m,矩形截面 $b\times h=250$ mm$\times600$ mm,混凝土强度等级 C30($E_c=3.00\times10^4$ N/mm^2),HRB400 级钢筋($E_s=2.0\times10^5$ N/mm^2)。梁上承受均布恒荷载标准值(包括梁自重)$g_k=20$ kN/m,均布活荷载标准值 $q_k=12$ kN/m,按正截面

受弯承载力计算,受拉钢筋选配 $2\,\underline{\Phi}\,22+2\,\underline{\Phi}\,18(A_s=1\,269\ \text{mm}^2)$,$a_s=40\ \text{mm}$。试验算其变形能否满足不超过最大限值 $l_0/250$ 的要求(楼面活荷载准永久值系数为 0.5)。

【解】　1. 计算梁内最大弯矩标准值

(1)恒荷载标准值产生的跨中最大弯矩为:

$$M_{gk}=\frac{1}{8}g_k l_0^2=\frac{1}{8}\times20\times6^2=90\ \text{kN}\cdot\text{m}$$

(2)活荷载标准值产生的跨中最大弯矩为:

$$M_{qk}=\frac{1}{8}q_k l_0^2=\frac{1}{8}\times12\times6^2=54\ \text{kN}\cdot\text{m}$$

(3)按荷载效应准永久组合计算的跨中最大弯矩为:

$$M_q=M_{gk}+0.5M_{qk}=90+27=117\ \text{kN}\cdot\text{m}$$

2. 受拉钢筋应变不均匀系数

(1)裂缝截面钢筋应力

由式(9-18),有:

$$\sigma_{sq}=\frac{M_q}{0.87A_s h_0}=\frac{117\times10^6}{0.87\times560\times1\,269}=189.2\ \text{N/mm}^2$$

(2)按有效受拉混凝土截面面积计算的配筋率为:

$$\rho_{te}=\frac{A_s}{A_{te}}=\frac{A_s}{0.5bh}=\frac{1\,269}{0.5\times250\times600}=0.016\,9>0.01$$

(3)受拉钢筋应变不均匀系数

由式(9-12),有:

$$\psi=1.1-\frac{0.65f_{tk}}{\rho_{te}\sigma_{sq}}=1.1-\frac{0.65\times2.01}{0.016\,9\times189}=0.691$$

$$0.2<\psi<1.0$$

3. 刚度计算

(1)短期刚度 B_s

$$\alpha_E=\frac{E_s}{E_c}=\frac{2\times10^5}{3.00\times10^4}=6.67$$

$$\rho=\frac{A_s}{bh_0}=\frac{1\,269}{250\times560}=0.009$$

由式(9-35),有:

$$B_s=\frac{E_s A_s h_0^2}{1.15\psi+0.2+\dfrac{6\alpha_E\rho}{1+3.5\gamma_f'}}$$

$$=\frac{2\times10^5\times1\,269\times560^2}{1.15\times0.691+0.2+\dfrac{6\times6.67\times0.009}{1+3.5\times0}}$$

$$=5.87\times10^{13}\ \text{N/mm}^2$$

(2)挠度增大系数 θ

根据《规范》,$\rho'=0$,故 $\theta=2.0$。

(3)受弯构件的刚度 B

$$B = \frac{B_s}{\theta} = \frac{5.87 \times 10^{13}}{2.0} = 2.94 \times 10^{13} \ \text{N/mm}^2$$

4. 跨中挠度

由式(9-38),有:

$$f = \alpha \frac{M_q l^2}{B} = \frac{5}{48} \times \frac{117 \times 10^6 \times 6\,000^2}{2.94 \times 10^{13}} = 14.9 \ \text{mm}$$

允许挠度为:

$$f_{\text{lim}} = \frac{l_0}{250} = \frac{6\,000}{250} = 24 \ \text{mm} > f = 14.9 \ \text{mm}(满足要求)$$

第四节　耐久性规定

土木工程结构建成后,其使用年限短则几十年,长则上百年,因而耐久性是工程结构建设时必须考虑的一个基本要求。在前面课程学习中我们知道,钢筋混凝土结构会因混凝土碳化、氯盐侵蚀、硫酸盐侵蚀、冻融循环、钢筋锈蚀、碱骨料反应等影响结构的耐久性。针对这些特点,《规范》根据结构的设计使用年限及结构使用环境提出了耐久性的有关规定,主要包括确定结构所处的环境类别,提出混凝土材料耐久性要求,确定保护层厚度,提出耐久性技术措施及使用阶段的检测维护要求等。

一、混凝土结构的环境类别

根据混凝土结构的使用环境,将其分为 5 类,详见附表 1.12。

二、混凝土结构使用年限的相应要求

根据结构的设计使用年限,分别提出不同的要求。

1. 一类、二类和三类环境中,设计使用年限为 50 年的结构混凝土应符合附表 1.13 的规定。

2. 一类环境中,设计使用年限为 100 年的结构混凝土应符合下列规定:

(1)钢筋混凝土结构的最低混凝土强度等级为 C30;预应力混凝土结构的最低混凝土强度等级为 C40。

(2)混凝土中的最大氯离子含量为 0.06%。

(3)宜使用非碱活性骨料;当使用碱活性骨料时,混凝土中的最大碱含量为 3.0 kg/m^3。

(4)混凝土保护层厚度应增加 40%;当采取有效的表面防护措施时,混凝土保护层厚度可适当减少。

3. 二类和三类环境中,设计使用年限为 100 年的混凝土结构,应采取专门有效措施。

4. 严寒及寒冷地区的潮湿环境中,结构混凝土应满足抗冻要求,混凝土抗冻等级应符合有关标准的要求。

5. 有抗渗要求的混凝土结构,混凝土的抗渗等级应符合有关标准的要求。

6. 三类环境中的结构构件,其受力钢筋可采用阻锈剂、环氧树脂涂层钢筋或其他具有耐腐蚀性能的钢筋、采用阴极保护措施或采用可更换的构件等措施;对预应力钢筋、锚具及连接器,应采取专门防护措施。

7. 四类和五类环境中的混凝土结构,其耐久性要求应符合有关标准的规定。

8. 对临时性混凝土结构,可不考虑混凝土的耐久性要求。

9. 混凝土结构设计使用年限内,应建立定期检测维护制度,可更换构件按规定更换,表面防护层按规定维护、更换,出现可见耐久性缺陷时及时进行处理。

小　结

钢筋混凝土构件不仅应满足承载力极限状态的要求,还应满足正常使用极限状态的要求,即还需进行裂缝和变形验算。与承载力极限状态要求相比,这种验算的重要性次之。因而,材料强度取用标准值,按荷载效应标准组合或准永久组合所计算的内力进行验算。

钢筋混凝土构件开裂,一般分为荷载因素引起的与非荷载因素引起的。本章仅就荷载作用所引起的裂缝进行讨论。对非荷载因素所引起的裂缝在学习及工作中应予以足够的重视,了解掌握其产生的原因以及避免或减小裂缝的措施。

钢筋混凝土构件在荷载作用下,裂缝出现的位置和宽度均具有很大的随机性,这主要是因为混凝土抗拉强度有很大的离散性。然而,由于混凝土与钢筋之间的粘结力传递需要一定的长度,裂缝数量不会随荷载增加无限增加,最终将趋于稳定。因而,在最大裂缝宽度计算中引入了平均裂缝间距和平均裂缝宽度的概念,并对其进行分析计算,然后引入不均匀系数加以修正。由于在荷载长期作用下混凝土受压区产生徐变,受拉区松弛,钢筋与混凝土之间产生粘结滑移,使裂缝宽度加大。所以,在最大裂缝宽度计算时还考虑了这一影响。

钢筋混凝土受弯构件在长期荷载作用下,其抗弯刚度下降。一是因混凝土的弹性模量随荷载增大而减小;二是因混凝土开裂后,开裂截面处构件的截面惯性矩减小,整个构件中和轴呈波浪形,各截面有不同的惯性矩。此外,荷载长期作用下,混凝土收缩徐变,也使构件的挠度加大。受弯构件变形计算时,综合考虑了上述因素,在引入适当的修正系数后,取用材料力学挠度计算公式计算。

由于混凝土与钢筋之间的粘结作用,裂缝处与裂缝之间钢筋应力是不均匀的,在裂缝宽度和挠度计算中均考虑了裂缝间应力(应变)不均匀系数 ψ,其物理意义是反映裂缝之间的混凝土协助钢筋抗拉作用的程度。ψ 值越大,钢筋应变越不均匀,裂缝之间的混凝土协助抗拉作用越大;反之越小。

思　考　题

1. 钢筋混凝土构件裂缝主要由哪些因素引起? 采用什么措施可减小非荷载裂缝?

2. 为什么要进行构件裂缝和挠度验算?

3. 平均裂缝间距和平均裂缝宽度与哪些因素有关? 采取什么措施可减小荷载作用引起的裂缝宽度?

4. 为什么说荷载作用下混凝土构件裂缝条数不会无限增加,最终将趋于稳定?

5. 裂缝间应变不均匀系数的物理意义是什么?

6. 钢筋混凝土受弯构件挠度计算与均质弹性受弯构件挠度计算有何不同? 为什么?

7. 何为"最小刚度原则"? 钢筋混凝土构件挠度计算为什么要引入这一原则?

8. 材料强度的随机性和长期荷载作用的影响在最大裂缝宽度计算时是如何考虑的?

9. 如何进行混凝土结构的耐久性设计?

习　题

9-1　某屋架下弦杆按轴心受拉构件设计,截面尺寸为 200 mm×160 mm,$c_s=26$ mm,配置受拉钢筋为 4⊕16,HRB400 级,混凝土强度等级为 C30,轴向拉力的荷载准永久组合值为 $N_q=142$ kN,$w_{lim}=0.2$ mm。试验算最大裂缝宽度是否满足要求。

9-2　一矩形截面简支梁,截面尺寸为 $b×h=200$ mm×500 mm,配置 4⊕18 受力钢筋,$c_s=26$ mm,混凝土强度等级为 C30,$l_0=5.6$ m;承受均布荷载 $g_k=15$ kN/m,$q_k=10$ kN/m,活荷载准永久值系数为 0.5,$w_{lim}=0.3$ mm,试验算最大裂缝宽度是否满足要求。

9-3　一矩形截面对称配筋偏心受压柱,截面尺寸 $b×h=350$ mm×600 mm,计算长度 $l_0=5.3$ m,混凝土强度等级为 C30,拉压钢筋均为 4⊕20($A_s=A_s'=1\ 256$ mm²),$c_s=30$ mm,承受荷载准永久组合的 $N_q=400$ kN,$M_q=150$ kN·m。最大允许裂缝宽度为 $w_{lim}=0.2$ mm,试验算构件裂缝宽度是否满足要求。

9-4　一矩形截面简支梁,截面尺寸为 $b×h=200$ mm×500 mm,配置 HRB400 级 4⊕18 受力钢筋,保护层厚度 c 为 25 mm,混凝土强度等级为 C30,$l_0=5.6$ m;承受均布荷载,其中永久荷载标准值(包括自重)$g_k=15$ kN/m,活荷载标准值 $q_k=10$ kN/m,活荷载准永久值系数 $\psi=0.5$,挠度限值为 $l_0/200$。试验算其挠度是否满足要求。

第十章　预应力混凝土结构

第一节　概　述

一、预应力混凝土结构基本概念

钢筋混凝土结构是土木工程结构中最常见的结构形式,具有相当多的优点。但是,由于混凝土抗压强度高、抗拉强度低、抗压极限应变大、抗拉极限应变小,故导致钢筋混凝土构件存在一些自身难以克服的缺点。

1. 使用荷载作用下混凝土受拉区易开裂。以配置 HRB335 热轧钢筋的钢筋混凝土构件为例,出现裂缝时,混凝土的抗拉极限应变值 ε_{ctu} 约为 $0.1\times10^{-3}\sim0.15\times10^{-3}$,而钢筋仅达到其屈服强度的 10% 左右。通常钢筋混凝土构件都带裂缝工作,因此,裂缝的出现与开展导致构件的使用性能降低。特别是在有抗渗要求的结构中(如水池)受到限制。

2. 钢筋混凝土结构不可能充分利用高强钢筋。以单筋受弯构件为例,材料用量与材料强度之间的关系为

$$A_s = \frac{M}{\gamma_0 h_0 f_y} \tag{10-1}$$

由式(10-1)可知,随着钢筋强度 f_y 提高,钢筋面积 A_s 将降低。在标准荷载作用下,钢筋应力 σ_s 将增大,构件的裂缝宽度 w_{max} 也将加大。另外随着 A_s 的减小,短期荷载下构件刚度 B_s 将降低,导致构件的挠度加大。表 10-1 中列出了 3 根截面尺寸、混凝土强度等级及极限承载力均相同的梁在保持 $A_s f_y$ 相同而采用不同种类的钢筋及面积计算的钢筋应力 σ_s、最大裂缝宽度 w_{max} 及短期荷载下的挠度 f。

表 10-1　不同钢筋种类对 σ_s、w_{max}、f 的影响

钢　筋　种　类	HPB300	HRB400	消除应力钢丝
f_y	270 MPa	360 MPa	1 040 MPa
A_s	157 mm²(2Φ10)	101 mm²(2Φ8)	39.2 mm²(2Φ⁵5)
σ_s	177.2 N/mm²	275.4 N/mm²	709.6 N/mm²
w_{max}	0.17 mm	0.30 mm	1.00 mm
f	6.0 mm	10.1 mm	26.2 mm

表 10-1 中结果表明,当采用高强度钢筋时,w_{max} 不能满足规范要求,即在钢筋混凝土结构中,高强度钢筋不能充分发挥作用。

3. 钢筋混凝土结构难以满足现代工程需要。现代工程通常要求大开间、大跨度结构。若采用钢筋混凝土结构,必将导致截面尺寸过大和自重过大,建造困难。

为了克服钢筋混凝土结构的上述缺点,最有效的措施是在结构构件承受外荷载作用之前,对其施加预应力。

所谓预应力,是指为了改善结构或构件在各种使用条件下的工作性能和提高其刚度而在

使用前预先施加的永久性内应力。有关预应力的概念,人们早在几千年前就已成功应用于生活实践中。如用木桶上的铁箍对木片施加预压应力以抵抗水压引起的环向拉应力,防止木桶漏水;或通过拧紧木锯一侧的绷绳而对锯片施加预拉应力以抵抗锯木时产生的压应力,防止锯片折断。

预应力对工程结构的作用,可用图 10-1 所示简支梁的受力特性来说明。在使用荷载 g_k + q_k 作用下,该梁跨中的下边缘产生12 N/mm² 的拉应力。如果该梁为钢筋混凝土梁,则跨中混凝土早已开裂,且裂缝已有相当的开展。但如果在荷载作用之前在其两端的截面核心区内施加一对集中偏心预压力,使梁的下边缘产生11 N/mm² 的预压应力,且构件各截面上均处于全截面受压状态[图 10-1(a)]。利用材料力学的叠加原理,得到预应力混凝土构件使用阶段的应力图如图 10-1(c)所示。此时,梁的下边缘的拉应力仅1 N/mm²。显然,施加预应力后,可大大提高梁的抗裂性能,减小梁的挠度,从根本上改善结构的受力状态。所谓预应力混凝土结构,其广义的定义是指按照需要预先引入某种量值与分布的内应力,以局部或全部抵消使用荷载产生的应力的一种混凝土结构。

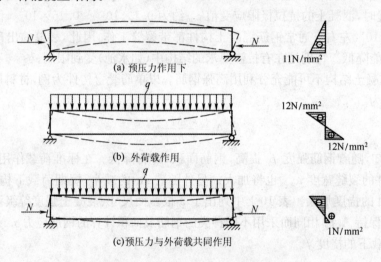

图 10-1 预应力混凝土构件受力分析

二、预应力混凝土结构的优缺点

与钢筋混凝土结构相比,预应力混凝土结构具有下列优点:

1. 抗裂性好

预应力混凝土构件在使用荷载作用前预先对可能受拉的部位施加了适当的预压力,故在使用荷载作用下推迟了构件开裂,甚至可能不出现裂缝,能很好地满足水池、油罐、压力容器等抗裂性要求较高构件的功能要求。

2. 结构刚度大、挠度小

由于混凝土结构不开裂或较迟开裂,故结构的刚度大;另外,预应力还将使受弯构件产生一定的反拱,因而,结构的总挠度较小。

3. 结构自重轻

预应力混凝土结构可合理利用高强度的钢材和混凝土。材料强度高,耗用量相应降低,截面尺寸减小,结构自重减轻,与钢筋混凝土结构相比,一般可节约钢材 30%～50%,减轻结构自重 20%～30%,特别在大跨度承重结构中其经济效益更为显著。

4. 耐久性好

由于在使用荷载作用下不开裂或裂缝处于闭合状态,且混凝土强度高,密实性好,避免钢筋受外界有害因素的侵蚀,大大提高了结构的耐久性。

5. 抗剪能力强

试验表明,预应力构件的抗剪承载力比钢筋混凝土构件高,主要反映在预应力纵向钢筋对混凝土的锚栓和约束作用,阻碍构件中斜裂缝的出现与开展。另外在剪力较大的受弯构件中,曲线型预应力筋在端部的预应力合力的竖向分力也将部分抵消竖向剪力,从而提高构件的抗剪能力。

6. 疲劳性能好

由于结构预先造成了人为应力状态,在重复荷载作用下钢筋应力变化的幅度减小(一般在10%左右),因而提高了构件的抗疲劳性能。

由于预应力混凝土结构具有众多的优点,故在土木工程中得到日益广泛的作用。但是,预应力混凝土结构也有一定的缺点。如施工机械设备要求较高,施工工序较多,设计计算比较复杂等。这些缺点随着科学技术的不断进步及计算机辅助设计技术的不断推广逐步得到了克服。

三、预应力混凝土结构的发展与展望

预应力混凝土的概念几乎是与钢筋混凝土同时产生。1886 年美国杰克森(P. H. Jackson)取得用钢筋混凝土拱张拉制作楼板的专利,至今已有 100 多年的历史。1928年,法国弗雷西奈(F. Freyssinet)提出了采用高强钢材、高强混凝土制作预应力混凝土,且考虑混凝土收缩徐变损失的混凝土理论,使预应力混凝土设计理论取得重大突破,以致真正进入实用阶段。目前,高效预应力混凝土已成为当今世界上技术最先进、用途最广、强度最高、最有发展前途的结构材料之一。据统计,美国的新建住宅和写字楼,90%的楼面、屋盖采用无粘结预应力平板结构。世界上最高的预应力混凝土结构为加拿大多伦多电视塔(553 m),跨度最大的建筑为德国法兰克福机场飞机库(270 m×100 m),规模最大的建筑为法国巴黎大拱门(110.9 m×106.9 m×112 m),其空间之大足可容纳包括塔尖及花园在内的巴黎圣母院大教堂。法国巴黎大拱门荣获 1990 年 FIP 大奖。

我国于 1956 年开始推广应用预应力混凝土技术,至今已有 60 多年的历史。我国预应力混凝土的发展方针与国外不同:在采用预应力筋方面,实行低强、中强、高强并举,逐步向高强钢材发展的方针;在应用领域方面,实行小、中、大结构并举,尽量在各行业中采用预应力混凝土的方针;在生产工艺方面,实行土、洋并举,逐步提高预应力装备的方针。

为了发展预应力混凝土,我国建设、铁道、交通、高教等部门的科研单位、设计和施工企业通过 60 多年的不懈努力,克服了重重困难和各种阻力,大力开展了理论研究、应用研究和工程实践,不断地提高了预应力技术水平,机械设备与技术条件不断革新,设计理论不断完善,应用范围不断扩大。特别是 20 世纪 80 年代以来,我国高强钢材为发展高效预应力提供了条件。随着部分预应力设计思想的传播、高强度混凝土的生产及现场浇筑机械化施工技术的推广,单根钢绞线无粘结小吨位后张束张锚体系、多根钢绞线大吨位后张束群锚体系的研制成功,使我国预应力技术登上了一个新的台阶。预应力混凝土构件开始摆脱跨度小、截面高、粗大笨重的形象,向跨度大、构件截面高度小、自重轻、纤细轻巧的方向转化。预应力混凝土结构不再局限

于预制装配式结构,开始采用现浇后张整体式结构以及预制与现浇相结合的半装配式结构。预应力桥梁形式多样化,开始采用连续梁、悬臂梁、T 形刚构、斜拉索和悬索等新颖结构形式。预应力房屋建筑开始向大开间、大柱网、无内柱大空间方向发展,以适应现代化工程建设需要。总之,预应力混凝土技术已在房屋工程、铁道工程、公路工程、能源工程、水利工程、通信工程和海洋工程等领域广泛应用,一批具有国际先进水平的大跨度桥梁、高层建筑、电视塔、核电站安全壳等预应力混凝土结构工程的相继建成,标志着我国预应力技术已开始步入国际先进行列。据不完全统计和估计,铁道部门采用40 m跨以下预应力桥梁达30 000孔;在新建公路桥梁中,20 m以上跨度的预应力混凝土占 85% 以上,采用预应力混凝土屋面和楼面结构的工业建筑已超过 10 亿 m²,采用预应力混凝土构件的城镇住宅和农村住房约 30 亿 m²。其中最为典型的有广州 63 层的广东国际大厦,高200.18 m,是我国首先采用无粘结预应力平板的高层建筑,上海东方明珠电视塔,为竖向预应力混凝土筒体结构,高454 m,筒壁内竖向预应力束之长为国内之最,最长束为 300 m。

展望未来,高效预应力混凝土仍将是一种最有效的结构材料,并将在下列范围得到更为广泛的应用:

1. 多层及高层大跨度居住和写字楼建筑将持续发展,在这类大跨度(7～12 m)建筑中,无粘结预应力混凝土平板结构仍将广泛应用,成套的无粘结预应力平板设计体系和第二代施工技术体系将大大提高设计和施工效率,充分保证结构的耐久性和其他结构与质量功能。

2. 公路与铁路桥梁将大量采用高效预应力混凝土结构,大吨位预应力群锚锚固体系将得到更广泛的应用。大跨度斜拉桥和悬索桥的设计和建造水平将进一步完善和提高。

3. 高效预应力特种结构,如电视塔、核电站安全壳、大型容器结构以及海洋工程等,将更多地采用大吨位预应力群锚锚固体系和无粘结预应力体系。

4. 大跨度、大柱网、无内柱的单层、多层厂房和停车库将大量采用现浇或预制预应力混凝土结构。

5. 预应力空间结构体系(如三向交叉梁体系、拱系、壳体和折板)和预应力钢结构体系等预应力组合结构体系的应用将进一步发展,为满足特殊功能和建筑造型,将会更多采用预应力空间结构体系。

6. 体外预应力技术由于其独特的优越性,在建筑、桥梁工程设计及结构加固修复中将广泛采用。

第二节　预应力混凝土结构设计的基础知识

一、预应力混凝土构件的分类

根据预应力混凝土构件的设计理论、施工方法及受力特征的不同,预应力混凝土构件有多种不同的分类方式。

(一)按施加预应力的方法分

目前国内外工程实践中,常用的施加预应力的方法是机械张拉法,它分为先张法和后张法两种。

1. 先张法预应力混凝土构件

先张法指张拉钢筋在浇灌混凝土之前进行,利用先张法生产预应力混凝土构件可用台座长线张拉或钢模短线张拉,其生产工艺如下(图 10-2):

（1）钢筋就位：即在台座或钢模上铺放预应力钢筋。

（2）张拉钢筋：在台座或钢模上用千斤顶张拉预应力钢筋至控制应力，并用锚具或夹具将被拉伸的预应力钢筋临时固定于台座或钢模上。

（3）浇捣混凝土：包括支模、混凝土浇捣及养护。短线生产时一般采用蒸汽养护。

（4）放张预压：待养护到混凝土强度达到强度设计值的 75％ 以上时，切断预应力钢筋，钢筋在回缩时通过粘结应力挤压混凝土，使混凝土获得预压力。

制作先张法预应力构件一般都需要台座、千斤顶、传力架及锚具、夹具等设备。千斤顶及传力架随构件的形式和尺寸、张拉力大小的不同而有不同的类型。先张法中应用的锚具又称工具锚具或夹具，就是在张拉端夹住钢筋进行张拉的夹具以及在两端临时固定钢筋用的工具式锚具，可以重复使用，种类很多。

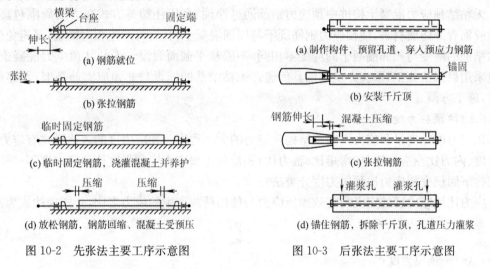

图 10-2 先张法主要工序示意图　　　　图 10-3 后张法主要工序示意图

先张法适用于工厂化成批生产的中、小型预应力构件。

2. 后张法预应力混凝土构件

后张法指张拉钢筋在浇捣混凝土之后进行，其生产工艺如下（图 10-3）：

（1）制作构件、预留孔道：包括支模、预埋孔道管、浇捣混凝土及养护。孔道成型有预埋铁皮管、预埋波纹管及充压橡皮管抽芯成型 3 种形式。

（2）穿筋张拉：待养护混凝土达到强度设计值的 75％ 以上时，穿入预应力钢筋并用千斤顶直接架于构件端部张拉钢筋至张拉控制应力，混凝土因弹性压缩获得预压力。

（3）锚固钢筋：张拉完毕后，在张拉端用锚具锚住钢筋，以保持张拉时在构件中产生的预应力。

（4）孔道灌浆：用灌浆机从预留注浆孔中高压注浆，以保证预应力筋与混凝土间能产生足够的粘结力。

后张法不需要台座，直接在构件上用千斤顶张拉。后张法的锚具永远依附在混凝土构件上，以传递预应力，故称为工作锚具。后张法中锚具加工要求的精度高、耗钢量大、成本较贵。

后张法适用于运输、安装不便的大、中型构件。

先张法与后张法施工致使构件的工作存在下列不同：

（1）对混凝土构件施加预应力的途径不同。先张法通过预应力筋与混凝土间的粘结力施加预应力，而后张法则通过锚具施加预应力。由于两种构件预应力筋传力途径不同，则在构件两端一定范围内的应力状态也不一样。关于这一点将在第三节中讨论。

(2)当以相同的张拉应力张拉钢筋时，两种方法在混凝土中建立的预压应力是不等的，先张法低、后张法高，最主要的原因是后张法在张拉时混凝土已完成弹性压缩，而先张法张拉时靠台座承受张拉力，切断或放松预应力钢筋时，由于预应力筋回弹引起混凝土弹性压缩，导致预应力筋本身缩短，应力降低。

(二)按预应力钢筋与混凝土的粘结程度分

1. 有粘结预应力混凝土构件

有粘结预应力混凝土构件中预应力钢筋与其周围混凝土牢固地粘结在一起，其截面变形服从平截面假设。用先张法生产或后张灌浆生产的预应力构件均为有粘结预应力混凝土构件。

2. 无粘结预应力混凝土构件

无粘结预应力混凝土构件中预应力钢筋通过涂油、高压注塑等方式在力筋周围包裹一层油脂或沥青等防腐材料，使预应力钢筋既不与周围混凝土粘结，可产生相对滑动，又避免生锈。无粘结筋的应变与相邻混凝土的应变不相同，不服从平截面假设。无粘结预应力混凝土构件一般采用后张法施工，预应力全靠锚具传递。无粘结筋的铺设与非预应力筋类似，不穿筋，不灌浆，施工方便。

(三)按预应力度大小分

预应力度是度量预应力混凝土结构预应力的大小程度。预应力度的表达形式有应力比预应力度、内力比预应力度(如弯矩比、轴力比)和荷载比预应力度和强度比预应力度等多种表达形式。下面仅介绍应力比预应力度分类法。

应力比预应力度的定义为有效预压应力与使用荷载产生的应力之比，公式表达式为：

$$\lambda = \frac{\sigma_{pc}}{\sigma_{sc}} \tag{10-2}$$

式中 λ——预应力度；

    σ_{pc}——有效预压应力或称构件底部纤维混凝土应力为零时的减压(消压)应力；

    σ_{sc}——由恒载、活荷载效应的标准组合在混凝土中产生的拉应力。

按预应力度大小不同，预应力混凝土构件可分为下列 4 类：

Ⅰ类：全预应力混凝土，$\lambda \geqslant 1$；

Ⅱ类：有限预应力混凝土，$1 > \lambda \geqslant 1 - \dfrac{\gamma f_{tk}}{\sigma_{sc}}$；

Ⅲ类：部分预应力混凝土，$1 - \dfrac{\gamma f_{tk}}{\sigma_{sc}} > \lambda > 0$；

Ⅳ类：钢筋混凝土，$\lambda = 0$。

式中 γ——截面抵抗矩塑性影响系数，见本章第四节。

二、预应力混凝土构件的材料

(一)混 凝 土

1. 预应力混凝土构件对混凝土材料性能的要求

(1)高强度，以充分利用高强材料，并减小截面和自重；

(2)较高的弹性模量和较小的徐变和收缩变形，以减小预应力损失；

(3)快硬、早强，可尽早施加预应力，加快施工进度；

(4)自重轻。

2. 混凝土强度等级

《规范》规定,预应力混凝土结构的混凝土强度等级不应低于C30,不宜低于C40。

(二)钢　　材

1. 预应力混凝土构件对钢材材料性能的要求

(1)强度高、松弛低:在预应力混凝土结构构件中,施加预应力的目的是在构件中建立足够的有效预应力。由于结构在构件制作及使用过程中将出现各种应力损失,有时各项预应力损失的总和达200 N/mm²以上,因此要求采用较大的张拉应力。只有选用强度高、松弛低的钢材方可达到这一目的。

(2)具有一定的塑性:在抗震结构设计及低温和冲击条件下的结构设计中均要求结构具有足够的延性,否则可能发生脆性破坏。

(3)具有足够的粘结力:在有粘结预应力混凝土结构中,要求钢材与混凝土间具有足够的粘结力。特别是先张法预应力混凝土结构,其预应力靠钢材与混凝土间的粘结力来传递,对这一性能要求尤为重要。

(4)具有良好的加工性能:预应力钢筋往往需要对焊接长,有时要求镦粗锚固,因此必须具有良好的可焊性及可镦性能。

2. 钢材

预应力钢材宜采用预应力钢绞线、钢丝和预应力螺纹钢筋。

三、锚　　具

锚具是制作预应力混凝土构件时用来锚住钢筋的工具,是预应力混凝土工程中必不可少的重要工具和附件。在先张法中,锚具用来临时锚固被张拉的预应力钢筋,可重复使用,故称为工具锚;在后张法中,锚具是永久依附在混凝土构件上作为传递预应力的一种构造措施,故称为工作锚。

(一)性能要求

(1)受力可靠,锚具本身具有足够的强度和刚度;

(2)预应力损失小;

(3)构造简单,便于机械加工制作;

(4)张拉设备(如千斤顶等)轻便简单,张拉方便迅速;

(5)用材省、价格低。

(二)锚具的种类

锚具的种类很多,但按其传力方式来分,主要可分为摩擦型、粘结型及承压型3类。

1. 摩擦型锚具

这种锚具依靠预应力钢筋与夹片间的摩擦力将预应力钢筋中的预拉力传给夹片或锚环,然后锚环再通过承压力或粘结力将预拉力传给混凝土构件,也称夹片或锚具。

常用的摩擦型锚具有JM12锚具(图10-4)和弗氏(Freyssinet)锚具(图10-5)。二者均可用于张拉端或锚固端,张拉时都需采用特制的双作用千斤顶。

2. 承压型锚具

这种锚具利用螺帽、垫板等承压作用将预应力钢筋锚固在构件端部。这种锚具国内较常采用,如螺丝端杆锚具(图10-6)、帮条锚具(图10-7)和镦头锚具(图10-8)。

螺丝端杆锚具和帮条锚具用于锚固单根粗钢筋,前者用于张拉端,后者用于锚固端。镦头锚具

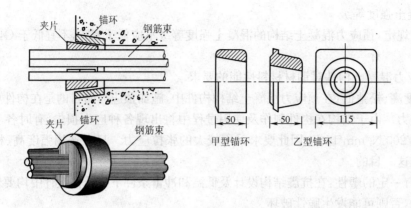

图 10-4　JM—12 型锚具

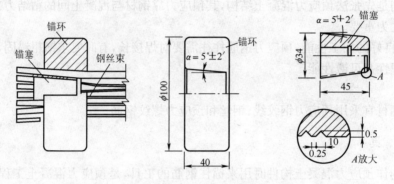

图 10-5　弗氏锚具

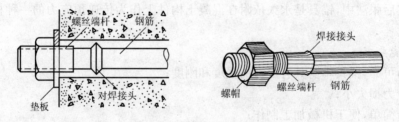

图 10-6　螺丝端杆锚具

由被镦粗的钢丝头、锚环和螺母组成,用于锚固钢丝束。镦头锚具的锚固性能可靠,锚固吨位大,张拉方便,便于重复张拉。但由于用于锚固多根平行钢丝束,故对钢丝下料长度的精度要求高。

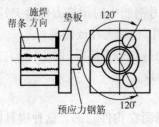

图 10-7　帮条锚具

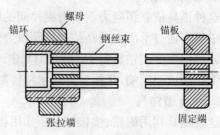

图 10-8　镦头锚具

3. 粘结型锚具

这种锚具是利用构件端部预留锥形自锚孔的后浇混凝土锚固预应力钢筋，无须特制锚具(图10-9)。

粘结型锚具是在制作混凝土构件时在端部留有锥形自锚孔，张拉钢筋完毕后浇自锚头混凝土，当混凝土强度达到其强度设计值的 75% 以上时，切断预应力钢筋，通过结硬混凝土对钢筋的锚固将预应力传递到混凝土。

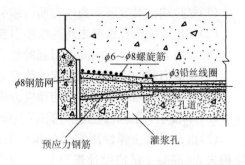

图10-9　粘结型锚具

四、张拉控制应力

张拉控制应力是指张拉钢筋时，张拉设备(千斤顶和油泵)上的压力表所控制的总张拉力除以预应力钢筋面积得出的应力值，以 σ_{con} 表示。

张拉控制应力的确定原则如下：

张拉控制应力的大小对于预应力混凝土构件的设计、施工及正常使用有着极为重要的影响。影响张拉控制应力的主要因素是预应力钢筋的强度标准值 f_{pyk}(软钢)或 f_{ptk}(硬钢)和施加预应力的方法。其确定原则为：

1. 张拉控制应力不应太低。施加预应力的主要目的是为了提高构件的抗裂度及充分发挥高强度钢材的作用。由于预应力钢筋张拉锚固后会因种种因素可能引起其预应力有所降低，因此只有将张拉控制应力尽量定得高一些，将来在预应力筋中残留的实际预应力值才会大，构件的抗裂效果好，正常使用时，预应力钢筋的强度才能充分利用，否则将达不到预加应力的效果。

《规范》规定，消除应力钢丝、钢绞线、中强度预应力钢丝的张拉控制应力值 σ_{con} 不应小于 $0.4 f_{ptk}$；预应力螺纹钢筋的张拉应力控制值不宜小于 $0.5 f_{pyk}$。

2. 张拉控制应力不能过高。当张拉控制应力 σ_{con} 定得过高时，构件的开裂荷载将接近破坏荷载。这种构件在正常使用荷载作用下一般不会开裂，变形极小。但构件一旦开裂，很快就临近破坏，使构件在破坏前无明显预兆。另外，由于钢材材质不均匀，钢材强度具有较大的离散性，张拉过程中可能发生将钢筋拉断的现象或导致预应力筋进入流限，这是工程中不允许的。张拉控制应力过高，还会增加钢筋的应力松弛损失。

《规范》根据国内外设计与施工经验及科研成果，规定

消除应力钢丝、钢绞线 $\qquad \sigma_{con} \leqslant 0.75 f_{ptk}$

中强度预应力钢丝 $\qquad \sigma_{con} \leqslant 0.70 f_{ptk}$

预应力螺纹钢筋 $\qquad \sigma_{con} \leqslant 0.85 f_{pyk}$

f_{ptk} 为预应力钢筋的极限抗拉强度标准值，f_{pyk} 为预应力螺纹钢筋的屈服强度标准值。

《规范》还指出，在下列情况下，张拉控制应力允许值可提高 $0.05 f_{ptk}$ 或 $0.05 f_{pyk}$。

(1)要求提高构件在施工阶段的抗裂性能而在使用阶段受压区设置的预应力钢筋；

(2)要求部分抵消由于应力松弛、摩擦、钢筋分批张拉以及预应力钢筋与张拉台座之间的温差等因素产生的预应力损失。

五、预应力损失

由于预应力施工工艺和材料性能等种种原因，使得预应力钢筋中的初始预应力，在制作、运输、安装及使用过程中不断降低。这种现象称为预应力损失。

(一)预应力损失分类

预应力损失从张拉钢筋开始在整个使用期间都存在。按引起预应力损失的因素分，主要

有以下几种：

(1)张拉端锚具变形和预应力筋内缩引起的预应力损失,记为 σ_{l1} 。

(2)预应力筋与孔道壁之间的摩擦引起的预应力损失,记为 σ_{l2} 。

(3)预应力筋与台座间温差引起的预应力损失,记为 σ_{l3} 。

(4)预应力筋的应力松弛引起的预应力损失,记为 σ_{l4} 。

(5)混凝土收缩和徐变引起的预应力损失,记为 σ_{l5} 。

(6)环形构件用螺旋式预应力筋作配筋时,由于混凝土的局部挤压引起预应力损失,记为 σ_{l6} 。

(7)由于混凝土弹性压缩引起预应力筋初始张拉应力降低的预应力损失,记为 σ_{l7} 。此项损失在《混凝土结构设计规范》(GB 50010—2010)中未单独列入,但明确规定:预应力筋采用分批张拉时,应计算分批张拉的预应力损失值,分别加到先张拉预应力筋的张拉控制应力值内。

(二)各项预应力损失计算

1. 张拉端锚具变形及钢筋回缩引起的预应力损失 σ_{l1}

不论是先张法或后张法预应力构件,也不论是预应力直线钢筋或曲线钢筋,当张拉完毕,千斤顶放松时,预拉力通过锚具传递到台座或构件上,都会由于锚具、垫板本身的变形,锚具与垫板之间、垫板与垫板之间缝隙的挤紧或钢筋在锚具中的滑移引起预应力损失。

(1)预应力直线钢筋情况

预应力直线钢筋由于锚具变形和钢筋内缩引起的预应力损失 σ_{l1} 可按下式计算:

$$\sigma_{l1}=\frac{a}{l}E_s \tag{10-3}$$

式中 a——张拉端锚具变形和钢筋内缩值(mm),按表 10-2 取用;

l——张拉端至锚固端之间的距离(mm)。

由式(10-3)及表 10-2 可得出下列结论:

①式(10-3)假定滑移是沿钢筋全长均匀分布的。这一假定对先张法成立,对后张法构件,钢筋在孔道内无摩擦时成立,有摩擦时此项预应力损失可能集中在靠近两端的钢筋内发生。

②σ_{l1} 与台座或构件长度 l 有关;l 越大,σ_{l1} 越小;l 越小,σ_{l1} 越大。

③σ_{l1} 与锚具类型有关,承压型锚具 σ_{l1} 小,摩擦型锚具 σ_{l1} 大。

表 10-2　锚具变形和预应力筋内缩值 a(mm)

锚 具 类 别		a
支承式锚具 (钢丝束镦头锚具等)	螺帽缝隙	1
	每块后加垫板的缝隙	1
夹片式锚具	有顶压时	5
	无顶压时	6~8

注:1. 表中的锚具变形和钢筋内缩值也可根据实测数据确定;

　　2. 其他类型的锚具变形和钢筋内缩值应根据实测数据确定。

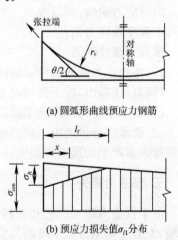

(a) 圆弧形曲线预应力钢筋

(b) 预应力损失值 σ_{l1} 分布

图 10-10　圆弧形曲线预应力钢筋因锚具变形和钢筋内缩引起的损失值

块体拼成的结构,其预应力损失尚应计及块体间填缝的预压变形。当采用混凝土或砂浆为填缝材料时,每条填缝的预压变形值可取为1 mm。

(2)预应力曲线钢筋情况

对图 10-10 所示预应力曲线钢筋情况,锚固前在端部预应力最大,由于摩擦损失,钢筋预应力沿构件轴线而减小。锚固后因锚具变形及钢筋内缩,端部预应力值突然下降,在构件张拉端 l_f 长度内发生反向摩擦力。这一影响可按预应力钢筋在反向摩擦的影响长度 l_f 范围内的变形值与锚具变形和钢筋回缩值相等的条件,并假设正、反向摩擦系数相同的原则确定。

①当预应力钢筋为圆弧形曲线,且其对应的圆心角 θ 不大于 45°时,如图 10-10 所示。σ_{l1} 可按下列公式计算:

$$\sigma_{l1}=2\sigma_{con}l_f\left(\frac{\mu}{r_c}+\kappa\right)\left(1-\frac{x}{l_f}\right) \tag{10-4}$$

反向摩擦影响长度 l_f(m)按下列公式计算:

$$l_f=\sqrt{\frac{aE_s}{1\,000\sigma_{con}\left(\frac{\mu}{r_c}+\kappa\right)}} \tag{10-5}$$

式中 r_c——圆弧形曲线预应力钢筋的曲率半径(m);

μ——预应力钢筋与孔道壁之间的摩擦系数,按表 10-3 取用;

κ——考虑孔道每米长度局部偏差的摩擦系数,按表 10-3 取用;

x——张拉端至计算截面的距离(m),且应符合 $x\leqslant l_f$ 的规定;

a——锚具变形和钢筋内缩值(mm),按表 10-2 取用;

E_s——预应力钢筋弹性模量(N/mm²)。

表 10-3 摩 擦 系 数

孔道成型方式	κ	μ	
		钢绞线、钢丝束	预应力螺纹钢筋
预埋金属波纹管	0.001 5	0.25	0.50
预埋塑料波纹管	0.001 5	0.15	—
预埋钢管	0.001 0	0.30	—
抽芯成型	0.001 4	0.55	0.60
无粘结预应力筋	0.004 0	0.09	—

注:摩擦系数也可根据实测数据确定。

②当端部为直线(直线长度为 l_0),而后由两条圆弧形曲线(圆弧对应的圆心角 $\theta\leqslant45°$)组成的预应力钢筋,由于锚具变形和钢筋内缩,在反向摩擦影响长度 l_f 范围内的预应力损失值 σ_{l1},如图 10-11 所示,可按下列公式计算:

当 $x\leqslant l_0$ 时,有:

$$\sigma_{l1}=2i_1(l_1-l_0)+2i_2(l_f-l_1) \tag{10-6}$$

当 $l_0<x\leqslant l_1$ 时,有:

$$\sigma_{l1}=2i_1(l_1-x)+2i_2(l_f-l_1) \tag{10-7}$$

当 $l_1<x\leqslant l_f$ 时,有:

$$\sigma_{l1}=2i_2(l_f-x) \tag{10-8}$$

反向摩擦影响长度 l_f(m)可按下列公式计算:

$$l_f = \sqrt{\frac{aE_s}{1\,000i_2} - \frac{i_1(l_1^2 - l_0^2)}{i_2} + l_1^2} \tag{10-9}$$

$$i_1 = \sigma_a\left(\kappa + \frac{\mu}{r_{c1}}\right)$$

$$i_2 = \sigma_b\left(\kappa + \frac{\mu}{r_{c2}}\right)$$

式中 l_1——预应力钢筋张拉端起点至反弯点的水平投影长度；

    i_1、i_2——第一、二段圆弧形曲线预应力钢筋中应力近似直线变化的斜率；

    r_{c1}、r_{c2}——第一、二段圆弧形曲线预应力钢筋的曲率半径；

    σ_a、σ_b——预应力钢筋在 a、b 点的应力。

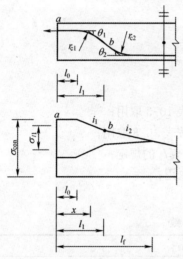

图 10-11　两条圆弧曲线组成的
预应力钢筋的预应力损失 σ_{l1}

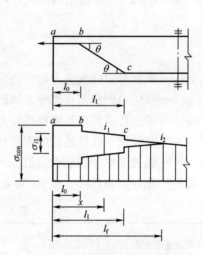

图 10-12　折线形预应力钢筋的
预应力损失 σ_{l1}

③当预应力钢筋为折线形，且锚固损失消失于折点 c 之外时，σ_{l1} 可按下列公式计算(图 10-12)：

当 $x \leqslant l_0$ 时，有：

$$\sigma_{l1} = 2\sigma_1 + 2i_1(l_1 - l_0) + 2\sigma_2 + 2i_2(l_f - l_1) \tag{10-10}$$

当 $l_0 < x \leqslant l_1$ 时，有：

$$\sigma_{l1} = 2i_1(l_1 - x) + 2\sigma_2 + 2i_2(l_f - l_1) \tag{10-11}$$

当 $l_1 < x \leqslant l_f$ 时，有：

$$\sigma_{l1} = 2i_2(l_f - x) \tag{10-12}$$

反向摩擦影响长度 l_f(m) 可按下式计算：

$$l_f = \sqrt{\frac{aE_s}{1\,000i_2} - \frac{i_1(l_1 - l_0)^2 + 2i_1l_0(l_1 - l_0) + 2\sigma_1l_0 + 2\sigma_2l_1}{i_2} + l_1^2} \tag{10-13}$$

$$i_1 = \sigma_{con}(1 - \mu\theta)\kappa$$

$$i_2 = \sigma_{con}[1 - \kappa(l_1 - l_0)](1 - \mu\theta)^2\kappa$$

$$\sigma_1 = \sigma_{con}\mu\theta$$

$$\sigma_2 = \sigma_{con}[1 - \kappa(l_1 - l_0)](1 - \mu\theta)\mu\theta$$

式中　i_1——预应力钢筋在 bc 段中应力近似直线变化的斜率；

　　　i_2——预应力钢筋在折点 c 以外应力近似直线变化的斜率；

　　　l_1——张拉端起点至预应力钢筋折点 c 的水平投影长度。

2. 预应力钢筋与孔道壁之间的摩擦引起的预应力损失 σ_{l2}

后张法预应力构件通常先预留直线或曲线型孔道,由于施工制作偏差或孔壁成型粗糙等原因,张拉预应力钢筋时预应力钢筋在张拉力作用下伸长、而混凝土同时被压缩,预应力钢筋与混凝土接触面上发生相对运动,故产生摩擦力,从而导致每一截面上的实际预应力逐渐减小。这种影响离张拉端越远,影响越大,如图 10-13 所示,这种应力差额称为摩擦损失。

产生摩擦损失的摩阻力由两部分组成,一部分由孔道偏差等因素引起[图 10-13(b)],它与预应力和孔道长度成正比,其值为:

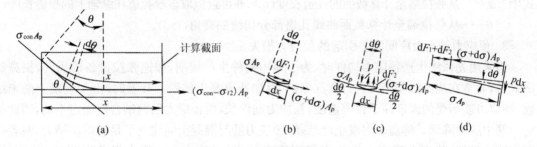

图 10-13　预应力摩擦损失

$$dF_1 = \kappa \sigma A_p dx \qquad (10\text{-}14)$$

另一部分由曲线孔道壁对预应力筋产生的附加法向力引起[图 10-13(c)],它与摩擦系数 μ 和附加法向力 p 成正比,其值为:

$$dF_2 = \mu p dx \qquad (10\text{-}15)$$

其力三角形如图 10-13(d)所示。根据平衡条件,有:

$$\sum x = 0, \sigma A_p \cos \frac{d\theta}{2} - (\sigma + d\sigma) A_p \cos \frac{d\theta}{2} - (dF_1 + dF_2) \cos \frac{d\theta}{2} = 0 \qquad (10\text{-}16)$$

$$\sum y = 0, 2\sigma A_p \sin \frac{d\theta}{2} = p dx \qquad (10\text{-}17)$$

因 θ 很小,则 $\cos \frac{d\theta}{2} \approx 1, \sin \frac{d\theta}{2} \approx \frac{d\theta}{2}$,将式(10-14)和式(10-15)代入式(10-16)和式(10-17),整理得:

$$d\sigma A_p = -(\kappa \sigma A_p dx + \mu \sigma A_p d\theta)$$

$$\frac{d\sigma}{\sigma} = -(\kappa dx + \mu d\theta) \qquad (10\text{-}18)$$

两边同时积分,得:

$$\int_{\sigma_{con}}^{\sigma_{con} - \sigma_{l2}} \frac{d\sigma}{\sigma} = -\int_0^x \kappa dx - \int_0^\theta \mu d\theta$$

$$\ln \frac{\sigma_{con} - \sigma_{l2}}{\sigma_{con}} = -(\kappa x + \mu \theta)$$

即：

$$\frac{\sigma_{\mathrm{con}}-\sigma_{l2}}{\sigma_{\mathrm{con}}}=\mathrm{e}^{-(\kappa x+\mu\theta)}$$

或

$$\sigma_{\mathrm{con}}-\sigma_{l2}=\sigma_{\mathrm{con}}\mathrm{e}^{-(\kappa x+\mu\theta)}$$

即得到摩擦损失 σ_{l2} 的计算公式：

$$\sigma_{l2}=\sigma_{\mathrm{con}}\left(1-\frac{1}{\mathrm{e}^{(\kappa x+\mu\theta)}}\right) \tag{10-19}$$

当 $\kappa x+\mu\theta$ 不大于 0.3 时，可将 $\mathrm{e}^{-(\kappa x+\mu\theta)}$ 按泰勒级数展开，并仅取前两项，得到 σ_{l2} 的近似计算公式为：

$$\sigma_{l2}=(\kappa x+\mu\theta)\sigma_{\mathrm{con}} \tag{10-20}$$

式中　x——从张拉端至计算截面的孔道长度(m)，亦可近似取该段孔道在纵轴上的投影长度；

　　　θ——从张拉端至计算截面曲线孔道部分切线的夹角(rad)。

3. 预应力筋与台座间温差引起的预应力损失 σ_{l3}

当采用先张法生产预应力构件时，为了缩短构件生产周期，加速张拉设备的周转，提高经济效益，通常在浇捣混凝土后进行蒸汽养护，以加速混凝土结硬。升温时，由于混凝土尚未结硬，预应力筋所受的温度高于台座温度，预应力筋伸长，而预应力筋两端台座固定不动，因此预应力筋中应力降低。降温时混凝土已结硬，预应力筋与混凝土间建立了足够的粘结力，两者一起回缩。显然，预应力筋应力无法恢复到原来的张拉值，故产生了由温差引起的预应力损失 σ_{l3}。

我们知道，钢筋的温度膨胀系数 $\alpha_s=1.0\times10^{-5}/℃$，钢材的弹性模量 E_s 为 $2\times10^5\mathrm{N/mm^2}$，当台座与预应力筋之间的温差为 $\Delta t℃$ 时，预应力筋与台座间温差引起的预应力损失 σ_{l3} 为 $(\mathrm{N/mm^2})$：

$$\sigma_{l3}=\alpha_s E_s\Delta t$$
$$=1.0\times10^{-5}\times2.0\times10^5\Delta t=2\Delta t \tag{10-21}$$

4. 钢筋应力松弛引起的预应力损失 σ_{l4}

钢筋在高应力作用下具有随时间而增长的塑性变形性质。当钢筋长度保持不变时，应力随时间增长而逐渐降低的现象叫钢筋的应力松弛；当钢筋应力保持不变时，应变随时间增长而逐渐增大的现象叫钢筋的徐变。试验表明松弛和徐变均会引起预应力筋的预应力损失，但钢筋的应力松弛引起的预应力损失是主要的。因此，通常将钢筋的应力松弛和徐变引起的预应力损失统称为钢筋应力松弛损失。

试验表明，钢筋的应力松弛与下列因素有关：

(1)与钢种有关。软钢小，硬钢大。

(2)与初始应力有关。当初始应力小于 $0.7f_{\mathrm{ptk}}$ 时，松弛与初应力呈线性关系，初应力高于 $0.7f_{\mathrm{ptk}}$ 时，松弛显著增大。另外，高应力下短时间的松弛可达到低应力下较长时间才能达到的数值。

(3)与时间有关。在加荷初期发展很快，第一小时可达 50%，而其中绝大部分在前 2 min 内发生，一天内约完成 80%，1 000 h 后增长缓慢。《规范》给出的是 1 000 h 的应力松弛值。

《规范》规定，预应力筋应力松弛损失 σ_{l4} 按表 10-4 取用。

表 10-4　预应力筋应力松弛损失 σ_{l4}

项次	钢筋种类	σ_{l4}
1	消除应力钢丝、钢绞线	普通松弛：$0.4\left(\dfrac{\sigma_{con}}{f_{ptk}}-0.5\right)\sigma_{con}$ 低松弛：当 $\sigma_{con}\leqslant 0.7f_{ptk}$ 时，$0.125\left(\dfrac{\sigma_{con}}{f_{ptk}}-0.5\right)\sigma_{con}$；当 $0.7f_{ptk}<\sigma_{con}\leqslant 0.8f_{ptk}$ 时， $0.20\left(\dfrac{\sigma_{con}}{f_{ptk}}-0.575\right)\sigma_{con}$
2	中强度预应力钢丝	$0.08\sigma_{con}$
3	预应力螺纹钢筋	$0.03\sigma_{con}$

注：$\sigma_{con}/f_{ptk}\leqslant 0.5$ 时，预应力筋的应力松弛损失值可取为零。

5. 混凝土收缩、徐变引起的预应力损失 σ_{l5}

收缩、徐变是混凝土随时间变化的两个重要变形特征。在一般温度条件下，混凝土在空气中结硬体积减小；在预压应力作用下，混凝土沿受压方向发生徐变。由于混凝土收缩与徐变是伴随产生的，两者的影响因素大致相同，且两者引起钢筋应力变化规律也相似。收缩和徐变都引起混凝土构件长度缩短，预应力筋也随之回缩，因而产生预应力损失 σ_{l5}。

混凝土收缩、徐变引起预应力钢筋 A_p 和 A'_p 中的预应力损失 σ_{l5} 和 σ'_{l5} 根据长期试验及以往的工程经验确定，且将两者合并考虑。《规范》规定按下式计算：

（1）对一般情况

先张法构件

$$\sigma_{l5}=\frac{60+340\dfrac{\sigma_{pc}}{f'_{cu}}}{1+15\rho} \tag{10-22}$$

$$\sigma'_{l5}=\frac{60+340\dfrac{\sigma'_{pc}}{f'_{cu}}}{1+15\rho'} \tag{10-23}$$

后张法构件

$$\sigma_{l5}=\frac{55+300\dfrac{\sigma_{pc}}{f'_{cu}}}{1+15\rho} \tag{10-24}$$

$$\sigma'_{l5}=\frac{55+300\dfrac{\sigma'_{pc}}{f'_{cu}}}{1+15\rho'} \tag{10-25}$$

式中　σ_{pc}、σ'_{pc}——在受拉区、受压区预应力钢筋 A_p 及 A'_p 各自合力点处的混凝土法向压应力；

　　　　f'_{cu}——施加预应力时的混凝土立方体强度，不应低于 $0.75f_{cu}$；

　　　　ρ、ρ'——受拉区、受压区预应力钢筋和非预应力钢筋的配筋率：对先张法构件，$\rho=\dfrac{A_p+A_s}{A_0}$，$\rho'=\dfrac{A'_p+A'_s}{A_0}$，对后张法构件，$\rho=\dfrac{A_p+A_s}{A_n}$，$\rho'=\dfrac{A'_p+A'_s}{A_n}$，对于对称配置预应力筋和非预应力筋的构件，取 $\rho=\rho'$，此时配筋率应按其钢筋总截面面积的一半进行计算；

　　　　A_0、A_n——构件的换算截面面积和净截面面积。

σ_{pc}、σ'_{pc}、A_0、A_n 的计算在第二节和第三节中讲述。

应用式(10-22)～式(10-25)时,应注意以下几点:

①这些公式是按线性徐变条件下的试验结果得到的,故必须满足 σ_{pc}(或 σ'_{pc})$\leqslant 0.5 f'_{cu}$ 的条件,否则会发生非线性徐变,超过公式适用范围。计算 σ_{pc}、σ'_{pc} 时,预应力损失值仅考虑混凝土预压前(第一批)的损失,其非预应力钢筋中的应力 σ_{l5}、σ'_{l5} 值应取为零。当 σ'_{pc} 为拉应力时,公式(10-23)和式(10-25)中的 σ'_{pc} 应取为零。计算 σ_{pc}、σ'_{pc} 时,可根据构件制作情况考虑自重的影响。

②这些公式是在一般相对湿度下建立的经验公式。对处于干燥环境的结构,混凝土的收缩与徐变量均有增长。《规范》规定,当结构处于年平均相对湿度低于 40% 的环境下,σ_{l5} 及 σ'_{l5} 值应增加 30%。

(2)对重要的结构构件,当需要考虑与时间相关的混凝土收缩、徐变及钢筋应力松弛应力损失值时,可按《规范》附录 K 进行计算。

6. 预应力筋局部挤压混凝土所引起的预应力损失 σ_{l6}

对于用后张法施工预应力环形构件(如电杆、油罐、压力管道、水池等),预应力筋的径向挤压将引起混凝土产生局部压陷,使环形构件的直径有所减小(图 10-14),故造成预应力筋的应力降低,发生预应力损失 σ_{l6}。

在张拉前,预应力筋环的直径为 D;张拉后,混凝土沿周边的挤压变形值为 δ,则预应力筋圆周长度缩短值为 $\pi D - \pi(D - 2\delta) = 2\pi\delta$,单位长度的变形为:

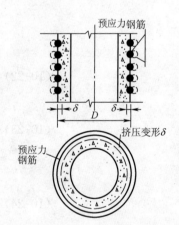

$$\varepsilon_{ps} = \frac{2\pi\delta}{\pi D} = \frac{2\delta}{D}$$

相应的预应力损失 σ_{l6} 为:

$$\sigma_{l6} = E_p \varepsilon_{ps} = E_p \cdot \frac{2\delta}{D} = 2E_p \frac{\delta}{D} \tag{10-26}$$

由预应力筋挤压混凝土所引起的预应力损失 σ_{l6} 与环形构件的直径成反比。《规范》规定:当环形构件直径大于 3 m 时,此项损失可以忽略不计;当直径小于或等于 3 m 时,可取 $\sigma_{l6} = 30 \text{ N/mm}^2$。

7. 混凝土弹性压缩引起的预应力损失 σ_{l7}

对后张法预应力混凝土构件,当采用分批张拉时,后批张拉的预应力所产生的混凝土弹性压缩(或伸长)将对先批张拉的预应力筋的有效预应力有影响,即先批张拉的预应力筋的有效预应力因混凝土弹性压缩(或伸长)而减小(或增加)。因此,在确定施加方案时,应酌情考虑这种影响,将先批张拉的预应力筋的张拉控制应力按计算要求增加(或减小)。对先张法构件在放松预应力筋时,也会产生混凝土弹性压缩。弹性压缩(或伸长)引起的预应力损失 σ_{l7} 按下式计算:

图 10-14 环形构件施加预应力

$$\sigma_{l7} = \alpha_E \sigma_{pc} \tag{10-27}$$

式中 α_E——材料弹性模量比,$\alpha_E = E_p / E_c$;

     σ_{pc}——张拉后批预应力钢筋时,在已张拉的预应力钢筋重心处由预应力产生的混凝土法向应力。

(三)预应力损失组合

上述各种预应力损失实际上是因施加应力的方法及构件形式不同而分批产生的。因此须对它们进行具体分析,分批组合,以便计算各种构件在各阶段的预应力损失,进行截面应力分析。

我国现行《规范》在进行预应力损失组合时仅包括了前 6 种,详见表 10-5。对第 7 种预应力损失放在截面应力分析中,或在确定张拉施工方案时另行考虑。

表 10-5　各阶段预应力损失值的组合

预应力损失值的组合	先 张 法 构 件	后 张 法 构 件
混凝土预压前(第一批)的损失 σ_{lI}	$\sigma_{l1}+\sigma_{l2}+\sigma_{l3}+\sigma_{l4}$	$\sigma_{l1}+\sigma_{l2}$
混凝土预压后(第二批)的损失 σ_{lII}	σ_{l5}	$\sigma_{l4}+\sigma_{l5}+\sigma_{l6}$

表 10-5 包括 6 种预应力损失,有的是瞬时完成的,如 σ_{l1}、σ_{l2}、σ_{l3}、σ_{l6};有的是经过很长一段时间才能完成的,如 σ_{l4}、σ_{l5}。特别是对先张法构件由于钢筋应力松弛引起的损失值 σ_{l4} 在第一批和第二批损失中均占一定的比例,如需区分,可根据实际情况确定。

预应力损失的计算是一个非常复杂的问题,要准确计算各项预应力损失值是不容易的。为了保证预应力构件具有一定的抗裂性要求,考虑预应力损失计算值与实际值可能存在的误差,《规范》规定了总损失的最小值。当计算求得的预应力总损失值小于下列数值时,则按下列数值取用:先张法构件:100 N/mm²;后张法构件:80 N/mm²。

(四)减小预应力损失的措施

预应力损失大部分在预应力构件施工阶段完成。预应力损失越大,构件的抗裂性越低。因此,在设计与制作预应力构件时,应尽量采取有效措施减小预应力损失,以提高预应力效果。

减小预应力损失的主要措施有:

1. 尽量减少所用垫板的数量,选择变形及钢筋内缩小的锚具,尽可能增加先张法张拉台座的长度,以减小锚具变形和钢筋内缩引起的预应力损失 σ_{l1}。

2. 采取超张拉方法,即可减小预应力筋与管道壁之间的摩擦损失 σ_{l2},又可减小钢筋应力松弛损失 σ_{l4}。

3. 对后张法中预应力曲线钢筋进行两端张拉,可适当减小 σ_{l2}。

4. 采用两次升温养护方法,即先常温养护,待混凝土强度 f'_{cu} 达7.5～10 N/mm² 时,再逐渐升温至规定的养护温度,由于此时钢筋与混凝土之间已产生粘结力,变形一致,故可减少此项损失。另外对于在钢模上张拉的先张法构件,当钢模与构件一起加热养护时可不考虑此项温差损失。

5. 采用高强度等级的混凝土,减小水泥用量,降低水灰比,采用级配好的骨料,加强混凝土振捣和养护,可有效减小混凝土收缩、徐变损失 σ_{l5}。

6. 合理选择施加预压应力时的时机,或适当控制混凝土的预压应力 σ_{pc},使 $\sigma_{pc}/f'_{cu}\leqslant0.5$ (其中,f'_{cu} 为相同龄期的同条件养护标准立方体试件的抗压强度),防止发生非线性徐变,可达到减小 σ_{l5} 的目的。

六、预应力的传递长度

在先张法预应力构件中,预应力靠钢筋和混凝土间的粘结力来传递。当切断预应力筋时,钢筋要回缩,直径变粗,对混凝土产生挤压,而结硬后的混凝土阻止钢筋回缩,以致在混凝土构件中建立了预应力。但预应力钢筋的自锚或预应力的传递并不能在构件端部集中地突然完成,而必须通过一定的长度来实现,这段长度即为预应力的传递长度,记为 l_{tr}。

图 10-15(b)是以构件端部取出的长度为 x 的脱离体。切断预应力筋后,其左端为自由端,右端作用着 $\sigma_p A_p$。$\sigma_p A_p$ 由分布在预应力筋表面的粘结力所平衡。显然被平衡的预拉力 $\sigma_p A_p$ 随 x 的增大而增大,当 x 达到一定长度(l_{tr})时,钢筋表面的粘结力就能平衡钢筋中的全部预应力。这一段长度就是预应力传递长度 l_{tr}。在预应力传递长度 l_{tr} 范围内,其始端(即构件端部)的预应力筋预拉应力及混凝土的预压应力均为零,而其末端预应力筋预拉应力为 σ_p,混凝土的预压应力为 σ_{pc}[图 10-15(c)]。

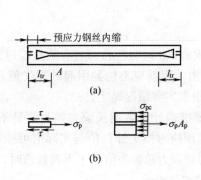
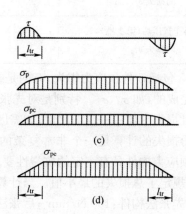

图 10-15　预应力筋的传递长度

由于在锚固区的预应力较小,为安全计,《规范》规定对先张法预应力混凝土构件端部进行斜截面受剪承载力计算及正截面、斜截面抗裂验算时,应计入预应力钢筋在其预应力传递长度 l_{tr} 范围内实际应力值的变化。预应力钢筋的实际预应力按线性规律增大,在构件端部应取零,在其预应力传递长度的末端应取有效预应力值 σ_{pe}[图 10-15(d)],预应力钢筋的预应力传递长度 l_{tr} 应按下列公式计算:

$$l_{tr} = \alpha \frac{\sigma_{pe}}{f'_{tk}} d \tag{10-28}$$

式中　σ_{pe}——放张时预应力钢筋的有效应力;

　　　d——预应力钢筋的公称直径;

　　　α——预应力钢筋的外形系数,按表 1-1 采用;

　　　f'_{tk}——与放张时混凝土立方体抗压强度 f'_{cu} 相应的轴心抗拉强度标准值,按附表 1.1 以线性内插法确定。

当采用骤然放松预应力钢筋的施工工艺时,l_{tr} 的起点应从距构件末端 $0.25 l_{tr}$ 处开始计算。

七、局部受压承载力计算

局部受压是土木工程结构中的受力形式之一。后张法预应力混凝土结构的锚固区即为一种典型的局部受压区。由于预应力往往很大,而锚具下的垫板尺寸往往较小,因此端部混凝土承受着很大的局部应力。在局部压力作用下,构件端部可能出现裂缝,甚至发生破坏。这种质量事故实际工程中时有发生。为了保证张拉钢筋时锚具下锚固区不出现裂缝,并具有足够的局部承压能力。必须进行锚具下混凝土抗裂度及局部受压承载力验算。

（一）锚固区应力状态分析

图 10-16 表示构件端部混凝土局部承压时的受力图。在左端较大的面积 A_l 上受到总预压力 N_l，平均压应力为 p_l。此局部压应力需要经过一段距离才能扩散到整个截面上去，其值为 p，此处为全截面受压。这一段则称为局部受压区，也即为预应力构件的锚固区。

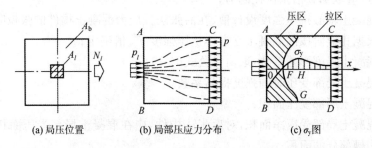

(a) 局压位置　　　(b) 局部压应力分布　　　(c) σ_y 图

图 10-16　局部受压应力分析（平面应力问题）

锚固区在 p_l 和 p 的作用下将产生较复杂的应力状态。作为平面应力问题[图 10-16 (c)]，锚固区中任何一点将产生三种应力，即 σ_x、σ_y 和 τ。σ_x 为沿 x 方向的正应力，在块体 AB-CD 的绝大部分 σ_x 都是压应力，且在 ox 轴上其值较大。在 o 点 $\sigma_x = p_l$。σ_y 为沿 y 方向的正应力，图 10-16(c) 中给出了 σ_y 沿纵轴 ox 的分布图。在端部阴影区 σ_y 为压应力，其余部分为拉应力，其最大横向拉应力发生在 H 点。当总预压力 N_l 逐渐增加导致 H 点的拉应力 σ_y 超过混凝土的实际抗拉强度时，混凝土开裂，形成纵向裂缝。

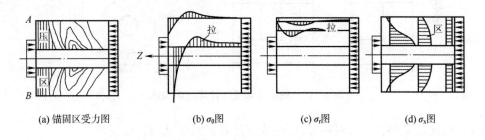

(a) 锚固区受力图　　　(b) σ_θ 图　　　(c) σ_r 图　　　(d) σ_x 图

图 10-17　局部受压应力分析（轴对称问题）

作为轴对称问题，我们以纵轴处有圆柱形孔道的圆柱体锚固区为例分析（图 10-17），锚固区中任何一点都将产生 3 种应力，即 σ_θ（环向正应力）、σ_r（径向正应力）和 σ_x（沿 x 方向的正应力）。最大的环向拉应力 σ_θ 发生在圆柱形孔道内壁中部处，且外壁中部处也存在一定的环向拉应力，因而引起锚固处产生辐射纵向裂缝。另外在圆柱体中部还有一定的径向拉应力 σ_r，它会引起环向裂缝。图 10-18 表示一个有中心孔道的配筋圆柱体试件破坏后的裂缝分布情况。

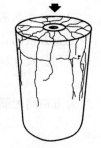

图 10-18　局部受压破坏裂缝

（二）端部承压区的截面尺寸验算

试验表明，锚固区的抗裂度可通过端部承压区的截面尺寸间接控制。为了保证在张拉时锚固区的混凝土不开裂，防止锚具下局部压缩过大而引起较大的横向变形，端部局部承压区截面尺寸应符合下列要求：

$$F_l \leqslant 1.35\beta_c\beta_l f_c A_{ln} \tag{10-29}$$

$$\beta_l = \sqrt{\frac{A_b}{A_l}} \tag{10-30}$$

式中 F_l——局部受压面上作用的局部荷载或局部压力设计值,在后张法构件中的锚头局压区,应取 1.2 倍张拉控制力;

f_c——混凝土轴心抗压强度设计值,在后张法预应力混凝土构件的张拉阶段验算中,应根据相应阶段的混凝土立方体抗压强度 f'_{cu} 值确定;

β_c——混凝土强度影响系数,取值见公式(4-29);

β_l——混凝土局部受压时的强度提高系数;

A_l——混凝土局部受压面积;

A_{ln}——混凝土局部受压净面积,对后张法构件,应在混凝土局部受压面积中扣除孔道、凹槽部分的面积;

A_b——局部受压时的计算底面积,可根据局部受压面积与计算底面积同心、对称的原则确定,一般的情况可按图 10-19 取用。

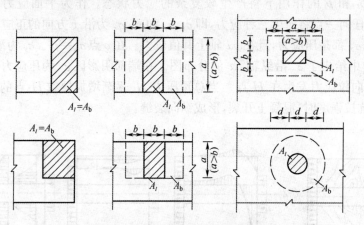

图 10-19　确定局部受压计算底面积 A_b

应注意,此处采用"同心、对称"的原则确定计算底面积 A_p 时,应满足:

①计算底面积 A_b 与局压面积 A_l 形心位置相同,且对称。②沿 A_l 各边向外扩大的有效距离不超过承压板窄边尺寸 b,对圆形承压板可沿周边扩大一倍直径 d。

当式 10-29 不能满足时,应调整锚具位置、加大锚固区的截面尺寸或提高混凝土强度等级。

(三)局部受压承载力验算

当配置方格网式或螺旋式间接钢筋且其核心面积 $A_{cor} \geqslant A_l$ 时(图 10-20),局部受压承载力应按下列公式计算:

$$F_l \leqslant 0.9(\beta_c\beta_l f_c + 2\alpha\rho_v\beta_{cor} f_{yv})A_{ln} \tag{10-31}$$

当为方格网配筋时[图 10-20(a)],其体积配筋率应按下列公式计算:

$$\rho_v = \frac{n_1 A_{s1} l_1 + n_2 A_{s2} l_2}{A_{cor} s} \tag{10-32}$$

此时,在钢筋网两个方向的单位长度内,其钢筋截面面积的比值不应大于 1.5。

当为螺旋配筋时[图 10-20(b)],其体积配筋率应按下列公式计算:

$$\rho_v = \frac{4A_{ss1}}{d_{cor}s} \tag{10-33}$$

式中 β_{cor}——配置间接钢筋的局部受压承载力提高系数,仍按公式(10-30)计算,但 A_b 以 A_{cor} 代替,当 $A_{cor} > A_b$ 时,应取 $A_{cor} = A_b$;

α——间接钢筋对混凝土约束的折减系数,取值见式(5-8);

A_{cor}——配置方格网或螺旋式间接钢筋范围以内的混凝土核芯面积,但不应大于 A_b,且其重心应与 A_l 的重心相重合,计算中仍按同心、对称的原则取值;

ρ_v——间接钢筋的体积配筋率(核芯面积 A_{cor} 范围内单位混凝土体积所含间接钢筋体积);

$n_1、A_{s1}$——分别为方格网沿 l_1 方向的钢筋根数、单根钢筋的截面面积;

$n_2、A_{s2}$——分别为方格网沿 l_2 方向的钢筋根数、单根钢筋的截面面积;

A_{ss1}——螺旋式单根间接钢筋的截面面积;

d_{cor}——配置螺旋式间接钢筋范围以内的混凝土直径;

s——方格网或螺旋式间接钢筋的间距,宜取 30~80 mm。

间接钢筋应配置在图 10-20 所规定的 h 范围内。对柱接头,h 尚不应小于 15 倍纵向钢筋直径。配置方格网钢筋不应少于 4 片,配置螺旋式钢筋不应少于 4 圈。

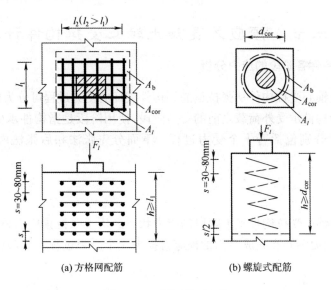

(a) 方格网配筋   (b) 螺旋式配筋

图 10-20 局部受压配筋

八、预应力混凝土结构构件计算要求

(一)预应力混凝土构件截面设计内容

预应力混凝土结构构件,除应根据使用条件进行承载力及变形、抗裂、裂缝宽度和应力验算外,尚应按具体情况对制作、运输及安装等施工阶段进行验算。

(二)预应力荷载效应组合

在某些情况下,需把预应力作为荷载效应考虑,对承载能力极限状态,当预应力效应对结构有利时,预应力分项系数应取 1.0;不利时应取 1.2。对正常使用极限状态,预应力分项系数

应取 1.0。

比如后张法构件端部局部承压验算中,预应力是作为荷载效应考虑的。预应力分项系数取为 1.2。后张法预应力混凝土超静定结构,在进行正截面受弯承载力计算及抗裂验算时,在弯矩设计值中次弯矩应参与组合,在进行斜截面受剪承载力及抗裂验算时,在剪力设计值中次剪力应参与组合。

《规范》中对次弯矩、次剪力的计算应符合下列规定:

按弹性分析计算时,次弯矩 M_2 宜按下式计算:

$$M_2 = M_r - M_1$$
$$M_1 = N_p e_{pn}$$

式中　N_p——预应力钢筋及非预应力钢筋的合力,即 $N_p = \sigma_{pe} A_p + \sigma'_{pe} A'_p - \sigma_{l5} A_s - \sigma'_{l5} A'_s$,$\sigma_{pe}$ 为预应力钢筋的有效预应力,$\sigma_{pe} = \sigma_{con} - \sigma_l$;

　　　e_{pn}——N_p 作用点至净截面重心的距离,即

$$e_{pn} = \frac{\sigma_{pe} A_p y_{pn} - \sigma'_{pe} A'_p y'_{pn} - \sigma_{l5} A_s y_{sn} + \sigma'_{l5} A'_s y'_{sn}}{\sigma_{pe} A_p + \sigma'_{pe} A'_p - \sigma_{l5} A_s - \sigma'_{l5} A'_s}$$

　　　M_1——N_p 对净截面重心偏心引起的弯矩值;

　　　M_r——由 N_p 的等效荷载在结构构件截面上产生的弯矩值。

次剪力宜根据构件各截面次弯矩的分布按结构力学方法计算。

第三节　预应力混凝土轴心受拉构件计算

一、轴心受拉构件各阶段的应力分析

预应力混凝土轴心受拉构件从张拉钢筋到构件破坏的受力过程可分为施工阶段和使用阶段。施工阶段是指构件承受外荷载之前的受力阶段,使用阶段是指构件承受外载之后的受力阶段。每个阶段又分别包括若干个受力过程。下面分先张法和后张法两种情况进行应力分析。

(一)先 张 法

1. 施工阶段

先张法预应力轴心受拉构件施工阶段的受力状态经历了张拉预应力钢筋、完成第一批预应力损失、放松预应力钢筋和完成第二批预应力损失 4 个受力过程。其截面应力计算图式如图 10-21 所示。

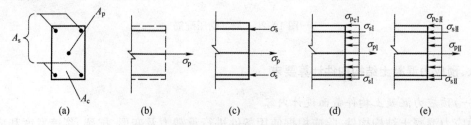

图 10-21　先张法预应力轴心受拉构件施工阶段的计算图式

(1)张拉预应力钢筋

先张法构件预应力筋在台座或钢模上张拉,张拉完毕时,预拉力由台座或钢模承受。此时混凝土尚未浇捣,非预应力钢筋虽已布置就位但未受力,截面上的应力状态为:

$$\sigma_p = \sigma_{con}, \sigma_s = 0$$

(2)完成第一批预应力损失 σ_{lI}

张拉锚固,混凝土浇捣养护至混凝土结硬,完成第一批预应力损失 σ_{lI},此时预应力筋、非预应力筋及混凝土的应力分别为:

$$\sigma_p = \sigma_{con} - \sigma_{lI}, \sigma_s = 0, \sigma_{pc} = 0 \tag{10-34}$$

(3)放松预应力钢筋

当混凝土强度达到其强度设计值的 75% 以上时放松钢筋,由于钢筋与混凝土之间已产生足够的粘结力,钢筋回缩时混凝土受压缩短,二者变形一致。设此时在混凝土中建立的预压应力为 σ_{pcI},则预应力筋中的拉应力相应减少了 $\alpha_{EP}\sigma_{pcI}$,即:

$$\sigma_{pI} = \sigma_{con} - \sigma_{lI} - \alpha_{EP}\sigma_{pcI} \tag{10-35}$$

式中,α_{EP} 为预应力筋与混凝土弹性模量比,即:

$$\alpha_{EP} = E_p/E_c \tag{10-36}$$

非预应力筋中产生相应的压应力 σ_{sI} 为:

$$\sigma_{sI} = \alpha_{ES}\sigma_{pcI} \tag{10-37}$$

式中,α_{ES} 为非预应力筋与混凝土弹性模量比,即:

$$\alpha_{ES} = E_s/E_c \tag{10-38}$$

由截面上内力平衡条件[图 10-21(d)],得:

$$\sigma_{pI}A_p = \sigma_{pcI}A_c + \sigma_{sI}A_s \tag{10-39}$$

将式(10-35)、式(10-37)代入上式,整理得:

$$\sigma_{pcI} = \frac{(\sigma_{con} - \sigma_{lI})A_p}{A_c + \alpha_{EP}A_p + \alpha_{ES}A_s} = \frac{N_{pI}}{A_0} \tag{10-40}$$

式中 N_{pI}——产生第一批预应力损失后预应力钢筋中的总预拉力,即

$$N_{pI} = (\sigma_{con} - \sigma_{lI})A_p = \sigma_{pcI}A_0 \tag{10-41}$$

A_0——换算截面面积(包括扣除孔道、凹槽等削弱部分以外的混凝土全部截面面积以及全部纵向预应力钢筋和非预应力钢筋截面面积换算成混凝土的截面面积),即

$$A_0 = A_c + \alpha_{EP}A_p + \alpha_{ES}A_s \tag{10-42}$$

A_c——混凝土净截面面积,即为扣除预应力纵筋和非预应力纵筋所占的混凝土截面面积后得到的混凝土截面面积。

(4)完成第二批预应力损失 σ_{lII}

先张法预应力构件从放松钢筋到投入使用往往还有一段时间,在正常使用前混凝土收缩、徐变损失 σ_{l5} 基本完成。为简化计算,假定构件已完成了第二批预应力损失 σ_{lII},则整个构件也完成了全部预应力损失 σ_l($\sigma_l = \sigma_{lI} + \sigma_{lII}$)。考察此受力过程的变形历史,截面上的应力由两方面叠加而成。一方面,由于第二批预应力损失 σ_{lII}(即 $\sigma_{lII} = \sigma_{l5}$)的产生导致构件进一步缩短,混凝土的预压应力相应由 σ_{pcI} 降低至 σ_{pcII},预应力筋中的预拉应力减少了 σ_{lII},非预应力筋中的预压应力增加了 σ_{l5};另一方面,由于混凝土的预压应力降低了($\sigma_{pcI} - \sigma_{pcII}$),可以想象,钢筋应力将回弹增大相应的 $\alpha_{EP}(\sigma_{pcI} - \sigma_{pcII})$,最后两部分达到动态平衡。此时,预应力筋与非预应力筋的最终应力为:

$$\begin{aligned}\sigma_{pII} &= \sigma_{pI} - \sigma_{lII} + \alpha_{EP}(\sigma_{pcI} - \sigma_{pcII})\\&= (\sigma_{con} - \sigma_{lI} - \alpha_{EP}\sigma_{pcI}) - \sigma_{lII} + \alpha_{EP}(\sigma_{pcI} - \sigma_{pcII})\end{aligned}$$

$$= \sigma_{con} - \sigma_l - \alpha_{EP}\sigma_{pcII} \tag{10-43}$$

$$\sigma_{sII} = \sigma_{sI} + \sigma_{l5} - \alpha_{ES}(\sigma_{pcI} - \sigma_{pcII})$$

$$= \alpha_{ES}\sigma_{pcI} + \sigma_{l5} - \alpha_{ES}(\sigma_{pcI} - \sigma_{pcII})$$

$$= \sigma_{l5} + \alpha_{ES}\sigma_{pcII} \text{（压）} \tag{10-44}$$

由图 10-21(e)所示的截面内力平衡条件求得：

$$\sigma_{pII}A_p = \sigma_{pcII}A_c + \sigma_{sII}A_s$$

将式(10-43)和式(10-44)代入，整理得：

$$\sigma_{pcII} = \frac{(\sigma_{con} - \sigma_l)A_p - \sigma_{l5}A_s}{A_c + \alpha_{EP}A_p + \alpha_{ES}A_s} = \frac{N_{pII}}{A_0} \tag{10-45}$$

式中 N_{pII} ——为完成全部预应力损失后预应力钢筋中的总预拉力，或称有效预拉力，即

$$N_{pII} = (\sigma_{con} - \sigma_l)A_p - \sigma_{l5}A_s = \sigma_{pcII}A_0 \tag{10-46}$$

σ_{pcII} ——预应力混凝土构件中建立的有效预压应力。

应该指出，试验表明，当 $A_s \leqslant 0.4A_p$ 时，非预应力钢筋对混凝土的收缩徐变的阻碍作用较小，因此对混凝土的预压应力影响不大。为简化计算，当 $A_s \leqslant 0.4A_p$ 时，可不考虑 $\sigma_{l5}A_s$ 的影响，则式(10-44)～式(10-46)变为：

$$\sigma_{sII} = \alpha_{ES}\sigma_{pcII} \tag{10-44a}$$

$$\sigma_{pcII} = \frac{(\sigma_{con} - \sigma_l)A_p}{A_c + \alpha_{EP}A_p + \alpha_{ES}A_s} = \frac{N_{pII}}{A_0} \tag{10-45a}$$

$$N_{pII} = (\sigma_{con} - \sigma_l)A_p = \sigma_{pcII}A_0 \tag{10-46a}$$

2. 使用阶段

先张法预应力轴心受拉构件使用阶段的受力状态，经历了截面消压、截面开裂及构件破坏 3 个受力过程，其截面应力计算图式如图 10-22 所示。

(1)截面消压

预应力混凝土轴心受拉构件的消压状态，即指构件在外加轴向拉力作用下，在混凝土截面上产生的拉应力恰好与混凝土中有效预压应力 σ_{pcII} 全部抵消时所对应的特定受力状态。此时，预应力筋的拉应力为：

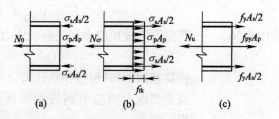

图 10-22 先张法预应力轴心受拉构件使用阶段的计算图式

$$\sigma_{p0} = \sigma_{pII} + \alpha_{EP}\sigma_{pcII}$$

将式(10-43)代入，得：

$$\sigma_{p0} = \sigma_{con} - \sigma_l \tag{10-47}$$

非预应力钢筋的压应力因轴向受拉而减小了 $\alpha_{ES}\sigma_{pcII}$，即：

$$\sigma_{s0} = \sigma_{sII} - \alpha_{ES}\sigma_{pcII}$$

将式(10-44)代入，得：

$$\sigma_{s0} = \sigma_{l5} \text{（压）} \tag{10-48}$$

按图 10-22(a)所示计算图式建立平衡方程，得：

$$N_0 = \sigma_{p0}A_p - \sigma_{s0}A_s = (\sigma_{con} - \sigma_l)A_p - \sigma_{l5}A_s \tag{10-49}$$

比较式(10-46)和式(10-49)，有：

$$N_0 = N_{pII} = \sigma_{pcII}A_0 \tag{10-50}$$

当 $A_s \leqslant 0.4A_p$ 时，不考虑 $\sigma_{l5}A_s$ 项的影响，式(10-48)和式(10-49)分别变为：

$$\sigma_{s0} = 0$$

$$N_0 = (\sigma_{con} - \sigma_l)A_p \qquad (10\text{-}49\text{a})$$

(2)截面即将开裂

继续增加轴向拉力，混凝土截面转为受拉。当继续加荷至混凝土截面拉应力达到其抗拉强度标准值 f_{tk} 时，构件处于将裂未裂的临界状态。此时对应的外加轴向拉力为开裂荷载 N_{cr}，预应力筋与非预应力钢筋分别增加拉应力 $\alpha_{EP}f_{tk}$、$\alpha_{ES}f_{tk}$，即：

$$\sigma_p = \sigma_{p0} + \alpha_{EP}f_{tk} = \sigma_{con} - \sigma_l + \alpha_{EP}f_{tk} \qquad (10\text{-}51)$$

$$\sigma_s = \sigma_{s0} + \alpha_{ES}f_{tk} = \alpha_{ES}f_{tk} - \sigma_{l5} (\text{拉}) \qquad (10\text{-}52)$$

按图 10-22(b)所示计算图式建立平衡方程，得：

$$N_{cr} = \sigma_p A_p + \sigma_s A_s + f_{tk}A_c$$

将式(10-51)、式(10-52)代入，整理得：

$$N_{cr} = (\sigma_{con} - \sigma_l + \alpha_{EP}f_{tk})A_p + (\alpha_{ES}f_{tk} - \sigma_{l5})A_s + f_{tk}A_c$$

$$= (\sigma_{con} - \sigma_l)A_p - \sigma_{l5}A_s + (A_c + \alpha_{EP}A_p + \alpha_{ES}A_s)f_{tk}$$

将式(10-42)和式(10-46)代入，得：

$$N_{cr} = \sigma_{pcII}A_0 + f_{tk}A_0 = (\sigma_{pcII} + f_{tk})A_0 \qquad (10\text{-}53)$$

(3)构件破坏

若外加轴向拉力超过 N_{cr} 后，混凝土开裂，裂缝截面处混凝土退出工作，全部外加轴向拉力均由预应力筋和非预应力钢筋承担。随着外加轴向拉力增加，钢筋拉应力不断增长。当预应力筋和非预应力钢筋达到其屈服强度 f_{py} 和 f_y 时，构件破坏，相应的极限破坏荷载为 N_u，按图 10-22(c)所示计算图式建立平衡方程，得：

$$N_u = f_{py}A_p + f_y A_s \qquad (10\text{-}54)$$

先张法预应力轴心受拉构件各阶段的应力分析汇总于表 10-6。

(二)后张法

后张法预应力混凝土轴心受拉构件各阶段应力分析方法与先张法构件类似。

1. 施工阶段

后张法构件施工阶段的受力状态主要经历了张拉钢筋、完成第一批预应力损失及完成第二批预应力损失 3 个受力过程。

(1)张拉预应力钢筋

后张法预应力筋张拉直接在混凝土构件上进行。张拉钢筋的同时，依靠锚具和千斤顶反力架使混凝土受压，并同时产生摩擦损失 σ_{l2}。设混凝土中产生的预压应力为 σ_{pc}，则预应力筋相应的拉应力为 $\sigma_p = \sigma_{con} - \sigma_{l2}$，非预应力筋中的压应力为 $\sigma_s = \alpha_{ES}\sigma_{pc}$，根据截面内力平衡条件，得：

$$(\sigma_{con} - \sigma_{l2})A_p = \sigma_{pc}A_c + \alpha_{ES}\sigma_{pc}A_s \qquad (10\text{-}55)$$

整理得：

$$\sigma_{pc} = \frac{(\sigma_{con} - \sigma_{l2})A_p}{A_c + \alpha_{ES}A_s} = \frac{(\sigma_{con} - \sigma_{l2})A_p}{A_n} \qquad (10\text{-}56)$$

式中 A_n——混凝土净截面面积与非预应力钢筋换算截面面积之和，即

$$A_n = A_c + \alpha_{ES}A_s \qquad (10\text{-}57)$$

表 10-6　先张法预应力混凝土轴心受拉构件各阶段的应力分析

受力阶段		简图	预应力钢筋应力 σ_p	非预应力钢筋应力 σ_s	混凝土应力 σ_c	外加轴向拉力 N
施工阶段	1　张拉钢筋		σ_{con}	0	—	0
	2a　完成第一批损失		$\sigma_{con} - \sigma_{lI}$	0	0	0
	2b　放松钢筋	$\sigma_{pcI}(压)$	$\sigma_{con} - \sigma_{lI} - \alpha_{EP}\sigma_{pcI}$	$\alpha_{ES}\sigma_{pcI}(压)$	$\sigma_{pcI} = \dfrac{(\sigma_{con} - \sigma_{lI})A_p}{A_0}$	0
	3　完成第二批损失	$\sigma_{pcII}(压)$	$\sigma_{con} - \sigma_l - \alpha_{EP}\sigma_{pcII}$	$\sigma_{l5} + \alpha_{ES}\sigma_{pcII}(压)$	$\sigma_{pcII} = \dfrac{(\sigma_{con} - \sigma_l)A_p - \sigma_{l5}A_s}{A_0}$	0
使用阶段	4　截面消压	N_0　0	$\sigma_{con} - \sigma_l$	$\sigma_{l5}(压)$	0	$N_0 = \sigma_{pcII}A_0$
	5　截面即将开裂	N_{cr}　$f_{tk}(拉)$	$\sigma_{con} - \sigma_l + \alpha_{EP}f_{tk}$	$\alpha_{ES}f_{tk} - \sigma_{l5}(拉)$	f_{tk}	$N_{cr} = (\sigma_{pcII} + f_{tk})A_0$
	6　构件破坏	N_u　0	f_{py}	f_y	—	$N_u = f_{py}A_p + f_y A_s$

（2）完成第一批预应力损失 $\sigma_{l\,\mathrm{I}}$

一旦张拉锚固，预应力筋产生锚具变形及钢筋内缩损失 σ_{l1}，即完成了第一批预应力损失 $\sigma_{l\,\mathrm{I}}$（$\sigma_{l\,\mathrm{I}} = \sigma_{l1} + \sigma_{l2}$）。此时，在混凝土中产生的预压应力为 $\sigma_{\mathrm{pc}\,\mathrm{I}}$，相应的预应力筋与非预应力钢筋的应力分别为：

$$\sigma_{\mathrm{p}\,\mathrm{I}} = \sigma_{\mathrm{con}} - \sigma_{l\,\mathrm{I}} \tag{10-58}$$

$$\sigma_{\mathrm{s}\,\mathrm{I}} = \alpha_{\mathrm{ES}}\sigma_{\mathrm{pc}\,\mathrm{I}}（压） \tag{10-59}$$

根据截面内力平衡条件，得：

$$(\sigma_{\mathrm{con}} - \sigma_{l\,\mathrm{I}})A_{\mathrm{p}} = \sigma_{\mathrm{pc}\,\mathrm{I}}A_{\mathrm{c}} + \alpha_{\mathrm{ES}}\sigma_{\mathrm{pc}\,\mathrm{I}}A_{\mathrm{s}}$$

整理得：

$$\sigma_{\mathrm{pc}\,\mathrm{I}} = \frac{(\sigma_{\mathrm{con}} - \sigma_{l\,\mathrm{I}})A_{\mathrm{p}}}{A_{\mathrm{n}}} = \frac{N_{\mathrm{p}\,\mathrm{I}}}{A_{\mathrm{n}}} \tag{10-60}$$

（3）完成第二批预应力损失 $\sigma_{l\,\mathrm{II}}$

与先张法类似，假定后张法构件在使用前完成了第二批预应力损失（包括 σ_{l4}、σ_{l5}），构件完成了全部预应力损失 σ_l（$\sigma_l = \sigma_{l\,\mathrm{I}} + \sigma_{l\,\mathrm{II}}$）。此时混凝土中产生的有效预应力为 $\sigma_{\mathrm{pc}\,\mathrm{II}}$。预应力钢筋中的预拉应力为：

$$\sigma_{\mathrm{p}\,\mathrm{II}} = \sigma_{\mathrm{con}} - \sigma_{l\,\mathrm{I}} - \sigma_{l\,\mathrm{II}} + \alpha_{\mathrm{EP}}(\sigma_{\mathrm{pc}\,\mathrm{I}} - \sigma_{\mathrm{pc}\,\mathrm{II}})$$

$$= \sigma_{\mathrm{con}} - \sigma_l + \alpha_{\mathrm{EP}}(\sigma_{\mathrm{pc}\,\mathrm{I}} - \sigma_{\mathrm{pc}\,\mathrm{II}})$$

因 $\alpha_{\mathrm{EP}}(\sigma_{\mathrm{pc}\,\mathrm{I}} - \sigma_{\mathrm{pc}\,\mathrm{II}})$ 较 $\sigma_{\mathrm{con}} - \sigma_l$ 是一个很小的量，为统一公式形式简化计算，可将此项忽略不计，则：

$$\sigma_{\mathrm{p}\,\mathrm{II}} = \sigma_{\mathrm{con}} - \sigma_l \tag{10-61}$$

非预应力钢筋中的压应力为：

$$\sigma_{\mathrm{s}\,\mathrm{II}} = \sigma_{\mathrm{s}\,\mathrm{I}} + \sigma_{l5} - \alpha_{\mathrm{ES}}(\sigma_{\mathrm{pc}\,\mathrm{I}} - \sigma_{\mathrm{pc}\,\mathrm{II}})$$

$$= \sigma_{l5} + \alpha_{\mathrm{ES}}\sigma_{\mathrm{pc}\,\mathrm{II}}（压） \tag{10-62}$$

根据截面内力平衡条件，并整理得：

$$\sigma_{\mathrm{pc}\,\mathrm{II}} = \frac{(\sigma_{\mathrm{con}} - \sigma_l)A_{\mathrm{p}} - \sigma_{l5}A_{\mathrm{s}}}{A_{\mathrm{c}} + \alpha_{\mathrm{ES}}A_{\mathrm{s}}} = \frac{N_{\mathrm{p}\,\mathrm{II}}}{A_{\mathrm{n}}} \tag{10-63}$$

式中 $N_{\mathrm{p}\,\mathrm{II}}$、$\sigma_{\mathrm{pc}\,\mathrm{II}}$ 分别为后张法预应力轴心受拉构件的总有效预拉力和有效预应力，且

$$N_{\mathrm{p}\,\mathrm{II}} = (\sigma_{\mathrm{con}} - \sigma_l)A_{\mathrm{p}} - \sigma_{l5}A_{\mathrm{s}} = \sigma_{\mathrm{pc}\,\mathrm{II}}A_{\mathrm{n}} \tag{10-64}$$

同理，当 $A_{\mathrm{s}} \leqslant 0.4A_{\mathrm{p}}$ 时，可不考虑 $\sigma_{l5}A_{\mathrm{s}}$ 的影响，式（10-62）～式（10-64）分别简化为：

$$\sigma_{\mathrm{s}\,\mathrm{II}} = \alpha_{\mathrm{ES}}\sigma_{\mathrm{pc}\,\mathrm{II}}（压） \tag{10-62a}$$

$$\sigma_{\mathrm{pc}\,\mathrm{II}} = \frac{(\sigma_{\mathrm{con}} - \sigma_l)A_{\mathrm{p}}}{A_{\mathrm{c}} + \alpha_{\mathrm{ES}}A_{\mathrm{s}}} = \frac{N_{\mathrm{p}\,\mathrm{II}}}{A_{\mathrm{n}}} \tag{10-63a}$$

$$N_{\mathrm{p}\,\mathrm{II}} = (\sigma_{\mathrm{con}} - \sigma_l)A_{\mathrm{p}} = \sigma_{\mathrm{pc}\,\mathrm{II}}A_{\mathrm{n}} \tag{10-64a}$$

2. 使用阶段

（1）截面消压

当构件在外加轴向拉力作用下引起的拉应力与混凝土截面中的有效预应力 $\sigma_{\mathrm{pc}\,\mathrm{II}}$ 恰好抵消时，$\sigma_{\mathrm{pc}} = 0$。此时，预应力筋的拉应力为：

$$\sigma_{\mathrm{p}0} = \sigma_{\mathrm{con}} - \sigma_l + \alpha_{\mathrm{EP}}\sigma_{\mathrm{pc}\,\mathrm{II}}$$

非预应力钢筋的预压应力因受拉而减少了 $\alpha_{\mathrm{ES}}\sigma_{\mathrm{pc}\,\mathrm{II}}$，即：

$$\sigma_{\mathrm{s}0} = \sigma_{\mathrm{s}\,\mathrm{II}} - \alpha_{\mathrm{ES}}\sigma_{\mathrm{pc}\,\mathrm{II}} = \sigma_{l5}（压） \tag{10-65}$$

则消压荷载 N_0 可由平衡条件求得：

$$N_0 = \sigma_{p0} A_p - \sigma_{s0} A_s$$
$$= (\sigma_{con} - \sigma_l + \alpha_{EP} \sigma_{pcII}) A_p - \sigma_{l5} A_s$$
$$= (\sigma_{con} - \sigma_l) A_p - \sigma_{l5} A_s + \alpha_{EP} \sigma_{pcII} A_p$$

将式(10-64)代入,得:

$$N_0 = \sigma_{pcII} A_n + \alpha_{EP} \sigma_{pcII} A_p$$
$$= \sigma_{pcII} (A_n + \alpha_{EP} A_p)$$
$$= \sigma_{pcII} A_0 \tag{10-66}$$

显然式(10-66)与先张法中公式(10-50)形式完全相同。

(2)截面即将开裂

继续增加轴向拉力至混凝土截面将裂未裂临界状态时,混凝土应力从零增加到其抗拉强度标准值 f_{tk},相应的预应力筋的拉应力为:

$$\sigma_p = (\sigma_{con} - \sigma_l + \alpha_{EP} \sigma_{pcII}) + \alpha_{EP} f_{tk}$$

非预应力钢筋的拉应力:

$$\sigma_s = \alpha_{ES} f_{tk} - \sigma_{l5} (\text{拉})$$

则开裂荷载 N_{cr} 可由平衡条件求得:

$$N_{cr} = \sigma_p A_p + \sigma_s A_s + f_{tk} A_c$$
$$= (\sigma_{con} - \sigma_l + \alpha_{EP} \sigma_{pcII} + \alpha_{EP} f_{tk}) A_p + (\alpha_{ES} f_{tk} - \sigma_{l5}) A_s + f_{tk} A_c$$
$$= (\sigma_{con} - \sigma_l + \alpha_{EP} \sigma_{pcII}) A_p - \sigma_{l5} A_s + f_{tk} (A_c + \alpha_{EP} A_p + \alpha_{ES} A_s)$$

因为 $(\sigma_{con} - \sigma_l + \alpha_{EP} \sigma_{pcII}) A_p - \sigma_{l5} A_s = N_0 = \sigma_{pcII} A_0$,则

$$N_{cr} = \sigma_{pcII} A_0 + f_{tk} A_0 = (\sigma_{pcII} + f_{tk}) A_0 \tag{10-67}$$

此式形式上也与先张法中式(10-53)完全相同。

(3)构件破坏

继续加载至预应力钢筋与非预应力钢筋分别达到其屈服强度 f_{py} 和 f_y,构件则达到其极限抗拉承载力 N_u 而破坏。此时极限破坏荷载 N_u 可按平衡条件得:

$$N_u = f_{py} A_p + f_y A_s \tag{10-68}$$

此式与先张法构件中式(10-54)完全相同。

后张法预应力轴心受拉构件各阶段的应力分析汇总于表10-7。

(三)先张法与后张法构件各阶段应力比较

从上述先张法与后张法预应力混凝土轴心受拉构件各阶段应力分析及表10-6、表10-7中所列分析结果比较,可得出下列规律:

1. 从先张法和后张法各阶段应力分析中不难发现,在截面开裂以前,可以把预应力钢筋的合力当作外力 N_{pi} 作用在混凝土截面上,然后按材料力学公式计算由预应力引起的混凝土截面的应力,并直接与外荷载引起的截面应力叠加。正因为此,人们对预应力的一种解释为"预应力混凝土就是变混凝土材料为弹性材料"。

2. 虽然先张法与后张法的张拉控制应力符号相同,但内含不同。先张法构件放松钢筋时混凝土产生弹性压缩,预应力筋产生弹性压缩损失。因此,当先张法与后张法构件的 σ_{con} 相同时,从放松钢筋到截面开裂阶段,先张法构件中预应力筋的拉应力值总是比后张法的低,其差值为 $\alpha_{EP} \sigma_{pcI}$(或 $\alpha_{EP} \sigma_{pcII}$)。

3. 先张法与后张法构件中产生的有效预应力 σ_{pcII},尽管计算公式形式基本相同,但内涵

表 10-7 后张法预应力混凝土轴心受拉构件各阶段的应力分析

受力阶段		简 图	预应力筋应力 σ_p	非预应力钢筋应力 σ_s	混凝土应力 σ_c	外加轴力拉力 N
施工阶段	1 张拉钢筋	σ_{pc}(压)	$\sigma_{con} - \sigma_{l2}$	$\alpha_{ES}\sigma_{pc}$（压）	$\sigma_{pc} = \dfrac{(\sigma_{con} - \sigma_{l2})A_p}{A_n}$	0
	2 完成第一批损失	σ_{pcI}(压)	$\sigma_{con} - \sigma_{l1}$	$\alpha_{ES}\sigma_{pcI}$（压）	$\sigma_{pcI} = \dfrac{(\sigma_{con} - \sigma_{l1})A_p}{A_n}$	0
	3 完成第二批损失	σ_{pcII}(压)	$\sigma_{con} - \sigma_{l}$	$\sigma_{l5} + \alpha_{ES}\sigma_{pcII}$（压）	$\sigma_{pcII} = \dfrac{(\sigma_{con} - \sigma_{l})A_p - \sigma_{l5}A_s}{A_n}$	0
使用阶段	4 截面消压	N_0	$\sigma_{con} - \sigma_{l} + \alpha_{EP}\sigma_{pcII}$	σ_{l5}（压）	0	$N_0 = \sigma_{pcII}A_0$
	5 截面即将开裂	f_{tk}(拉)	$\sigma_{con} - \sigma_{l} + \alpha_{EP}\sigma_{pcII} + \alpha_{EP}f_{tk}$	$\alpha_{ES}f_{tk} - \sigma_{l5}$（拉）	f_{tk}	$N_{cr} = (\sigma_{pcII} + f_{tk})A_0$
	6 构件破坏	N_u	f_{py}	f_y	0	$N_u = f_{py}A_p + f_yA_s$

差别较大。其一,预应力损失 σ_l 内涵不同,一般情况下,后张法构件的 σ_l 小一些。其二,先张法用 A_0,后张法用 A_n,在条件相同时,A_0 总是大于 A_n。其三,后张法构件中的 σ_{l5} 比先张法的小。因此,若两种构件的 σ_{con} 相同时,后张法构件建立的有效预应力比先张法的高。

4. 从放松钢筋至构件破坏,先张法与后张法中非预应力钢筋的计算公式形式完全相同,但由于前述的两种构件存在种种差异,则二者的应力值不同。

5. 使用阶段中两种构件的消压荷载 N_0、开裂荷载 N_{cr} 和极限荷载 N_u 的计算公式均相同,但由于在相同条件下后张法构件中建立的有效预应力 σ_{pcII} 较高,则后张法的消压荷载 N_0 和开裂荷载 N_{cr} 都大一些,但二者的极限承载力相等。

(四)预应力混凝土与钢筋混凝土构件各阶段应力比较

图 10-23 所示两种预应力混凝土构件及钢筋混凝土构件中的混凝土及预应力钢筋在各阶段的应力变化关系曲线。通过两者比较,可进一步了解预应力混凝土构件的特点:

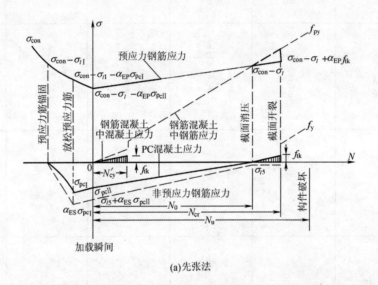

(a)先张法

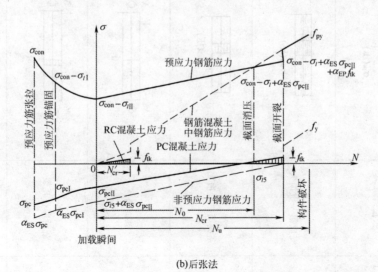

(b)后张法

图 10-23　预应力混凝土与钢筋混凝土各阶段应力比较

1. 预应力钢筋从张拉到破坏始终处于高拉应力状态。对于不允许开裂的构件，混凝土一直处于受压状态，因此充分发挥了两种材料的特性。

2. 预应力构件出现裂缝比普通钢筋混凝土构件迟得多，前者的开裂荷载为 $N_{cr} = (\sigma_{pcII} + f_{tk})A_0$，后者 $N_{cr} = f_{tk}A_0$ 由于 $\sigma_{pcII} \gg f_{tk}$，故预应力混凝土构件的抗裂度大大提高。

3. 由于预应力构件中钢筋处于高拉应力状态工作，混凝土开裂迟，破坏时裂缝宽度较小，因此能充分发挥高强度钢材的作用。而钢筋混凝土构件开裂早，裂缝发展快，由于裂缝宽度的限制，高强度钢材无法充分利用。

4. 当预应力构件中的预应力一旦被克服，预应力混凝土构件和钢筋混凝土构件间没有本质的不同。若钢筋材料强度和截面面积相同时预应力混凝土构件的极限承载力与钢筋混凝土构件完全相同。

二、轴心受拉构件截面设计

《规范》规定，预应力混凝土轴心受拉构件除应根据使用条件进行承载力计算、抗裂及裂缝宽度验算外，尚应按具体情况对制作、运输、吊装等施工阶段进行验算。对后张法预应力构件，还应进行端部混凝土的局部承压验算。

（一）使用阶段正截面承载力计算

预应力混凝土轴心受拉构件正截面抗拉承载力计算是以前述构件破坏时的受力状态为计算依据。

图 10-22(c) 为破坏时的受力状态，全部外加轴向拉力设计值由预应力筋和非预应力钢筋承受，故可得到轴心受拉构件正截面承载力计算公式为：

$$\gamma_0 N \leqslant N_u = f_y A_s + f_{py} A_p \tag{10-69}$$

式中　N——轴向拉力设计值；

　　　γ_0——结构重要性系数；

　f_y、f_{py}——非预应力钢筋、预应力钢筋的抗拉强度设计值；

　A_s、A_p——非预应力钢筋、预应力钢筋的截面面积。

（二）使用阶段裂缝控制验算

与钢筋混凝土构件一样，预应力混凝土构件的裂缝控制等级也分为三级。对于裂缝控制等级为一级或二级的构件，应进行正截面抗裂验算；对于裂缝控制等级为三级的构件，应进行裂缝宽度验算。

（1）严格要求不出现裂缝的构件（裂缝控制等级为一级）

严格要求不出现裂缝的预应力混凝土轴心受拉构件正常使用时正截面抗裂验算以截面消压的受力状态为计算依据，即要求构件在荷载的效应的标准组合下压而不拉，混凝土截面应力符合下列条件：

$$\sigma_{ck} - \sigma_{pc} \leqslant 0 \tag{10-70}$$

式中　σ_{ck}——荷载效应的标准组合下抗裂验算边缘的混凝土法向应力，其值为

$$\sigma_{ck} = \frac{N_k}{A_0} \tag{10-71}$$

　　N_k——按荷载效应标准组合计算的轴向力值；

　　σ_{pc}——扣除全部预应力损失后在抗裂验算边缘混凝土的预压应力，即 $\sigma_{pc} = \sigma_{pcII}$，对先张法，按式(10-45)计算，对后张法，按式(10-63)计算。

（2）一般要求不出现裂缝的构件（裂缝控制等级为二级）

一般要求不出现裂缝的构件在正常使用阶段的正截面验算以截面即将开裂的受力状态为计算依据，即要求构件在荷载效应的标准组合下拉而不裂，其混凝土截面应力应符合下列

规定：

$$\sigma_{ck} - \sigma_{pc} \leqslant f_{tk} \tag{10-72}$$

（3）允许出现裂缝的构件（裂缝控制等级为三级）

在使用阶段允许出现裂缝的预应力混凝土轴心受拉构件，其裂缝控制等级为三级时，应进行裂缝宽度验算，按荷载效应的标准组合并考虑长期作用影响所求得的最大裂缝宽度 w_{max} 不应超过规定的允许值，即构件裂面不宽，应符合下列规定：

$$w_{max} \leqslant w_{lim} \tag{10-73}$$

式中　w_{max}——按荷载效应的标准组合并考虑长期作用影响计算的最大裂缝宽度，此处为预应力轴拉构件，其值为 $w_{max} = 2.2\psi \dfrac{\sigma_{sk}}{E_s}(1.9c_s + 0.08 \dfrac{d_{eq}}{\rho_{te}})$，$\rho_{te} = \dfrac{A_s + A_p}{A_{te}}$；

　　w_{lim}——最大裂缝宽度限值，查附表 1.11 采用；

　　σ_{sk}——按荷载效应的标准组合计算的预应力混凝土构件纵向受拉钢筋的等效应力，轴心受拉构件中，其值为 $\sigma_{sk} = \dfrac{N_k - N_{p0}}{A_p + A_s}$。

对环境类别为二 a 类的预应力混凝土构件，在荷载准永久组合下，受拉边缘应力尚应符合下列规定：

$$\sigma_{cq} - \sigma_{pc} \leqslant f_{tk}$$

式中　f_{tk}——混凝土抗拉强度标准值；

　　σ_{cq}——荷载效应的准永久组合下抗裂度验算边缘的混凝土法向应力，其值为 $\sigma_{cq} = \dfrac{N_q}{A_0}$；

　　N_q——按荷载效应的准永久组合计算的轴向力值；

其余符号意义同前。

（三）施工阶段验算

由于预应力混凝土构件在施工阶段（包括构件制作、运输和吊装）的受力状态与使用阶段的受力状态不相同，且施加预应力时构件的混凝土强度往往低于混凝土的强度设计值，因此应进行施工阶段的承载能力验算和截面应力限值验算。承载能力验算仍采用式(10-69)；截面应力应根据施工阶段不同的受力过程按最不利情况考虑。考察轴心受拉构件施工阶段的各受力过程，最不利情况出现在施加预应力的时刻。因此，对先张法构件，应验算放松钢筋时混凝土法向应力；对后张法构件应验算张拉预应力筋时的混凝土法向应力及构件端部局部受压承载能力。

1. 混凝土法向应力的限值

预应力混凝土轴心受拉构件在施加预应力时混凝土法向应力宜满足下列要求：

$$\sigma_{cc} \leqslant 0.8 f'_{ck} \tag{10-74}$$

式中　f'_{ck}——与施加预应力时的混凝土立方体抗压强度 f'_{cu} 相应的抗压强度标准值；

　　σ_{cc}——施加预应力时计算截面边缘纤维的混凝土压应力。

为安全起见，对先张法构件，取完成第一批预应力损失时受力状态为计算依据，即

$$\sigma_{cc} = \dfrac{(\sigma_{con} - \sigma_{lI})A_p}{A_0} \tag{10-75}$$

对后张法构件，取张拉钢筋时的受力状态为计算依据，但考虑张拉钢筋时摩擦损失值 σ_{l2} 沿构件全长不等，张拉端为 0，锚固端最大，则设计时偏安全取 $\sigma_{l2} = 0$，即不考虑摩擦损失 σ_{l2} 的影响，此时有：

$$\sigma_{cc} = \dfrac{\sigma_{con}A_p}{A_n} \tag{10-76}$$

2. 局部受压承载力验算

后张法构件端部局部受压承载力验算包括下列两项内容：

(1)按式(10-29)验算端部承压区的截面尺寸；

(2)按式(10-31)验算局部受压承载力。

三、构造要求

1. 截面形式及预应力纵筋布置

同普通钢筋混凝土轴心受拉构件一样，预应力混凝土轴心受拉构件的截面形式通常采用矩形、正方形或圆形截面。

预应力纵筋通常采用直线形式，且沿截面对称均匀布置。单根钢丝布置有困难时，可采用相同直径钢丝并筋的配筋方式。并筋的等效直径，对双并筋应取为单筋直径的 1.4 倍，对三并筋应取为单筋直径的 1.7 倍；并筋的保护层厚度、锚固长度、预应力传递长度及正常使用极限状态验算均应按等效直径考虑。

2. 先张法预应力钢筋(丝)的净距

先张法预应力钢筋(丝)的净间距，应根据浇灌混凝土、保证钢筋与混凝土的粘结锚固的可靠性以及便于施加预应力等要求来确定。预应力钢筋的净距不应小于其公称直径或等效直径的 2.5 倍和混凝土粗骨料最大粒径的 1.25 倍，且应符合下列规定：预应力钢丝，不应小于 15 mm；三股钢绞线，不应小于 20 mm；对 7 股钢绞线，不应小于 25 mm。当混凝土振捣密实性具有可靠保证时，净间距可放宽为最大粗骨料粒径的 1.0 倍。

3. 混凝土保护层厚度

预应力钢筋的混凝土保护层最小厚度，一般与钢筋混凝土构件的相同。

4. 钢筋的粘结锚固

预应力钢筋与混凝土之间要有可靠的粘结力，宜采用变形钢筋、螺旋肋钢丝、钢绞线等。当采用光面钢丝作预应力筋时，应根据钢丝强度、直径及构件的受力特点采取有效措施(如压波、扭结或其他附加锚固措施)保证钢丝在混凝土中锚固可靠。此外，对先张法预应力轴心受拉构件尚应考虑在预应力传递长度范围内抗裂性能较低的不利影响。

5. 预留孔道布置

后张法构件要在预留孔道中穿入预应力筋。孔道的布置应考虑到张拉设备在张拉时的布置、锚具大小、构件端部混凝土的局部承压等因素。孔道的大小应便于穿入预应力筋及保证孔道灌浆质量。

预制构件中预留孔道之间的水平净间距不宜小于 50 mm，且不宜小于粗骨料粒径的 1.25 倍；孔道至构件边缘的净间距不宜小于 30 mm，且不宜小于孔道直径的 50%。

现浇混凝土梁中预留孔道在竖直方向的净间距不应小于孔道外径，水平方向的净间距不宜小于 1.5 倍孔道外径，且不应小于粗骨料粒径的 1.25 倍；从孔道外壁至构件边缘的净间距，梁底不宜小于 50 mm，梁侧不宜小于 40 mm，裂缝控制等级为三级的梁，梁底、梁侧分别不宜小于 60 mm 和 50 mm。

预留孔道的内径宜比预应力束外径及需穿过孔道的连接器外径大 6~15 mm，且孔道的截面积宜为穿入预应力束截面积的 3.0~4.0 倍。

6. 端部构造

构件端部尺寸，由锚夹具的布置、张拉设备的尺寸及局部承压的要求来确定。必要时应加大端部尺寸。

为控制对混凝土施加预应力时预应力筋外围混凝土劈裂裂缝的开展,端部预应力筋周围应设置附加钢筋。对先张法构件的单根预应力钢筋,其端部宜设置长度不小于150 mm的螺旋筋;对多根预应力钢筋,在构件端部 $10d(d$ 为预应力钢筋直径)范围内,应设 3～5 片钢筋网。后张法构件端部的锚具下及张拉设备的支承处,应采用预埋钢垫板,并应设置其体积配筋率 ρ_v 不小于 0.5% 的间接钢筋和附加钢筋。

7. 非预应力筋的设置

当受拉区部分钢筋施加预应力已能使构件满足抗裂或裂缝宽度要求时,则按承载力计算所需的其余受拉钢筋允许采用非预应力钢筋。

四、计算实例

【例题 10-1】 某 24 m 跨后张预应力拱形屋架下弦,截面尺寸为250 mm×160 mm,两个孔道的直径均为50 mm,采用抽芯成型,锚具下采用双垫板,底垫板为 260 mm×250 mm×20 mm,锚具下埋板为 250 mm×100 mm×18 mm,端部尺寸及构造如图 10-24 所示。混凝土的强度等级为C40,预应力钢筋为普通松弛消除应力钢丝φ^H 1 470,螺丝端杆锚具锚固,非预应力钢筋按构造要求配置4Φ12。采用超张拉工艺,一端张拉。下弦的轴心拉力设计值 $N=518$ kN,按荷载标准组合计算的轴心拉力值 $N_k=400$ kN,按荷载准永久组合计算的轴心拉力值 $N_q=380$ kN。试进行下弦的承载力计算、抗裂验算以及屋架端部受压承载力验算(混凝土达到设计强度后才张拉)。

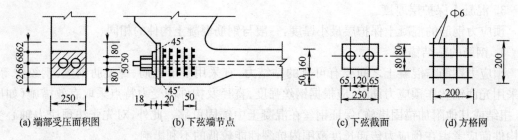

(a) 端部受压面积图   (b) 下弦端节点   (c) 下弦截面   (d) 方格网

图 10-24 例题 10-1 附图

【解】 (一)计算技术参数

混凝土强度等级为 C40 时,$f_c=19.1$ N/mm^2,$f_{ck}=26.8$ N/mm^2,$f_t=1.71$ N/mm^2,$f_{tk}=2.39$ N/mm^2,$E_c=3.25×10^4$ N/mm^2。

消除应力钢丝,$f_{ptk}=1\ 470$ N/mm^2,$f_{py}=1\ 040$ N/mm^2,$E_p=2.05×10^5$ N/mm^2。

非预应力 HRB335 钢筋,$A_s=4×113=452$ mm^2,$f_y=300$ N/mm^2,$E_s=2.0×10^5$ N/mm^2。

(二)使用阶段正截面承载力计算

预应力混凝土轴心受拉构件的正截面承载力按式(10-69)计算,由此得到预应力钢筋面积为:

$$A_p \geqslant \frac{\gamma_0 N - f_y A_s}{f_{py}}$$

《规范》规定屋架的结构重要性系数 $\gamma_0=1.1$,则

$$A_p \geqslant \frac{1.1×518\ 000-300×452}{1\ 040}=417.5\ \text{mm}^2$$

选用 7 φ^{H}9,$A_p=445.34$ mm^2。

（三）使用阶段裂缝控制验算

根据规定，本屋架的裂缝控制等级为二级，即混凝土截面应力应满足式（10-72）的要求。

1. 计算 A_n 和 A_0

$$\alpha_{EP}=\frac{E_p}{E_c}=\frac{2.05\times10^5}{3.25\times10^4}=6.31$$

$$\alpha_{ES}=\frac{E_s}{E_c}=\frac{2.0\times10^5}{3.25\times10^4}=6.15$$

$$A_n=A_c+\alpha_{ES}A_s=250\times160-2\times\pi\times\frac{50^2}{4}+(6.15-1)\times452=38\ 401\ \text{mm}^2$$

$$A_0=A_n+\alpha_{EP}A_p=250\times160+(6.15-1)\times452+(6.31-1)\times445.34=44\ 692.6\ \text{mm}^2$$

2. 计算 σ_{con}

$$\sigma_{con}=0.75f_{ptk}=0.75\times1\ 470=1\ 102.5\ \text{N/mm}^2$$

3. 计算 σ_l

（1）锚具变形损失 $\sigma_{l\mathrm{I}}$

由表 10-2 查得螺帽缝隙 1 mm，每块后加垫板缝隙 1 mm，则 $a=1+1=2$ mm。由式（10-3）得

$$\sigma_{l1}=\frac{a}{l}E_p=\frac{2}{24\ 000}\times2.05\times10^5=17.1\ \text{N/mm}^2$$

（2）孔道摩擦损失 σ_{l2}

直线配筋，一端张拉，故 $\theta=0$，$l=24$ m。

抽芯成型时，由表 10-3 查得 $\kappa=0.001\ 4$，$\mu=0.55$，$\kappa x+\mu\theta=0.001\ 4\times24+0.55\times0=0.033\ 6<0.2$，故由式（10-20）得：

$$\sigma_{l2}=(\kappa x+\mu\theta)\sigma_{con}=0.033\ 6\times1\ 102.5=37.1\ \text{N/mm}^2$$

则第一批预应力损失为：

$$\sigma_{l\mathrm{I}}=\sigma_{l1}+\sigma_{l2}=17.1+37.1=54.2\ \text{N/mm}^2$$

（3）预应力钢筋松弛损失 σ_{l4}

对普通松弛消除应力钢丝，有：

$$\sigma_{l4}=0.4\left(\frac{\sigma_{con}}{f_{ptk}}-0.5\right)\sigma_{con}=0.4\times(0.75-0.5)\times1\ 102.5=110.25\ \text{N/mm}^2$$

（4）混凝土收缩徐变损失 σ_{l5}

此时混凝土的预压应力 σ_{pc} 仅考虑第一批预应力损失，故由式（10-60），得：

$$\sigma_{pc}=\frac{(\sigma_{con}-\sigma_{l\mathrm{I}})A_p}{A_n}=\frac{(1\ 102.5-54.2)\times445.34}{38\ 401}$$

$$=12.16\ \text{N/mm}^2<0.5f'_{cu}=0.5\times40=20\ \text{N/mm}^2$$

且

$$\rho=\frac{1}{2}\frac{A_s+A_p}{A_n}=\frac{1}{2}\times\frac{452+445.34}{38\ 401}=0.11\ 684$$

由式（10-24），得：

$$\sigma_{l5}=\frac{55+300\dfrac{\sigma_{pc}}{f'_{cu}}}{1+15\rho}=\frac{55+300\times\dfrac{12.16}{40}}{1+15\times0.011\ 684}=124.4\ \text{N/mm}^2$$

则第二批预应力损失为：

$$\sigma_{l\mathrm{II}}=\sigma_{l4}+\sigma_{l5}=110.25+124.4=234.6\ \text{N/mm}^2$$

故　$\sigma_l=\sigma_{l\mathrm{I}}+\sigma_{l\mathrm{II}}=54.2+234.6=288.8\ \text{N/mm}^2>80\ \text{N/mm}^2$

4. 抗裂验算

混凝土有效预压应力 σ_{pc} 由式（10-63），得：

$$\sigma_{pc} = \sigma_{pcII} = \frac{(\sigma_{con} - \sigma_l)A_p - \sigma_{l5}A_s}{A_c + \alpha_{ES}A_s}$$

$$= \frac{(\sigma_{con} - \sigma_l)A_p - \sigma_{l5}A_s}{A_n} = \frac{(1\ 102.5 - 288.8) \times 445.34 - 124.4 \times 452}{38\ 401}$$

$$= 7.97\ \text{N/mm}^2$$

在荷载效应标准组合下的混凝土法向应力：

$$\sigma_{sk} = \frac{N_k}{A_0} = \frac{400\ 000}{44\ 692.6} = 8.95\ \text{N/mm}^2$$

则　　　　　　　　$\sigma_{sk} - \sigma_{pc} = 8.95 - 7.97 = 0.98\ \text{N/mm}^2 < f_{tk} = 2.39\ \text{N/mm}^2$

故满足对应于裂缝控制等级为二级的抗裂要求。

(四)施工阶段承载力验算

由式(10-76),有：

$$\sigma_{cc} = \frac{\sigma_{con}A_p}{A_n} = \frac{1\ 102.5 \times 445.34}{38\ 401} = 12.79\ \text{N/mm}^2$$

而 $f'_{ck} = f_{ck} = 26.8\ \text{N/mm}^2$,则：

$$\sigma_{cc} < 0.8f'_{ck} = 0.8 \times 26.8 = 21.44\ \text{N/mm}^2$$

满足式(10-74)要求。

(五)屋架端部锚固区局部受压验算

1. 局部受压区截面尺寸验算

计算混凝土局部受压面积 A_l 时,理论上应取假定预压力沿锚具垫圈边缘在构件端部预埋件中按 $45°$ 刚性角扩散后的面积计算,即如图 10-24(b)中两虚线图所示。为简化计算近似取图 10-24(a)阴影所示矩形面积计算,即：

$$A_l = 250 \times (50 + 18) \times 2 = 34\ 000\ \text{mm}^2$$

根据同心、对称的原则得到局部受压计算面积为

$$A_b = 250 \times (136 + 2 \times 62) = 65\ 000\ \text{mm}^2$$

则混凝土局部受压强度提高系数 β_l 为：

$$\beta_l = \sqrt{\frac{A_b}{A_l}} = \sqrt{\frac{65\ 000}{34\ 000}} = 1.38, \quad \beta_c = 1.0$$

局部压力设计值为：

$$F_l = 1.2\sigma_{con}A_p = 1.2 \times 1\ 120.5 \times 445.34 = 490\ 987.4\ \text{N}$$

混凝土局部承压净面积为：

$$A_{ln} = A_l - 2 \times \pi \times \frac{50^2}{4} = 30\ 073\ \text{mm}^2$$

由式(10-29)得：

$$1.35\beta_c\beta_lf_cA_{ln} = 1.35 \times 1.0 \times 1.38 \times 19.1 \times 30\ 073 = 1\ 070\ 096\ \text{N} > F_l = 490\ 987.4\ \text{N}$$

满足要求。

2. 局部受压承载力验算

如图 10-24(b)、(d)所示,设置 5 片钢筋网片,间距 $s = 50\ \text{mm}$,钢筋直径 $d = 6\ \text{mm}$,$A_{s1} = A_{s2} = 28.3\ \text{mm}^2$,$f_{yv} = 270\ \text{N/mm}^2$,则：

$$A_{cor} = 200 \times 200 = 40\ 000\ \text{mm}^2 < A_b = 65\ 000\ \text{mm}^2$$

$$\beta_{cor} = \sqrt{\frac{A_{cor}}{A_l}} = \sqrt{\frac{40\ 000}{34\ 000}} = 1.08$$

$$\rho_v = \frac{2nA_{sl}l_1}{A_{cor}s} = \frac{2 \times 4 \times 28.3 \times 200}{40\ 000 \times 50} = 0.023$$

按式(10-31)，有

$$0.9(\beta_c\beta_l f_c+2\alpha\rho_v\beta_{cor} f_{yv})A_{ln}=0.9\times(1.0\times1.38\times19.1+2\times1.0\times0.023\times$$
$$1.08\times270)\times30\ 073$$
$$=1\ 076\ 446\ \text{N}>F_l=490\ 987.4\ \text{N}$$

满足要求。

第四节　预应力混凝土受弯构件计算

预应力混凝土受弯构件在我国土木工程中类型多、应用广。预应力受弯构件施工可用先张法也可用后张法，可预制也可现浇。最常见的先张法受弯构件有空心板、大型屋面板、吊车梁、双T板等，且多为预制；最常见的后张法受弯构件有无梁楼盖、框架梁、箱形截面连续梁桥等，且多为现浇。

一、受弯构件各阶段的应力分析

为全面了解预应力混凝土受弯构件从张拉钢筋到构件破坏全过程的受力性能，我们先研究一预应力混凝土简支梁在单调渐增荷载作用下的试验结果。图 10-25(a)为试验梁的试验装置简图，在三分点两点加荷，从张拉钢筋到构件破坏的荷载——跨中挠度曲线如图 10-25(b)所示。

图 10-25 中点①和点②表示仅在初始张拉控制应力和有效预应力作用下构件产生的反拱值；点③表示在考虑自重影响后的反拱值；点④为平衡状态，即构件在外荷载(包括构件自重)作用下产生的挠度恰好与有效预应力引起的反拱值 f_{Ne} 相等，受弯构件呈平直状态，截面上预压应力呈均匀分布；点⑤为减压状态，即构件在外荷载作用下跨中截面底部边缘纤维应力恰好为零；点⑥表示截面即将开裂状态，此时跨中截面底部边缘纤维应力达到混凝土极限抗拉强度；点⑦表示开裂弹性与塑性阶段的分界点；点⑧表示钢筋屈服；点⑨表示构件达到承载力极限状态。超过点⑨后构件虽还有一定承载能力，但处于下降趋势。

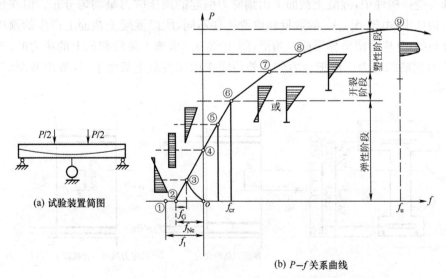

图 10-25　预应力混凝土受弯构件受力全过程

图中：f_G—自重引起的挠度；f_{Ne}—无重梁由有效预应力引起的反拱；f_1—无重梁由初始(控制)预应力引起的挠度

从以上试验结果可以看出,预应力混凝土受弯构件的应力分析,原则上与预应力混凝土轴心受拉构件一样。从张拉钢筋开始到构件破坏为止,也可划分为两大阶段:即施工阶段(①~②)和使用阶段(②~⑨)。每个阶段又由若干受力过程组成。从截面应力分布可以看出,从点①到点⑥各阶段中,构件处于未开裂弹性工作状态,从点⑥到点⑦阶段中,构件虽已开裂,但钢筋拉应力和混凝土压应力仍呈弹性状态,即为开裂弹性工作状态。因此,在应力分析中可把预应力钢筋的合力看作外力作用在混凝土截面上,然后按材料力学公式进行截面应力分析。从点⑦到点⑨,构件从开裂塑性阶段进入破坏阶段,其应力分析方法应采用结构极限分析理论。

下面以后张法预应力混凝土受弯构件为例,对几个主要的应力阶段(或受力过程)进行讨论。

(一)施工阶段

图 10-26 为一典型的 I 字形截面预应力受弯构件的截面配筋情况。主要的预应力钢筋 A_p 配置在使用阶段的受拉区,为了防止在构件制作、运输和吊装等施工过程中预拉区出现裂缝或限制裂缝宽度,在使用阶段的受压区也配置了预应力钢筋 A'_p(这种情况实际工程中常有发生),同时,受拉区和受压区也配置了一定的非预应力钢筋 A_s 和 A'_s。

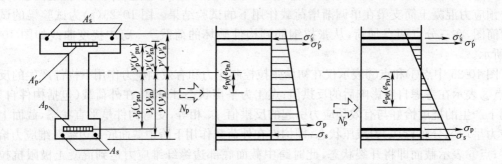

图 10-26 预应力混凝土受弯构件施工阶段计算图式

在轴心受拉构件中,混凝土截面上由预应力引起的预压应力呈均匀分布。但在预应力混凝土受弯构件中,由于 A_p、A'_p 的数量和位置往往不同,所以混凝土截面上产生的预压应力是不均匀分布的,其应力图呈梯形或三角形(图 10-26)。求施工阶段截面上的应力时,先求出放张前预应力钢筋的合力。再把合力作为外荷载作用在混凝土截面上,计算出截面应力,如图10-27 所示。

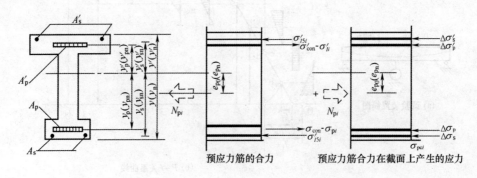

预应力筋的合力　　预应力筋合力在截面上产生的应力

图 10-27 预应力混凝土受弯构件施工阶段正截面应力计算示意图

设在任意时刻 i,预应力筋产生的预应力损失为 σ_{li}、σ'_{li},其中相应的混凝土收缩徐变损失

为 σ_{l5i}、σ'_{l5i}，则预应力筋 A_p、A'_p 及非预应力筋 A_s、A'_s 的内力合力 N_{pi} 为：

$$N_{pi}=(\sigma_{con}-\sigma_{li})A_p+(\sigma'_{con}-\sigma'_{li})A'_p-\sigma_{l5i}A_s-\sigma'_{l5i}A'_s \qquad (10\text{-}77)$$

对后张法预应力混凝土受弯构件，N_{pi} 至换算截面形心的偏心距 e_{pn} 为：

$$e_{pn}=\frac{(\sigma_{con}-\sigma_{li})A_p y_{pn}-(\sigma'_{con}-\sigma_{li})A'_p y'_{pn}-\sigma_{l5i}A_s y_{sn}+\sigma'_{l5i}A'_s y'_{sn}}{N_{pi}} \qquad (10\text{-}78)$$

将 N_{pi} 视为反方向作用于换算混凝土净截面 A_n 上的外力，则按材料力学计算公式，在 N_p 作用下截面任意一点的混凝土法向应力 σ_{pci} 为：

$$\sigma_{pci}=\frac{N_{pi}}{A_n}\pm\frac{N_{pi}e_{pn}y_n}{I_n}\pm\frac{M_2}{I_n}y_n \qquad (10\text{-}79)$$

式中　y_{pn}、y'_{pn}、y_{sn}、y'_{sn}——A_p、A'_p、A_s、A'_s 中应力合力点至净截面形心轴的距离；

　　　　A_n、I_n——将 A_s、A'_s 换算为混凝土后的净截面面积及惯性矩；

　　　　y_n——换算混凝土净截面形心轴至所计算应力纤维处的距离；

　　　　M_2——由预加力 N_{pi} 在后张法预应力混凝土超静定结构中产生的次弯矩。

按式(10-79)计算的 σ_{pci} 值，正号为压应力，负号为拉应力。

1. 张拉钢筋

对后张法预应力混凝土受弯构件，张拉钢筋直接在混凝土构件上进行。在张拉钢筋的同时，混凝土被压缩而产生预压应力。此时，$\sigma_{li}=\sigma_{l2}$，$\sigma'_{li}=\sigma'_{l2}$，$\sigma_{l5i}=\sigma'_{l5i}=0$，代入式(10-77)~式(10-79)，分别得到钢筋的合力 N_p 为：

$$N_p=(\sigma_{con}-\sigma_{l2})A_p+(\sigma'_{con}-\sigma'_{l2})A'_p \qquad (10\text{-}80)$$

钢筋合力 N_p 至净截面形心轴的偏心距 e_{pn} 为：

$$e_{pn}=\frac{(\sigma_{con}-\sigma_{l2})A_p y_{pn}-(\sigma'_{con}-\sigma'_{l2})A'_p y'_{pn}}{N_p} \qquad (10\text{-}81)$$

在 N_p 作用下截面任意点的混凝土法向应力 σ_{pc} 为：

$$\sigma_{pc}=\frac{N_p}{A_n}\pm\frac{N_p e_{pn}}{I_n}y_n\pm\frac{M_2}{I_n}y_n \qquad (10\text{-}82)$$

相应的预应力筋 A_p、A'_p 和非预应力筋 A_s、A'_s 的应力分别为：

$$\sigma_p=\sigma_{con}-\sigma_{l2} \qquad (10\text{-}83a)$$

$$\sigma'_p=\sigma'_{con}-\sigma'_{l2} \qquad (10\text{-}83b)$$

$$\sigma_s=\alpha_{ES}\sigma_{pc} \qquad (10\text{-}84a)$$

$$\sigma'_s=\alpha_{ES}\sigma_{pc} \qquad (10\text{-}84b)$$

此处 σ_{pc} 取按式(10-82)计算的相应于 A_s、A'_s 合力作用点处的混凝土的法向应力值。

2. 完成第一批预应力损失

当锚固预应力筋，完成第一批预应力损失时，$\sigma_{li}=\sigma_{l\mathrm{I}}$，$\sigma'_{li}=\sigma'_{l\mathrm{I}}$，$\sigma_{l5i}=\sigma'_{l5i}=0$，代入式(10-77)~式(10-79)分别得到 $N_{p\mathrm{I}}$、$e_{pn\mathrm{I}}$ 及 $\sigma_{pc\mathrm{I}}$ 为：

$$N_{p\mathrm{I}}=(\sigma_{con}-\sigma_{l\mathrm{I}})A_p+(\sigma'_{con}-\sigma'_{l\mathrm{I}})A'_p \qquad (10\text{-}85)$$

$$e_{pn\mathrm{I}}=\frac{(\sigma_{con}-\sigma_{l\mathrm{I}})A_p y_{pn}-(\sigma'_{con}-\sigma'_{l\mathrm{I}})A'_p y'_{pn}}{N_{p\mathrm{I}}} \qquad (10\text{-}86)$$

$$\sigma_{pcI} = \frac{N_{pI}}{A_n} \pm \frac{N_{pI} e_{pnI}}{I_n} y_n \pm \frac{M_2}{I_n} y_n \tag{10-87}$$

相应的预应力筋 A_p、A'_p 和非预应力筋 A_s、A'_s 的应力分别为:

$$\sigma_{pI} = \sigma_{con} - \sigma_{lI} \tag{10-88a}$$

$$\sigma'_{pI} = \sigma'_{con} - \sigma'_{lI} \tag{10-88b}$$

$$\sigma_{sI} = \alpha_{ES}\sigma_{pcI} \tag{10-88c}$$

$$\sigma'_{sI} = \alpha_{ES}\sigma_{pcI} \tag{10-88d}$$

σ_{pcI} 取按式(10-87)计算的相应于 A_s、A'_s 合力作用点处混凝土的法向应力值。

3. 完成第二批预应力损失

同理,当出现第二批预应力损失后,$\sigma_{li} = \sigma_l$,$\sigma'_{li} = \sigma'_l$,$\sigma_{l5i} = \sigma_{l5}$,$\sigma'_{l5i} = \sigma'_{l5}$,代入式(10-77)~式(10-79),分别得到 N_{pII}、e_{pII} 及 σ_{pcII} 为:

$$N_{pII} = (\sigma_{con} - \sigma_l)A_p + (\sigma'_{con} - \sigma'_l)A'_p - \sigma_{l5}A_s - \sigma'_{l5}A'_s \tag{10-89}$$

$$e_{pnII} = \frac{(\sigma_{con} - \sigma_l)A_p y_{pn} - (\sigma'_{con} - \sigma'_l)A'_p y'_{pn} - \sigma_{l5}A_s y_{sn} + \sigma'_{l5}A'_s y'_{sn}}{N_{pII}} \tag{10-90}$$

$$\sigma_{pcII} = \frac{N_{pII}}{A_n} \pm \frac{N_{pII} e_{pnII}}{I_n} y_n \tag{10-91}$$

相应的钢筋应力为:

$$\sigma_{pII} = \sigma_{con} - \sigma_l \tag{10-92a}$$

$$\sigma'_{pII} = \sigma'_{con} - \sigma'_l \tag{10-92b}$$

$$\sigma_{sII} = \sigma_{l5} + \alpha_{ES}\sigma_{pcII} \tag{10-92c}$$

$$\sigma'_{sII} = \sigma'_{l5} + \alpha_{ES}\sigma_{pcII} \tag{10-92d}$$

此处 σ_{pcII} 取按式(10-91)计算的相应于 A_s、A'_s 合力作用点处的混凝土法向应力值。

当构件截面中配置的非预应力筋截面面积 $(A_s + A'_s)$ 小于 $0.4(A_p + A'_p)$ 时,为简化计算,可不考虑非预应力筋由于混凝土收缩徐变引起的内力,即在式(10-89)~式(10-92)中取 $\sigma_{l5} = \sigma'_{l5} = 0$。

(二)使用阶段

1. 加荷至截面受拉边缘混凝土应力为零[即图 10-28(c)所示减压状态]

在荷载产生的弯矩 M 作用下,截面上正应力的增量可按材料力学公式计算,即

$$\sigma = \frac{M}{I_0}y_0 = \frac{M}{W_0} \tag{10-93}$$

式中　I_0、y_0——预应力筋和非预应力筋在内的换算截面惯性矩以及换算截面形心到计算纤维应力处的距离;

　　　W_0——换算截面下边缘的弹性抵抗矩,即 $W_0 = I_0/y_0$。

当 M 产生的截面下边缘拉应力 σ 恰好抵消由有效预应力引起的截面下边缘预压应力 σ_{pcII} 时[图 10-28(c)],截面下边缘的应力为零,我们习惯称这一特定受力状态为减压状态,相应的弯矩为减压弯矩,记为 M_0,则由 $\sigma_0 - \sigma_{pcII} = 0$,得:

$$\frac{M_0}{W_0} - \sigma_{pcII} = 0$$

所以

$$M_0 = \sigma_{pcII}W_0 \tag{10-94}$$

此时,由外荷弯矩 M_0 引起的受拉区预应力钢筋合力点处混凝土拉应力为 σ_{0p}($\sigma_{0p}=\dfrac{M_0}{I_0}y_{0p}$),如近似取等于该截面下边缘的混凝土预压应力 σ_{pcII},则受拉区预应力筋合力点处混凝土预压应力为零时预应力筋 A_p 的应力近似为:

$$\sigma_{p0}=\sigma_{pII}+\alpha_{EP}\sigma_{pcII}=\sigma_{con}-\sigma_l+\alpha_{EP}\sigma_{pcII} \tag{10-95}$$

同理,我们可求得受压区预应力合力点处混凝土预压应力为零时的预应力筋 A'_p 中的应力 σ'_{p0} 为:

$$\sigma'_{p0}=\sigma'_{con}-\sigma'_l+\alpha_{EP}\sigma'_{pcII} \tag{10-96}$$

轴心受拉构件中,当加载到 N_0、混凝土截面应力为零时,整个截面的混凝土应力全部为零。但在受弯构件中,当加载至 M_0 时,只有截面下边缘的混凝土应力为零,截面上其他各点的应力并不等于零。

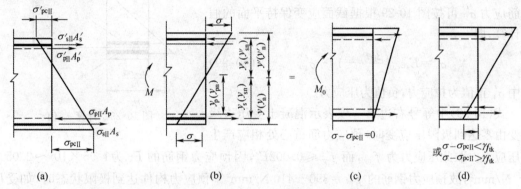

图 10-28 预应力混凝土受弯构件使用阶段计算图式

2. 加载至截面即将开裂

构件继续加荷,截面下边缘混凝土应力从零转为受拉。当混凝土受拉边缘的拉应力达到混凝土的抗拉强度标准值 f_{tk} 时,由于截面上的应力分布不均匀,有一定变化梯度,所以还不会开裂。继续加载,受拉区混凝土进入非弹性状态,拉应力呈曲线分布,当外荷引起的弯矩达到开裂弯矩 M_{cr} 时,构件处于将裂未裂状态。通常我们将实际曲线应力图形按承受弯矩相等的原则折算成底部拉应力为 γf_{tk} 的等效三角形应力图[图 10-28(d)],由式

$$\sigma_{cr}-\sigma_{pcII}=\gamma f_{tk}$$

可得截面开裂弯矩 M_{cr} 为:

$$\frac{M_{cr}}{W_0}-\sigma_{pcII}=\gamma f_{tk}$$

$$M_{cr}=(\sigma_{pcII}+\gamma f_{tk})W_0 \tag{10-97}$$

式中 γ——受拉区混凝土塑性影响系数,$\gamma=(0.7+\dfrac{120}{h})\gamma_m$,$\gamma_m$ 查附表 1.20。

由式(10-97)可知,预应力混凝土受弯构件的开裂弯矩,可理解为在减压弯矩 M_0 的基础上增加一个相当于普通钢筋混凝土构件的开裂弯矩 $\gamma f_{tk}W_0$。显然,由于 σ_{pcII} 一般大于 γf_{tk},所以预应力混凝土受弯构件的开裂弯矩要比普通混凝土受弯构件大得多。

当构件即将开裂时,受拉区预应力筋的应力也相应增加。考虑到此时受拉区混凝土已表现出明显的弹塑性性质,故应用其弹塑性变形模量 E'_c 代替弹性模量 E_c,即 $\alpha_{EPP}=\dfrac{E_p}{E'_c}$。试验表

明,即将开裂时,$E'_c = 0.5E_c$,则 $\alpha_{EPP} = \dfrac{E_p}{0.5E_c} = 2\alpha_{EP}$。故得到相应的受拉区预应力筋应力为:

$$\sigma_{pcr} = \sigma_{con} - \sigma_l + \alpha_{EP}\sigma_{pc\,II} + 2\alpha_{EP}f_{tk} \tag{10-98}$$

3. 加荷至构件破坏

继续加荷,裂缝出现并扩展。当构件达到承载能力极限状态时,一般情况下,受拉区预应力筋和非预应力筋屈服,而后混凝土压碎。应力状态与普通钢筋混凝土受弯构件类似(图 10-29),计算方法也基本相同。

(1)受压区预应力筋应力 σ'_p 的计算

试验表明,构件破坏时,受拉区预应力筋和非预应力筋以及受压区非预应力筋一般都会屈服,但受压区预应力筋可能受压也可能受拉且一般都不屈服。受压区预应力筋应力 σ'_p 可按图 10-29 根据截面应变保持平面的假定计算,即

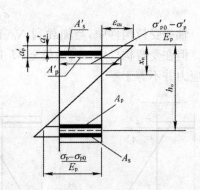

图 10-29 计算 σ'_p 值

$$\sigma'_p = E_s\varepsilon_{cu}\left(\frac{\beta_1 a'_p}{x} - 1\right) + \sigma'_{p0} \tag{10-99}$$

式中 σ'_p 正值为拉应力,负值为压应力。

式(10-99)中等号右边第一项表示混凝土受压边缘应变由零达到极限压应变时,预应力筋重心处相应产生的压应力。取此压应力为 f'_{py},而 $f'_{py} \leqslant 0.002E_s$,因预应力钢筋的 E_s 为 $1.95 \times 10^5 \sim 2.05 \times 10^5 \ \text{N/mm}^2$,故预应力钢筋的 $f'_{py} = 390 - 410 \ \text{N/mm}^2$。预应力构件达到极限状态时,如受压区高度 $x \geqslant 2a'_p$,一般可保证受压区预应力筋重心处的应变达到 0.002,故当受压区混凝土破坏时,受压区预应力筋应力为:

$$\sigma'_p = \sigma'_{p0} - f'_{py} \tag{10-100}$$

σ'_{p0} 按式(10-96)计算。

(2)界限破坏相对受压处高度 ξ_b 的计算

与钢筋混凝土受弯构件一样,界限破坏时相对受压处高度 ξ_b 也可按平截面假设求得。根据图 10-30 所示几何关系,对有屈服点钢筋,在受拉区预应力筋的应力增量达到 $f_{py} - \sigma_{p0}$ 的同时,受压区混凝土达到其极限压应变 ε_{cu}。同钢筋混凝土受弯构件,取等效矩形应力图形相对受压区高度与中和轴高度的比值为 β_1,则可得到:

$$\xi_b = \frac{x_b}{h_0} = \frac{\beta_1}{1 + \dfrac{f_{py} - \sigma_{p0}}{\varepsilon_{cu}E_s}} \tag{10-101}$$

式中 σ_{p0}——受拉区预应力筋合力点处混凝土法向应力为 0 时预应力筋的应力,按式(10-95)计算。

对无屈服点钢筋,根据条件屈服点的定义(图 10-31),钢筋达到条件屈服点时的拉应变为

$$\varepsilon_{py} = 0.002 + \frac{f_{py}}{E_s} \tag{10-102}$$

则式(10-101)应改为:

$$\xi_b = \beta_1 \times \frac{\varepsilon_{cu}}{\varepsilon_{cu} + 0.002 + \dfrac{f_{py} - \sigma_{p0}}{E_s}}$$

$$= \frac{\beta_1}{1+\dfrac{0.002}{\varepsilon_{cu}}+\dfrac{f_{py}-\sigma_{p0}}{E_s\varepsilon_{cu}}} \tag{10-103}$$

由此可见,对预应力混凝土构件,界限相对受压区高度 ξ_b 不仅与钢材品种和混凝土等级有关,而且与预应力值 σ_{p0} 的大小有关。

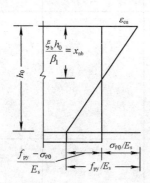

图 10-30 界限受压区高度

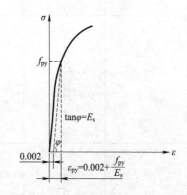

图 10-31 无屈服点钢筋 $\sigma-\varepsilon$ 关系。

先张法受弯构件与后张法受弯构件各阶段的应力状态及计算公式基本相同。为便于比较,表 10-8 中列出了二者在各个主要受力阶段的预应力筋 A_p 的拉应力及预压区混凝土截面下边缘应力计算公式。由表 10-8 可知,二者的主要差别体现在下列两方面:

(1)截面几何特征 A、I、y 的计算公式不同。对后张法构件,施工阶段按净截面考虑,即取 A_n、I_n、y_n,但对先张法构件,施工阶段应按换算截面考虑,即取 A_0、I_0、y_0。

(2)预应力筋的应力计算公式不同。对先张法由于在浇捣混凝土前张拉钢筋,则放松钢筋时构件弹性压缩,引起预应力筋产生混凝土弹性压缩损失,相应的应力减小了 $\alpha_{EP}\sigma_{pcI}$(或 $\sigma_{EP}\sigma_{pcII}$)。

二、受弯构件的截面设计

预应力混凝土受弯构件的截面设计包括使用阶段的正截面承载力计算、斜截面承载力计算、正截面裂缝控制验算、斜截面抗裂验算、变形验算及施工阶段的正截面承载力及局部受压承载力验算等内容。

(一)使用阶段承载力计算

1. 使用阶段正截面承载力计算

(1)矩形截面及翼缘位于受拉区的倒 T 形截面

预应力混凝土受弯构件使用阶段正截面承载力计算以构件破坏时的受力状态为依据,其基本假设与钢筋混凝土受弯构件相同。图 10-32 为矩形截面受弯构件正截面承载力计算简图。由平衡条件可得正截面承载力计算基本公式:

$$\sum X=0, \alpha_1 f_c bx=f_y A_s+f_{py} A_p+\sigma'_p A'_p-f'_y A'_s \tag{10-104}$$

$$\sum M=0, M \leqslant \alpha_1 f_c bx\left(h_0-\frac{x}{2}\right)+f'_y A'_s(h_0-a'_s)-\sigma'_p A'_p(h_0-a'_p) \tag{10-105}$$

式中　　M——弯矩设计值;

a'_s、a'_p——受压区非预应力钢筋合力点、受压区预应力钢筋合力点至受压区边缘的距离;

σ'_p——受压区预应力钢筋 A'_p 的应力,按式(10-100)计算。

表 10-8 预应力混凝土受弯构件各阶段的应力分析

受力阶段		简图	预应力筋 A_p 应力 σ_p		混凝土应力 σ_c（截面下边缘）		外荷弯矩 M（先张、后张）
			先 张	后 张	先 张	后 张	
施工阶段	完成第一批损失（预压）		$\sigma_{pI} = \sigma_{con} - \sigma_{lI} - \alpha_{EP}\sigma_{pcI}$	$\sigma_{pcI} = \sigma_{con} - \sigma_{lI}$	$\sigma_{pcI} = N_{pI}/A_0 + \dfrac{N_{pI}e_{p0I}}{I_0}y_0$	$\sigma_{pcI} = \dfrac{N_{pI}}{A_n} + \dfrac{N_{pI}e_{pnI}}{I_n}y_n$	0
	完成第二批损失		$\sigma_{pII} = \sigma_{con} - \sigma_l - \alpha_{EP}\sigma_{pcII}$	$\sigma_{pcII} = \sigma_{con} - \sigma_l$	$\sigma_{pcII} = \dfrac{N_{pII}}{A_0} + \dfrac{N_{pII}e_{p0II}}{I_0}y_0$	$\sigma_{pcII} = \dfrac{N_{pII}}{A_n} + \dfrac{N_{pII}e_{pnII}}{I_n}y_n$	0
使用阶段	第 I 阶段 加载至 $\sigma_c = 0$		$\sigma_{p0} = \sigma_{con} - \sigma_l$	$\sigma_{p0} = \sigma_{con} - \sigma_l + \alpha_{EP}\sigma_{pcII}$	0	0	$M_0 = \sigma_{pcII}W_0$
	第 I 阶段末 加载至裂缝即将出现		$\sigma_{pcr} = \sigma_{con} - \sigma_l + 2\alpha_{EP}f_{tk}$	$\sigma_{pcr} = \sigma_{con} - \sigma_l + \alpha_{EP}\sigma_{pcII} + 2\alpha_{EP}f_{tk}$	f_{tk}	f_{tk}	$M_{cr} = (\alpha_{pcII} + \gamma f_{tk})W_0$
	第 III 阶段末 加载至破坏		$\sigma_{pu} = f_{py}$	$\sigma_{pu} = f_{py}$	—	—	见第十章第四节

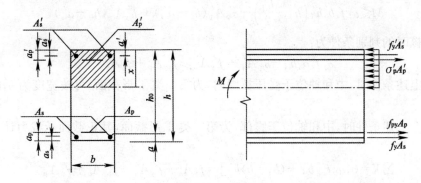

图 10-32 矩形截面计算简图

按式(10-104)求得的受压区高度 x 应符合下列适用条件：

$$x \leqslant \xi_b h_0$$
$$x \geqslant 2a'$$
$$M_u \geqslant M_{cr}$$

式中 ξ_b——相对界限受压区高度，按式(10-101)或式(10-103)计算；

a'——受压区全部纵向钢筋合力点至受压边缘的距离，当受压区未配置纵向预应力钢筋或 σ'_p 为拉应力时，a' 用 a'_s 代替。

若 $x<2a'$ 时，则可按下列公式计算：

$$M \leqslant f_{py}A_p(h-a_p-a'_s)+f_yA_s(h-a_s-a'_s)+\sigma'_pA'_p(a'_p-a'_s) \tag{10-106}$$

如按上式计算的正截面承载力比不考虑非预应力受压钢筋 A'_s 还小时，则应按不考虑非预应力受压钢筋来计算。由此可见，对预应力混凝土受弯构件受压区钢筋施加预应力可能会降低构件的承载能力，并降低构件使用阶段的抗裂性能。因此，只有在施工阶段预拉区可能开裂的构件才适当在受压区配置预应力钢筋。

(2)翼缘位于受压区的 T 形截面及 I 字形截面

图 10-33 为 T 形截面计算简图。

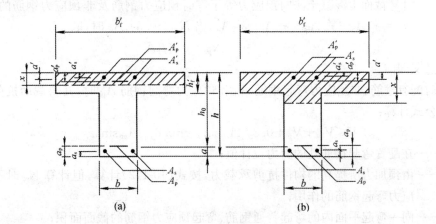

图 10-33 T 形截面计算简图

同普通钢筋混凝土受弯构件一样，T 形截面破坏时，中和轴可能位于受压翼缘内也可能位于腹板内，因此必须先判别属于哪一类 T 形截面。

截面设计时的判别条件为：

$$M \leqslant \alpha_1 f_c b'_f h'_f \left(h_0 - \frac{h'_f}{2}\right) - \sigma'_p A'_p (h_0 - a'_p) + f'_y A'_s (h_0 - a'_s) \tag{10-107}$$

截面复核时的判别条件为:

$$\alpha_1 f_c b'_f h'_f - \sigma'_p A'_p + f'_y A'_s \geqslant f_{py} A_p + f_y A_s \tag{10-108}$$

当符合上述条件时,中和轴位于受压翼缘内,为第一类 T 形截面,可按宽度为 b'_f 的矩形截面计算。

当不符合上述条件时,中和轴位于腹部,为第二类 T 形截面,其正截面承载力计算基本公式为:

$$\sum X = 0, \alpha_1 f_c [bx + (b'_f - b)h'_f] = f_y A_s - f'_y A'_s + f_{py} A_p + \sigma'_p A'_p \tag{10-109}$$

$$\sum M = 0, M \leqslant \alpha_1 f_c bx \left(h_0 - \frac{x}{2}\right) + \alpha_1 f_c (b'_f - b)h'_f \left(h_0 - \frac{h'_f}{2}\right)$$

$$+ f'_y A'_s (h_0 - a'_s) - \sigma'_p A'_p (h_0 - a'_p) \tag{10-110}$$

适用条件与矩形截面相同。

2. 使用阶段斜截面承载力计算

预应力混凝土受弯构件斜截面承载力计算的基本原理、计算方法和计算步骤均类同于钢筋混凝土构件。试验表明,由于预应力的存在,推迟了斜裂缝的出现,减小了斜裂缝的开裂宽度,增加了混凝土剪压区的高度,加强了斜裂缝间骨料的咬合作用,从而提高了构件的斜截面抗剪承载力。另外,预应力钢筋在开裂面的梢栓作用及曲线配置的预应力钢筋合力在垂直方向的分量对提高构件的抗剪承载力也起积极作用。《规范》规定,矩形、T 形和 I 字形截面的一般受弯构件,当仅配有箍筋时,其斜截面受剪承载力应按下列公式计算:

$$V \leqslant V_{cs} + V_p \tag{10-111}$$

式中 V——构件斜截面上的最大剪力设计值;

V_{cs}——构件斜截面上混凝土和箍筋的受剪承载力,按式(4-23)和式(4-25)计算;

V_p——由预加力所提高的构件的受剪承载力,其设计值为:

$$V_p = 0.05 N_{p0} \tag{10-112}$$

N_{p0}——计算截面上混凝土法向预应力等于零时预应力钢筋及非预应力钢筋的合力,即 $N_{p0} = \sigma_{p0} A_p + \sigma'_{p0} A'_p - \sigma_{l5} A_s - \sigma'_{l5} A'_s$,当 $N_{p0} > 0.3 f_c A_0$ 时,取

$$N_{p0} = 0.3 f_c A_0 \tag{10-113}$$

式中符号意义同前。

当同时配有箍筋、非预应力弯起钢筋 A_{sb} 和预应力弯起钢筋 A_{pb} 时,其斜截面抗剪承载力应按下列公式计算:

$$V \leqslant V_{cs} + V_p + 0.8 f_y A_{sb} \sin \alpha_s + 0.8 f_{py} A_{pb} \sin \alpha_p \tag{10-114}$$

式中 V——在配置弯起钢筋处的剪力设计值;

V_p——由预加力所提高的构件抗剪承载力,按式(10-112)计算,但计算 N_{p0} 时不考虑预应力弯起钢筋的作用;

$A_{sb}、A_{pb}$——同一弯起平面内的弯起普通钢筋、弯起预应力钢筋的截面面积;

$\alpha_s、\alpha_p$——斜截面上弯起普通钢筋、弯起预应力钢筋的切线与构件纵向轴线的夹角。

此外,对矩形、T 形和 I 字形截面的一般受弯构件,当符合下列条件时:

$$V \leqslant 0.7 f_t b h_0 + 0.05 N_{p0} \tag{10-115}$$

以及集中荷载作用下的矩形、T 形和 I 形截面简支梁,当符合下列条件时:

$$V \leqslant \frac{1.75}{\lambda+1} f_\text{t} b h_0 + 0.05 N_\text{p0} \tag{10-116}$$

则均可不进行斜截面的抗剪承载力计算,而仅需按构造要求配置箍筋。

(二)使用阶段裂缝控制验算

1. 正截面裂缝控制验算

预应力混凝土受弯构件的裂缝控制原则与轴心受拉构件相同。受弯构件的裂缝控制等级分为三级,对裂缝控制等级为一级的构件,按式(10-70)进行抗裂验算;对裂缝控制等级为二级的构件,按式(10-72)进行抗裂验算。在荷载效应的标准组合下的抗裂验算时边缘的混凝土法向应力应按下列公式计算:

$$\sigma_\text{ck} = \frac{M_\text{k}}{W_0} \tag{10-117}$$

式中 M_k——按荷载效应标准组合计算的弯矩值。

对裂缝控制等级为三级——使用阶段允许出现裂缝的预应力混凝土受弯构件,应验算裂缝宽度 w_max。考虑裂缝宽度分布的不均匀性和荷载效应的准永久组合的影响,其最大裂缝宽度可按下式计算:

$$w_\text{max} = 1.5 \psi \frac{\sigma_\text{sk}}{E_\text{s}} \left(1.9 c_\text{s} + 0.08 \frac{d_\text{eq}}{\rho_\text{te}} \right) \tag{10-118}$$

$$\psi = 1.1 - \frac{0.65 f_\text{tk}}{\rho_\text{te} \sigma_\text{sk}} \tag{10-119}$$

$$\rho_\text{te} = \frac{A_\text{p} + A_\text{s}}{0.5bh + (b_\text{f} - b) h_\text{f}} \tag{10-120}$$

$$\sigma_\text{sk} = \frac{M_\text{k} - N_\text{p0}(z - e_\text{p})}{(A_\text{p} + A_\text{s})z} \tag{10-121}$$

$$z = \left[0.87 - 0.12(1 - \gamma_\text{f}') \left(\frac{h_0}{e} \right)^2 \right] h_0 \tag{10-122}$$

$$e = e_\text{p} + \frac{M_\text{k}}{N_\text{p0}} \tag{10-123}$$

式中 ψ——裂缝间纵向受拉钢筋应变不均匀系数,当 $\psi < 0.2$ 时取 $\psi = 0.2$,当 $\psi > 1.0$ 时取 $\psi = 1.0$,对直接承受重复荷载的构件,取 $\psi = 1.0$;

ρ_te——以有效受拉混凝土截面面积计算的纵向受拉钢筋配筋率;

σ_sk——按荷载效应的标准组合计算的预应力混凝土受弯构件纵向钢筋的等效应力;

z——全部纵向受拉钢筋合力点至受压区合力点的距离;

e_p——混凝土法向预应力为零时全部纵向预应力和非预应力钢筋的合力 N_p0 的作用点至受拉区纵向预应力和非预应力钢筋合力点的距离;

γ_f'——受压翼缘截面面积与腹板有效截面面积的比值。

其余符号意义同前。

2. 斜截面抗裂验算

对预应力混凝土受弯构件,当截面上混凝土的主拉应力 σ_tp 超过其轴心抗拉强度标准值 f_tk 时,构件弯剪区出现斜裂缝;当截面上混凝土主压应力 σ_cp 较大时,还将加速这种斜裂缝的出现与扩展。因此受弯构件斜截面抗裂度验算,实际上是对截面上各点的主拉应力 σ_tp 和主压应力 σ_cp 进行验算。

(1)计算主拉应力 σ_tp 和主压应力 σ_cp

在斜裂缝出现以前,构件基本上处于弹性工作阶段,其截面应力可按材料力学公式计算,即混凝土的主拉应力 σ_{tp} 和主压应力 σ_{cp} 计算公式为:

$$\left.\begin{array}{c}\sigma_{tp}\\\sigma_{cp}\end{array}\right\}=\frac{\sigma_x+\sigma_y}{2}\pm\sqrt{\left(\frac{\sigma_x-\sigma_y}{2}\right)^2+\tau^2} \tag{10-124}$$

$$\sigma_x=\sigma_{pc}+\frac{M_k y_0}{I_0} \tag{10-125}$$

$$\tau=\frac{(V_k-\sum\sigma_{pc}A_{pb}\sin\alpha_p)S_0}{I_0 b} \tag{10-126}$$

式中 σ_x——由预应力和弯矩值 M_k 在计算纤维处产生的混凝土法向应力;

σ_{pc}——扣除全部预应力损失后,在计算纤维处由预应力产生的混凝土法向应力;

y_0——换算截面重心至所计算纤维处的距离;

σ_y——由集中荷载标准值 F_k 产生的混凝土竖向压应力,在集中荷载标准值作用点两侧各 $0.6h$ 的范围内按图 10-34(b)所示的分布规律取值;

τ——由剪力值 V_k 和预应力弯起钢筋的预应力在计算纤维处产生的混凝土剪应力,当有集中力标准值 F_k 作用时,F_k 作用点两侧各 $0.6h$ 范围内的 τ_F 按图 10-34(c)的分布规律取值,当计算截面作用有扭矩时,尚应考虑扭矩引起的剪应力;

V_k——按荷载效应标准组合计算的剪力值,对后张法预应力混凝土超静定结构构件,在计算剪应力时,尚应计入预加力引起的次剪力;

S_0——计算纤维以上部分的换算截面面积对构件换算截面重心的面积矩;

其余符号意义同前。

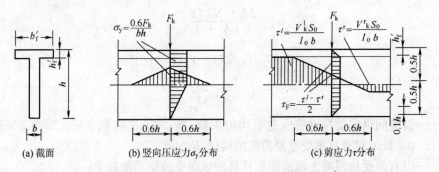

(a) 截面   (b) 竖向压应力 σ_y 分布   (c) 剪应力 τ 分布

图 10-34   预应力混凝土吊车梁集中力作用点附近应力分布图

应该指出,按式(10-124)和式(10-125)计算时,公式中,σ_x、σ_y、σ_{pc} 和 $\frac{M_k y_0}{I_0}$ 的符号规定为:当为拉应力时,以正号代入;当为压应力时,以负号代入。显见,由集中荷载 F_k 产生的压应力 σ_y 对斜截面抗裂验算起有利影响。

(2)斜截面抗裂验算公式

《规范》规定,预应力混凝土受弯构件斜截面抗裂验算应按下列规定进行:

①混凝土主拉应力

对严格要求不出现裂缝的构件,有:

$$\sigma_{tp}\leqslant 0.85 f_{tk} \tag{10-127}$$

对一般要求不出现裂缝的构件,有:

$$\sigma_{tp}\leqslant 0.95 f_{tk} \tag{10-128}$$

式中　f_{tk}——混凝土轴心抗拉强度标准值；

　0.95、0.85——考虑张拉时的不准确性和构件质量变异影响的经验系数；

②混凝土主压应力

对严格要求和一般要求不出现裂缝的构件，均应符合下列规定：

$$\sigma_{cp} \leqslant 0.6 f_{ck} \tag{10-129}$$

式中　f_{ck}——混凝土轴心抗压强度标准值；

　0.6——经验系数，主要防止梁腹板在预应力和外荷载作用下压坏，并考虑到主压应力过大会导致斜截面抗裂能力降低影响。

（3）斜截面抗裂验算位置

斜截面抗裂验算的位置，原则上应选择最大主应力可能出现的部位。

①沿受弯构件跨度方向，一般位于最大剪力处、截面高度及宽度变化处；

②沿构件计算截面高度，一般位于换算截面重心处、翼缘与腹板交界处。

（三）使用阶段的变形验算

预应力受弯构件的变形由两部分组成：一部分是由荷载产生的挠度 f_1，另一部分是由预应力产生的反拱 f_2。这两部分变形的代数和即为构件的总变形。对预应力受弯构件变形的验算，实质上是验算预应力受弯构件的总变形是否超过现行规范规定的允许变形值。

1. 荷载作用下构件的挠度 f_1

预应力混凝土受弯构件在使用阶段的挠度，应按荷载效应标准组合值并根据构件的刚度用结构力学的方法计算。

预应力受弯构件的刚度计算方法与第九章第三节中介绍的方法基本相同。根据最小刚度原则，在等截面构件中，可假定各同号弯矩区段内的刚度相等，并取用该区段内最大弯矩处的刚度计算。

（1）短期刚度 B_s

矩形、T形、倒 T 形和 I 字形截面的预应力混凝土受弯构件，在荷载效应标准组合作用下的短期刚度 B_s 可按下列公式计算：

要求不出现裂缝的构件，有：

$$B_s = 0.85 E_c I_0 \tag{10-130}$$

式中系数 0.85 是考虑受弯构件的受拉区在使用阶段已有一定的非弹性变形而引入的刚度折减系数。

允许出现裂缝的构件，有：

$$B_s = \frac{0.85 E_c I_0}{\kappa_{cr} + (1 - \kappa_{cr})\omega} \tag{10-131}$$

$$\kappa_{cr} = \frac{M_{cr}}{M_k} \tag{10-132}$$

$$\omega = \left(1.0 + \frac{0.21}{\alpha_E \rho}\right)(1 + 0.45 \gamma_f) - 0.7 \tag{10-133}$$

$$M_{cr} = (\sigma_{pc} + \gamma f_{tk}) W_0 \tag{10-134}$$

$$\gamma_f = \frac{(b_f - b) h_f}{b h_0} \tag{10-135}$$

式中　α_E——钢筋弹性模量与混凝土弹性模量的比值，$\alpha_E = E_s / E_c$；

　ρ——纵向受拉钢筋配筋率，$\rho = \dfrac{A_p + A_s}{b h_0}$；

I_0——换算截面惯性矩;

γ_f——受拉翼缘截面面积与腹板有效截面面积的比值;

κ_{cr}——预应力混凝土受弯构件正截面的开裂弯矩 M_{cr} 与弯矩 M_k 的比值,当 $\kappa_{cr}>1.0$ 时,取 $\kappa_{cr}=1.0$;

σ_{pc}——扣除全部预应力损失后,由预加力在抗裂验算边缘产生的混凝土预压应力;

γ——混凝土构件的截面抵抗矩塑性影响系数,其值为 $\gamma=\left(0.7+\dfrac{120}{h}\right)r_m$;

γ_m——混凝土构件的截面抵抗矩塑性影响系数基本值,可查附表 1.20 取用;

h——截面高度(mm),当 $h<400$ 时取 $h=400$,当 $h>1\,600$ 时取 $h=1\,600$,对圆形、环形截面,取 $h=2r$(r 为圆形截面半径或环形截面的外环半径)。

对预压时预拉区出现裂缝的构件,B_s 值尚应减少 10%。

(2)受弯构件的刚度 B

矩形、T 形、倒 T 形和 I 字形截面的预应力混凝土受弯构件,在荷载效应准永久组合作用下,由于混凝土徐变变形等因素的影响,截面的刚度将有所减小,构件的挠度将随之增大。因此《规范》规定,在荷载效应的标准组合作用下并考虑准永久组合影响的受弯构件的刚度 B 按下式计算

$$B=\frac{M_k}{M_q+M_k}B_s \tag{10-136}$$

2. 预应力产生的反拱 f_2

预应力受弯构件在偏心挤压力作用下产生的反拱 f_2 可按两端作用有弯矩 $M=N_p e_{p0}$ 的简支梁来计算。设跨长为 l,截面刚度为 B,则预应力产生的反拱为:

$$f_2=\frac{N_p e_{p0} l^2}{8B} \tag{10-137}$$

式中 N_p、e_{p0}、B 按下列规定取值:

(1)在短期荷载作用下,预应力产生的反拱仅由构件施加预应力引起,则 N_p、e_{p0} 均按扣除第一批预应力损失后的情况计算。截面刚度 B 直接取 $E_c I_0$ 计算。

(2)在长期荷载作用下的反拱值是由于使用阶段预应力的长期作用,预压区混凝土产生徐变变形。徐变对预应力混凝土受弯构件的反拱具有双重影响,一方面徐变引起预应力损失而减小反拱,另一方面徐变变形加大于负曲率而增大反拱。一般情况下,后一项作用是主要的,以致尽管预应力有所减小,但反拱仍不断增大。为简单起见,计算使用阶段的反拱值 f_2 时,可按 $B=E_c I_0$ 求得的反拱值乘以增大系数 2.0 采用。

3. 预应力混凝土受弯构件变形验算方法

对预应力混凝土受弯构件进行使用阶段变形验算时,要求在荷载效应的标准组合作用下,并考虑荷载效应的准永久组合影响求得的挠度 f_{1l} 减去预应力产生的反拱 f_{2l} 后的最大值 f_l 不超过《规范》规定的挠度限值 f_{lim},即:

$$f_l=f_{1l}-f_{2l}\leqslant f_{lim} \tag{10-138}$$

(四)施工阶段承载力验算

预应力混凝土受弯构件,特别是预制构件在制作(即张拉或放松预应力钢筋)、运输、堆放和吊装等施工阶段的受力状态,往往和使用阶段不同。在制作时,构件受到一偏心预压力作用,处于偏心受压状态[图 10-35(a)],而在运输、堆放、吊装时,搁置点或吊点常离梁端有一段距离,在自重作用下两端悬壁部分产生负弯矩,其方向与偏心预压力引起的负弯矩相同,两者

迭加,情况更趋不利[图 10-35(b)]。在截面的下边缘(预压区),混凝土的压应力可能太大以致引起混凝土局部破坏,甚至出现纵向裂缝。在截面的上边缘(预拉区),混凝土可能开裂,并随时间的增长而裂缝不断开展。这种裂缝虽然在使用阶段都已闭合,对构件正截面抗弯承载力和斜截面抗剪承载力影响不大,但会引起构件在使用阶段的正截面抗裂度及刚度降低。因此,《规范》规定,在设计时,除必须进行使用阶段的承载力等各项计算外,还应进行施工阶段的承载力验算。

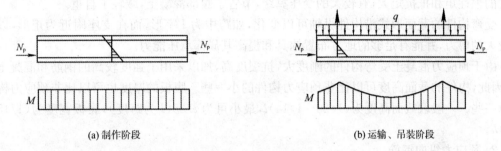

(a) 制作阶段   (b) 运输、吊装阶段

图 10-35 构件施工阶段受力状态

1. 对预拉区不允许出现裂缝的构件

实际工程中要求预拉区不允许出现裂缝的构件有:

(1)经受重复荷载、需作疲劳验算的吊车梁;

(2)使用荷载下受拉区允许出现裂缝的构件,为了避免上下裂缝贯通,预拉区不宜再有裂缝;

(3)预拉区有较大翼缘的构件,由于翼缘部分混凝土的抗裂弯矩所占比例较大,一旦截面开裂,钢筋应力增量大,导致裂缝宽度较大。

对制作、运输、吊装等施工阶段允许出现拉应力的构件,或预压时全截面受压的构件,在预加应力、自重和施工荷载作用下(必要时应考虑动力系数),截面边缘的混凝土法向应力应符合下列条件:

$$\sigma_{ct} \leqslant f'_{tk} \tag{10-139}$$

$$\sigma_{cc} \leqslant 0.8 f'_{ck} \tag{10-140}$$

简支构件的端部区段截面预拉区边缘纤维的混凝土拉应力允许大于 f'_{tk},但不应大于 $1.2 f'_{tk}$。

截面边缘的混凝土法向应力可按下列公式计算:

$$\begin{matrix}\sigma_{cc} \\ \sigma_{ct}\end{matrix} = \sigma_{pc} + \frac{N_k}{A_0} \pm \frac{M_k}{W_0} \tag{10-141}$$

式中 σ_{cc}、σ_{ct}——相应施工阶段计算截面边缘纤维的混凝土压应力、拉应力;

      f'_{tk}、f'_{ck}——与各施工阶段混凝土立方体抗压强度 f'_{cu} 相应的抗拉强度标准值、抗压强度标准值;

      N_k、M_k——构件自重及施工荷载效应的标准组合在计算截面产生的轴向力值、弯矩值。当考虑动力效应影响时,应乘以动力系数 1.5。

2. 施工阶段预拉区允许出现拉应力的构件,预拉区纵向钢筋的配筋率 $(A'_s + A'_p)/A$ 不宜小于 0.15%,对后张法构件不应计入 A'_p,其中,A 为构件截面面积。预拉区纵向普通钢筋的直径不宜大于 14 mm,并应沿构件预拉区的外边缘均匀配置。

另外,在施工阶段,还应进行张拉时构件端部局部受压承载力验算。其验算方法与基本计算公式均与轴心受拉构件相同。

三、构造要求

1. 截面形式与尺寸

预应力混凝土受弯构件的截面形式常为矩形、T形、I字形和箱形等形式。因为这些截面形式的惯性矩和抵抗矩大,有较大的受压翼缘,节省了腹部混凝土,减轻了自重。

受弯构件的截面形式沿构件纵轴可以变化,如跨中为I字形,而在支座附近为矩形,以承受较大的剪力,并能有足够的地方布置锚具和提高其局部承压能力。

由于预应力混凝土受弯构件的刚度大,抗裂度高,加以采用了强度较高的钢筋和混凝土材料,因此,构件的截面高度可以比非预应力构件的小一些。腹板的厚度也可以比非预应力构件的薄一些。一般取截面高度为$(1/20\sim1/14)l$,最小可为$l/35$(l为跨度),腹板宽度为$(1/15\sim1/8)h$。

2. 预应力纵向钢筋

当跨度和荷载不大时,预应力纵筋一般可采用简单的直线形式[图10-36(a)]。当跨度和荷载较大时,为防止由于施加预应力而产生预拉区的裂缝和减少支座附近区段的主拉应力,在靠近支座部分,宜将一部分预应力钢筋弯起。在先张法构件中,弯起的预应力钢筋可做成折线形式[图10-36(b)],在后张法构件中,弯起的预应力钢筋常为曲线形式[图10-36(c)]。曲线预应力钢丝束、钢绞线的曲率半径不宜小于4 m。对折线配筋的梁,在折线预应力钢筋弯折处的曲率半径可适当减小。

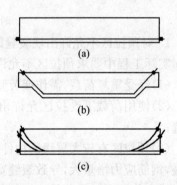

图 10-36 预应力纵向钢筋的布置图

3. 端部加强措施

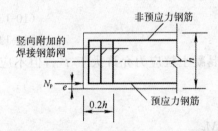

图 10-37 当预应力钢筋集中布置在梁下部时

为了防止施加预应力时在构件端部产生沿截面中部的纵向水平裂缝,宜将一部分预应力钢筋在靠近支座区段弯起,并使预应力钢筋尽可能沿构件端部均匀布置。如预应力钢筋在构件端部不能均匀布置而需集中布置在端部截面的下部或集中布置在上部和下部时,则应在构件端部$0.2h$(h为构件端部高度)范围设置竖向附加的焊接钢筋网、封闭式箍筋或其他形式的构造钢筋,其中,竖向附加的钢筋截面面积应符合下列规定(图10-37):

$$A_{sv} \geqslant \frac{T_s}{f_{yv}} \quad (10\text{-}142)$$

$$T_s = \left(0.25 - \frac{e}{h}\right)P \quad (10\text{-}143)$$

$e > 0.2h$时,可根据实际情况适当配置构造钢筋。

式中　T_s——锚固端端面拉力;

　　　P——作用在构件端部截面重心线上部或下部预应力筋的合力设计值,按 $P=$

$1.2\sigma_{con}A_p$ 确定；

　　e——截面重心线上部或下部预应力筋的合力点至截面近边缘的距离；

　　h——构件端部截面高度；

　　f_{yv}——竖向附加钢筋的抗拉强度设计值。

　　当端部截面上部或下部均有预应力钢筋时,竖向附加钢筋的总截面面积按上部和下部的 N_p 分别计算的较大值采用。

　　预应力混凝土受弯构件的其他构造要求与预应力混凝土轴心受拉构件相同。且应注意,凡需要起拱的构件,预留孔道宜随构件同时起拱。

四、计算实例

【例题 10-2】　已知一多层房屋的预应力混凝土屋面梁,梁长10 m,计算跨度9.75 m,截面尺寸及配筋如图 10-38(a)所示,后张法施工,橡皮管抽心成孔,JM12 夹片式锚具,预应力筋直线布置。现已知该梁承受均布荷载,其恒载标准值为15.42 kN/m(包括自重),活荷载标准值为11.07 kN/m,准永久值系数为0.6。试验算此梁使用阶段的强度、抗裂度及变形(为简化计算,梁中非预应力纵筋按构造配置,计算时忽略不计)。

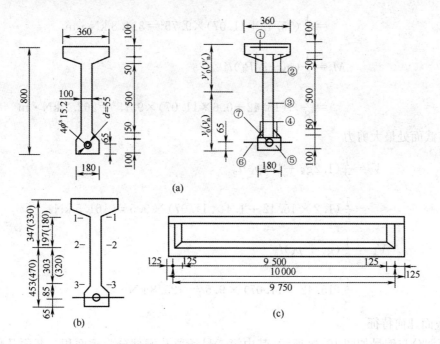

图 10-38　例题 10-2 附图

【解】　1. 设计计算条件

（1）钢筋

预应力钢筋为钢绞线 Φ^s15.2,仅受拉区配置预应力筋。

$$f_{ptk}=1\ 720\ \text{N/mm}^2, \qquad f_{py}=1\ 220\ \text{N/mm}^2$$

$$E_p=1.95\times10^5\ \text{N/mm}^2, \qquad A_p=560\ \text{mm}^2$$

取　　　　　$\sigma_{con}=0.7f_{ptk}=1\ 204\ \text{N/mm}^2$

箍筋采用 HPB300 级钢筋,$f_y=270\ \text{N/mm}^2$

(2)混凝土(C40)

$$f_{cu}=40 \text{ N/mm}^2, \qquad f_c=19.1 \text{ N/mm}^2, \alpha_1=1.0$$

$$f_t=1.76 \text{ N/mm}^2, \qquad f_{ck}=26.8 \text{ N/mm}^2$$

$$f_{tk}=2.39 \text{ N/mm}^2, \qquad E_c=3.25\times10^4 \text{ N/mm}^2$$

(3)施工及其他条件

构件为"一般不允许出现裂缝构件",允许挠度为 $l_0/250$;当 $f'_{cu}=f_{cu}$ 时,张拉预应力筋。

2. 内力计算

计算跨度 $\qquad\qquad l_0=9.75 \text{ m}$

跨中最大弯矩

$$M=\frac{1}{8}(1.2g_k+1.4p_k)l_0^2$$

$$=\frac{1}{8}(1.2\times15.42+1.4\times11.07)\times9.75^2=404 \text{ kN}\cdot\text{m}$$

$$M_k=\frac{1}{8}(g_k+p_k)l_0^2$$

$$=\frac{1}{8}(15.42+11.07)\times9.75^2=314.8 \text{ kN}\cdot\text{m}$$

$$M_q=\frac{1}{8}(g_k+\psi_q P_k)l_0^2$$

$$=\frac{1}{8}\times(15.42+0.6\times11.07)\times9.75^2=262.2 \text{ kN}\cdot\text{m}$$

支座截面处最大剪力

$$V=\frac{1}{2}(1.2g_k+1.4p_k)l_n$$

$$=\frac{1}{2}(1.2\times15.42+1.4\times11.07)\times9.5=161.5 \text{ kN}$$

$$V_k=\frac{1}{2}(g_k+p_k)l_n$$

$$=\frac{1}{2}(15.42+11.07)\times9.5=125.8 \text{ kN}$$

3. 截面几何特征

截面划分与编号如图 10-38 所示,其中第⑦号预留孔洞部分为虚面积。截面几何特征列表计算如下:

表 10-9　例题 10-2 截面几何特征计算表

编号	A_i (mm²)	a (mm)	$S=A_ia$ (mm³)	y_i^* (mm)	$A_iy_i^2$ (mm⁴)	I_i (mm⁴)
①	$360\times100=36\ 000$	750	$27\ 000\times10^3$	297	$317\ 552\times10^4$	$\frac{1}{12}\times360\times100^3=3\ 000\times10^4$
				280	$282\ 240\times10^4$	

续上表

编号	A_i (mm²)	a (mm)	$S=A_ia$ (mm³)	y_i^* (mm)	$A_iy_i^2$ (mm⁴)	I_i (mm⁴)
②	$\frac{1}{2}\times260\times50=6\,500$	683.3	$4\,441\times10^3$	230.3	$34\,475\times10^4$	$\frac{2}{36}\times130\times50^3=90\times10^4$
				213.3	$29\,573\times10^4$	
③	$100\times600=60\,000$	400	$24\,000\times10^3$	53	$16\,854\times10^4$	$\frac{1}{12}\times100\times600^3=180\,000\times10^4$
				70	$29\,400\times10^4$	
④	$\frac{1}{2}\times80\times50=2\,000$	116.7	233×10^3	336.3	$22\,620\times10^4$	$\frac{2}{36}\times40\times50^3=28\times10^4$
				353.3	$24\,964\times10^4$	
⑤	$100\times180=18\,000$	50	900×10^3	403	$454\,745\times10^4$	$\frac{1}{12}\times180\times100^3=1\,500\times10^4$
				415	$317\,520\times10^4$	
⑥	$(6-1)\times560=2\,800$	65	182×10^3	388	$42\,152\times10^4$	
⑦	$-\pi\frac{55^2}{4}=-2\,376$	65	-154×10^3	405	$-38\,972\times10^4$	$-\frac{\pi d^4}{64}=-\frac{\pi}{64}\times55^4=-45\times10^4$

注:表中每项的上一行为换算截面,下一行为净截面,负号表示为孔洞虚面积。

a—各截面 A_i 的重心至底边的距离;y_i—各截面的重心至换算截面重心的距离;I_i—各截面对其自身重心的惯性矩;α_{EP}—预应力钢筋与混凝土的模量比,本表中 $\alpha_{EP}=\dfrac{E_p}{E_c}=\dfrac{1.95\times10^5}{3.25\times10^4}=6$。

换算截面面积:$A_0=\sum\limits_{i=1}^{6}A_i=125\,300$ mm²

换算截面重心至底边的距离为:$y_0=\sum\limits_{i=1}^{6}S_i/A_0=\dfrac{56\,756\times10^3}{125\,300}=453$ mm

换算截面惯性矩为:

$$I_0=\sum_{i=1}^{6}A_iy_i^2+\sum_{i=1}^{6}I_i=888\,398\times10^4+184\,618\times10^4=1\,073\,016\times10^4\ \text{mm}^4$$

净截面面积为:$A_n=\sum\limits_{i=1}^{7}A_i-A_6=122\,924-2\,800=120\,124$ mm²

净截面对底边的面积矩:

$$S_n=\sum_{i=1}^{7}S_i-S_6=56\,602\times10^3-182\times10^3=56\,420\times10^3\ \text{mm}^3$$

净截面重心至截面底边的距离:$y_n=\sum S_n/A_n=56\,420\times10^3/120\,124=470$ mm

净截面惯性矩:

$$I_n=\sum_{i=1}^{7}A_iy_i^2+\sum_{i=1}^{7}I_i=644\,725\times10^4+184\,618\times10^4=829\,343\times10^4\ \text{mm}^4$$

4. 预应力损失

$$\sigma_{l1}=\frac{a}{l}E_s=\frac{5}{10\,000}\times1.95\times10^5=97.5\ \text{N/mm}^2$$

$$\sigma_{l2}=(\kappa x+\mu\theta)\sigma_{con}=0.001\,4\times10\times1\,204=16.9\ \text{N/mm}^2$$

跨中截面预应力损失为:$\sigma_{l1}=\sigma_{l1}+\dfrac{1}{2}\sigma_{l2}=97.5+\dfrac{16.9}{2}=105.9$ N/mm²

完成第一批预应力损失后,预应力筋的合力:

$$N_{pI} = (\sigma_{con} - \sigma_{lI})A_p = (1\ 204 - 105.9) \times 560 = 614\ 936\ N$$

预应力钢筋的合力点至净截面重心的距离:

$$e_{pnI} = y_{pn} = y_n - a_p = 470 - 65 = 405\ mm$$

预应力筋合力作用点处混凝土预压应力为:

$$\sigma_{pcI} = \frac{N_{pI}}{A_n} + \frac{N_{pI}e_{pnI}\ y_{pn}}{I_n} = \frac{614\ 936}{120\ 124} + \frac{614\ 936 \times 405 \times 405}{829\ 343 \times 10^4}$$

$$= 17.28\ N/mm^2 < 0.5 f'_{cu} = 20\ N/mm^2$$

钢筋应力松弛产生的预应力损失:

$$\sigma_{l4} = 0.4 \times \left(\frac{1\ 204}{1\ 720} - 0.5\right) \times 1\ 204 = 96.32\ N/mm^2$$

混凝土收缩徐变产生的预应力损失:

$$\rho = 560/120\ 124 = 0.004\ 7$$

$$\sigma_{l5} = \frac{55 + 300\ \dfrac{17.28}{40}}{1 + 15 \times 0.004\ 7} = 172.44\ N/mm^2$$

则第二批预应力损失为:

$$\sigma_{lII} = \sigma_{l4} + \sigma_{l5} = 96.32 + 172.44 = 268.76\ N/mm^2$$

总损失为:

$$\sigma_l = \sigma_{lI} + \sigma_{lII} = 105.9 + 268.76 = 374.66\ N/mm^2$$

扣除全部预应力损失后预应力筋的合力:

$$N_{pII} = (\sigma_{con} - \sigma_l)A_p = (1\ 204 - 374.66) \times 560 = 464\ 430\ N$$

预应力合力点至净截面重心的偏心距:$e_{pnII} = y_{pn} = 405\ mm$

混凝土下边缘的预压应力:

$$\sigma_{pcII} = \frac{N_{pII}}{A_n} + \frac{N_{pII}\ e_{pnII}}{I_n}y_n$$

$$= \frac{464\ 430}{120\ 124} + \frac{464\ 430 \times 405}{829\ 343 \times 10^4} \times 470$$

$$= 3.87 + 0.022\ 68 \times 470 = 14.53\ N/mm^2$$

预应力筋位置处混凝土的预压应力 σ_{pc}

$$\sigma_{pc} = \frac{N_{pII}}{A_n} + \frac{N_{pII}\ e_{pII}}{I_n}(y_n - a_p)$$

$$= 3.87 + \frac{464\ 430 \times 405}{829\ 343 \times 10^4} \times (470 - 65)$$

$$= 3.87 + 9.18 = 13.05\ N/mm^2$$

5. 使用阶段正截面及斜截面承载力计算

(1)正截面承载力计算

鉴别中和轴位置

$$f_{py}A_p = 1\ 220 \times 560 = 683\ 200\ N$$

$$f_c b'_f h'_f = 19.1 \times 360 \times \left(100 + \frac{50}{2}\right) = 859\ 500\ N$$

$$> 683\ 200\ N$$

所以,属第一类 T 形梁。

$$x = \frac{f_{py}A_p}{\alpha_1 f_c b} = \frac{1\,220 \times 560}{1.0 \times 19.1 \times 360} = 99.4 \text{ mm}$$

$$M_u = \alpha_1 f_c bx \left(h_0 - \frac{x}{2}\right) = 1 \times 19.1 \times 360 \times 99.4 \times \left(735 - \frac{99.4}{2}\right)$$

$$= 468\,385\,006 \text{ N} \cdot \text{mm}$$

$$= 468.4 \text{kN} \cdot \text{m} > 404.0 \text{kN} \cdot \text{m}(可以)$$

(2)斜截面承载力验算

复核截面尺寸 $\qquad h_w/b = (800 - 2 \times 125)/100 = 5.5 < 6$

$$0.025\left(14 - \frac{h_w}{b}\right)\beta_c f_c bh_0 = 0.025 \times (14 - 5.5) \times 1.0 \times 19.1 \times 100 \times (800 - 65)$$

$$= 298\,318 \text{ N} = 298.3 \text{ kN} > V = 161.5 \text{ kN}$$

截面尺寸满足条件。

计算抗剪箍筋:

$$N_{p0} = (\sigma_{con} - \sigma_l + \alpha_{EP}\sigma_{pcII})A_p$$

$$= (1\,204 - 374.66 + 6 \times 13.05) \times 560 = 508\,278 \text{ N}$$

$$0.3f_c A_0 = 0.3 \times 19.1 \times 125\,300 = 717\,969 \text{N} > N_{p0} = 508\,278 \text{ N}$$

$$0.7f_t bh_0 + 0.05N_{p0} = 0.7 \times 1.76 \times 100 \times 735 + 0.05 \times 508\,278 = 115\,963 \text{ N} < 161.5 \text{ kN},$$

所以要计算配抗剪箍筋。

采用双肢箍筋Φ8@200,则:

$$0.7f_t bh_0 + \frac{A_{sv}}{s}f_{yv}h_0 + 0.05N_{p0}$$

$$= 0.7 \times 1.76 \times 100 \times 735 + \frac{101 \times 270}{200} \times 735 + 0.05 \times 508\,222$$

$$= 216.2 \text{ kN} > 161.5 \text{ kN}$$

即斜截面抗剪承载力足够。

6. 使用阶段正截面、斜截面抗裂度验算

(1)正截面抗裂度验算

荷载产生的截面下边缘拉应力:

$$\sigma_{ck} = \frac{M_k}{I_0}y_0 = \frac{314.8 \times 10^6}{1\,073\,016 \times 10^4} \times 453 = 13.3 \text{ N} \cdot \text{mm}^2$$

抗裂验算:

$$\sigma_{ck} - \sigma_{pcII} = 13.3 - 14.53 = -1.23 \text{ N/mm}^2 < f_{tk} = 2.39 \text{ N/mm}^2$$

满足一般不开裂要求。

(2)斜截面抗裂度验算

沿构件长度方向,均布荷载作用下简支梁支座边缘处剪力为最大。并且,沿截面高度,其主应力在1—1、2—2、3—3处较大[图10-38(b)],因而,必须逐次地对以上3处作主应力验算。

计算剪应力:$S_{1-1} = 36\,000 \times 297 + 6\,500 \times 230.3 + 100 \times 50 \times 222 = 13\,299\,166.7 \text{ mm}^3$

$$S_{2-2} = 36\,000 \times 297 + 6\,500 \times 230.3 + 100 \times 247 \times 247/2 = 15\,239\,400 \text{ mm}^3$$

$$S_{3-3} = 18\,000 \times 403 + 2\,000 \times 336.3 + 100 \times 50 \times 328 + 2\,800 \times 388$$

$$= 10\,653\,000 \text{ mm}^3$$

由材料力学中剪应力计算公式 $\tau=\dfrac{V_k S}{I_0 b}$,得:

$$\tau_{1\text{-}1}=\frac{125\ 800\times 13\ 299\ 166.7}{1\ 073\ 016\times 10^4\times 100}=1.60\ \text{N/mm}^2$$

$$\tau_{2\text{-}2}=\frac{125\ 800\times 15\ 239\ 400}{1\ 073\ 016\times 10^4\times 100}=1.79\ \text{N/mm}^2$$

$$\tau_{3\text{-}3}=\frac{125\ 800\times 10\ 653\ 000}{1\ 073\ 016\times 10^4\times 100}=1.25\ \text{N/mm}^2$$

在支座截面处,荷载引起的弯矩为零,所以其正应力 σ_c 也应为零,而由预应力引起的正应力 σ_{pcII} 按下式计算:

$$\sigma_{pcII}=\frac{N_{pII}}{A_n}\pm\frac{N_{pII}e_{pnII}}{I_n}y$$

则

$$\sigma_{pcII,1\text{-}1}=\frac{464\ 430}{120\ 124}-\frac{464\ 430\times 405}{829\ 343\times 10^4}\times 180$$
$$=3.87-0.022\ 7\times 180=-0.22\ \text{N/mm}^2$$

$$\sigma_{pcII,2\text{-}2}=3.87-0.022\ 7\times 0=3.87\ \text{N/mm}^2$$

$$\sigma_{pcII,3\text{-}3}=3.87+0.022\ 7\times 320=11.13\ \text{N/mm}^2$$

计算主拉应力及主压应力

$$\left.\begin{array}{c}\sigma_{tp}\\\sigma_{cp}\end{array}\right\}=\frac{\sigma_{pcII}}{2}\pm\sqrt{\left(\frac{\sigma_{pcII}}{2}\right)^2+\tau^2}$$

截面 1—1:$\sigma_{tp}=\dfrac{0.22}{2}+\sqrt{\left(\dfrac{0.22}{2}\right)^2+1.60^2}=1.71\ \text{N/mm}^2$

$$\sigma_{cp}=\frac{0.22}{2}-\sqrt{\left(\frac{0.22}{2}\right)^2+1.60^2}=-1.49\ \text{N/mm}^2$$

截面 2—2:$\sigma_{tp}=-\dfrac{3.87}{2}+\sqrt{\left(\dfrac{-3.87}{2}\right)^2+1.79^2}=0.70\ \text{N/mm}^2$

$$\sigma_{cp}=-\frac{3.87}{2}-\sqrt{\left(\frac{-3.87}{2}\right)^2+1.79^2}=-4.57\ \text{N/mm}^2$$

截面 3—3:$\sigma_{tp}=-\dfrac{11.13}{2}+\sqrt{\left(\dfrac{-11.13}{2}\right)^2+1.25^2}=0.14\ \text{N/mm}^2$

$$\sigma_{cp}=-\frac{11.13}{2}-\sqrt{\left(\frac{-11.13}{2}\right)^2+1.25^2}=-11.27\ \text{N/mm}^2$$

$$\sigma_{tp,max}=1.71\ \text{N/mm}^2\leqslant 0.95f_{tk}=0.95\times 2.39=2.27\ \text{N/mm}^2$$

$$\sigma_{cp,max}=11.27\ \text{N/mm}^2<0.6f_{ck}=0.6\times 26.8=16.08\ \text{N/mm}^2$$

因此,斜截面抗裂要求均满足。

7. 变形验算

由前述抗裂验算结果表明,$\sigma_c-\sigma_{pcII}<f_{tk}$,即该梁在使用阶段一般不出现裂缝,其短期刚度:

$$B_s=0.85E_cI_0=0.85\times 3.25\times 10^4\times 1\ 073\ 016\times 10^4=2.964\times 10^{14}\ \text{mm}^4$$

受弯构件的刚度:

$$B=\frac{M_k}{M_q(\theta-1)+M_k}B_s$$

$$= \frac{314.8 \times 10^6}{262.2 \times 10^6 \times (2-1) + 314.8 \times 10^6} \times 2.964 \times 10^{14}$$

$$= 1.617 \times 10^{14} \text{ mm}^4$$

由荷载产生的挠度：

$$f_{1l} = \frac{5}{384} \frac{ql^4}{B} = \frac{5}{384} \times \frac{26.490 \times 9.75^4 \times 10^{12}}{1.617 \times 10^{14}} = 19.3 \text{ mm}$$

由预应力引起的反拱：

$$f_{2l} = 2 \frac{N_{pⅡ} e_{p0Ⅱ} l^2}{8 E_c I_0} = \frac{464\,430 \times 388 \times 9\,750^2}{4 \times 3.25 \times 10^4 \times 1\,073\,016 \times 10^4} = 12.28 \text{ mm}$$

总的长期挠度为：

$$f_l = f_{1l} - f_{2l} = 19.3 - 12.28 = 7.02 \text{ mm} < \frac{l}{250} = \frac{9\,750}{250} = 39 \text{ mm}$$

故变形满足要求。

【例题 10-3】　某适用于开间3.6 m、活荷载标准值为2.5 kN/m²、准永久系数为零的先张法预应力混凝土圆孔板，搁置情况和剖面如图 10-39 所示。混凝土的强度等级为C30，预应力钢筋为 CRB650 级冷轧带肋钢筋（$d=5$ mm），非预应力钢筋为 CRB550 级冷轧带肋钢筋（$d=5$ mm）。板在100 m台座上用先张法生产，蒸汽养护（温差 Δt 取20 ℃），混凝土强度达到其强度等级的 75% 时放松预应力钢丝。试设计此板。

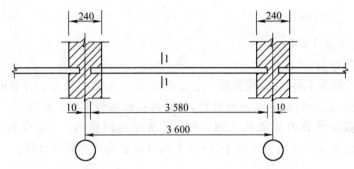

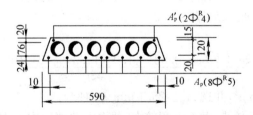

图 10-39　例题 10-3 附图 1

【解】　（一）设计技术参数

混凝土强度等级为 C30，$f_c = 14.3$ N/mm²，$f_{ck} = 20.1$ N/mm²，$f_t = 1.43$ N/mm²，$f_{tk} = 2.01$ N/mm²，$E_c = 3.0 \times 10^4$ N/mm²，$\alpha_1 = 1.0$。

预应力钢筋为 CRB650 级冷轧带肋钢筋*（$d = 5$ mm），$f_{ptk} = 650$ N/mm²，$f_{py} = 430$ N/mm²，$E_p = 1.9 \times 10^5$ N/mm²。

---

*　冷轧带肋钢筋强度值见《冷轧带肋钢筋混凝土结构技术规程》JGJ95。

非预应力钢筋为 CRB550 级冷轧带肋钢筋($d=5$ mm),按构造设置,为简化计算,计算中不考虑。

(二)使用阶段计算

1. 内力分析

板的实际长度 $L=3\,580$ mm,每端支承长度 $a=110$ mm,计算跨度为

$$l_0=l-a=3\,580-110=3\,470 \text{ mm}$$

板的计算高度:$h_0=h-a_s=120-20=100$ mm

每块圆孔板的板宽取 590 mm,板缝 10 mm,板厚 100 mm,留 6 个 $d=76$ mm 的圆孔。板顶后浇 30 mm 厚细石混凝土面层,板底做 20 mm 厚纸筋石灰抹面,故板的荷载标准值为:

板自重	$(0.58\times0.12-\frac{\pi}{4}\times0.076^2\times6)\times25=1.06$ kN/m
嵌缝重	$0.02\times0.12\times24=0.06$ kN/m
板面细石混凝土	$0.03\times0.6\times24=0.43$ kN/m
板底纸筋石灰抹面	$0.02\times0.6\times17=0.20$ kN/m
	小计 $g_k=1.75$ kN/m
板面活荷载	$q_k=0.6\times2.5=1.5$ kN/m

荷载分项系数分别为 $\gamma_g=1.2,\gamma_q=1.4$,则板的弯矩设计值:

$$M=\frac{1}{8}(\gamma_g g_k+\gamma_q q_k)l_0^2=\frac{1}{8}\times(1.2\times1.75+1.4\times1.5)\times3.47^2$$
$$=6.321 \text{ kN}\cdot\text{m}$$

2. 正截面配筋计算

圆孔块截面近似为 I 形截面,按翼缘位于受压区的 T 形截面计算。计算时可先假定中和轴位于翼缘内,按宽度为 b'_f 的矩形截面计算,然后再核算与假定是否相符。

构件达到正截面承载力极限状态时,受压区预应力钢筋 A'_p 无论受拉或受压,其应力 $\sigma'_{po}-f'_{py}$ 都较小,在配筋计算时可忽略不计,则本例可按单筋矩形截面计算。

$$\xi=1-\sqrt{1-\frac{M}{0.5\alpha_1 f_c b'_f h_0^2}}=1-\sqrt{1-\frac{6.321\times10^6}{0.5\times1.0\times14.3\times570\times100^2}}$$
$$=0.081<h'_f/h_0\approx0.2$$

与假定相符。

$$A_p=\frac{\xi\alpha_1 f_c b'_f h_0}{f_{py}}=\frac{0.081\times1.0\times14.3\times570\times100}{430}=153 \text{ mm}^2$$

选配 8 $\Phi^{R}5$,$A_p=157$ mm²,并选 $A'_p=25.1$ mm²(2 $\Phi^{R}4$)。

板类构件荷载一般较小,截面面积较大,截面上的剪应力不大,因此通常不必进行斜截面抗剪承载力计算。

3. 使用阶段正截面抗裂验算

(1)张拉控制应力取值

$$\sigma_{con}=\sigma'_{con}=0.70 f_{ptk}=0.7\times650=455 \text{ N/mm}^2$$

(2)换算截面几何特征

$$\alpha_{EP}=E_p/E_c=1.9\times10^5/3.0\times10^4=6.33$$

扣除钢筋自身后的换算面积为:

$$(\alpha_{EP}-1)A_p=(6.33-1)\times157=837 \text{ mm}^2$$

$$(\alpha_{EP}-1)A'_p=(6.33-1)\times25.1=134 \text{ mm}^2$$

为了便于计算换算截面的几何特性，将圆孔换算成等效方孔[图 10-40(b)]，将板的截面换算成等效的 I 字形截面[图 10-40(d)]。截面等效换算的原则是：

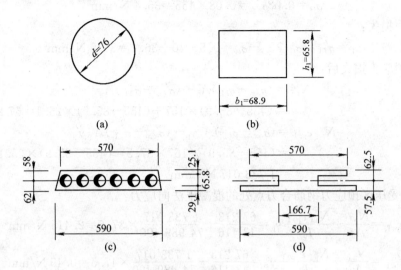

图 10-40　例题 10-3 附图 2

①截面换算前后的面积不变，即 $\dfrac{\pi d^2}{4}=b_1 h_1$。

②截面换算前后的重心位置不移动，且对重心轴的惯性矩相等，即 $\dfrac{\pi d^4}{64}=\dfrac{b_1 h_1^3}{12}$。将本例中 $d=76$ mm 代入上述两式，求得 $b_1=68.9$ mm，$h_1=65.8$ mm。将截面上各圆孔都换算成方孔，并将方孔面积对称分布于对称轴两边，便得到等效 I 字形截面。

换算截面面积为：
$$A_0=570\times25.1+166.7\times65.8+590\times29.1+837+134$$
$$=43\ 416 \text{ mm}^2$$

换算截面重心至截面下边缘、上边缘的距离为：
$$y_0=\frac{570\times25.1\times107.45+166.7\times65.8\times62+590\times29.1\times14.55+837\times20+134\times105}{43\ 416}$$
$$=57.5 \text{ mm}$$
$$y'_0=120-57.5=62.5 \text{ mm}$$

换算截面惯性矩为：
$$I_0=\frac{1}{12}\times570\times25.1^3+570\times25.1\times(62.5-12.55)^2+\frac{1}{12}\times166.7\times65.8^3+$$
$$166.7\times65.8\times(62.5-25.1-32.9)^2+\frac{1}{12}\times590\times29.1^3+$$
$$590\times29.1\times(57.5-14.55)^2+837\times(57.5-20)^2+134\times(62.5-15)^2$$
$$=74\ 989\ 490 \text{ mm}^4$$

换算截面抵抗矩为：
$$W_0=I_0/y_0=74\ 989\ 490/57.5=1\ 304\ 165.0 \text{ mm}^3$$

（3）预应力损失

$$\sigma_{l1}=\frac{a}{l}E_p=\frac{5}{100\ 000}\times 1.9\times 10^5=9.5\ \text{N/mm}^2$$

$$\sigma_{l3}=2\Delta t=2\times 20=40\ \text{N/mm}^2$$

$$\sigma_{l4}=0.08\sigma_{con}=0.08\times 455=36.4\ \text{N/mm}^2$$

第一批预应力损失：

$$\sigma_{l\,\text{I}}=\sigma'_{l\,\text{I}}=\sigma_{l1}+\sigma_{l3}+\sigma_{l4}=9.5+40+36.4=85.9\ \text{N/mm}^2$$

扣除第一批预应力损失后：

$$N_{p\text{I}}=(\sigma_{con}-\sigma_{l\text{I}})A_p+(\sigma'_{con}-\sigma'_{l\text{I}})A'_p$$
$$=(455-85.9)\times 157+(455-85.9)\times 25.1=67\ 213\ \text{N}$$

$$N_{p\text{I}}e_{p0\text{I}}=(\sigma_{con}-\sigma_{l\text{I}})A_p y_p-(\sigma'_{con}-\sigma'_{l\text{I}})A'_p y'_p$$
$$=(455-85.9)\times 157\times 37.5-(455-85.9)\times 25.1\times 47.5$$
$$=1\ 733\ 017\ \text{N}\cdot\text{mm}$$

受拉区、受压区预应力钢筋合力点处的混凝土法向应力：

$$\sigma_{pc\text{I}}=\frac{N_{p\text{I}}}{A_0}+\frac{N_{p\text{I}}e_{p0\text{I}}}{I_0}y_p=\frac{67\ 213}{43\ 416}+\frac{1\ 733\ 017}{74\ 989\ 490}\times 37.5=2.415\ \text{N/mm}^2$$

$$\sigma'_{pc\text{I}}=\frac{N_{p\text{I}}}{A_0}-\frac{N_{p\text{I}}e'_{p0\text{I}}}{I_0}y'_p=\frac{67\ 213}{43\ 416}-\frac{1\ 733\ 017}{74\ 989\ 490}\times 47.5=0.45\ \text{N/mm}^2$$

配筋率：

$$\rho=\frac{A_p}{A_0}=\frac{157}{43\ 416}=0.003\ 62$$

$$\rho'=\frac{A'_p}{A_0}=\frac{25.1}{43\ 416}=0.000\ 58$$

由式(10-22)和式(10-23)得：

$$\sigma_{l5}=\frac{60+340\dfrac{\sigma_{pc}}{f'_{cu}}}{1+15\rho}=\frac{60+340\times\dfrac{2.415}{0.75\times 30}}{1+15\times 0.003\ 62}=91.5\ \text{N/mm}^2$$

$$\sigma'_{l5}=\frac{60+340\dfrac{\sigma'_{pc}}{f'_{cu}}}{1+15\rho'}=\frac{60+340\times\dfrac{0.45}{0.75\times 30}}{1+15\times 0.000\ 58}=66.2\ \text{N/mm}^2$$

第二批预应力损失：

$$\sigma_{l\text{II}}=\sigma_{l5}=91.5\ \text{N/mm}^2$$

$$\sigma'_{l\text{II}}=\sigma'_{l5}=66.2\ \text{N/mm}^2$$

总预应力损失为：

$$\sigma_l=\sigma_{l\text{I}}+\sigma_{l\text{II}}=85.9+91.5=177.4\ \text{N/mm}^2>100\ \text{N/mm}^2$$

$$\sigma'_l=\sigma'_{l\text{I}}+\sigma'_{l\text{II}}=85.9+66.2=152.1\ \text{N/mm}^2>100\ \text{N/mm}^2$$

(4)使用阶段抗裂验算

由附表1.1查得：

$$f'_{cu}=0.75\times f_{cu}=0.75\times 30=22.5\ \text{N/mm}^2$$

用插值法可求得：$f'_{tk}=1.66\ \text{N/mm}^2$，$f'_c=10.75\ \text{N/mm}^2$

按荷载效应标准组合下的弯矩为：

$$M_k=\frac{1}{8}(g_k+q'_k)l_0^2=\frac{1}{8}(1.75+1.5)\times 3.47^2=4.892\ \text{kN}\cdot\text{m}$$

相应组合下受拉边缘混凝土法向应力为：

$$\sigma_{ck}=\frac{M_k}{W_0}=\frac{4.892\times10^6}{1\ 304\ 165.0}=3.75\ \text{N/mm}^2$$

扣除全部预应力损失后，截面下边缘混凝土法向应力为：

$$N_{p0}=(\sigma_{con}-\sigma_l)A_p+(\sigma'_{con}-\sigma'_l)A'_p$$

$$=(455-177.4)\times157+(455-152.1)\times25.1=51\ 186\ \text{N}$$

$$N_{p0}e_{p0}=(\sigma_{con}-\sigma_l)A_py_p-(\sigma'_{con}-\sigma'_l)A'_py'_p$$

$$=(455-177.4)\times157\times37.5-(455-152.1)\times25.1\times47.5$$

$$=1\ 273\ 237\ \text{N}\cdot\text{mm}$$

$$\sigma_{pcⅡ}=\frac{N_{p0}}{A_0}+\frac{N_{p0}e_{p0}}{W_0}=\frac{51\ 186}{43\ 416}+\frac{1\ 273\ 237}{1\ 304\ 165}=2.16\ \text{N/mm}^2$$

则　$\sigma_{ck}-\sigma_{pcⅡ}=3.75-2.16=1.59\ \text{N/mm}^2<f_{tk}=2.01\ \text{N/mm}^2$

符合裂缝控制等级为二级的抗裂要求。

4. 使用阶段挠度计算

(1)由荷载作用引起的构件长期挠度

短期刚度：

$$B_s=0.85E_cI_0=0.85\times3\times10^4\times74\ 989\ 490=1.912\ 232\times10^{12}\ \text{N}\cdot\text{mm}^2$$

受弯构件的刚度：

$$B=\frac{M_k}{M_q+M_k}B_s=\frac{4.892\times10^6}{2.634\times10^6+4.892\times10^6}\times1.912\ 232\times10^{12}$$

$$=1.242\ 976\ 2\times10^{12}\ \text{N}\cdot\text{mm}^2$$

$$f_{1l}=\frac{5M_kl_0^2}{48B}=\frac{5\times4.892\times10^6\times3.47^2\times10^6}{48\times1.242\ 976\ 2\times10^{12}}=4.94\ \text{mm}$$

(2)预应力引起的反拱值

$$f_{2l}=2\times\frac{N_{p0}e_{p0}l_0^2}{8B}=\frac{N_{p0}e_{p0}l_0^2}{4E_cI_0}$$

$$=\frac{1\ 273\ 237\times3.47^2\times10^6}{4\times3\times10^4\times74\ 989\ 490}=1.70\ \text{mm}$$

(3)总变形验算

$$f_l=f_{1l}-f_{2l}=4.94-1.70=3.24\ \text{mm}<\frac{L_0}{200}=17.35\ \text{mm}$$

故使用阶段变形满足要求。

(三)施工阶段验算

可仅对放松预应力钢筋时的构件承载力和抗裂性进行验算。

放松预应力钢筋时的构件截面边缘应力可按下式求得：

$$\sigma_{cc}=\frac{N_{pⅠ}}{A_0}+\frac{N_{pⅠ}e_{p0Ⅰ}}{W_0}=\frac{67\ 213}{43\ 416}+\frac{1\ 733\ 017}{1\ 304\ 165}$$

$$=2.88\ \text{N/mm}^2<0.8f'_{ck}=0.8\times0.75\times20.1=12.06\ \text{N/mm}^2$$

$$\sigma_{ct}=\frac{N_{pⅠ}}{A_0}-\frac{N_{pⅠ}e_{p0Ⅰ}}{I_0}y'_0=\frac{67\ 213}{43\ 416}-\frac{1\ 733\ 017}{74\ 989\ 490}\times62.5$$

$$=0.10\ \text{N/mm}^2(压)<f'_{tk}(f'_{tk}=0.75\times2.01=1.51\ \text{N/mm}^2)$$

因此，施工阶段承载力和抗裂度符合要求。

第五节　无粘结预应力混凝土结构设计

后张预应力混凝土中,凡张拉后通过灌浆或其他措施使预应力钢筋与混凝土产生粘结力而不能发生相对滑动者称之为有粘结预应力混凝土;反之,张拉后预应力筋与混凝土能够相对滑动者称之为无粘结预应力混凝土。如前所述,后张有粘结预应力混凝土结构施工中需要经过预留孔道、穿筋、灌浆等施工工序,施工麻烦,容易造成事故隐患。无粘结预应力混凝土技术采用专门生产的无粘结预应力筋,与非预应力筋同时布置定位,不需要预埋管道和灌浆,施工方便,安全可靠。

无粘结预应力的概念是德国的 R. Farber 在 20 世纪 20 年代提出的,40 年代开始用于桥梁结构,50 年代初,美国开始用于房屋建筑的楼、屋盖。我国从 20 世纪 70 年代开始研究与应用,80 年代末有大幅度发展。

一、设计要点

1. 超静定结构中的次应力分析

在预应力简支梁内,无论是直线型还是曲线型、折线型预应力筋,其预应力产生的压力线(即 c 线)均与预应力筋中心线(即 $c.g.s$ 线)重合,我们通常称这种预应力索为吻合索。无粘结预应力混凝土技术通常用于预应力连续梁、板及框架等超静定结构中。研究表明,在预应力超静定结构中,预应力作用与简支梁受力完全不同。以配置直线型预应力筋的两跨连续梁为例[图 10-41(a)],设预应力合力为 N_p,距梁轴线偏心距为 e(无自重),若移去中间支座 B,则梁在偏心力矩 $N_p e$ 作用下产生向上反拱 Δ_A[图 10-41(c)],实际上由于中支座的存在,梁变形受到约束,中支座处实际位移为零,则支座必将产生一向下的拉力 R_B,两边支座产生向上的反力 $R_A = R_C = \frac{1}{2} R_B$[图 10-41(d)],使体系达到平衡。此处,预应力引起的内弯矩 $M_1 = N_p e$,称

之为主弯矩[图 10-41(b)],主弯矩对连续梁引起的支座反力称之为次反力[图 10-41(d)],次反力对梁引起的弯矩 M_2 称之为次弯矩[图 10-41(e)]。显然,由于任一截面主弯矩和次弯矩均由预应力合力 N_p 引起,其代数和统称为由预应力引起的综合弯矩[图 10-41(f)],记为 M_r,即:

$$M_r = M_1 + M_2 \qquad (10\text{-}144)$$

由此可见,超静定预应力混凝土结构设计中由于次应力的存在,导致其计算工作比静定预应力结构复杂得多。一般情况下,次弯矩的存在,使连续梁内预应力产生的压力线(c 线)和预应力筋中心线($c.g.s$ 线)不在同一水平上,即次弯矩引起 c 线偏离 $c.g.s$ 线,偏离的距离 a 为:

$$a = \frac{M_2}{N_p} \qquad (10\text{-}145)$$

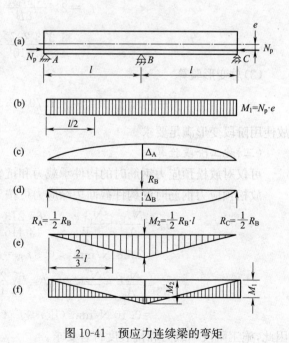

图 10-41　预应力连续梁的弯矩

预加力仅在连续梁支座处引起约束次反力,故次弯矩呈线性变化。次反力不仅引起次弯矩,还可能引起次剪力。因此,超静定结构中的预应力索多为非吻合索。

在超静定预应力混凝土结构设计中,次弯矩的计算是内力分析中的一个重要部分。在弹性分析中,次弯矩可按力法进行计算,但计算复杂。为简化计算,实际工程中常采用等效荷载法先求出预应力作用下的综合弯矩 M_r,进而按式(10-144)求得次弯矩,即:

$$M_2 = M_r - M_1 \tag{10-146}$$

2. 等效荷载法

所谓等效荷载法,即将预应力筋对梁的作用用一组等效荷载代替,这组等效荷载由两部分组成:

(1)作用在结构锚固区的压力和可能产生的集中弯矩;

(2)作用在杆件上的反向荷载,即由预应力筋曲率引起的垂直于预应力筋中心线的横向分布力或由预应力筋转折引起的集中力。

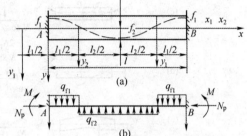

图 10-42 两端固定梁的等效荷载

以图 10-42 所示两端固定梁为例介绍等效荷载计算方法,设梁中预应力筋为三段对称布置光滑连接的二次抛物线,按边界条件可求得各段曲线方程为:

$$y_1 = -\left(\frac{4f_1}{l_1}x_1 - \frac{4f_1}{l_1^2}x_1^2\right) \tag{10-147}$$

$$y_2 = \frac{4f_2}{l_2}x_2 - \frac{4f_2}{l_2^2}x_2^2 \tag{10-148}$$

式中,f_1、f_2 分别为抛物线的矢高。

预加力 N_p 产生的弯矩图为抛物线型,离各段左端 x 的弯矩值为(M 以下受拉为正):

$$M_1(x_1) = -\left(\frac{4N_pf_1}{l_1}x_1 - \frac{4N_pf_1}{l_1^2}x_1^2\right) \tag{10-149}$$

$$M_2(x_2) = \frac{4N_pf_2}{l_2}x_2 - \frac{4N_pf_2}{l_2^2}x_2^2 \tag{10-150}$$

式中,$M_1(x_1)$、$M_2(x_2)$ 分别为 x_1、x_2 的二次函数。

将 M 分别对 x_1、x_2 求二次导数,即可得到预加力 N_p 引起的杆件上的等效荷载,即:

$$q_1 = \frac{\mathrm{d}^2 M(x_1)}{\mathrm{d}x^2} = \frac{8N_pf_1}{l_1^2} \tag{10-151}$$

$$q_2 = -\frac{8N_pf_2}{l_2^2} \tag{10-152}$$

式(10-152)中负号表示方向向上。

在锚固端,因预应力筋与梁形心轴平行,则可得到梁端部水平作用力:

$$F_n = N_p \tag{10-153}$$

竖向作用力:

$$F_v = 0$$

附加节点弯矩:

$$M = N_p e \tag{10-154}$$

式中,e 为梁端预应力合力作用点至截面重心的距离。

由此得到图 10-42(a)曲线配筋的预应力固端梁的等效荷载如图 10-42(b)所示。

几种常用预应力筋线形及其引起的等效荷载和弯矩如图 10-43 所示。

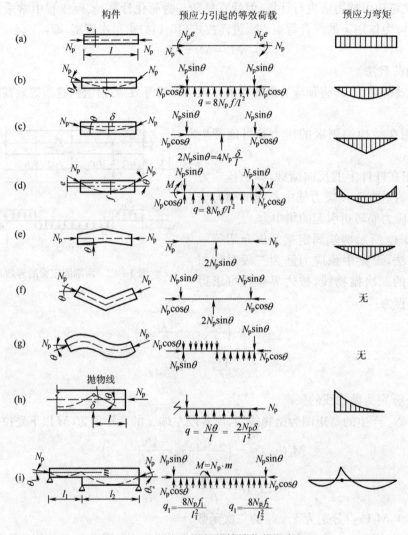

图 10-43　预应力引起的等效荷载及弯矩

利用等效荷载法计算无粘结预应力混凝土结构的步骤如下:

(1)初步选择构件截面形状及尺寸,选定钢材及混凝土强度等级。

(2)估算预应力筋面积 A_p:

$$A_p = \frac{N_p}{\sigma_{pc}} \tag{10-155}$$

$$N_p = \frac{\left(\dfrac{M}{W} - \alpha_{ct}\gamma f_{tk}\right)}{\dfrac{1}{A_p} + \dfrac{e_p}{W}} \tag{10-156}$$

式中　M——荷载效应的标准组合或准永久组合产生的截面弯矩。

在估算预应力筋时,为简化计算,可采用毛截面计算截面几何特征;且有效预应力可近似取张拉控制应力的70%，即 $\sigma_{pc} \approx 0.7\sigma_{con}$。

(3)内力分析。

(4)求等效荷载、综合弯矩及次弯矩。

(5)计算结构的极限承载力，根据正截面承载力要求确定非预应力钢筋面积。

(6)进行各项验算，包括承载力验算(抗弯、抗剪、抗扭和局部承压)、预应力度验算(构件类别及平均预应力)；使用阶段开裂截面的应力验算、裂缝宽度验算、变形验算；施工阶段的抗裂与承载力验算。有疲劳荷载作用时还需进行疲劳验算。

值得指出，在进行抗裂验算及正截面承载力计算时，次弯矩参与荷载效应组合。

3. 无粘结预应力筋的极限应力

无粘结预应力混凝土受弯构件的试验研究表明，无粘结预应力筋应力随荷载变化的规律与有粘结预应力筋完全不同(图10-44)。从图10-44可以看到其主要差别表现在两方面：①从加载到破坏，无粘结筋的应力增量总是低于有粘结预应力筋的应力增量，随着荷载的增大，这个差距越来越大。②当荷载达到极限荷载时，无粘结筋的极限应力总是低于其条件屈服强度。引起这种差别的主要原因是：有粘结预应力梁在荷载作用下，任何截面处预应力筋的应变变化总是与其周围的混凝土的应变变化相等的，即截面变形服从平截面假设，但对无粘结预

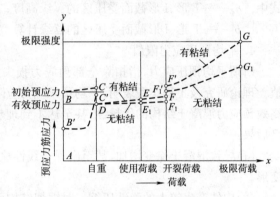

图 10-44　荷载—应力变化

应力梁受荷后，由于无粘结筋束能发生纵向相对滑动，锚具内侧预应力筋的总变形与其相邻混凝土的总变形相协调，即无粘结筋应变的变化等于沿束全长周围混凝土应变变化的平均值，因此，在确定无粘结筋的应力时，平截面假定已不适用。试验表明，无粘结筋的最大应变比有粘结筋小，无粘结筋的极限应力一般较最大弯矩截面破坏时的有粘结筋的极限应力低10%～30%。

试验还表明，影响无粘结筋极限应力的因素较多，如无粘结筋有效预应力的大小、无粘结筋与非预应力钢筋的配筋率，受弯构件的跨高比，加载方式等。

无粘结预应力矩形截面受弯构件，在进行正截面承载力计算时，无粘结预应力筋的应力设计值 σ_{pu} 宜按下列公式计算：

$$\sigma_{pu} = \sigma_{pe} + \Delta\sigma_{p} \tag{10-157}$$

$$\Delta\sigma_{p} = (240 - 335\xi_{p})\left(0.45 + 5.5\,\frac{h}{l_0}\right)\frac{l_2}{l_1} \tag{10-158}$$

$$\xi_{p} = \frac{\sigma_{pe}A_p + f_yA_s}{f_c b h_p} \tag{10-159}$$

对于跨数不少于3跨的连续梁、连续单向板及连续双向板，$\Delta\sigma_{p}$ 取值不应小于 50 N/mm²。

无粘结预应力筋的应力设计值 σ_{pu} 尚应符合下列条件：

$$\sigma_{pu} \leqslant f_{py} \tag{10-160}$$

式中　σ_{pe}——扣除全部预应力损失后，无粘结预应力筋中的有效预应力(N/mm²)；

　　$\Delta\sigma_{p}$——无粘结预应力筋中的应力增量(N/mm²)；

ξ_p——综合配筋特征值,不宜大于 0.4,对于连续梁、板,取各跨内支座和跨中截面综合配筋特征值的平均值;

h——受弯构件截面高度;

h_p——无粘结预应力筋合力点至截面受压边缘的距离;

l_1——连续无粘结预应力筋两个锚固端间的总长度;

l_2——与 l_1 相关的由活荷载最不利布置图确定的荷载跨长度之和。

翼缘位于受压区的 T 形、I 形截面受弯构件,当受压区高度大于翼缘高度时,综合配筋特征值 ξ_p 可按下式计算:

$$\xi_p = \frac{\sigma_{pe}A_p + f_y A_s - f_c(b_f' - b)h_f'}{f_c bh_p} \tag{10-161}$$

式中 h_f'——T 形、I 形截面受压区的翼缘高度;

b_f'——T 形、I 形截面受压区的翼缘计算宽度。

4. 平均预压应力限值

所谓平均预压应力,指扣除全部预应力损失后,在混凝土总截面上建立的平均预压应力值。理论研究及工程实践表明,平均预压应力应限制在一定范围内,否则,其值太小,难以显示高效预应力混凝土结构的优越性,甚至达不到理想的预应力效果;其值太大,可能导致下列不良后果:

(1)导致混凝土徐变增加,甚至出现非线性徐变从而引起较大的预应力损失和相应的徐变变形。

(2)构件产生较大的弹性压缩。对框架结构而言,若柱刚度较大,可能产生一定的台座效应;若柱刚度较小,可能在柱中引起一定的次应力。

(3)平均预压应力太大,导致预应力筋配筋率偏高。按构造要求,非预应力筋用量也相应增加,因而导致整个截面上配筋较多,施工困难。

因此,《无粘结预应力混凝土结构技术规程》(JGJ 92—2016)中规定:"无粘结预应力混凝土平板,混凝土平均预压应力不宜小于1.0 N/mm²,也不宜大于3.5 N/mm²。"对无粘结预应力混凝土梁,其限值可适当放宽。

另外,无粘结预应力混凝土结构的预应力损失计算中,无粘结预应力筋与壁之间的摩擦损失及锚具与钢筋内缩损失的计算方法或计算参数与有粘结预应力混凝土结构的不同,设计时应遵循有关规定取用。

二、构造要求

1. 部分预应力混凝土梁当采用碳素钢丝、钢绞线预应力钢筋时,混凝土强度等级不宜低于 C40。

2. 无粘结预应力混凝土受弯构件受拉区非预应力钢筋的配置,应符合下列规定:

(1)单向板非预应力钢筋的截面面积 A_s 应按下式计算:

$$A_s \geqslant 0.002bh \tag{10-162}$$

式中 b——截面宽度;

h——截面高度。

且非预应力钢筋直径不应小于8 mm,其间距不应大于200 mm。

(2)梁中受拉区配置的非预应力钢筋的最小截面面积 A_s 应符合下列规定:

$$A_s \geqslant \frac{1}{3}\left(\frac{\sigma_{pu}h_p}{f_y A_s}\right)A_p \tag{10-163}$$

及
$$A_s \geqslant 0.003bh \tag{10-164}$$

取以上两式计算结果的较大者。

按式(10-162)～式(10-164)要求的非预应力钢筋,钢筋直径不应小于14 mm,且宜均匀分布在梁的受拉边缘。非预应力钢筋长度应符合有关规范锚固长度或延伸长度要求。

3. 最小配筋率

配置碳素钢丝、钢绞线的预应力混凝土受弯构件,其正截面受弯承载力应符合下列要求:

$$M_u \geqslant M_{cr} \tag{10-165}$$
$$M_{cr} = (\sigma_{pc} + \gamma f_{tk})W_0 \tag{10-166}$$

式中　M_u——构件正截面受弯承载力设计值;

$\quad\quad M_{cr}$——构件正截面开裂弯矩值。

小　结

1. 预应力混凝土是在钢筋混凝土的基础上发展起来的。预应力混凝土构件通过施工阶段对构件使用阶段的受拉区混凝土预先施加压应力,从而大大提高了构件的抗裂能力,减小了构件在使用荷载作用下的挠度,可有效利用高强度钢筋和高强度混凝土,扩大了混凝土构件的应用范围。因此,学习时应充分注意预应力混凝土与钢筋混凝土构件在受力和计算原理上的异同以及预应力混凝土结构的优缺点。

2. 先张法和后张法是两种常见的施加预应力的方法。两者施工工序、预应力损失及传递预应力的途径均不相同。

3. 预应力损失是预应力混凝土结构中的特有现象。预应力混凝土构件中引起预应力损失的因素较多,不同预应力损失出现的时间、延续的时间不同,且因施工方法而异。深刻认识预应力损失现象,掌握其变化规律、计算方法及减少预应力损失的有效措施对合理设计预应力混凝土构件十分有益。

4. 预应力混凝土轴心受拉构件从施加预应力直到受荷破坏是一个连续变化的全过程工作。本章中取其全过程中6个特殊阶段进行分析,研究在各个阶段构件截面上所处的应力状态,这是预应力混凝土构件分析计算的基础。学习时应着重理解和掌握其基本概念、各阶段应力状态,应力计算公式及计算方法与步骤。

5. 预应力混凝土受弯构件的基本计算原则与预应力混凝土轴心受拉构件类同,但前者承受的是偏心预压应力、设计弯矩和剪力,混凝土截面产生不均匀的应力分布;而后者则承受轴心预压应力和设计轴心拉力,混凝土截面上产生均匀分布的应力。本节学习时注意与预应力混凝土轴心受拉构件及钢筋混凝土受弯构件的分析方法加以比较,可进一步加深理解。

6. 无粘结预应力混凝土技术是一种高效预应力技术,多用于后张连续梁、板及框架结构中。无粘结预应力混凝土结构的受力性能与有粘结的不同,无粘结预应力筋的应力变化不符合平截面假设,锚具内侧全束预应力筋的总变形与相邻混凝土的总变形相协调,其极限应力一般较有粘结筋低 10%～30%。

7. 超静定预应力混凝土结构中由于存在次弯矩,导致预应力产生的压力线(c 线)偏离预应力筋中心线($c.g.s$线),即一般情况下,超静定结构中的预应力筋为非吻合索,其次弯矩可通过等效荷载法计算。

8. 预应力混凝土构件设计与钢筋混凝土构件相比,概念多、符号多、公式多、计算(验算)环节多,且构造复杂、施工制作要求一定的机械设备与技术条件,给预应力混凝土技术的推广应用带来一定的限制,故有待进一步研究,完善与发展。

思 考 题

1. 什么叫预应力?什么叫预应力混凝土?为什么要对混凝土构件施加预应力?

2. 与普通钢筋混凝土相比,预应力混凝土构件有何优缺点?

3. 什么叫先张法?什么叫后张法?两者各有何特点?

4. 预应力混凝土构件对材料有何要求?为什么在钢筋混凝土受弯构件中不能有效地利用高强度钢筋和高强度混凝土,而在预应力混凝土构件中必须采用高强度钢筋和高强度混凝土?

5. 什么叫张拉控制应力?为什么要对钢筋的张拉应力进行控制?

6. 什么叫预应力损失?有哪些因素引起预应力损失?各种预应力损失如何计算?

7. 先张法构件和后张法构件的预应力损失有何不同?

8. 减少预应力损失的有效措施有哪些?

9. 什么叫锚固长度?什么叫传递长度?讨论它们的意义何在?

10. 为什么要对后张法预应力混凝土受弯构件的受压区有时也配有预应力钢筋?当构件破坏时,其应力σ'_p的公式是怎样确定的?σ'_p的存在对构件的抗裂能力和承载力有何影响?

11. 对预应力混凝土轴心受拉构件,先张法与后张法各阶段的应力分析有何异同?

12. 预应力混凝土受弯构件的受力状态及各阶段应力计算公式与预应力混凝土轴心受拉构件相比有何异同?

13. 预应力混凝土受弯构件正截面抗裂验算有哪些要求?当不满足时应采用哪些比较有效的措施?

14. 预应力混凝土受弯构件的刚度与变形验算与钢筋混凝土构件相比有何异同?

15. 为什么要进行预应力混凝土构件施工阶段的抗裂及强度验算?怎样验算?

16. 何谓部分预应力混凝土?按预应力度法分类时,共分为哪几类?

17. 无粘结预应力混凝土构件中无粘结预应力筋的极限应力计算公式为什么与有粘结预应力混凝土构件的不同?

习 题

10-1 已知一先张法受弯构件的截面及配筋如图 10-45 所示,构件长 21 m,混凝土强度等级为 C40,当混凝土达到设计等级时放松钢筋,一端张拉,钢模模外张拉,采用镦粗锚头,预应力钢筋采用螺旋肋消除应力钢丝,张拉控制应力采用 0.7 倍极限抗拉强度标准值。试求预应力损失值。

10-2　已知轴心受拉构件(屋架下弦)的截面尺寸如图 10-46 所示,构件长度21 m,混凝土强度等级采用 C45,张拉工艺为后张法,一次张拉,预应力钢筋采用直径 9 mm 螺旋肋消除应力钢丝ΦH 9,非预应力钢筋采用 4Φ10,锚为夹片式锚具 JM12,两束钢筋同时张拉,孔道 φ50 用金属波纹管成型,设计轴向力 $N=550$ kN,在荷载效应准永久组合下,轴向力 $N_q=350$ kN,在荷载效应的标准组合下,轴向力 $N_k=410$ kN,安全等级为一级,允许出现裂缝,求:

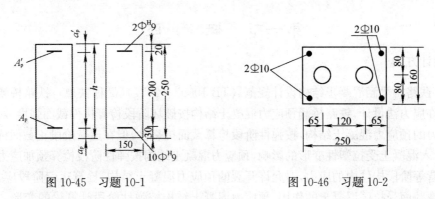

图 10-45　习题 10-1　　　　　　　　图 10-46　习题 10-2

(1)预应力钢筋数量;

(2)验算使用阶段裂缝宽度;

(3)验算施工阶段混凝土强度。

10-3　某预应力圆孔板,该板轴跨3 300 mm,板实际长度3 210 mm,计算跨度3 110 mm,板宽900 mm,在50 m台座上用先张法生产,采用镦粗钢筋,加一块垫块锚固预应力钢筋,自然养护。混凝土强度等级为 C30,ΦP9 光面消除应力钢丝,混凝土达到设计强度等级后切断钢丝,设计荷载6.62 kN/m²,其中永久荷载标准值为2.6 kN/m²,可变荷载标准值为2.5 kN/m²,截面如图 10-47 所示,试设计该预应力圆孔板。

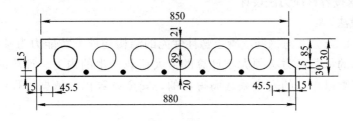

图 10-47　习题 10-3

第十一章 铁路桥涵混凝土结构设计基本原理

第一节 概　述

一、设计方法

根据《铁路桥梁涵混凝土结构设计规范》(TB 10092—2017)(简称铁规),铁路桥涵钢筋混凝土按容许应力法设计,铁路桥涵预应力混凝土结构按破坏阶段检算构件截面强度,对不允许出现拉应力的预应力混凝土结构,按弹性阶段检算截面抗裂性,但在运营阶段正截面抗裂性验算中,应计入混凝土受拉塑性变形的影响,预应力混凝土结构按弹性阶段检算预加应力、运送、安装和运营等阶段构件内的应力,对允许开裂的预应力混凝土结构,检算运营阶段应力时,不应计入开裂截面受拉区混凝土的作用,预应力混凝土结构按弹性阶段计算梁的变形。桥涵混凝土主体结构的设计使用年限应为 100 年。在设计使用年限内,桥涵结构的强度、刚度和稳定性,应满足轨道平顺性、列车运行安全性和旅客乘坐舒适性的要求。

1. 容许应力法

它以平面变形和材料按弹性工作的假定为基础,还采用受拉区混凝土不参与工作和弹性模量比 n 为常数两项近似假定。根据这些假定,利用材料力学公式,算出构件中各点在使用荷载作用下的应力值,要求任一点的应力不超过材料的容许应力。

容许应力法的计算假定大体上反映构件在受拉区混凝土开裂后,钢筋尚在弹性工作时的应力状态。在建筑工程的疲劳强度计算和铁路桥涵钢筋混凝土结构设计中,主要考虑疲劳破坏问题,一般要求按容许应力法设计。

2. 破坏阶段法

破坏阶段法以充分考虑钢筋混凝土塑性性能的结构构件承载能力为基础,使按材料标准极限强度计算的承载能力必须大于计算的最大荷载产生的内力。计算的最大荷载是由规定的标准荷载乘以单一的安全系数而得出的。安全系数仍是依据工程经验和主观判断来确定。

二、耐久性设计

铁路混凝土结构耐久性设计前,应对铁路沿线气候、水文、地质等环境条件进行勘察或调查,确定混凝土结构所处的环境类别及作用等级。铁路混凝土结构处于多种环境共同作用情况下,应对结构所处的不同环境作用分别进行确定,所采取的耐久性技术措施应同时满足每种环境作用的要求。同一铁路混凝土结构的不同部位所处的环境作用不同时,应根据具体情况对不同部位所处的环境类别及作用等级分别进行确定,并采取相应的耐久性技术措施。

铁路混凝土结构所处的常见环境按其对混凝土材料和钢筋的腐蚀机理分为 6 类,并应按表 11-1 确定。

表 11-1　环境类别

环境类别	腐蚀机理
碳化环境	保护层混凝土碳化导致钢筋锈蚀
氯盐环境	氯盐渗入混凝土内部导致钢筋锈蚀
化学侵蚀环境	硫酸盐等化学物质与水泥水化产物发生化学反应导致混凝土损伤
盐类结晶破坏环境	硫酸盐等化学物质在混凝土孔中结晶膨胀导致混凝土损伤
冻融破坏环境	反复冻融作用导致混凝土损伤
磨蚀环境	风沙、河水、泥砂或流冰在混凝土表面高速流动导致混凝土表面损伤

　　碳化环境的作用等级应按表 11-2 确定。氯盐环境的作用等级应按表 11-3 确定。化学侵蚀环境的作用等级应按表 11-4 确定。盐类结晶破坏环境的用作等级应按表 11-5 确定。冻融破坏环境的作用等级应按表 11-6 确定。磨蚀环境的作用等级应按表 11-7 确定。

表 11-2　碳化环境的作用等级

环境作用等级	环境条件
T1	室内年平均相对湿度＜60％
	长期在水下(不包括海水)或土中
T2	室内年平均相对湿度≥60％
	室外环境
T3	处于水位变动区
	处于干湿交替区

注:薄型结构的一侧干燥面另一侧湿润或饱水时,其干燥一侧混凝土的碳化作用等级应按 T3 考虑。

表 11-3　氯盐环境的作用等级

环境作用等级	环境条件
L1	长期在海水、盐湖水的水下或土中
	高于平均水位 15 m 的海上大气区
	离涨潮岸线 100~300 m 的陆上近海区
	水中氯离子浓度≥100 mg/L 且≤500 mg/L,并有干湿交替
	土中氯离子浓度≥150 mg/kg 且≤750 mg/kg,并有干湿交替
L2	平均水位 15 m 以内(含 15 m)的海上大气区
	离涨潮岸线 100 m 以内(含 100 m)的陆上近海区
	海水潮汐区和浪溅区(非炎热地区)
	水中氯离子浓度＞500 mg/L 且≤5 000 mg/L,并有干湿交替
	土中氯离子浓度＞750 mg/kg 且≤7 500 mg/kg,并有干湿交替
L3	海水潮汐区和浪溅区(炎热地区)
	盐渍土地区露出地表的毛细吸附区
	水中氯离子浓度＞5 000 mg/L,并有干湿交替
	土中氯离子浓度＞7 500 mg/kg,并有干湿交替

注:1. 氯离子浓度的测定方法应符合现行《铁路工程水质分析规程》(TB 10104)和《铁路工程岩土化学分析规程》(TB 10103)的规定:
　　2. 炎热地区是指年平均气温高于 20℃的地区。

表 11-4　化学侵蚀环境的作用等级

环境作用等级	环境条件					
	水中 SO_4^{2-} (mg/L)	强透水性土中 SO_4^{2-} (水溶值,mg/kg)	弱透水性土中 SO_4^{2-} (水溶值,mg/kg)	酸性水 (pH 值)	水中侵蚀性 CO_2 (mg/L)	水中 Mg^{2+} (mg/L)
H1	≤200 ≤1 000	≤300 ≤1 500	>1 500 ≤6 000	≤6.5 ≥5.5	≥15 ≤40	≥300 ≤1 000
H2	>1 000 ≤4 000	>1 500 ≤6 000	>6 000 ≤15 000	<5.5 ≥4.5	>40 ≤100	>1 000 ≤3 000
H3	>4 000 ≤10 000	>6 000 ≤15 000	>15 000	<4.5 ≥4.0	>100	>3 000
H4	>10 000 ≤20 000	>15 000 ≤30 000	—	—	—	—

注:1. 强透水性土是指碎石土和砂土,弱透水性土是指粉土和粘性土。
　2. 当混凝土结构处于高硫酸盐含量(水中 SO_4^{2-} 含量大于 20 000 mg/L、土中 SO_4^{2-} 含量大于 30 000mg/kg)的环境时,其耐久性技术措施应进行专门研究和论证。
　3　当环境中存在酸雨时,按酸性水侵蚀考虑,但相应作用等级可降一级。
　4　水和土中侵蚀性离子浓度的测定方法应符合现行行业标准《铁路工程水质分析规程》(TB 10104)和《铁路工程岩土化学分析规程》(TB 10103)的规定。

表 11-5　盐类结晶破坏环境的作用等级

环境作用等级	环境条件	
	水中 SO_4^{2-} (mg/L)	土中 SO_4^{2-} (水溶值,mg/kg)
Y1	≥200,≤500	≥300,≤750
Y2	>500,≤2 000	>750,≤3 000
Y3	>2 000,≤5 000	>3 000,≤7 500
Y4	>5 000,≤10 000	>7 500,≤15 000

注:1. 对于盐渍土地区的混凝土结构,埋入土中的混凝土按遭受化学侵蚀环境作用考虑;当大气环境多风干燥时,露出地表的毛细吸附区内的混凝土按遭受盐类结晶破坏环境作用考虑。
　2. 对于一面接触含盐环境水(或土)而另一面临空且处于大气干燥或多风环境中的薄壁混凝土结构(如隧道衬砌),接触含盐环境水(或土)的混凝土按遭受化学侵蚀环境作用考虑,临空面的混凝土按遭受盐类结晶破坏环境作用考虑。
　3. 当混凝土结构处于高硫酸盐含量(环境水中 SO_4^{2-} 含量大于 10 000 mg/L 或环境土中 SO_4^{2-} 含量大于 15 000 mg/kg)的地区,其耐久性技术措施应进行专门研究和论证。
　4. 水和土中硫酸盐离子浓度的测定方法应符合现行行业标准《铁路工程水质分析规程》(TB 10104)和《铁路工程岩土化学分析规程》(TB 10103)的规定。

表 11-6　冻融破坏环境的作用等级

环境作用等级	环境条件
D1	微冻条件,且混凝土频繁接触水
D2	微冻条件,且混凝土处于水位变动区
	严寒和寒冷条件,且混凝土频繁接触水
	微冻条件,且混凝土频繁接触含氯盐水体

续上表

环境作用等级	环境条件
D3	严寒和寒冷条件,且混凝土处于水位变动区
	微冻条件,且混凝土处于含氯盐水体的水位变动区
	严寒和寒冷条件,且混凝土频繁接触含氯盐水体
D4	严寒和寒冷条件,且混凝土处于含氯盐水体的水位变动区

注:1. 严寒条件、寒冷条件和微冻条件下年最冷月的平均气温 t 分别为:$t \leqslant -8℃$,$-8℃ < t < -3℃$ 和 $-3℃ \leqslant t$ $\leqslant 2.5℃$。

　　2. 含氯盐水体包括海水、含有氯盐的地下水或盐湖水等。

表 11-7　磨蚀环境的作用等级

环境作用等级	环境条件
M1	风力等级≥7 级,且年累计刮风天数大于 90 d 的风沙地区
M2	风力等级≥9 级,且年累计刮风天数大于 90 d 的风沙地区
	有强烈流冰撞击的河道(冰层水位线下 0.5 m～冰层水位线上 1.0 m)
	汛期含砂量为 200～1 000 kg/m³ 的河道
M3	风力等级≥11 级,且年累计刮风天数大于 90 d 的风沙地区
	汛期含砂量>1 000 kg/m³ 的河道
	西北戈壁荒漠区洪水期间夹杂大量粗颗粒砂石的河道

作用等级为 L3、H4、Y4、D4 和 M3 级的环境为严重腐蚀环境。

三、混凝土结构的材料规定

(一)混 凝 土

1. 强度等级

混凝土强度等级用符号 C 与边长为 150 mm 的立方体标准试件的抗压强度标准值(MPa)表示。采用 C25、C30、C35、C40、C45、C50、C55、C60 八个等级。

钢筋混凝土结构的混凝土强度等级不宜低于 C30。预应力混凝土结构的混凝土强度等级不应低于 C40。管道压浆用水泥浆强度等级不应低于 M35 并掺入阻锈剂。

2. 极限强度

混凝土强度指标采用极限强度。

(1)轴心抗压强度

它是标准棱柱体试件(一般截面为 150 mm×150 mm 而高宽比为 3 或 4)进行抗压强度试验得出的混凝土单向均匀受压时的强度,用 f_c 表示,又称棱柱体强度,取值见附表 2.1。

(2)轴心抗拉强度

根据试验统计分析结果,混凝土抗拉强度 f_{ct} 与混凝土抗压强度 f_c 之间的关系为

$$f_{ct} \approx 0.30 f_c^{\frac{2}{3}}$$

混凝土轴心抗拉极限强度的取值见附表 2.1。

3. 局部承压强度

在桥梁支承处,荷载仅作用在混凝土的部分表面上,这种受力情况称为局部承压。根据试验结果采用下式计算:

$$f_{c-1}=\beta f_c, \beta=\sqrt{\frac{A}{A_c}} \tag{11-1}$$

式中　f_c——混凝土轴心抗压强度；

　　　A_c——直接承压的混凝土表面面积；

　　　A——混凝土影响局部承压强度的计算面积,面积 A 的形心与面积 A_c 的形心重合,并使面积 A 的一边或两边以构件截面的边缘为界(图 11-1),但计算底面积 A 范围内的混凝土厚度应大于短边边长,β 在(a)、(b)、(c)、(d)情况下不大于3,在(e)情况下不大于 1.5。

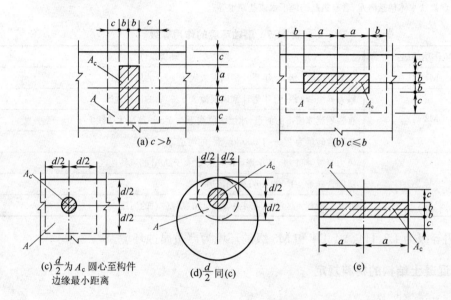

图 11-1　局压计算影响面积 A

4. 混凝土的弹性模量

取压应力 $\sigma=0.5f_c$ 时的割线模量作为混凝土受压时的弹性模量 E_c。由混凝土受拉的弹性模量很少用到,通常认为它大致等于混凝土受压时的弹性模量 E_c。由混凝土强度等级 C 计算混凝土的弹性模量经验公式为：

$$E_c=\frac{10^5}{2.3+\frac{27.5}{C+2}} \tag{11-2}$$

式中　E_c——混凝土弹性模量(MPa)；

　　　C——混凝土强度等级。

混凝土受压或受拉时的弹性模量 E_c 按附表 2.2 采用。

混凝土的剪变模量 $G_c=0.43E_c$,混凝土泊松比可采用 0.2。

(二)钢　筋

1. 普通钢筋

应采用 HPB300 和未经高压穿水处理的 HRB400、HRB500 钢筋,承受疲劳荷载的桥涵结构($\rho=\frac{\sigma_{min}}{\sigma_{max}}\leqslant 0.5$), HRB400 和 HRB500 钢筋的化学成分 $C+\frac{Mn}{6}$ 应分别不大于 0.5%和 0.52%。

2. 预应力钢筋

预应力钢筋通常采用预应力钢丝、钢绞线、预应力螺纹钢筋。

钢筋强度指标均以标准值表示,普通钢筋标准值按屈服点确定,预应力钢筋一般为硬钢,其标准值按抗拉强度确定。普通钢筋、预应力螺纹钢筋抗拉强度标准值应按附表 2.3 采用。预应力钢丝抗拉强度标准值应按附表 2.4 采用。预应力钢绞线抗拉强度标准值应按附表 2.5 采用。钢筋弹性模量应按附表 2.7 采用。

第二节　受弯构件强度和变形计算

一、抗弯强度计算

铁路桥涵钢筋混凝土受弯构件主要有梁和板。梁的截面形式常见的有矩形、T 形及 Π 形。由于桥梁受到的荷载较大,一般采用 T 形、Π 形或箱形截面,其上翼缘就是桥面板的组成部分。

仅在受拉区配置纵向受力钢筋的梁,称为单筋梁;在受压区亦配置纵向受力钢筋的梁,称为双筋梁,双筋梁只有梁高受限时采用,应用较少。

仅在两对边支承或四边支承而其长边与短边长度之比等于或大于 2 时,应以支承长度或短边为跨度按单向板计算,称为梁式板,否则应按双向板计算。

斜交板桥,当斜度小于或等于 15°时,按正交板计算。

(一)构造要求

1. 梁

梁内的钢筋有纵向受力钢筋(亦称主筋)、箍筋、斜筋(也称弯起钢筋)和架立钢筋等。

(1)受拉区域的钢筋可以单根或 2~3 根成束布置,钢筋的净距不得小于钢筋的直径(对带肋钢筋为计算直径),并不得小于30 mm。当钢筋(包括成束钢筋)层数等于或多于 3 层时,其净距横向不得小于 1.5 倍的钢筋直径并不得小于45 mm,竖向仍不得小于钢筋直径并不得小于30 mm。

光圆钢筋端部半圆形弯钩的内径不应小于 2.5d(d 为钢筋直径,下同),如图 11-2(a) 所示。

钢筋直径不大于 25 mm 时,HRB400 钢筋直钩的内径不应小于 4d,HRB500 不应小于 6d,并在钩的端部留一直线;HRB400 直段长度不应小于 10d,HRB500 不应小于 12d,如图 11-2(b)所示。

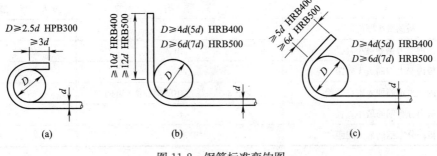

图 11-2　钢筋标准弯钩图

钢筋直径大于 25 mm 时,HRB400 钢筋直钩的内径不应小于 5d,HRB500 不应小于 7d,

并在钩的端部留一直段;HRB400 直段长度不应小于 10d,HRB500 不应小于 12d,如图 11-2(b)所示。

钢筋直径不大于 25 mm 时,HRB400 钢筋 135°弯钩的内径不应小于 4d,HRB500 不应小于 6d,并在钩的端部留一直段;HRB400 直段长度不应小于 5d,HRB500 不应小于 6d,如图 11-2(c)所示。

钢筋直径大于 25 mm 时,HRB400 钢筋 135°弯钩的内径不应小于 5d,HRB500 不应小于 7d,并在钩的端部留一直段;HRB400 直段长度不应小于 5d,HRB500 不应小于 6d,如图 11-2(c)所示。

(2)钢筋混凝土结构最外层钢筋的净保护层厚度不得小于 35 mm,也不宜大于 50 mm,对于顶板有防水层及保护层的最外层钢筋净保护层不得小于 30 mm。

(3)梁内主筋有的伸至支座内,光圆钢筋其端部应做成半圆弯钩,变形钢筋通常做成直钩,有的要弯起以提供斜筋,有的需要接长,钢筋的最小锚固长度见附表 2.16 的规定。

(4)钢筋由构件一侧向另一侧弯起时,弯转处的圆弧半径不应太小。HPB300 钢筋的最小弯曲半径为 10 倍钢筋直径,HRB400 钢筋的最小弯曲半径应为 14d,HRB500 钢筋的最小弯曲半径应为 18d。

(5)梁端部钢筋伸过支点的长度应不小于 10 倍的钢筋直径,并另加标准弯钩。

(6)受力钢筋不宜采用搭接接头,构造钢筋可采用搭接接头。同一构件中相邻钢筋搭接接头应相互错开,同一连接区段接头面积百分率不应大于 50%。

(7)梁内伸入支点的主钢筋不得少于跨中截面主钢筋数量的 1/4,并不少于 2 根,伸入支点的长度不得小于 10 倍的钢筋直径,并加设标准弯钩。

(8)梁高大于 1 m 时,在梁腹高度范围内应设置纵向水平钢筋,其间距为 100~150 mm,直径不应小于 8 mm。

(9)梁内应设置直径不小于 8 mm 的箍筋,其间距当支撑受拉钢筋时不应大于梁高的 3/4 及 300 mm;当支撑受压钢筋时不应大于受力钢筋直径的 15 倍及 300 mm。支座中心两侧各相当梁高 1/2 的长度范围内,箍筋间距不应大于 100 mm。每一箍筋一行上所箍的受拉钢筋不应多于 5 根,受压钢筋不应多于 3 根。承受扭矩作用的梁,箍筋应制成封闭式。

2. 板

梁式板内的钢筋有受力筋和分布筋两种,板的一般构造按表 11-8 采用。

表 11-8 板的一般构造(mm)

项 目	板 的 种 类	
	道 砟 槽 板	人 行 道 板
板的最小厚度	120	80
板内受力钢筋最小直径	10	8
板内受力钢筋最大间距	200	200
板内受力钢筋伸入支点数量	不少于 3 根及跨度中间钢筋面积的 1/4	—
板内分布钢筋最小直径	8	6
板内分布钢筋最大间距	300	—

(1)梁式板如不仅支承于主梁上,同时也支承于横隔板上时,则在横隔板上方的板顶部,应设置垂直于横隔板的钢筋,其直径不应小于分配(布)钢筋的直径,其间距不应大于 200 mm,也

不应大于板厚的两倍。

（2）布置四周支承双向板的钢筋时，可将板沿纵向及横向各划分为3部分。靠边部分的宽度均为板的短边宽度的1/4。中间部分的钢筋按计算数量设置，靠边部分的钢筋则按半数设置，其间距不应大于250 mm，也不应大于板厚的两倍。

（二）受弯构件的应力阶段

试验研究指出，铁路桥涵钢筋混凝土纯弯构件的应力变化过程与建筑工程中近似概率极限状态设计法钢筋混凝土纯弯构件一样，对于给定截面尺寸和混凝土强度等级的钢筋混凝土纯弯构件，随着受拉区纵筋配置多少，有超筋构件、适筋构件和少筋构件。适筋构件从开始加载到破坏，截面应力也经历以下几个阶段（图11-3）。

阶段Ⅰ：混凝土开裂前大致弹性工作的阶段。荷载弯矩很小时，构件下缘处的拉应力小于混凝土抗拉强度 f_{ct}，混凝土未开裂而全截面均参加工作。这时混凝土的应变大致与应力成比例。整个截面上的应变沿截面高度依直线规律变化。混凝土的受拉弹性模量略小于受压弹性模量，为便于计算，近似认为 $E_{ct}=E_c$，故混凝土的应力图是一直线。此阶段钢筋和混凝土均弹性地工作着。

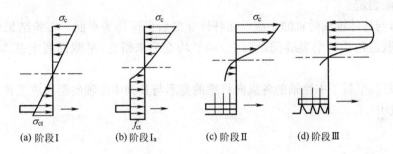

|(a) 阶段Ⅰ|(b) 阶段Ⅰa|(c) 阶段Ⅱ|(d) 阶段Ⅲ|

图 11-3　受弯构件的应力阶段

阶段Ⅰ$_a$：混凝土开裂的临界状态。这时混凝土受拉区已显著地表现为塑性，其下缘应变达到极限应变值。受拉区应力图形接近矩形，大部分区域的应力已达到或接近混凝土抗拉强度极限 f_{ct}。钢筋拉应力按下边缘拉应变估计，大约是 $20\sim30$ MPa左右，这对钢筋来说是很小的。受压区混凝土依然弹性地工作着，其应力图基本上是直线。此阶段是抗裂计算的基础。

阶段Ⅱ：受拉区混凝土开裂后的工作阶段。这时混凝土已开裂，裂缝上伸到距中性轴不远处，但裂缝宽度很小。通常取开裂截面进行分析，受拉区混凝土基本上不参加工作而由钢筋承受拉应力，此阶段钢筋应力未达到屈服强度，仍在弹性地工作。受压区混凝土应力图形虽略呈曲线形，但基本上仍在弹性地工作着。此阶段是按容许应力法计算的基础。

阶段Ⅲ：破坏阶段。荷载继续增加，受拉区钢筋的应力也随之增大。如配筋适量，当钢筋应力达到其屈服强度时，其应变迅速增加，裂缝急剧开展并向上延伸，受压区缩小，混凝土的压应变不断增大，当达到其极限压应变时混凝土被压碎，梁即破坏。该类梁在破坏前有较大变形，破坏过程较缓慢，称为塑性破坏。此阶段是按破坏阶段法和极限状态法计算的基础。

超筋破坏梁和少筋破坏梁破坏时，事先无明显的预兆，破坏突然，称之为脆性破坏，工程上一般不允许采用，常要求将梁设计成适筋破坏的梁。

配筋量多少用配筋率 μ 表示，它是指纵向受拉主筋截面面积 A_s 与混凝土有效截面面积 (bh_0) 之比，即：

$$\mu=\frac{A_s}{bh_0}\times100\% \tag{11-3}$$

式中　h_0——截面有效高度，$h_0=h-a$；

　　　a——A_s 合力重心到梁下边缘的距离；

　　　b——截面宽度；

　　　A_s——纵向受拉钢筋截面面积。

为防止梁发生少筋破坏，要求梁配筋率 $\mu \geqslant$ 规定的最小配筋率，见附表 2.8-1。

（三）抗弯强度计算的基本原理

铁路桥涵钢筋混凝土受弯构件按容许应力法进行计算，它以应力阶段 Ⅱ 为依据，并作适当简化，利用材料力学公式求出钢筋和混凝土的最大应力，并要求：

$$\sigma_{max} \leqslant [\sigma] \tag{11-4}$$

式中　$[\sigma]$——材料的容许应力，等于材料的极限强度除以安全系数，按附表 2.9 和附表 2.10 采用。

1. 基本假定和计算应力图形

钢筋混凝土受弯构件按容许应力法计算的理论，以应力阶段 Ⅱ 为依据，并作适当简化，以下 3 个基本假定为基础。

（1）平截面假定

认为所有与杆件轴线垂直的平截面在杆件变形后仍保持为平面。实验结果表明，若取较长的一段（一般需包括两个裂缝间距以上）的平均变形来研究，平截面假定基本上符合实际情况。

根据该假定，平行于中性轴的各纵向纤维的变形与其到中性轴的距离成正比。据此，在图 11-4 计算图形中，有：

$$\frac{\varepsilon_c}{x} = \frac{\varepsilon_s}{h_0 - x} = 常数$$

（2）弹性体假定

钢筋基本上是弹性体，而混凝土却是弹塑性体，混凝土受压区的应力图形是曲线。但在应力阶段 Ⅱ，该曲线和直线相差不大，可近似把受压区混凝土的应力图形看作三角形，即应力应变成正比，这使计算工作大为简化。按此假定可知：

$$\sigma_s = E_s \varepsilon_s, \sigma_c = E_c \varepsilon_c$$

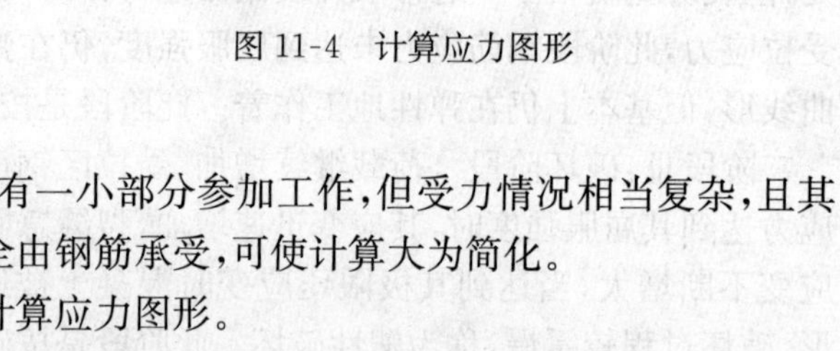

图 11-4　计算应力图形

（3）受拉区混凝土不参加工作

在应力阶段 Ⅱ，受拉区混凝土实际上仍有一小部分参加工作，但受力情况相当复杂，且其影响非常微小，将它忽略不计，假定拉应力全由钢筋承受，可使计算大为简化。

根据以上 3 项假定，可得出图 11-4 的计算应力图形。

2. 换算截面

为便于应用材料力学中均质梁的公式，需把钢筋和混凝土两种弹性模量不同的材料组成的截面换算成由一种拉压性能相同的假想材料组成的均质截面，此即换算截面。要求换算后换算截面与原截面功能相等，这就要求满足换算条件，即两者的变形条件不变，受力情况不变，也就是要求二者的应变相同，两者所受力的大小、方向和作用点不变。

通常把钢筋换算成混凝土。由变形条件，假想混凝土应变 $\varepsilon_d = \varepsilon_s$，应力 $\sigma_d = \varepsilon_d E_c$，于是

$$\sigma_{cl} = \varepsilon_s E_c = \frac{\sigma_s}{E_s} E_c = \frac{E_c}{E_s} \sigma_s$$

令　$n = \dfrac{E_s}{E_c}$，则　$\sigma_{cl} = \dfrac{\sigma_s}{n}, \sigma_s = n\sigma_{cl}$

由受力条件不变，有：

$$\sigma_{cl} A_{cl} = \sigma_s A_s = n\sigma_{cl} A_s = (nA_s)\sigma_{cl}$$

即　$A_{cl} = nA_s, n = \dfrac{E_s}{E_c}$

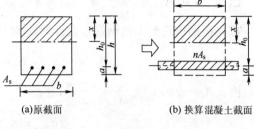

(a)原截面　　　　(b) 换算混凝土截面

图 11-5

同时，要求换算后合力点位置，如图11-5所示，n 值见表 11-9，表中规定计算桥跨结构及顶帽时采用较大的 n 值，是考虑了疲劳影响后的值。

表 11-9　n　值

混凝土强度等级　　　　结构类型	C25～C35	C40～C60
桥跨结构及顶帽	15	10
其他结构	10	8

（四）单筋矩形截面梁

1. 基本计算公式

根据应力阶段Ⅱ及 3 个基本假定，可得单筋矩形截面梁换算截面及应力应变如图 11-6 所示。

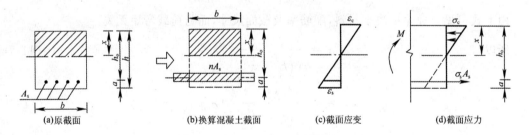

(a)原截面　　　(b)换算混凝土截面　　　(c)截面应变　　　(d)截面应力

图 11-6　单筋矩形梁

利用平衡条件：

$$\sum X = 0, \sigma_s A_s = \frac{1}{2} bx\sigma_c$$

$$\sum M_{A_s} = 0, M = \frac{1}{2} bx\sigma_c \left(h_0 - \frac{x}{3} \right) \tag{11-5}$$

由平截面假定：

$$\frac{\sigma_s/n}{\sigma_c} = \frac{h_0 - x}{x}, n = \frac{E_s}{E_c}$$

按容许应力法，要求：

$$\sigma_c \leqslant [\sigma_b] \tag{11-6a}$$

$$\sigma_s \leqslant [\sigma_s] \tag{11-6b}$$

2. 应用

工程实践中遇到的问题有复核和设计两大类。一般说来，复核问题比较简单，设计问题比较灵活，常有几种方案可供选择。

(1)截面复核

已知 b、h、A_s、M、$[\sigma_b]$、$[\sigma_s]$，验算 $\sigma_s \leqslant [\sigma_s]$，$\sigma_c \leqslant [\sigma_b]$。

首先根据构造要求与钢筋布置计算 a，对受拉区单排钢筋 $a = c + d_{箍} + \dfrac{d}{2}$，则：

$$h_0 = h - a$$

由 $\sigma_s A_s = \dfrac{1}{2} b x \sigma_c$ 及 $\dfrac{\sigma_s}{n\sigma_c} = \dfrac{h_0 - x}{x}$，有：

$$\frac{\sigma_s}{\sigma_c} = \frac{n(h_0 - x)}{x} = \frac{bx}{2A_s}$$

于是 $\dfrac{1}{2} b x^2 = n A_s (h_0 - x)$

移项整理得 $b x^2 + 2 n A_s x - 2 n A_s h_0 = 0$

两边除以 $b h_0^2$，得：

$$\left(\frac{x}{h_0}\right)^2 + 2n\left(\frac{A_s}{bh_0}\right)\left(\frac{x}{h_0}\right) - 2n\left(\frac{A_s}{bh_0}\right) = 0$$

定义：$\xi = \dfrac{x}{h_0}$ 为相对受压区高度，$\mu = \dfrac{A_s}{bh_0}$ 为配筋率，则

$$\xi^2 + 2n\mu\xi - 2n\mu = 0$$

解得 $$\xi = \sqrt{(n\mu)^2 + 2n\mu} - n\mu$$

$$x = \left(\sqrt{(n\mu)^2 + 2n\mu} - n\mu\right)h_0$$

由上式可见 x 完全取决于材料，配筋率及截面尺寸，而与荷载弯矩无关。

所以

$$\sigma_c = \frac{2M}{bx\left(h_0 - \dfrac{x}{3}\right)} \leqslant [\sigma_b] \qquad (11\text{-}7a)$$

$$\sigma_s = \frac{M}{A_s\left(h_0 - \dfrac{x}{3}\right)} \leqslant [\sigma_s] \qquad (11\text{-}7b)$$

若满足上两式，则截面承载力足够，截面安全，否则截面不安全。

必须指出，当钢筋布置成几层时，公式 $\sigma_s = \dfrac{M}{A_s\left(h_0 - \dfrac{x}{3}\right)}$

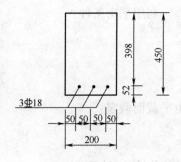

求得的是钢筋截面重心处的应力，它距中性轴的距离为 $(h_0 - x)$。根据平截面假定，多层钢筋中的应力与其到中性轴的距离成正比，显然最外一层钢筋的应力最大。若最外一层钢筋到梁下缘的距离为 a_1，则它至中性轴的距离为 $(h - x - a_1)$，最外一层钢筋应力的验算公式为：

$$\sigma_{smax} = \frac{(h - x - a_1)}{h_0 - x}\sigma_s \leqslant [\sigma_s] \qquad (11\text{-}8)$$

图 11-7 例 11-1 图

【例题 11-1】　有一钢筋混凝土简支梁,跨度 $l=5.0$ m,承受匀布荷载 $q=10$ kN/m,混凝土用 C30,钢筋采用 HRB400,梁截面如图 11-7 所示。(1)复核跨中截面混凝土及钢筋的应力;(2)求此截面容许最大弯矩。

【解】　①查取相关数据

$$[\sigma_b]=10 \text{ MPa},[\sigma_s]=210.0 \text{ MPa}(\text{主力})$$

$$n=10(\text{其他结构}),A_s=763 \text{ mm}^2,\mu_{\min}=0.15\%$$

②内力弯矩计算

跨中弯矩:
$$M=\frac{1}{8}ql^2=\frac{1}{8}\times10\times5^2=31.25 \text{ kN} \cdot \text{m}$$

③截面有效高度与最小配筋率验算

$$a=c+d_{\text{箍}}+\frac{d}{2}=35+8+\frac{18}{2}=52 \text{ mm}$$

$$h_0=h-a=398 \text{ mm}$$

$$\mu=\frac{A_s}{bh_0}=\frac{763}{200\times398}=0.96\%>\mu_{\min}=0.2\%$$

④截面受压高度计算

由 $\xi=\sqrt{(n\mu)^2+2n\mu}-n\mu$,得:

$$\xi=\sqrt{(10\times0.009\ 6)^2+2\times10\times0.009\ 6}-10\times0.009\ 6=0.342\ 2$$

$$x=\xi h_0=0.342\ 2\times398=136.2 \text{ mm}$$

⑤截面应力计算

$$\sigma_c=\frac{2M}{bx\left(h_0-\frac{x}{3}\right)}=\frac{2\times31.25\times10^6}{200\times136.2\times\left(398-\frac{136.2}{3}\right)}=6.5 \text{ MPa}<[\sigma_b]=10 \text{ MPa}$$

$$\sigma_s=\frac{M}{A_s\left(h_0-\frac{x}{3}\right)}=\frac{31.25\times10^6}{763\times\left(398-\frac{136.2}{3}\right)}=116.2 \text{ MPa}<[\sigma_s]=210 \text{ MPa}$$

⑥结论

跨中截面安全。

⑦容许最大弯矩

由 $\sigma_c=\dfrac{2M}{bx\left(h_0-\frac{x}{3}\right)}\leqslant[\sigma_b]$,得:$M\leqslant\dfrac{1}{2}bx[\sigma_b]\left(h_0-\frac{x}{3}\right)$

即$[M_c]=\dfrac{1}{2}bx[\sigma_b]\left(h_0-\frac{x}{3}\right)=\dfrac{1}{2}\times200\times136.2\times10\times\left(398-\frac{136.2}{3}\right)=48.03 \text{ kN} \cdot \text{m}$

由 $\sigma_s=\dfrac{M}{A_s\left(h_0-\frac{x}{3}\right)}\leqslant[\sigma_s]$ 得: $M\leqslant[\sigma_s]A_s\left(h_0-\frac{x}{3}\right)$

即$[M_s]=[\sigma_s]A_s\left(h_0-\frac{x}{3}\right)=210\times763\times\left(398-\frac{136.2}{3}\right)=56.50 \text{ kN} \cdot \text{m}$

故该跨中截面所能承受的最大弯矩。

$$[M]=\min\{[M_c],[M_s]\}=48.03 \text{ kN} \cdot \text{m}$$

现弯矩 $M=31.25$ kN · m$<[M]=48.03$ kN · m,也说明截面是安全的。

(2)截面设计

已知 M、n、$[\sigma_b]$、$[\sigma_s]$,求 b、h、A_s。

设计钢筋混凝土梁时,重要的问题是确定配筋率的大小。从充分利用材料强度的观点出发,最好采用一种配筋率,能使钢筋和混凝土的应力同时达到容许值,这样的设计称为平衡设计。实际设计中,由于混凝土截面尺寸和钢筋直径都有一定的进级,还要考虑一些构造要求,很难恰好做成平衡设计。工程实践中,通常适当加大截面高度,而采用一个较低的配筋率,以节约钢材。对于这种设计,当钢筋应力达到容许值时,混凝土应力低于容许值,称之为低筋设计。在个别情况下,当梁中钢筋配置过多时,在混凝土的应力达到容许值时,而钢筋的应力小于容许值,这种设计,称为超筋设计。显然超筋设计既不经济又不安全,应尽量避免。

①平衡设计

平衡设计是要使在荷载弯矩作用下,钢筋和混凝土的应力同时达到各自的容许值,具体的设计步骤如下:

a. 决定理想的受压区相对高度 ξ

由 $\dfrac{\sigma_s}{n\sigma_c}=\dfrac{h_0-x}{x}$ 及 $\sigma_s=[\sigma_s]$,$\sigma_c=[\sigma_b]$ 有:

$$\xi=\frac{x}{h_0}=\frac{n[\sigma_b]}{n[\sigma_b]+[\sigma_s]} \tag{11-9}$$

b. 确定混凝土截面尺寸

由 $\begin{cases}\sigma_c=[\sigma_b]\\ M=\dfrac{1}{2}bx\sigma_c\left(h_0-\dfrac{x}{3}\right)\end{cases}$,可得:

$$bh_0^2=\frac{2M}{\xi\left(1-\dfrac{\xi}{3}\right)[\sigma_b]} \tag{11-10}$$

根据这个 bh_0^2,可选定 b、h_0,然后算出 $h=h_0+a$,并满足有关构造要求及合模数要求。

c. 计算钢筋面积

由 $\begin{cases}\sigma_s=[\sigma_s]\\ M=A_s[\sigma_s]\left(h_0-\dfrac{x}{3}\right)\end{cases}$,联立可得:

$$A_s=\frac{M}{[\sigma_s]\left(1-\dfrac{\xi}{3}\right)h_0} \tag{11-11}$$

实际设计中,由于截面尺寸要合模数要求,钢筋的选择面积一般略大于计算钢筋面积,因而设计结果并不严格满足平衡设计要求。因此在按上述步骤初步选定 b、h、A_s 后,应再核算截面,并满足截面安全要求。

②低筋设计

低筋设计是要使当梁中钢筋应力 $\sigma_s=[\sigma_s]$ 时,而混凝土的应力 $\sigma_c<[\sigma_b]$。设计这种梁时,一般截面尺寸按经济比例或通过方案比较已经定出,只要求确定钢筋面积 A_s。此时,可直接由 3 个基本公式

$$\begin{cases}\xi=\dfrac{n\sigma_c}{n\sigma_c+[\sigma_s]}\\[2mm] bh_0^2=\dfrac{2M}{\xi\left(1-\dfrac{\xi}{3}\right)\sigma_c}\\[2mm] A_s=\dfrac{M}{[\sigma_s]\left(1-\dfrac{\xi}{3}\right)h_0}\end{cases},\text{解出 }\xi、\sigma_c、A_s。$$

也可采用迭代法避免解方程,常先取$\left(1-\dfrac{\xi}{3}\right)h_0 \approx 0.88h_0$,求$A_s$,使问题转化为截面复核问题。

【例题 11-2】 跨度$l=6.0$ m 的简支梁,承受均布荷载14 kN/m,采用 C25 混凝土,HPB300 钢筋,对该单筋矩形截面梁采用平衡设计,试按抗弯强度要求确定梁的截面尺寸并布置钢筋。

【解】 ①查取相关数据

$[\sigma_b]=8.5$ MPa,$[\sigma_s]=160$ MPa,$n=10$(其他结构),$\mu_{min}=0.2\%$

②内力弯矩计算

按经验估计梁自重为 4 kN/m,则包括梁自重在内的总荷载$q=14+4=18$ kN/m。

$$M=\frac{1}{8}ql^2=\frac{1}{8}\times18\times6^2=81 \text{ kN} \cdot \text{m}$$

③计算相对受压区高度

$$\xi=\frac{n[\sigma_b]}{n[\sigma_b]+[\sigma_s]}=\frac{10\times8.5}{10\times8.5+160}=0.3469$$

④确定截面尺寸

$$bh_0^2=\frac{2M}{\xi\left(1-\dfrac{\xi}{3}\right)[\sigma_b]}=\frac{2\times81\times10^6}{0.3469\times\left(1-\dfrac{0.3469}{3}\right)\times8.5}=62.12\times10^6 \text{ mm}^3$$

设梁宽$b=250$ mm,则$h_0=\sqrt{\dfrac{62.12\times10^6}{250}}=498.5$ mm

估计$a=45$ mm,则$h=498.5+45=543.5$ mm

采用$h=550$ mm,则$h_0=550-45=505$ mm

梁的自重$=0.55\times0.25\times25=3.43$ kN/m

总荷载$q=14+3.4375=17.43$ kN/m

跨中弯矩$M=\dfrac{1}{8}\times17.4375\times6^2=78.46$ kN·m

⑤钢筋面积确定

$$A_s=\frac{M}{[\sigma_s]\left(1-\dfrac{\xi}{3}\right)h_0}=\frac{78.46\times10^6}{160\times\left(1-\dfrac{0.3469}{3}\right)\times505}=1098.12 \text{ mm}^2$$

选用$4\Phi20$,$A_s=1256.6$ mm²。

⑥验算应力

$$a=35+8+\frac{20}{2}=53 \text{ mm},h_0=550-53=497 \text{ mm}$$

$$\mu=\frac{A_s}{bh_0}=\frac{1256.6}{250\times497}=0.01011>0.2\%=\mu_{min}$$

$$n\mu=10\times0.01011=0.01011$$

$$\xi=\sqrt{(n\mu)^2+2n\mu}-n\mu=\sqrt{0.01011^2+2\times0.01011}-0.01011=0.3598$$

$$\sigma_s=\frac{M}{A_s\left(1-\dfrac{\xi}{3}\right)h_0}=\frac{78.46875\times10^6}{1256.6\times\left(1-\dfrac{0.3598}{3}\right)\times497}=142.77 \text{ MPa}<[\sigma_s]=160 \text{ MPa}$$

$$\sigma_c=\frac{\sigma_s}{n}\frac{x}{h_0-x}=\frac{\sigma_s}{n}\frac{\xi}{1-\xi}=\frac{142.77}{10}\times\frac{0.3598}{1-0.3598}=8.02 \text{ MPa}<[\sigma_b]=8.5 \text{ MPa}$$

满足规范要求。

【例题 11-3】 有一悬臂梁,跨度 $l=5$ m,承受均布荷载 $q=10$ kN/m,混凝土强度等级为 C30,钢筋采用 HPB300,已知梁的截面尺寸 $b=250$ mm, $h=750$ mm,试根据支承处的抗弯强度要求设计该梁。

【解】 ①内力弯矩计算

梁自重为 $0.25 \times 0.75 \times 25 = 4.687\,5$ kN/m

总荷载 $q=10+4.687\,5=14.687\,5$ kN/m

在悬臂梁支承处 $M = \dfrac{1}{2}ql^2 = \dfrac{1}{2} \times 14.687\,5 \times 5^2 = 183.6$ kN·m

②估算钢筋面积

假设受拉钢筋按二排布置,取 $h_0 = h - 80 = 750 - 80 = 670$ mm

假定内力臂 $z = 0.88h_0 = 0.88 \times 670 = 589.6$ mm

$$A_s = \frac{M}{[\sigma_s]z} = \frac{183.6 \times 10^6}{160 \times 589.6} = 1\,946.23 \text{ mm}^2$$

选用 $8\,\Phi\,20$, $A_{s实} = 2\,513$ mm²

③核算应力

$a = 35 + 8 + 20 + \dfrac{30}{2} = 78$ mm, $h_0 = 750 - 78 = 672$ mm

$$\mu = \frac{A_s}{bh_0} = \frac{2\,513}{250 \times 672} = 0.014\,96 > \mu_{min} = 0.2\%$$

取 $n=10$(其他结构),则

$$n\mu = 0.149\,6$$

$$\xi = \sqrt{0.149\,6^2 + 2 \times 0.149\,6} - 0.149\,6 = 0.417\,5$$

$$z = \left(1 - \frac{\xi}{3}\right)h_0 = \left(1 - \frac{0.417\,5}{3}\right) \times 672 = 578.5 \text{ mm}$$

$$\sigma_s = \frac{M}{A_s z} = \frac{183.6 \times 10^6}{2\,513 \times 578.5} = 126.3 \text{ MPa} < [\sigma_s] = 160 \text{ MPa}$$

$$\sigma_{smax} = \sigma_s \frac{h - x - a_1}{h_0 - x} = 126.3 \times \frac{750 - 0.417\,5 \times 672 - 53}{672 - 0.417\,5 \times 672} = 134.4 \text{ MPa} < [\sigma_s] = 160 \text{ MPa}$$

$$\sigma_c = \frac{\sigma_s}{n} \frac{x}{h_0 - x} = \frac{\sigma_s}{n} \frac{\xi}{1 - \xi} = \frac{126.73}{10} \frac{0.417\,5}{1 - 0.417\,5}$$
$$= 9.05 \text{ MPa} < [\sigma_b] = 10.0 \text{ MPa}$$

混凝土和钢筋应力满足要求,说明选配 $8\,\Phi\,20$ 钢筋两排布置满足设计要求。

(五)双筋矩形截面梁

除受拉钢筋外,在混凝土受压区亦布置有受压钢筋的截面,称为双筋截面。采用双筋截面一般是不经济的,因为受压钢筋强度不能充分利用。

实践中采用双筋截面大致有 3 种情况:①混凝土截面尺寸受到限制,混凝土强度等级不宜再提高,以致按单筋矩形梁设计时会设计成超筋梁,不如改用双筋截面比较经济合理;②在不同荷载情况下,弯矩有时为正,有时为负,截面上下都需配筋;③由于其他原因,混凝土受压区已配有钢筋。

1. 计算简图与基本公式

按照容许应力法及 3 个基本假定,可得图 11-8 计算简图。由平均应变保持平面的假定,可求得受压钢筋的应力。

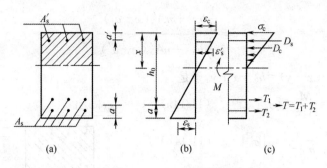

图 11-8　双筋矩形截面

$$\sigma'_s = E_s \varepsilon'_s = E_s \frac{x-a'}{x} \varepsilon_c = E_s \frac{x-a'}{x} \frac{\sigma_c}{E_c} = n\sigma_c \frac{x-a'}{x}$$

或

$$\sigma'_s = \sigma_s \frac{x-a'}{h_0-x}$$

由平衡条件可得：

$$\begin{cases} \sigma_s A_s = \frac{1}{2} bx\sigma_c + \sigma'_s A'_s \\ M = \frac{1}{2} bx\sigma_c \left(h_0 - \frac{x}{3} \right) + \sigma'_s A'_s (h_0 - a') \end{cases} \tag{11-12}$$

要求　$\sigma_c \leqslant [\sigma_b], \sigma_s \leqslant [\sigma_s]$

2. 应用

截面复核。

将 $\sigma'_s = n\sigma_c \dfrac{x-a'}{x}$ 代入 $\sigma_s A_s = \dfrac{1}{2} bx\sigma_c + nA'_s \sigma_c \dfrac{x-a'}{x}$，有：

$$\frac{\sigma_s}{\sigma_c} = \frac{\frac{1}{2} bx^2 + nA'_s (x-a')}{x A_s}$$

而 $\dfrac{\sigma_s}{\sigma_c} = \dfrac{n(h_0-x)}{x}$，所以 $nA_s(h_0-x) = \dfrac{1}{2} bx^2 + nA'_s(x-a')$

整理可得　$x^2 + \dfrac{2n(A_s+A'_s)}{b} x - \dfrac{2n}{b}(A_s h_0 + A'_s a') = 0$

解之可得 x，设 y 为受压区合力 $D = D_c + D_s$ 至中性轴距离，则：

$$Dy = D_c \left(x - \frac{x}{3} \right) + D_s (x - a')$$

$$\left(\frac{1}{2} bx\sigma_c + \sigma'_s A'_s \right) y = \frac{1}{2} bx\sigma_c \left(\frac{2x}{3} \right) + \sigma'_s A'_s (x-a')$$

$$= \frac{1}{3} bx^2 \sigma_c + \sigma'_s A'_s (x-a')$$

而 $\sigma'_s = n\sigma_c \dfrac{x-a'}{x}$ 代入上式有：

$$\left(\frac{1}{2} bx\sigma_c + nA'_s \sigma_c \frac{x-a'}{x} \right) y = \frac{1}{3} bx^2 \sigma_c + nA'_s \sigma_c \frac{(x-a')^2}{x}$$

σ_c 不等于零，则：

$$\left[\frac{1}{2} bx^2 + nA'_s (x-a') \right] y = \frac{1}{3} bx^3 + nA'_s (x-a')^2$$

$$y=\frac{\frac{1}{3}bx^3+nA'_s(x-a')^2}{\frac{1}{2}bx^2+nA'_s(x-a')} \qquad (11\text{-}13)$$

内力臂 $z=h_0-(x-y)=h_0-x+y$,于是

$$\sigma_s=\frac{M}{A_s z}\leqslant[\sigma_s] \qquad (11\text{-}14a)$$

$$\sigma_c=\frac{\sigma_s}{n}\frac{x}{h_0-x}\leqslant[\sigma_b] \qquad (11\text{-}14b)$$

$$\sigma'_s=\sigma_s\frac{x-a'}{h_0-x}\leqslant[\sigma_s] \qquad (11\text{-}14c)$$

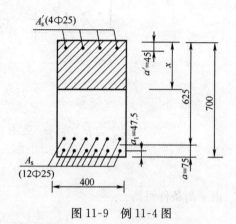

图 11-9 例 11-4 图

【例题 11-4】 某双筋矩形梁,其截面如图 11-9 所示。包括梁自重在内,它要承受荷载弯矩 $M=390$ kN·m,截面尺寸 $b\times h=400$ mm $\times$ 700 mm,采用 HPB300 钢筋,已选配 $A_s(12\,\Phi\,25)=5\,890$ mm^2,A'_s $(4\,\Phi\,25)=1\,963$ mm^2,且 $a'=47.5$ mm,$a=75$ mm,$a_1=47.5$ mm,混凝土为 C30,$n=15$(桥跨结构),要求复核该双筋截面的应力。

【解】 ①查相关数据

$$[\sigma_b]=10.0 \text{ MPa},[\sigma_s]=160 \text{ MPa},n=15$$

②计算受压区高度

$$h_0=h-a=700-75=625 \text{ mm}$$

将相关数据代入 $x^2+\dfrac{2n(A_s+A'_s)}{b}x-\dfrac{2n}{b}(A_s h_0+A'_s a')=0$,得:

$x^2+588.98x-283\,086.94=0$,解得 $x=313.6$ mm。

③计算内力臂 z

$$y=\frac{\frac{1}{3}bx^3+nA'_s(x-a')^2}{\frac{1}{2}bx^2+nA'_s(x-a')}$$

$$=\frac{\frac{1}{3}\times400\times313.6^3+15\times1\,963\times(313.6-47.5)^2}{\frac{1}{2}\times400\times313.6^2+15\times1\,963\times(313.6-47.5)}=225.3 \text{ mm}$$

$$z=h_0-x+y=625-313.6+225.3=536.7 \text{ mm}$$

④验算应力

$$\sigma_s=\frac{M}{A_s z}=\frac{390\times10^6}{5\,890\times536.7}=123.4 \text{ MPa}<[\sigma_s]=160 \text{ MPa}$$

$$\sigma_{smax}=\sigma_s\frac{h-x-a_1}{h_0-x}=123.4\times\frac{700-313.6-47.5}{625-313.6}=134.3 \text{ MPa}<[\sigma_s]=160 \text{ MPa}$$

$$\sigma_c=\frac{\sigma_s}{n}\frac{x}{h_0-x}=\frac{123.4}{15}\times\frac{313.6}{625-313.6}=8.29 \text{ MPa}<[\sigma_b]=10.0 \text{ MPa}$$

$$\sigma'_s=\sigma_s\frac{x-a'}{h_0-x}=123.4\times\frac{313.6-47.5}{625-313.6}=105.5 \text{ MPa}<[\sigma_s]=160 \text{ MPa}$$

截面是安全的。

（2）截面设计

如图 11-10 所示,将双筋截面所承受的弯矩 M 分解为两组弯矩之和,即

$$M = M_1 + M_2$$

①A_{s1}

为充分利用混凝土截面,按单筋矩形截面平衡设计求 A_{s1}。

$$\xi = \frac{n[\sigma_b]}{n[\sigma_b] + [\sigma_s]}, \quad x = \xi h_0$$

$$A_{s1}[\sigma_s] = \frac{1}{2} bx[\sigma_c]$$

$$A_{s1} = \frac{1}{2} bx \frac{[\sigma_c]}{[\sigma_s]}$$

$$M_1 = \frac{1}{2} bx[\sigma_b]\left(h_0 - \frac{x}{3}\right)$$

②A_s

$$M_2 = M - M_1 = A_{s2}[\sigma_s](h_0 - a')$$

$$A_{s2} = \frac{M - M_1}{[\sigma_s](h_0 - a')}$$

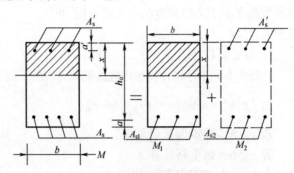

图 11-10　双筋矩形截面设计内力分解

$$A_s = A_{s1} + A_{s2}$$

③A'_s

由平截面假定,有

$$\frac{\sigma'_s}{[\sigma_s]} = \frac{x - a'}{h_0 - x}$$

则

$$\sigma'_s = [\sigma_s]\frac{x - a'}{h_0 - x}$$

$$A'_s \sigma'_s = A_{s2}[\sigma_s]$$

$$A'_s = \frac{A_{s2}[\sigma_s]}{\sigma'_s} = A_{s2}\frac{h_0 - x}{x - a'}$$

选定了受压钢筋 A'_s 和受拉钢筋 A_s 后,应分别验算混凝土和钢筋中的应力。

（六）T 形截面梁

桥梁结构中常采用肋形结构(图 11-11),肋形结构承载时,板作为梁的一部分与梁肋一同承受弯矩。肋形结构可以连续多跨,所受弯矩有正有负,在正弯矩作用下,板位于受压区,可有效地参与工作,梁按 T 形截面计算;在负弯矩作用下,梁上部受拉,根据受拉区混凝土不参加工作的假定,板不参加工作,应按与梁肋等宽的矩形截面计算。

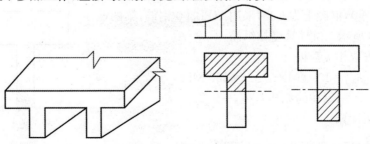

图 11-11　肋形结构

T形截面翼板全宽中应力分布并不均匀,靠近梁肋处应力较大,离开梁肋越远,应力逐渐减小。计算中为简化计算,认为在梁的同一高度的有效翼板宽度范围内的应力是均匀的,并对翼板的有效宽度进行一定的限制。对翼板尺寸的规定如图 11-12 所示,当翼板高度小于梁肋高度的十分之一时,可设梁梗,并取 $e:c=1:3$。

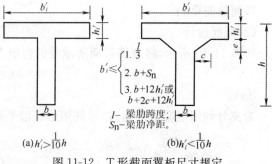

图 11-12 T形截面翼板尺寸规定

1. 截面复核

计算中会因中性轴在翼板内或腹板内而有所不同。一般先设中和轴 $x \leqslant h_i'$,求中和轴位置。

由 $\frac{1}{2}b_i'x^2 = nA_s(h_0-x)$,可解 x。

若 $x \leqslant h_i'$,按矩形截面复核。

若 $x > h_i'$,则重新计算 x。

由 $S_a = S_l$,即拉压静矩相等,有:

$$\frac{1}{2}b_i'x^2 - \frac{1}{2}(b_i'-b)(x-h_i')^2 = nA_s(h_0-x)$$

解此方程可得 x,而内力臂 $z=h_0-x+y$,其中 y 为受压区合力 D 至中性轴的距离。

当

$$x \leqslant h_i', \quad y=\frac{2}{3}x$$

$$x > h_i', \quad y=\frac{\frac{1}{3}b_i'x^3 - \frac{1}{3}(b_i'-b)(x-h_i')^3}{\frac{1}{2}b_i'x^2 - \frac{1}{2}(b_i'-b)(x-h_i')^2}$$

于是

$$\sigma_s = \frac{M}{A_s z} \leqslant [\sigma_s]$$

$$\sigma_c = \frac{\sigma_s}{n}\frac{x}{h_0-x} \leqslant [\sigma_b]$$

2. 截面设计

单筋 T 形截面梁设计,一般可近似取 $z=0.92h_0$ 或 $z=h_0-\frac{h_i'}{2}$,计算:

$$A_s \geqslant \frac{M}{z[\sigma_s]}$$

选定配筋 A_s 后,转化成截面复核,反复直到满意为止。

【例题 11-5】 简支 T 形梁的跨度 $l=6.0$ m,承受均载 $q=56$ kN/m(含自重),混凝土为 C30,采用 HPB300 钢筋,梁的截面尺寸如图 11-13 所示。试计算受拉纵筋。

【解】 ①查取相关数据

$$[\sigma_b]=10.0 \text{ MPa}, [\sigma_s]=160 \text{ MPa},$$
$$n=15(桥跨结构), \mu_{min}=0.2\%。$$

②内力弯矩计算

$$M=\frac{1}{8}\times56\times6^2=252 \text{ kN}\cdot\text{m}$$

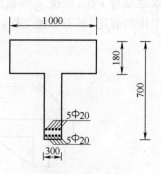

图 11-13 例 11-5 图

③选配钢筋

假设两排布置,按直径 $d=20$ mm 考虑,则:

$$a=35+20+8+\frac{30}{2}=78 \text{ mm}$$

$$h_0=h-a=700-78=622 \text{ mm}$$

取 $z=h_0-\frac{h'_i}{2}=622-\frac{180}{2}=532 \text{ mm}$

则 $A_s=\frac{M}{[\sigma_s]z}=\frac{252\times10^6}{160\times532}=2\,960.5 \text{ mm}^2$

采用 10 Φ 20, $A_{s实}=3\,140$ mm², 布置两排, 实际 $a=78$ mm, $h_0=622$ mm。

④验算应力

先假定中性轴在翼板中,按 $b'_f\times h$ 的矩形计算。

$$\mu=\frac{A_s}{bh_0}=\frac{3\,140}{1\,000\times622}=0.005>0.2\%=\mu_{\min}$$

$$n\mu=15\times0.005=0.075$$

$$x=(\sqrt{0.075^2+2\times0.075}-0.075)\times628=200.64 \text{ mm}>h'_i=180 \text{ mm}$$

中和轴在腹板内,与假定不符,应重新计算 x 值。由 $S_a=S_1$ 得:

$$\frac{1}{2}\times1\,000\times x^2-\frac{1}{2}(1\,000-300)\times(x-180)^2=15\times3\,140\times(628-x)$$

整理后得　$x^2+1\,154x-272\,792=0$

解得　$x=201.3$ mm

$$y=\frac{\frac{1}{3}b'_i x^3-\frac{1}{3}(b'_i-b)(x-h'_i)^3}{\frac{1}{2}b'_i x^2-\frac{1}{2}(b'_i-b)(x-h'_i)^2}$$

$$=\frac{\frac{1}{3}\times1\,000\times201.3^3-\frac{1}{3}\times(1\,000-300)\times(201.3-180)^3}{\frac{1}{2}\times1\,000\times201.3^2-\frac{1}{2}\times(1\,000-300)\times(201.3-180)^2}$$

$$=135.15 \text{ mm}$$

$$z=h_0-x+y=622-201.3+135.15=555.85 \text{ mm}$$

$$\sigma_s=\frac{M}{A_s z}=\frac{252\times10^6}{3\,140\times555.85}=144.4 \text{ MPa}<[\sigma_s]=160 \text{ MPa}$$

$$\sigma_{s\max}=\sigma_s\frac{h-x-a_1}{h_0-x}=144.4\times\frac{700-201.3-53}{622-201.3}=153.0 \text{ MPa}<[\sigma_s]=160 \text{ MPa}$$

$$\sigma_c=\frac{\sigma_s}{n}\frac{x}{h_0-x}=\frac{144.4}{15}\times\frac{201.3}{622-201.3}=4.61 \text{ MPa}<[\sigma_b]=10.0 \text{ MPa}$$

应力满足要求,截面安全,所需 10 Φ 20 的受拉纵筋满足要求。

二、抗剪强度计算

(一)钢筋混凝土梁中的剪应力和主拉应力

受弯构件在弯剪区域内,由截面上的剪应力和正应力相结合,形成斜向主拉应力,混凝土将产生与主拉应力方向垂直的斜裂缝,导致梁可能沿斜裂缝破坏。因此,对于钢筋混凝土梁除按抗弯强度计算要求验算正应力外,还应验算剪应力及主拉应力,并设计计算箍筋与斜筋,即进行抗剪强度计算。

1. 剪应力

匀质弹性材料矩形梁的剪应力计算公式:

$$\tau = \frac{VS}{Ib} \tag{11-15}$$

τ 沿截面高度是二次抛物线形分布,在中性轴处剪应力最大,上、下边缘处为零。

钢筋混凝土矩形梁是非均质梁,以容许应力法的 3 个基本假定为基础,引入换算截面后,仍可由均质梁公式计算其剪应力,即:

$$\tau = \frac{VS_0}{bI_0} \tag{11-16}$$

式中　V——计算截面剪力;

　　　b——计算截面宽度;

　I_0、S_0——计算截面的惯性矩、面积矩。

该公式结合换算截面概念,钢筋混凝土梁横截面上的剪应力分布如图 11-14 所示。

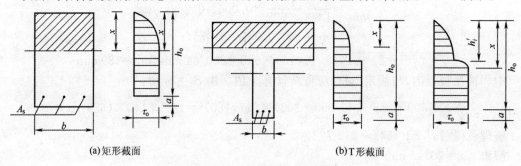

(a)矩形截面　　　　　　　　　　　　(b)T形截面

图 11-14　钢筋混凝土梁剪应力分布

最大剪应力 τ_0 均发生在中性轴及以下受拉区,它还可在正截面抗弯强度计算的基础上给出更加方便的表达公式。

(1)等高梁

如图 11-15 所示,在梁内截取一微段 $\mathrm{d}l$,该段上有弯曲应力 σ 和剪应力;再在中性轴以下用水平截面切出分离体,则水平截面上由剪应力互等可知,必作用有水平剪应力,即截面上的最大剪应力 τ_0。

由水平平衡条件,有:

$$\tau_0 b \mathrm{d}l = \mathrm{d}T, \tau_0 = \frac{\mathrm{d}T}{b\mathrm{d}l}$$

而 $M=Tz$,在等高梁中,当 $\mathrm{d}l$ 很小时,可认为内力臂 z 不变,从而 $\mathrm{d}M = z\mathrm{d}T$,则:

$$\mathrm{d}T = \frac{\mathrm{d}M}{z}$$

于是　$\tau_0 = \frac{1}{bz}\frac{\mathrm{d}M}{\mathrm{d}l}$

又　$\frac{\mathrm{d}M}{\mathrm{d}l} = V$

所以　$\tau_0 = \frac{V}{bz}$　　　　　(11-17)

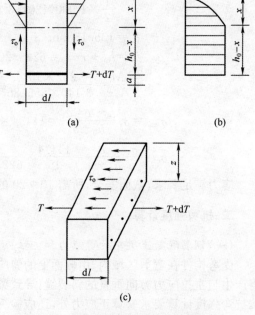

(a)　　　　　(b)

(c)

图 11-15　等高梁截面上剪应力简化计算

在梁设计中,一般先进行正截面抗弯计算,z 值已知,从而 τ_0 的计算得到简化。

(2)变高梁

通常在连续梁的支座处变高,受拉钢筋在上侧,压区在下侧(图 11-16)。

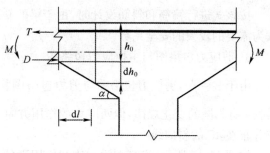

图 11-16　变高梁 τ_0 的简化计算

同理,截出分离体可得:

$$\tau_0=\frac{\mathrm{d}T}{b\,\mathrm{d}l},M=Tz$$

在变高梁中,T、M、z 均沿跨长方向变化,于是:

$$\frac{\mathrm{d}T}{\mathrm{d}l}=\frac{\mathrm{d}}{\mathrm{d}l}\left(\frac{M}{z}\right)=\frac{1}{z}\frac{\mathrm{d}M}{\mathrm{d}l}-\frac{M}{z^2}\frac{\mathrm{d}z}{\mathrm{d}l}=\frac{V}{z}-\frac{M}{z^2}\frac{\mathrm{d}z}{\mathrm{d}l}$$

因此

$$\tau_0=\frac{1}{b}\left[\frac{V}{z}-\frac{M}{z}\left(\frac{1}{z}\frac{\mathrm{d}z}{\mathrm{d}l}\right)\right]$$

在钢筋混凝土梁中,$\dfrac{z}{h_0}$ 通常可近似为常量,即:

$$z=\lambda h_0$$

$$\frac{\mathrm{d}z}{\mathrm{d}l}=\lambda\frac{\mathrm{d}h_0}{\mathrm{d}l}$$

如图 11-16 所示,$\dfrac{\mathrm{d}h_0}{\mathrm{d}l}=\tan\alpha$

从而

$$\frac{\mathrm{d}z}{\mathrm{d}l}=\lambda\tan\alpha=\frac{z}{h_0}\tan\alpha$$

$$\tau_0=\frac{1}{b}\left[\frac{V}{z}-\frac{M}{z}\left(\frac{1}{z}\lambda\tan\alpha\right)\right]$$

$$=\frac{V}{bz}-\frac{M}{bz}\left(\frac{1}{z}\frac{z}{h_0}\tan\alpha\right)$$

$$=\frac{V}{bz}-\frac{M}{bz}\frac{\tan\alpha}{h_0}\tag{11-18}$$

式中　α——梁底倾角,当梁高随弯矩增加而增时取正值,反之取负值。

2. 主拉应力

一点应力 σ_x、τ_{xy} 作用下的主应力公式为:

$$\sigma_{ct}=\frac{\sigma_x}{2}-\sqrt{\frac{\sigma_x^2}{4}+\tau_{xy}^2}$$

$$\tag{11-19}$$

$$\sigma_{cc}=\frac{\sigma_x}{2}+\sqrt{\frac{\sigma_x^2}{4}+\tau_{xy}^2}$$

主应力方向 $\tan2\alpha=\dfrac{2\tau_{xy}}{\sigma_x}$(压正,拉负)

在钢筋混凝土梁中,受压区应力变化同均质梁,但在拉区,由于假定混凝土不参加工作,弯曲正应力 $\sigma_x=0$,$\tau_{xy}=\tau_0$,即受拉区处于纯剪应力状态,主应力方向与梁纵轴线成 45°角,主拉应力大小与剪应力相等,即:

$$\sigma_{ct}=\tau_0=\frac{V}{bz}\text{或}\frac{V}{bz}-\frac{M}{bz}\frac{\tan\alpha}{h_0}$$

按该式进行箍筋和斜筋设计时,由于梁的斜裂缝形成实际上很复杂,采用了工程实践经验认为需要的较大的安全系数。

3. 剪应力包络图与主拉应力包络图

由于 $\tau_0 = \dfrac{V}{bz}$,剪应力包络图与剪力包络图相似。又由于 $\sigma_{ct} = \tau_0$,即主拉应力与剪应力沿梁长 l 有相同的变化规律,但两应力的作用方向不同,主拉应力的作用方向与梁轴线成 45°角,应分布在 45°的斜向线上。

如图 11-17 所示,为简支梁在均载作用下的剪应力图和主拉应力图。由于主拉应力在数值上等于剪应力,这两者都可用来求斜拉力,但用剪应力图方便些。

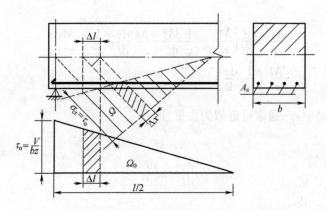

图 11-17　梁剪应力包络图和主拉应力包络图

虽然纵坐标相等,但横坐标分布的范围不同,两者横坐标间的关系为:
$$\Delta x = \Delta l \cos\alpha = \sqrt{2}\,\Delta l/2$$
故主拉应力图的面积 Ω 为剪应力图面积 Ω_0 的 $\cos\alpha$ 倍,即:
$$\Omega = \sqrt{2}\,\Omega_0/2 = 0.707\Omega_0$$

总的斜拉力为 $0.707\Omega_0$,斜拉力作用线则为剪应力图形的重心作垂线与中性轴的交点,再作过该交点 45°的斜线。

已知斜拉力的大小和作用线位置后,便可设计箍筋与斜筋。

(二)箍筋和斜筋的设计

梁内应配置箍筋及斜筋,以便混凝土在开裂后承受全部斜拉力,防止梁的脆性破坏。

1. 主拉应力的容许应力与设计原则

规范对混凝土的主拉应力规定了 3 种容许值。

(1)有箍筋及斜筋时主拉应力的最大容许值 $[\sigma_{tp-1}] = f_{ct}/1.1$;

(2)无箍筋及斜筋时主拉应力的最大容许值 $[\sigma_{tp-2}] = f_{ct}/3.0$;

(3)梁部分长度中全由混凝土承受的主拉应力最大值 $[\sigma_{tp-3}] = f_{ct}/6.0$。

设计腹筋时,应根据梁中主拉应力 $\sigma_{ct} = \dfrac{V}{bz}$ 最大值的大小,分 3 种情况处理。

(1)$\sigma_{ctmax} > [\sigma_{tp-1}]$

$[\sigma_{tp-1}]$ 为主拉应力容许值的极限值,在任何情况下不得超过。如果 $\sigma_{ctmax} > [\sigma_{tp-1}]$,必须采用箍筋和斜筋以外的措施,如增大截面宽度或提高混凝土强度等级。

(2)$\sigma_{ctmax} < [\sigma_{tp-2}]$

不需按计算，只需按构造要求设置一定数量的腹筋。

(3)$[\sigma_{tp-2}]\leqslant\sigma_{ctmax}\leqslant[\sigma_{tp-1}]$

必须按计算设置腹筋，但 $\sigma_{ct}<[\sigma_{tp-3}]$ 的部分梁段内，可仅按构造要求配腹筋。

2. 箍筋的构造和计算

箍筋除用以承受主拉应力外，还起保持主要受力钢筋的正确位置和联系受拉及受压区的作用。因此，即使计算不需设置箍筋，也应按构造要求设置。

箍筋直径≥8 mm，一般采用 8 mm、10 mm、12 mm。箍筋一般多为双肢或四肢。通常当梁宽 $b\leqslant300$ mm，且在同一排中所箍的受拉纵筋不超过 5 根，受压纵筋不超过 3 根时，多采用双肢箍筋。当梁宽 $b>350$ mm 或在同一排中所箍的纵筋根数更多时，则往往需增加箍筋肢数，使得每一箍筋在同一排中所箍住的受拉纵筋不多于 5 根，而受压纵筋不多于 3 根。一般在跨中正弯矩区段用开口箍筋，有受压纵筋时则用闭口箍筋，以防受压纵筋压屈。

固定受拉纵筋的箍筋，其间距不应超过梁高的 $\dfrac{3}{4}$，亦不超过 300 mm；固定受压纵筋的箍筋间距不应大于受压纵筋的 15 倍。为便于施工，箍筋间距也不宜太小，一般均大于100 mm。

箍筋的保护层不得小于35 mm。

箍筋的设计通常先按构造与经验选定箍筋直径 d、肢数 n 和间距 s_k，然后计算它的主拉应力值是否在设计原则内。

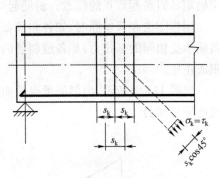

图 11-18　箍筋计算简图

如图 11-18，每道箍筋所辖范围 s_k 内主拉应力的合力为 $bs_k\cos45°\tau_k$。设箍筋的容许应力为$[\sigma_s]$，同一截面内选 n_k 肢箍筋，每肢箍筋面积为 a_k，则箍筋能承担的竖向拉力为 $n_k a_k[\sigma_s]$，该竖向拉力在 45°斜向分力为 $n_k a_k[\sigma_s]\cos45°$，使它刚好等于斜拉力，即

$$n_k a_k[\sigma_s]\cos45°=bs_k\tau_k\cos45°$$

$$\tau_k=\frac{n_k a_k[\sigma_s]}{bs_k} \tag{11-20}$$

据此可计算各种箍筋布置所能承担的主拉应力值。

3. 斜筋的设计

(1)斜筋面积与根数计算

通常首先利用剪应力图来计算需由斜筋承受的斜拉力之大小，由此确定需提供的斜筋总面积 A_w；若单根斜筋的面积为 a_w，则所需斜筋根数不难确定。

如图 11-19 为剪应力图。首先在该剪应力图上切出 $\tau\leqslant[\sigma_{tp-3}]$ 部分，即由混凝土承受的斜拉力部分梁段。而在 $\tau>[\sigma_{tp-3}]$ 这段梁的剪应力将由箍筋与斜筋一起承担，并不考虑混凝土的作用。在该段用水平线 $\tau=\tau_k$ 切出一块矩形面积 Ω_1，它由箍筋承担。剩下部分为由斜筋承担部分面积 Ω_0。考虑到斜筋在承受斜拉力上优于竖向箍筋，故由斜筋承受的剪应力图中面积 Ω_0 应大于由箍筋所承受的

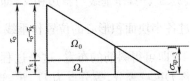

图 11-19　主拉应力的分配

面积 Ω_1,两者的比例以7:3为宜,即 $\Omega_0 : \Omega_1 = 7 : 3$。

由剪应力图与主拉应力图之间的关系,则斜筋承担的斜拉力为 $\Omega_0 \frac{1}{\sqrt{2}} \cdot b$,需提供的斜筋总面积为:

$$A_w = \frac{b\Omega_0}{\sqrt{2}[\sigma_s]} \tag{11-21}$$

如果斜筋的直径相同,单根面积为 a_w,则斜筋根数为:

$$n_w = \frac{A_w}{a_w} = \frac{b\Omega_0}{\sqrt{2}a_w[\sigma_s]} \tag{11-22}$$

(2)斜筋的布置

布置斜筋时,应使各斜筋承担斜拉力的大小相等,或与其截面面积成正比,这样就必须相应确定各斜筋起弯点的位置。斜筋起弯点的确定,可采用作图法。

用作图法布置斜筋时,如各斜筋截面面积相等,可将剪应力图面积 Ω_0 分成 n_k 等分,使各斜筋承受相同的斜拉力;如各道斜筋的截面面积不等,则划分的各小块面积应与各斜筋截面面积成正比。

如图 11-20 所示,由斜筋承受的面积 Ω_0 通常为三角形或梯形,可按图示等分或按斜筋面积比例分割 Ω_0。

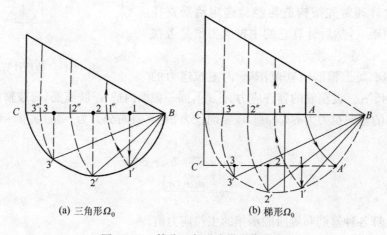

(a) 三角形 Ω_0 (b) 梯形 Ω_0

图 11-20 等分三角形或梯形作图法

先以底边或梯形延长三角形的底边作半圆,以延长部分为圆弧切掉延长部分,剩下再作底边平行线(三角形 Ω_0 不作这部分),在该线(三角形 Ω_0 仍在原底边上)等分或按比例分,以 B 点为圆心,过分点或比例点 1、2、3、…,作垂线交于半圆弧分别为 $1'$、$2'$、$3'$、…,再以 B 为圆心,以与半圆弧的交点 $1'$、$2'$、$3'$、…,为半径反转到底边上得新的交点 $1''$、$2''$、$3''$、…,由底边上该交点 $1''$、$2''$、$3''$、…,作垂线与斜边相交,即可将 Ω_0 等分或按比例分。

过各小块面积形心的位置作垂线与梁中性轴($\frac{h}{2}$处)的交点即斜筋与中性轴的交点,一般采用 $45°$ 即可得斜筋的布置,这个过程也可采用作图法。如图 11-21 所示,对小块面积(最左块),将 DF 三等分,等分点为 D'、F',连接 CD'、EF',并延长交于 G,则过 G 点的垂直线必过小块面积的重心,因此过 G 点作垂线交于梁中性轴($\frac{h}{2}$处),则得到斜筋与中性轴的交点,过交点作 45°斜线,即为斜筋弯起位置,依此可得各斜筋位置,同时应根据每个横截面至少交于一根以上斜筋,要求前后斜筋的投影应搭接,并作适当调整。

斜筋一般与梁轴线成 45°角,梁高很大时,可用到 60°。在板中则可以采用 30°。

弯起纵筋作为斜筋时,弯起的顺序一般是先中间后左右两边,先上层后下层,尽量做到左右对称,要避免在同一横截面附近弯起许多纵筋,以免纵筋应力变化过大,也便于混凝土的浇捣。此外,还应至少保留梁肋两侧下角的纵筋,使其伸过支座中心一定长度而锚固于两端。

4. 弯矩包络图与材料图

按上述方法布置斜筋时,还应检查纵筋弯起后所余部分能否满足截面抗弯要求,即要求材料图覆盖包络图。

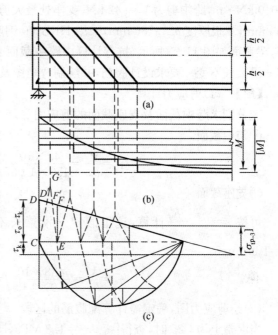

图 11-21　材料图与斜筋位置的确定

材料图以弯矩包络图的基线作水平基线,纵坐标代表该处梁截面纵筋所容许承载的最大弯矩,设计中可按下式计算:

$$[M]=A_{sz}[\sigma_s]z\frac{h_0-x}{h-x-a_1} \tag{11-23}$$

式中　A_{sz}——该截面剩余主筋的截面面积;

　　　z——该截面与 A_{sz} 对应的内力臂;

　　　x——该截面与 A_{sz} 对应的受压区高度;

　　　a_1——该截面最外层钢筋重心至梁底的距离。

如果截面钢筋布置层数不超过 3 层,全梁内力臂 z 变化不大,可假定 z 沿全梁长不变,并取最大弯矩处的内力臂,则:

$$[M]\approx A_{sz}[\sigma_s]z=\sum n_i a_{si}[\sigma_s]z \tag{11-24}$$

式中　z——全梁最大弯矩处的内力臂;

　　　a_{si}——某种直径单根主筋的截面面积;

　　　n_i——某种直径主筋的根数;

　　　A_{sz}——截面剩余主筋的截面面积。

由上式可知,梁截面抗弯能力近似与主筋数量成正比。如果主筋直径相同,可按主筋根数 n 将相应材料图 $[M]$ 分成 n 等分,每一等分代表一根主筋的承载力,每弯起一根主筋,材料图上相应截面处就减少一根主筋的承载力,在材料图上用一垂直线截断该根主筋代表的承载力,于是得到一台阶材料图。如主筋有几种直径,则台阶有几种不同的高度。

如材料图不能覆盖弯矩包络图,此时某根主筋不能弯起,可附加弯起钢筋。可采用鸭筋或斜筋与主筋焊接,但不焊接时,不能采用浮筋。采用双面焊缝时,焊缝长度不小于钢筋直径的10 倍。

【例题 11-6】　T 形梁的计算跨度 $l=12\,\mathrm{m}$,在主力作用下跨中最大弯矩 $M=$

1 040 kN·m,跨中剪力 $V'=42$ kN,支座处最大剪力 $V=438$ kN,梁高 $h=1\,200$ mm,肋宽 $b=450$ mm,翼板厚度 $h'_i=180$ mm,采用 HRB400 钢筋,混凝土强度等级为 C25,受拉纵筋为 14 Φ 25,梁截面如图 11-23 所示,抗弯计算中跨中截面 $a=72$ mm,$x=493$ mm,$z=1\,067$ mm,并假定 z 沿梁长不变。要求设计腹筋,并绘制弯矩图及材料图。

【解】 (1)剪应力计算

现分别求跨中截面及支座截面的剪应力。

①跨中截面

$$\tau_0=\frac{V'}{bz}=\frac{42\times10^3}{450\times1\,067}=0.087\,5\text{ MPa}$$

②支座截面

可按 $z=h_0-\dfrac{h'_i}{z}$ 计算,这里假定 z 沿梁长不变,并取最大弯矩即跨中截面的内力臂 $z=1\,067$ mm

$$\tau_0=\frac{V}{bz}=\frac{438\times10^3}{450\times1\,067}=0.912\,2\text{ MPa}$$

(2)绘剪应力图,确定需计算配腹筋的区段

当混凝土为 C25 时,查得 $[\sigma_{tp-1}]=1.8$ MPa,$[\sigma_{tp-2}]=0.67$ MPa,$[\sigma_{tp-3}]=0.33$ MPa。最大主拉应力 $\tau_0=0.912\,2$ MPa$\leqslant[\sigma_{tp-1}]$,故不必加大梁截面,或提高混凝土强度等级,但 $\tau_0=0.912\,2$ MPa$>[\sigma_{tp-2}]$,则必须进行腹筋的计算,在 $\tau_0<[\sigma_{tp-3}]$ 区段内,则可由混凝土承受主拉应力。由图 11-22 可知,需按计算设置腹筋的区段长度为:

$$\frac{6.0\times(0.912\,2-0.33)}{0.912\,2-0.087\,5}=4.235\,7\text{ m}$$

(3)箍筋的设计

箍筋按构造要求选用,由于梁肋较宽,一层内主筋多于 5 根,故箍筋采用 4 肢,也选用 HPB300 钢筋,$[\sigma_s]=160$ MPa,直径 $d_k=8$ mm,间距 $s_k=300$ mm,沿梁长等间距布置。箍筋所承受的主拉应力为:

$$\tau_k=\frac{A_k[\sigma_s]}{bs_k}=\frac{n_ka_k[\sigma_s]}{bs_k}$$
$$=4\times\frac{\pi}{4}\times\frac{8^2\times160}{450\times300}$$
$$=0.238\,3\text{ MPa}$$

图 11-22 例 11-6 附图一

(4)斜筋设计

由图 11-22 可知,剪应力图中需由斜筋承受的面积 Ω_0 为:

$$\Omega_0=\frac{0.673\,9+0.091\,7}{2}\times4.235\,7\times10^3=1\,621.4\text{ N/mm}$$

所需要的斜筋总面积为:

$$A_w=\frac{\Omega_0 b}{\sqrt{2}[\sigma_s]}=\frac{1\,621.4\times450}{\sqrt{2}\times210}=2\,456.5\text{ mm}^2$$

所需纵筋根数为:

$$n_w = \frac{A_w}{a_w} = \frac{2\,456.5}{\frac{\pi}{4} \times 25^2} = 5.1 \text{ 根，可取 } n_w = 7 \text{ 根。}$$

(5)用作图法确定斜筋位置

7根斜筋分批弯起，第1至第3批（从跨中起为第一批），每次弯起一根（$1N_1$、$1N_2$、$1N_3$），第4、第5批每次弯起2根（$2N_4$、$2N_5$），将剪应力图 Ω_0 分成7等分，第4、第5批斜筋每批分为2等分，如图11-23所示。

在弯矩包络图中 $M = 1\,040$ kN·m，而

$$\beta = \frac{h - x - a_1}{h_0 - x} = \frac{1\,200 - 493 - 43.5}{1\,200 - 72 - 493} = 1.044\,9$$

所以
$$[M] = A_s[\sigma_s]z/\beta = 14 \times \frac{\pi}{4} \times 25^2 \times 210 \times 1\,067/1.044\,9$$

$$= 1\,473.7 \times 10^6 \text{ N·mm} > M = 1\,040 \times 10^6 \text{ N·mm}$$

由图可见，材料图恰当地覆盖了弯矩图。在计算配置斜筋的区段内，任何竖向截面至少能与一根斜筋相交，因而抗剪强度满足计算与构造要求。另外，在上述弯起斜筋以外，在靠近支座处还弯起了一批斜筋 $3N6$，这是为了加强支座截面而设，不在抗剪计算之内。

除用作图法确定斜筋位置外，也可直接用计算法确定斜筋的位置，参见有关资料。

(三)T形梁中翼板和梁肋连接处的剪应力

T形梁在上翼板与梁肋连接处的竖向截面上存在着水平剪应力 τ'[图11-24(a)]。如果该处翼板厚度不足，则此水平剪应力 τ' 可能大于梁肋中性轴处的剪应力，因此规范要求验算此水平剪应力，以保证翼板能可靠地参加工作。

如图11-24(a)所示，用截面 m—m 和间距 dl 的两个横截面从翼板中切出分离体，近似地假定水平剪应力 τ' 沿板厚均匀分布。根据力的平衡条件有

$$\tau'(h'_f dl) = dD$$

而
$$dD = d\int_A \sigma dA = d\int_A \frac{My}{I_0} dA = \frac{dM}{I_0}\int_A y dA = \frac{dM}{I_0}S_A$$

所以
$$\tau' = \frac{dD}{h'_f dl} = \frac{dM}{h'_f I_0 dl}S_A = \frac{VS_A}{I_0 h'_f} \tag{11-25}$$

式中　S_A——截面 m—m 以左部分面积对换算截面中性轴的面积矩；

　　　V——截面的剪力；

　　　I_0——T形梁换算截面对中性轴的惯性矩。

上式与T形梁中性轴处剪应力的计算公式 $\tau_0 = \frac{VS_0}{bI_0}$ 形式上相似，两式相比，可改成以下形式：

$$\tau' = \tau_0 \frac{VS_A}{h'_f I_0}/\frac{VS_0}{bI_0} = \tau_0 \frac{b}{h'_f}\frac{S_A}{S_0} \leqslant [\tau_c] \tag{11-26}$$

同理可得I形梁受拉区翼缘与梁连接处的水平剪应力[图11-24(b)]为：

$$\tau'' = \tau_0 \frac{b}{h_f}\frac{A_{sf}}{A_s} \leqslant [\tau_c] \tag{11-27}$$

式中　τ_0——梁肋中性轴处的剪应力；

　　　$[\tau_c]$——纯剪时混凝土的容许剪应力；

　　　S_0——中性轴以上部分面积对中性轴的面积矩；

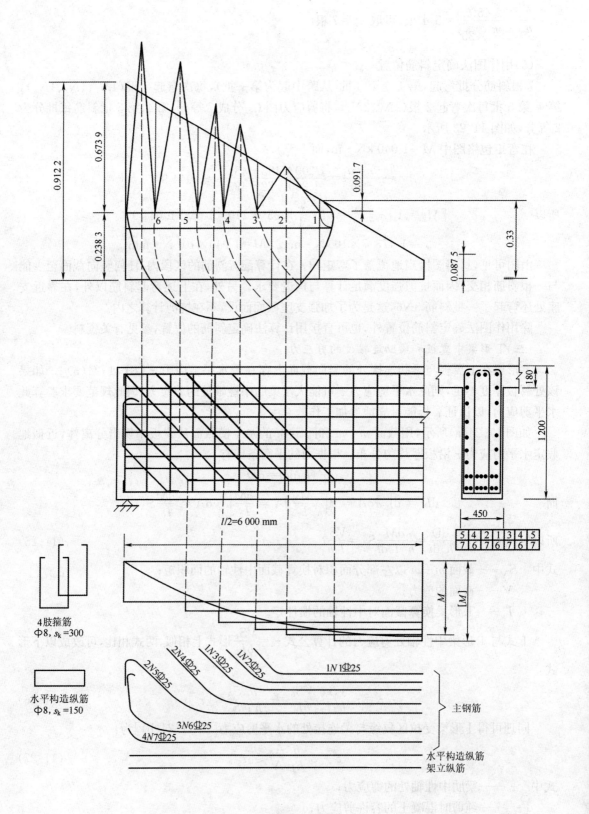

图 11-23　例 11-6 附图二

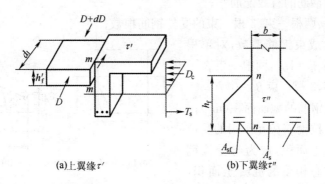

(a)上翼缘τ'　　　　　　(b)下翼缘τ''

图 11-24　翼板与梁肋连接处剪应力计算

　　h_f——下翼缘高度；

　　A_{sf}——下翼缘悬出部分的受拉钢筋面积；

　　A_s——下翼缘受拉钢筋总面积。

三、裂缝宽度和挠度的计算

1. 裂缝宽度的计算

采用粘结滑移理论，要求外力作用下的裂缝计算宽度：$w_f \leqslant [w_f]$，$[w_f]$为裂缝宽度容许值，见附表 2.15。外力作用下的裂缝计算宽度分两种情况进行计算：

（1）矩形、T 形及 I 字形截面受弯及偏心受压构件

$$w_f = K_1 K_2 \gamma \frac{\sigma_s}{E_s} \left(80 + \frac{8 + 0.4d}{\sqrt{\mu_z}} \right) \tag{11-28}$$

$$K_2 = 1 + \alpha \frac{M_1}{M} + 0.5 \frac{M_2}{M}$$

$$\mu_z = \frac{(\beta_1 n_1 + \beta_2 n_2 + \beta_3 n_3) A_{s1}}{A_{cl}}$$

$$A_{cl} = 2ab$$

式中　w_f——计算裂缝宽度（mm）；

　　　K_1——钢筋表面形状系数，对光圆钢筋 $K_1 = 1.0$，带肋钢筋 $K_1 = 0.72$；

　　　K_2——荷载特征影响系数；

　　　α——系数，对光圆钢筋取 0.5，对带肋钢筋取 0.3；

　　　M_1——活载作用下的弯矩（MN·m）；

　　　M_2——恒载作用下的弯矩（MN·m）；

　　　M——全部计算荷载作用下的弯矩（MN·m），当主力作用时为恒载弯矩与活荷载弯矩之和，主力加附加力作用时为恒载弯矩、活载弯矩及附加力弯矩之和；

　　　γ——中性轴至受拉边缘的距离与中性轴至受拉钢筋重心的距离之比，即 $\gamma = \dfrac{h - x}{h_0 - x}$，对梁和板，$\gamma$ 可分别采用 1.1 和 1.2；

　　　σ_s——受拉钢筋重心处的钢筋应力（MPa）；

　　　E_s——钢筋的弹性模量（MPa）；

　　　d——受拉钢筋直径（mm）；

μ_z——受拉钢筋的有效配筋率；

n_1、n_2、n_3——单根、两根一束、3 根一束的受拉钢筋根数；

β_1、β_2、β_3——考虑成束钢筋系数，对单根钢筋 $\beta_1=1.0$，两根一束 $\beta_2=0.85$，3 根一束 $\beta_3=0.70$；

A_{s1}——单根钢筋的截面积(m^2)；

A_{cl}——与受拉钢筋相互作用的受拉混凝土面积，取为与受拉钢筋重心相重的混凝土面积，如图 11-25 所示。

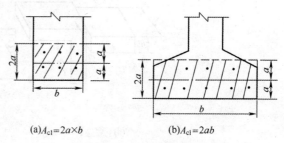

(a)$A_{cl}=2a \times b$ (b)$A_{cl}=2ab$

图 11-25 A_{cl} 计算示意图

(2)圆形或环形截面偏心受压构件

$$w_f = K_1 K_2 K_3 \gamma \frac{\sigma_s}{E_s} \left(100 + \frac{4+0.2d}{\sqrt{\mu_z}}\right) \tag{11-29}$$

$$\gamma = \frac{2R-x}{R+r_s-x} \leqslant 1.2$$

$$\mu_z = \frac{(\beta_1 n_1 + \beta_2 n_2 + \beta_3 n_3)A_{s1}}{A_z}$$

式中 K_1、K_2——同前的规定；

K_3——截面形状系数，对圆形截面 $K_3=1.0$，对环形截面 $K_3=1.1$；

γ——中性轴至受拉边缘的距离与中性轴至最大拉应力钢筋中心的距离之比，$\gamma = \frac{2R-x}{R-x+r_s}$，当 $\gamma > 1.2$ 时，取 $\gamma=1.2$；

r_s——圆心至单根钢筋重心的距离(m)；

R——圆或环形的(外)半径(m)；

σ_s——钢筋的最大拉应力(MPa)；

d——纵向钢筋直径(mm)，当钢筋直径不同时，按大直径取用；

μ_z——纵向钢筋的有效配筋率，当 μ_z 小于 0.005 时，按 0.005 采用，计算时，$n_1 \sim n_3$ 应计入全部纵向钢筋；

A_z——与纵向钢筋相互作用的混凝土面积(m^2)，$A_z = 4\pi r_s (R-r_s)$。

2. 受弯构件挠度计算

$$f = \beta \frac{Ml^2}{EI_0} \leqslant [f] = \frac{l}{800} \tag{11-30}$$

式中 β——与荷载形式，支承条件有关的系数，如均载简支梁跨中 $\beta = \frac{5}{48}$；

E——计算受弯构件挠度的弹性模量，$E=0.8E_c$；

E_c——混凝土的受压弹性模量；

I_0——换算截面的惯性矩，对于静定结构，不计受拉混凝土，计入钢筋，对于静不定结构，包括全部混凝土，不计钢筋。

第三节 轴心受压构件的强度计算

在规范中对轴心受压构件的计算，与极限状态法一样，以破坏阶段的截面应力状态为计算依据,在表达形式上按容许应力法的表达形式。

一、配有纵筋及一般箍筋的轴心受压构件计算

（一）强度计算

一般箍筋的轴心受压构件强度计算的依据是短柱在荷载作用下破坏阶段的应力状态。此时先纵筋达到计算强度,而后混凝土达到棱柱体抗压强度。计算简图如图 11-26 所示,极限荷载 N_u 可以由静力平衡条件得到:

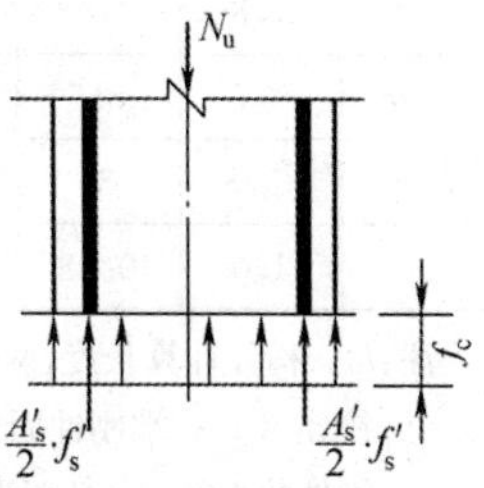

图 11-26

$$N_u = A_c f_c + A_s' f_s' \qquad (11\text{-}31)$$

式中　N_u——破坏极限荷载;

A_c——构件横截面的混凝土面积;

f_c——混凝土轴心抗压极限强度,见附表 2.1;

A_s'——受压纵筋截面积;

f_s'——受压纵筋的计算强度,见附表 2.6。

根据破坏阶段法的设计原理,为保证构件在使用阶段不进入极限状态,应对公式(11-31)取安全系数,则荷载产生的计算轴向力 N 应满足:

$$N \leqslant \frac{N_u}{K} = \frac{A_c f_c + A_s' f_s'}{K} = A_c \left(\frac{f_c}{K}\right) + A_s' \left(\frac{f_s'}{f_c}\right) \left(\frac{f_c}{K}\right) = A_c [\sigma_c] + A_s' m [\sigma_c] = [\sigma_c](A_c + m A_s')$$

$$(11\text{-}32)$$

式中,$[\sigma_c] = f_c/K, m = f_s'/f_c$。

将公式(11-32)表述为容许应力法的应力复核形式,即:

$$\sigma_c = \frac{N}{A_c + m A_s'} \leqslant [\sigma_c] \qquad (11\text{-}33)$$

式中　σ_c——混凝土名义压应力;

N——计算轴向压力;

m——钢筋计算强度与混凝土抗压极限强度之比,按表 11-10 采用;

$[\sigma_c]$——混凝土容许压应力,见附表 2.9。

当 σ_c 未超过 $[\sigma_c]$ 时,说明构件的强度足够。此时,纵筋应力 σ_s' 为 $m\sigma_c$,已经满足强度条件,不必复核。

表 11-10　m　值

钢筋种类	混 凝 土 强 度 等 级							
	C25	C30	C35	C40	C45	C50	C55	C60
HPB300	17.7	15.0	12.8	11.1	10.0	9.0	8.1	7.5
HRB400	23.5	20.0	17.0	14.8	13.3	11.9	10.8	10.0
HRB500	29.4	25.0	21.3	18.5	16.7	14.9	13.5	12.5

（二）稳定性计算

对于细长的轴心受压构件,为了避免在轴向压力作用下,由于纵向弯曲而使构件丧失稳定而导致破坏,应进行稳定性验算。在《规范》中把强度计算和稳定性计算归于一个公式,《铁规》中是分别考虑的。《铁规》中采用将承载力乘以小于 1 的纵向弯曲系数 φ 来保证稳定性。于是,得到稳定性复核的公式:

$$\sigma_c = \frac{N}{\varphi(A_c + mA_s')} \leqslant [\sigma_c] \qquad (11-34)$$

式中 φ——纵向弯曲系数,根据构件的长细比按表 11-11 采用。

表 11-11 纵向弯曲系数 φ

l_0/b	≤8	10	12	14	16	18	20	22	24	26	28	30
l_0/d	≤7	8.5	10.5	12	14	15.5	17	19	21	22.5	24	26
l_0/i	≤28	35	42	48	55	62	69	76	83	90	97	104
φ	1.0	0.98	0.95	0.92	0.87	0.81	0.75	0.70	0.65	0.60	0.56	0.52

注:l_0—构件计算长度,两端刚性固定时,$l_0=0.5l$,一端刚性固定,另一端为不移动的铰时,$l_0=0.7l$,两端均为不移动的铰,$l_0=l$,一端刚性固定,另一端为自由端时,$l_0=2l$,其中 l 为构件全长;b—矩形截面构件的短边尺寸;d—圆形截面构件的直径;i—任意形状截面构件的回转半径。

(三)截面设计

对于一般箍筋的轴心受压构件而言,根据式(11-33)和式(11-34),若稳定性计算能通过,则强度计算则自动满足,因此截面设计仅从稳定性计算公式入手即可。

将公式(11-34)简化为:

$$N \leqslant \varphi[\sigma_c](A_c + mA_s') = \varphi[\sigma_c]A_c\left(1 + m\frac{A_s'}{A_c}\right)$$

$$= \varphi[\sigma_c]A_c(1 + m\mu)$$

由此得

$$A_c \geqslant \frac{N}{\varphi[\sigma_c](1 + m\mu)} \qquad (11-35)$$

式中 μ——柱的配筋率,$\mu = \dfrac{A_s'}{A_c}$。

在式(11-35)中,只有 N 是已知值。要补充一些条件才能用来求解。一般要经过多次试算才能最后确定结果。常用计算步骤如下:

1. 先选定材料,确定$[\sigma_c]$及 m 值。

2. 假定 φ 及 μ 值。φ 值一般初设为 1,μ 值按经济配筋率 0.5%~2%选用,大于截面最小配率,见附表 2.8-2。

3. 把上述值代入式(11-35)后求出 A_c。据此再选取截面的边长,再确定 φ。

4. 按下式确定纵筋面积 A_s',并配置纵筋

$$A_s' \geqslant \frac{N - \varphi[\sigma_c]A_c}{m\varphi[\sigma_c]} \qquad (11-35a)$$

5. 强度和稳定性复核。满足要求,即可作为设计值。不满足要求,调整 A_c 或 μ,重复 3、4、5 步骤。

【例题 11-7】 已知轴心受压柱承受计算轴向力 $N=1\,500$ kN,柱计算长度 $L_0=3.5$ m。纵筋选用 HRB400 钢筋,箍筋选用 HPB300 钢筋φ 8@250,混凝土强度等级为 C30。求柱截面尺寸及纵向钢筋截面面积。

【解】 已知设计技术参数:

$$[\sigma_c] = 8.0 \text{ N/mm}^2, m = 20.0$$

1. 假定纵向弯曲系数 $\varphi=1.0$,配筋率 $\mu=1\%$

由式(11-35)得

$$A_c \geqslant \frac{N}{\varphi[\sigma_c](1+m\mu)} = \frac{1\,500 \times 10^3}{1.0 \times 8.0 \times (1+20.0 \times 0.01)} = 156\,250 \text{ mm}^2$$

取正方边长 $b = \sqrt{A_c} = \sqrt{156\,250} = 395.3$ mm

初定柱截面尺寸为 400 mm × 400 mm。

2. 计算纵筋截面面积

$l_0/b = \dfrac{3.5 \times 10^3}{400} = 8.75 > 8$ 查表得 $\varphi = 0.99$。代入式 (11-35a) 得：

$$A'_s = \frac{N - \varphi[\sigma_c]A_c}{m\varphi[\sigma_c]} = \frac{1\,500 \times 10^3 - 0.99 \times 8.0 \times 160\,000}{20.0 \times 0.99 \times 8.0} = 1\,469.7 \text{ mm}^2$$

选用 6 Φ 20，实配 $A'_s = 1\,884$ mm²。

3. 复核

$$\sigma_c = \frac{N}{\varphi(A_c + mA'_s)} = \frac{1\,500 \times 10^3}{0.99 \times (160\,000 + 20.0 \times 1\,884)}$$
$$= 7.66 \text{ N/mm}^2 < [\sigma_c] = 8.0 \text{ N/mm}^2$$

满足要求。

二、配有间接钢筋的轴心受压构件

1. 强度计算

《铁规》中对配有间接钢筋的轴心受压构件强度的计算也是以破坏前的极限状态为依据。

如图 5-15 所示同样极限承载力 N_u 为：

$$N_u = A_{he}f_c + 2A_j f_s + A'_s f'_s \tag{11-36}$$

为保证不进入极限状态，取安全系数 K，将公式转换成容许应力法的形式：

$$N \leqslant \frac{N_u}{K} = \frac{f_c}{K}\left(A_{he} + 2\frac{f_s}{f_c}A_j + A'_s\frac{f'_s}{f_c}\right) = [\sigma_c](A_{he} + 2m'A_j + mA'_s) \tag{11-37}$$

表述为应力复核的形式：

$$\sigma_c = \frac{N}{A_{he} + mA'_s + 2m'A_j} \leqslant [\sigma_c] \tag{11-38}$$

式中　　N——计算轴向力；

$\quad\quad A_{he}$——构件核心截面面积，即式 (5-6) 中的 A_{cor}；

$\quad\quad m$、m'——纵筋及间接钢筋的计算强度与混凝土抗压极限强度之比，均应按表 11-10 采用；

$\quad\quad A_j$——间接钢筋的换算面积，$A_j = \dfrac{\pi d_{he}a_j}{s}$；

$\quad\quad A'_s$——受压纵筋截面积；

$\quad\quad d_{he}$——构件核心直径，即式 (5-7) 中的 d_{cor}；

$\quad\quad s$——间接钢筋的间距；

$\quad\quad a_j$——单根间接钢筋的截面积。

2. 稳定性验算

间接钢筋不能提高轴心受压构件的稳定性，所以在稳定性验算中不考虑间接钢筋的作用。

它与配置一般箍筋的轴心受压柱稳定性验算相同。

3. 注意事项

(1)当考虑利用间接箍筋来提高承载力时,间接钢筋的配置必须满足构造要求。

(2)考虑间接钢筋提高的承载力,不应超过未使用间接钢筋时的 60%。

(3)因间接钢筋不能提高构件的稳定性,当构件长细比 l_0/i 大于 28 时,应不再考虑间接钢筋的影响。

【例题 11-8】 已知一圆形螺旋箍筋柱,承受轴向压力设计值 $N=1\,200$ kN。其外径 $d=400$ mm,核心直径 $d_{he}=300$ mm,构件的计算长度 $l_0=2.6$ m,混凝土强度等级为 C30,$[\sigma_c]=8.0$ N/mm²,纵筋采用 HRB400 钢筋$[\sigma_s]=210$ N/mm²,$m=20.0$。10 ⏀ 16,$A_s'=2\,011$ mm²;螺旋筋采用 HPB300 钢筋,$m'=15.0$,⏀12 间距 50 mm,$a_j=113$ mm²。要求验算截面是否安全。

【解】 分别由强度和稳定两方面验算

1. 由强度条件,根据式(11-38),有:

$$A_{he}=\frac{\pi}{4}d_{he}^2=\frac{\pi}{4}\times 300^2=70\,650 \text{ mm}^2$$

$$A_j=\frac{\pi d_{he}a_j}{S}=\frac{3.14\times 300\times 113}{50}=2\,128.9 \text{ mm}^2$$

$$\sigma_c=\frac{N}{A_{he}+mA_s'+2m'A_j}=\frac{1\,200\times 10^3}{70\,650+20.0\times 2\,011+2\times 15.0\times 2\,128.9}$$
$$=6.87 \text{ N/mm}^2<[\sigma_c]=8.0 \text{ N/mm}^2$$

满足要求。

2. 由稳定条件,有:

长细比 $l_0/b=\dfrac{2\,600}{400}=6.5<7$,纵向弯曲系数 $\varphi=1.0$。

由式(11-34),有:

$$\sigma_c=\frac{N}{\varphi(A_c+mA_s')}=\frac{1\,200\times 10^3}{1.0\times\left(\frac{\pi}{4}\times 400^2+20.0\times 2\,011\right)}$$
$$=7.23 \text{ N/mm}^2<[\sigma_c]=8.0 \text{ N/mm}^2$$

满足要求。

第四节 偏心受压构件的强度计算

按容许应力法计算偏心受压构件时,与受弯构件计算相同,同样以平截面假定、弹性体假定及受拉区混凝土不参加工作 3 个基本假定为基础。截面应力可以采用应力叠加原理或静力平衡条件来计算。由于截面应力状态的不同,计算难易不同。

一、偏心类别的判别

(一)偏心类别的判别

在偏心受压构件中,由于偏心压力的偏心距不同,截面有两种不同的应力状态。当偏心距较小时,截面全部受压,这种情况称为小偏心受压;当偏心距较大时截面部分受压部分受拉,这种情况称为大偏压。两种偏心受压情况的截面应力状态如图 11-27 所示。

小偏心受压时截面全部受压,可以直接应用应力叠加原理进行截面应力计算;而大偏心受压时,截面出现拉应力,由于在钢筋混凝土构件的计算中不考虑受拉混凝土参与工作,截面受力部分发生了变化,需要计算混凝土受压区的高度。所以大偏心受压构件的计算与小偏心受压构件的计算就有原则的不同。

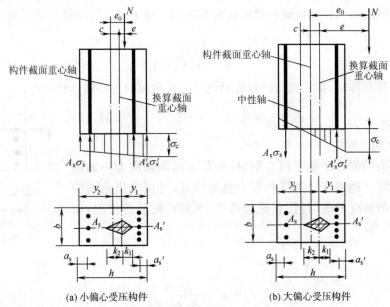

图 11-27　偏心受压构件的截面应力状态

计算偏心受压构件首先要判断构件属于哪类偏心受压。显然,大偏心受压时,截面中性轴位置在截面内;而小偏心受压时,中性轴在截面之外。中性轴与截面一边相重合时,是大小偏心的分界情况。由材料力学的知识,我们知道当偏心距小于核心距时,截面全部受压,中性轴在截面之外;当偏心距大于核心距时,截面部分受压部分受拉,中性轴在截面内。当偏心距等于核心距时,中性轴与截面一边重合。因此,可以根据偏心距与核心距的关系判别偏心受压类型。

当 $e \leqslant k$,为小偏心受压。

$e > k$,为大偏心受压。

式中　e——偏心压力的偏心距;

k——截面核心距。

(二)核心距的计算

与受弯构件相同,把钢筋换算成假想混凝土,利用换算截面的概念采用材料力学的应力叠加方法进行计算。此时,需要求出换算截面重心轴位置,然后再求出换算截面的核心距。

1. 换算截面重心轴位置的确定

根据材料力学中求平面图形的形心位置的方法,可得:

$$S_c + nS_s + nS_s' = A_0 y_1 \tag{11-39}$$

所以

$$y_1 = \frac{S_c + n(S_s + S_s')}{A_0} \tag{11-40}$$

$$y_2 = h - y_1 \tag{11-41}$$

式中 y_1、y_2——换算截面重心轴至截面边缘的距离；

$\quad S_c$、S_s、S'_s——混凝土面积、钢筋面积 A_s 及 A'_s 对截面 y_1 边缘侧的面积距；

$\quad A_0$——换算截面积，$A_0 = A_c + nA_s + nA'_s$；

$\quad n$——钢筋弹性模量与混凝土受压弹性模量之比；

$\quad h$——截面全高。

公式(11-40)及式(11-41)对任何形状的截面都适用。对于不对称配筋的矩形截面，则有：

$$y_1 = \frac{\frac{1}{2}bh^2 + n[A'_s a'_s + A_s(h - a_s)]}{bh + n(A_s + A'_s)} \tag{11-42}$$

当截面及配筋都对称时，换算截面的对称轴就是换算截面的重心轴。此时有：

$$y_1 = y_2 = \frac{h}{2} \tag{11-43}$$

2. 核心距的计算

当轴向压力的偏心距等于核心距时，则截面远离轴向力一侧边缘处的应力为零。利用这一条件和应力叠加原理，可以求出截面的核心距。按一般情况考虑，对任意截面形式、不对称配筋的情况，如图 11-28 所示，有：

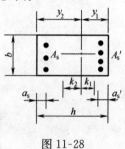

图 11-28

$$\frac{N}{A} - \frac{Nk_1}{I_0}y_2 = 0$$

得

$$k_1 = \frac{I_0}{A_0 y_2} \tag{11-44}$$

同理

$$k_2 = \frac{I_0}{A_0 y_1} \tag{11-45}$$

式中 A_0——钢筋混凝土换算截面面积；

$\quad I_0$——换算截面对其重心轴的惯性矩；

$\quad y_1$、y_2——换算截面重心轴到应力为零的边缘的距离。

当截面及配筋都对称时，$y_1 = y_2 = y$，$k_1 = k_2 = k$，则：

$$k = \frac{I_0}{A_0 y} \tag{11-46}$$

（三）纵向弯曲的考虑

在《铁规》容许应力法中，采用偏心距增大系数 η 来考虑纵向弯曲的影响。

$$\eta = \frac{1}{1 - \dfrac{KN}{\alpha \dfrac{\pi^2 E_c I_c}{l_0^2}}} \tag{11-47}$$

$$\alpha = \frac{0.1}{0.2 + \dfrac{e_0}{h}} + 0.16 \tag{11-48}$$

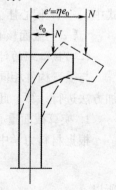

如图 11-29 所示，由于纵向弯曲，初始偏心距 e_0 增大为 e'，其值为：

$$e' = \eta e_0 \tag{11-49}$$

轴向力至换算截面重心轴的偏心距 e 为：

$$e = \eta e_0 - c \tag{11-50}$$

偏心轴向力对换算截面重心轴的计算弯矩为：

图 11-29 偏心距
增大

$$M = Ne \tag{11-51}$$

当 $e \leqslant k$，为小偏心受压。

当 $e > k$，为大偏心受压。

式中　e_0——初始偏心，为轴向力作用点至构件截面重心轴的距离，$e_0 = M/N$；

　　　c——混凝土截面重心轴至换算截面重心轴的距离；

　　　N——换算截面重心处的计算轴向压力；

　　　M——计算轴向力对换算截面重心轴的计算弯矩；

　　　K——安全系数，主力时用 2.0，主力加附加力时用 1.6；

　　　E_c——混凝土的受压弹性模量；

　　　I_c——混凝土全截面的惯性矩；

　　　α——考虑偏心距对 η 值的影响系数；

　　　h——弯矩平面内的截面高度；

　　　l_0——压杆计算长度。

二、小偏心受压构件的计算（$e \leqslant k$、k_1 或 k_2）

（一）截面复核

小偏心受压时，轴向压力的作用点位于换算截面的截面核心之内，截面全部受压，如图 11-27(a) 所示。

应力复核公式采用应力叠加法得：

$$\sigma_c = \frac{N}{A_0} + \frac{M}{I_0} y_1 \text{ 或} \frac{N}{A_0} + \frac{Ne}{I_0} y_1 = \frac{N}{A_0} + \frac{M}{W_0} \leqslant [\sigma_b] \tag{11-52}$$

$$\sigma'_s = n\left[\frac{N}{A_0} + \frac{M}{I_0}(y_1 - a'_s)\right] \text{ 或 } n\left[\frac{N}{A_0} + \frac{Ne}{I_0}(y_1 - a'_s)\right] \leqslant [\sigma_s] \tag{11-53}$$

式中　　N——换算截面重心处的计算轴心压力；

　　　　M——计算轴向力对换算截面重心轴的计算弯矩，$M = Ne = N(\eta e_0 - c)$；

　　　　A_0——钢筋混凝土换算截面面积；

　　　　I_0——换算截面对其重心轴的惯性矩；

　　　　y_1——换算截面重心轴至受压较大边缘的距离；

　　　　a'_s——受压较大边钢筋重心至截面边缘的距离；

　　　　n——钢筋弹性模量与混凝土受压弹性模量之比。

上式适用于任何形式的截面。下面给出常用截面（图 11-30）的换算截面面积及换算截面惯性矩的计算公式：

1. 矩形截面

（1）不对称配筋

$$A_0 = bh + n(A_s + A'_s) \tag{11-54}$$

$$I_0 = \frac{1}{3} b(y_1^3 + y_2^3) + n[A'_s(y_1 - a'_s)^2 + A_s(y_2 - a_s)^2] \tag{11-55}$$

（2）对称配筋

$$A_0 = bh + 2nA_s \tag{11-56}$$

$$I_0 = \frac{1}{12} bh^3 + 2nA_s \left(\frac{h}{2} - a_s\right)^2 \tag{11-57}$$

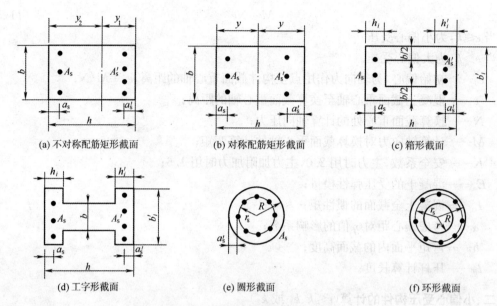

(a) 不对称配筋矩形截面　　(b) 对称配筋矩形截面　　(c) 箱形截面

(d) 工字形截面　　(e) 圆形截面　　(f) 环形截面

图 11-30　常用截面形式及配筋

2. 箱形及工字型截面(对称配筋)

$$A_0 = bh + 2h'_i(b'_i - b) + 2nA_s \tag{11-58}$$

$$I_0 = \frac{1}{12}\left[b'_i h^3 - (b'_i - b)(h - 2h'_i)^3\right] + 2nA_s\left(\frac{h}{2} - a\right)^2 \tag{11-59}$$

3. 圆形截面

$$A_0 = \pi R^2 + nA_s \ \text{或} \ A_0 = \pi R^2(1 + n\mu) \tag{11-60}$$

$$I_0 = \frac{\pi}{4}R^4 + \frac{1}{2}nA_s r_s^2 \ \text{或} \ I_0 = \frac{\pi}{4}R^2(R^2 + 2n\mu r_s^2) \tag{11-61}$$

4. 环形截面

$$A_0 = \pi(R^2 - r^2) + nA_s \ \text{或} \ A_0 = \pi(R^2 - r^2)(1 + n\mu) \tag{11-62}$$

$$I_0 = \frac{\pi}{4}(R^4 - r^4) + \frac{1}{2}nA_s r_s^2$$

$$\text{或} \ I_0 = \frac{\pi}{4}(R^2 - r^2)\left[(R^2 + r^2) + 2n\mu_s r_s^2\right] \tag{11-63}$$

式中　　μ——配筋率,圆形截面 $\mu = A_s/\pi R^2$,环形截面 $\mu = A_s/\pi(R^2 - r^2)$。

(二)截面设计

截面设计就是已知轴向力 N、初始偏心距 e_0(或初始弯矩)、计算长度、所用材料等,要求确定构件截面尺寸及配置纵向受力钢筋。截面设计时所要满足的条件仍然是应力复核公式。显然,未知量个数大于方程数,不能直接利用公式求解。一般按以下步骤采用试算法。

1. 根据经验估算构件截面尺寸。当正负弯矩相差不大时采用对称配筋,为保证经济,按最小配筋率初定钢筋面积,即让 $A_s = A'_s = 0.002A_c$(此处为构件截面面积);如正负弯矩相差较大,采用非对称配筋,这时受压较小一侧按最小配筋率取 $A_s = 0.002A_c$,受压较大边配筋适当增加。

2. 按公式(11-52)和公式(11-53)进行应力核算,根据结果进行以下调整,然后再进行应力核算:

(1)计算结果比容许应力小得多,这时如不受构造等其他要求限制,一般应该减少构件截面尺寸。

(2)计算结果比容许应力大得多,这时应该加大构件截面尺寸。

(3)计算结果与容许应力相差不超过 5%,构件截面尺寸与配筋满足要求,可作为截面设计值。如果不满足要求重复步骤 1、2,一般改动两三次即可满足设计要求。

【例题 11-9】 已知钢筋混凝土柱截面尺寸 $b \times h = 450 \text{ mm} \times 600 \text{ mm}$,承受轴向压力计算值 $N = 2\,000 \text{ kN}$,弯矩 $M = 134 \text{ kN} \cdot \text{m}$,按主力计算,柱计算长度 $l_0 = 7.5 \text{ m}$。混凝土强度等级 C30,纵筋为 HPB300 钢筋,A_s 为 $3\Phi22$,A'_s 为 $8\Phi22$,如图 11-31 所示。要求核算截面应力及柱的稳定性。

【解】 已知设计参数:

C30,$[\sigma_b] = 10.0 \text{ N/mm}^2$,$E_c = 3.2 \times 10^4 \text{ N/mm}^2$;钢筋$[\sigma_s] = 160 \text{ MPa}$,$[\sigma_c] = 8.0 \text{ N/mm}^2$,$n = 10$;$A'_s = 3\,041 \text{ mm}^2$,$A_s = 1\,140 \text{ mm}^2$,$m = 15.0$。

1. 判别偏心类别

先求出换算截面的核心矩。

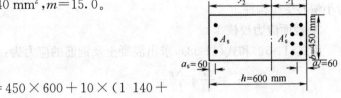

图 11-31　例 11-9 附图

换算截面面积 A_0 为:

$$A_0 = bh + n(A_s + A'_s) = 450 \times 600 + 10 \times (1\,140 + 3\,041) = 311\,810 \text{ mm}^2$$

换算截面重心轴的位置 y_1 及 y_2 为:

$$y_1 = \frac{S_c + n(S_s + S'_s)}{A_0} = \frac{\frac{1}{2}bh^2 + n[A_s(h-a_s) + A'_s a'_s]}{bh + n(A_s + A'_s)}$$

$$= \frac{\frac{1}{2} \times 450 \times 600^2 + 10 \times [1\,140 \times (600-60) + 3\,041 \times 60]}{450 \times 600 + 10 \times (1\,140 + 3\,041)} = 285.4 \text{ mm}$$

$$y_2 = h - y_1 = 600 - 285.4 = 314.6 \text{ mm}$$

换算截面对其重心轴的惯性矩 I_0 为:

$$I_0 = \frac{1}{3}b(y_1^3 + y_2^3) + n[A'_s(y_1 - a'_s)^2 + A_s(y_2 - a_s)^2]$$

$$= \frac{1}{3} \times 450 \times (285.4^3 + 314.6^3) + 10 \times [3\,041 \times (285.4-60)^2 + 1\,140 \times (314.6-60)^2]$$

$$= 1.044 \times 10^{10} \text{ mm}^4$$

计算核心矩 k_1 及 k_2 为:

$$k_1 = \frac{I_0}{A_0 y_2} = \frac{1.044 \times 10^{10}}{311\,810 \times 314.6} = 106.4 \text{ mm}$$

$$k_2 = \frac{I_0}{A_0 y_1} = \frac{1.044 \times 10^{10}}{311\,810 \times 285.4} = 117.3 \text{ mm}$$

初始偏心距 e_0 为:

$$e_0 = \frac{M}{N} = \frac{134 \times 10^6}{2\,000 \times 10^3} = 67 \text{ mm}$$

偏心距增大系数 η 为:

$$\alpha = \frac{0.1}{0.2 + e_0/h} + 0.16 = \frac{0.1}{0.2 + \frac{67}{600}} + 0.16 = 0.481$$

$$\eta = \frac{1}{1 - \frac{KN}{\alpha \frac{\pi^2 E_c I_c}{l_0^2}}} = \frac{1}{1 - \frac{2 \times 2\,000 \times 10^3}{0.481 \times \frac{3.14^2 \times 3.2 \times 10^4 \times \frac{1}{12} \times 450 \times 600^3}{7\,500^2}}}$$

$$= 1.224$$

偏心轴向力对换算截面重心轴的偏心距 e 为:

$$e = \eta e_0 + \frac{h}{2} - y_2 = 1.224 \times 67 + \frac{600}{2} - 314.6$$

$$= 67.4 \text{ mm} < k_1 = 106.4 \text{ mm}$$

为小偏心受压构件。

2. 截面应力校核

由式(11-52)和式(11-53),求出混凝土及钢筋的应力为:

$$\sigma_c = \frac{N}{A_0} + \frac{Ne}{I_0} y_1$$

$$= \frac{2\,000 \times 10^3}{311\,810} + \frac{2\,000 \times 10^3 \times 67.4}{1.044 \times 10^{10}} \times 285.4$$

$$= 10.0 \text{ N/mm}^2 \leqslant [\sigma_b] = 10.0 \text{ N/mm}^2$$

$$\sigma'_s = n\left[\frac{N}{A_0} + \frac{Ne}{I_0}(y_1 - a'_s)\right]$$

$$= 10 \times \left[\frac{2\,000 \times 10^3}{311\,810} + \frac{2\,000 \times 10^3 \times 67.4}{1.044 \times 10^{10}} \times (285.4 - 60)\right]$$

$$= 93.3 \text{ N/mm}^2 < [\sigma_s] = 160 \text{ N/mm}^2$$

满足强度条件。

3. 稳定性检算

$\dfrac{l_0}{b} = \dfrac{7\,500}{450} = 16.7$,查表 11-11,得 $\varphi = 0.849$

由式(11-34)得:

$$\sigma_c = \frac{N}{\varphi(A_c + mA'_s)} = \frac{2\,000 \times 10^3}{0.849[450 \times 600 + 15.0 \times (1\,140 + 3\,041)]}$$

$$= 7.08 \text{ N/mm}^2 < [\sigma_c] = 8.0 \text{ N/mm}^2$$

满足要求。

三、大偏心受压构件的计算($e > k$ 或 k_1、k_2)

在大偏心受压构件计算中,利用换算截面的概念,可以用应力叠加原理或静力平衡条件来计算应力。由于忽略受拉区混凝土的作用,在用应力叠加原理计算应力之前,必须先利用静力平衡条件求出混凝土受压区高度。下面先介绍矩形截面大偏心受压构件的计算。

(一)矩形截面的应力复核

在矩形截面中,根据正负弯矩相差的情况,有不对称配筋与对称配筋两种配筋情况。这里先介绍不对称配筋情况。

(1)确定中性轴位置

不对称配筋的计算应力图形如图 11-32 所示,根据静力平衡条件,对 N 作用点取矩,得:

$$D_c\left(g+\frac{1}{3}x\right)+A'_s\sigma'_s e'_s-A_s\sigma_s e_s=0 \qquad (11\text{-}64)$$

为了表达简练,取 $x=y-g$,则:

$$D_c=\frac{1}{2}bx\sigma_c=\frac{1}{2}b(y-g)\sigma_c \qquad (11\text{-}65)$$

又由应力比例关系,有:

$$\sigma'_s=n\sigma_c\frac{y-e'_s}{y-g} \qquad (11\text{-}66)$$

$$\sigma_s=n\sigma_c\frac{e_s-y}{y-g} \qquad (11\text{-}67)$$

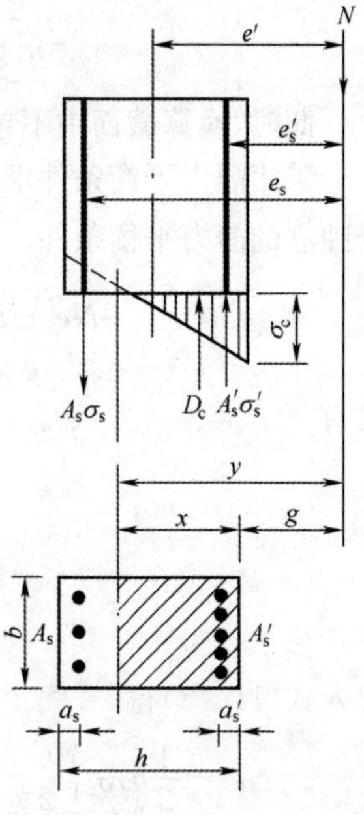

将式(11-65)、式(11-66)和式(11-67)代入式(11-64)得:

$$\frac{1}{2}b(y-g)\sigma_c\left[g+\frac{1}{3}(y-g)\right]+A'_s n\sigma_c\frac{y-e'_s}{y-g}e'_s$$

$$-A_s n\sigma_c\frac{e_s-y}{y-g}e_s=0 \qquad (11\text{-}68)$$

化为标准方程式 $\qquad\qquad y^3+py+q=0 \qquad\qquad (11\text{-}69)$

其中 $\qquad\qquad\qquad p=\frac{6n}{b}(A'_s e'_s+A_s e_s)-3g^2$

$$q=-\frac{6n}{b}(A'_s e'^2_s+A_s e^2_s)+2g^3$$

图 11-32 不对称配筋矩形
截面计算应力

式中　N——计算轴向压力;

$\quad$ e'——N 至构件截面重心轴的距离,$e'=\eta e_0$;

$\quad$ y——N 至构件截面中性轴的距离。

由式(11-69)求出 y,即可求出混凝土受压区高度 x。

式(11-69)是一元三次方程,不能直接求解,要用试算法、逐次渐进法等解法。这里介绍逐次渐进法。

已知 $f(y)=y^3+py+q=0$

第一步:假定一个近似解 $y=k$,计算 $f(y)$ 的值。

第二步:如果 $f(y)\neq 0$,进行修正,修正值

$$\Delta k_1=-\frac{f(y)}{f'(y)}$$

第三步:取 $y_1=y+\Delta k_1$,再让 $y=y_1$,返回第二步,直至 $f(y)=0$。

(2)截面应力计算

截面应力可以用应力叠加原理或者静力平衡条件来求。

当受压区高度确定后,和小偏心受压构件一样,可以求出换算截面的重心轴位置及换算截面的 A_0 和换算截面的惯性矩 I_0,采用应力叠加原理,有:

$$\sigma_c=\frac{N}{A_0}+\frac{M}{I_0}y_1 \text{ 或 } \frac{N}{A_0}+\frac{Ne}{I_0}y_1=\frac{N}{A_0}+\frac{M}{W_0}\leqslant[\sigma_b] \qquad (11\text{-}70)$$

$$\sigma'_s=n\left[\frac{N}{A_0}+\frac{M}{I_0}(y_1-a'_s)\right] \text{ 或 } n\left[\frac{N}{A_0}+\frac{Ne}{I_0}(y_1-a'_s)\right]\leqslant[\sigma_s] \qquad (11\text{-}71)$$

$$\sigma_s = n\left[\frac{N}{A_0} - \frac{M}{I_0}(y_2 - a_s)\right] \text{或} \ n\left[\frac{N}{A_0} - \frac{Ne}{I_0}(y_2 - a_s)\right] \leqslant [\sigma_s] \tag{11-72}$$

此时,换算截面中不包括受拉区混凝土。

采用静力平衡条件求解时,前面在求解受压区高度时,已用了一个平衡条件,这时还有一个独立的静力平衡条件。以构件截面重心轴作为力矩中心,由平衡条件 $\sum M_0 = 0$,有:

$$Ne' - D_c\left(\frac{h}{2} - \frac{x}{3}\right) - A_s'\sigma_s'\left(\frac{h}{2} - a_s'\right) - A_s\sigma_s\left(\frac{h}{2} - a_s\right) = 0 \tag{11-73}$$

又有

$$\sigma_s' = n\sigma_c\frac{x - a_s'}{x}$$

$$\sigma_s = n\sigma_c\frac{h - x - a_s}{x}$$

$$D_c = \frac{1}{2}bx\sigma_c$$

代入式(11-73)得

$$Ne' - \frac{1}{2}bx\sigma_c\left(\frac{h}{2} - \frac{x}{3}\right) - A_s'n\sigma_c\frac{x - a_s'}{x}\left(\frac{h}{2} - a_s'\right) - A_sn\sigma_c\frac{h - x - a_s}{x}\left(\frac{h}{2} - a_s\right) = 0$$

$$\tag{11-74}$$

$$\sigma_c = \frac{Ne'}{\frac{1}{2}bx\left(\frac{h}{2} - \frac{x}{3}\right) + nA_s'\frac{x - a_s'}{x}\left(\frac{h}{2} - a_s'\right) + nA_s\frac{h - x - a_s}{x}\left(\frac{h}{2} - a_s\right)} \leqslant [\sigma_b] \tag{11-75}$$

钢筋应力为:

$$\sigma_s' = n\sigma_c\frac{x - a_s'}{x} \leqslant [\sigma_s] \tag{11-76}$$

$$\sigma_s = n\sigma_c\frac{h - x - a_s}{x} \leqslant [\sigma_s] \tag{11-77}$$

可以看出大偏心受压情况采用静力平衡条件求解比较简单。

当对称配筋情况时,有 $A_s' = A_s, a_s' = a_s$,式(11-69)和式(11—74)可分别简化为:

$$y^3 + py + q = 0 \tag{11-78}$$

其中

$$p = \frac{6n}{b}A_s(e_s' + e_s) - 3g^2$$

$$q = -\frac{6n}{b}A_s(e_s'^2 + e_s^2) + 2g^3$$

同样

$$\sigma_c = \frac{Ne'}{\frac{1}{2}bx\left(\frac{h}{2} - \frac{x}{3}\right) + \frac{2nA_s}{x}\left(\frac{h}{2} - a_s\right)^2} \leqslant [\sigma_b] \tag{11-79}$$

$$\sigma_s' = n\sigma_c\frac{x - a_s'}{x} \leqslant [\sigma_s]$$

$$\sigma_s = n\sigma_c\frac{h - x - a_s}{x} \leqslant [\sigma_s]$$

【例题 11-10】 已知钢筋混凝土柱截面尺寸 $b \times h = 450 \ \text{mm} \times 600 \ \text{mm}$,两端铰支,长度为 7.5 m。混凝土强度等级 C30,纵筋为 HPB300 钢筋,对称配筋,8 Φ20,$A_s = A_s' = 3\ 041\ \text{mm}^2$,$a_s = a_s' = 55\ \text{mm}$。主力控制设计,承受弯矩 $M = 210\ \text{kN} \cdot \text{m}$,轴向压力 $N = 600\ \text{kN}$。要求核算截面应力。

【解】 1. 判别偏压类别

换算截面面积为：

$$A_0 = bh + 2nA_s = 450 \times 600 + 2 \times 10 \times 3\,041 = 330\,820 \text{ mm}^2$$

换算截面重心轴位置：

$$y = \frac{h}{2} = \frac{600}{2} = 300 \text{ mm}$$

换算截面对其重心轴的惯性矩为：

$$
\begin{aligned}
I_0 &= \frac{1}{12}bh^3 + 2nA_s\left(\frac{h}{2} - a_s\right)^2 \\
&= \frac{1}{12} \times 450 \times 600^3 + 2 \times 10 \times 3\,041 \times \left(\frac{600}{2} - 55\right)^2 \\
&= 1.175 \times 10^{10} \text{ mm}^4
\end{aligned}
$$

核心距：

$$k = \frac{I_0}{A_0 y} = \frac{1.175 \times 10^{10}}{330\,820 \times 300} = 118.4 \text{ mm}$$

初始偏心距 e_0 为：

$$e_0 = \frac{M}{N} = \frac{210 \times 10^6}{600 \times 10^3} = 350 \text{ mm}$$

$$\alpha = \frac{0.1}{0.2 + \dfrac{e_0}{h}} + 0.16 = \frac{0.1}{0.2 + \dfrac{350}{600}} + 0.16 = 0.288$$

偏心距增大系数 η 为：

$$\eta = \frac{1}{1 - \dfrac{kN}{\alpha \dfrac{\pi^2 E_c I_c}{l_0^2}}} = \cfrac{1}{1 - \cfrac{2.0 \times 600 \times 10^3}{\cfrac{0.288 \times 3.14^2 \times 3.2 \times 10^4 \times \frac{1}{12} \times 450 \times 600^3}{7\,500^2}}} = 1.101$$

考虑纵向弯曲后的偏心距 e' 为：

$$e' = \eta e_0 = 1.101 \times 350 = 385.4 \text{ mm} > k = 118.4 \text{ mm}$$

属大偏心受压构件。

2. 计算受压区高度 x

N 至受压边缘的距离 g 为：

$$g = e' - \frac{h}{2} = 385.4 - \frac{600}{2} = 85.4 \text{ mm}$$

$$e'_s = e' - \frac{h}{2} + a'_s = 385.4 - \frac{600}{2} + 55 = 140.4 \text{ mm}$$

$$e_s = e' + \frac{h}{2} - a_s = 385.4 + \frac{600}{2} - 55 = 630.4 \text{ mm}$$

$$p = \frac{6n}{b}A_s(e'_s + e_s) - 3g^2 = \frac{6 \times 10}{450} \times 3\,041 \times (140.4 + 630.4) - 3 \times 85.4^2 = 290\,654$$

$$
\begin{aligned}
q &= -\frac{6n}{b}A_s(e'^2_s + e^2_s) + 2g^3 = -\frac{6 \times 10}{450} \times 3\,041 \times (140.4^2 + 630.4^2) + 2 \times 85.4^3 \\
&= -167\,881\,092
\end{aligned}
$$

由式(11-69)得：

$$y^3 + 290\,654y - 167\,881\,092 = 0$$

求解得
$$y = 383.5 \text{ mm}$$

$$x = y - g = 383.5 - 85.4 = 298.1 \text{ mm}$$

3. 应力核算

混凝土受压边缘应力 σ_c 为：

$$\sigma_c = \frac{Ne'}{\frac{1}{2}bx\left(\frac{h}{2} - \frac{x}{3}\right) + \frac{2nA_s}{x}\left(\frac{h}{2} - a_s\right)^2}$$

$$= \frac{600 \times 10^3 \times 385.4}{\frac{1}{2} \times 450 \times 298.1 \times \left(\frac{600}{2} - \frac{298.1}{3}\right) + \frac{2 \times 10 \times 3\,041}{298.1} \times \left(\frac{600}{2} - 55\right)^2}$$

$$= 9.0 \text{ N/mm}^2 < [\sigma_b] = 10.0 \text{ N/mm}^2$$

钢筋应力为：

$$\sigma'_s = n\sigma_c \frac{x - a'_s}{x} = 10 \times 9.9 \times \frac{298.1 - 55}{298.1} = 73.4 \text{ N/mm}^2 < [\sigma_s] = 160 \text{ N/mm}^2$$

$$\sigma_s = n\sigma_c \frac{h - x - a_s}{x} = 10 \times 9.9 \times \frac{600 - 298.1 - 55}{298.1} = 74.5 \text{ N/mm}^2 < [\sigma_s] = 160 \text{ N/mm}^2$$

满足要求。

(二)截面设计

截面设计中,已知 N、M(或 e_0),要求 b、h、A_s、A'_s。基本公式只有 4 个,但未知量除截面尺寸及配筋外,还有受压区高度 x 及 σ_c、σ_s、σ'_s。所以一般需补充条件采用试算法,步骤如下:

1. 根据构造要求及经验数据拟定截面尺寸。

2. 为充分发挥受压混凝土的作用,令 $\sigma_c = [\sigma_b]$。假定 σ_s 值,确定截面的应力状态。

3. 利用静力平衡条件,分别对 A_s 及 A'_s 取矩,求出 A_s 及 A'_s。

4. 按照 $A_s + A'_s$ 配筋后,根据实际配筋面积进行应力核算。

需要说明的是,按上述步骤求出的配筋与假定的 σ_s 值有关。为保证设计的优化,设计时宜假定几个不同的 σ_s 值,一般偏心距较大时,假定的 σ_s 值应较大,接近$[\sigma_s]$;偏心距小时,假定的 σ_s 值应较小。分别求出相应的 A_s 及 A'_s,比较后选用 $A_s + A'_s$ 值最小的方案,以节约钢材。在设计中有时也需要修改截面尺寸。

(三)其他截面形式的应力核算

1. 工字型及箱型截面

箱型截面可以简化为工字型截面。工字型截面大偏心受压构件的计算原理与矩形截面相同,区别仅多了翼缘。计算简图如图 11-33 所示。

(1)确定中性轴位置。由静力平衡条件,对 N 作用点取矩,可得:

$$D_c Z_c + A'_s \sigma'_s e'_s - A_s \sigma_s e_s = 0 \qquad (11\text{-}80)$$

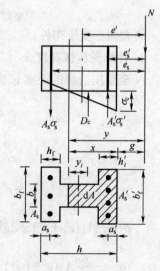

图 11-33 工字形大偏心受压
构件计算简图

式中

$$D_c = \frac{1}{2} b'_f x \sigma_c - \frac{1}{2}(b'_f - b)(x - h'_f)\sigma_c \frac{x - h'_f}{x}$$

$$= \frac{1}{2} b'_f (y - g)\sigma_c - \frac{1}{2}(b'_f - b)\sigma_c \frac{(y - g - h'_f)^2}{y - g} \tag{11-81}$$

而

$$\sigma'_s = n\sigma_c \frac{y - e'_s}{y - g}$$

$$\sigma_s = n\sigma_c \frac{e_s - y}{y - g}$$

代入上式,整理为标准方程为:

$$y^3 + py + q = 0 \tag{11-82}$$

式中

$$p = \frac{1}{b}\{3(b'_f - b)[(g + h'_f)^2 - g^2] + 6n(A_s e_s + A'_s e'_s)\} - 3g^2$$

$$q = -\frac{1}{b}\{2(b'_f - b)[(g + h'_f)^3 - g^3] + 6n(A_s e_s^2 + A'_s e'^2_s)\} + 2g^3$$

用试算法可求出截面的受压高度 x。

(2)截面应力核算

工字型截面的应力仍然可以用应力叠加法或静力平衡条件来建立方程求解。

采用应力叠加原理求解时,当截面的受压取高度求出后,用力学的方法可以求出换算截面面积及换算截面对换算截面重心轴的惯性矩,得到应力核算条件:

$$\sigma_c = \frac{N}{A_0} + \frac{M}{I_0} y_1 = \frac{N}{A_0} + \frac{M}{W_0} \leqslant [\sigma_b]$$

$$\sigma'_s = n\left[\frac{N}{A_0} + \frac{M}{I_0}(y_1 - a'_s)\right] \leqslant [\sigma_s]$$

$$\sigma_s = n\left[\frac{N}{A_0} - \frac{M}{I_0}(y_2 - a_s)\right] \leqslant [\sigma_s]$$

在工字型截面的计算中,用应力叠加法计算比较复杂,而用静力平衡条件比较简单。

在计算应力简图中,对中性轴取矩。由 $\sum M = 0$,得:

$$Ny - A'_s \sigma'_s(x - a'_s) - A_s \sigma_s(h - x - a_s) - \int_{A_c} \sigma_{ci} dA y_i = 0 \tag{11-83}$$

由应力比例关系,有:

$$\sigma'_s = n\sigma_c \frac{x - a'_s}{x}$$

$$\sigma'_s = n\sigma_c \frac{h - x - a_s}{x}$$

$$\sigma_{hi} = \sigma_c \frac{y_i}{x}$$

代入得:

$$Ny - A_s n\sigma_c \frac{(h - x - a_s)^2}{x} - A'_s n\sigma_c \frac{(x - a'_s)^2}{x} - \int_{A_c} \sigma_c \frac{y_i}{x} dA y_i = 0 \tag{11-84}$$

整理后得:

$$\sigma_c = \frac{Nyx}{nA_s(h-x-a_s)^2 + nA'_s(x-a'_s)^2 + \int_{A_c} y_i^2 \,\mathrm{d}A}$$

令

$$I'_0 = nA_s(h-x-a_s)^2 + nA'_s(x-a'_s)^2 + \int_{A_c} y_i^2 \,\mathrm{d}A \qquad (11\text{-}85)$$

显然,式中 $nA_s(h-x-a_s)^2$ 为受拉钢筋换算截面对中性轴的惯性矩;$nA'_s(x-a'_s)^2$ 为受压钢筋对中性轴的惯性矩;$\int_{A_c} y_i^2 \,\mathrm{d}A$ 为受压区混凝土截面对中性轴的惯性矩。I'_0 即为整个换算截面对中性轴的惯性矩。

于是得:

$$\sigma_c = \frac{Nyx}{I'_0} \leqslant [\sigma_b] \qquad (11\text{-}86)$$

由应力比例关系得:

$$\sigma_s = n\sigma_c \frac{h-x-a_s}{x} \leqslant [\sigma_s]$$

$$\sigma'_s = n\sigma_c \frac{x-a'_s}{x} \leqslant [\sigma_s]$$

2. 圆形截面应力核算

圆形和环形截面大偏心受压构件,由于截面沿受压区高度方向宽度是变化的,所以不管是用应力叠加法还是用静力平衡条件求解应力,计算公式都是比较复杂的。为了简化计算,一般都用表格来辅助计算。下面先介绍圆形截面应力核算。

(1)确定中性轴位置

对圆形截面,以受压区圆心角 2α 作为基本未知量。计算应力图形如图 11-34 所示,根据静力平衡条件,隔离体在竖直方向的力平衡,对圆心的力矩平衡,有:

$$\sum Y = 0, \quad N = N_c + N_s \qquad (11\text{-}87)$$

$$\sum M_0 = 0, \quad M = Ne' = M_c + M_s \qquad (11\text{-}88)$$

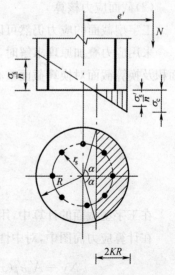

图 11-34 圆形截面大偏心计算
应力计算简图

式中 N——计算轴向力;

M——计算弯矩,考虑纵向弯曲影响,按 ηM 或 Ne' 计算;

N_c——受压区混凝土的压应力合力;

N_s——纵向钢筋的应力合力,包括受压和受拉钢筋;

M_c——受压区混凝土的压应力对截面中心线的力矩;

M_s——纵向钢筋的应力对截面中心线的力矩。

用积分的方法可以求出 N_c、N_s、M_c、M_s 的表达式,即:

$$N_c = \frac{\sigma_c R^2}{3(1-\cos\alpha)}(2\sin^3\alpha - 3\alpha\cos\alpha + 3\sin\alpha\cos^2\alpha) \qquad (11\text{-}89)$$

$$M_c = \frac{\sigma_c R^3}{48(1-\cos\alpha)}(12\alpha - 3\sin 4\alpha - 32\sin^3\alpha\cos\alpha) \qquad (11\text{-}90)$$

式中 α——受压区圆心角的一半。

　　圆形截面配筋中,为了施工方便,避免钢筋实际位置与设计要求发生偏差,纵向钢筋一般沿圆周均匀配置。为了计算方便,按钢筋面积相等、位置不变的原则将钢筋换算为半径为 r_s 厚度为 t 的圆环,则有:

$$2\pi r_s t = \mu\pi R^2 \tag{11-91}$$

得

$$t = \frac{\mu\pi R^2}{2r_s} \tag{11-92}$$

在换算钢筋圆环上,用积分法求出:

$$N_s = -\frac{\sigma_c R^2}{3(1-\cos\alpha)}3\pi\cos\alpha \tag{11-93}$$

$$M_s = \frac{\sigma_c R^3}{48(1-\cos\alpha)}24n\pi\mu\left(\frac{r_s}{R}\right) \tag{11-94}$$

令

$$K = \frac{1-\cos\alpha}{2} \tag{11-95}$$

$$V = 2\sin^3\alpha - 3\alpha\cos\alpha + 3\sin\alpha\cos^2\alpha \tag{11-96}$$

$$W = 12\alpha - 3\sin4\alpha - 32\sin^3\alpha\cos\alpha \tag{11-97}$$

$$Q = 3\pi\cos\alpha \tag{11-98}$$

式(11-89)、式(11-90)、式(11-93)和式(11-94)化为:

$$N_c = \frac{\sigma_c R^2}{6K}V \tag{11-99}$$

$$M_c = \frac{\sigma_c R^3}{96K}W \tag{11-100}$$

$$N_s = -\frac{\sigma_c R^2}{6K}n\mu Q \tag{11-101}$$

$$M_s = \frac{\sigma_c R^3}{96K}24n\pi\mu\left(\frac{r_s}{R}\right) \tag{11-102}$$

所以

$$N = N_c + N_s = \frac{\sigma_c R^2}{6K}(V - n\mu Q) \tag{11-103}$$

$$M = M_c + M_s = \frac{\sigma_c R^3}{96K}\left[W + 24n\pi\mu\left(\frac{r_s}{R}\right)^2\right] \tag{11-104}$$

两式相除得:

$$\frac{e'}{R} = \frac{W + 24n\pi\mu\left(\frac{r_s}{R}\right)^2}{16(V - n\mu Q)} \tag{11-105}$$

　　当为截面应力核算时,式(11-105)中只有 α 一个未知量,可用试算法求解。为了简化计算,把 K、V、W、Q 作成与 α 相关的表格,查表求解。式中 e'/R 称为偏心率。

　　(2)截面应力计算

　　受压区圆心角 α 求出后,由式(11-104)可得出混凝土的最大压应力及应力核算公式:

$$\sigma_c = \frac{96KM}{R^3\left[W + 24n\pi\mu\left(\frac{r_s}{R}\right)^2\right]} \leqslant [\sigma_b] \tag{11-106}$$

　　由应力比例关系得钢筋应力计算公式:

$$\sigma_s = n\sigma_c \frac{R(1-2K)+r_s}{2KR} \leqslant [\sigma_s] \qquad (11\text{-}107)$$

$$\sigma'_s = n\sigma_c \frac{R(2K-1)+r_s}{2KR} \leqslant [\sigma_s] \qquad (11\text{-}108)$$

式中 e'——计算轴向力 N 对构件截面重心的偏心距,考虑纵向弯矩的影响,$e' = \eta e_0$;

M——计算弯矩,考虑纵向弯矩的影响,按 ηM 计算(或按 Ne' 计算);

R——构件截面的半径;

r_s——钢筋中心至截面中心的距离;

n——钢筋弹性模量与混凝土受压弹性模量之比;

μ——配筋率。

3. 环形截面应力核算

环形截面的计算原理与圆形截面相同。但当中性轴位于不同的区域时,受压区的截面形式有变化,公式表达上有一些不同。区域划分如图 11-35 所示。

(1)当中性轴位于 Ⅰ 区时

此时 $\alpha < 90°$,且 $\alpha \leqslant \arccos\left(\dfrac{r}{R}\right)$,中性轴按下式确定:

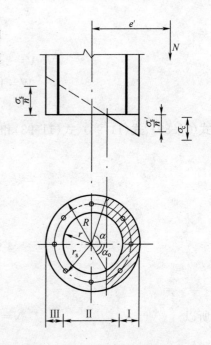

$$\frac{e'}{R} = \frac{W + 24n\pi\mu\left(\frac{r_s}{R}\right)^2\left(1-\frac{r^2}{R^2}\right)}{16\left[V - n\mu Q\left(1-\frac{r^2}{R^2}\right)\right]} \qquad (11\text{-}109)$$

混凝土应力核算公式为:

$$\sigma_c = \frac{96KM}{R^3\left[W + 24n\pi\mu\left(\frac{r_s}{R}\right)^2\left(1-\frac{r^2}{R^2}\right)\right]} \leqslant [\sigma_b]$$

$$(11\text{-}110)$$

(2)当中性轴位于 Ⅱ 区时

此时 $\arccos\left(\dfrac{r}{R}\right) < \alpha < \arccos\left(\dfrac{r_s}{R}\right)$,中性轴按下式

图 11-35 环形截面计算简图

确定:

$$\frac{e'}{R} = \frac{W - \left(\frac{r}{R}\right)^4 W_0 + 24n\pi\mu\left(\frac{r_s}{R}\right)^2\left(1-\frac{r^2}{R^2}\right)}{16\left[V - \left(\frac{r}{R}\right)^3 V_0 - n\mu\left(1-\frac{r^2}{R^2}\right)Q\right]} \qquad (11\text{-}111)$$

混凝土应力核算公式为:

$$\sigma_c = \frac{96KM}{R^3\left[W - \left(\frac{r}{R}\right)^4 W_0 + 24n\pi\mu\left(\frac{r_s}{R}\right)^2\left(1-\frac{r^2}{R^2}\right)\right]} \leqslant [\sigma_b] \qquad (11\text{-}112)$$

(3)当混凝土位于区域 Ⅲ 时

此时,$\alpha > 90°$,且 $\alpha \geqslant \arccos\left(-\dfrac{r}{R}\right)$,中性轴按下式确定:

$$\frac{e'}{R}=\frac{W-12\pi\left(\frac{r}{R}\right)^4+24n\pi\mu\left(\frac{r_s}{R}\right)^2\left(1-\frac{r^2}{R^2}\right)}{16\left[V-3\pi(2K-1)\left(\frac{r}{R}\right)^2-n\mu\left(1-\frac{r^2}{R^2}\right)Q\right]} \tag{11-113}$$

混凝土应力核算公式为：

$$\sigma_c=\frac{96KM}{R^2\left[W-12\pi\left(\frac{r}{R}\right)^4+24n\pi\mu\left(\frac{r_s}{R}\right)^2\left(1-\frac{r^2}{R^2}\right)\right]}\leqslant[\sigma_b] \tag{11-114}$$

上述 3 种情况钢筋的应力核算公式与圆形截面相同,即:

$$\sigma_s=n\sigma_c\frac{R(1-2K)+r_s}{2KR}\leqslant[\sigma_s] \tag{11-115}$$

$$\sigma_s'=n\sigma_c\frac{R(2K-1)+r_s}{2KR}\leqslant[\sigma_s] \tag{11-116}$$

式中　r——环形截面的半径;

　　　μ——配筋率,$\mu=\dfrac{A_s}{\pi(R^2-r^2)}$;

$$V_0=2\sin^3\alpha_0-3\alpha_0\cos\alpha_0+3\sin\alpha_0\cos^2\alpha_0$$

$$W_0=12\alpha_0-3\sin4\alpha_0-32\sin^3\alpha_0\cos\alpha_0$$

其中　α_0——受压区在 Ⅱ 区时环形截面内圆周所对应的圆心角的一半,

$$\alpha_0=\arccos\left(\frac{R}{r}\cos\alpha\right)$$

α、α_0 值所对应的 K、V、V_0、W、W_0、Q 值见表 11-12。

表 11-12　K、V、V_0、W、W_0、Q 值表

α、α_0 (°)	$K=\dfrac{1-\cos\alpha}{2}$	V、V_0	W、W_0	Q	α、α_0 (°)	$K=\dfrac{1-\cos\alpha}{2}$	V、V_0	W、W_0	Q
0	0	0	0	9.425	45	0.146	0.102	1.421	6.664
10	0.008	0	0.001	9.282	46	0.153	0.113	1.569	6.547
20	0.030	0.002	0.031	8.856	47	0.159	0.125	1.724	6.428
30	0.067	0.015	0.221	8.162	48	0.165	0.137	1.889	6.306
31	0.071	0.017	0.258	8.079	49	0.172	0.151	2.065	6.184
32	0.076	0.020	0.300	7.992	50	0.179	0.166	2.252	6.058
33	0.081	0.023	0.346	7.905	51	0.186	0.186	2.450	5.931
34	0.086	0.027	0.398	7.813	52	0.192	0.198	2.659	5.803
35	0.091	0.031	0.456	7.721	53	0.199	0.216	2.880	5.672
36	0.095	0.035	0.519	7.625	54	0.206	0.236	3.113	5.540
37	0.101	0.040	0.589	7.527	55	0.213	0.256	3.359	5.406
38	0.106	0.046	0.666	7.427	56	0.220	0.278	3.616	5.270
39	0.111	0.052	0.750	7.324	57	0.228	0.301	3.887	5.133
40	0.117	0.058	0.841	7.219	58	0.235	0.325	4.169	4.994
41	0.123	0.066	0.941	7.113	59	0.242	0.351	4.464	4.854
42	0.129	0.074	1.048	7.004	60	0.250	0.378	4.772	4.712
43	0.134	0.082	1.165	6.893	61	0.258	0.406	5.093	4.569
44	0.140	0.092	1.290	6.780	62	0.265	0.437	5.426	4.425

续上表

α,α_0 (°)	$K = \dfrac{1-\cos\alpha}{2}$	V,V_0	W,W_0	Q	α,α_0 (°)	$K = \dfrac{1-\cos\alpha}{2}$	V,V_0	W,W_0	Q
63	0.273	0.468	5.771	4.279	98	0.570	2.714	23.260	−1.312
64	0.281	0.501	6.130	4.132	99	0.578	2.809	23.794	−1.474
65	0.289	0.536	6.500	3.983	100	0.587	2.909	24.323	−1.636
66	0.297	0.573	6.883	3.833	101	0.595	3.008	24.845	−1.798
67	0.305	0.611	7.278	3.683	102	0.604	3.109	25.360	−1.959
68	0.313	0.651	7.686	3.531	103	0.612	3.212	25.867	−2.121
69	0.321	0.692	8.104	3.378	104	0.621	3.317	26.367	−2.280
70	0.329	0.736	8.534	3.223	105	0.629	3.420	26.857	−2.439
71	0.337	0.781	8.975	3.068	106	0.638	3.518	27.339	−2.597
72	0.345	0.828	9.426	2.912	107	0.646	3.603	27.811	−2.756
73	0.354	0.877	9.888	2.756	108	0.655	3.738	28.273	−2.912
74	0.362	0.928	10.360	2.597	109	0.663	3.849	28.724	−3.069
75	0.371	0.980	10.842	2.439	110	0.671	3.960	29.165	−3.223
76	0.379	1.035	11.333	2.280	111	0.678	4.069	29.595	−3.378
77	0.388	1.091	11.832	2.121	112	0.687	4.181	30.014	−3.531
78	0.396	1.150	12.339	1.959	113	0.695	4.294	30.421	−3.682
79	0.405	1.210	12.854	1.798	114	0.703	4.406	30.816	−3.833
80	0.413	1.272	13.376	1.636	115	0.711	4.519	31.199	−3.983
81	0.422	1.336	13.905	1.474	116	0.719	4.632	31.569	−4.132
82	0.430	1.402	14.439	1.312	117	0.727	4.746	31.928	−4.279
83	0.439	1.470	14.979	1.149	118	0.735	4.862	32.273	−4.425
84	0.448	1.541	15.523	0.985	119	0.742	4.975	32.606	−4.569
85	0.456	1.612	16.071	0.822	120	0.750	5.080	32.927	−4.712
86	0.465	1.687	16.623	0.658	125	0.787	5.662	34.340	−5.406
87	0.474	1.762	17.177	0.493	130	0.821	6.224	35.448	−6.058
88	0.483	1.839	17.733	0.329	135	0.854	6.768	36.274	−6.664
89	0.491	1.920	18.291	0.165	140	0.883	7.278	36.858	−7.219
90	0.500	2.000	18.850	0	145	0.910	7.751	37.243	−7.721
91	0.509	2.084	19.408	−0.165	150	0.933	8.177	37.478	−8.162
92	0.517	2.168	19.966	−0.329	155	0.953	8.547	37.607	−8.542
93	0.526	2.255	20.522	−0.493	160	0.970	8.858	37.668	−8.856
94	0.535	2.344	21.076	−0.658	165	0.983	9.104	37.691	−9.103
95	0.544	2.434	21.628	−0.822	170	0.992	9.282	37.698	−9.282
96	0.552	2.526	22.176	−0.985	175	0.998	9.389	37.699	−9.389
97	0.561	2.619	22.720	−1.149	180	1.000	9.425	37.699	−9.425

【例题 11-11】 有一钻孔桩截面尺寸及配筋如图 11-36 所示。主力控制设计,承受轴向压力 $N=1\,600\ \text{kN}$,弯矩 $M=400\ \text{kN}\cdot\text{m}$;柱的计算长度 $l_0=7.0\ \text{m}$;HPB300 钢筋 16Φ25,C30 混凝土,$n=15$。

要求核算构件截面应力及稳定性。

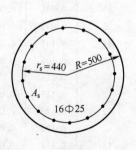

图 11-36 例题 11-11 附图

【解】 1. 判别大小偏心

$$A_c=\frac{\pi}{4}(2R)^2=\frac{\pi}{4}(2\times 500)^2=785\,000\ \text{mm}^2$$

$$A_s=7\,854\ \text{mm}^2$$

$$I_c=\frac{\pi}{4}R^4=\frac{\pi}{4}\times 500^4=4.906\,25\times 10^{10}\ \text{mm}^4$$

$$\mu=\frac{A_\mathrm{s}}{A_\mathrm{c}}=\frac{7\,854}{785\,000}=0.01$$

换算截面面积为：

$$A_0=A_\mathrm{c}+nA_\mathrm{s}=785\,000+15\times7\,854=902\,810\ \mathrm{mm}^2$$

换算截面惯性矩为：

$$I_0=\frac{\pi}{4}R^4+\frac{1}{2}nA_\mathrm{s}r_\mathrm{s}^2=\frac{\pi}{4}\times500^4+\frac{1}{2}\times15\times7\,854\times440^2=6.049\times10^{10}\ \mathrm{mm}^4$$

$$y=R=500\ \mathrm{mm}$$

核心距 $k=\dfrac{I_0}{A_0y}=\dfrac{6.049\times10^{10}}{902\,810\times500}=134.0\ \mathrm{mm}$

初始偏心距为：

$$e_0=\frac{M}{N}=\frac{400\times10^6}{1\,600\times10^3}=250\ \mathrm{mm}$$

$$\alpha=\frac{0.1}{0.2+\dfrac{e_0}{h}}+0.16=\frac{0.1}{0.2+\dfrac{250}{1\,000}}+0.16=0.382$$

$$\eta=\frac{1}{1-\dfrac{KN}{\alpha\dfrac{\pi^2E_\mathrm{c}I_\mathrm{c}}{l_0^2}}}=\frac{1}{1-\dfrac{2\times1\,600\times10^3}{0.382\times\dfrac{\pi^2\times2.8\times10^4\times4.906\,25\times10^{10}}{7\,000^2}}}=1.031$$

考虑纵向弯曲后的偏心距为：

$$e'=\eta e_0=1.031\times250=257.8\ \mathrm{mm}$$

对换算截面重心轴的偏心距为：

$$e=e'=257.8\ \mathrm{mm}>k=134.0\ \mathrm{mm}$$

所以属于大偏心受压。

2. 截面应力核算

用试算法，先令 $\alpha=112°$，查表 11-12 得：

$$K=0.687,V=4.181,W=30.014,Q=-3.531$$

荷载偏心率

$$\frac{e'}{R}=\frac{257.8}{500}=0.515\,6$$

按 $\alpha=112°$ 代入式(11-105)得：

$$\frac{e'}{R}=\frac{W+24n\pi\mu\left(\dfrac{r_\mathrm{s}}{R}\right)^2}{16\times(V-n\mu Q)}=\frac{30.014+24\times15\times3.14\times0.01\times\left(\dfrac{440}{500}\right)^2}{16\times[4.181-15\times0.01\times(-3.531)]}=0.514\approx0.515\,6$$

所以 $\alpha=112°$ 为实际受压区的圆心角的一半。

混凝土的最大压应力为：

$$\sigma_\mathrm{c}=\frac{96KM}{R^3\left[W+24n\pi\mu\left(\dfrac{r_\mathrm{s}}{R}\right)^2\right]}$$

$$=\frac{96\times0.687\times1.031\times400\times10^6}{500^3\times\left[30.014+24\times15\times3.14\times0.01\times\left(\dfrac{440}{500}\right)^2\right]}$$

$$=5.61\ \mathrm{MPa}<[\sigma_\mathrm{b}]=10\ \mathrm{MPa}$$

钢筋应力为：

$$\sigma_s = n\sigma_c \frac{R(1-2K)+r_s}{2KR}$$

$$= 15 \times 5.61 \times \frac{500(1-2\times0.687)+440}{2\times0.687\times500}$$

$$= 31.0 \text{ MPa} < [\sigma_s] = 160 \text{ MPa}$$

$$\sigma'_s = n\sigma_c \frac{R(2K-1)+r_s}{2KR} = 15 \times 5.61 \times \frac{500\times(2\times0.687-1)+440}{2\times0.687\times500}$$

$$= 76.9 \text{ MPa} < [\sigma_s] = 160 \text{ MPa}$$

满足要求。

3. 稳定性验算

$l_0/d = 7\,000/1\,000 = 7 \leqslant 7$，所以 $\varphi = 1.0$。又查表 C30，HPB300 钢筋，$m = 15.0$。

所以

$$\sigma_c = \frac{N}{\varphi(A_c + mA'_s)} = \frac{1\,600\times10^3}{1.0\times(785\,000+15.0\times7\,854)}$$

$$= 1.77 \text{ MPa} < [\sigma_c] = 8.0 \text{ MPa}$$

满足要求。

四、偏心受压构件的稳定性验算

偏心受压构件当垂直弯矩作用平面的截面尺寸比较小时，可能先发生弯矩作用平面外的失稳破坏。为了避免这种情况的发生，不管是大偏压构件还是小偏压构件，需要进行弯矩平面外的稳定验算。

稳定验算时，按轴心受压构件来计算，不考虑弯矩作用，按垂直弯矩作用平面的截面尺寸来考虑纵向弯曲的影响。

五、偏心受压构件主拉应力计算

有的偏心受压构件有横向力作用，如拱桥的拱圈和拱肋。这时构件截面上有轴向压力，弯矩和剪力共同作用，产生斜向的主拉应力。当主拉应力超过混凝土的抗拉强度时，会产生斜向裂缝，甚至沿斜截面破坏。因此，在受到有横向力作用的偏心受压构件中，同样需要根据主拉应力值，按受弯构件抗剪设计的方法进行抗剪设计。

主拉应力的值按材料力学的方法进行计算。

(一)小偏心受压构件

小偏心受压时，中性轴位于构件截面之外，最大剪应力发生在换算截面重心轴处。主拉应力最大值按下式计算：

$$\sigma_{tp} = \frac{\sigma_c}{2} - \sqrt{\frac{\sigma_c^2}{4} + \tau^2} \tag{11-117}$$

式中 σ_c——换算截面重心轴处的正应力，以压力为正，$\sigma_c = \frac{N}{A_0}$；

τ——换算截面重心轴处的剪应力 $\tau = \frac{VS_c}{bI_0}$[其中，V 为计算截面处的剪力，S_c 为换算截面重心轴以上(或以下)部分面积对该轴的面积矩的惯性矩]。

（二）大偏心受压构件

大偏心受压时，中性轴位于截面以内，应将中性轴处的剪应力（即主拉应力）与换算截面重心轴处的主拉应力相比较，取其较大者控制设计。

中性轴处的主拉应力按下式计算：

$$\sigma_{tp} = \tau = \frac{VS_c}{bI_0} \tag{11-118}$$

式中　S_c——中性轴以上（或以下）部分换算截面积对构件换算截面（不计混凝土受拉区）重心轴的面积矩；

　　　I_0——换算截面（不计混凝土受拉区）对其重心轴的惯性矩。

其余符号意义同式(11-117)。

换算截面重心处的主拉应力仍按式(11-117)计算，只是在重心处剪应力计算时，S_c、I_0 是不含混凝土受拉区的换算截面的相应值。

小　结

1. 铁路桥涵钢筋混凝土结构应按容许应力法设计。除主拉应力验算外，计算强度时，不应考虑混凝土承受拉力，拉力应完全由钢筋承受。

2. 计算结构变形时，截面刚度应按 $0.8E_cI$ 计算，E_c 为混凝土的受压弹性模量，I 分别按下列规定计算：

(1)静定结构：不计混凝土受拉区，计入钢筋。

(2)静不定结构：包括全部混凝土截面，不计钢筋。

3. 混凝土强度等级可采用 C25、C30、C35、C40、C45、C50、C55、C60 八个等级，普通钢筋宜采用 HPB300、HRB400 和 HRB500 钢筋。

4. 钢筋混凝土受弯构件按容许应力法计算的理论，以应力阶段 Ⅱ 为其分析的依据，而以以下 3 个基本假定为基础：

(1)平截面假定；

(2)弹性体假定；

(3)受拉区混凝土不参加工作。

5. 单筋矩形截面梁的受压区高度完全取决于材料，配筋率及截面尺寸，而与荷载弯矩无关，即

$$x = \xi h_0 = (\sqrt{(n\mu)^2 + 2n\mu} - n\mu)h_0$$

6. 钢筋混凝土梁中受压区内的主应力变化规律与匀质弹性梁相同，受拉区混凝土处于纯剪应力状态，其主拉应力方向与正应力方向成 $45°$ 角，主拉应力大小则与剪应力相等，但主拉应力图的面积为剪应力图面积的 $\cos 45°$。

7. 对混凝土的主拉应力规定了 3 种主拉应力值，当梁中最大主拉应力值 $\sigma_{ctmax} > [\sigma_{tp-1}]$ 时，必须采用箍筋和斜筋以外的措施，如增大截面宽度或提高混凝土强度等级；当梁中最大主拉应力值 $\sigma_{ctmax} < [\sigma_{tp-2}]$ 时，不需按计算而只需按构造要求设置一定数量腹筋；当梁中最大主拉应力值满足 $[\sigma_{tp-2}] \leqslant \sigma_{ctmax} \leqslant [\sigma_{tp-1}]$ 时，必须按计算设置腹筋，但 $\sigma_{ct} < [\sigma_{tp-3}]$ 的部分梁段，可仅按构造要求配置腹筋。

8. 受弯构件的强度应按下列公式计算：

(1)混凝土的压应力为

$$\sigma_c = \frac{M}{W_0} \leqslant [\sigma_b]$$

(2)钢筋的拉应力为

$$\sigma_s = n\frac{M}{W_s} \leqslant [\sigma_s]$$

(3)中性轴处的剪应力为

$$\tau = \frac{V}{bz} \leqslant [\sigma_{tp-1}]$$

(4)对 T 或工形截面受弯构件除计算中性轴处的剪应力外,还应按下式验算板与梗相交处的剪应力:

$$\tau' = \tau\frac{b}{h'_f}\frac{S_A}{S_0} \leqslant [\tau_c]$$

当受拉区的翼缘突出梁梗较大时,尚应按下式验算梁梗与翼缘相交处的剪应力:

$$\tau'' = \tau\frac{b}{h_f}\frac{A_{sf}}{A_s} \leqslant [\tau_c]$$

9. 钢筋混凝土轴心受压构件的计算,以破坏阶段的截面应力状态为计算依据,但把按破坏阶段法的计算公式换算成按容许应力法计算的表达形式。

(1)具有纵筋及一般箍筋的轴心受压构件的强度与稳定性应按下列公式计算:

①强度:$\sigma_c = \dfrac{N}{A_c + mA'_s} \leqslant [\sigma_c]$

②稳定性:$\sigma_c = \dfrac{N}{\varphi(A_c + mA'_s)} \leqslant [\sigma_c]$

(2)采用螺旋式或焊接环式间接钢筋的轴心受压构件,其强度应按下列公式计算:

$$\sigma_c = \frac{N}{A_{he} + mA'_s + 2mA_j} \leqslant [\sigma_c]$$

$$A_j = \frac{\pi d_{he} a_j}{S}$$

10. 钢筋混凝土偏心受压构件按容许应力法计算,当偏心距小于或等于核心距时,截面全部受压,称之为小偏心受压;当偏心距大于核心距时,截面部分受拉部分受压,称之为大偏心受压。小偏心受压时截面全部受压,可直接应用应力叠加原理进行截面应力计算。大偏心受压时截面出现拉应力,在计算中不考虑混凝土受拉,大偏心受压构件的计算比小偏心受压构件的计算复杂些。偏心受压构件的强度应按下列公式计算:

(1)混凝土的压应力

$$\sigma_c = \frac{N}{A_0} + \frac{\eta M}{W_0} \leqslant [\sigma_0]$$

$$\eta = \frac{1}{1 - \dfrac{KN}{\alpha\dfrac{\pi^2 E_c I_c}{l_0^2}}}$$

$$\alpha = \frac{0.1}{0.2 + \dfrac{e_0}{h}} + 0.16$$

(2)混凝土的剪应力

$$\tau = \frac{VS_c}{bI'_0}$$

（3）混凝土的主拉应力

①大偏心受压，中性轴在截面以内时，有：$\sigma_{tp} = \dfrac{VS_c}{bI'_0}$

②小偏心受压，中性轴在截面以外时，有：$\sigma_{tp} = \dfrac{\sigma_c}{2} - \sqrt{\dfrac{\sigma_c^2}{4} + \tau^2}$

思 考 题

1. 钢筋混凝土结构按容许应力法计算是以哪个应力阶段为依据的？并作出了哪些基本假定？画出单筋矩形钢筋混凝土梁的计算应力图形。

2. 什么是平衡设计？什么是低筋设计？为什么不能设计成超筋梁？

3. 为什么梁按双筋截面设计一般是不经济的？

4. T形截面梁的翼缘尺寸应作何限制？为什么？

5. 混凝土可以承受的主拉应力最大值是哪一个容许应力值？当混凝土的最大主拉应力值超过$[\sigma_{tp-1}]$时，一般应采取哪些措施？为什么一般不采用增大混凝土截面高度这一措施？

6. 钢筋混凝土轴心受压构件的计算以截面哪个应力阶段作为计算的依据？

7. 截面的核心距是什么？偏心受压构件的两种偏心受压构件的判别条件是什么？

习 题

11-1　某钢筋混凝土简支梁，计算跨度 $l = 5.6$ m，承受均布荷载 15 kN/m（包括自重），截面尺寸 $b = 200$ mm，$h = 500$ mm，混凝土强度等级采用 C30，$[\sigma_b] = 10.0$ MPa，钢筋采用 HRB400，$n = 15$，$[\sigma_s] = 210$ MPa，已配 3 Φ 20，$A_s = 942$ mm^2，梁的最小配筋率 $\mu_{min} = 0.15\%$，要求：

（1）复核该梁跨中截面混凝土及钢筋应力；

（2）求该截面的最大容许弯矩。

11-2　某双筋矩形梁，承受荷载弯矩 $M = 390$ kN·m（含自重弯矩），截面尺寸 $b = 400$ mm，$h = 700$ mm，采用 C30 混凝土，$[\sigma_b] = 10$ MPa，钢筋均采用 HRB400，$n = 15$，$[\sigma_s] = 210$ MPa，截面最小配筋率为 0.15%，现已配 $A_s = 5\ 890$ mm^2，采用两排 12 Φ 25，$a_s = 80$ mm，$a_1 = 55$ mm；$A'_s = 1\ 963$ mm^2，采用一排 4 Φ 25，$a'_s = 55$ mm。要求验算该双筋矩形截面的应力。

11-3　某单筋 T形梁，截面承受荷载弯矩 $M = 900$ kN·m（含自重），截面尺寸 $b = 550$ mm，$h = 1\ 100$ mm，$b_i = 1\ 650$ mm，$h'_i = 180$ mm；采用 C30 混凝土，$[\sigma_b] = 10$ MPa，HRB400 钢筋，$[\sigma_s] = 210$ MPa，$n = 15$，截面最小配筋率为 0.15%，受拉区配置两排钢筋共 14 Φ 25，$a_s = 80$ mm，$a_1 = 50$ mm。要求复核该截面钢筋和混凝土的应力。

11-4　已知条件同第 1 题，验算该钢筋混凝土梁的裂缝宽度，而梁中应力均由主力引起，其中活载占 70%，恒载占 30%。

11-5　已知条件同第 1 题，验算该梁的跨中挠度。

11-6 某钢筋混凝土偏心受压柱的计算跨度 $l_0=6$ m,截面尺寸 $b \times h = 400$ mm$\times$600 mm,控制截面上的轴向力 $N=3\,170$ kN,$M=83.6$ kN·m。已知混凝土采用 C30,$[\sigma_b]=10.0$ MPa,钢筋采用 HRB400,$n=15$,$[\sigma_s]=210$ MPa,离纵向力 N 最近边缘配有纵向钢筋 5Φ25,$A_s'=2\,454$ mm^2,离纵向力 N 较远边缘配有纵向钢筋 3Φ18,$A_s=763$ mm^2,要求按主力作用复核截面应力及柱的稳定性。

11-7 已知一般箍筋柱承受计算轴向压力 $N=750$ kN,柱长8 m,两端铰支。截面尺寸 $b \times h = 400$ mm$\times$400 mm。纵筋为 HRB400 钢筋,4Φ24,$A_s'=1\,808$ mm^2。箍筋用Φ8@250。混凝土强度等级为C30。要求验算截面应力。

11-8 轴心受压圆柱,外径 $d=350$ mm,内径 $d_{he}=250$ mm,上端铰接,下端固定,柱高4.6 m。采用螺旋筋Φ6@50,混凝土等级为C30,纵向受压钢筋采用 HRB400 钢筋,该柱承受主力控制的轴向压力 $N=1\,060$ kN,求纵向受压钢筋 A_s'。

11-9 某偏心受压柱,计算高度 $l_0=9.6$ m,$b \times h = 450$ mm$\times$600 mm,$a_s=a_s'=55$ mm,承受主力控制的轴向压力 $N=1\,200$ kN,弯矩 $M=115$ kN·m。采用 HRB400 钢筋并用非对称配筋,A_s 为 3Φ20,$A_s=763$ mm^2,A_s' 为 8Φ20,$A_s'=2\,513$ mm^2,混凝土强度等级为C30。要求核算截面应力及柱的稳定性。

11-10 矩形截面对称配筋的偏心受压构件,两端铰支,长度为9.5 m,主力控制设计,承受弯矩 $M=890$ kN·m,轴向力 $N=900$ kN。截面 $b \times h = 600$ mm$\times$1 250 mm,$a_s=a_s'=55$ mm,对称配筋,HRB400 钢筋,$A_s=A_s'=4\,540$ mm^2,C30 混凝土。要求核算截面应力。

11-11 某拱桥拱顶截面在主力加附加力的作用下,承受最大正弯矩 $M=1\,912$ kN·m,相应的轴向力 $N=2\,457$ kN。截面为 I 字形,如图 11-37 示。$a_s=a_s'=95$ mm;HRB400 钢筋,$A_s=A_s'=7\,603$ mm^2(20Φ22),$[\sigma_s]=210$ MPa;C30 混凝土,$[\sigma_b]=10.0 \times 130\% = 13.0$ MPa,$n=15$,偏心距增大系数 $\eta=1.0$。要求核算截面应力。

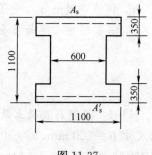

图 11-37

11-12 已知柱式桥墩的柱直径 $d=1.2$ m,计算长度 $l_0=7.5$ m。主力控制设计,轴向力 $N=6\,450$ kN,$M=1\,330.6$ kN·m。C30 混凝土,HRB400 钢筋,18Φ22,$A_s=6\,842$ mm^2,沿圆周均匀布置,$a_s=60$ mm。要求进行截面应力复核及稳定性复核。

第十二章 公路桥涵混凝土结构设计基本原理

第一节 概　述

一、设计方法

根据《公路钢筋混凝土及预应力混凝土桥涵设计规范》(JTG D62—2012征求意见稿)(简称公规),公路钢筋混凝土及预应力混凝土桥涵设计采用以概率理论为基础的极限状态设计方法,按分项系数的设计表达式进行设计,公路桥涵结构的设计使用年限应按表12-1采用。在设计使用年限内,公路桥涵结构应具有规定的可靠度,达到预定的安全性、适用性和耐久性要求。因此,公路桥涵结构应进行承载能力极限状态和正常使用极限状态设计;并同时满足构造和工艺方面要求。

表 12-1　公路桥涵结构的设计使用年限

类　别	设计使用年限(年)	示　例
1	30	小桥、涵洞
2	50	中桥、重要小桥
3	100	特大桥、大桥、重要中桥

特大、大、中、小桥和涵洞系按表12-2中的单孔跨径确定,对于多跨不等跨桥梁,以其中最大跨径为准。表12-2冠以"重要"的中桥和小桥,系指高速公路和一级公路上、国防公路上及城市附近交通繁忙公路上的桥梁。对有特殊要求结构的设计使用年限,可在上述规定基础上经技术经济论证后予以调整。

表 12-2　公路桥梁涵洞分类

桥涵分类	多孔跨径总长 L(m)	单孔跨径 L_K(m)
特大桥	$L>1\,000$	$L_K>150$
大　桥	$100\leqslant L\leqslant 1\,000$	$40\leqslant L_K\leqslant 50$
中　桥	$30<L<100$	$20\leqslant L_K<40$
小　桥	$8\leqslant L\leqslant 30$	$5\leqslant L_K<20$
涵　洞	—	$L_K<5$

注:1. 单孔跨径系指标准跨径;
　　2. 梁式桥、板式桥的多孔跨径总长为多孔标准跨径的总长;拱式桥为两岸桥台内起拱线间的距离;其他形式桥梁为桥面系行车道长度;
　　3. 管涵及箱涵不论管径或跨径大小、孔数多少,均称为涵洞;
　　4. 标准跨径:梁式桥、板式桥以两桥墩中线之间桥中心线长度或桥墩中线与桥台台背前缘线之间桥中心线长度为准;拱式桥和涵洞以净跨径为准。

承载能力极限状态是对应于桥涵及其构件达到最大承载能力或出现不适于继续承载的变形或变位的状态。

正常使用极限状态是对应于桥涵及其构件达到正常使用或耐久性的某项限值的状态。

公路桥涵应根据不同种类的作用(或荷载)及其对桥涵的影响、桥涵所处的环境条件,考虑结构设计状况,并进行其相应的极限状态设计。

施加在结构上的集中力或分布力如汽车、结构自重,或引起结构外加变形或约束变形的原因如地震、基础不均匀沉降、温度变化等,统称为作用。前者为直接作用,也可称为荷载,后者为间接作用。有关作用及其组合应符合《公路桥涵设计通用规范》(JTG D60)的规定。

结构设计状况是指结构从施工到使用的全过程中,代表一定时段内实际情况的一组设计条件,设计应做到在该组条件下结构不超越有关的极限状态。公路桥涵应考虑以下四种设计状况及其相应的极限状态设计。

1. 持久状况

桥涵建成后承受自重、汽车荷载等持续时间很长的结构使用时的正常情况。该状况下的桥涵应进行承载能力极限状态和正常使用极限状态设计。

公路桥涵的持久状况设计应按承载能力极限状态的要求,对构件进行承载力及稳定计算,必要时尚应进行结构的倾斜和滑移的验算。在进行承载能力极限状态计算时,作用的效应应采用其组合设计值,结构材料性能采用其强度设计值。

持久状况承载能力极限状态,应根据桥涵破坏可能产生后果的严重程度,按表 12-3 划分的三个等级进行设计。对有特殊要求的公路桥梁其安全等级可根据具体情况另行商定。同座桥梁的各种构件宜取相同的安全等级,必要时部分构件可作适当调整,但调整后的级差不应超过一个等级。

表 12-3 公路桥涵结构的设计安全等级

设计安全等级	类　　型	示　　例
一级	重要结构	特大桥、大桥、重要中桥、重要小桥
二级	一般结构	中桥、小桥、重要涵洞、重要挡土墙
三级	次要结构	涵洞、挡土墙

公路桥涵的持久状况设计应按正常使用极限状态的要求,采用作用效应频遇组合、荷载效应准永久组合或作用效应频遇组合并考虑作用长期效应的影响,对构件的抗裂、裂缝宽度和挠度进行验算,并使各项计算值不超过《公规》规定的各相应限值。在上述各种组合中,汽车荷载效应可不计冲击系数。在预应力混凝土构件中,预应力应作为荷载考虑,荷载分项系数取为1.0。对连续梁等超静定结构,尚应计入由预应力、温度作用等引起的次效应。

2. 短暂状况

桥涵施工过程中承受临时性作用及维修时的情况等。该状况下的桥涵应作承载能力极限状态设计,必要时才作正常使用极限状态设计。

桥梁构件按短暂状况设计时,应计算其在制作、运输及安装等施工阶段,由自重等施工荷载引起的正截面和斜截面的应力,并不应超过规范规定的限值。施工荷载除有特别规定外均采用标准值,当有组合时不考虑荷载组合系数。

当用吊车行驶于桥梁进行安装时,应对已安装就位的构件进行验算,吊车应乘以 1.15 的荷载系数,但当由吊车产生的效应设计值小于按持久状况承载能力极限状态计算的荷载效应组合设计值时,则可不必验算。当进行构件运输和安装计算时,构件自重应乘以动力系数。对构件施加预应力时,混凝土的立方体强度应经计算确定,但不得低于设计混凝土强度等级的 75%。

3. 偶然状况

在桥涵使用过程中可能偶然出现的如撞击等情况。该状况下的桥涵仅作承载能力极限状态设计。

4. 地震状况

在桥涵使用过程中遭受地震时的情况,在抗震设防地区必须考虑地震状况。地震状况下结构及结构构件设计应符合《公路工程抗震设计规范》(JTJ 004)的规定。

桥梁结构的设计和施工质量应分阶段实行严格管理和控制;桥梁的使用应符合设计给定的使用条件,禁止超限车辆通行;使用过程中必须进行定期检查和维护。

二、耐久性设计

公路混凝土桥涵应根据设计使用年限、环境类别及其作用等级进行耐久性设计。公路混凝土桥涵耐久性设计应对公路沿线水质、土质、气候条件等进行勘察或调查,确定环境类别及作用等级。公路混凝土桥涵环境类别划分为Ⅰ～Ⅶ类,划分标准见表12-4,环境作用等级划分为 A、B、C、D、E、F 等级,划分标准见表12-5。公路混凝土桥涵环境类别及其作用等级划分见表12-6。

表 12-4　公路混凝土桥涵环境类别划分标准

环境类别	名　　称	腐蚀机理
Ⅰ	一般环境	保护层混凝土碳化引起钢筋锈蚀
Ⅱ	冻融环境	反复冻融导致混凝土损伤
Ⅲ	海洋氯化物环境	氯盐引起钢筋锈蚀
Ⅳ	除冰盐等其他氯化物环境	氯盐引起钢筋锈蚀,导致混凝土破坏、剥蚀
Ⅴ	盐结晶环境	硫酸盐等化学物质在混凝土孔中结晶膨胀导致混凝土损伤
Ⅵ	化学腐蚀环境	硫酸盐和酸类等腐蚀介质与水泥基发生化学反应导致混凝土损伤
Ⅶ	磨蚀环境	风砂、流水、泥砂或流冰因摩擦、冲击作用造成混凝土表面损伤

表 12-5　公路混凝土桥涵环境作用等级划分标准

作用等级	腐蚀程度	环境对混凝土结构的影响
A	轻微	环境对结构的腐蚀作用非常小,只针对处于一般环境下的混凝土结构构件
B	轻度	环境对结构的腐蚀作用较小,不需做特殊的耐久性设计
C	中度	环境对结构的腐蚀作用较严重,需针对所处环境类别选取适宜的耐久性指标
D	严重	环境对结构的腐蚀作用严重,对混凝土表面和水泥基内部都产生破坏作用,需采取措施提高结构耐久性
E	非常严重	结构受多种损伤因素的影响,或环境中的腐蚀介质与水泥基或钢筋产生化学反应,产生非常严重的破坏作用,在正常耐久性设计的前提下,宜采取防腐蚀附加措施提高结构耐久性
F	极端严重	因较高浓度盐与水泥基或钢筋发生化学反应,对结构造成极其严重的物理、化学破坏,在正常耐久性设计的前提下,宜采取防腐蚀附加措施提高结构耐久性

不同类型环境下的结构构件,混凝土耐久性评价指标的选取宜参考表12-7。氯离子含量、碱含量、抗渗等级、含气量、气泡间隔系数、抗冻耐久性指数、抗碱-骨料反应能力、耐磨蚀性能的要求应符合《公路工程混凝土结构耐久性设计细则》相关规定。裂缝宽度限值应满足附表

3.1 的要求,保护层厚度应满足附表 3.2-1、附表 3.2-2 的要求。不同环境类别下,钢筋混凝土及预应力混凝土构件的混凝土强度等级不应低于附表 3.3 的要求。

表 12-6　公路混凝土桥涵环境类别及其作用等级划分

环境类别＼环境作用等级	A 轻微	B 轻度	C 中度	D 严重	E 非常严重	F 极端严重
一般环境(Ⅰ)	Ⅰ-A	Ⅰ-B	Ⅰ-C	—	—	—
冻融环境(Ⅱ)	—	—	Ⅱ-C	Ⅱ-D	Ⅱ-E	—
海洋氯化物环境(Ⅲ)	—	—	Ⅲ-C	Ⅲ-D	Ⅲ-E	Ⅲ-F
除冰盐等其他氯化物环境(Ⅳ)	—	—	Ⅳ-C	Ⅳ-D	Ⅳ-E	—
盐结晶环境(Ⅴ)	—	—	—	—	Ⅴ-E	Ⅴ-F
化学腐蚀环境(Ⅵ)	—	—	Ⅵ-C	Ⅵ-D	Ⅵ-E	—
磨蚀环境(Ⅶ)	—	—	Ⅶ-C	Ⅶ-D	—	—

表 12-7　不同环境下混凝土耐久性评价指标

环境类型	混凝土耐久性评价指标
一般环境	最低强度等级、氯离子含量、碱含量、抗渗等级、裂缝宽度限值、保护层厚度、抗碱-骨料反应能力
冻融环境	最低强度等级、氯离子含量、碱含量、抗渗等级、含气量、气泡间隔系数、抗冻耐久性指数、裂缝宽度限值、保护层厚度、抗碱-骨料反应能力
海洋氯化物环境	最低强度等级、氯离子含量、碱含量、电通量、氯离子扩散系数、裂缝宽度限值、保护层厚度、抗碱-骨料反应能力
除冰盐等其他氯化物环境	最低强度等级、氯离子含量、碱含量、电通量、氯离子扩散系数、裂缝宽度限值、保护层厚度、抗碱-骨料反应能力
盐结晶环境	最低强度等级、氯离子含量、碱含量、抗渗等级、含气量、气泡间隔系数、抗冻耐久性指数、裂缝宽度限值、保护层厚度、抗碱-骨料反应能力
化学腐蚀环境	最低强度等级、氯离子含量、碱含量、抗渗等级、裂缝宽度限值、保护层厚度、抗碱-骨料反应能力
磨蚀环境	最低强度等级、氯离子含量、碱含量、抗渗等级、裂缝宽度限值、保护层厚度、抗碱-骨料反应能力、耐磨蚀性能

三、混凝土结构的材料规定

(一)混凝土

1. 强度等级

按边长为 150 mm 的立方体试件的抗压强度标准值确定。抗压强度标准值系指试件用标准方法制作、养护至 28 d 龄期,以标准试验方法测得的具有 95％保证率的抗压强度(以 MPa 计)。混凝土强度等级用 C 表示,采用 C20、C25、C30、C35、C40、C45、C50、C55、C60、C65、C70、C75、C80 十三个等级。C50 及以下为普通混凝土,C50 以上为高强混凝土。

2. 轴心抗压强度

它是 150 mm×150 mm×300 mm 的标准棱柱体试件进行抗压强度试验得出的混凝土单向均匀受压时的强度,用 f_{ck}、f_{cd} 表示,又称棱柱体强度,f_{ck} 同《规范》,见附表 3.4,f_{cd} 取值见附表 3.5。

3. 轴心抗拉强度

根据试验统计分析结果，可建立混凝土轴心抗拉强度与混凝土强度等级之间的换算关系。混凝土轴心抗拉强度的标准值与设计值分别用 f_{tk}、f_{td} 表示，f_{tk} 同《规范》，见附表 3.4，f_{td} 取值见附表 3.5。

4. 混凝土的弹性模量

认为混凝土的受压弹性模量与受拉弹性模量相等，用 E_c 表示，其取值同《规范》，见附表 3.6。混凝土的剪变模量 $G_c = 0.4E_c$，混凝土的泊松比采用 0.2。

(二)钢　筋

1. 普通钢筋

钢筋混凝土及预应力混凝土构件中的纵向普通钢筋宜选用 HPB300、HRB335、HRB400、HRB500、HRBF400、HRBF500、RRB400 钢筋，预应力混凝土构件中的箍筋应选用其中的带肋钢筋。按构造要求配置的钢筋网可采用冷轧带肋钢筋。

2. 预应力钢筋

预应力钢筋应选用钢绞线、钢丝。中、小型构件或竖、横向预应力钢筋，也可选用精轧螺纹钢筋。

钢筋的抗拉强度标准值应具有不小于 95% 的保证率。普通钢筋的抗拉强度标准值 f_{sk} 和预应力钢筋的抗拉强度标准值 f_{pk} 分别见附表 3.7 和附表 3.8。普通钢筋的抗拉强度设计值 f_{sd} 和抗压强度设计值 f'_{sd} 应按附表 3.9 采用。预应力钢筋的抗拉强度设计值 f_{pd} 和抗压强度设计值 f'_{pd} 应按附表 3.10 采用。

普通钢筋的弹性模量 E_s 和预应力钢筋的弹性模量 E_p 应按附表 3.11 采用。

第二节　钢筋混凝土受弯构件设计

在公路桥梁工程中，桥的上部结构中承重的梁和板、人行道板、行车道板，以及柱式墩(台)中的盖梁等均是受弯构件。设计受弯构件，一般应进行正截面承载力计算和斜截面承载力计算，并满足有关构造要求。

一、受弯构件的构造规定

1. 一般规定

普通钢筋和预应力直线形钢筋的最小混凝土保护层厚度(钢筋外缘或管道外缘至混凝土表面的距离)，不应小于钢筋公称直径，后张法构件预应力直线形钢筋不应小于其管道直径的 1/2，且应符合附表 3.2-1、3.2-2 的规定。

当受拉区主筋的混凝土保护层厚度大于 50 mm 时，应在保护层内设置直径不小于 6 mm、间距不大于 100 mm 的钢筋网。

钢筋可采用单根钢筋，也可采用束筋。组成束筋的单根钢筋直径不应大于 36 mm，当其直径不大于 28 mm 时，根数不应多于 3 根，当其直径大于 28 mm 时，根数应为 2 根。束筋成束后的等代直径为 $d_e = \sqrt{n}d$，其中 n 为组成束筋的钢筋根数，d 为单根钢筋直径。当束筋的等代直径大于 36 mm 时，在受拉区应设表层钢筋网，在顺束筋长度方向，钢筋直径不应小于 10 mm，其间距不大于 100 mm，在垂直于束筋长度方向，钢筋直径不应小于 6 mm，其间距不大于 100 mm。上述钢筋网的布置范围，应超出束筋的设置范围，每边不小于 5 倍钢筋直径或束筋等代直径。

当计算中充分利用钢筋的强度时,其最小锚固长度应符合附表 3.12 的规定。受力主钢筋端部弯钩应符合附表 3.13 规定。

钢筋接头宜采用焊接接头和钢筋机械连接接头(套筒挤压接头、镦粗直螺纹接头),当施工或构造条件有困难时,也可采用绑扎接头。钢筋接头宜设在内力较小区段,并宜错开布置。绑扎接头的钢筋直径宜≤28 mm,但轴心受压和偏心受压构件中的受压钢筋,可不大于 32 mm。轴心受拉和小偏心受拉构件不应采用绑扎接头。

钢筋焊接接头宜优先采用闪光接触对焊,当闪光接触对焊条件不具备时,也可采用电弧焊(帮条焊或搭接焊),电渣压力焊和气压焊。电弧焊应采用双面焊缝,不得已时方可采用单面焊缝。帮条焊接的帮条应采用与被焊接钢筋同等级的钢筋,其总截面面积不应小于被焊接钢筋截面面积。采用搭接焊时,两钢筋端部应预先折向一侧,两钢筋轴线应保持一致。电弧焊接接头的焊缝长度,双面焊缝不应小于 $5d$,单面焊缝不应小于 $10d$(d 为钢筋直径)。

在任一焊接接头中心至长度为钢筋直径的 35 倍,且不小于 500 mm 的区段 l 内(图 12-1),同一根钢筋不得有两个接头;在该区段内有接头的受力钢筋截面面积占受力钢筋总截面面积的百分数,普通钢筋在受拉区不宜超过 50%;受压区和装配式构件的连接不受限制。

帮条焊或搭接焊接头部分钢筋的横向净距不应小于钢筋直径,且不应小于 25 mm,同时非焊接部分钢筋净距仍应符合规范规定。

受拉钢筋绑扎接头的搭接长度,应符合表 12-8 的规定;受压钢筋绑扎接头的搭接长度,应取受拉钢筋绑扎接头搭接长度的 0.7 倍。在任一绑扎接头中心至搭接长度的 1.3 倍长度区段 l 内,同一根钢筋不得有两个接头;在该区段内有绑扎接头的受力钢筋截面面积占受力钢筋总截面面积的百分数,受拉区不宜超过 25%,受压区不宜超过 50%(图 12-2)。当绑扎接头的受力钢筋截面面积占受力钢筋总截面面积超过上述规定时,应按表 12-8 的规定值,乘以下列系数:当受拉钢筋绑扎接头截面面积大于 25%,但不大于 50% 时,乘以 1.4;当大于 50% 时,乘以 1.6;当受压钢筋绑扎接头截面面积大于 50% 时,乘以 1.4。

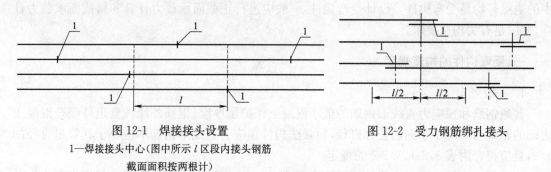

图 12-1　焊接接头设置
1—焊接接头中心(图中所示 l 区段内接头钢筋
截面面积按两根计)

图 12-2　受力钢筋绑扎接头

受压钢筋绑扎接头长度仍为表 12-8 中受拉钢筋绑扎接头长度的 0.7 倍。

表 12-8　受拉钢筋绑扎接头搭接长度

钢　　筋	混凝土强度等级		
	C20	C25	>C25
HPB300	$45d$	$40d$	$35d$
HRB335	$45d$	$40d$	$35d$

续上表

钢　筋	混凝土强度等级		
	C20	C25	>C25
HRB400、HRBF400、RRB400	—	50d	45d
HRB500、HRBF500	—	55d	50d

注：1. 当带肋钢筋直径 d 大于 25 mm 时，其受拉钢筋的搭接长度应按表值增加 5d 采用；当带肋钢筋直径小于 25 mm 时，搭接长度可按表值减少 5d 采用；

　　2. 当混凝土在凝固过程中受力钢筋易受扰动时，其搭接长度应增加 5d；

　　3. 在任何情况下，受拉钢筋的搭接长度不应小于 300 mm；受压钢筋的搭接长度不应小于 200 mm；

　　4. 环氧树脂涂层钢筋的绑扎接头搭接长度，受拉钢筋按表值的 1.5 倍采用；

　　5. 受拉区段内，HPB300 钢筋绑扎接头的末端应做成弯钩，HRB335、HRB400、HRB500、HRBF400、HRBF500 和 RRB400 钢筋的末端可不做成弯钩。

绑扎接头部分钢筋的横向净距不应小于钢筋直径且不应小于 25 mm，同时非接头部分钢筋净距仍应符合本规范规定。

束筋的搭接接头应先由单根钢筋错开搭接，接头中距为 1.3 倍单根钢筋搭接长度，再用一根直径为单根钢筋直径，长度为 $1.3(n+1)l_s$ 的通长钢筋进行绑扎搭接（图 12-3），其中 n 为组成束筋的单根钢筋根数，l_s 为单根钢筋搭接长度。

图 12-3　束筋的搭接
1、2、3—组成束筋的单根钢筋；4—通长钢筋

钢筋机械连接接头适用于 HRB335、HRB400、HRB500、HRBF400、HRBF500 和 RRB400 带肋钢筋的连接。机械连接接头应符合《钢筋机械连接技术规程》（JGJ 107）的有关规定。钢筋机械连接件的最小混凝土保护层厚度宜符合规范受力主筋保护层厚度的规定，但不小于 20 mm。连接件之间或连接件与钢筋之间的横向净距不应小于 25 mm；同时，非接头部分钢筋净距仍应符合梁、柱、墩台和桩基承台的规定要求。

受弯构件、偏心受拉构件及轴心受拉构件的一侧受拉钢筋的配筋百分率不应小于 $45\dfrac{f_{td}}{f_{sd}}$，同时不应小于 0.20。轴心受拉构件、偏心受压构件全部纵向钢筋的配筋百分率和一侧纵向钢筋（包括大偏心受拉构件受压钢筋）的配筋百分率应按构件的毛截面面积计算。轴心受拉构件及小偏心受拉构件一侧受拉钢筋的配筋百分率应按构件毛截面面积计算。受弯构件、大偏心受拉构件的一侧受拉钢筋的配筋百分率为 $\dfrac{100A_s}{bh_0}$，其中 A_s 为受拉钢筋截面面积，b 为腹板宽度（箱形截面梁为各腹板宽度之和），h_0 为有效高度。当钢筋沿构件截面周边布置时，"一侧受压钢筋"或一侧受拉钢筋系指受力方向两个对边中的一边布置的纵向钢筋。

2. 板

钢筋混凝土简支板桥的标准跨径不宜大于 10 m，钢筋混凝土连续板桥的标准跨径不宜大于 13 m。预应力混凝土简支板桥的标准跨径不宜大于 20 m，预应力混凝土连续板桥的标准跨径不宜大于 25 m。

空心板桥的顶板和底板厚度，均不应小于 80 mm。空心板的空洞应予填封。人行道板的厚度，就地浇筑的混凝土板不应小于 80 mm，预制混凝土板不应小于 60 mm。

行车道板内主钢筋直径不应小于 10 mm，人行道板内的主钢筋直径不应小于 8 mm。在简支板跨中和连续板支点处,板内主钢筋间距不应大于 200 mm。行车道板内主钢筋可在沿板高中心纵轴线的 1/4~1/6 计算跨径处按 30°~45°弯起。通过支点不弯起的主钢筋,每米板宽内不应少于 3 根,并不应少于主钢筋截面面积的 1/4。行车道板内应设垂直于主钢筋的分布钢筋。分布钢筋设在主钢筋的内侧,其直径不应小于 8 mm,间距不应大于 200 mm,截面面积不宜小于设置分布钢筋的板的截面面积的 0.1%。在主钢筋的弯折处,应布置分布钢筋。人行道板内分布钢筋直径不应小于 6 mm,其间距不应大于 200 mm。

布置四周支承双向板钢筋时,可将板沿纵向和横向各划分成 3 个板带,两个边带的宽度各等于 1/4 板的短边宽度。中间部分的钢筋应按计算数量设置,靠边部分的钢筋按中间部分的半数设置,钢筋间距不应大于 250 mm,且不应大于板厚的两倍。

由预制板与现浇混凝土结合的组合板,预制板顶面应做成凹凸不小于 6 mm 的粗糙面。如结合面配置竖向结合钢筋,钢筋应埋入预制板和现浇层内,其埋置深度不小于 10 倍钢筋直径,钢筋纵向间距不大于 500 mm。

3. 梁

钢筋混凝土 T 形、I 形截面简支梁标准跨径不宜大于 16 m,钢筋混凝土箱形截面简支梁标准跨径不宜大于 20 m,钢筋混凝土箱形截面连续梁标准跨径不宜大于 25 m。预应力混凝土 T 形、I 形截面简支梁标准跨径不宜大于 50 m。

T 形、I 形截面梁应设跨端和跨间横隔梁。当梁横向刚性连接时,横隔梁间距不应大于 10 m。箱形截面梁应设箱内端横隔板。内半径小于 240 m 的弯箱梁应设跨间横隔板,其间距对于钢筋混凝土箱形截面梁不应大于 10 m;对于预应力箱形截面梁则需经结构分析确定。共同受力的多箱梁桥,梁间应设跨端横隔梁,需要时尚宜设跨间横隔梁,其设置及间距可按 T 形截面梁办理。

箱形截面悬臂梁桥除应设箱内端横隔板外,悬臂跨径 50 m 及以上的箱形截面悬臂梁桥在悬臂中部尚应设跨间横隔板。条件许可时箱形截面梁横隔板应设检查用人孔。

预制 T 形截面梁或箱形截面梁翼缘悬臂端的厚度不应小于 100 mm;当预制 T 形截面梁之间采用横向整体现浇连接时或箱形截面梁设有桥面横向预应力钢筋时,其悬臂端厚度不应小于 140 mm。T 形和 I 形截面梁,在与腹板相连处翼缘厚度,不应小于梁高的 1/10,当该处设有承托时,承托的加厚部分可计算在内,当承托底坡大于 1:3 时,取 1:3。

箱形截面梁顶板与腹板相连处应设承托;底板与腹板相连处应设倒角,必要时也可设承托。箱形截面梁顶、底板的中部厚度,不应小于其净跨径的 1/30,且不小于 200 mm。当箱形截面梁承受扭矩时,其箱壁厚应满足 $t_2 \geq 0.1b$ 和 $t_1 \geq 0.1h$ 的要求。

T 形、I 形截面梁或箱形截面梁的腹板宽度不应小于 160 mm;其上下承托之间的腹板高度,当腹板内设有竖向预应力钢筋时,不应大于腹板宽度的 20 倍,当腹板内不设竖向预应力钢筋时,不应大于腹板宽度的 15 倍。当腹板宽度有变化时,其过渡段的长度不宜小于 10 倍的腹板宽度差。当 T 形、I 形截面梁或箱形截面梁承受扭矩时,其腹板平均宽度尚应符合 $b/h_w \geq 0.15$ 的条件及箱壁厚应满足 $t_2 \geq 0.1b$ 和 $t_1 \geq 0.1h$ 的条件。

受弯构件的钢筋净距应考虑混凝土浇筑时,振捣器可以顺利插入。各主钢筋间横向净距和层与层之间的竖向净距,当钢筋为 3 层及以下时,不应小于 30 mm,并不小于钢筋直径;当钢筋为 3 层以上时,不应小于 40 mm,并不小于钢筋直径的 1.25 倍(图 12-4)。对于束筋,此处直径采用等代直径。

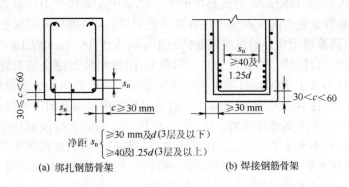

净距 s_n $\begin{cases} \geqslant 30 \text{ mm 及 } d\,(3\text{层及以下}) \\ \geqslant 40 \text{ 及 } 1.25d\,(3\text{层及以上}) \end{cases}$

(a) 绑扎钢筋骨架　　　　　　　(b) 焊接钢筋骨架

图 12-4　梁主筋净距与混凝土保护层

　　T 形截面梁或箱形截面梁的顶板内承受局部荷载的受拉钢筋,其直径不应小于 10 mm,人行道板内的主钢筋直径不应小于 8 mm。在简支板跨中和连续板支点处,板内主钢筋间距不应大于 200 mm。垂直于受拉钢筋应按规定设分布钢筋。

　　焊接钢筋骨架中,多层主钢筋竖向不留空隙,用焊缝连接,其叠高一般不宜超过(0.15～0.2)h(h 为梁高),钢筋层数不应多于 6 层,单根钢筋直径不应大于 32 mm。梁内弯起钢筋是由主钢筋按设计要求弯起的钢筋;斜钢筋是专门设置的斜向钢筋,它们的设置位置及数量均由抗剪计算确定。斜钢筋与纵向钢筋之间的焊接,宜用双面焊缝,其长度为 5d,纵向钢筋之间的短焊缝,其长度为 2.5d。当必须采用单面焊缝时,其长度加倍,如图 12-5 所示。

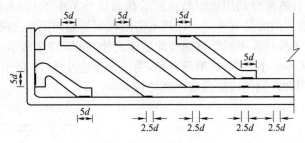

图 12-5　梁焊接骨架

　　T 形、I 形截面梁或箱形截面梁的腹板两侧,应设置直径为 6～8 mm 的纵向构造纵筋,每腹板内钢筋截面面积为(0.001～0.002)bh,其中 b 为腹板宽度,h 为梁的高度,其间距在受拉区不应大于腹板宽度,且不应大于 200 mm,在受压区不应大于 300 mm。在支点附近剪力较大区段和预应力混凝土梁锚固区段,腹板两侧纵向钢筋截面面积应予增加,纵向钢筋间距宜为 100～150 mm。

　　箱形截面梁的底板上、下层,应分别设置平行于桥跨和垂直于桥跨的构造钢筋。钢筋截面面积为:对于钢筋混凝土桥,不应小于配置钢筋的底板截面面积的 0.4%;对于预应力混凝土桥,不应小于配置钢筋的底板截面面积的 0.3%,以上钢筋可充作受力钢筋。当底板厚度有变化时可分段设置。钢筋直径不宜小于 10 mm,其间距不宜大于 300 mm。

　　钢筋混凝土 T 形截面梁或箱形截面梁的受力主筋宜布置在梁的翼缘有效宽度内,超出分布范围的宽度,可设置不小于超出部分截面面积 0.4% 的构造钢筋。预应力混凝土 T 形截面或箱形截面梁的预应力钢筋宜大部分设于有效宽度内。

　　钢筋混凝土梁中应设置直径不小于 8 mm 或 1/4 主钢筋直径的箍筋,其最小配箍率,

HPB300 钢筋为 0.18%，HRB335 钢筋为 0.12%。当梁中配有按受力计算需要的纵向受压钢筋，或在连续梁、悬臂梁近中间支点位于负弯矩区的梁段，应采用封闭式箍筋，同时，同排内任一纵向受压钢筋，离箍筋折角处的纵向钢筋的间距不应大于 150 mm 或 15 倍箍筋直径两者中较大者，否则，应设复合箍筋。相邻箍筋的弯钩接头，沿纵向位置应交替布置。箍筋间距不应大于梁高的 1/2 且不大于 400 mm；当所箍钢筋为按受力需要的纵向受压钢筋时，不应大于所箍钢筋直径的 15 倍，且不应大于 400 mn。在钢筋绑扎搭接接头范围内的箍筋间距，当绑扎搭接钢筋受拉时不应大于主钢筋直径的 5 倍，且不大于 100 mm；当搭接钢筋受压时不应大于主钢筋直径的 10 倍，且不大于 200 mm。在支座中心向跨径方向长度相当于不小于一倍梁高范围内，箍筋间距不宜大于 100 mm。近梁端第一根箍筋应设置在距端面一个混凝土保护层距离处。

钢筋混凝土梁的支点处，应至少有两根不少于总数 1/5 的下层受拉主钢筋通过，两外侧钢筋，应延伸出端支点以外，并弯成直角，顺梁高延伸至顶部，与顶层纵向架立筋相连。两侧之间的其他未弯起钢筋，伸出支点截面的长度不应小于 $10d$（环氧树脂涂层钢筋为 $12.5d$），HPB300 钢筋应带半圆钩。

钢筋混凝土梁内纵向受拉钢筋不宜在受拉区截断；如需截断时，应从按正截面抗弯承载力计算充分利用该钢筋强度的截面至少延伸 (l_a+h_0) 长度，如图 12-6 所示；同时应考虑从正截面抗弯承载力计算不需要该钢筋的截面至少延伸 $20d$（环氧树脂涂层钢筋 $25d$）。纵向受压钢筋如在跨间截断时，应延伸至按计算不需要该钢筋截面以外至少 $15d$（环氧树脂涂层钢筋 $20d$）。

钢筋混凝土梁当设置弯起钢筋时，其弯起角宜取 45°。受拉区弯起钢筋的弯起点，应设在按正截面抗弯承载力计算充分利用该钢筋强度的截面以外不小于 $0.5h_0$ 处，此处 h_0 为梁有效高度；弯起钢筋可在按正截面受弯承载力计算不需要该钢筋截面面积之前弯起，但弯起钢筋与梁中心线的交点应位于按计算不需要该钢筋的截面之外，如图 12-7 所示。弯起钢筋的末端应留有锚固长度：受拉区不应小于 20 倍钢筋直径，受压区不应小于 10 倍钢筋直径，环氧树脂涂层钢筋增加 25%；HPB300 钢筋尚应设置半圆弯钩。

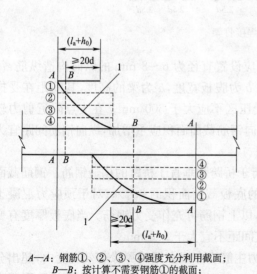

A—A：钢筋①、②、③、④强度充分利用截面；
B—B：按计算不需要钢筋①的截面；
①、②、③、④—钢筋批号；1—弯矩图

图 12-6 纵向受拉钢筋截断时的延伸长度

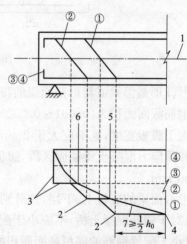

1—梁中心线；2—受拉区钢筋弯起点；3—正截面抗弯承载力图形；4—钢筋①~④强度充分利用的截面；5—按计算不需要钢筋①的截面(钢筋②~④强度充分利用截面)；6—按计算不需要钢筋②的截面(钢筋③~④强度充分利用截面)；7—弯矩图；①、②、③、④—钢筋编号

图 12-7 弯起钢筋弯起点位置

靠近支点的第一排弯起钢筋顶部的弯折点,简支梁或连续梁边支点应位于支座中心截面处,悬臂梁或连续梁中间支点应位于横隔梁(板)靠跨径一侧的边缘处,以后各排(跨中方向)弯起钢筋的梁顶部弯折点,应落在前一排(支点方向)弯起钢筋的梁底部弯折点处或弯折点以内。弯起钢筋不得采用浮筋。

二、正截面承载力计算

1. 受弯构件正截面的破坏特征与基本假定

对于给定截面尺寸和混凝土强度等级的受弯构件纯弯段,随着纵向受拉钢筋配置的多少的不同,有超筋破坏、适筋破坏和少筋破坏。适筋构件从开始加载到破坏,截面应力经历了 3 个阶段,6 个应力过程。与建筑工程中《规范》一样,以 III_a 应力状态作为受弯构件正截面承载能力极限状态的计算依据,并在此基础上采用下述基本假设:

(1)构件弯曲后,其截面仍保持平面。

(2)截面受压区混凝土的应力图形简化为矩形,其压力强度取混凝土的轴心抗压强度设计值 f_{cd},截面受拉混凝土的抗拉强度不予考虑。

(3)极限状态时,受拉区钢筋应力取其抗拉强度设计值 f_{sd};受压区钢筋应力取其抗压强度设计值 f'_{sd}。

(4)钢筋应力等于钢筋应变与其弹性模量的乘积,但不大于其强度设计值。

2. 受弯构件的相对界限受压区高度

受弯构件的纵向受拉钢筋和截面受压区混凝土同时达到其强度设计值时,构件的正截面相对界限受压区高度 ξ_b 应按表 12-9 采用。

表 12-9　相对界限受压区高度 ξ_b

钢筋等级＼混凝土强度等级	C50 及以下	C55、C60	C65、C70	C75、C80
HPB300	0.58	0.56	0.54	—
HRB335	0.56	0.54	0.52	—
HRB400、HRBF400、RRB400	0.53	0.51	0.49	—
HRB500、HRBF500	0.49	0.47	0.46	—
钢绞线、钢丝	0.40	0.38	0.36	0.35
精轧螺纹钢筋	0.40	0.38	0.36	

注:1. 截面受拉区内配置不同种类钢筋的受弯构件,其 ξ_b 值应选用相应于各种钢筋的较小者;

2. $\xi_b = x_b / h_0$,x_b 为纵向受拉钢筋和受压区混凝土同时达到其强度设计值时的受压区高度。

3. 单筋矩形截面正截面承载能力计算

(1)基本计算公式

根据 III_a 应力状态及基本假定,可得出单筋矩形截面受弯构件正截面承载能力计算简图,如图 12-8 所示。

根据计算简图的平衡条件,可得到单筋矩形截面受弯构件正截面强度计算基本公式:

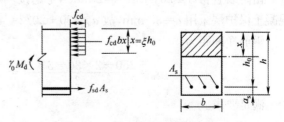

图 12-8　单筋矩形截面计算简图

$$f_{cd}bx = f_{sd}A_s \tag{12-1}$$

$$\gamma_0 M_d \leqslant M_u = f_{cd}bx\left(h_0 - \frac{x}{2}\right) \tag{12-2}$$

（2）适用条件

①防超筋

$$x \leqslant \xi_b h_0 \text{ 或 } \xi \leqslant \xi_b \text{ 或 } \rho = \frac{A_s}{bh_0} \leqslant \xi_b \frac{f_{cd}}{f_{sd}} \tag{12-3}$$

②防少筋

$$\rho = \frac{A_s}{bh_0} \geqslant \rho_{min} \tag{12-4}$$

在实际设计中，受弯构件正截面承载力计算，可分为截面设计和截面复核两类问题，依据上述基本公式和适用条件这两类问题可解决。

【例 12-1】 某中型公路桥处在 I-A 类环境的一根单筋矩形截面梁 $b \times h = 250 \text{ mm} \times 500 \text{ mm}$，计算截面处弯矩设计值 $M_d = 115 \text{ kN} \cdot \text{m}$，采用 C30 混凝土，HRB400 钢筋，进行配筋计算。

【解】 （1）查取相关数据

$$\gamma_0 = 1.0, f_{cd} = 13.8 \text{ N/mm}^2, f_{td} = 1.39 \text{ N/mm}^2, f_{sd} = 330 \text{ N/mm}^2, \xi_b = 0.53$$

$$45\frac{f_{td}}{f_{sd}} = 45 \times \frac{1.39}{330} = 0.189\ 6 \leqslant 0.2, \rho_{min} = 0.2\%$$

采用绑扎骨架，按一层布置钢筋，假设 $a_s = 40 \text{ mm}, h_0 = 500 - 40 = 460 \text{ mm}$。

（2）求受压区高度

相关数据代入式(12-2)，得：

$$\gamma_0 M_d \leqslant M_u = f_{cd}bx(h_0 - x/2)$$

有： $115 \times 10^6 = 13.8 \times 250x(460 - x/2)$

整理后得： $x^2 - 920x + 66\ 666.7 = 0$

解得： $x = 840.7 \text{ mm 或 } 79.3 \text{ mm}$

取 $x = 79.3 \text{ mm} < \xi_b h_0 = 0.53 \times 460 = 243.8 \text{ mm}$。

（3）求所需钢筋数量 A_s

有关数据代入式(12-1)，有：

$$f_{cd}bx = f_{sd}A_s$$

$$A_s = \frac{f_{cd}}{f_{sd}}bx = \frac{13.8}{330} \times 250 \times 79.3 = 829.1 \text{ mm}^2$$

（4）选配钢筋并验算最小配筋率

由附表查得 $3\ \Phi\ 20, A_{s实} = 942 \text{ mm}^2$，考虑按一层布置，如图 12-9 所示，在 I 类环境中梁底混凝土保护层采用 $c = 30 \text{ mm}$，故 $a_s = 30 + 20/2 = 40 \text{ mm}$，梁侧混凝土保护层采用 $c = 30 \text{ mm}$。

钢筋净间距为：

$$s_n = \frac{250 - 2 \times 30 - 3 \times 20}{2} = 65 \text{ mm} > \begin{cases} 30 \text{ mm} \\ d = 20 \text{ mm} \end{cases}$$

满足要求。

$$\rho = \frac{A_s}{bh_0} = \frac{942}{250 \times 460} = 0.82\% > \rho_{min} = 0.2\%$$

4. 双筋矩形截面正截面承载能力计算

一般情况下采用受压钢筋来承受截面的部分压力是不经济的,但受压钢筋的存在可以提高截面的延性,并可减小长期荷载作用下的变形。对于受压普通钢筋,只要受压区高度不过小,则受压普通钢筋也能在破坏时已或早就达到屈服强度。

(1)基本计算公式

双筋矩形截面或翼缘位于受拉区的 T 形截面受弯构件正截面承载能力计算如图 12-10 所示,其正截面抗弯承载力应按下列公式计算:

$$f_{sd}A_s = f_{cd}bx + f'_{sd}A'_s \tag{12-5}$$

$$\gamma_0 M_d \leqslant M_u = f_{cd}bx\left(h_0 - \frac{x}{2}\right) + f'_{sd}A'_s(h_0 - a'_s) \tag{12-6}$$

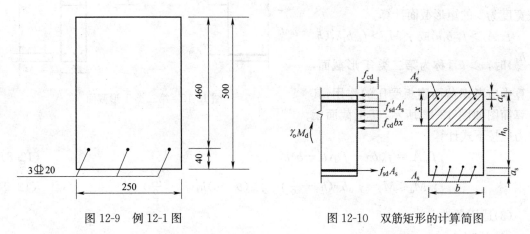

图 12-9 例 12-1 图　　　　　图 12-10 双筋矩形的计算简图

(2)适用条件

①$x \leqslant \xi_b h_0$;

②$x \geqslant 2a'_s$。

若 $x < 2a'_s$,则取 $x = 2a'_s$,并按下式计算:

$$\gamma_0 M_d \leqslant f_{sd}A_s(h_0 - a'_s) \tag{12-7}$$

另按 $A'_s = 0$ 计算 A_s,取两者的较小值。

利用式(12-5)、式(12-6)和式(12-7)基本公式,同样可解决双筋矩形截面正截面承载力计算截面设计和截面较核问题。

5. T 形截面受弯构件

(1)翼缘计算宽度与高度

T 形和工形截面梁,翼缘与腹板相连处的翼缘厚度不应小于梁高的 1/10,如设置承托如图 12-11 所示,翼缘厚度可计入承托加厚部分厚度 $h_h = b_h \tan\alpha$,其中 b_h 为承托长度,$\tan\alpha$ 为承托底坡竖比横;当 $\tan\alpha > 1/3$ 时,取用 $h_h = b_h/3$。

T 形和工形截面梁,翼缘计算宽度 b'_f,可取用下列三者较小值:

①对简支梁,取计算跨径的 1/3。对于连续梁,各中间跨正弯矩区段,取该计算跨径的 0.2 倍;边跨正弯矩区段,取该跨计算跨径的 0.27 倍;各中间支点负弯矩区段,取该支点相邻两计

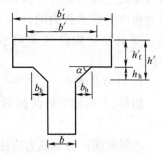

图 12-11 T 或工形截面翼缘
计算宽度

算跨径之和的 0.07 倍。

②$(b+2b_h+12h'_f)$，此处 b 为梁腹板宽度，b_h 为承托长度，h'_f 为受压区翼缘悬出板的厚度。当 $h_h/b_h<1/3$ 时，b_h 应以 $3h_h$ 代替，此处 h_h 为承托根部厚度。

③相邻两梁的平均间距。

(2)基本计算公式

T 形或工形截面按受压区高度的不同，有两类 T 形或工形截面。

当符合下列条件时：

$f_{sd}A_s \leqslant f_{cd}b'_fh'_f$ 或 $\gamma_0M_d \leqslant f_{cd}b'_fh'_f(h_0-\dfrac{h'_f}{2})$ 时，$x<h'_f$，称为第一类 T 形截面，按宽度为 b'_f 的矩形截面计算。

$f_{sd}A_s > f_{cd}b'_fh'_f$ 或 $\gamma_0M_d > f_{cd}b'_fh'_f(h_0-\dfrac{h'_f}{2})$ 时，$x>h'_f$，称为第二类 T 形截面，计算中应考虑截面腹板受压的作用，其计算简图如图 12-12 所示，其正截面承载力应按下式计算：

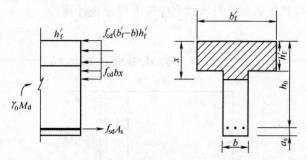

图 12-12　第二类 T 形截面

$$\begin{cases} f_{sd}A_s = f_{cd}bx + f_{cd}(b'_f-b)h'_f & (12-8) \\ \gamma_0M_d \leqslant M_u = f_{cd}bx(h_0-\dfrac{x}{2}) + f_{cd}(b'_f-b)h'_f(h_0-\dfrac{h'_f}{2}) & (12-9) \end{cases}$$

(3)适用条件

①$x<\xi_bh_0$。

②$\rho=\dfrac{A_s}{bh_0} \geqslant \rho_{\min}$。

对于第二类 T 形截面，一般 $\rho \geqslant \rho_{\min}$ 满足，故可不必进行验算。

三、斜截面承载力计算

公路桥梁的钢筋混凝土受弯构件斜截面的受力特点、破坏形态以及影响受剪承载力的主要因素都与建筑工程中讨论的相同，但由于桥梁除承受静力荷载外，还主要承受多次重复作用的动力荷载，有可能发生疲劳破坏。因此公路桥梁钢筋混凝土受弯构件受剪承载力的计算方法与建筑工程中钢筋混凝土受弯构件的受剪承载力计算方法有所不同。

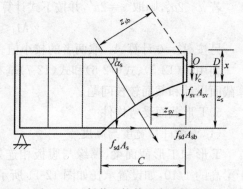

图 12-13　斜截面抗剪强度验算简图

1. 计算公式

矩形、T 形和工形截面的受弯构件，当配置箍筋和弯起钢筋时，其计算简图如图 12-13 所示。

其斜截面抗剪承载力应按下列公式进行验算：

$$\gamma_0V_d \leqslant V_{cs} + V_{sb} \qquad (12-10)$$

$$V_{cs}=\alpha_1\alpha_2\alpha_3\times0.45\times10^{-3}bh_0\sqrt{(2+0.6P)\sqrt{f_{cu,k}}\rho_{sv}f_{sv}}\qquad(12\text{-}11)$$

$$V_{sb}=0.75\times10^{-3}f_{sd}\Sigma A_{sb}\sin\alpha_s\qquad(12\text{-}12)$$

式中　V_d——斜截面受压端正截面上由作用(或荷载)产生的最大剪力组合设计值(kN),对变高度(承托)的连续梁和悬臂梁,当该截面处于变高度梁段时,则应考虑作用于截面的弯矩引起的附加剪力设计值;

V_{cs}——斜截面内混凝土和箍筋共同的抗剪承载力设计值(kN);

V_{sb}——与斜截面相交的普通弯起钢筋抗剪承载力设计值(kN);

α_1——异号弯矩影响系数,计算简支梁和连续梁近边支点梁段的抗剪承载力时,$\alpha_1=1.0$,计算连续梁和悬臂梁近中间支点梁段的抗剪承载力时,$\alpha_1=0.9$;

α_2——预应力提高系数,对钢筋混凝土受弯构件 $\alpha_2=1.0$,对预应力混凝土受弯构件,$\alpha_2=1.25$,但当由钢筋合力引起的截面弯矩与外弯矩的方向相同时,或允许出现裂缝的预应力混凝土受弯构件,取 $\alpha_2=1.0$;

α_3——受压翼缘的影响系数,取 $\alpha_3=1.1$。

b——斜截面受压端正截面处,矩形截面宽度或 T 形和工形截面腹板宽度(mm);

h_0——斜截面受压端正截面有效高度,自纵向受拉钢筋合力点至受压边缘距离(mm);

P——斜截面内纵向受拉钢筋的配筋百分率,$P=100\rho$,当 $P>2.5$ 时取 $P=2.5$;

$f_{cu,k}$——边长为 150 mm 的混凝土立方体抗压强度标准值(MPa),即混凝土强度等级;

ρ_{sv}——斜截面内箍筋配筋率,$\rho_{sv}=A_{sv}/(s_vb)$;

f_{sv}——箍筋抗拉强度设计值;

A_{sv}——斜截面内配置在同一截面的箍筋各肢总截面面积(mm^2);

s_v——斜截面内箍筋的间距(mm);

A_{sb}——斜截面内在同一弯起平面的普通弯起钢筋的截面面积(mm^2);

α_s——普通弯起钢筋的切线与水平线的夹角。

变高度(承托)的钢筋混凝土连续梁和悬臂梁,其变高度梁段内的剪力设计值按下列公式计算:

$$V_{cd}\leqslant V_d-\frac{M_d}{h_0}\tan a\qquad(12\text{-}13)$$

进行斜截面承载力验算时,斜截面水平投影长度 C(图 12-13)应按下列公式计算:

$$C=0.6mh_0$$

式中　m——斜截面受压端正截面处的广义剪跨比,$m=M_d/(V_dh_0)$,当 $m>3.0$ 时,取 $m=3.0$;

M_d——相应于最大剪力组合设计值的弯矩组合设计值。

仅配置箍筋的受弯构件,其斜截面抗剪承载力应按下式验算:

$$\gamma_0V_d\leqslant V_{cs}\qquad(12\text{-}14)$$

2. 计算公式的适用范围

(1)上限值——截面的最小尺寸

矩形、T 形和 I 形截面的受弯构件,其抗剪截面应符合下列要求:

$$\gamma_0V_d\leqslant0.51\times10^{-3}\sqrt{f_{cu,k}}bh_0\qquad(12\text{-}15)$$

式中　V_d——验算截面处由作用(或荷载)产生的剪力组合设计值(kN);

b——相应于剪力组合设计值处的矩形截面宽度或 T 形和 I 形截面腹板宽度(mm);

h_0——截面有效高度(mm)。

(2)下限值

矩形、T 形和 I 形截面的受弯构件,当符合下列条件时,则不需进行斜截面抗剪强度计算,而仅按构造要求配置箍筋:

$$\gamma_0 V_d \leqslant \alpha_2 \times 0.50 \times 10^{-3} f_{td} b h_0 \tag{12-16}$$

式中 f_{td}——混凝土抗拉强度设计值;

α_2——预应力提高系数,对钢筋混凝土,$\alpha_2 = 1.0$。

对于板式受弯构件,上式右边计算值可乘以 1.25 的提高系数。

3. 斜截面抗剪设计计算方法

(1)计算剪力组合设计值

钢筋混凝土矩形、T 形和 I 形截面受弯构件,当进行斜截面抗剪承载力配筋设计时,其计算剪力值 V_d 可按下面规定采用,如图 12-14 所示。

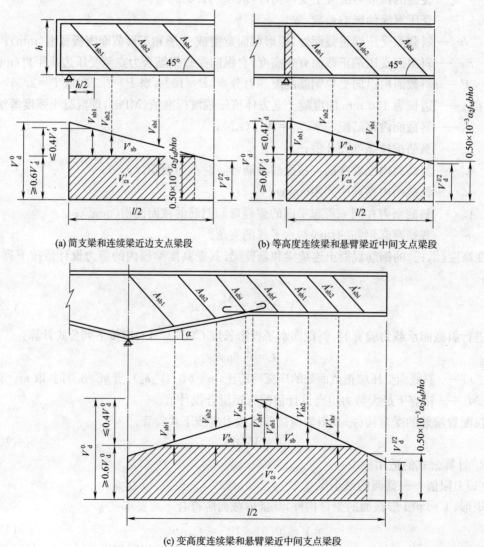

(a) 简支梁和连续梁近边支点梁段　　　(b) 等高度连续梁和悬臂梁近中间支点梁段

(c) 变高度连续梁和悬臂梁近中间支点梁段

图 12-14　斜截面抗剪承载力配筋设计计算图

①简支梁和连续梁近边支点梁段取离支点 $h/2$ 处的剪力设计值 V_d'[图 12-14(a)];等高度连续梁和悬臂梁近中间支点梁段取支点上横隔梁边缘处的剪力设计值 V_d'[图 12-14(b)];变高度(承托)连续梁和悬臂梁近中间支点梁段取变高梁段与等高梁段交接处的剪力设计值 V_d^0[图 12-14(c)]。将 V_d' 或 V_d^0 分为两部分,其中至少 60% 由混凝土和箍筋共同承担;至多 40% 由弯起钢筋承担,并且用水平线将剪力设计值图分割。

②计算第一排(以支座向跨中计算)弯起钢筋 A_{sb1} 时,对于简支梁和连续梁近边支点梁段取离支点 $h/2$ 处由弯起钢筋承担的那部分剪力 V_{sb1}[图 12-14(a)];对于等高度连续梁和悬臂梁近中间支点梁段,取支点上横隔梁边缘处由弯起钢筋承担的那部分剪力 V_{sb1}[图 12-14(b)];对于变高度(承托)连续梁和悬臂梁近中间支点梁段,取用第一排弯起钢筋下面弯起点处由弯起钢筋承担的那部分剪力 V_{sb1}[图 12-14(c)]。

③计算第一排弯起钢筋以后的每一排弯起钢筋 $A_{sb2}\cdots A_{sbi}$ 时,对于简支梁、连续梁近边支点梁段和等高度连续梁与悬臂梁近中间支点梁段,取前一排弯起钢筋下面弯起点处由弯起钢筋承担的那部分剪力 $V_{sb2}\cdots V_{sbi}$[图 12-14(a)、(b)];对于变高度(承托)连续梁和悬臂梁近中间支点的变高度梁段,取用各该排弯起钢筋下面弯起点处由弯起钢筋承担的那部分剪力 $V_{sb2}\cdots V_{sbi}$[图 12-14(c)]。

④计算变高度(承托)的连续梁和悬臂梁跨越变高段与等高段交接处的弯起钢筋 A_{sbf} 时,取用交接截面剪力峰值由弯起钢筋承担的那部分剪力 V_{sbf}[图 12-14(c)];计算等高梁段各排弯起钢筋 A_{sb1}'、A_{sb2}'、A_{sbi}' 时,取用各该排弯起钢筋上面弯点处由弯起钢筋承担的那部分剪力 V_{sb1}'、V_{sb2}'、V_{sbi}'[图 12-14(c)]。

(2)设计计算方法

①截面设计

要求计算箍筋和弯起钢筋的数量,可按下列步骤进行:

a. 计算剪力值

按上述剪力值的取值方法,分别计算支点截面、跨支座 $h/2$ 截面及跨中截面的剪力值。

b. 验算截面尺寸

如不满足,则应加大截面尺寸或提高混凝土强度等级。

c. 验算是否需要根据计算配置腹筋

若梁段满足　$\gamma_0 V_d \leqslant \alpha_2 \times 0.50 \times 10^{-3} f_{td} b h_0$

则该梁段范围内可不进行计算,仅根据构造要求设置箍筋,但须满足 $\rho_{sv} \geqslant \rho_{sv,min}$ 的规定。

若某梁段不满足该式,则应根据计算要求配置腹筋。

d. 箍筋设计

预先选定箍筋种类和直径,可按下列公式计算箍筋间距:

$$s_v = \frac{\alpha_1^2 \alpha_3^2 \times 0.2 \times 10^{-6} \times (2+0.6P)\sqrt{f_{cu,k}} A_{sv} b h_0^2}{(\xi \gamma_0 V_d)^2} \tag{12-17}$$

式中　ξ——用于抗剪配筋设计的最大剪力设计值分配于混凝土和箍筋共同承担的分配系数,
$\xi \geqslant 0.6$;

A_{sv}——配置在同一截面内箍筋总截面面积(mm^2)。

e. 弯起钢筋设计

每排弯起钢筋的总截面面积为:

$$A_{sb} = \frac{\gamma_0 V_{sb}}{0.75 \times 10^{-3} f_{sd} \sin\alpha_s} \qquad (12\text{-}18)$$

式中　A_{sb}——每排弯筋的总截面面积；

　　　V_{sb}——每排弯筋承担的剪力设计值(kN)。

②截面受剪承载力复核

这时只需将各已知参数代入各公式，即可作结论。

【例 12-2】　Ⅰ-A 类环境中中型公路桥梁的等高度矩形截面简支梁截面尺寸 $b \times h = 250 \text{ mm} \times 500 \text{ mm}$，计算跨度 $L_0 = 4.8 \text{ m}$，全长 $L = 5 \text{ m}$，跨中弯矩设计值 $M_d = 147 \text{ kN} \cdot \text{m}$，剪力设计值 $V_d = 0$，支点剪力设计值 $V_d = 124.8 \text{ kN}$，拟采用 C30 混凝土，纵向钢筋 HRB400，箍筋 HPB300，要求纵向钢筋和仅配箍筋时的箍筋数量，并选配钢筋。

【解】　(1)查取相关数据

$\gamma_0 = 1.0, f_{cd} = 13.8 \text{ N/mm}^2, f_{td} = 1.39 \text{ N/mm}^2, f_{sd} = 330 \text{ N/mm}^2, \xi_b = 0.53$

$45\dfrac{f_{td}}{f_{sd}} = 45\dfrac{1.39}{330} = 0.1896 \le 0.2, \rho_{min} = 0.2\%; f_{sv} = 250 \text{ N/mm}^2, \rho_{sv,min} = 0.18\%$

(2)纵向受拉钢筋设计

采用绑扎骨架，按一层布置钢筋，假设 $a_s = 45 \text{ mm}, h_0 = 500 - 45 = 455 \text{ mm}$。

①求受压区高度 x

相关数据代入下式：

$$\gamma_0 M_d \le M_u = f_{cd}bx\left(h_0 - \frac{x}{2}\right)$$

有：　　　　　　　　$147 \times 10^6 = 13.8 \times 250x(455 - x/2)$

整理后得：　　　　　　$x^2 - 910x + 85\,217.4 = 0$

解得：$x = 106.0 \text{ mm} < \xi_b h_0 = 0.53 \times 455 = 241.2 \text{ mm}$。

② 求所需纵筋数量

有关数据代入

有关数据代入式(12-1)，有：

$$f_{cd}bx = f_{sd}A_s$$

$$A_s = \frac{f_{cd}}{f_{sd}}bx = \frac{13.8}{330} \times 250 \times 106 = 1\,108.2 \text{ mm}^2$$

③选配纵筋并验算最小配筋率

选 3 Φ 22，$A_{s实} = 1\,140 \text{ mm}^2$。

考虑按一层布置 $a_s = 30 + 22/2 = 41 \text{ mm}, h_0 = 500 - 41 = 459 \text{ mm}$。

$\rho = \dfrac{A_s}{bh_0} = \dfrac{1\,140}{250 \times 459} = 0.99\% > \rho_{min} = 0.2\%$，满足要求。

(3)抗剪腹筋设计

①计算剪力设计值

简支梁取距支点 $h/2 = 500/2 = 250 \text{ mm}$ 处的剪力作为计算剪力设计值，即

$$V_d = 124.8 \times \frac{2.4 - 0.25}{4.8/2} = 111.8 \text{ kN}$$

②验算截面尺寸

$0.51 \times 10^{-3}\sqrt{f_{cu,k}}\,bh_0 = 0.000\,51 \times \sqrt{30} \times 250 \times 459 = 320.541 \text{ kN}$

$> \gamma_0 V_d = 111.812 \text{ kN}$

满足要求。

③验算是否计算配置腹筋

$$0.5 \times 10^{-3} \alpha_2 f_{td} b h_0 = 0.000\ 5 \times 1.0 \times 1.39 \times 250 \times 459 = 79.751\ \text{kN}$$

$$< \gamma_0 V_d = 111.812\ \text{kN}$$

需计算配置腹筋。

④箍筋计算

要求箍筋直径$\geqslant d/4 = 6$ mm 及 8 mm,因而采用双肢$\Phi 8$箍筋,$A_{sv} = 2 A_{sv1} = 100.6\ \text{mm}^2$。对于仅配箍筋的钢筋混凝土矩形截面简支梁近边支点,$\alpha_1 = \alpha_3 = 1.0, \xi = 1.0$。

而$P = 100\rho = 0.99 < 2.5$

将相关数据代入:

$$s_v = \frac{\alpha_1^2 \alpha_3^2 \times 0.2 \times 10^{-6} \times (2 + 0.6P)\sqrt{f_{cu,k}} A_{sv} f_{sv} b h_0^2}{(\xi \gamma_0 V_d)^2}$$

有:$s_v = \dfrac{0.2 \times 10^{-6} \times (2 + 0.6 \times 0.99) \times \sqrt{30} \times 100.6 \times 250 \times 250 \times 459^2}{(111.812)^2} = 301\ \text{mm}$

取 $s_v = 200$ mm

⑤验算最小配箍率

$$\rho_{sv} = \frac{A_{sv}}{b s_v} = \frac{100.6}{250 \times 200} = 0.002\ 012 \geqslant \rho_{sv,\min} = 0.001\ 8$$

满足要求。

⑥箍筋布置

按构造要求,在支座中心向跨径方向长度相当于不小于一倍梁高 $h = 500$ mm 范围内,箍筋间距 $s_v = 100$ mm,其余根据计算选用 $s_v = 200$ mm$< h/2 = 250$ mm 及 400 mm 满足构造要求,箍筋分三段等间距配置如图 12-15 所求。

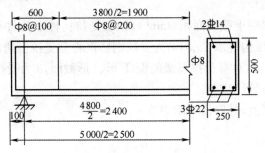

图 12-15　例 12-2 图

四、裂缝宽度验算

影响裂缝宽度因素很多,裂缝机理也十分复杂。数十年来人们已积累了相当多的研究裂缝问题的试验资料,利用这些已有的试验资料,分析影响裂缝宽度的各种因素,找出主要的因素,舍去次要因素,再用数理统计方法给出简单适用而又有一定可靠性的裂缝宽度计算公式,这种方法称为数理统计方法。我国大连理工大学研究并提出了按数理统计方法得出的裂缝宽度公式。《公规》按这一方法对 40 根钢筋混凝土 T 形简支梁受拉主筋进行计算,并以 CEB-FIP《国际标准规范》公式为准绳进行比较,提出了矩形、T 形和 I 形截面钢筋混凝土及 B 类预应力混凝土受弯构件,其最大裂缝宽度可按下列公式计算:

$$w_{fk} \leqslant w_{fklim} \tag{12-19}$$

$$w_{fk} = c_1 c_2 c_3 \frac{\sigma_{ss}}{E_s} \left(\frac{c+d}{0.30+1.4\rho_{te}} \right) \tag{12-20}$$

$$\rho_{te} = \frac{A_s}{A_{te}} \tag{12-21}$$

式中　c_1——钢筋表面形状系数,对光面钢筋 $c_1 = 1.4$,对带肋钢筋,$c_1 = 1.0$;

　　　c_2——作用(或荷载)长期效应影响系数,$c_2 = 1 + 0.5\frac{M_l}{M_s}$,其中 M_l 和 M_s 分别为按作用效应准永久组合和作用效应频遇组合计算的弯矩值;

　　　c_3——与构件受力性质有关的系数,当为钢筋混凝土板式受弯构件时,$c_3 = 1.15$,当为其他受弯构件时,$c_3 = 1.0$;

　　　σ_{ss}——受拉钢筋按作用效应频遇组合计算的应力,$\sigma_{ss} = \dfrac{M_s}{0.87 A_s h_0}$;

　　　M_s——构件按作用效应频遇组合计算的弯矩值;

　　　c——混凝土保护层厚度(mm),当 c 大于 50 mm 时取 50 mm;

　　　d——纵向受拉钢筋直径(mm),当用不同直径的钢筋时,改用换算直径 d_e,$d_e = \dfrac{\sum n_i d_i^2}{\sum n_i d_i}$,(对钢筋混凝土构件,$n_i$ 为受拉区第 i 种普通钢筋的根数,d_i 为受拉区第 i 种普通钢筋的公称直径);

　　　ρ_{te}——纵向受拉钢筋的有效配筋率,对钢筋混凝土构件,当 $\rho_{te} > 0.1$ 时取 $\rho_{te} = 0.1$,当 $\rho_{te} < 0.01$ 时取 $\rho_{te} = 0.01$;

　　　A_s——受拉区纵向钢筋截面面积(mm^2),轴心受拉构件取全部纵向钢筋截面面积,受弯、偏心受拉及大偏心受压构件取受拉区纵向钢筋截面面积或受拉较大一侧的钢筋截面面积;

　　　A_{te}——有效受拉混凝土截面面积(mm^2),轴心受拉构件取构件截面面积,受弯、偏心受拉、偏心受压构件取 $2a_s b$,a_s 为受拉钢筋重心至受拉区边缘的距离,对矩形截面,b 为截面宽度,对有受拉翼缘的倒 T 形、I 形截面,b 为受拉区有效翼缘宽度;

　　　E_s——钢筋弹性模量(MPa);

　　　w_{fklim}——裂缝宽度限值,其取值见附表 3.1。

五、变形验算

钢筋混凝土受弯构件,在正常使用极限状态下的挠度,可根据给定的构件刚度 B 用结构力学方法计算:

$$f = \alpha \frac{M_s l^2}{B} \eta_\theta \leqslant f_{lim} = \frac{l}{600} \text{ 或 } \frac{l}{300} \tag{12-22}$$

式中　α——与荷载形式、支承条件有关的系数;

　　　M_s——构件按作用效应频遇组合计算的弯矩值;

　　　l——构件计算跨度;

　　　f_{lim}——以汽车荷载(不计冲击力)计算的上部结构最大挠度的限值,在消除结构自重产生的长期挠度后,梁式桥主梁的最大挠度值为 $l/600$,梁式桥主梁的悬臂端为 $l/300$;

　　　η_θ——挠度长期增长系数,采用 C40 以下混凝土时,$\eta_\theta = 1.6$,采用 C40~C80 混凝土时,$\eta_\theta = 1.45 \sim 1.35$,中间强度等级可直线内插入取用;

B——开裂构件等效截面的抗弯刚度,受弯构件的刚度可按下列公式计算:

$$B=\frac{B_0}{\left(\dfrac{M_{cr}}{M_s}\right)^2+\left[1-\left(\dfrac{M_{cr}}{M_s}\right)^2\right]\dfrac{B_0}{B_{cr}}} \qquad (12\text{-}23)$$

式中　B_0——全截面的抗弯刚度,$B_0=0.95E_cI_0$;

　　　B_{cr}——开裂截面的抗弯刚度,$B_{cr}=E_{cr}I_{cr}$;

　　　M_{cr}——开裂弯矩:$M_{cr}=\gamma f_{tk}w_0$;

　　　γ——构件受拉区混凝土塑性系数,$\gamma=\dfrac{2S_0}{w_0}$;

　　　I_0——全截面换算截面惯性矩;

　　　w_0——换算截面抗裂验算边缘的弹性抵抗矩;

　　　S_0——全截面换算截面重心轴以上或以下部分面积对重心轴的面积矩;

　　　I_{cr}——开裂截面换算截面惯性矩。

钢筋混凝土受弯构件,当由荷载短期效应并考虑长期效应影响产生的长期挠度不超过 $l/1\,600$ 时,可不设预拱度,否则应设预拱度。预拱度值按结构自重和 $1/2$ 可变荷载频遇值计算的长期挠度值之和采用。

第三节　钢筋混凝土受压构件设计

一、钢筋混凝土轴心受压构件计算

在公路桥梁工程中,钢筋混凝土轴心受压构件通常有配有普通箍筋的一般箍筋钢筋混凝土轴心受压构件和配置螺旋式或焊接环式间接钢筋的钢筋混凝土轴心受压构件,如图 12-16 所示。

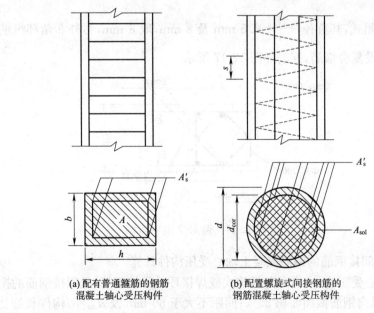

(a) 配有普通箍筋的钢筋　　　　(b) 配置螺旋式间接钢筋的
　　混凝土轴心受压构件　　　　　　钢筋混凝土轴心受压构件

图 12-16　钢筋混凝土轴心受压构件

1. 一般箍筋钢筋混凝土轴心受压构件计算

配有普通箍筋的一般钢筋混凝土轴心受压构件,如图 12-16(a) 所示,其正截面承载力按下列公式计算：

$$\gamma_0 N_d \leqslant 0.90\varphi(f_{cd}A + f'_{sd}A'_s) \tag{12-24}$$

式中，φ 的取值见附表 3.14，A 的计算规定完全同《规范》中的取值规定，γ、N_d、f_{cd}、f'_{sd} 按公路桥涵规范中的规定取值。

【例 12-3】 Ⅰ-A 类环境中某中型桥梁的轴心受压柱的截面尺寸 $b \times h = 400\ mm \times 400\ mm$，柱长 $l = 7.2\ m$，柱底固定，柱顶铰接，拟采用 C30 混凝土，纵向钢筋为 HRB400，箍筋为 HPB300，该柱承受纵向轴心压力设计值 $N_d = 2\ 500\ kN$，求柱纵向钢筋面积并配置箍筋。

【解】 (1)查取相关数据

$$\gamma_0 = 1.0, f_{cd} = 13.8\ N/mm^2, f_{sd} = 330\ N/mm^2, \rho'_{min} = 0.5\%$$

根据支承条件，$l_0 = 0.7l = 0.7 \times 7.2\ m = 5\ 040\ mm$

$\dfrac{l_0}{b} = \dfrac{5\ 040}{400} = 12.6$，查附表 3.14 得 $\varphi = 0.941$

(2)求 A'_s

相关数据代入 $\gamma_0 N_d \leqslant 0.90\varphi(f_{cd}A + f'_{sd}A'_s)$，有：

$$A'_s = \frac{\dfrac{N_d}{0.9\varphi} - f_{cd}A}{f'_{sd}} = \frac{\dfrac{2\ 500\ 000}{0.9 \times 0.941} - 13.8 \times 400 \times 400}{330} = 2\ 254.4\ mm^2$$

(3)选配钢筋并验算配筋率

选 4Φ22＋4Φ16，$A'_s = 2\ 324\ mm^2$。

纵向钢筋配筋率 $\rho' = \dfrac{A'_s}{bh} = \dfrac{2\ 324}{400 \times 400} = 1.45\% > \rho'_{min} = 0.5\%$，满足要求。

箍筋按构造要求设置，箍筋间距应满足 $s_v \leqslant 15d = 15 \times 16 = 240\ mm$ 及 $400\ mm$，取 $s_v = 200mm$

箍筋应做成封闭式，其直径$\geqslant \dfrac{22}{4} = 6.5\ mm$ 及 $8\ mm$，取 $8\ mm$，另外非角部纵筋离角筋中距$>150\ mm$，应加设复合箍筋，配筋如图 12-17 所示。

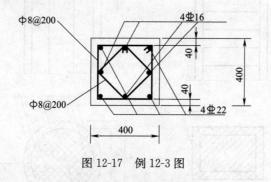

图 12-17 例 12-3 图

2. 配置螺旋式间接钢筋的钢筋混凝土轴心受压构件计算

钢筋混凝土轴心受压构件，当配置螺旋式或焊接环式间接钢筋，且间接钢筋的换算截面面积 A_{s0} 不小于全部纵向钢筋截面面积 25%；间距不大于 80 mm 及 $d_{cor}/5$，构件长细比 $l_0/i \leqslant 48$ 时，如图 12-16(b)所示，其正截面抗压承载力应按下列公式计算：

$$\gamma_0 N_d \leqslant 0.9(f_{cd}A_{cor} + f'_{sd}A'_s + Kf_{sd}A_{s0}) \tag{12-25}$$

$$A_{s0} = \frac{\pi d_{cor}A_{s01}}{s} \tag{12-26}$$

式中 A_{cor}——构件核心截面面积；

       A_{s0}——螺旋式或焊接环式间接钢筋的换算截面面积；

      d_{cor}——构件截面的核心直径；

        K——间接钢筋影响系数，混凝土强度等级 C50 及以下时取 $K=2.0$，C50～C80 取 $K=2.0～1.70$，中间直线插入取用；

     A_{s01}——单根间接钢筋的截面面积；

        s——沿构件轴线方向间接钢筋的螺距或间距。

二、钢筋混凝土偏心受压构件计算

在公路桥梁工程中，拱桥中的主拱圈，梁桥的柱、墩大多数情况下正截面上作用着轴心压力和弯矩，是偏心受压构件。钢筋混凝土偏心受压构件的受力性能介于受弯构件与轴心受压构件之间。受弯构件和轴心受压构件是偏心受压构件的特殊情况。目前桥梁工程中设计钢筋混凝土偏心受压构件大多还只进行正截面承载力计算。

1. 偏心受压构件正截面破坏特征与相对界限受压区高度

工程中常用的单向偏心受压构件，一般在弯矩作用的对边，即与偏心轴相平行的两侧边布置受力钢筋。近力侧钢筋一般为受压钢筋，用 A_s' 表示；远离力一侧钢筋可能受压也可能受拉，用 A_s 表示。

（1）偏心受压构件正截面破坏特征

偏心受压短柱试验表明，随轴向力 N 在截面上的偏心距大小 e_0 和纵向钢筋配筋率 ρ、ρ' 的不同，偏心受压构件的破坏特征有两种：当相对偏心距 e_0 较大，且受拉钢筋配筋率 ρ 较小时，偏心受压构件的破坏是由于远侧受拉钢筋首先达到屈服强度而导致受压混凝土压碎，这一破坏称为大偏心受压破坏，其临近破坏时有明显的征兆，横向裂缝开展显著，构件的承载力取决于受拉钢筋的强度和数量，其破坏特征与双筋适筋梁相似；当相对偏心距 e_0 较小，或虽然相对偏心距 e_0 较大，但构件配置的受拉钢筋 ρ 较多时，就有可能首先使受压区混凝土先被压碎。在通常情况下，靠近轴力作用一侧的混凝土先被压坏，受压钢筋的应力也能达到抗压设计强度；而离轴向力较远一侧的钢筋仍可能受拉但并未达到屈服，但也可能仍处于受压状态。临破坏时，受压区高度略有增加，破坏时无明显预兆，这种破坏属于小偏心受压破坏。

（2）偏心受压构件的相对界限受压区高度

与钢筋混凝土受弯构件类似，钢筋混凝土偏心受压构件的纵向受拉钢筋和截面受压区混凝土同时达到其强度设计值时，构件处于界限破坏，其正截面相对受压区高度 ξ_b 与钢筋混凝土受弯构件的一致，按表 12-9 采用。

当 $\xi \leqslant \xi_b$ 时，钢筋混凝土偏心受压构件为大偏心受压构件；当 $\xi > \xi_b$ 时，钢筋混凝土偏心受压构件为小偏心受压构件。

2. 偏心受压构件正截面承载力计算方法

公路桥梁工程中偏心受压构件的截面形式常用的有矩形截面、T 形截面或 I 形截面和沿周边均匀配置纵向钢筋的圆形截面，因截面形式变化而其正截面承载力计算方法有差别，下面分别加以介绍。

（1）矩形截面偏心受压构件

矩形截面偏心受压构件正截面承载力计算简图如图 12-18 所示，应按下列公式计算：

$$\gamma_0 N_d \leqslant N_u = f_{cd}bx + f_{sd}'A_s' - \sigma_s A_s \tag{12-27}$$

$$\gamma_0 N_d e \leqslant f_{cd} b x \left(h_0 - \frac{x}{2} \right) + f'_{sd} A'_s (h_0 - a'_s) \tag{12-28}$$

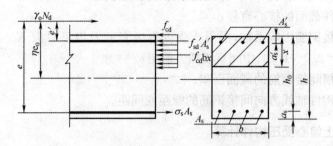

图 12-18 矩形截面偏心受压正截面强度计算简图

$$e = \eta e_0 + \frac{h}{2} - a_s, e_0 = \frac{M_d}{N_d} \tag{12-29}$$

$$\eta = 1 + \frac{1}{1\,400 e_0 / h_0} \left(\frac{l_0}{h} \right)^2 \zeta_1 \zeta_2 \tag{12-30}$$

$$\zeta_1 = 0.2 + 2.7 \frac{e_0}{h_0} \leqslant 1.0$$

$$\zeta_2 = 1.15 - 0.01 \frac{l_0}{h} \leqslant 1.0$$

当 $\xi \leqslant \xi_b$ 时,为大偏心受压构件,取 $\sigma_s = f_{sd}$;

当 $\xi > \xi_b$ 时,为小偏心受压构件,截面受拉边或受压较小边纵向钢筋的应力 σ_s 按下式计算:

$$\sigma_{si} = \varepsilon_{cu} E_s \left(\frac{\beta h_{0i}}{x} - 1 \right) \tag{12-31a}$$

σ_s 也可按下式近似计算:

$$\sigma_{si} = \frac{f_{sd}}{\xi_b - \beta} \left(\frac{x}{h_{0i}} - \beta \right) \tag{12-31b}$$

式中 h_{0i}——第 i 层纵向钢筋截面重心至受压较大边边缘的距离;

β——截面受压区矩形应力图形高度与实际受压区高度的比值,其值同《规范》中的 β_1 取值。

对小偏心受压构件,当轴向力作用在纵向钢筋 A'_s 与 A_s 合力点之间时,抗压承载力尚应按下列公式计算:

$$\gamma_0 N_d e' \leqslant f_{cd} b h (h'_0 - \frac{h}{2}) + f'_{sd} A_s (h'_0 - a_s) \tag{12-32}$$

$e' = \frac{h}{2} - e_0 - a'_s$,计算时偏心距 e_0 可不考虑偏心距增大系数的影响。

矩形截面对称配筋钢筋混凝土小偏心受压构件,其钢筋截面面积可按下列近似公式计算:

$$\xi = \xi_b + \frac{\gamma_0 N_d - \xi_b f_{cd} b h_0}{\dfrac{\gamma_0 N_d e - 0.43 f_{cd} b h_0^2}{(\beta - \xi_b)(h_0 - a'_s)} + f_{cd} b h_0} \tag{12-33}$$

$$A_s = A'_s = \frac{\gamma_0 N_d e - \xi(1 - 0.5\xi) f_{cd} b h_0^2}{f'_{sd}(h_0 - a'_s)} \tag{12-34}$$

进行复核验算时,当难以判定大小偏压时,可先假定为大偏压构件进行计算,如所求 x 不符合大偏压条件,再按小偏压构件计算。当计算的截面受压区高度 $x>h$ 时,计算构件承载力取 h,但计算钢筋应力 σ_s 时仍用计算所得的 x。进行钢筋混凝土偏心受压构件的配筋设计时,当 $\eta e_0 \leqslant 0.3h_0$ 时,可按小偏压构件计算;当 $\eta e_0 > 0.3h_0$ 时,可先按大偏心受压构件计算,但所得受拉钢筋截面面积必须大于最小配筋率,否则,按小偏压构件计算或钢筋截面面积取最小配筋率。

【例 12-4】　已知 I-A 类环境下的中型公路桥梁矩形截面偏心受压柱截面尺寸 $b \times h = 300\ \text{mm} \times 400\ \text{mm}$,计算长度 $l_0 = 4\ \text{m}$,柱承受 $N_d = 200\ \text{kN}$,$M_d = 200\ \text{kN} \cdot \text{m}$,拟采用 C30 混凝土和 HRB400 钢筋,求所需纵向钢筋截面面积。

【解】　①查取相关数据

$\gamma_0 = 1.0$,$f_{cd} = 13.8\ \text{N/mm}^2$,$f_{sd} = f'_{sd} = 330\ \text{N/mm}^2$,$\xi_b = 0.53$,$\beta = 0.8$,$\rho_{min} = \rho'_{min} = 0.2\%$。

②计算偏心距增大系数

$$e_0 = \frac{M_d}{N_d} = \frac{200 \times 10^6}{200 \times 10^3} = 1\ 000\ \text{mm}$$

$\dfrac{l_0}{h} = \dfrac{4\ 000}{400} = 10 > 8$,应考虑偏心距增大系数的计算。

设 $a_s = a'_s = 50\ \text{mm}$,$h_0 = 400 - 50 = 350\ \text{mm}$。

$\zeta_1 = 0.2 + 2.7\dfrac{1\ 000}{350} = 7.91 > 1.0$,取 $\zeta_1 = 1.0$。

$\zeta_2 = 1.15 - 0.01\dfrac{l_0}{h} = 1.15 - 0.01 \times 10 = 1.05 > 1.0$,取 $\zeta_2 = 1.0$,于是:

$$\eta = 1 + \frac{1}{1\ 400 e_0/h_0}\left(\frac{l_0}{h}\right)^2 \zeta_1 \zeta_2 = 1 + \frac{1}{1\ 400 \times \dfrac{1\ 000}{350}} \times 10^2 \times 1.0 \times 1.0 = 1.025$$

③初步判定大小偏心受压

$$\eta e_0 = 1.025 \times 1\ 000 = 1\ 025\ \text{mm} > 0.3h_0 = 0.3 \times 350 = 105\ \text{mm}$$

可先按大偏心受压计算。

$$e = \eta e_0 + h/2 - a_s = 1\ 025 + 400/2 - 50 = 1\ 175\ \text{mm},\sigma_s = f_{sd}$$

④求 A_s 及 A'_s

为节约钢材,充分利用混凝土的抗压强度,取 $\xi = \xi_b = 0.53$ 由基本公式第二式,有

$$A'_s = \frac{\gamma_0 N_d e - \xi_b(1 - 0.5\xi_b)f_{cd}bh_0^2}{f'_{sd}(h_0 - a'_s)}$$

$$= \frac{200\ 000 \times 1\ 175 - 0.53 \times (1 - 0.5 \times 0.53) \times 13.8 \times 300 \times 350^2}{330 \times (350 - 50)} = 378.2\ \text{mm}^2$$

$$> \rho'_{min}bh = 0.2\% \times 300 \times 400 = 240\ \text{mm}^2$$

选用 2φ16,$A'_s = 402\ \text{mm}^2$。

由基本公式第一式,有:

$$A_s = \frac{f_{cd}b\xi_b h_0 + f'_{sd}A'_s}{f_{sd}}$$

$$= \frac{13.8 \times 300 \times 0.53 \times 350 + 330 \times 402}{330} = 2\ 729.2\ \text{mm}^2$$

$$> \rho_{min}bh = 0.2\% \times 300 \times 400 = 240\ \text{mm}^2$$

选用 6φ25,一侧双排布置,每排 3 根,$A_s = 2\ 945\ \text{mm}^2$。

【例 12-5】　已知 I 类环境中的中型公路桥梁的矩形截面偏心受压柱截面尺寸 $b \times h =$

$300 \text{ mm} \times 400 \text{ mm}$,计算长度 $l_0 = 6$ m,承受 $N_d = 2\,650$ kN,$M_d = 120$ kN·m,拟采用 C30 混凝土,HRB400 纵筋,求所需纵筋截面面积(设柱两端弯矩相等)。

【解】 ①查取相关数据。

$\gamma_0 = 1.0$,$f_{cd} = 13.8 \text{ N/mm}^2$,$f_{sd} = f'_{sd} = 330 \text{ N/mm}^2$,$\xi_b = 0.53$,$\beta = 0.8$,$\rho_{min} = \rho'_{min} = 0.2\%$。

②计算偏心距增大系数

$$e_0 = \frac{M_d}{N_d} = \frac{120 \times 10^6}{2650 \times 10^3} = 45.3 \text{ mm}$$

$\dfrac{l_0}{h} = \dfrac{6\,000}{600} = 10 > 8$,应考虑偏心距增大系数的计算。

设 $a_s = a'_s = 50$ mm,$h_0 = 600 - 50 = 550$ mm。

$$\frac{e_0}{h_0} = \frac{45.3}{550} = 0.082\,3$$

$\zeta_1 = 0.2 + 2.7 \times 0.082\,3 = 0.422\,3 < 1.0$,

$\zeta_2 = 1.15 - 0.01 \dfrac{l_0}{h} = 1.15 - 0.01 \times 10 = 1.05 > 1.0$,取 $\zeta_2 = 1.0$,于是

$$\eta = 1 + \frac{1}{1\,400 e_0/h_0}\left(\frac{l_0}{h}\right)^2 \zeta_1 \zeta_2 = 1 + \frac{1}{1\,400 \times 0.082\,3} \times 10^2 \times 0.422\,3 \times 1.0 = 1.367$$

③初步制定大小偏心受压

$$\eta e_0 = 1.367 \times 45.3 = 61.9 \text{ mm} < 0.3 h_0 = 0.3 \times 550 = 165 \text{ mm}$$

可先按小偏心受压构件计算。

$$e = \eta e_0 + h/2 - a_s = 61.9 + 600/2 - 50 = 311.9 \text{ mm}$$
$$e' = h/2 - \eta e_0 - a'_s = 600/2 - 61.9 - 50 = 188.1 \text{ mm}$$

④求 A_s 及 A'_s

为使总用钢量最少,取 $A_s = \rho'_{min} bh = 0.002 \times 400 \times 600 = 480 \text{ mm}^2$

另再按下式确定 A_s:

$$\gamma_0 N_d e' \leqslant f_{cd} bh(h'_0 - h/2) + f'_{sd} A_s(h'_0 - a_s)$$

其中 $e' = h/2 - e_0 - a'_s = 600/2 - 45.3 - 50 = 204.7$ mm,代人相关数据有:

$$A_s = \frac{\gamma_0 N_d e' - f_{cd} bh(h'_0 - h/2)}{f'_{sd}(h'_0 - a_s)}$$
$$= \frac{2\,650\,000 \times 204.7 - 13.8 \times 400 \times 600 \times (550 - 600/2)}{330 \times (550 - 50)} < 0$$

取 $A_s = 480 \text{ mm}^2$,选用 4$\oplus$14,$A_s = 615 \text{ mm}^2$,$a_s = 47$ mm,$h_0 = 600 - 47 = 553$ mm,将相关数据代入下列方程组:

$$\gamma_0 N_d \leqslant = N_u = f_{cd} bx + f'_{sd} A'_s - \sigma_s A_s$$
$$\gamma_0 N_d e \leqslant f_{cd} bx(h_0 - x/2) + f'_{sd} A'_s(h_0 - a'_s)$$
$$\sigma_{si} = \frac{f_{sd}}{\xi_b - \beta}\left(\frac{x}{h_{0i}} - \beta\right)$$

有:

$$2\,650\,000 = 13.8 \times 400x + 330 A'_s - 615\sigma_s$$
$$2\,650\,000 \times 311.9 = 13.8 \times 400x(553 - x/2) + 330 A'_s(553 - 50)$$
$$\sigma_s = \frac{330}{0.53 - 0.8}\left(\frac{x}{h_0} - 0.8\right)$$

整理后得:

$$A'_s = 9\ 852.6 - 20.85x$$
$$A'_s = 4\ 979.4 - 18.4x + 0.016\ 6x^2$$
$$\sigma_s = 977.8 - 2.21x$$

消去 A'_s、σ_s 后可得：$x^2 + 147.6x - 293\ 566.3 = 0$

解得：$x = 473.1$ mm $> \xi_b h_0 = 0.53 \times 553 = 293.1$ mm $< h = 600$ mm

计算表明确为小偏心受压，代入方程组可得：

$\sigma_s = -67.8$ N/mm^2（压）> -330 N/mm^2，满足要求。

$$A'_s = -11.5\ \text{mm}^2 < \rho'_{\min}bh = 480\ \text{mm}^2，取\ A'_s = 480\ \text{mm}^2$$

选用 4Φ14，$A'_s = 615$ mm^2。

⑤垂直弯矩作用平面校核

按轴心受压校核。

$$\frac{l_0}{b} = \frac{6\ 000}{400} = 15，\varphi = 0.895$$

$$\begin{aligned}N_u &= 0.90\varphi(f_{cd}A + f'_{sd}A'_s)\\ &= 0.9 \times 0.895(13.8 \times 400 \times 600 + 330 \times 2 \times 615)\\ &= 3\ 738.6\ \text{kN} > 2\ 650\ \text{kN}\end{aligned}$$

满足要求。

（2）翼缘位于截面受压较大边的 T 形截面或 I 形截面偏心受压构件

翼缘位于截面受压较大边的 T 形截面或 I 形截面偏心受压构件应按下列规定计算：

①当受压区高度 $x \leqslant h'_f$ 时，应按宽度为 b'_f 的矩形截面计算。

②当受压区高度 $x > h'_f$ 时，正截面承载力计算简图如图 12-19 所示，应按下列公式计算：

$$\gamma_0 N_d \leqslant f_{cd}[bx + f_{cd}(b'_f - b)h'_f] + f'_{sd}A'_s - \sigma_s A_s \tag{12-35}$$

$$\gamma_0 N_d e \leqslant f_{cd}bx\left(h_0 - \frac{x}{2}\right) + f_{cd}(b'_f - b)h'_f\left(h_0 - \frac{h'_f}{2}\right) + f'_{sd}A'_s(h_0 - a'_s) \tag{12-36}$$

截面受拉或受压较小边纵向钢筋应力 σ_s 的确定与矩形偏心受压构件的确定相同。

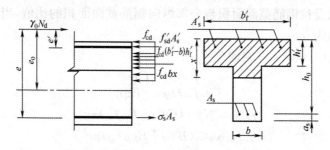

图 12-19　T 形截面偏心受压构件正截面抗压承载力计算简图

翼缘位于截面受拉边或受压较小边的 T 形截面和 I 形截面构件，当 $x > h - h_f$ 时，其正截面抗压承载力计算应考虑翼缘受压部分的作用。

对翼缘位于截面受压较大边的 T 形截面小偏心受压构件，当轴向力作用在纵向钢筋 A'_s 和 A_s 合力点之间时，尚应按下列公式进行计算：

$$\gamma_0 N_d e' \leqslant f_{cd}bh\left(h'_0 - \frac{h}{2}\right) + f_{cd}(b'_f - b)h'_f\left(\frac{h'_f}{2} - a'_s\right) + f'_{sd}A_s(h_0 - a_s) \tag{12-37}$$

对翼缘位于截面受拉区或受压较小边 T 形截面小偏心受压构件，尚应按下列公式计算：

$$\gamma_0 N_d e' \leqslant f_{cd} bh\left(h_0' - \frac{h}{2}\right) + f_{cd}(b_f - b)h_f\left(h_0' - \frac{h_f}{2}\right) + f_{sd}' A_s(h_0' - a_s) \quad (12\text{-}38)$$

(3)沿周边均匀配置纵向钢筋的圆形截面钢筋混凝土偏心受压构件

沿周边均匀配置纵向钢筋的圆形截面钢筋混凝土偏心受压构件正截面承载力计算简图如图 12-20 所示,其正截面抗压承载力可按下列公式计算:

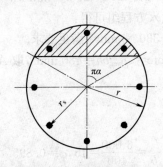

图 12-20 沿周边均匀配筋的圆形截面偏心受压构件计算

$$\gamma_0 N_d \leqslant \alpha f_{cd} A\left(1 - \frac{\sin 2\pi\alpha}{2\pi\alpha}\right) + (\alpha - \alpha_t) f_{sd} A_s \quad (12\text{-}39)$$

$$\gamma_0 N_d \eta e_0 \leqslant \frac{2}{3} f_{cd} A r \frac{\sin^3 \pi\alpha}{\pi\alpha} + f_{sd} A_s r_s \frac{\sin\pi\alpha + \sin\pi\alpha_t}{\pi} \quad (12\text{-}40)$$

$$\alpha_t = 1.25 - 2\alpha \quad (12\text{-}41)$$

式中 A ——圆形截面面积;

A_s ——全部纵向钢筋的截面面积;

r ——圆形截面半径;

r_s ——纵向钢筋重心所在圆周的半径;

e_0 ——轴向压力对截面重心的偏心距;

α ——对应于受压区混凝土截面面积的圆心角(rad)与 2π 的比值;

α_t ——纵向受拉钢筋截面面积与全部纵向钢筋截面面积的比值,当 α 大于 0.625 时, 取 α_t 为 0。

式(12-40)除式(12-39)后并整理有:

$$\rho = \frac{f_{cd}}{f_{sd}} \frac{Br - C\eta e_0}{D\eta e_0 - Egr} \quad (12\text{-}42)$$

$$\gamma_0 N_d \leqslant N_u = (Cf_{cd} + D\rho f_{sd}')\pi r^2 \quad (12\text{-}39a)$$

$$\gamma_0 N_d \eta e_0 \leqslant (Bf_{cd} + Eg\rho f_{sd}')\pi r^3 \quad (12\text{-}40a)$$

其中:

$$B = \frac{2\sin^3 \pi\alpha}{3\pi\alpha} \quad (12\text{-}43)$$

$$C = \alpha - \frac{\sin 2\pi\alpha}{2\pi} \quad (12\text{-}44)$$

$$D = \alpha - \alpha_t \quad (12\text{-}45)$$

$$E = \frac{\sin\pi\alpha + \sin\pi\alpha_t}{\pi} \quad (12\text{-}46)$$

$$g = r_s / r \quad (12\text{-}47)$$

$$\rho = \frac{A_s}{A} \tag{12-48}$$

圆形截面钢筋混凝土偏心受压构件,其最大裂缝宽度可按下列公式计算:

$$w_{fk} \leqslant w_{fklim} \tag{12-49}$$

$$w_{fk} = c_1 c_2 c_3 \frac{\sigma_{ss}}{E_s} \left(\frac{c+d}{0.30 + 1.4\rho_{te}} \right) \tag{12-50}$$

$$\rho_{te} = \frac{\beta A_s}{\pi (r^2 - r_1^2)} \tag{12-51}$$

$$r_1 = r - 2a_s \tag{12-52}$$

式中　ρ_{te}——纵向受拉钢筋的有效配筋率,对钢筋混凝土构件,当 $\rho_{te} > 0.1$ 时,取 $\rho_{te} = 0.1$;当 $\rho_{te} < 0.01$ 时,取 $\rho_{te} = 0.01$;

　　　A_s——全部纵向钢筋截面面积(mm^2);

　　　r——圆形截面的半径(mm);

　　　r_1——圆形截面半径与钢筋中心到构件边缘 2 倍距离的差值(mm);

　　　a_s——钢筋中心到构件边缘的距离(mm)。

　　　β——构件纵向受拉钢筋对最大裂缝开展贡献的系数,小偏心受压可不必验算裂缝宽度,对大偏心受压构件:

$$\beta = (0.4 + 2.5\rho) \left[1 + 0.353 \left(\frac{\eta_s e_0}{r} \right)^{-2} \right] \tag{12-53}$$

$$\eta_s = 1 + \frac{1}{4\,000 e_0 / (2r - a_s)} \left(\frac{l_0}{2r} \right)^2 \tag{12-54}$$

　　　σ_{ss}——钢筋应力,一般对大偏心受压构件进行裂缝宽度验算,计算其钢筋应力:

$$\sigma_{ss} = \frac{\left(\frac{\eta_s e_0}{r} \right)^3}{\left(0.45 + 0.26 \frac{r_s}{r} \right) \left(\frac{\eta_s e_0}{r} + 0.2 \right)^2} \frac{N_s}{A_s} \tag{12-55}$$

　　　N_s——按作用效应频遇组合计算的轴向力值(N);

　　　η_s——使用荷载下的偏心距增大系数,当 $\frac{l_0}{2r} \leqslant 14$ 时,可取 $\eta_s = 1.0$;

　　　e_0——构件初始偏心距(mm);

　　　r_s——构件钢筋重心所在圆周的半径(mm);

　　　l_0——构件的计算长度(mm)。

　　式(12-49)和式(12-50)中其他符号意义同矩形、T 形和 I 形截面钢筋混凝土及 B 类预应力混凝土受弯构件最大裂缝宽度验算公式(12-19)和式(12-20),但式(12-53)中 ρ 的和式(12-55)中 A_s(mm^2)为受拉区纵向钢筋截面面积。

　　【例 12-6】　已知 I 类环境中的某中型公路桥梁中的圆形截面墩柱的直径 $d = 800$ mm,计算长度 $l_0 = 8.8$ m,承受 $N_d = 3\,000$ kN,$M_d = 1\,500$ kN·m,拟采用 C30 混凝土,HRB400 纵筋沿周边均匀配置,求所需纵筋截面面积(设墩柱两端约束弯矩相等)。

　　【解】　(1)查取相关数据

　　　$\gamma_0 = 1.0$,$f_{cd} = 13.8$ N/mm^2,$f_{sd} = f'_{sd} = 330$ N/mm^2,$\varepsilon_{cu} = 0.003\,3$,$\rho_{min} = 0.5\%$

　　(2)计算偏心距增大系数

$$e_0 = \frac{M_d}{N_d} = \frac{1\ 500 \times 10^6}{3\ 000 \times 10^3} = 500 \text{ mm}$$

$\frac{l_0}{h} = \frac{8\ 800}{800} = 11 > 7$，应考虑偏心距增大系数的计算。

设 $a_s = 50 \text{ mm}$，$r = d/2 = 400 \text{ mm}$，$r_s = r - a_s = 400 - 50 = 350 \text{ mm}$

$g = r_s/r = 0.875$，$h_0 = r + r_s = 750 \text{ mm}$，$\frac{e_0}{h_0} = \frac{500}{750} = 0.667$

$\zeta_1 = 0.2 + 2.7 \times 0.667 = 2.0 > 1.0$，取 $\zeta_1 = 1.0$

$\zeta_2 = 1.15 - 0.01\frac{l_0}{h} = 1.15 - 0.01 \times 11 = 1.04 > 1.0$，取 $\zeta_2 = 1.0$，于是

$$\eta = 1 + \frac{1}{1\ 400 e_0/h_0}\left(\frac{l_0}{h}\right)^2 \zeta_1 \zeta_2 = 1 + \frac{1}{1\ 400 \times 0.667} \times 11^2 \times 1.0 \times 1.0 = 1.129\ 6$$

(3) 计算配筋率 ρ

$$\eta e_0 = 1.129\ 6 \times 500 = 564.8 \text{ mm}$$

$$\rho = \frac{f_{cd}}{f_{sd}}\frac{Br - C\eta e_0}{D\eta e_0 - Egr} = \frac{13.8}{330}\frac{400B - 564.8C}{564.8D - 350E} = \frac{5520B - 7\ 794.5C}{186\ 391D - 115\ 500E}$$

而

$$N_u = (Cf_{cd} + D\rho f'_{sd})\pi r^2$$

所以

$$N_u = 400^2 \pi(13.8C + 330D\rho) = 693\ 663\ 6.6C + 165\ 876\ 092.1D\rho$$

以下采用试算法，即找到一个 α 使得 $N_u/N_d \approx 1.0$，而系数 B、C、D、E 是与 α 有关的系数可通过计算确定，计算试算过程见表 12-10。

表 12-10　试算过程

α	B	C	D	E	ρ	$N_u(N)$	$N_d(N)$	N_u/N_d
0.430	0.458 70	0.362 24	0.040	0.610 14	0.004 63	2 543 417.6		0.847 8
0.450	0.454 37	0.400 82	0.100	0.598 01	0.012 22	2 983 043.3		0.994 3
0.451	0.454 03	0.402 77	0.103	0.597 25	0.012 72	3 011 141.5	300 000 0	1.003 7
0.452	0.453 68	0.404 72	0.106	0.596 48	0.013 23	3 040 102.2		1.013 4
0.455	0.452 57	0.410 60	0.115	0.594 07	0.014 88	3 132 093.7		1.044 0
0.470	0.445 52	0.440 18	0.160	0.580 17	0.026 13	3 746 883.7		1.249 0

当 $\alpha = 0.451$ 时，计算过程如下：

$$\alpha_t = 1.25 - 2 \times 0.451 = 0.348$$

$$B = \frac{2\sin^3 \pi\alpha}{3\pi\alpha} = 0.454\ 03$$

$$C = \alpha - \frac{\sin 2\pi\alpha}{2\pi} = 0.402\ 77$$

$$D = \alpha - \alpha_t = 0.103$$

$$E = \frac{\sin \pi\alpha + \sin \pi\alpha_t}{\pi} = 0.597\ 25$$

$$\rho = \frac{5\ 520B - 7\ 794.5C}{186\ 391D - 115\ 500E} = \frac{2\ 506.3 - 3\ 139.4}{19\ 198.3 - 68\ 982.2} = 0.012\ 7\ 2$$

$$N_u = 400^2 \pi(13.8C + 330D\rho) = 6\ 936\ 636.6C + 165\ 876\ 092.1D\rho = 3\ 011\ 141.5 \text{ N}$$

从上述计算结果可看出，当 $\alpha = 0.451$ 时，可认为 $N_u/N_d \approx 1.0$，因此取 $\rho = 0.012\ 72$。

(4)求 A_s

当 $\alpha=0.451$ 时，$\rho=0.012\ 72>\rho_{\min}=0.5\%$

按此配筋，有：

$$A_s=\rho\pi r^2=0.012\ 72\times3.141\ 59\times400^2=6\ 393.8\ \text{mm}^2$$

选用 $21\ \Phi\ 20$，$A_s=6\ 598.2\ \text{mm}^2$。

$$a_s=40+20/2=50\ \text{mm},r_s=r-a_s=400-50=350\ \text{mm}$$

$$s_n=\frac{2\pi r_s-21\times20}{21}=\frac{2\times3.141\ 59\times350-21\times20}{21}=84.7\ \text{mm}\begin{cases}>50\ \text{mm}\\<350\ \text{mm}\end{cases}$$

三、钢筋混凝土受压构件构造要求

配有普通箍筋、螺旋式或焊接环式间接钢筋的钢筋混凝土轴心受压构件、钢筋混凝土偏心受压构件应满足构造要求。

1. 配有普通箍筋的轴心受压构件构造要求

配有普通箍筋的轴心受压构件，其钢筋布置如图 12-21 所示，应符合下列规定：

(1)纵向受力钢筋的直径不应小于 12 mm，净距不应小于 50 mm 且不应大于 350 mm；水平浇筑的预制件纵向钢筋的最小净距可按受弯构件的钢筋净距规定执行。

(2)轴心受压构件、偏心受压构件全部纵筋的配筋百分率不应小于 0.5，当混凝土强度等级 C50 及以上时不应小于 0.6；同时，一侧钢筋的配筋百分率不应小于 0.2。当大偏心受拉构件的受压区配置按计算需要的受压钢筋时，其配筋百分率不应小于 0.2。轴心受压构件、偏心受压构件全部纵向钢筋的配筋百分率以及各类构件一侧受压钢筋的配筋百分率应按构件的全截面面积计算。

(3)构件的全部纵筋配筋率不宜超过 5%。

(4)纵向受力钢筋应伸入基础和盖梁，伸入长度不应小于附表 3.12 规定的锚固长度。

(5)箍筋应做成闭合式，其直径不应小于纵向钢筋的直径的 1/4，且不小于 8 mm。

(6)箍筋间距不应大于纵向受力钢筋直径的 15 倍、不大于构件短边尺寸（圆形截面采用 0.8 倍直径）并不大于 400 mm。纵向受力钢筋搭接范围内的箍筋间距要求同梁的纵向受力钢筋搭接范围内的箍筋间距的规定。纵向钢筋截面面积大于混凝土截面面积 3% 时，箍筋间距不应大于纵向钢筋直径的 10 倍，且不大于 200 mm。

(7)构件内纵向受力钢筋应设置于离角筋中心距离 s（图 12-21）不大于 180 mm 或 18 倍箍

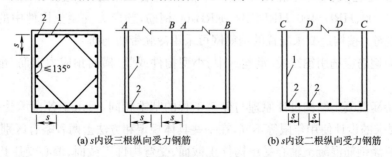

(a) s 内设三根纵向受力钢筋　　　　(b) s 内设二根纵向受力钢筋

图 12-21　柱内普通箍筋布置

1—箍筋；2—角筋；A、B、C、D—箍筋编号

（图中箍筋 A、B 与 C、D 两组设置方式可根据实际情况选用）

筋直径（取较大者）范围内，如超出此范围设置纵向受力钢筋，应设复合箍筋。相邻箍筋的弯钩接头，在纵向应错开布置。

2. 配有螺旋式或焊接环式间接钢筋的轴心受压构件构造要求

配有螺旋式或焊接环式间接钢筋的轴心受压构件，其钢筋的设置应符合下列规定：

（1）纵向受力钢筋的截面面积，不应小于箍筋圈内核心截面面积的 0.5%。核心截面面积不应小于构件整个截面面积的 2/3。

（2）间接钢筋的螺距或间距不应大于核心直径的 1/5，亦不应大于 80 mm，且不应小于 40 mm。

（3）纵向受力钢筋应伸入与受压构件连接的上下构件内，其长度不应小于受压构件的直径且不应小于纵向受力钢筋的锚固长度。

（4）间接钢筋的直径不应小于纵向钢筋直径的 1/4，且不小于 8 mm。

3. 钢筋混凝土偏心受压构件构造要求

偏心受压构件纵向受力钢筋的设置除应满足配有普通箍筋的轴心受压构件的要求以外，当偏心受压构件的截面高度 $h>600$ mm 时，在侧面（非受弯方向）应设置直径为 10～16 mm 的纵向构造钢筋，必要时相应设置复合箍筋，偏心受压构件箍筋的设置按配有普通箍筋的轴心受压构件的箍筋设置规定设置。

小　结

1. 公路桥涵采用近似概率极限状态法设计。

2. 公路桥涵应根据不同种类的作用（或荷载）及其对桥涵的影响、桥涵所处的环境条件，考虑持久、短暂、偶然和地震四种设计状况。

3. 公路混凝土桥涵应根据设计使用年限、环境类别及其作用等级进行耐久性设计。公路混凝土桥涵环境类别划分为Ⅰ～Ⅶ类，环境作用等级划分为 A、B、C、D、E、F 等级。

4. 公路桥涵结构应进行承载能力极限状态和正常使用极限状态设计，并同时满足构造和工艺方面的要求。

5. 混凝土强度等级为 C20～C80，中间以 5 MPa 进级，分为 13 个强度等级。

6. 钢筋混凝土及预应力混凝土构件中的纵向普通钢筋应选用 HPB300、HRB335、HRB400、HRB500、HRBF400、HRBF500、RRB400 钢筋，预应力混凝土构件中的箍筋应选用其中的带肋钢筋。按构造要求配置的钢筋网可采用冷轧带肋钢筋。

7. 预应力钢筋应选用钢绞线、钢丝。中、小型构件或竖、横向预应力钢筋，也可选用精轧螺纹钢筋。

8. 公路桥涵混凝土结构设计原理与建筑工程的基本相同，但由于各自承受荷载的性质、所处环境及要求的设计使用年限等不同，在一些具体规定和方法上两者略有区别。

9. 公路桥涵钢筋混凝土轴心受压构件正截面、受弯构件正截面、偏心受压构件正截面承载力计算中所采用的基本假定和计算方法与建筑工程的是相同的，但在一些具体规定和方法上两者略有区别。

10. 公路桥涵钢筋混凝土受弯构件斜截面承载力计算公式和构造要求与建筑工程钢筋混

凝土受弯构件斜截面承载力计算公式和构造要求有很大的不同。

11. 钢筋混凝土受弯构件，在正常使用极限状态下的挠度，可根据给定的构件刚度用结构力学的方法计算。

思 考 题

1. 公路桥涵结构的设计使用年限规定为多少年？
2. 公路桥涵采用以概率理论为基础的极限状态设计，应进行哪两类极限状态设计？
3. 什么是持久状况、短暂状况、偶然状况、地震状况？
4. 公路桥涵的安全等级是如何划分的？它与结构的重要性系数有何关系？
5. 什么是正截面相对界限受压区高度？受弯构件的相对界限受压区高度是否与受压构件的一致？
6. 钢筋混凝土矩形、T形和工形截面受弯构件，当进行斜截面抗剪承载力配筋设计时，由混凝土和箍筋至少应共同承担多少剪力计算值？弯起钢筋至多所承担多少剪力计算值？

习 题

12-1　Ⅰ-A类环境中的中型公路桥梁工程中有一矩形截面钢筋混凝土梁，截面尺寸 $b \times h =$ 200 mm×500 mm，承受计算弯矩设计值 $M_d = 122$ kN·m，拟采用 C30 混凝土，HRB400 纵向钢筋，求按单筋矩形截面所必须的纵向受拉钢筋截面积。

12-2　Ⅰ-A类环境中的中型公路桥梁矩形截面梁，截面尺寸 $b \times h = 200$ mm×450 mm，承受弯矩设计值 $M_d = 170$ kN·m，拟采用 C30 混凝土和 HRB400 纵筋，若不改变截面尺寸及混凝土强度等级，求所需纵向钢筋截面面积。

12-3　Ⅰ-A类环境中的中型公路桥梁钢筋混凝土矩形截面梁，$b \times h = 250$ mm×600 mm，计算跨度 $L_0 = 5.8$ m，全长 $L = 6$ m，跨中弯矩设计值 $M_d = 212$ kN·m，剪力设计值 $V_d = 0$，支点剪力设计值 $V_d = 150$ kN，采用 C30 混凝土，主筋采用 HRB400 钢筋，箍筋采用 HPB300 钢筋，试设计受拉纵向钢筋和仅配箍筋时的箍筋数量。

12-4　已知条件同第 12-2 题，但 $M_l/M_s = 0.47$，并假定不计汽车荷载冲击系数时的跨中内力计算频遇值 $M_s = 165$ kN·m。试验算该梁的裂缝宽度和挠度是否满足正常使用极限状态的要求。

12-5　Ⅰ-A类环境中中型公路桥梁中有一轴心受压柱，截面尺寸 $b \times h = 400$ mm×400 mm，柱高 $L = 7$ m，两端铰接，采用 C30 混凝土，纵向钢筋用 HRB400 钢筋，箍筋采用 HPB300 钢筋，承受轴心压力设计值 $N_d = 1\ 600$ kN(含自重)，求柱纵向钢筋并按构造要求配置箍筋。

12-6　Ⅰ-A类环境中中型公路桥梁矩形截面偏心受压构件，截面 $b \times h = 300$ mm×600 mm，计算长度 $L_0 = 6$ m，采用 C30 混凝土和 HRB400 纵筋，承受设计值 $N_d = 500$ kN，$M_d = 350$ kN·m，求所需纵筋截面积(设构件两端约束弯矩相等)。

12-7　在Ⅰ-A类环境的某中型公路桥梁工程中，有一矩形截面偏心受压柱，截面 $b \times h =$

300 mm×600 mm,计算长度 $L_0=6$ m,采用 C30 混凝土和 HRB400 纵筋,承受设计值 $N_d=$ 825 kN,$M_d=95$ kN·m,柱两端承受的约束弯矩相等,求所需纵筋截面积。

12-8　在Ⅰ-A类环境的某中型公路桥梁工程中,有一圆形截面墩柱的直径 $d=800$ mm, 计算长度 $L_0=4$ m,承受纵向压力设计值 $N_d=3\,500$ kN,弯矩设计值 $M_d=410$ kN·m,采用 C30 混凝土和 HRB400 纵向钢筋,设墩柱两端所受的约束弯矩相等,求所需纵向钢筋截面面积。

附录 1 《混凝土结构设计规范》(GB 50010—2010)(2015 年版)的有关规定

附表 1.1 混凝土强度标准值(N/mm²)

强度种类	混凝土强度等级													
	C 15	C 20	C 25	C 30	C 35	C 40	C 45	C 50	C 55	C 60	C 65	C 70	C 75	C 80
f_{ck}	10.0	13.4	16.7	20.1	23.4	26.8	29.6	32.4	35.5	38.5	41.5	44.5	47.4	50.2
f_{tk}	1.27	1.54	1.78	2.01	2.20	2.39	2.51	2.64	2.74	2.85	2.93	2.99	3.05	3.11

附表 1.2 混凝土强度设计值(N/mm²)

强度种类	混凝土强度等级													
	C 15	C 20	C 25	C 30	C 35	C 40	C 45	C 50	C 55	C 60	C 65	C 70	C 75	C 80
f_c	7.2	9.6	11.9	14.3	16.7	19.1	21.1	23.1	25.3	27.5	29.7	31.8	33.8	35.9
f_t	0.91	1.10	1.27	1.43	1.57	1.71	1.80	1.89	1.96	2.04	2.09	2.14	2.18	2.22

附表 1.3 混凝土弹性模量($\times 10^4$ N/mm²)

混凝土强度等级	C 15	C 20	C 25	C 30	C 35	C 40	C 45	C 50	C 55	C 60	C 65	C 70	C 75	C 80
E_c	2.20	2.55	2.80	3.00	3.15	3.25	3.35	3.45	3.55	3.60	3.65	3.70	3.75	3.80

注:1. 当有可靠试验依据时,弹性模量可根据实测数据确定;

2. 当混凝土中掺有大量矿物掺合料时,弹性模量可按规定龄期根据实测数据确定。

附表 1.4 混凝土疲劳变形模量($\times 10^4$ N/mm²)

强度等级	C 30	C 35	C 40	C 45	C 50	C 55	C 60	C 65	C 70	C 75	C 80
E_c^f	1.30	1.40	1.50	1.55	1.60	1.65	1.70	1.75	1.80	1.85	1.90

附表 1.5 普通钢筋强度标准值(N/mm²)

牌 号	符 号	公称直径 d (mm)	屈服强度标准值 f_{yk}	极限强度标准值 f_{stk}
HPB300	Φ	6～14	300	420
HRB335	Φ	6～14	335	455
HRB400 HRBF400 RRB400	Φ ΦF ΦR	6～50	400	540
HRB500 HRBF500	Φ ΦF	6～50	500	630

附表 1.6　预应力筋强度标准值（N/mm²）

种　　　类		符　　号	公称直径 d(mm)	屈服强度标准值 f_{pyk}	极限强度标准值 f_{ptk}
中强度预应力钢丝	光面 螺旋肋	Φ^{PM} Φ^{HM}	5、7、9	620	800
				780	970
				980	1 270
预应力螺纹钢筋	螺纹	Φ^T	18、25、32、40、50	785	980
				930	1 080
				1 080	1 230
消除应力钢丝	光面 螺旋肋	Φ^P Φ^H	5	—	1 570
				—	1 860
			7	—	1 570
			9	—	1 470
				—	1 570
钢绞线	1×3 (三股)	Φ^S	8.6、10.8、12.9	—	1 570
				—	1 860
				—	1 960
	1×7 (七股)		9.5、12.7、15.2、17.8	—	1 720
				—	1 860
				—	1 960
			21.6	—	1 860

注：极限强度标准值为 1 960 N/mm² 的钢绞线作后张预应力配筋时，应有可靠的工程经验。

附表 1.7　普通钢筋强度设计值（N/mm²）

牌　　号	抗拉强度设计值 f_y	抗压强度设计值 f_y'
HPB 300	270	270
HRB 335	300	300
HRB 400、HRBF400、RRB400	360	360
HRB 500、HRBF500	435	435

附表 1.8　预应力筋强度设计值（N/mm²）

种　　　类	极限强度标准值 f_{ptk}	抗拉强度设计值 f_{py}	抗压强度设计值 f_{py}'
中强度预应力钢丝	800	510	410
	970	650	
	1 270	810	
消除应力钢丝	1 470	1 040	410
	1 570	1 110	
	1 860	1 320	
钢绞线	1 570	1 110	390
	1 720	1 220	
	1 860	1 320	
	1 960	1 390	

续上表

种 类	极限强度标准值 f_{ptk}	抗拉强度设计值 f_{py}	抗压强度设计值 f'_{py}
预应力螺纹钢筋	980	650	400
	1 080	770	
	1 230	900	

注:当预应力筋的强度标准值不符合附表 1.8 的规定时,其强度设计值应进行相应的比例换算。

附表 1.9　钢筋弹性模量($\times 10^5 \, \text{N/mm}^2$)

牌号或种类	弹性模量 E_s
HPB300	2.10
HRB 335、HRB 400、HRB 500 HRBF400、HRBF500、RRB400 预应力螺纹钢筋	2.00
消除应力钢丝、中强度预应力钢丝	2.05
钢绞线	1.95

附表 1.10　受弯构件挠度限值

构 件 类 型		挠 度 限 值
吊车梁	手动吊车	$l_0/500$
	电动吊车	$l_0/600$
屋盖、楼盖及楼梯构件	当 $l_0 < 7$ m时	$l_0/200$ ($l_0/250$)
	当 $7 \, \text{m} \leqslant l_0 \leqslant 9$ m时	$l_0/250$ ($l_0/300$)
	当 $l_0 > 9$ m时	$l_0/300$ ($l_0/400$)

注:1. 表中 l_0 为构件的计算跨度;计算悬臂构件的挠度限值时,其计算跨度 l_0 按实际悬臂长度的 2 倍取用;

　　2. 表中括号内的数值适用于使用上对挠度有较高要求的构件;

　　3. 如果构件制作时预先起拱,且使用上也允许,则在验算挠度时,可将计算所得的挠度值减去起拱值,对预应力混凝土构件,尚可减去预加力所产生的反拱值;

　　4. 构件制作时的起拱值和预加力所产生的反拱值,不宜超过构件在相应荷载组合作用下的计算挠度值。

附表 1.11　结构构件裂缝控制等级及最大裂缝宽度限值(mm)

环境类别	钢筋混凝土结构		预应力混凝土结构	
	裂缝控制等级	w_{lim}	裂缝控制等级	w_{lim}
一	三级	0.30(0.40)	三级	0.20
二 a				0.10
二 b		0.20	二级	—
三 a、三 b			一级	—

注:1. 对处于年平均相对湿度小于 60% 地区一类环境下的受弯构件,其最大裂缝宽度限值可采用括号内的数值;

　　2. 在一类环境下,对钢筋混凝土屋架、托架及需作疲劳验算的吊车梁,其最大裂缝宽度限值应取为 0.20 mm;对钢筋混凝土屋面梁和托梁,其最大裂缝宽度限值应取为 0.30 mm;

　　3. 在一类环境下,对预应力混凝土屋架、托架及双向板体系,应按二级裂缝控制等级进行验算;对一类环境下的预应力混凝土屋面梁、托梁、单向板,应按表中二 a 级环境的要求进行验算;在一类和二 a 类环境下需作疲劳验算的预应力混凝土吊车梁,应按裂缝控制等级不低于二级的构件进行验算;

4. 表中规定的预应力混凝土构件的裂缝控制等级和最大裂缝宽度限值仅适用于正截面的验算;预应力混凝土构件的斜截面裂缝控制验算应符合有关规定;

5. 对于烟囱、筒仓和处于液体压力下的结构,其裂缝控制要求应符合专门标准的有关规定;

6. 对于处于四、五类环境下的结构构件,其裂缝控制要求应符合专门标准的有关规定;

7. 表中的最大裂缝宽度限值为用于验算荷载作用引起的最大裂缝宽度;

附表 1.12 混凝土结构的环境类别

环 境 类 别	条 件
一	室内干燥环境; 无侵蚀性静水浸没环境
二 a	室内潮湿环境; 非严寒和非寒冷地区的露天环境; 非严寒和非寒冷地区与无侵蚀性的水或土壤直接接触的环境; 严寒和寒冷地区的冰冻线以下与无侵蚀性的水或土壤直接接触的环境
二 b	干湿交替环境; 水位频繁变动环境; 严寒和寒冷地区的露天环境; 严寒和寒冷地区冰冻线以上与无侵蚀性的水或土壤直接接触的环境
三 a	严寒和寒冷地区冬季水位变动区环境; 受除冰盐影响环境; 海风环境
三 b	盐渍土环境; 受除冰盐作用环境; 海岸环境
四	海水环境
五	受人为或自然的侵蚀性物质影响的环境

注:1 室内潮湿环境是指构件表面经常处于结露或湿润状态的环境;

2 严寒和寒冷地区的划分应符合现行国家标准《民用建筑热工设计规范》(GB 50176)的有关规定;

3 海岸环境和海风环境宜根据当地情况,考虑主导风向及结构所处迎风、背风部位等因素的影响,由调查研究和工程经验确定;

4 受除冰盐影响环境是指受到除冰盐盐雾影响的环境;受除冰盐作用环境是指被除冰盐溶液溅射的环境以及使用除冰盐地区的洗车房、停车楼等建筑;

5 暴露的环境是指混凝土结构表面所处的环境。

附表 1.13 混凝土结构材料的耐久性基本要求

环境等级	最大水胶比	最低强度等级	最大氯离子含量 (%)	最大碱含量 (kg/m³)
一	0.60	C20	0.30	不限制
二 a	0.55	C25	0.20	3.0

环境等级	最大水胶比	最低强度等级	最大氯离子含量 (%)	最大碱含量 (kg/m³)
二 b	0.50(0.55)	C30(C25)	0.15	
三 a	0.45(0.50)	C35(C30)	0.15	3.0
三 b	0.40	C40	0.10	

注:1. 氯离子含量系指其占胶凝材料总量的百分比;
2. 预应力构件混凝土中的最大氯离子含量为 0.06%,其最低混凝土强度等级宜按表中的规定提高两个等级;
3. 素混凝土构件的水胶比及最低强度等级的要求可适当放松;
4. 有可靠工程经验时,二类环境中的最低混凝土强度等级可降低一个等级;
5. 处于严寒和寒冷地区二 b、三 a 类环境中的混凝土应使用引气剂,并可采用括号中的有关参数;
6. 当使用非碱活性骨料时,对混凝土中的碱含量可不作限制。

附表 1.14 混凝土保护层的最小厚度 c

环 境 类 别	板、墙、壳(mm)	梁、柱、杆(mm)
一	15	20
二 a	20	25
二 b	25	35
三 a	30	40
三 b	40	50

注:1. 混凝土强度等级不大于 C25 时,表中保护层厚度数值应增加 5 mm;
2. 钢筋混凝土基础宜设置混凝土垫层,基础中钢筋的混凝土保护层厚度应从垫层顶面算起,且不应小于 40 mm。

附表 1.15 纵向受力钢筋的最小配筋百分率 ρ_{min}

受 力 类 型			最小配筋百分率(%)
受 压 构 件	全部纵向钢筋	强度等级 500 MPa	0.50
		强度等级 400 MPa	0.55
		强度等级 300 MPa、335 MPa	0.60
	一侧纵向钢筋		0.20
受弯构件、偏心受拉、轴心受拉构件一侧的受拉钢筋			0.2 和 $45f_t/f_y$ 中的较大值

注:1. 受压构件全部纵向钢筋最小配筋百分率,当采用 C60 以上强度等级的混凝土时,应按表中规定增加 0.10;
2. 板类受弯构件(不包括悬臂板)的受拉钢筋,当采用强度等级 400 MPa、500 MPa 的钢筋时,其最小配筋百分率应允许采用 0.15 和 $45f_t/f_y$ 中的较大值;
3. 偏心受拉构件中的受压钢筋,应按受压构件一侧纵向钢筋考虑;
4. 受压构件的全部纵向钢筋和一侧纵向钢筋的配筋率以及轴心受拉构件和小偏心受拉构件一侧受拉钢筋的配筋率均应按构件的全截面面积计算;
5. 受弯构件、大偏心受拉构件一侧受拉钢筋的配筋率应按全截面面积扣除受压翼缘面积 $(b'_f-b)h'_f$ 后的截面面积计算;
6. 当钢筋沿构件截面周边布置时,"一侧纵向钢筋"系指沿受力方向两个对边中一边布置的纵向钢筋。

附表 1.16　钢筋混凝土矩形和 I 形截面受弯构件正截面抗弯承载力计算表

ξ	γ_s	α_s	ξ	γ_s	α_s
0.01	0.995	0.010	0.32	0.840	0.269
0.02	0.990	0.020	0.33	0.835	0.275
0.03	0.985	0.030	0.34	0.830	0.282
0.04	0.980	0.039	0.35	0.825	0.289
0.05	0.975	0.048	0.36	0.820	0.295
0.06	0.970	0.053	0.37	0.815	0.301
0.07	0.965	0.067	0.38	0.810	0.309
0.08	0.960	0.077	0.39	0.805	0.314
0.09	0.955	0.085	0.40	0.800	0.320
0.10	0.950	0.095	0.41	0.795	0.326
0.11	0.945	0.104	0.42	0.790	0.332
0.12	0.940	0.113	0.43	0.785	0.337
0.13	0.935	0.121	0.44	0.780	0.343
0.14	0.930	0.130	0.45	0.775	0.349
0.15	0.925	1.139	0.46	0.770	0.354
0.16	0.920	0.147	0.47	0.765	0.359
0.17	0.915	0.155	0.48	0.760	0.365
0.18	0.910	0.164	0.49	0.755	0.370
0.19	0.905	0.172	0.50	0.750	0.375
0.20	0.900	0.180	0.51	0.745	0.380
0.21	0.895	0.188	0.518	0.741	0.384
0.22	0.890	0.196	0.52	0.740	0.385
0.23	0.885	0.203	0.53	0.735	0.390
0.24	0.880	0.211	0.54	0.730	0.394
0.25	0.875	0.219	0.55	0.725	0.400
0.26	0.870	0.226	0.56	0.720	0.404
0.27	0.865	0.234	0.57	0.715	0.403
0.28	0.860	0.241	0.58	0.710	0.412
0.29	0.855	0.243	0.59	0.705	0.416
0.30	0.850	0.255	0.60	0.700	0.420
0.31	0.845	0.262	0.614	0.693	0.426

注:1. 表中 $M = \alpha_s \alpha_1 f_c b h_0^2$, $\xi = \dfrac{x}{h_0} = \dfrac{f_y A_s}{\alpha_1 f_c b h_0}$, $A_s = \dfrac{M}{f_y \gamma_s h_0}$ 或 $A_s = \xi \dfrac{\alpha_1 f_c}{f_y} b h_0$

　　2. 表中 $\xi = 0.518$ 以下的数值不适用于 HRB400 级钢筋;$\xi = 0.55$ 以下的数值不适用于 HRB 335 级钢筋。

附表 1.17　钢筋的公称直径、公称截面面积及理论重量表

公称直径 (mm)	不同根数钢筋的公称截面面积(mm²)									单根钢筋理论重量 (kg/m)
	1	2	3	4	5	6	7	8	9	
6	28.3	57	85	113	142	170	198	226	255	0.222
8	50.3	101	151	201	252	302	352	402	453	0.395
10	78.5	157	236	314	393	471	550	628	707	0.617
12	113.1	226	339	452	565	678	791	904	1017	0.888
14	153.9	308	461	615	769	923	1 077	1 231	1 385	1.21
16	201.1	402	603	804	1 005	1 206	1 407	1 608	1 809	1.58
18	254.5	509	763	1 017	1 272	1 527	1 781	2 036	2 290	2.00(2.11)
20	314.2	628	942	1 256	1 570	1 884	2 199	2 513	2 827	2.47
22	380.1	760	1 140	1 520	1 900	2 281	2 661	3 041	3 421	2.98
25	490.9	982	1 473	1 964	2 454	2 945	3 436	3 927	4 418	3.85(4.10)

续上表

公称直径 (mm)	不同根数钢筋的公称截面面积(mm²)									单根钢筋理论重量 (kg/m)
	1	2	3	4	5	6	7	8	9	
28	615.8	1 232	1 847	2 463	3 079	3 695	4 310	4 926	5 542	4.83
32	804.2	1 609	2 413	3 217	4 021	4 826	5 630	6 434	7 238	6.31(6.65)
36	1 017.9	2 036	3 054	4 072	5 089	6 107	7 125	8 143	9 161	7.99
40	1 256.6	2 513	3 770	5 027	6 283	7 540	8 796	10 053	11 310	9.87(10.34)
50	1 963.5	3 928	5 892	7 856	9 820	11 784	13 748	15 712	17 676	15.42(16.28)

注:括号内为预应力螺纹钢筋的数值。

附表 1.18 钢绞线的公称直径、公称截面面积及理论重量表

种 类	公称直径(mm)	公称截面面积(mm²)	理论重量(kg/m)
1×3	8.6	37.7	0.296
	10.8	58.9	0.462
	12.9	84.8	0.666
1×7 标准型	9.5	54.8	0.430
	12.7	98.7	0.775
	15.2	140	1.101
	17.8	191	1.500
	21.6	285	2.237

附表 1.19 钢丝的公称直径、公称截面面积及理论重量表

公称直径(mm)	公称截面面积(mm²)	理论重量(kg/m)
5.0	19.63	0.154
7.0	38.48	0.302
9.0	63.62	0.499

附表 1.20 截面抵抗矩塑性影响系数基本值表

项次	1	2	3			4		5
截面形状	矩形截面	翼缘位于受压区的T形截面	对称I形截面或箱形截面		翼缘位于受拉区的倒T形截面		圆形和环形截面
			$b_f/b \leq 2$、h_f/h 为任意值	$b_f/b < 2$、$h_f/h > 0.2$	$b_f/b \leq 2$、h_f/h 为任意值	$b_f/b > 2$、$h_f/h < 0.2$	
γ_m	1.55	1.50	1.45	1.35	1.50	1.40	$1.6 \sim 0.24 r_1/r$

注:1. 对 $b'_f > b_f$ 的 I 形截面,可按项次 2 与项次 3 之间的数值采用;对 $b'_f < b_f$ 的 I 形截面,可按项次 3 与项次 4 之间的数值采用;

2. 对于箱形截面,b 系指各肋宽度的总和;

3. r_1 为环形截面的内环半径,对圆形截面取 r_1 为零。

附表 1.21 每米板宽内的钢筋截面面积表

钢筋间距 (mm)	当钢筋直径(mm)为下列数值时的钢筋截面面积(mm²)													
	3	4	5	6	6/8	8	8/10	10	10/12	12	12/14	14	14/16	16
70	101	179	281	404	561	719	920	1 121	1 369	1 616	1 908	2 199	2 536	2 872
75	94.3	167	262	377	524	671	859	1 047	1 277	1 508	1 780	2 053	2 367	2 681
80	88.4	157	245	354	491	629	805	981	1 198	1 414	1 669	1 924	2 218	2 513
85	83.2	148	231	333	462	592	758	924	1 127	1 331	1 571	1 811	2 088	2 365
90	78.5	140	218	314	437	559	716	872	1 064	1 257	1 484	1 710	1 972	2 234
95	74.5	132	207	298	414	529	678	826	1 008	1 190	1 405	1 620	1 868	2 116
100	70.5	126	196	283	393	503	644	785	958	1 131	1 335	1 539	1 775	2 011
110	64.2	114	178	257	357	457	585	714	871	1 028	1 214	1 399	1 614	1 828
120	58.9	105	163	236	327	419	537	654	798	942	1 112	1 283	1 480	1 676
125	56.5	100	157	226	314	402	515	628	766	905	1 068	1 232	1 420	1 608
130	54.4	96.6	151	218	302	387	495	604	737	870	1 027	1 184	1 366	1 547
140	50.5	89.7	140	202	281	359	460	561	684	808	954	1 100	1 268	1 436
150	47.1	83.8	131	189	262	335	429	523	639	754	890	1 026	1 183	1 340
160	44.1	78.5	123	177	246	314	403	491	599	707	834	962	1 110	1 257
170	41.5	73.9	115	166	231	296	379	462	564	665	786	906	1 044	1 183
180	39.2	69.8	109	157	218	279	358	436	532	628	742	855	985	1 117
190	37.2	66.1	103	149	207	265	339	413	504	595	702	810	934	1 058
200	35.3	62.8	98.2	141	196	251	322	393	479	565	668	770	888	1 005
220	32.1	57.1	89.3	129	178	228	292	357	436	514	607	700	807	914
240	29.4	52.4	81.9	118	164	209	268	327	399	471	556	641	740	838
250	28.3	50.2	78.5	113	157	201	258	314	383	452	534	616	710	804
260	27.2	48.3	75.5	109	151	193	248	302	368	435	514	592	682	773
280	25.2	44.9	70.1	101	140	180	230	281	342	404	477	550	634	718
300	23.6	41.9	65.5	94	131	168	215	262	320	377	445	513	592	670
320	22.1	39.2	61.4	88	123	157	201	245	299	353	417	481	554	628

注：表中钢筋直径中的 6/8,8/10 等系指两种直径的钢筋间隔放置。

附表 1.22 民用建筑楼面均布活荷载标准值及其组合值、频遇值和准永久值系数

项次	类　别	标准值 (kN/m²)	组合值系数 ψ_c	频遇值系数 ψ_f	准永久值系数 ψ_q
1	(1)住宅、宿舍、旅馆、办公楼、医院病房、托儿所、幼儿园	2.0	0.7	0.5	0.4
	(2)试验室、阅览室、会议室、医院门诊室	2.0	0.7	0.6	0.5
2	教室、食堂、餐厅、一般资料档案室	2.5	0.7	0.6	0.5
3	(1)礼堂、剧场、影院、有固定座位的看台	3.0	0.7	0.5	0.3
	(2)公共洗衣房	3.0	0.7	0.6	0.5

续上表

项次	类 别			标准值(kN/m²)	组合值系数 ψ_c	频遇值系数 ψ_f	准永久值系数 ψ_q
4	(1)商店、展览厅、车站、港口、机场大厅及其旅客等候室			3.5	0.7	0.6	0.5
	(2)无固定座位的看台			3.5	0.7	0.5	0.3
5	(1)健身房、演出舞台			4.0	0.7	0.6	0.5
	(2)运动场、舞厅			4.0	0.7	0.6	0.3
6	(1)书库、档案库、贮藏室			5.0	0.9	0.9	0.8
	(2)密集柜书库			12.0	0.9	0.9	0.8
7	通风机房、电梯机房			7.0	0.9	0.9	0.8
8	汽车通道及客车停车库	(1)单向板楼盖(板跨不小于 2 m)和双向板楼盖(板跨不小于 3 m×3 m)	客车	4.0	0.7	0.7	0.6
			消防车	35.0	0.7	0.5	0.0
		(2)双向板楼盖(板跨不小于 6 m×6 m)和无梁楼盖(柱网不小于 6 m×6 m)	客车	2.5	0.7	0.7	0.6
			消防车	20.0	0.7	0.5	0.0
9	厨房	(1)餐厅		4.0	0.7	0.7	0.7
		(2)其他		2.0	0.7	0.6	0.5
10	浴室、卫生间、盥洗室			2.5	0.7	0.6	0.5
11	走廊、门厅	(1)宿舍、旅馆、医院病房、托儿所、幼儿园、住宅		2.0	0.7	0.5	0.4
		(2)办公楼、餐厅、医院门诊部		2.5	0.7	0.6	0.5
		(3)教学楼及其他可能出现人员密集的情况		3.5	0.7	0.5	0.3
12	楼梯	(1)多层住宅		2.0	0.7	0.5	0.4
		(2)其他		3.5	0.7	0.5	0.3
13	阳台	(1)可能出现人员密集的情况		3.5	0.7	0.6	0.5
		(2)其他		2.5	0.7	0.6	0.5

附录2 《铁路桥涵混凝土结构设计规范》
(TB 10092—2017)的有关规定

附表2.1 混凝土的极限强度(N/mm²)

强度种类	符号	混凝土强度等级							
		C25	C30	C35	C40	C45	C50	C55	C60
轴心抗压	f_c	17.0	20.0	23.5	27.0	30.0	33.5	37.0	40.0
轴心抗拉	f_{ct}	2.00	2.20	2.50	2.70	2.90	3.10	3.30	3.50

附表2.2 混凝土弹性模量(N/mm²)

混凝土强度等级	C25	C30	C35	C40	C45	C50	C55	C60
弹性模量 E_c	3.00×10^4	3.20×10^4	3.30×10^4	3.40×10^4	3.45×10^4	3.55×10^4	3.60×10^4	3.65×10^4

附表2.3 钢筋抗拉强度标准值(N/mm²)

强度\种类	普通钢筋 f_{sk}			预应力螺纹钢筋 f_{pk}	
	HPB300	HRB400	HRB500	PSB830	PSB980
抗拉强度标准值	300	400	500	830	980

附表2.4 预应力钢丝抗拉强度标准值(N/mm²)

公称直径(mm)	4~5	6~7
抗拉强度标准值	1 470	1 470
	1 570	1 570
	1 670	1 670
	1 770	1 770
	1 860	1 860

附表2.5 预应力钢绞线抗拉强度标准值(N/mm²)

公称直径(mm)	12.7		15.2		15.7
	标准型1×7	模拔型(1×7)C	标准型1×7	模拔型(1×7)C	标准型1×7
抗拉强度标准值	1 770 1 860 1 960	1 860	1 470 1 570 1 670 1 720 1 860 1 960	1 820	1 770 1 860

附表2.6 钢筋计算强度(N/mm²)

钢筋类型		抗拉计算强度 f_p 或 f_s	抗压计算强度 f'_p 或 f'_s
预应力钢筋	钢丝、钢绞线、预应力螺纹钢筋	$0.9f_{pk}$	380
普通钢筋	HPB300	300	300
	HRB400	400	400
	HRB500	500	500

附表 2.7 钢筋弹性模量(N/mm²)

钢筋种类	符 号	弹性模量
钢　丝	E_p	2.05×10^5
钢绞线	E_p	1.95×10^5
预应力螺纹钢筋	E_p	2.0×10^5
HPB300	E_s	2.1×10^5
HRB400、HRB500	E_s	2.0×10^5

注:计算钢丝、钢绞线伸长值时,可按 $E_p \pm 0.1 \times 10^5$ MPa作为上、下限。

附表 2.8-1 受弯构件的截面最小配筋百分率(%)

钢筋种类	混凝土强度等级	
	C25～C45	C50～C60
HPB300	0.20	0.25
HRB400	0.15	0.20
HRB500	0.14	0.18

附表 2.8-2 受压构件的截面最小配筋百分率

受力类型		最小配筋百分率(%)
全部纵向钢筋	HPB300	0.55
	HRB400	0.50
	HRB500	0.45
一侧纵向钢筋	HPB300、HRB400	0.20
	HRB500	0.18

附表 2.9 混凝土的容许应力(N/mm²)

序号	应力种类	符号	混凝土强度等级							
			C25	C30	C35	C40	C45	C50	C55	C60
1	中心受压	$[\sigma_c]$	6.8	8.0	9.4	10.8	12.0	13.4	14.8	16.0
2	弯曲受压及偏心受压	$[\sigma_b]$	8.5	10.0	11.8	13.5	15.0	16.8	18.5	20.0
3	有箍筋及斜筋时的主拉应力	$[\sigma_{tp\text{-}1}]$	1.80	1.98	2.25	2.43	2.61	2.79	2.97	3.15
4	无箍筋及斜筋时的主拉应力	$[\sigma_{tp\text{-}2}]$	0.67	0.73	0.83	0.90	0.97	1.03	1.10	1.17
5	梁部分长度中全由混凝土承受的主拉应力	$[\sigma_{tp\text{-}3}]$	0.33	0.37	0.42	0.45	0.48	0.52	0.55	0.58
6	纯剪应力	$[\tau_c]$	1.00	1.10	1.25	1.35	1.45	1.55	1.65	1.75
7	光圆钢筋与混凝土之间的粘结力	$[c]$	0.83	0.92	1.04	1.13	1.21	1.29	1.38	1.46
8	局部承压应力	$[\sigma_{c\text{-}1}]$	$6.8 \times \beta$	$8.0 \times \beta$	$9.4 \times \beta$	$10.8 \times \beta$	$12.0 \times \beta$	$13.4 \times \beta$	$14.8 \times \beta$	$16.0 \times \beta$

注:β 为混凝土局部承压应力提高系数。

附表 2.10　钢筋的容许应力(N/mm²)

类别	主力	主力+附加力	施工临时荷载	主力+特殊荷载
HPB300 钢筋	160	210	230	240
HRB400 钢筋	210	270	297	315
HRB500 钢筋	260	320	370	390

附表 2.11　预应力钢筋容许疲劳应力幅(N/mm²)

预应力钢筋种类	$[\Delta_\sigma]$
预应力钢丝	150
预应力钢绞线	140
预应力螺纹钢筋	80

注:预应力螺纹钢筋的疲劳应力幅容许值应根据试验确定,当无可靠试验数据时可按本表采用。

附表 2.12　HRB400、HRB500 钢筋母材及其连接接头的基本容许疲劳应力幅(N/mm²)

构造细节类型	连接简图	加工质量及其他要求	$\Delta\sigma_0$
母材			145
闪光对焊		(1)接头表面应呈圆滑、带毛刺状,不得有肉眼可见的裂纹;与电级接触处的钢筋表面不得有明显烧伤。 (2)接头处的弯折角不得大于 2°,接头处的轴线偏移不得大于钢筋直径的 0.1 倍,且不得大于 1 mm	130
滚轧直螺纹		(1)切口端面宜与钢筋轴线垂直,端头有弯曲、马蹄现象的应切去,不得用气割下料。 (2)螺纹牙型应饱满,连接套筒表面不得有裂纹,表面及内螺纹不得有严重的锈蚀及其他肉眼可见的缺陷	98
电弧焊		(1)焊接前应先将钢筋顶弯,使两钢筋搭接的轴线位于同一直线上,用两点定位焊固定,施焊要求同帮条焊。 (2)帮条焊两帮条的轴线与被焊钢筋的中心处于同一平面内	60

附表 2.13　m 值

钢筋种类	混凝土强度等级							
	C25	C30	C35	C40	C45	C50	C55	C60
HPB300	17.7	15.0	12.8	11.1	10.0	9.0	8.1	7.5
HRB400	23.5	20.0	17.0	14.8	13.3	11.9	10.8	10.0
HRB500	29.4	25.0	21.3	18.5	16.7	14.9	13.5	12.5

附表 2.14　纵向弯曲系数 φ 值

l_0/b	$\leqslant 8$	10	12	14	16	18
l_0/d	$\leqslant 7$	8.5	10.5	12	14	15.5
l_0/i	$\leqslant 28$	35	42	48	55	62
φ	1.0	0.98	0.95	0.92	0.87	0.81
l_0/b	20	22	24	26	28	30
l_0/d	17	19	21	22.5	24	26

续上表

l_0/i	69	76	83	90	97	104
φ	0.75	0.70	0.65	0.60	0.56	0.52

注:1. l_0 为构件计算长度(m),两端刚性固定时,l_0 取 $0.5l$,l 为构件的全长(m);一端刚性固定另一端为不移动的铰时,l_0 取 $0.71l$;两端均为不移动的铰时,l_0 取 l;一端刚性固定另一端为自由端时,l_0 取 $2l$。

2. b 为矩形截面构件的短边尺寸(m);d 为圆形截面构件的直径(m);i 为任意形状截面构件的回转半径(m)。

附表 2.15　裂缝宽度容许值(mm)

环境类别	环境等级	$[\omega_f]$
碳化环境	T1、T2、T3	0.20
氯盐环境	L1、L2	0.20
	L3	0.15
化学腐蚀环境	H1、H2	0.20
	H3、H4	0.15
盐类结晶破坏环境	Y1、Y2	0.20
	Y3、Y4	0.15
冻融破坏环境	D1、D2	0.20
	D3、D4	0.15
磨蚀环境	M1、M2	0.20
	M3	0.15

注:1. 表列数值为主力作用时的容许值,当主力+附加力作用时可提高20%。

2. 当钢筋保护层实际厚度超过 30 mm 时,可将钢筋保护层厚度的计算值取为 30 mm。

附表 2.16　钢筋最小锚固长度(mm)

钢筋种类		HPB300			HRB400			HRB500	
混凝土等级	C25	C30、C35	≥C40	C25	C30、C35	≥C40	C25	C30、C35	≥C40
受压钢筋(直端)		$30d$	$25d$	$20d$	$35d$	$30d$	$25d$	$40d$	$35d$	$30d$
受拉钢筋 直端	—	—	—	$45d$	$40d$	$35d$	$50d$	$45d$	$40d$
弯钩端	$25d$	$20d$	$20d$	$30d$	$25d$	$20d$	$35d$	$30d$	$25d$

注:1. 当带肋钢筋直径大于 25 mm 时,其锚固长度应增加10%。

2. 受弯及大偏心受压构件中的受拉钢筋截断时宜避开受拉区,表中数值仅在困难条件下采用。

3. 采用环氧树脂涂层钢筋时,受拉钢筋最小锚固长度应增加 25%。

4. 当混凝土在凝固过程中易受扰动时,锚固长度应增加10%。

附录3 《公路钢筋混凝土及预应力混凝土桥涵设计规范》 (JTG D62—2012)征求意见稿的有关规定

附表 3.1 最大裂缝宽度限值(mm)

环境类别	环境等级	最大裂缝宽度限值(mm)	
		钢筋混凝土构件	B类预应力构件
碳化环境	Ⅰ-A	0.30	0.20
	Ⅰ-B	0.20	0.15
	Ⅰ-C	0.20	0.10
冻融破坏环境	Ⅱ-C	0.20	0.10
	Ⅱ-D	0.15	—
	Ⅱ-E	0.15	—
海洋氯化物环境	Ⅲ-C	0.20	0.10
	Ⅲ-D	0.20	—
	Ⅲ-E	0.15	—
	Ⅲ-F	0.15	—
除冰盐等其他氯化物环境	Ⅳ-C	0.20	0.10
	Ⅳ-D	0.20	—
	Ⅳ-E	0.15	—
盐结晶环境	Ⅴ-E	0.15	—
	Ⅴ-F	0.15	—
化学腐蚀环境	Ⅵ-C	0.20	0.10
	Ⅵ-D	0.15	—
	Ⅵ-E	0.15	—
磨蚀环境	Ⅶ-C	0.15	0.10
	Ⅶ-D	0.20	—

(1)表中"—"表示不允许出现裂缝;
(2)有自防水要求的混凝土构件,其横向弯曲的表面裂缝计算宽度不应超过 0.20 mm。

附表 3.2-1 普通钢筋和预应力直线形钢筋最小混凝土保护层厚度 C_{min}(mm)

暴露环境 构件类别		桥梁上部结构		桥梁下部结构			
		梁、板、拱圈、涵洞(上部)		墩身、挡土结构、涵洞(下部)		承台、基础(桥、涵)	
		混凝土强度等级	C_{min}	混凝土强度等级	C_{min}	混凝土强度等级	C_{min}
一般环境	Ⅰ-A	C30	30	C30	30	C30	55
		≥C35		≥C35	25	≥C35	50
	Ⅰ-B	C35	35	C35	35	C30	60
		≥C40	30	≥40	30	≥C35	55
	Ⅰ-C	C40	45	C40	45	C30	65
		C45	40	C45	40	≥C35	60
		≥C50	35	≥C50	35		

续上表

暴露环境构件类别		桥梁上部结构		桥梁下部结构			
		梁、板、拱圈、涵洞（上部）		墩身、挡土结构、涵洞（下部）		承台、基础（桥、涵）	
		混凝土强度等级	C_{min}	混凝土强度等级	C_{min}	混凝土强度等级	C_{min}
冻融破坏环境	II-C	C45	40	C35	45	C30	75
		≥C50	35	≥C40	40	≥C35	70
		Ca35	35	Ca35	40	Ca30	70
	II-D	Ca40	40	Ca40	45	Ca30	75
	II-E	Ca45	50	Ca45	55	Ca35	80
海洋氧化物环境	III-C	C45	45	C35	50	C30	75
	III-D	C45	55	C35	60	C30	80
		≥C50	50	≥C40	55	≥C35	75
	III-E	C50	60	C40	65	C35	85
		≥C55	55	≥C45	60	≥C40	80
	III-F	C55	60	C45	65	C40	85
除冰盐等其他氯化物环境	IV-C	C45	45	C35	50	C30	75
	IV-D	C45	55	C35	60	C30	80
		≥C50	50	≥C40	55	≥C35	75
	IV-E	C50	60	C40	65	C35	85
		≥C55	55	≥C45	60	≥C40	80
盐结晶	V-E	C50	55	C40	60	C35	80

附表 3.2-2　普通钢筋和预应力直线形钢筋最小混凝土保护层厚度 C_{min}（mm）

暴露环境构件类别		桥梁上部结构		桥梁下部结构			
		梁、板、拱圈、涵洞（上部）		墩身、挡土结构、涵洞（下部）		承台、基础（桥、涵）	
		混凝土强度等级	C_{min}	混凝土强度等级	C_{min}	混凝土强度等级	C_{min}
环境	V-F	C50	60	C45	65	C40	85
化学腐蚀环境	IV-C	C45	45	C35	50	C30	75
		≥C50	40	≥C40	45	≥C35	70
	IV-D	C50	50	C40	55	C35	80
		≥C55	45	≥C45	50	≥C40	75
	IV-E	C55	50	C45	60	C40	85
		≥C60	45	≥C50	55	≥C45	80
磨蚀环境	VII-C	≥C45	45	≥C40	50	≥C30	70
	VII-D	≥C50	50	≥C45	55	≥C35	75

注：1. 表中保护层厚度数值为净保护层厚度，最小保护层厚度最低不应小于 20 mm；在任何条件下，梁的混凝土保护层不小于 30 mm，对于板可有条件地放宽到 25 mm。

2. 表中数值对应设计使用寿命为 100 年的桥涵结构，若设计使用寿命为 50 年，则最小保护层厚度可相应表中数值减小 5 mm。

3. 对于工厂预制的混凝土构件，其最小保护层厚度可将表中相应数值减小 5 mm。

4. 先张部分预应力混凝土构件的最小保护层厚度应在表中数值基础上增加 10 mm。

5. 采用机械连接的钢筋，连接套筒外表面的混凝土厚度与钢筋的混凝土保护层厚度规定相同。

6. 承台和基础的最小保护层厚度针对基坑底面无垫层或侧面无模板的情况，对于有垫层或有模板的情况，最小保护层厚度可将表中相应数值减少 20 mm，最低不应小于 40 mm。

7. 人行道、栏杆等附属构件的保护层厚度值遵循以下规律：碳化环境、磨蚀环境下，取 20 mm；冻融和除冰盐环境等其他氯化物环境下，取 25 mm；海洋氯化物、化学腐蚀和盐结晶环境下，取 30 mm。

8. 环氧涂层钢筋最小保护层厚度参考同类环境下的最小值。

9. 对处于作用等级为 E、F 级的海洋氯化物环境或除冰盐等其他氧化物环境下的配筋混凝土构件，当采取可靠的防腐蚀附加措施并经过专门论证后，其混凝土保护层最小厚度可适当低于本表规定，但不得低于 55 mm。

附表 3.3　钢筋混凝土及预应力混凝土构件的最低混凝土强度等级要求

环境类别	环境作用等级	设计使用年限	
		100 年	50 年
一般环境	I-A	C30	C25
	I-B	C35	C30
	I-C	C40	C35
冻融环境	II-C	Ca35,C45	Ca30,C40
	II-D	Ca40	Ca35
	II-E	Ca45	Ca40
海洋氯化物环境	III-C	C35	C30
	III-D	C35	C30
	III-E	C40	C35
	III-F	C45	C40
除冰盐等其他氯化物环境	IV-C	C35	C30
	IV-D	C35	C30
	IV-E	C40	C35
盐结晶环境	V-E	C40	C40
	V-F	C45	C40
化学腐蚀环境	VI-C	C35	C30
	VI-D	C40	C35
	VI-E	C45	C40
磨蚀环境	VII-C	C40	C35
	VII-D	C45	C40

注:承台、桩基础不受此规定限制。

附表 3.4　混凝土强度标准值(N/mm²)

强度等级　强度种类	C20	C25	C30	C35	C40	C45	C50	C55	C60	C65	C70	C75	C80
f_{ck}	13.4	16.7	20.1	23.4	26.8	29.6	32.4	35.5	38.5	41.5	44.5	47.4	50.2
f_{tk}	1.54	1.78	2.01	2.20	2.40	2.51	2.65	2.74	2.85	2.93	3.00	3.05	3.10

附表 3.5　混凝土强度设计值(N/mm²)

强度等级　强度种类	C20	C25	C30	C35	C40	C45	C50	C55	C60	C65	C70	C75	C80
f_{cd}	9.2	11.5	13.8	16.1	18.4	20.5	22.4	24.4	26.5	28.5	30.5	32.4	34.6
f_{td}	1.06	1.23	1.39	1.52	1.65	1.74	1.83	1.89	1.96	2.02	2.07	2.10	2.14

注:计算现浇钢筋混凝土轴心受压和偏心受压构件时,如截面的长边或直径小于 30 mm,表中数值应乘以系数 0.8;当构件质量(混凝土成型、截面和轴线尺寸等)确有保证时,可不受此限。

附表 3.6　混凝土弹性模量(N/mm²)

混凝土强度等级	C20	C25	C30	C35	C40	C45	C50	C55	C60	C65	C70	C75	C80
E_c	2.55×10^4	2.80×10^4	3.00×10^4	3.15×10^4	3.25×10^4	3.35×10^4	3.45×10^4	3.55×10^4	3.60×10^4	3.65×10^4	3.70×10^4	3.75×10^4	3.80×10^4

注:当采用引气剂及较高砂率的泵送混凝土且无实测数据时,表中 C50~C80 的 E_c 值应乘以折减系数 0.95。

附表 3.7　普通钢筋抗拉强度标准值(N/mm²)

钢筋种类	符号	公称直径 d(mm)	f_{sk}(MPa)
HPB300	Φ	6~22	300
HRB335	Φ	6~50	335
HRB400 HRBF400 RRB400	Φ ΦF ΦR	6~50	400
HRB500 HRBF500	Φ ΦF	6~50	500

附表 3.8　预应力钢筋抗拉强度标准值

钢筋种类		符号	公称直径 d(mm)	f_{pk}(MPa)
钢绞线	1×2(两股)	ΦS	8、10	1 470、1 570、1 720、1 860、1 960
			12	1 470、1 570、1 720、1 860
	1×3(三股)		8.6、10.8、12.9	1 470、1 570、1 720、1 860、1 960
			9.5、12.7、15.2	1 860、1 960
	1×7(七股)		17.8、21.6	1 720、1 960
消除应力钢丝	光面	ΦP	5	1 570、1 770、1 860
			7	1 570
			9	1 470、1 570
	螺旋肋	ΦH	5	1 570、1 770、1 860
			7	1 570
			9	1 470、1 570
精轧螺纹钢筋		ΦT	18、25、32	540、785、930、1 080
			40、50	540、785

注:抗拉强度标准值为 1 960 MPa 的钢绞线作为后张预应力配筋时,应有可靠的工程经验。

附表 3.9　普通钢筋抗拉、抗压强度设计值(N/mm²)

钢筋种类	f_{sd}	f'_{sd}	钢筋种类	f_{sd}	f'_{sd}
HPB300	250	250	HRB400 HRBF400 RRB400	330	330

钢筋种类	f_{sd}	f_{sd}'	钢筋种类	f_{sd}	f_{sd}'
HRB335	280	280	HRB500 HRBF500	415	415

注:1. 钢筋混凝土轴心受拉和小偏心受拉构件的钢筋抗拉强度设计值大于 330 MPa 时,仍应按 330 MPa 取用;在斜截面抗剪承载力、受扭承载力和冲切承载力计算中垂直于纵向受力钢筋的箍筋或间接钢筋等横向钢筋的抗拉强度设计值大于 330 MPa 时,仍应取 330 MPa。

2. 构件中配有不同种类的钢筋时,每种钢筋应采用各自的强度设计值。

附表 3.10　预应力钢筋抗拉、抗压强度设计值

钢筋种类	$f_{pk}(MPa)$	$f_{pd}(MPa)$	$f_{pd}'(MPa)$
钢绞线 1×2(二股) 1×3(三股) 1×7(七股)	1 470	1 000	390
	1 570	1 070	
	1 720	1 170	
	1 860	1 260	
	1 960	1 330	
消除应力钢丝	1 470	1 000	410
	1 570	1 070	
	1 770	1 200	
	1 860	1 260	
精轧螺纹钢筋	540	450	400
	785	650	
	930	770	
	1 080	890	

附表 3.11　钢筋的弹性模量

钢筋种类	$E_s(MPa)$	钢筋种类	$E_p(MPa)$
HPB300	$2.1×10^5$	消除应力钢丝	$2.05×10^5$
HRB335、HRB400、HRB500 钢筋 HRBF400、HRBF500 钢筋 RRB400 钢筋 精轧螺纹钢筋	$2.0×10^5$	钢绞线	$1.95×10^5$

附表 3.12　钢筋最小锚固长度 l_a

钢筋种类 混凝土强度等级 项目	HPB300				HRB335				HRB400、 HRBF400、 RRB400				HRB500、 HRBF500			
	C20	C25	C30	≥C40	C20	C25	C30	≥C40	C20	C25	C30	≥C40	C20	C25	C30	≥C40
受压钢筋(直端)	50d	45d	40d	35d	35d	30d	25d	20d	40d	35d	30d	25d	45d	40d	35d	30d

续上表

钢筋种类 混凝土强度等级 项目		HPB300				HRB335				HRB400、 HRBF400、 RRB400				HRB500、 HRBF500			
		C20	C25	C30	≥C40	C20	C25	C30	≥C40	C20	C25	C30	≥C40	C20	C25	C30	≥C40
受拉 钢筋	直端	—	—	—	—	$40d$	$35d$	$30d$	$25d$	$45d$	$40d$	$35d$	$30d$	$60d$	$50d$	$45d$	$40d$
	弯钩端	$45d$	$40d$	$35d$	$30d$	$30d$	$25d$	$25d$	$20d$	$35d$	$30d$	$30d$	$25d$	$40d$	$35d$	$35d$	$30d$

注:1. d 为钢筋直径(mm)。

2. 对于受压束筋和等代直径 $d_e \leqslant 28$ mm 的受拉束筋的锚固长度,应以等代直径按表值确定,束筋的各单根钢筋在同一锚固终点截断;对于等代直径 $d_a > 28$ mm 的受拉束筋,束筋内各单根钢筋,应自锚固起点开始,以表内规定的单根钢筋锚固长度的 1.3 倍,呈阶梯形逐根延伸后截断,即自锚固起点开始,第一根延伸 1.3 倍单根钢筋的锚固长度,第二根延伸 2.6 倍单根钢筋的锚固长度,第三根延伸 3.9 倍单根钢筋的锚固长度。

3. 采用环氧树脂涂层钢筋时,受拉钢筋最小锚固长度应增加 25%。

4. 当混凝土在凝固过程中易受扰动时,锚固长度应增加 25%。

附表 3.13 受拉钢筋端部弯钩

弯曲部位	弯曲角度	形状	钢筋	弯曲直径(D)	平直段长度
末端弯钩	180°		HPB300	≥2.5d	≥3d
	135°		HRB335	≥4d	≥5d
			HRB400、HRB500 HRBF400、HRBF500 RRB400	≥5d	
	90°		HRB335	≥4d	≥10d
			HRB400、HRB500 HRBF400、HRBF500 RRB400	≥5d	
中间弯折	≤90°		各种钢筋	≥20d	—

注:采用环氧树脂涂层钢筋时,除应满足表内规定外,当钢筋直径 $d \leqslant 20$ mm 时,弯钩内直径 D 不应小于 $4d$;当 $d > 20$ mm 时,弯钩内直径 D 不应小于 $6d$;直线段长度不应小于 $5d$。

附表 3.14 钢筋混凝土轴心受压构件的稳定系数 φ

l_0/b	≤8	10	12	14	16	18	20	22	24	26	28
$l_0/2r$	≤7	8.5	10.5	12	14	15.5	17	19	21	22.5	24
l_0/i	≤28	35	42	48	55	62	69	76	83	90	97
φ	1.0	0.98	0.95	0.92	0.87	0.81	0.75	0.70	0.65	0.60	0.56

续上表

l_0/b	30	32	34	36	38	40	42	44	46	48	50
$l_0/2r$	26	28	29.5	31	33	34.5	36.5	38	40	41.5	43
l_0/i	104	111	118	125	132	139	146	153	160	167	174
φ	0.52	0.48	0.44	0.40	0.36	0.32	0.29	0.26	0.23	0.21	0.19

注：1. 表中 l_0 为构件计算长度；b 为矩形截面的短边尺寸；r 为圆形截面的半径；i 为截面最小回转半径。

2. 构件计算长度 l_0，当构件两端固定时取 $0.5l$；当一端固定一端为不移动的铰时取 $0.7l$。当两端均为不移动的铰时取 l，当一端固定一端自由时取 $2l$；l 为构件支点间长度。

参 考 文 献

[1] 中华人民共和国国家标准. 混凝土结构设计规范 GB 50010—2010(2015 年版). 北京:中国建筑工业出版社,2010.

[2] 中华人民共和国国家标准. 建筑结构荷载规范 GB 50009—2012. 北京:中国建筑工业出版社,2012.

[3] 中华人民共和国行业标准. 铁路桥涵混凝土结构设计规范 TB 10092—2017. 北京:中国铁道出版社,2017.

[4] 中华人民共和国行业标准. 公路钢筋混凝土及预应力混凝土桥涵设计规范 JTG D62—2004.

[5] 中华人民共和国行业标准. 公路桥涵设计通用规范 JTG D60—2004. 北京:人民交通出版社,2004.

[6] 中华人民共和国行业标准. 公路钢筋混凝土及预应力混凝土桥涵设计规范 JTG D62—2012 征求意见稿.

[7] 中华人民共和国行业标准. 铁路混凝土结构耐久性设计规范 TB 10005—2010. 北京:中国铁道出版社,2011.

[8] 沈蒲生,梁兴文. 混凝土结构设计原理(第 4 版). 北京:高等教育出版社,2012.

[9] 叶列平. 混凝土结构(上册). 北京:中国建筑工业出版社,2012.

[10] 苏小卒,龚绍熙,熊本松,赵鸣,薛伟辰. 混凝土结构基本原理(第二版). 北京:中国建筑工业出版社,2012.

[11] 袁锦根,余志武. 混凝土结构设计原理(第三版). 北京:中国铁道出版社,2012.

[12] 余志武,罗小勇,匡亚川. 建筑混凝土结构设计. 武昌:武汉大学出版社,2015.

[13] 阎奇武,刘哲锋,黄太华. 混凝土结构基本原理. 长沙:湖南大学出版社,2015.

[14] 阎奇武,黄远. 混凝土结构习题集与硕士生入学考题指导. 北京:高等教育出版社,2015.

[15] 黄棠等主编. 结构设计原理. 北京:中国铁道出版社,1988.

[16] 袁锦根编. 钢筋混凝土构件计算实例. 武汉:华中理工大学出版社,1989.